Technology and Application of Phytoremediation in Contaminated Soil

污染土壤

植物修复技术及应用

刘睿 等 编著

化学工业出版社
·北京·

内容简介

本书共分七章，从理论到实践应用比较系统地介绍了污染土壤植物修复机制、污染土壤植物修复技术方法及研究现状、污染土壤植物修复联合技术研究方法及现状、污染土壤植物修复技术拓展及研究前沿、典型土壤污染现状及其植物修复技术应用现状和污染土壤植物修复的局限性及发展趋势。

本书具有较强的技术性和针对性，可供从事土壤修复和污染管控、土地整治等的工程技术人员、科研人员及管理人员参考，也可供高等学校环境科学与工程、生态工程、土壤学及相关专业师生参阅。

图书在版编目（CIP）数据

污染土壤植物修复技术及应用 / 刘睿等编著 .—北京：化学工业出版社，2020.12（2023.1重印）
ISBN 978-7-122-37910-8

Ⅰ.①污…　Ⅱ.①刘…　Ⅲ.①污染土壤-植物-生态恢复-研究　Ⅳ.①X53②X171.4

中国版本图书馆 CIP 数据核字（2020）第 198775 号

责任编辑：刘兴春　刘兰妹　　　　文字编辑：林　丹　白华霞
责任校对：王　静　　　　装帧设计：韩　飞

出版发行：化学工业出版社（北京市东城区青年湖南街 13 号　邮政编码 100011）
印　　装：北京建宏印刷有限公司
787mm×1092mm　1/16　印张 25¾　字数 593 千字　2023 年 1 月北京第 1 版第 3 次印刷

购书咨询：010-64518888　　售后服务：010-64518899
网　　址：http://www.cip.com.cn
凡购买本书，如有缺损质量问题，本社销售中心负责调换。

定　　价：148.00 元

《污染土壤植物修复技术及应用》编著者名单

刘　睿　于洪文　郑廷雨
李玲美　侯力群　李　娜
王亚杰

前言

近年来，随着经济的快速发展，环境污染已经成为人类面对的重大挑战。许多国家已经开始关注环境问题，并针对不同的环境污染类型研发出相应的修复方法。土壤污染问题是全世界范围内被广泛关注的环境问题之一。土壤污染对人类的危害性极大，不仅直接导致粮食的减产，而且通过生长于土地上的植物及其产品影响人类健康和安全，还通过对地下水的污染以及污染的转移构成对人类生存环境多个层面上的不良胁迫。

对于污染土壤的控制和修复有许多重要的方法，包括物理修复、化学修复、生物修复。在生物修复中，植物修复由于独特的优势而受到越来越多的关注。植物修复通过植物及其相关微生物的累积、解毒或稳定作用解除污染物毒害作用，其技术成本低，不易造成二次污染，适用面广。土壤植物修复根据植物可耐受或超积累某些特定化合物的特性，利用绿色植物及其共生微生物提取、转移、吸收、分解、转化或固定土壤中的有机或无机污染物而把污染物从土壤中去除，从而达到移除、削减或稳定污染物或降低污染物毒性等目的。植物修复的对象是重金属、有机物或放射性元素污染的土壤。研究表明，通过植物的吸收、挥发、根滤、降解、稳定等作用可以净化土壤中的污染物，达到净化土壤的目的，因而土壤植物修复技术是一种具有发展潜力的治理土壤污染的绿色技术，是一类可靠且对环境相对安全的方法，具有明显的技术先进性，有待全面开发利用。

随着植物对土壤不同污染的响应、反馈、净化等机制的研究不断深入，污染土壤植物修复示范工程日益增多，污染修复植物的筛选、培育取得了明显的突破，但大多处于理论研究水平。为有效促进从事污染土壤修复和污染管控的工作人员的工程技术人员、科研人员以及高等学校环境科学与工程、生态工程、土壤学及相关专业师生全面系统地了解污染土壤植物修复机制、污染土壤植物修复技术方法及研究现状、污染土壤植物修复技术拓展及研究前沿、污染土壤植物修复局限性及发展趋势，我们特组织编著了《污染土壤植物修复技术及应用》。

本书是在综合国内外最新研究成果，以及云南大学和中国科学院沈阳应用生态研究所研究团队承担或参与的国家863项目“利用植物原位修复技术处理中低浓度石油污染土壤”、科技部973项目“东北老工业基地环境污染形成机理与生态修复研究”、国家科技重大专项“松花江流域水生态功能一二级分区研究——松花江流域水生态分区理论与典型特征分析”、国家自然科学基金委员会生命科学部面上项目“氧化石墨烯强化火凤凰修复PAHs-Cd复合污染土壤及影响机制”和“多环芳烃-镉复合污染土壤植物-微生物联合修复根际调控及其分子机理”、辽宁省污染环境生态修复工程技术研究中心项目“辽宁省污染环境生态修复关键技术及应用”等研究成果的基础上完成的。

本书共分七章，从理论到实践应用比较系统地介绍了植物修复土壤污染的机制、植物修复土壤的研究现状、植物修复土壤的局限性及发展趋势。第一章主要介绍了污染土壤植物修复现状与应用意义，包括污染土壤植物修复技术的发展、污染土壤植物修复技术的概念和含义、污染土壤植物修复类型及应用意义；第二章介绍了污染土壤植物修复机制，包括重金属污染土壤植物修复机制、有机污染物污染土壤植物修复机制、有机污染物-重金属复合污染土壤植物修复机制；第三、第四章介绍了植物污染土壤植物修复技术方法及研究现状、污染土壤植物修复联合技术研究方法及现状；第五章介绍了污染土壤植物修复技术拓展及研究前沿，包括基因工程技术、芯片技术、蛋白质组学技术、代谢组学技术在植物修复中的研究应用；第六章介绍了污染土壤植物修复技术应用现状，针对不同的污染场地，提供合适的植物修复方法；第七章介绍了污染土壤植物修复局限性及发展趋势。

本书主要由刘睿编著，于洪文、郑廷雨、李玲美、侯力群、李娜和王亚杰等参与部分内容的编著；全书最后由刘睿统稿、定稿。本书涉及的重金属超富集植物种类、有机污染植物修复、植物修复的研究和应用现状的相关数据参考引用了国内外部分文献，在此对其原作者表示衷心的感谢。本书中的部分照片由中国科学院沈阳应用生态研究所提供，南开大学环境学院周启星教授、浙江大学马奇英教授及中国科学院南京土壤研究所骆永明教授对全书内容进行了指导与审核，在此深表谢意！

污染土壤植物修复技术内容范围广，涉及化学、生物等许多相关学科领域，由于编著者本身的知识和相关能力有限，请广大读者对书中存在的疏漏提出批评指正，以便进一步修改补充，使本书内容更加充实和完善，更好地服务广大读者。

编著者

2020 年 10 月

目 录

第一章 绪论

第一节 污染土壤植物修复技术的介绍及发展

一、概述

土壤污染是指土壤中含有害物质过多，超过土壤的自净能力，导致土壤的理化性质发生变化，土壤中生物的生命活动受到抑制或破坏，土壤肥力降低，农作物生长发育受阻，产品质量变坏等。例如，采掘业、冶金、交通工业导致地表金属离子和近地面氮氧化物（NO_x）含量增加；农业过量施用化肥、农药导致农田面源污染；被污染的大气和水环境污染物最终回归到土壤，导致土壤被污染等。由此可见，土壤环境的污染极大地改变了各类生物生存的界面和空间，导致生物物种减少、自然灾害频繁、流行性疾病时常发生。

污染土壤修复是指利用物理、化学或生物的方法转移、吸收、降解和转化土壤中的污染物，使其浓度降低到可接受水平，或将有毒有害的污染物转化为无害的物质。从根本上说，污染土壤修复的技术原理包括：①改变污染物在土壤中的存在形态或同土壤的结合方式，降低其在环境中的可迁移性与生物利用性；②降低土壤中有害物质的浓度。

污染土壤修复技术的研究起步于20世纪70年代后期。在过去的几十年，欧、美、日、澳等纷纷制订了土壤修复计划，巨额投资研究了土壤修复技术与设备，积累了丰富的现场修复技术与工程应用经验，成立了许多土壤修复公司和网络组织，使土壤修复技术得到了快速的发展[1-3]。中国的污染土壤修复技术研究起步较晚，在“十五”期间才得到重视，列入高技术研究规划发展计划，其研发水平和应用经验都与美、英、德、荷等发达国家存在相当大的差距[4]。近年来，为顺应土壤环境保护的现实需求和土壤环境科学技术的发展需求，科学技术部、国家自然科学基金委、中国科学院、生态环境部等部门有计划地部署了一些土壤修复研究项目和专题，有力地促进和带动了全国范围的土壤污染控制与修复科学技术的研究与发展工作[5-8]。期间，以土壤修复为主题的国内一系列学术性活动也为中国污染土壤修复技术的研究和发展起到了很好的引领性和推动性作用[9]。土壤修复理论与技术已成为土壤科学、环境科学以及地表过程研究的新内容。土壤修复学已经成为一门新兴的环境科学分支学科，修复土壤学也将发展成为一门新兴的土壤科学分支学科。

随着工农业生产的发展和人口的增加，各种化学的、物理的和生物的因素正在加剧环境中污染物的积累[10]。工业污泥和垃圾农用、污水农灌、大气中的污染物沉降、含重金属矿质化肥和农药长期用于农作物生产和水产养殖，这些活动都会加剧环境中重金属和其他污染物的积累[11]。其中有些污染物（如重金属）在环境中具有相对的稳定性和难降解性，很难将它们从环境中清除出去。事实上，传统的环境污染治理技术表现出多方面的弱点。因此，开发新颖的环境治理技术是形势的需要[12-14]。

目前，污染土壤修复通常采用物理和化学方法，如排土填埋法、稀释法、淋洗法、物理分离法和稳定化及电化学法等。这些方法成本高，难于管理，易造成二次污染，且对环境扰动大。近年来生物修复技术因其成本低，适合大规模的应用，利于土壤生态系统的保护，对污染地景观有美学价值，对环境基本没有破坏作用，从而引起了公众及科学界的广泛兴趣[15-18]。生物修复技术包括植物修复技术、微生物修复技术和微生物-植物联合修复技术。

从 20 世纪 80 年代以来，利用植物各项功能的植物修复技术迅速发展。植物修复技术包括利用植物超积累或积累性功能的植物吸取修复、利用植物根系控制污染扩散和恢复生态功能的植物稳定修复、利用植物代谢功能的植物降解修复、利用植物转化功能的植物挥发修复、利用植物根系吸附的植物过滤修复等技术；植物修复可用于被重金属、农药、石油和持久性有机污染物、炸药、放射性核素等污染的土壤[19,20]。其中，重金属污染土壤的植物吸收修复技术在国内外都得到了广泛研究，已经应用于砷、镉、铜、锌、镍、铅等重金属以及与多环芳烃复合污染土壤的修复，并发展出包括络合诱导强化修复、不同植物套作联合修复、修复后植物处理处置的成套集成技术[21]。这种技术的应用关键在于筛选具有高产和高去污能力的植物，摸清植物对土壤条件和生态环境的适应性。近年来，中国在重金属污染农田土壤的植物吸取修复技术应用方面开始引领国际研究前沿方向。

作为生态系统中的初级生产者，植物通过其生命活动捕获二氧化碳转化成有机物，释放氧气，直接或间接地为其他生物提供食物、能量和栖息场所，创造并维持着人类赖以生存的生活环境。植物包含所有能够吸碳制氧（即吸收二氧化碳，释放氧气）、保土蓄水、维持生态环境稳定，或者能够促进生态环境更有利于人们工作、生活的植物，如经济植物（粮油植物）、园林植物（木本和草本的观花、观叶或观果植物）、水土保持植物、防风固沙植物（绿地和风景名胜区的防护植物），以及修复退化或污染生态环境的各类植物。在工业化进程中，植物因其具有特殊的生命活动（光合作用）而成为环境的平衡者，维持着人类与其他生物赖以生存的生活环境与生态环境的平稳。

生存环境的日益恶化及人类对资源需求的不断扩大，对生命科学提出了越来越高的要求，人类最终只有依靠所掌握的特定的生物学规律，才能解决人类所面临的生存问题。植物在适应多样化环境的过程中，都发展出了各自独特的形态结构、生理生化特性、繁殖特点等，构成了地球上种类繁多的植被景观与生态系统，成为人类赖以生存的基础。因此，常常会看到在不同的环境里生长着不同种类的植物，栽种不同类型的植物需要选择不同的环境条件，植物与环境存在辩证统一的生态关系。一方面是植物个体或群体对不同环境的生态适应或环境对植物的塑造作用，即环境中的各个生态因子都对植物产生影响，使其在生长发育、形态结构、生理功能等方面发生相应的变化；而另一方面则是植物对环境的影响或改造作用，即植物具有调节气候、保持水土、防风固沙、保护农田的作用，还具有净化空气、净化污水和降低噪声等功能。

以植物为分析对象，了解环境污染的状况和程度、污染物质的成分及其分布，植物起着“感应器”的作用。然而，植物除能感知污染，以其自身的伤斑和伤势来提醒人类环境已被污染外，还能利用其吸收、降解、挥发、过滤和固定等作用，净化土壤、水体和空气中的无机和有机污染物。因此，以植物忍耐和超量累积某种或某些污染物的理论为基础，利用植物及其根际圈共存微生物体系的吸收、挥发、降解和转化作用清除或降低环境中污染物的一门环境污染治理技术称为植物修复技术，即污染环境的“植物疗法”。概括地说，就是利用植物治理土壤污染，清除土壤中的污染物或是将有毒物质毒性水平降低。具体地说，就是利用植物本身特有的利用、分解和转化污染物的作用，利用植物根系特殊的生态条件加速根际圈微生物的生长繁殖，以及利用某些植物的特殊积累与固定能力，提高植物对环境中某些无机和有机污染物的脱毒和分解能力[22]。植物修复技术也就是把一些对污染物具有忍耐力和高累积潜力的植物种植于污染区，利用植物自身的生长代谢或与其根际微生物共同作用，将污染物质吸收、固定或消除，随后在适当的时间对植物进行收割处理，使被污染的环境恢复到原初状态的一种原位污染治理技术。该技术可广泛应用于土壤污染的治理[23]。由此可见，植物既是环境污染的受害者也是环境的改造者，在环境保护中起着至关重要的作用。

了解植物在污染环境修复中的生长发育规律，发挥植物净化优化大气、水体和土壤环境的特殊功能，有助于更好地利用植物为环境服务。植物修复技术就是针对污染环境修复过程中，从植物形态结构、细胞及分子水平研究植物对典型污染物胁迫的形态、生理生化与分子生物学的不同响应，揭示环境污染这种特殊的胁迫因子对植物产生的影响的生理生态学机制，以及植物的生态适应性遗传规律的学科[24-27]。

植物修复技术是一种较为廉价的绿色治理技术。植物为人类提供食品、能源、建筑材料、自然纤维、药品和其他各种各样有价值的化学品，将植物用于环境治理是植物为人类服务功能的延伸和拓展。植物修复技术不仅应用于农田土壤中污染物的去除，而且同时应用于人工湿地建设、填埋场表层覆盖与生态恢复、生物栖身地重建等。近年来，植物稳定修复技术被认为是一种更易接受、大范围应用并利于矿区边际土壤生态恢复的技术，也被视为一种植物固碳技术和生物质能源生产技术；为寻找多污染物复合或混合污染土壤的净化方案，分子生物学和基因工程技术应用于发展植物杂交修复技术；利用植物的根圈阻隔作用和作物低积累作用，发展能降低农田土壤污染的食物链风险的植物修复技术正在研究中[28-31]。

二、土壤污染植物修复的发展

植物修复技术的研究历史可以大致分为两个方面：一方面是对耐重金属植物忍耐重金属、超积累植物超量积累重金属的机理的研究；另一方面是利用植物进行污染土壤修复的应用研究。植物学家很早就发现了在富含重金属环境条件下生长着一些特殊植物，其中一些植物能积累超高含量的重金属，远远超过了土壤中重金属的含量。有关超积累植物的研究可以追溯到19世纪，如Baumann在1885年就报道了菥蓂属植物茎叶（灰分）中的ZnO含量达17%；此后Minguzzi等在1948年报道了一种布氏香芥植物干物质中Ni的含量高达1%，灰分中达10%。早期的探矿者曾利用寻找指示植物的方法比地质学家更早发现特定的矿床所在，而植物指示法在美国和俄罗斯发现铀矿中曾起着重要的作用，许多硒、硅、镉和钴的富集性植物远在植物修复概念出现以前就已为某些科学家所知。1977年Brooks等首次提出了“hyperaccumulator”这一概念，当时是指地上部分Ni在干物质中的含量大于100mg/kg的植物[32]。后来，随着其他重金属超积累植物的陆续发现，一些学者对此定义做了修改，Brake等在1989年重新定义了“hyperaccumulator”，是指对重金属元素的积累量超过一般植物100倍以上的植物，即为超富集植物（又称超积累植物）。超富集植物积累的钴、镍、铜、铬和铅在干物质中的含量一般在1mg/kg以上，而积累的锰和锌在干物质中的含量一般在10mg/kg以上，现这一定义已被广泛接受[33]。利用植物进行环境修复这一理论思想很早就存在了，人们早就认识到一些水生或半水生维管植物（如水葫芦、浮萍等）能够吸收污水中的铅、铜、镉、铁、汞。但直到20世纪90年代，随着大量超富集植物的发现及对超积累机理的深入研究，人们才充分认识到超富集植物在环境修复中的作用。随后有关这方面的研究迅速增多，国际上也掀起了研究植物修复技术的热潮，相继召开了一系列的国际学术交流会，自1995年以来我国科技界在Nature和Science共发表了多篇论文，1999年CRC开始出版《植物修复》国际期刊。近几年我国科技界也不失时机地开展了超富集植物的筛选、超富集植物机理与超富集植物修复重金属污染土壤的前期研究。

从2000年、2004年和2008年连续3届的土壤污染与修复国际会议主题与交流情况来看，在污染土壤修复决策上已从基于污染物总量控制的修复目标发展到基于污染风险评估的修复导向；在技术上，已从物理修复、化学修复和物理化学修复发展到生物修复、植物修复和基于监测的自然修复，从单一的修复技术发展到多技术联合的修复技术、综合集成的工程修复技术；在设备上，已从基于固定式设备的离场修复发展到移动式设备的现场修复。在应用上，已从服务于重金属污染土壤、农药或石油污染土壤、持久性有机化合物污染土壤的修复技术发展到多种污染物复合或混合污染土壤的组合式修复技术[34]；已从单一厂址场地走向特大城市复合场地，从单项修复技术发展到融大气、水体监测的多技术多设备协同的场地土壤-地下水综合集成修复技术；已从工业场地走向农田耕地，从适用于工业企业场地污染土壤的离位肥力破坏性物化修复技术发展到适用于农田耕地污染土壤的原位肥力维持性绿色修复技术。

利用太阳能和自然植物资源的植物修复、土壤中高效专性微生物资源的微生物修复、土壤中不同营养层食物网的动物修复、基于监测的综合土壤生态功能的自然修复，将是21世纪土壤环境修复科学技术研发的主要方向。农田耕地土壤污染的修复技术要求能原位地有效消除影响粮食生产和农产品质量的微量有毒有害污染物，同时既不能破坏土壤肥力和生态环境功能，又不能导致二次污染的发生。发展绿色、安全、环境友好的土壤生物修复技术能满足这些需求，并能适用于大面积污染农田土壤的治理，具有技术和经济上的双重优势[35]。从常规作物中筛选合适的修复品种，发展适用于不同土壤类型和条件的根际生态修复技术已成为一种趋势。应用生物工程技术（如基因工程、酶工程、细胞工程等）发展土壤生物修复技术，有利于提高治理速率与效率，具有较好的应用前景。

土壤中污染物种类多，复合污染普遍，污染组合类型复杂，污染程度与厚度差异大。地球表层的土壤类型多，其组成、性质、条件的空间分异明显。一些场地不仅污染范围大，不同性质的污染物复合，土壤与地下水同时受污染，而且修复后土壤再利用方式的空间规划要求不同。这样，单项修复技术往往很难达到修复目标，而发展协同联合的土壤综合修复模式就成为场地和农田土壤污染修复的研究方向。例如：不同修复植物的组合修复，降解菌-超积累植物的组合修复，真菌-修复植物组合修复，土壤动物-植物-微生物组合修复，络合增溶强化植物修复，化学氧化-生物降解修复，电动修复-生物修复，生物强化蒸气浸提修复，光催化纳米材料修复等。

从异位向原位的土壤修复技术发展。将污染土壤挖掘、转运、堆放、净化、再利用是一种经常采用的离场异位修复过程，这种异位修复不仅处理成本高，而且很难治理深层土壤及地下水均受污染的场地，不能修复建筑物下面的污染土壤或紧靠重要建筑物的污染场地。因而，发展多种原位修复技术以满足不同污染场地修复的需求就成为近年来的一种趋势[36]。例如，原位蒸气浸提技术、原位固定-稳定化技术、原位生物修复技术、原位纳米零价铁还原技术等。另一趋势是发展基于监测的发挥土壤综合生态功能的原位自然修复。

基于环境功能修复材料的土壤修复技术发展。黏土矿质改性技术、催化剂催化技术、纳米材料与技术已经渗透到土壤环境和农业生产领域，并应用于污染土壤环境修复，例如利用纳米铁粉、氧化钛等去除污染土壤和地下水中的有机氯污染物。然而，目标土壤修复的环境功能材料的研制及其应用技术还刚刚起步，具有发展前景[37]。并且，对这些物质在土壤中的分配、反应、行为、归趋及生态毒理等尚缺乏了解，对其环境安全性和生态健康风险还难以进行科学评估。基于环境功能修复材料的土壤修复技术的应用条件、长期效果、生态影响和环境风险有待回答。

基于设备化的快速场地污染土壤修复技术发展。土壤修复技术的应用在很大程度上依赖于修复设备和监测设备的支撑，设备化的修复技术是土壤修复走向市场化和产业化的基础。植物修复后的植物资源化利用，微生物修复的菌剂制备，有机污染土壤的热脱附或蒸气浸提，重金属污染土壤的淋洗或固化，稳定化，修复过程及修复后环境监测等都需要设备[38]。尤其是对城市工业遗留的污染场地，因其特殊位置和土地再开发利用的要求，需要快速、高效的物化修复技术与设备。开发与应用基于设备化的场地污染土壤快速修复技术是一种发展趋势。一些新的物理和化学方法与技术在土壤环境修复领域的渗透与应用将会加快修复设备化的发展，例如，冷等离子体氧化技术可能是一种有前景的有机物污染土壤修复技术（未发表资料），将带动新的修复设备研制。

土壤修复决策支持系统及后评估技术发展。污染土壤修复决策支持系统是实施污染场地风险管理和修复技术快速筛选的工具。污染土壤修复技术筛选是一种多目标决策过程，需要综合考虑风险削减、环境效益与修复成本等要素。欧美许多土壤修复研究组织［如欧盟污染场地恢复环境技术网络（CLARINET）、欧洲土壤和水环境管理网（EUGRIS）、北约土壤和地下水示范及新兴技术研究组织（NATOPCCMS）等］针对污染场地管理和决策支持进行了系统研究和总结[39]。一些辅助决策工具（如文件导则、决策流程图、智能化软件系统等）已陆续开发和出台，并在具体的场地修复过程中被采纳。基于风险的污染土壤修复后评估也是污染场地风险管理的重要环节，包括修复后污染物风险评估、修复基准及土壤环境质量评价等内容。土壤污染类型多种多样，污染场地错综复杂，需要发展场地针对性的污染土壤修复决策支持系统及后评估方法与技术。

20世纪60年代以来随着工农业的发展，环境问题日益引起重视，污染生态修复研究成为各高校和相关科研单位研究的热点，植物修复技术成为一种广受欢迎的环境治理技术，也成为一个公众关注的研究和应用领域。例如，1986年乌克兰切尔诺贝利核电站事故后种植向日葵，用以清除地下水中的核辐射；美国陆军马里兰州武器试验场种植杨树，用以阻止有毒溶液残余污染附近沼泽等[40-44]。

植物修复在中国从1999年开始，在国家“863”计划、“973”计划和国家自然科学基金重点项目的支持下，中国科学院地理科学与资源研究所环境修复中心陈同斌研究员带领的研究组筛选出一种砷超富集植物，解决了砷污染土地植物修复技术中的一系列关键难题，在国际上建立了第一个砷污染土地的植物修复示范工程，并先后在广西河池和云南红河州开始推广应用[45,46]。此外，关于水体污染植物修复技术（漂浮植物修复技术）的研究工作也在推行之中。

三、植物修复技术的研究进展与趋势

土壤植物修复根据植物可耐受或超积累某些特定化合物的特性，利用绿色植物及其共生微生物提取、转移、吸收、分解、转化或固定土壤中的有机或无机污染物而把污染物从土壤中去除，从而达到移除、削减或稳定污染物或降低污染物毒性等目的。植物修复的对象是重金属、有机物或放射性元素污染的土壤[47]。研究表明，通过植物的吸收、挥发、根滤、降解、稳定等作用可以净化土壤中的污染物，达到净化土壤的目的，因而土壤植物修复技术是一种具有发展潜力的治理土壤污染的绿色技术，是一类可靠且对环境相对安全的方法，具有明显的技术先进性，有待全面开发利用。

生物修复是一项新兴的高效修复技术，具有良好的社会、生态综合效益，应用前景广阔。

植物修复既是一个对社会发展造成的日益退化的生态环境进行修复的过程，也是人类在治理环境实践过程中的一种遵循自然规律的选择[48]。近20年来由于社会发展和实践的极大需求，植物修复技术发展迅速，许多学者对其进行了卓有成效的研究，在植物及微生物对污染物的吸收、转移和降解机制方面获得了大量的科学数据[49]。植物修复从一个经验性利用传统植物进行污染物净化的研究发展成为一个用现代科学理论与高技术武装起来的多学科渗透与交叉的现代化超级学科，特别是借助分子生物学和基因工程的手段改造目标植物使植物修复更具针对性，修复效率也大幅度提高[50]。但由于缺乏对植物修复基本进程和植物-微生物相互关系全面深入的了解，植物修复的效率仍然受到限制。未来提高植物修复的效率可以从植物种类或品种的选择、农事操作和生物技术的应用等方面着手进行研究[51]。

植物修复技术研究应重点关注以下几方面。

① 超积累植物的筛选与培育。超积累植物是在重金属胁迫条件下生长的一种适应性突变体，往往生长缓慢，生物量低，气候环境适应性差，具有很强的富集专性[52]。因此筛选培

育吸收能力强、同时能吸收多种重金属元素且生物量大的植物是生物修复的一项重要任务。

② 分子生物学和基因工程技术的应用。随着分子生物技术的迅猛发展，将筛选、培育出的超积累植物和微生物基因导入生物量大、生长速率快、适应性强的植物中已成为现实[53]。因此，利用分子生物技术提高植物修复的实用性方面将取得突破性进展。

③ 生物修复综合技术的研究。重金属污染土壤的修复是一个系统工程，单一的修复技术很难达到预期效果，必须以植物修复为主辅以化学、微生物及农业生态措施，从而提高植物修复的综合效率[54]。因此生物修复综合技术将是今后重金属污染土壤修复技术的主要研究方向。

（一）超积累植物的筛选与培育

植物作为环境修复的主体，筛选合适的植物材料是污染环境修复成功的关键，为此开展了大量的研究工作并取得了较好的效果。目前筛选超积累植物的方法主要有两种：一是从自然界污染场地筛选；二是突变体诱导筛选。

(1) 从自然界污染场地筛选　在长期处于高污染的环境中寻找耐受型植物是从自然界中筛选超积累植物的一个常用方法。

从污染环境，特别是长期处于高污染环境中的先锋植物中寻找耐受型植物，其选择依据是植物的生态适应性遗传，即大多数植物在污染环境中通过调节其结构、生理状态和生化代谢途径以适应日益污染的环境，并且因为对环境的逐渐适应而不同程度地产生抗性生态类型。在长期污染的生境中，植物种群经历了一个被选择和种群重建过程，种群在生理生化特性和遗传背景等方面同原种群相比发生了很大的改变，产生了渐变群、生态型；时间较长时，也将会产生抗性基因型。因此，可通过对植物因大气、水质及土壤污染产生的受害症状的调查分析，筛选培育相应的污染耐受植物。例如，通过调查大气和水质污染对植物的影响，筛选出上百种对 SO_2、HF、CO、乙烯和光化学雾等大气污染，以及对酚、氰、汞、镉、铅、砷等水质污染物反应特敏感或具有抗性和可以起净化作用的植物。而大多重金属耐受或超积累植物来自对矿山、冶金工业区、废弃尾矿库及重金属污染土壤野外植被的调查分析，并已分别用于重污染工厂地区和污染场地的生物监测、环境绿化和生物净化。例如，通过野外调查和温室试验发现并证实，宝山堇菜是一种 Cd 超富集植物；在电镀厂周围进行调查发现李氏禾生长良好，对 Cr 有超强富集力；对 Pb、Zn 尾矿的调查发现 Pb、Zn、Cd 超富集植物滇白前、滇紫草等。

尽管可以从自然界中直接获得超富集植物，但工作难度较大，获取概率较小。另外，对某种污染物具有超富集潜力的植物，尽管植物地上部可以达到一定的含量，但生物量小，其生物富集能力受其生物量的影响。因此，从自然界中筛选植物时，需要开展大量的野外调查，对一些耐性强、生长快、生物量大并有一定富集能力的植物应重点进行引种栽培，而不应局限于少数富集力特别高但生物量很小的植物。

(2) 突变体诱导筛选　植物对某种污染物的超富集特性与其遗传背景相关，但可以通过人工驯化栽培，配合添加土壤改良剂等技术手段，诱导提高野生植物对污染物的吸收富集能力。因此，另一种获得超富集植物的途径是利用突变体诱导技术培育新的植物品系（种），即采用定向诱变育种技术获得目标植物。其主要措施包括螯合诱导和基因改良技术，以此增加土壤重金属有效性，强化植物吸收重金属的能力并改良植物，提高植物对重金属的富集能力。应用基因工程、生物工程育种技术可以把生长缓慢、生物量低的超积累植物培育成生长速率快、生物量大的植物品系（种），或把重金属超积累特征基因引入生长速率快、生物量高的植物中，即利用诱导突变、基因改良技术将不同植物的不同优良特性集中于同一植物，培育新的植物品系（种）。

该方法的特点是针对性更强，目标明确，研究开发周期相对较短。但突变体诱导筛选法以自然界筛选工作为基础，需要大量的相关植物信息作为目标物种来源[53]。因此，在植物筛选的实际应用中，应把自然筛选法与突变体诱导筛选法相结合。开展耐污或抗污及超富集植物资源的清查研究，了解不同植物资源的分布特点及其对不同污染物具有的超富集能力等，建立耐污或抗污及超富集植物的数据库，实现资源信息共享。研究人员和社会公众均可从在线的数据库中获得有价值的信息，用以指导他们的研究及应用。例如，美国环境保护署专门设立了植物修复在线数据库（http：//www. clu-in. org/products/tpm/）供人们查询，并提供相应的技术支持服务。这样可以省去技术使用者大量复杂的植物筛选过程，节约时间，降低成本。目前，国内这项工作还处于起步阶段，且大多超富集植物都是针对重金属污染土壤的修复，而对空气、水体修复的植物研究相对较少。

（二）植物生理与栽培措施在植物修复中的应用

在植物修复过程中，植物去污或净化功能与其生长势密切相关，生长健壮的植物根系发达、代谢旺盛，可以耐受更高浓度的污染物，同时其高生物量可以提高修复效率。通过农艺措施及田间管理可以提高超积累植物的生物量和改善高生物量植物的重金属吸收性能。因此，根据植物生长发育的生理需要，对植物修复过程的土壤条件进行适当的优化（如调整土壤 pH 值，施用或添加螯合剂、生物菌肥等，建立合适的水肥条件），可促进修复植物的生长，增强植物的抗逆性，增加植物生物量的积累[55]。

此外，植物降解污染物的首要条件是接触到污染物，然后才对污染物发生作用，这在很大程度上取决于污染物的生物可利用性，而污染物的生物可利用性不仅与污染物的化学性质有关，还受环境条件的影响，其中土壤性质是重要的影响因素之一。例如，含水量较高的黏土比沙土拥有更多的离子结合位点，尤其是阳离子交换能力更强。由于土壤腐殖质多由植物残体组成，植物细胞壁带有大量的负电荷，木质素可以结合疏水性化合物，因此，土壤阳离子交换能力及结合疏水性有机污染物的能力与土壤有机质含量呈正相关。土壤的酸碱度也会影响植物对污染物的降解效果，在明确污染物特性的前提下应创造适合植物发挥作用的酸碱环境。

（三）植物-微生物互作对植物修复的影响

对污染环境尤其是重金属污染土壤的修复，单独的植物或微生物修复均存在修复时间长、修复具有选择性、修复效果受气候环境因素影响等限制性。利用土壤（基质）微生物-植物的共存关系，充分发挥植物与微生物各自的优势，弥补不足，可提高土壤污染物的修复效率，最终达到彻底修复重金属污染土壤的目的[56]。

在环境修复过程中，微生物能强化植物修复功能。土壤中许多微生物不仅能够刺激和保护植物的生长，还具有活化土壤中重金属污染物的能力[57]。此外，某些微生物的代谢产物能提高土壤中重金属有效态，增加修复植物的可吸收量。目前，有关污染土壤的植物-微生物联合修复形式主要有：①植物与专性菌株的联合修复；②植物与菌根的联合修复。

有关植物-微生物联合修复的研究报道较多，积累了大量的关于植物及其相关微生物对污染物吸收、运输和解毒等机制的基础知识。例如，植物根系分泌物决定着根际圈中微生物群落的结构和功能，根际微生物可以通过多种方式影响有机或无机污染物的毒性和生物可利用性，多数情况下多种微生物联合的群落比单种群落能降解更多种类的有机污染物和无机污染物等。但仍有许多基础的生物学机制尚不明确，如植物-微生物互作、其他离子的根际过程、植物吸收污染物与污染物迁移机制、植物抗性机制、参与污染物储藏与运输的螯合剂作用等。而且，目前有关植物-微生物联合修复的报道大多来自对重金属污染土壤的修复研究，而对污染水体的联合修复涉及较少，对污染大气的联合修复还未见报道。利用微生物强化植物富集重金属过程中，不同因子匹配的结果差异较大，因此筛选出高效的工艺组合，最大限度缩短修复进程，也是植物-微生物联合修复技术的一个新的研究方向[58]。

（四）修复植物适应性与抗性生理生化机制研究

目前，对污染环境修复植物适应性与抗性的生理生化机制研究报道认为，不少种类的植物可以在高浓度的污染环境中生长、繁殖并完成生活史，可能与其长期生长在污染环境中所形成的活性氧防御系统、细胞壁阻隔与细胞区间隔离、合成植物螯合肽（PCs）、形成应激蛋白等生理生化机制有关。在对重金属的抗性生理学机制研究中，大多数侧重于对金属污染刺激植物诱导产生金属硫蛋白（MTs）和植物络合素（植络素）的研究。例如，对很多植物（如大豆、豌豆、玉米、绿藻、凤眼莲等）都进行过金属硫蛋白的提取和分离工作。MTs 又称为金属结合蛋白，是一类富含半胱氨酸和芳香族氨基酸的低分子质量蛋白质，其巯基对金属具有很强的缔合作用，经测定，每分子蛋白质可结合 7 个二价金属离子（如 Cd^{2+}、Zn^{2+}、Hg^{2+}、Pb^{2+}、Cr^{2+}、Co^{2+} 等），使金属在生物体内失去毒性。目前已有报道，动物的 MTs 基因被插入植物甘蓝型油菜和烟草植株体内，这些基因能够起主要基因的作用，并在以上两种植物对 Cd 的反应中产生可遗传的抗性。

另外，研究报道普遍认为植络素同植物的金属抗性有关。植络素是一种受重金属刺激、在植络素合成酶的作用下产生的富含半胱氨酸的重金属螯合多肽物质，对多种金属具有清除和解毒作用。但对植络素的作用机制及其生化代谢合成的了解很多仍然是推测来的。目前已经发现 20 多种高等植物（无论是抗性植物，还是非抗性植物）都存在这类物质。一般认为其解毒作用是通过巯基与金属离子螯合形成无毒化合物，减少细胞内游离的金属离子，从而减轻金属对植物的毒害。例如，将植物整合肽编码的小麦基因（Tcab-PCs）在粉蓝烟草中表达，能够显著增加粉蓝烟草对 Pb 和 Cd 的耐受性。

（五）植物修复分子机制研究

相对于微生物修复环境的分子机制研究，目前对植物修复环境的分子机制了解和研究得较少，且大多是有关植物超富集和耐受重金属的分子机制的报道。但对植物能在重金属和其他无机污染物污染地区正常生长而不受毒害的抗性或解毒机制（尤其是对金属离子的抗性或解毒机制）有比较一致的结论，即根系对重金属离子的排斥、重金属被根部细胞壁和分泌物束缚、重金属被运转到植物外皮层、重金属在细胞质内被各种配基所螯合、金属离子或其螯合物运输并累积在液泡内、植物络合素或金属硫蛋白解毒作用及植物转化与挥发。

对植物微量元素的转运机制的研究，从植物拟南芥中分离到两类亚家族的转运蛋白及相关的基因[59]：一类是与 Zn^{2+}、Cu^{2+} 等的吸收有直接关系的蛋白，即能够转运 Zn^{2+}、Cu^{2+}、Fe^{2+}、Cd^{2+} 等的锌跨膜转运蛋白；另一类是能够高效地转运 Zn^{2+}、Fe^{2+}、Cd^{2+} 等的铁离子转运蛋白。这两类转运蛋白及其他可诱导型转运蛋白为转运毒性金属离子进入根部提供了有效的通路。另外，有报道称承担 Hg^{2+} 在细胞内转运的由汞转运蛋白基因（mer7）编码的金属硫蛋白能够与 Hg^{2+}、Cd^{2+} 等重金属离子结合，直接影响生物体内汞离子的积累。

综上所述，为了提高植物修复的效率，植物种类或品种的选择，对植物修复进程和植物与微生物相互作用全面深入的了解，以及农耕措施和生物技术的应用等将是今后植物修复研究的重点。

四、现代生物技术在植物修复中的应用

随着在细胞和分子水平上对植物修复过程中污染物在植物体内新陈代谢机制认识的加深，对修复植物抗性遗传特性、抗性基因调控、抗性相关基因的鉴定以及应用转基因技术提高植物修复能力的研究取得了一系列进展。

（一）修复植物抗性遗传特性与抗性基因的研究

抗性是指在一定的污染物条件下，能够使植物生存、生长并产生后代，可以在数量上显示出来的一种生物学反应。目前，对于植物污染抗性基因的调控机制还不是很清楚。依据已有的研究报道，推测植物的抗性基因调控模型有 3 种。

（1）单一的主控基因，同时有其他一些修饰基因调节抗性基因的表达　该推测的依据来源于对生长在金属溶液或被污染土壤中的植物的分析。有研究者运用抗性指数方法，对各类抗性性状特征进行综合分析，指出同抗性表型相关的遗传机制是由主要基因控制的，抗性首先是由一个主要基因控制，然后由其他的一些基因（可能是多基因）加强或调节抗性。第一个揭示这一现象的是对野生植物猴面花的抗 Cu 毒性研究，随后是 Schatten 和 Borkum 对石竹科花蝇子草属白玉草的抗 Cu 研究、Macnair 等对绒毛草的抗 As 研究，这些研究结果都表明抗性是由主要基因控制的。

（2）多基因模式　抗性中涉及几个基因，但这些基因相对于环境因子的影响而言，每一个基因的作用较大而且是可以区分的。

（3）大量基因模型　涉及作用程度不同、但数量较大的多个基因，相对于环境因子的影响而言，每一个基因的单独作用很小。

这 3 种基因调控模型表示的是基因作用的一个连续序列，抗性通过不同种质在一定污染条件下的生长反应来揭示，而生长性状通常由多基因体系控制，即受微效多基因相互作用产生性状上的变异。抗性性状无论是在种群内部，还是在杂种后代内，均呈现出连续性的表型分布，因此对抗性的基因研究难度较大。

（二）基因工程在污染环境植物修复中的应用

自然条件下对重金属等无机污染物具有超富集能力的植物通常生物量小、生长周期短，极大地限制了植物对污染水体或土壤的修复效率。通过基因工程手段可定向培育出具高生物量的超积累植物或抗性强的植物，这一问题可以得到有效解决。

转基因技术在农林、园艺植物遗传育种方面的应用已有多年的历史，而将其应用于污染环境（如水体、土壤重金属污染）的植物修复中，起步比较晚。然而，随着现代生物技术的发展，功能基因相继在细菌、真菌、植物和动物中被发现、分离和鉴定[60]。许多学者利用基因工程对修复植物进行改良，以提高植物的修复能力。Dhankher 等将细菌的砷酸还原酶（arsC）转入拟南芥，选用 SRS1 启动子，使 arsC 基因只在植物的地上部分表达，相对减少对根的毒害，促使 AsO_4^{3-} 向上运输，使其在地上部分被还原为 AsO_3^{3-}，并能够累积更多的砷[61]。20 世纪 90 年代以来，通过基因工程方法，获得了较多具有高修复能力的基因改良植物，使污染环境治理有了新的突破。

利用生物技术获得超富集基因工程植物的途径包括：①通过效率限速酶的超量表达加速已知的植物降解机制的开发利用[62]；②通过转入外部基因获得全新的降解途径，使植物对多种污染物具有更高的抗性、富集潜力和降解能力[63]。目前，转入目标植物的外源基因主要来自细菌、酵母菌、动物和模式植物拟南芥等，表 1-1 为目前应用基因工程提高植物耐受或富集潜力的主要研究成果。

表 1-1 主要金属耐受性或环境修复转基因植物

导入基因	来源	寄主植物	基因重组特性
IRT1(锌铁调控蛋白基因)	拟南芥	番茄	调控铁离子、锌离子平衡
dhlA 和 dhlB(卤代烷烃脱卤酶基因)	细菌	烟草	解除卤代脂肪烃的毒性
merA(汞离子还原酶基因)和 merB(有机汞裂解基因)	细菌	烟草、香蒲、莎草、杨树、柳树	吸收、降解有机汞，挥发，解毒
1-氨基环丙烷-1-羧酸盐脱氨酶基因	大肠杆菌	甘蓝型油菜	对砷酸盐的累积能力增强
MT2(硫蛋白基因)	人类	烟草、油菜	耐镉
MT1(硫蛋白基因)	老鼠	烟草	耐镉
MTA(硫蛋白基因)	豌豆	拟南芥	蓄铜
HsMT1L(硫蛋白基因)	人类	番茄	蓄锌
CUP1(耐铜蛋白基因)	酵母菌	花椰菜	蓄镉
CUP1(耐铜蛋白基因)	酵母菌	烟草	蓄铜
γ-谷氨酰半胱氨酸合成酶基因	大肠杆菌	印度芥菜	耐镉
谷胱甘肽合成酶基因	水稻	印度芥菜	耐镉
巯基丙氨酸合成酶基因	水稻	烟草	耐镉
CAX-2(液泡搬运子)	拟南芥	烟草	蓄镉、钙和锰
At MHX(镁锌转运基因)	拟南芥	烟草	耐镁或锌
Nt CBP4(穿模蛋白基因)	烟草	烟草	耐镍，蓄铅
FRE-1、FRE-2(高铁还原酶基因)	酵母菌	烟草	累积更多的铁

续表

导入基因	来源	寄主植物	基因重组特性
谷胱甘肽 *S*-转移酶基因	烟草	拟南芥	耐 Al、Cu、Na
柠檬酸盐合成酶基因	细菌	拟南芥	耐 Al
NAAT(烟碱酸氨基转移酶基因)	大麦	水稻	生长于缺铁土壤
Ferretin(铁蛋白基因)	大豆	烟草	对铁的累积性增强
At MTP1(Zn 搬运子基因)	拟南芥	拟南芥	蓄锌
砷酸盐还原酶、γ-谷氨酰半胱氨酸合成酶基因	细菌	印度芥菜	耐砷
ZntA(重金属搬运子氨基酸硒氨酸甲基转移酶基因)	大肠杆菌	拟南芥	对镉、铅抗性增强
硒代半胱氨酸转移酶基因	二沟黄芪	拟南芥	对亚硒酸盐抗性增强
CAPs(ATP 硫酸化酶基因)	拟南芥	印度芥菜	耐硒
CGS(丙氨酸丁氨酸硫醚-γ-合成酶基因)	拟南芥	印度芥菜	硒挥发性增强
谷胱甘肽 *S*-转移酶、过氧化物酶基因	拟南芥	拟南芥	耐铝性增强
谷胱甘肽还原酶基因	拟南芥	印度芥菜	镉富集植物
ACC-脱氨(基)酶基因	细菌	拟南芥	对多种重金属耐性增强
YCF1(酵母钙因子蛋白基因)	酵母菌	拟南芥	对耐镉和耐铅性增强
Se、Cys 裂解酶基因	老鼠	拟南芥	对硒耐性和累积性增强
Ta PCS(植物螯合素合成酶基因)	小麦	粉蓝烟草	铅累积性增强
merA(汞离子还原酶基因)	志贺氏菌属	拟南芥	对 Hg、Au 抗性增强且对 Hg 累积性增加(最大 10 倍)
merApe9,merA18(汞离子还原酶基因)	细菌	北美鹅掌楸	在突变体缺乏的情况下恢复 Fe(Ⅲ)还原性
Fe(Ⅲ)还原酶基因	拟南芥	拟南芥	Fe(Ⅲ)还原性增强,Fe 吸收增加
FRO_2(铁氧化酶基因)	酿酒酵母	烟草	种子中 Fe 吸收增加

近 30 年来，通过基因工程法获取具有高修复能力的基因工程植物，是获得环境污染治理新突破的关键。分子生物学在该领域的应用主要有以下 3 个方面。

1. 将微生物的基因转入植物

将微生物具有独特代谢功能的基因转入植物，可增强植物对环境中污染物的净化能力。使用对污染物具有抗性的微生物修复污染土壤和沉积物具有一定的效果，然而微生物对环境条件的适应范围较窄，使得其应用受到限制。相比于微生物，植物具有发达的根系，加上根际微环境，其在土壤中的作用范围更广、更深。因此，利用生物技术将具有调控特定代谢功能的微生物基因转入植物体并使其得以表达，可将两者的优势结合起来。

将微生物的基因转入植物，一个成功的案例就是利用转基因植物将有机汞化合物和具有毒性的离子态汞（Hg^{2+}）进行转化和去除。自然条件下只有细菌对有机汞化合物和具有毒性的离子态汞（Hg^{2+}）有转化、降解和去除作用，而植物和动物缺乏这一降解途径。由从汞污染环境中分离得到的细菌，分离获得汞耐受性操纵子 mer 基因（包含汞离子还原基因 merA 和有机汞裂解基因 merB)，转入 merB 的植物可以将根系吸收的甲基汞转化成离子态汞（Hg^{2+}）；而转入 merA 的植物可将根系吸收的 Hg^{2+} 转化成低毒的汞原子（Hg)，并从植物体中挥发出来。转 merA18 基因的黄白杨比对照植物的 Hg 的产量提高 10 倍以上。

随着生物技术在植物修复中的应用，转基因植物在野外应用的环境风险评估也应予以足够重视，包括转基因植物释放到环境中可能产生的影响，挥发性 Hg 沉降后对环境是否构成威胁，富集了重金属的植物组织是否会增加对野生生物的暴露概率，转基因植物逃逸后是否会和野生近缘种进行杂交等[64]。

2. 植物间解毒机制的结合，植物优良性状独特基因的整合

许多植物都具有可作为修复植物的某种特征，或是有较高的生物量，或是对某种污染物具有较强耐受性或超富集能力[65]。因此，挖掘不同植物的优良性状，并将它们在一种植物上表现出来，这是基因工程技术在该领域应用的一个重要方面[66]。目前，有价值基因的筛选、转基因植物对环境的影响、转基因植物遗传性能等方面的研究主要在室内进行，污染物也是人为模拟的。大量的野外试验是植物修复技术成功应用必不可少的环节，用更多的野外试验研究来证明该技术的可行性和修复成效，可以赢得更广泛的认可。完善野外试验监测、取样和数据分析的方法，规范修复成效的评价方法，是植物修复研究的一个重要任务[67]。

3. 将哺乳动物控制代谢功能的基因转入植物

为提高有机污染物的植物修复效率，将哺乳动物基因转入植物的尝试也取得了初步成效。研究报道较多的是将哺乳动物细胞色素基因转入烟草等植物中，促进植物降解修复能力。例如，哺乳动物 P450 单加氧酶在除草剂的转化（氧化和羟基化）过程中起关键作用，人类 P450 2E1 通过单加氧作用可氧化多种外源物质（如三氯乙烯等），细胞色素基因 P450 2E1 的转基因烟草对三氯乙烯（TEC）和二溴乙烷（EDB）的代谢增强，表达了人类或老鼠细胞色素 P450 单加氧酶性状的转基因马铃薯对多种除草剂（乙草胺、稗草丹等）表现出更强的代谢能力和抗性。

已报道的基因工程植物中，既有修复有机污染物的也有修复无机污染物的。其中，修复无机污染物的转基因植物占 69%，主要修复镍、锌、镉和汞等金属污染物；修复有机污染物的占 26%，主要修复杀虫剂、除草剂、炸药和有机汞化合物等；5%的转基因植物可以同时修复有机污染物和无机污染物，例如，转 merA 和 merB 基因的植物可以同时修复无机汞化合物和有机汞化合物[68]。

转基因烟草（在烟草中转入一个醛糖或乙醛降解酶的基因）对百草枯和重金属的耐性都有所提高。将来源于细菌的谷氨酰半胱氨酸合成酶（ECS）的基因转入杨树后，转基因杨树对镉的富集能力和对氯乙酰苯胺类杀虫剂的耐性都增强，并进一步证实了谷胱甘肽可作为植物络合素合成的前体和具有结合外源化学物配体的核心作用。

近年来，随着现代分子生物学研究方法与技术的不断改进，以及植物环境修复机制研究的不断深入，许多学者开始探索一些未知的机制。例如，以金属超富集模式植物薪蓂属植物为研究对象，利用分子标记技术，对其自然群体的 24 种重金属超富集植物进行重金属耐受性和与富集相关的遗传多样性研究。同时，开发利用候选基因的遗传多样性研究植物的生理特征和对污染环境适应能力的多样性[69]。应用转录组学方法，一些研究者进行了不同重金属胁迫下植物的基因差异表达研究，发现超量积累金属的植物和非超量积累金属的植物之间，差异表达的基因数目高达几百个，但每个基因的相对重要性不清楚。有学者利用蛋白质组学的方法探索了植物响应金属和有机污染物胁迫起重要作用的基因产物。例如，杨树响应重金属Cd胁迫的差异表达蛋白质为125个，而用转录组学研究拟南芥重金属Cd胁迫差异转录基因有868个，是蛋白质组学研究得到的差异表达蛋白质数目的近7倍。因此，采用蛋白质组学研究方法，可更准确地鉴定与植物修复有关的候选基因，从而促进转基因技术在植物修复领域的开发应用。

五、植物修复技术的发展及应用前景

在众多的环境影响评价工作中都涉及了环境污染对生物的影响，尤其是环境污染对生物的长期性和全球化的影响，但很少涉及污染对生物进化的影响、污染对植物多样性丧失的影响、现存的植物（或生物）在环境污染条件下的适应性进化速度及其对现有农林生产系统的影响。因此，在环境污染日趋严重的状况下，选择既能提高植物抗污染性能又能保证生态、能源、食品、药品安全，保障物种多样性的植物选育和修复系统构建，将成为今后污染环境植物修复关注的重点，其相关研究将成为不容忽视的研究领域。

（一）植物修复野外试验及多学科综合研究

尽管针对植物修复已开展了大量的研究，但多数研究局限于室内或规模较小的示范基地。例如，在土壤污染方面，针对重金属、农药、多环芳烃、TNT、多氯联苯等持久性有机污染物，各国学者从植物分子生物学、植物生物化学、植物生理学、生态学和微生物学等方面开展了较多、较全面的研究，但实际应用相对较少，而且众多具有污染修复潜力的植物资源尚未被发现。因此，从生态安全考虑，应该重视和加强污染修复植物自然资源的筛选、培育与应用，而不是过多依赖于转基因技术。筛选自然植物资源需要更多的野外调查、试验及其室内和实地示范研究，以此证明植物修复技术的成效，以获得更广泛的认可。另外，植物修复涉及学科多，其野外试验需要多学科与相关研究领域的专家、工程技术人员、研究人员甚至是企业的协同配合，才能确保获得的研究成果能满足环境修复的实际需求。

（二）植物修复技术与其他修复技术综合应用

1. 植物修复与物理、化学修复相结合

现有研究与应用证明，植物修复技术对污染场地的修复是有效的，但有局限性，这些局限性就需要物理、化学及工程修复技术来弥补，相互取长补短。例如，将吸收、富集能力强的植物与降解修复能力强的细菌、真菌等微生物或微小动物联合起来的修复，不失为强化植物修复潜力的有效手段之一。对于一些污染物浓度高、植物无法存活或正常生长的场所，可以先用物理或化学方法处理，在其对植物正常生长不再构成毒害后，再实施植物修复措施。而在这一复合修复途径中，不同植物对物理处理、化学钝化、固化剂的适应性

也将成为研究重点。

2. 植物修复与其他建设需求相结合

污染场地修复的目的是提高其功能与利用价值，而植物在不同场地可以发挥不同的作用。首先，植物修复可以和园林景观建设相结合，在城区污染场所（公园、自然开阔区域）进行的修复工程，设计时要考虑景观建设需求，当污染物对公众健康风险较低时，无论是在修复过程中还是在修复结束后均可向公众开放[70]。其次，植物修复可与生态经济林、水土保持林及能源林建设相结合，在树种选择与配置方面，根据实际需要建立用材型生态林、能源型生态林、景观型生态林及野生动物的栖息场所。尤其是将植物修复技术和生物质能源利用技术有效结合，是一个同时解决环境问题和能源问题的思考方向[71]。由于污染土壤中的农作物不能正常生长或存在食品安全问题，在恢复耕作的较长一段时间内可种植一些生物量大、生长周期短的超富集和强耐性能源植物，不仅能满足修复污染土壤的需要，还可为生物质能源提供稳定的原料来源。

（三）植物修复技术的应用前景

到目前为止，我国利用植物修复技术治理环境污染取得了良好的效果，尤其是废弃矿区的植被恢复，大大地减轻了环境污染的程度，但仍没有得到广泛应用，且应用的过程中还存在一定的局限性，例如：具有较高经济效益、生态效益、可规模化利用的木本植物资源较少；在修复完成之初植物生长状况较好，随后会出现衰退；对修复过程中植物和生态系统中的毒素被分解，其产物最终是否会出现环境问题、是否存在有毒物质转移至食物链中等问题仍不清楚。而这些也正是植物修复技术今后应用中的研究方向，以便于更好地发挥植物修复的功能，提升环境污染治理效果。

植物修复技术之所以受到如此高度的重视，主要在于它的低费用，以及利用太阳能作为动力，是一种节能且对环境安全的处理技术。目前，植物修复技术仍属一个新的研究开发领域，多数研究成果仅限于实验阶段，研究的关键仍是筛选出能超量积累污染物的植物以及能改善植物吸收性能的方法。由于所用的植物类型不同，土壤类型不同，以及被处理的污染物类型不同，植物修复有时还不能得到完全令人满意的结果。但是通过深入、细致地研究植物-微生物和污染物之间的相互作用关系，利用这一技术实现污染治理的目标最终将成为可能。植物修复今后的研究方向及值得考虑和解决的问题主要有：

① 利用植物基因工程技术，构建出高效且对环境安全的去除环境中污染物的植物；

② 由于环境污染以复合污染为主，因此在筛选特异植物时应注意筛选出能同时吸收几种污染物的植物，以用于实际环境中；

③ 植物修复目前多处在小试阶段，今后需要进行由小试到中试甚至需要进行实际运行的过渡研究，同时需要对系统的运行进行科学的管理；

④ 需要对植物修复的实施及有关技术进行规范与示范，包括建立相应的特异植物种子库及有关快速培育与繁殖技术体系；

⑤ 需要建立植物修复安全评价标准，包括建立环境化学、生态毒理学评价检测指标体系；

⑥ 需要对运行费用标准和处理达标明确规范，并建立相应的责任处罚规章制度与条例。

第二节 植物修复技术的研究内容

一、植物修复概念的提出

植物修复一词的英文“phytoremediation”来源于希腊语“phyto”（即植物）和拉丁语“remedium”（意思是更新平衡、除去或修正）[72]。植物修复最初是用于农田污染物的去除，至少已有 300 年的历史。20 世纪 50 年代已开发应用植物修复放射性核素污染的土壤，而有关植物修复研究的基础也大多来源于对农田污染土壤的修复。据此，植物修复的研究历史可以大致分为两个阶段。其中第一阶段是植物忍耐超量重金属特性与机制的研究。20 世纪 50～70 年代，植物对重金属的耐受机制（如植物耐受的回避或排除机制、细胞壁作用机制、重金属与各种有机酸的络合机制、渗透调节机制等）成为当时植物修复研究的热点。第二阶段是应用植物进行污染土壤修复的研究。20 世纪 70 年代末到 90 年代初，人们逐渐把研究重点转向了对超积累植物的研究[73]。1972 年，Severne 和 Brooks 研究发现多花鼠鞭草叶子中的 Ni 的含量达 1%，叶灰分中 Ni 的含量高达 23%，并将其报道为 Ni 超积累植物，随后发现报道了 Ni 超积累植物塞贝山榄。1977 年 Brooks 提出超富集植物（或超积累植物）的概念。超积累植物的发现激发了科学家对其研究的极大兴趣，极大地促进了 Ni 超积累植物的研究，至 20 世纪 70 年代末已鉴别出 Ni 超积累植物 168 种。基于某些植物对生长环境中的有毒金属具有特别的超富集能力（富集力），1983 年美国科学家 Chaney 首次提出了“phytoremediation”（植物修复）的概念[74]。随着相关研究技术的发展，“phytoremediation”一词陆续出现在 Raskin、Cunningham 和 Berti 于 1993 年公开发表的技术文献中，后来又出现了“phytotechnology”（植物修复技术）一词。随着时间的推移和人类认识的提高，植物修复概念渐进完善，不断产生一些新的内涵和外延。

二、植物修复污染环境的理论基础

植物修复污染环境主要通过植物自身的光合、呼吸、蒸腾和分泌等代谢活动与环境中的污染物质和微生态环境发生交互反应，从而通过吸收、分解、挥发、固定等过程使污染物达到净化和脱毒的修复效果[75]。因此，植物对不同污染环境的适应潜力，以及植物生长、代谢生理及生物多样性与植物修复密切相关。

（一）植物对污染环境的适应性

生态环境中与植物相关的因子众多，且处于动态变化之中，植物对每一个环境因子都有一定的耐受限度，当环境因子的变化超越植物的耐受限度时，就成为植物逆境，污染环境就是一种特殊的逆境[76]。而自然选择会使一些逆境耐受植物成为能在污染等逆境条件下生存的物种，并在修复生态环境、维持生态平衡中发挥重要作用。因此，在污染这种特殊逆境下，植物是如何适应、适应的潜力有多大、其适应性对生态系统将产生何种影响等，成为人们不得不关注和思考的问题。

植物对污染及其所引起的自然环境生态要素的改变有两种：死亡与适应出路。一是部分植物在污染逆境条件下，生活力下降，生殖能力降低，逐渐退出污染地带，最终导致某些敏感物种消失；二是大多数植物可以通过调节其结构和生理状况，适应日益污染的环境，并且因为对环境的逐渐适应而产生抗性，保持不同程度的生存繁衍能力，形成抗性生态类型。即在强大的污染选择作用下，产生快速分化并形成旨在提高污染适应性的进化趋势。因此，植物对污染环境的适应性是指在一定条件下，污染环境的胁迫对植物的生长、发育及其后代的形成不产生可见伤害，否则就是不适应。适应包含个体在当前环境中的生存及繁殖的成功（即遗传物质的延续），以及适合度高的基因或基因型在种群内的扩散过程。植物对污染物的适应能力源于植物对污染物的耐受能力、累积能力及对污染物的降解能力，但是其涉及的机制是多方面的，迄今为止对大多数植物的具体适应机制还不十分清楚。根据国内外研究报道，植物对污染环境的适应有以下几种机制。

1. 前适应

前适应是指植物自身具备的外部形态具有保护层。自然界中不少植物由于先天性组织器官的结构形式（如叶片表皮细胞较厚、革质化、角质化或具有蜡质层，或表皮生有许多绒毛）和生理代谢特征，对干旱、高温、寒害等逆境具有一定的抵抗能力，可以适应这些环境胁迫。植物对逆境的适应能力，对于其适应污染胁迫也具有一定的作用，在抗性形成和发挥抗性作用中与对自然条件的环境胁迫的适应具有同一性，这就是植物的前适应。例如，很多针叶树种（松、杉、柏）和常绿阔叶植物夹竹桃的叶片坚硬且被有蜡质，气孔下陷于气腔内，气腔内有腺毛状附属物阻挡有害气体进入，这些对干旱、高温的适应性状也成为其适应大气 SO_2、NO_2 等污染的方式。叶子上气孔的数量与抗性也有一定的关系，如云杉等针叶树具条状气孔带，气孔密集，有害气体容易进入，其抗性较弱。污染对植物在形态与生理上的胁迫效应，实际上同植物面临的自然环境胁迫相似，适应的途径相同。

2. 回避适应

回避适应对动物而言，是指动物通过运动远离污染源，避开污染物逃向非污染区的行为。而对于植物，是指植物通过各种方式摒拒环境污染物进入组织细胞，而植物组织本身通常不会产生相应的反应。通过回避，植物不吸收或少吸收污染物，这是植物抵抗污染胁迫的一条重要途径。

植物对土壤重金属污染物的回避可以通过以下几种方式实现：①限制污染物的跨膜吸收；②分泌有机物质（糖类、氨基酸类、维生素类、有机酸类等）到达根际，改变根际环境酸碱度（pH）和氧化还原电位（E_h），从而改变污染物的理化环境和形态，使污染物由游离态转变为络合态或螯合态，降低污染物的可移动性；③改变根际周围的微环境，加强土壤中污染物的固定；④增加植物的外表皮或在根的周围形成根套，阻止或减少污染物进入根细胞等。

3. 耐受性适应

耐受性适应是植物通过自身的生理生化变化来适应环境胁迫的潜能。植物对污染物的耐受性，是植物对长时间、小剂量的污染产生的一种稳定而定向的适应形式，也是抗性最重要的形式。植物对污染物的耐受机制主要包括细胞壁沉淀、区室化作用、外排作用、螯合作用、抗氧化系统的保护、离子交换及渗透调节物质保护作用等。

4. 吸收和转化降毒

吸收和转化降毒是指植物吸收毒性污染物并通过自身代谢将其转化为毒性低或无毒性的物质。例如，夹竹桃的叶片吸收大气中的二氧化硫，将其以硫酸盐和亚硫酸盐的形式累积在叶肉内，进而逐渐转化为正常的代谢产物硫酸根离子，其毒性是亚硫酸根离子毒性的1/30，即植物在一定程度上能自行解毒，同时还能平衡植物生长所需的硫。对这类植物来说，转化率越高，则吸收有毒气体的能力越强，净化大气的能力也越强，而植物的叶片不会受害。灯芯草和水葱能在含酚的废水中正常生长，并净化污水中的单元酚，其作用机制是这些植物能从环境中吸收酚类物质，与其他物质形成复合物（如酚糖苷），从而使酚失去对植物的毒性。

（二）污染环境中植物的适应性进化

由于植物的遗传变异和自然选择，相当多的植物具有对污染胁迫的适应性，并具备产生新种群的潜力。即同一物种生长在不同条件下的不同种群，可能出现不同的形态、结构和生理特性，这些特性变异往往具有适应性，两个同种种群间差异的形成，并不一定要求有地理上的隔离。例如，在 Zn、Cd、Pb、Cu 等重金属污染的土壤中，两个相距很近的同种种群间在形态、结构、生理、生化上存在明显的差异，这是由于遗传性变异产生了适应于不同重金属污染的生态分化，最终形成了不同耐重金属的生态型。工业污染导致椒花蛾体表黑化的适应性，剪股颖在金属开采基地建立抗性种群，长期施肥影响农田杂草物种、群落结构及杂草的遗传与适应性进化等，这些都表明生物对环境污染具有相当的耐受性和快速适应进化的潜力。

在污染选择压力下，植物种群经历一个被选择和种群重建的过程，相比于原来的种群，被逆境选择的种群在生理生化特性和遗传特征等方面发生了极大的改变，产生渐变群、生态型，时间较长，将产生抗性基因型。当选择压力足够大，植物又具有相当的适应潜能时，植物的适应机制同原有的植物相比发生根本性的变化，最终可能发生生殖隔离，以至于新物种的产生。被选择和种群重建的结果是种群内污染适应程度不同的个体在种群中的比率发生变化，种群的遗传结构也随之发生变化。这种遗传变化在子代间的不断积累，使种群对污染的适应水平逐渐提高，随之种群发生了针对污染适应的进化分化[77]。大量的研究表明，污染物对植物产生巨大影响，最显著的效应是消除敏感物种或个体，改变生物群落的物种构成，导致植物种群（又称居群）的进化。

植物污染适应性进化通常经历抗污染生态型的形成及抗性基因的产生。植物长时间在污染环境中生长，将产生适应性抗性基因型，而这种抗性在一定程度上具有可遗传性，可进行代间传递，最终将成为污染环境适应性进化种类。这一过程可以概括为非抗性（正常）种群中抗性基因发生，污染胁迫对抗性个体的选择改变种群遗传结构，产生一定程度的生殖隔离，最后形成抗性生态形态，即抗性基因发生—选择—生殖隔离—抗性物种产生。

（1）抗性基因的发生 生物进化的本质就是群体基因频率发生变化[78]。有实验证明抗性存在于正常非抗性种群的某些个体中，抗性种质大多数是从受到严重污染的种群里分离获得的，其基因主要来源于基因代换、基因变换及基因突变。铜是最早被发现对植物耐性基因型产生选择作用的污染物。将非抗性种群绒毛剪股颖的种子播种在铜矿废弃地的土壤中，结果筛选出0.4%的抗铜个体。但并非在每一种群中都能检测到对某种污染物具有抗性的变异体。例如，McNeilly 和 Bradshaw 采用筛选法检查铜矿区常见植物绒毛剪股颖和另外8种不常见的物种。结果发现前者存在Cu耐性个体，而后8个物种则无Cu耐性个体，这种产生耐性个体的差异甚至可以出现在同一物种的不同种群之间。除少数例外，绝大多数植物的抗污染性均表现为可遗传性状，且控制植物耐受性状的基因数目因物种及污染物类型的不同而存在差异。有的性状受单个基因调控。例如，根据植物抗性与非抗性种群之间杂交后代分离比例，推测猴面花和毛状剪股颖的抗铜性及洋葱的抗 O_3 能力可能都是受单个主要基因控制。对多数抗大气污染植物的研究发现，抗污染性为数量遗传特性，受多基因控制[79]。根据 Winner 等的观点，抗污染基因型的产生有两种可能的机制：一是经过多世代逐渐积累并传递下来的“隐藏突变”，即正常条件下不表达的基因，在人为污染环境胁迫下表达并形成抗性突变体；二是受污染胁迫的植物，其分生组织的遗传物质发生自发或定向突变，形成抗性突变体[80]。

（2）选择 污染作为一个强大的选择因子对植物的进化过程具有重大的影响：要么适应，要么死亡，这是植物面对污染环境的两种选择。自然选择能够对所有的植物进行筛选，经历的时间比较长，从而可以获得高抗性的种质。抗性受多基因控制，因此抗污染进化表现为一个过程。在这一过程中随着选择压力的增加，种群内敏感个体逐渐消失，抗性个体比例上升[81]。例如，禾本科匍匐剪股颖受铜污染4年、7年和15年的三个种群的平均抗铜力（抗性个体频率）分别为21%、32%和42%，随污染时间的增长，抗性个体产生的频率逐渐提高。Bradshaw 和 McNeilly 将抗性呈连续变异的种群进化过程分为三个基本阶段：第一阶段，最敏感的基因型被消除，但整个种群的一般结构未发生明显的变化，即敏感基因型消失，种群中其他基因型个体数量增加；第二阶段，除抗性最强的基因型外，其他个体全部被淘汰，种群结构发生重大改变；第三阶段，幸存的强抗性个体间进行杂交，遗传重组，产生抗性更强的后代供进一步选择。许多野外实地调查证实，如果选择压力足够强且抗性的遗传力足够大，植物种群表现出快速的抗性进化，几个世代就能形成抗污染生态类型。

（3）生殖隔离 抗性与非抗性种群之间的基因交流会阻碍抗性生态型的形成，因此，抗性种群为保持其抗性特性，在形成抗污染能力的同时发展有效的生殖隔离机制，以阻断其与非抗性种群间的基因交流。由于差异适应，出现开花时间上的隔离（花期不遇），生理结构差异导致的隔离，自交亲和、杂交不亲和及胚败育等生殖隔离机制。例如，在毛状剪股颖中表现为抗性种群花期提早；在绒毛剪股颖中抗性种群内花期高度一致，而非抗性种群内花期变异较大。很多物种通过增加抗性种群内自交亲和性个体的频率，以此减少与非抗性种群的基因交流概率。例如，在毛状剪股颖、海石竹和变叶燕麦草的抗重金属污染种群中，其自交可育性和结实率均明显高于非抗性种群。抗性与非抗性种群间杂交不亲和性构成另一类生殖屏障，表现在花粉萌发率或结实率低，或杂交胚败育。

大量的研究表明，来源于抗性生态型的某些种群对多种重金属均有抗性。据不完全统计，自首次发现抗铜生态型以来，有40余种高等植物表现为抗污染生态型，这些抗性生态型分布于禾本科、石竹科、十字花科、车前科、蝶形花科等植物中。因此，污染作为一种长期而影响广泛的生态因子，是生物圈中的任何生物都必须面临的，它不仅作为一个区域性影响因素制约植物的分布，还制约着植物的演化、进化历程和方向。植物的适应性进化为修复植物资源的筛选提供了遗传基础。

（三）植物对污染环境的响应与反馈

生长于不同污染环境中的植物，其形态结构、生理功能、繁衍机制及遗传物质等均会产生不同程度的改变，这就是植物对污染环境的响应，它反映植物对不同污染环境的敏感性和耐受性。

土壤中污染物的广泛存在改变植物的生存环境，直接或间接地对植物的生长发育过程产生不同的影响。不同类型的污染物对不同植物、相同植物的不同组织产生不同的毒害，即植物对污染物的响应与反馈存在差异。以空气为存在介质的污染，叶片接触到的污染物浓度最高，受毒害最严重；以土壤为主要存在介质的污染，污染物对根系的危害最大，根系的毒性反应明显。例如，受重金属影响，植物根尖坏死，根粗短肥大，缺少根毛，吸收能力降低，导致植株地上部因缺水而枯萎死亡。有的污染物对植物外表不会产生可见的伤害，而只对植株体内的生理、生化过程产生抑制作用，导致其抵御污染物的能力下降，植物产品品质下降。即植物对环境中不同污染物从个体的形态结构、生理生化过程及分子水平做出不同的响应。

1. 植物形态结构对污染环境的响应与反馈

植物形态结构随生境的不同、生态因子的变化而发生变化，其中以植株地上部尤其是叶的变化最为快速明显，最能反映植物对逆境的适应性。因此，植物对环境污染物最直观的响应是形态上产生肉眼可见的受害症状，即宏观伤害。当植物暴露于较高浓度的大气污染物时，植株可以迅速表现出中毒症状，叶片出现斑点、卷曲，甚至有的茎、叶部分乃至全部坏死；而土壤中的污染物可以引起根尖坏死，并进一步引起植株输导组织萎缩，最终导致整个植株死亡。污染物高浓度长时间侵入时，可使植株的不同器官坏死，叶片、花或果实脱落，枝茎萎缩，输导组织功能下降或完全丧失。当植物暴露于浓度较低的污染物时，植株仍然可以生长，但叶片出现局部组织坏死或产生缺绿、早衰等症状，最终结果是植株生长缓慢或生长异常、发育受阻、植株矮小、生物量降低。

2. 植物细胞与组织结构对污染环境的响应与反馈

形态可见伤害的产生源于污染物对植物组织细胞结构和功能的改变，即细胞膜系统与细胞器结构与功能的改变。

（1）细胞膜的变化　质膜是有机体与外界环境接触的第一层界面，当植物遭受到污染物的影响时，污染物首先对细胞膜产生影响，引起细胞膜结构和功能的改变，其中膜脂是污染物的主要作用位点。植物在遭受污染物伤害后，膜上不饱和脂肪酸发生过氧化作用，膜蛋白变性，导致细胞膜结构松散，膜相变和膜结构被破坏，渗透性发生变化。例如，大气污染物 SO_2 经气孔进入叶组织，与水结合产生 SO_3 或 SO_2，在进一步的氧化过程中会产生氧自由基，引起质膜过氧化，从而伤害膜系统。另外，污染物可影响细胞膜的离子渗透性，如植物受重金属胁迫，随着污染物浓度的增大，胁迫时间的延长，细胞膜的组成及选择透性会受到严重伤害。

(2) 细胞器的变化　细胞膜是防止细胞外物质自由进入细胞、维持细胞内环境相对稳定的屏障，可确保细胞内各种生化反应能够有序运行[82]。细胞膜渗透性被破坏，导致细胞内容物大量外渗，同时外界有毒物质涌入细胞，使细胞内叶绿体、线粒体、内质网及细胞核等重要细胞器受到损伤，破坏严重时细胞内分割作用会消失，细胞器崩溃，最终导致细胞坏死[83]。例如，正常叶绿体基粒类囊体和基质片层结构紧密，形成完整的膜系统，当植物受到污染物胁迫时，类囊体囊内空间变大，基粒和基粒片层松弛。当胁迫浓度进一步增加时，叶绿体的被膜会完全消失，类囊体片层膨胀，部分类囊体片层模糊，最后膨胀的类囊体片层和基质片层被解体。例如，玉米受镉离子胁迫，当镉浓度较低时线粒体的内嵴减少或消失，而当镉的浓度达到 50mg/L 时线粒体膨胀成为巨大型线粒体，有的甚至溃解。内质网是蛋白质合成的场所，环境污染能引起核糖体脱落，影响蛋白质合成。

3. 植物对污染环境的生理生化响应与反馈

植物体的生理生化过程是构成整个生命活动的基础，而各种酶在这一过程中起着重要的作用。污染物进入机体后，酶的数量及其活性受到影响，从而导致生物机体内一系列代谢反应发生改变，如影响植物的呼吸作用、光合作用、物质代谢等生理生化反应。

(1) 植物抗氧化酶系统和非抗氧化酶系统的变化　众多研究表明，污染物的毒害作用就是基于酶的相互作用，对酶的数量及其活性产生影响，与其他逆境（如辐射、干旱、高温、低温、盐害）的伤害类似。植物一旦受到重金属等污染物的胁迫，体内的氧代谢动态平衡就会被打破。活性氧泛指含有氧原子，但较氧具有更活泼化学反应特性的氧的某些代谢产物及其衍生物，包括过氧化氢（H_2O_2）、羟基自由基（·OH）、单线态氧（$^1O_2$）、超氧自由基（O_2^-·）等，活性氧增多会对细胞产生不利的影响。例如，大气污染（SO_2、O_3）、金属（Pb、Cd）离子、辐射等，能导致细胞产生大量的活性氧，O_2^-·如果不能及时清除，在 Fe^{2+} 存在和一定生理条件下，可促进芬顿反应的进行，使过氧化氢转变为对细胞毒害性最强的自由基（·OH）。然而植物经过长期进化，对氧化胁迫有一定的适应能力和抵抗能力，当活性氧累积量超过正常水平时，植物通常会引发各种防御机制，如利用体内的抗氧化防御系统（又称活性氧清除系统）来清除体内的活性氧和膜脂过氧化所产生的有毒物，使活性氧的产生处于动态平衡之中，降低其伤害作用，以利于植物在逆境中生存。

植物抗氧化防御系统由抗氧化酶和小分子抗氧化剂组成，主要包括超氧化物歧化酶（SOD）、过氧化物酶（POD）、抗坏血酸（ASA）、谷胱甘肽等（后两者为非酶促系统）。一般情况下，植物体内抗氧化酶活性越高，抵抗逆境胁迫的能力越强，但也受到植物生理过程和生长环境的共同作用。例如，在 O_3 污染急性胁迫下，叶片细胞内的 SOD 活性迅速增加，以此抵御活性氧的攻击，随着活性氧浓度的继续增加，POD、过氧化氢酶（CAT）等保护酶活性升高。但持续高浓度的胁迫，SOD、POD、CAT 等保护酶的活性降低，从而破坏了自由基清除酶系统的协调性，细胞内自由基超量累积，对膜系统造成伤害。此外，当植物受到污染物（如 SO_2 和 N_2）污染时，非酶抗氧化系统可以清除 O_2^-· 和 H_2O_2。在非酶保护系统中抗坏血酸（ASA）是最重要的组分。ASA 能促进植物体内多种酶的活性，当植物受污染物胁迫时，ASA 含量下降可造成体内多种酶活性减弱，从而破坏正常的代谢过程，加速植物的衰老甚至死亡。

污染物对植物的毒害作用除了表现在与抗氧化酶系统相互作用以外，还表现在对其他酶的结构和活性的影响。一些污染物可以抑制酶活性。例如，氟化物可以强烈抑制烯醇化酶而使糖酵解过程受阻。有的污染物可以改变植物体内酶的结构而使其永久失活。例如，O_3 等氧化性污染物可以使酶结构中的羧基氧化，导致多聚糖合成酶、异柠檬酸脱氢酶、苹果酸脱氢酶等羧基氧化而失活，进而使植物体内的一些生化反应受阻，引起植物表观的变化。例如，镉可以与叶绿素合成途径中多种酶的—SH 发生反应，阻碍了叶绿素的合成，使叶子中叶绿素含量显著降低，叶片变黄。

（2）植物逆境蛋白的产生　近年来，随着对植物抗逆性研究的不断深入，发现多种刺激因素（高温、低温、干旱、有毒物质等）都会抑制原有正常蛋白质的合成，与此同时形成新的蛋白质（或酶），即逆境蛋白。植物逆境蛋白合成具有广泛性和普遍性。例如，缺氧环境下植物体内产生厌氧蛋白，紫外线照射会产生紫外线诱导蛋白，重金属污染会产生金属硫蛋白。这类蛋白质中许多氨基酸带有活性基团（如—OH、—NH_2、巯基），这些活性基团在维持蛋白质构型和酶的催化活性中起着重要作用[84]。然而，这些基团易与污染物及其活性代谢产物发生反应，导致蛋白质、细胞和亚细胞的损伤，最终导致细胞死亡和组织坏死。

（3）植物化学成分对环境污染的响应　污染能影响植物体内的化学组成成分。例如，镉对高等水生植物可溶性糖含量产生影响，随着水中镉浓度的升高，植物叶片中可溶性糖含量增加。对于抗性较弱的植物，在较低镉浓度下，叶片可溶性糖含量急剧上升，然后变得平缓；而抗性强的植物，其叶片可溶性糖含量始终增加。因此，叶内可溶性糖含量的变化，可作为鉴别植物抗性强弱的生理指标之一。此外，很多植物体内的氨基酸［如游离脯氨酸（Pro）］含量也受环境污染的影响，在正常环境条件下生长的植物，体内 Pro 的含量较低，受到生理或非生理胁迫时，Pro 含量会增加[85]。

（4）植物光合作用对环境污染的响应　光合作用是一系列复杂的代谢反应的总和，是植物生长发育的基础。污染物降低和抑制植物光合作用，是植物受害的重要原因[86]。植物光合作用对气体污染的反应具有双重效应：高浓度下，光合作用受到抑制；短期低浓度作用下，光合作用则受到刺激。以 SO_2 为例，它一方面抑制二磷酸核酮糖（RuBP）羧化酶的活性，阻止其对 CO_2 的固定；另一方面使光合系统Ⅱ（PSⅡ）和非环式光合磷酸化受阻，影响 ATP 的合成，使光合速率降低。与此同时，SO_2 进入叶肉细胞后，与植物同化作用过程中有机酸分解产生的 α-醛结合形成羟基磺酸，该物质能抑制乙醇酸代谢中的乙醇氧化酶，阻止气孔开放，抑制 CO_2 固定和光合磷酸化，干扰有机酸与氮的代谢；同时，对光合作用和呼吸作用中ATP的形成、H^+和Cl^-的跨膜运输都有抑制作用。重金属对植物光合作用的影响主要是抑制叶绿素中光合电子传递，抑制对CO_2的固定。例如，Cd能抑制光合系统Ⅱ的电子转运，影响光合磷酸化作用，并增加叶肉细胞对气体的阻力，从而使光合作用减弱。

（5）植物呼吸作用对污染物的响应　呼吸作用是一个普遍的生理过程，呼吸强度是植物生命活动的重要指标。环境污染对植物呼吸作用具有促进或抑制效应。例如，低浓度的镉胁迫水稻可刺激呼吸酶和三羧酸循环产生更多能量，增强其叶片的呼吸强度，而大于0.1mmol/L的镉胁迫对叶片的呼吸强度产生明显的抑制作用。

污染物对呼吸作用的影响以线粒体呼吸链系统作为其毒性作用的主要靶标，其作用机制主要是对线粒体呼吸链各功能复合体（FIFO-ATPase复合体Ⅴ）及相关酶（如细胞色素c、辅酶Q、三羧酸循环和脂肪酸氧化的功能酶）的影响，包括：①对功能蛋白活性位点的抑制作用，如Mn^{3+}因与Fe^{3+}具有相似的结构，可竞争性地取代乌头酸酶中铁硫配体中心的Fe^{3+}，因而阻断了柠檬酸与乌头酸的结合，导致柠檬酸不能被有效地氧化；②对功能酶蛋白活性基团及辅基直接作用，例如，较高浓度的NO直接与细胞色素c、铁硫中心Fe^{3+}反应，对线粒体呼吸链复合体（Ⅰ～Ⅳ）及乌头酸酶等产生抑制作用。

4. 植物在分子水平对环境污染的响应与反馈

污染物及其活性代谢产物可直接与蛋白质、核酸、脂肪酸等生物大分子反应，掺入生物大分子，导致生物大分子组成及功能的异常，从而引起一系列异常生物学反应，产生毒性效应。

（1）对遗传物质DNA（脱氧核糖核酸）的损伤　DNA是生物体内重要的遗传物质，具还原性，较易与金属离子和其他通过膜的渗透物结合并形成羟基（—OH），而DNA分子含有多种碱基和糖苷，很容易受到羟基的攻击。糖苷受到攻击后，会导致嘌呤位点上碱基易位、脱氧核糖链断裂，DNA受到不同程度的损伤[87]。大量研究表明，环境污染物及其代谢产物可导致DNA突变及基因功能改变。

（2）污染相关基因的表达　研究发现，植物自身存在一类Pb(Ⅱ)、Cd(Ⅱ)或Zn(Ⅱ)、ATP等保护酶类，该类保护酶可以将这些金属离子泵出细胞外，以减轻重金属胁迫对植物细胞的毒害。例如，镉离子可以胁迫诱导AtATM3基因的表达，增强拟南芥对重金属的耐性；而Nramp基因编码的蛋白（巨噬细胞天然抗性蛋白）可以向细胞内部泵入镉、锰等金属元素，通过敲除该基因可以大幅降低水稻对镉的吸收等。基因的发现和克隆为清晰、准确地了解污染物在植物体内的代谢转化、清除或富集以及转基因植物的构建提供了可能，为进一步利用植物修复污染环境奠定了基础。

三、植物修复技术的研究内容与研究方法

植物修复技术是植物学（或植物生物学）在污染环境修复应用领域的拓展，是在多学科交叉点上生长起来的新技术，涉及的相关学科包括生物地球化学、地质学、植物分类学、植物生理学、植物营养学、土壤化学、环境生态学、污染生态学、分子生物学与基因工程、农业生物环境工程等[88]。其研究内容是应用植物学及其相邻或交叉学科的基础理

论与方法、现代科学技术（如基因工程方法与技术），以及各种物理、化学分析技术与方法，以植物对环境的反应为基点，研究典型污染物质对植物形态、生理代谢、遗传物质的影响，以及植物生长发育和遗传对环境污染的响应，探讨和认识植物对污染环境的适应和植物的微进化过程。其重点是研究植物对污染环境的净化功能、植物对污染环境的修复潜力、植物修复技术的实际应用及植物对环境污染的监测等内容，特别是人类活动干扰和胁迫环境条件下植物对污染环境的适应性的基础研究与应用基础研究，为我国的环境安全提供理论依据、战略决策、示范模式和技术支撑。

与化学或化学工程修复清除污染相比，植物修复技术被普遍认为是高效、低成本、对环境友好的修复技术，是一种绿色、可持续、有着广阔应用前景的解决环境污染问题的技术。利用植物具有累积、分解或除去金属元素、盐分、杀虫或杀菌剂、有机溶剂、毒炸药、原油及其衍生物的能力，将污染土壤、水体、大气和其他环境中的污染物或毒物清除，植物修复技术在大气、水体及土壤净化修复中得到了广泛应用。广义的植物修复技术还包括工程建设中采用相关的生态植物（如不同类型的乔、灌、草、藤等），在特定环境条件下合理配植后，对开挖或填方所形成的边坡进行植被恢复的一种综合应用技术。

迄今为止，利用这一绿色技术开展了水体富营养化的治理、多氯联苯（phychlorobenzene，PCB）植物根圈分解、重金属与放射性元素的吸收和去除、有机磷与无机污染物的分解、水溶性与挥发性物质的处理、环境激素的分解、空气污染物质的分解处理等研究。其研究内容涉及积累植物与超积累植物或耐受性（耐性）植物的筛选及其在污染环境修复方面应用的潜力评估，各种理化和生物因素对植物修复污染环境的影响，植物-微生物共生体系特征对植物修复效率的影响，植物累积环境中污染物的机制，分子生物学及基因工程技术对环境修复植物生物学性状的改良及其应用，污染环境中植物系统发育与生物多样性变化等。

植物修复污染土壤的研究内容至少包括以下几个方面：①积累植物和超积累植物的筛选及其在污染土壤修复方面的应用潜力评估；②影响植物修复污染土壤的因素研究，包括土壤化学、农业化学、地理气候等因素，如温度、湿度、光、灌溉及病虫害等；③与积累植物和超积累植物共存的微生物体系研究；④积累植物和超积累植物根际生态环境特征研究及其对植物修复效率的影响；⑤植物积累土壤中污染物的生物学机制（包括根部吸收机制、体内运输机制及抗性机制）研究；⑥污染土壤系统中废弃养分的植物吸收与再利用研究；⑦农业生物环境工程措施在污染土壤植物修复中的应用；⑧基因工程技术对植物性状的改良及其应用。

植物修复技术是在多学科交叉点上生长起来的新技术，常用的研究方法有：①污染土壤和水体调查方法，主要涉及的方法有土壤学研究法、土壤化学研究法、土壤微生物学研究法及水质分析法；②积累植物和超积累植物的筛选方法，包括野外评价法、温室栽培试验法、营养液栽培试验法、根际生物测定技术、细胞和组织培养试验法、种子发芽试验法；③利用植物修复污染土壤和水体的方案设计及实施方法；④植物种植方法、田间管理与观察方法、收获及植物器官的处理方法、考种方法；⑤植物修复污染土壤和污染水体研究成果的示范与推广方法；⑥农业生物环境工程方法。

第三节 植物修复技术的类型和应用意义

一、植物修复技术的类型

因植物从不同环境中去除污染物的机制各异，植物修复技术也被分成不同类型。根据污染物的类型、污染场地的条件、污染物的数量、植物种类、不同的应用机制和对环境的改造目的，植物修复技术与修复过程大致分为7种类型，即植物萃取技术、植物固化技术、根际过滤技术、植物降解技术、植物促进技术、植物钝化和植物吸收与转化。

1. 植物萃取技术

也称为植物累积，即利用金属积累植物或超积累植物将土壤中的金属萃取出来，富集并搬运到植物根部可收割部分和植物地上的枝条部位。简单地说就是植物从土壤中吸收去除无机污染物，主要是重金属和类金属物质（如砷）。连续种植超积累植物即可将土壤中的重金属含量降到可接受的水平[89]。植物萃取技术是目前研究应用最多而又最具有发展前景的污染土壤植物修复方法。其原理是植物具有从基质（如土壤和水基质）中吸收无机化学物质的能力，其中一些物质是植物生长必需元素（如 Mn、Cu、Zn），而另一些元素在植物体内的生理功能目前尚不清楚。该技术利用的是一些对重金属具有较强忍耐和富集能力的特殊植物，要求所用植物具有生物量大、生长快和抗病虫害能力强的特点，并对多种重金属具备较强的富集能力[90]。此方法的关键在于寻找合适的超富集植物和诱导出超级富集体。

植物萃取分为连续植物萃取和诱导性植物萃取。利用超积累植物吸收土壤重金属并降低其含量的方法，称为连续植物萃取。连续植物萃取取决于整个生长周期中，植物对重金属的累积、转运及对高浓度重金属的抵抗能力[91]。因此，通常认为超积累植物最适合修复重金属污染的土壤。

适合于植物萃取的理想植物应该具有如下特点：①植物可收割部位必须能忍耐和积累高含量的污染物；②植物在野外条件下生长速度快、生长周期短、生物量大，个体高大且能向上垂直生长，以利于机械化作业等；③植物对农业措施（如施肥等）能产生积极的反应，因为只有这样才能够反复种植，多次收割。然而，天然条件下所见到的植物往往难以同时满足上述条件。目前常用植物包括各种野生的超积累植物、某些高产的农作物，如芸薹属植物（印度芥菜等）、油菜、工业用的大麻等。

2. 植物固化技术

又称植物固定或植物稳定，是指植物的根系与微生物互作使土壤中的有机污染物和部分无机污染物与土壤团粒紧密结合，通过耐重金属植物及其根系微生物的分泌作用螯合、沉淀土壤中的重金属，从而降低重金属的活动性及生物有效性，使其不能被生物所利用，达到固定、隔绝、阻止重金属进入水体和食物链的途径和可能性，并阻止其向周边环境扩散，降低对环境和人类健康危害的风险。

适用于固化污染土壤的理想植物，应是能忍耐高含量污染物、根系发达的多年生绿叶植物。这些植物通过根吸收、沉淀或还原作用可使污染物（如金属）惰性化。当然，植物枝条部位的污染物含量低更好，因为这样可以减少收割植物枝条器官并将其作为有害废弃物处理的必要性。植物固化技术对废弃场地重金属污染物和放射性核素污染物固定尤为重要，原地固定这两类污染物是上策，可显著降低风险性。生长茂盛的植物对污染场地的水文条件有时会产生明显的控制作用，并使场地污染物惰性化，调节当地的小气候环境[92]。

与植物萃取的区别在于，植物固定是将毒性物质隔离在根际区，以此阻挡金属元素被植物组织吸收，从而将污染物转变成在植物、动物和人类中移动性小、生物可利用性低的物质。植物固定技术并不是将污染物彻底清除，只是将污染物暂时固定，并没有从根本上解决污染问题[93]。植物固定技术适合修复被污染的土壤和沉积物，保护污染土壤和沉积物不受风蚀、水蚀，减少重金属渗漏对地下水的污染，避免重金属的迁移污染周围环境，即降低被污染的土壤因没有或缺少植被所产生的扩散风险。

3. 根际过滤技术

根际过滤技术利用超积累植物或耐重金属植物的根系从污水和土壤溶液中吸附或吸收、富集或沉淀有机和无机污染物（如重金属）。适用于根际过滤技术的植物，必须有较大的根系生物量，最好是须根植物[94]。根际过滤技术主要用来处理石油天然气生产过程中产生的污染土壤、含放射性污染物质的污染土壤、含重金属的各种土壤以及富含其他污染物（如氮、磷、钾）的土壤。

植物根际存在大量的根际微生物，在植物修复过程中，根际微生物与植物可以形成联合（共）修复体系，从污水中吸收、沉淀和富集有毒金属和有机污染物。根际过滤作用所需要的媒介以水为主，是水体或湿地生态系统植物净化的重要作用方式。根际过滤最大的好处是可将植物直接种植在污染水环境和土壤中，就地处理污染物，被认为是一种低投入的高效修复方法。

通过植物根际过滤净化污染水体的潜力大，但其应用范围有限，其原因如下：①耐受高浓度污染物的水生（湿生）植物资源有限，大多数植物能在中度污染的土壤和水体中生长，但在重度污染土壤和水体中生长较差，根系生长发育不良，根际过滤作用小；②根际过滤作用范围局限于根系区域，根系接触不到的污染物，根际过滤失去作用，通常浅根系植物处理效果差于深根系植物；③根吸附或吸收量有限，将污染土壤和水体恢复到正常水平需要时间长；④很多污染地受有机污染物、无机污染物等多种污染物复合污染，而单一植物只能对一种或少数几种污染物有作用。因此，采用植物根际过滤作用（尤其是单一植物群落根际过滤作用）去除污染物效果不显著，需要结合其他方法进行修复。

4. 植物降解技术

也称植物挥发，是指植物将土壤和水中的污染物吸收后，通过酶活动将有机污染物在植物体内直接降解并将其转化为毒性较小或无毒的物质，或是植物将某些重金属吸收到体内后将其转化为气态物质释放到环境中。羟基是光化学循环中形成的一种氧化剂，地下环境中许多难处理的有机化合物进入大气后可很快与羟基产生化学反应。然而将污染物从土壤或地下水转移到大气中并不容易[95]。植物中的硝酸盐还原酶和树胶氧化酶可分解弹药废弃物（如 TNT），并可将降解后的环形结构物结合到新的植物组织或有机碎片中成为有机物质的组成部分，从而达到去毒的目的。去毒机制是将母体化合物转化为无植物毒性的新陈代谢产物存于植物器官中。对酶作用途径和产物的深入研究无疑会丰富和发展现有的植物修复理论[96]。因此，植物降解修复途径主要有两种：一是污染物质被吸收到体内后，植物将这些化合物及分解的碎片通过输导组织储藏在植物新的组织中，或使化合物完全挥发，或矿质化为二氧化碳和水，从而将污染物质转化为毒性小或无毒的物质；二是植物根分泌物质或根际微生物直接降解根际圈内有机污染物，如漆酶对 TNT 的降解，脱卤酶对含氯溶剂［如三氯乙烯（TCE）］的降解等。土壤中的离子态汞（Hg^{2+}）在厌氧细菌作用下可转化为毒性很强的甲基汞，抗汞细菌能在这种污染的环境中生存繁殖，并通过酶的作用将甲基汞和离子态汞转化为毒性较小的挥发性 HgO。

植物降解技术主要适用于疏水性适中的污染物，如苯系物（BTEX，即苯、甲苯、乙苯、二甲苯、三硝基甲苯等）污染物。这一技术最大的缺点是许多挥发到空气中的污染物能通过降水返回生态系统中。植物降解通常对某些结构比较简单的有机污染物质去除效率较高。例如，在含 Se 的土壤上栽种印度芥菜，种植 1～2 年后，土壤中 Se 含量可分别降低 48%（2 年）和 13%（1 年），表明该植物对 Se 有较高的吸收和累积能力。此外，水稻、花椰菜、胡萝卜、大麦和苜蓿及一些水生植物也有较强的吸收并挥发土壤（或水）中 Se 的能力，这可能与这些植物能够针对这一种污染物质分泌专一性降解酶有关。但对结构复杂的污染物质则降解能力甚弱。

5. 植物促进技术

植物促进技术也称根际降解。由于植物根系的存在，土壤中的微生物（真菌、细菌等）对有机污染物的降解作用得到了加强；同时，根系分泌物（如氨基酸、糖类和酶等）能够促进根际微生物的活性和生化反应，加速对有机污染物的生物降解；除此以外，植物根系的存在使土壤变得疏松，根系的输水性能为微生物生长提供更为适宜的湿度环境，微生物活性得到提高，更有利于它们降解有机污染物质（如油类、溶剂等）。因此，植物与微生物的互作是根际微生物降解的关键因素[97]。植物可以提高微生物的数量和活力，而微生物对污染物的降解又可提高污染物的生物可利用性，利于植物吸收。此外，附着在根上的微生物可以通过代谢作用，将这些有毒物质转化为无毒物质。在这一过程中，污染物的化学结构发生的变化降低了对生物的毒性。其主要途径是将重金属转变为低毒性形态，固定在植物根和根际土壤中，减少污染土壤的侵蚀、土壤渗漏及地表径流中的含量，从而防止污染物的淋移和因地表径流作用而引起的扩散。

6. 植物钝化

植物钝化利用一些植物促进高毒性形态的重金属转变为低毒性形态，以降低其对生物的毒害，防止其进入地下水和食物链，从而降低污染物对环境和人类健康的毒害风险。在这一过程中，土壤的重金属含量并不减少，只是形态发生变化，如 Cr 具有较高的毒性，而通过转化形成的 Cr 溶解性很低，基本无毒性。

7. 植物吸收与转化

植物吸收与转化是指通过植物新陈代谢作用降解环境污染物的过程。植物转化取决于污染物从土壤和水体中的直接吸收和在植物器官中新陈代谢物的积累。从环境治理的角度考虑，植物中积累的新陈代谢产物必须是非毒性的，或者至少与其母体成分相比较毒性明显降低[98]。植物对于一定范围内的大气污染物，不仅具有一定程度的抵抗力，也具有相当程度的吸收能力，如植物可去除室内外空气中的 NO_2、SO_2、CO_2、臭氧、神经毒气、烟尘颗粒物和挥发性卤代烃等多种污染物。即植物对一定程度的大气污染具有净化作用，这种净化作用主要有两种途径：一种是植物直接过滤粉尘、隔声等物理途径；另一种是通过植物叶片对大气污染物的吸收、转化和累积而达到净化大气效果的生物化学途径[99]。Simonich 和 Hites 研究发现，美国东北部的森林植被可清除当地释放到大气中的多环芳烃（PAH）总量的 44%～62%，并随植物叶片的脱落进入土壤中。1998 年，德国拜罗伊特大学的 McLachla 和 Horstmann 将植物过滤气相持久有机污染物（POPs）的作用定义为“植物过滤效应”。此外，一些植物的挥发性物质也可杀灭大气中的微生物。

由此可见，不同修复技术依据不同的方法和机制，对不同类型污染物的去除效果各异，特定的污染物需要采取特定的方法去除。例如，植物萃取与植物固定对去除盐碱和重金属效果最佳；而对于烃类污染物或炸药，植物转化或植物降解的去除作用最好。因此，在实践应用中针对不同污染物，应选择对特定污染有耐受性且能去除污染物的不同植物种类。

二、植物修复技术的优势与局限性

（一）植物修复技术的优势

植物修复技术以阳光为动力，将分散在空气、水体和土壤中的污染物泵吸出来，相比于其他物理、化学和生物方法具有更多的优点，突出表现在以下几个方面。

① 植物修复技术是一种环境友好型的绿色生物技术，利用植物去除环境污染物或使其无害化，具有传统的污染物处理技术不可比拟的优势。植物修复通常是在原位实施，是将污染物就地降解和消除。由于其对周边环境干扰小，不会破坏实施场所，清理土壤中污染物的同时，还可同时清除污染土壤周围的大气或水体中的污染物。

② 植物修复技术以太阳能为能源，修复的成本低（仅需传统修复技术成本的 10%～50%，投资和运作成本均较低）。二次污染易于控制，在修复土壤的同时，也净化、绿化了周围的环境，植被形成后具有保护表土、减少侵蚀和防止水土流失的功效。植物修复污染土壤的过程也是土壤有机质含量和土壤肥力增加的过程，被植物修复净化后的土壤适合于多种农作物的生长，可大面积应用于矿山的复垦、重金属污染场地的植被与景观修复。植物修复技术使地表长期稳定，可控制风蚀、水蚀，减少水土流失。

③ 有较高的环境美学价值。具有观赏价值植物的应用，有助于改善污染场地的生态景观，对周边地区的空气和水体环境也有改善作用，且能增加地表的植被覆盖，可以控制风蚀、水蚀，减少水土流失，有利于退化生态环境的恢复、改善和保护。植被形成后也可以为野生生物的繁衍生息提供良好的生境，有利于污染地生物多样性的恢复和重建。植物修复过程中，可以对植物地上部进行收割管理，对收获的植物进行集中处理以有效移除土壤污染物，如土壤重金属。收获的植物材料可用于生产沼气、动物饲料、堆肥及造纸等。

大众对该项技术也有较好的心理承受能力，易为社会所接受。污染地附近的居民总是期望有一种治理方案既能保护他们的身心健康，美化其生活环境，又能消除环境中的污染物，而植物修复技术恰恰能满足这一点。

④ 植物向环境释放根际分泌物和根器官腐烂的过程是根系周围土壤碳和氧含量增加的过程。因此，植物修复可增加土壤有机质含量和土壤肥力，被植物修复过的干净土壤适合于多种农作物的生长。

⑤ 如果从超积累植物中回收重金属的工艺问题得到解决，人们在治理重金属污染土壤的同时还能回收一定量的重金属。这相当于组建一个廉价的、以太阳为能源的生物加工厂，每收割一茬植物便可回收数量可观的重金属。与通过正常的矿石冶炼方法获取金属相比，焚烧植物获取重金属对环境损害更少，因为用矿石冶炼金属会向空气中排放含硫的污染物。

⑥ 对于可用作微肥的重金属（如铜、锌）来说，富集重金属的植物在收割后可用作制成微肥的原材料，用这种原材料制成的微肥更易被植物吸收。如铜超积累植物收割后可用作加工（如堆肥）铜微肥的原材料。

⑦ 植物修复技术能永久性解决土壤中的重金属污染问题。相比之下，多数传统的重金属处理方法只是将污染物从一个地点搬运到另一个地点或从一种介质搬运到另一种介质或使其停留在原地，其结果只能是延期剔除土壤中的重金属。而植物修复技术则能彻底、永久性地将重金属从土壤中清除出去，并加以回收和利用。

⑧ 植物修复技术特点明显。有两个特点：一是植物既可以从污染较严重的土壤中萃取重金属，也可以从轻度污染的土壤中吸取重金属，这种特性对于修复因施用工业污泥导致表层（耕作层）重金属轻度污染的农田、农地来说，效果更为理想；二是植物吸收具有选择性，它能够直接针对目标污染物进行吸收。

⑨ 植物修复技术通过萃取和浓集作用可极大地减少污染物的体积。以一块面积为 $400m^2$ 的重金属污染土壤为例，假如污染深度在 45cm 以内，用填埋法处理，污染土壤总量可达 5000t。而如果用植物吸收掉所有的重金属，并将这些植物器官焚烧，只产生 25～30t 的废弃物。因此，需要处理的废弃物总量大大地减少了。

⑩ 适用植物修复的污染物范围很广，如重金属（Cd、Cr、Pb、Co、Cu、Ni、Se、Zn)、放射性核素（Cs、Sr、U)、氯化溶剂（TCE、PCE)、石油碳氢化合物、聚氯联苯(PCBs)、多环芳烃（PAHs)、氯化杀虫剂、有机磷酸盐杀虫剂（如对硫磷)、爆炸物(TNT、DNT、TNB、RDX、HMX)、营养物（硝酸盐、氨、磷酸盐)、表面活性剂等。

（二）植物修复技术的局限性

尽管植物修复具有经济、对环境友好等优势，但一个成功的植物修复工程受诸多因素的影响，在实践中应用还存在一些问题和局限性，在一定程度上限制了其推广应用。

① 植物修复技术主要依赖于生物进程，与一些常用工程措施相比见效慢，尤其是对于深层污染的修复有困难。由于气候及地质等因素使得植物的生长受到限制，存在污染物通过“植物—动物”的食物链进入自然界的可能。且植物修复过程取决于植物吸收、降解

或固化能力，与植物生长密切相关，而植物的存活与生长受气候条件、土壤污染程度的影响。因此，在大规模的系统修复工程开始前，适宜植物的选择需要进行室外调查、室内研究、小区试验及野外示范，以此来确定植物种类和相应的管理措施（包括水肥管理），确保修复的效果。

② 一般而言，水溶性较高且以水溶液状态存在的污染物在植物修复系统中降解所用时间较短，而土壤中的污染物依靠植物去除经常要花费数年时间，尤其是与土壤结合紧密的疏水性污染物。据周启星等的研究结果，在污灌区利用植物富集去除重金属Cd，需要上万年的时间土壤Cd浓度才能下降到背景水平（0.2mg/kg）。

③ 植物受病虫害袭击时也会影响其修复能力。此外，所要去除污染物的毒性也会对植物的生长构成威胁。理想的植物必须能忍耐污染物，可在污染场地生长并能蓄积较高的生物量，并且对污染物有较好的净化作用。

④ 重金属超富集体是在重金属胁迫环境下长期诱导、驯化的一种适应性突变体，是自然条件下对重金属具有超积累能力的植物，通常植株矮小、地上部生物量小、生长缓慢、生长周期长，一定程度上影响了其修复效率，也限制了其在实际中的应用。一般来讲，寻找或驯化分布范围广、地上部生物量高、生长周期短以及繁殖速率快的重金属超积累植物是植物修复技术应用与推广中必须解决的一个重要问题。

⑤ 植物修复技术的效率还受污染物的生物有效性限制。如重金属常滞留于土壤中，很少发生移动。而一些有机污染物，其生物有效性随时间的推移越来越低，去除亦越加困难。如果污染物部分或全部不能被植物所利用，利用植物修复技术完全清除污染物是不可行的。但有时通过添加土壤改良剂（多为螯合剂），能够从有机物中将金属离子解吸出来，增加土壤中重金属的溶解度，创造有利于植物根系吸收并向地上部分转运的条件，这样做往往会造成二次污染。

⑥ 目前，在植物修复技术的实施过程中，多是采用人工将植物的幼苗或成株移栽到污染场地，而极少采用机械播种的方式。而在对修复植物的后期处理过程中，尽管针对富集了价值昂贵的重金属的植物，收割后有了灰化回收的处理措施，但对于吸收了其他有毒有害污染物的植物材料，污染物的回收仍是人们担心和关注的问题。如果所用植物或微生物是非本地物种，还可能存在生态风险。另外，修复措施中用到的大多是经济价值较低甚至没有经济价值的植物，加之修复过程较长，因此，在修复过程中难以维持正常的农业生产，特别是在耕地资源紧张的地区，此问题显得尤为突出。上述问题的存在为该技术的大面积应用带来了一定的影响。

⑦ 植物修复技术要针对不同污染种类、污染程度的土壤选择不同类型的植物，土壤植物修复技术对土壤肥力、气候、水分、盐度、酸碱度、排水与灌溉系统等自然条件和人工条件有一定的要求。并且不同类型的植物修复技术的局限性也各不相同。最明显的不足之处如下。a. 需针对不同的目标污染选用不同的生态型植物。重金属污染严重的土壤宜选用超积累植物，而污染较轻的土壤可栽种耐重金属植物。b. 一种植物往往只吸收一种或两种重金属元素，对土壤中其他浓度较高的重金属则表现出某些中毒症状，从而限制了植物萃取技术在多种重金属污染土壤治理方面的应用前景。c. 用于清洁污染物的植物器官往往会通过腐烂、落叶等途径使污染物重返土壤。因此，必须在植物落叶前收割并处理植物

器官。d. 土壤的处理一般只局限在地表1m以内，地下水的处理只局限在地表3m以内。短根植物，只能原地修复近地表的土壤和水体，一般深度为1～2m；长根植物，可以清除更深处的污染物，一般深度为3～5m。e. 污染物可通过食用含污染物植物的昆虫和动物进入食物链。

（三）植物修复技术的强化措施

目前将植物修复技术应用于重金属污染土壤的治理，主要采用超富集植物或者生物量大且富集含量高的植物来去除土壤重金属，与农学、工程学、植物营养学、植物耕作学等学科相结合，促进植物吸收重金属或者增加土壤中植物可吸收形态重金属含量，以达到提高植物修复效率的目的。

1. 施肥技术

施肥是一种提高植物产量与品质的传统农艺措施，重金属污染土壤常出现在矿区、废弃地等养分贫瘠地区，修复中需要根据待修复土壤的养分状况及超富集植物的需肥特性进行施肥；此外，土壤中高浓度的重金属会影响植物体吸收必需营养元素，严重时还会出现缺乏症甚至死亡。超富集植物在生长过程中，需要大量的营养元素[100]，肥料的施用量需要在一个适当的范围内才会有效提高超富集植物的重金属去除效率，并且合理施肥可以使植物修复效率提高数倍。陈同斌等进行田间试验研究施用磷肥对砷超富集植物蜈蚣草生长和砷污染土壤修复效率的影响。结果表明，适量施用磷肥可促进蜈蚣草的生长，显著提高其生物量，但过量施用磷肥对植物产量无贡献。随着磷肥施用量的增加，蜈蚣草地上部砷含量呈先增加后减少的趋势。种植蜈蚣草7个月后，土壤总砷均有不同程度的下降。施用磷肥可以维持土壤有效态砷含量在蜈蚣草种植前后变化不大，保证蜈蚣草下个生育期对砷的吸收。这些结果说明施用磷肥是蜈蚣草等砷超富集植物在现场修复中的必要手段，优化施磷技术可大大提高砷污染土壤的修复效率[101]。Wide等利用高生物量的重金属耐性植物香草根修复Pb污染土壤时，施加缓释肥的效果明显优于施用等量养分的N、P、K肥料[102]。

2. 栽培措施

在超富集植物修复污染土壤时，通过调节种植密度、轮作、间作等手段，改变了土壤理化性质，提高了植物的成活率、生态量等指标。Liphadzi等[103] 研究超富集植物*Alyssum murale*和*Alyssum corsicum*时发现，适宜的栽培密度有利于植株充分利用光照、土壤水分与营养物质，提高单位面积植物地上部分的生物量，增加植物吸收重金属的绝对量。利用修复植物物种间相互作用，可构建一个稳定的由乔、灌、草搭配而成的修复群落，用于修复多种重金属污染。如在Cd、Pb含量较高的污染土壤，可种植野菊花、旋鳞莎草和五节芒3种植物，通过根系微生物、土壤酶等的作用，提高植物修复效率[104]。

3. 水分管理

植物修复就是通过植物根系吸收水分和养分的过程来进行的，合理的水分管理可以提高土壤中重金属的生物有效性，促进植物体的生长发育，进而有利于提高植物修复效率。Angle等[105] 研究指出，虽然某些超富集植物具有较强的耐旱性，但是缺水会减弱其修复重金属污染土壤的能力，并且对比了两种超富集植物 *A. murale* 和 *Berkheya coddii*，其最高修复效率都出现在土壤水分为田间持水量 80%的条件下，分别为 30%水分处理时修复效率的 37 倍和 77 倍。

4. 植物修复添加剂

土壤中的重金属大部分都难溶于水或者难于被植物体直接吸收，在土壤中加入特定的化学添加剂，有助于提高重金属的生物有效性，还可提高植物对重金属的耐性。目前，比较常用的植物修复添加剂包括各种螯合剂、酸碱调节剂等。

（1）螯合剂　螯合剂促进植物对土壤重金属元素的吸收，一般存在两种机制：一是活化土壤中的重金属离子，提高其生物有效性；二是促进植物对重金属的吸收及向地上部运输的能力[106]。土壤中重金属活性较低，不容易被植物体所吸收，即使转运能力较强的植物也如此，螯合剂能活化重金属离子，提高其生物有效性。螯合剂能和重金属元素形成易被植物吸收的螯合物，从而降低重金属对植物的毒性，有利于植物对重金属的吸收[107]。

（2）酸碱调节剂　土壤 pH 值影响重金属元素活性与生物有效性，特别是对于 Pb、Cd 等重金属，通过降低土壤 pH 值能促使部分结合态重金属重新溶解而进入土壤溶液，成为植物可吸收态重金属。

三、植物修复技术的展望

植物修复技术是一项处于迅速发展中并具有广阔应用前景的新技术，可广泛地应用于矿山恢复、改良重金属污染的土壤等。植物修复技术作为一种成本低、不破坏土壤生态环境、不易引起二次污染、可边生产边修复的原位绿色技术，具有广阔的应用前景。经过近 30 年的发展，我国在重金属污染土壤超积累植物修复原理与技术方面取得了大量的科研成果，但是大规模商业化应用的成功案例却相对匮乏。因此，在今后的研究过程中应该重点突破制约其大规模应用的关键技术问题。

① 土壤污染大部分是属于重金属为代表的无机污染物和有机污染物的复合污染，不仅重金属元素之间，重金属元素与土壤中其他组分之间也存在交互作用，从而对植物的生长和超积累特性产生影响。加强重金属在根土界面迁移转化过程，尤其是植物根系在土壤中对重金属吸收动力学、植物对重金属吸收转运和解毒机制等理论和机制方面的研究，争取在超积累植物修复原理上实现大幅突破。

② 加快超富集植物筛选与培育，寻找生物量大、富集能力强的超富集植物，回收利用超富集植物吸收的重金属是土壤重金属污染植物修复获得突破的重要途径，有待进一步深入研究[108]。可通过寻找、筛选和培育对重金属具有超积累能力的植物，进行超积累植物资源调查，了解其分布，收集信息并建立超积累植物的数据库。我国的野生资源十分丰富，开发野生植物在植物修复中的应用具有较大优势。加强超积累植物资源（尤其是能够在田间大规模应用的超积累植物）的筛选和发现力度，并充分利用现代生物学手段，优化现有超积累植物对重金属的耐性和富集能力，系统地开展一些重要超富集植物（如东南景天等）如何提高其生物量方面的研究。可通过调控其生境中的水、光、热等自然因素和耕作方式、施肥措施等促进修复植物的生长和提高修复效率。

目前，土壤重金属污染较为严重，植物修复作为一种经济高效的修复手段，将会得到更为广泛的应用。在前一阶段的研究中已得到一些重金属超积累植物，但这类植物气候环境适应性差，具有富集专一性。因此，筛选培育出吸收能力强且同时能吸收多种重金属的植物是土壤重金属污染植物修复技术的一项重要任务。

③ 随着分子生物技术迅猛发展，逐步将分子生物学和基因工程技术应用于植物修复中，在提高植物修复的实用性方面将有突破性进展。实验研究要识别所富集区域的性状，通过常规育种技术或通过使用杂交的新方法来增加富集重金属的含量[109]。把不同富集植物的理想特性组合成一个单一的植物品种，最终实现植物修复的目的，或许可以通过基因工程，但是外源基因的表达前提必须是避免伤害生物圈。研究人员认为，基因工程技术将金属螯合剂、金属硫蛋白、植物螯合肽和重金属转运蛋白等基因转入超积累植物，能有效增加植物对金属的提取，从而提高植物修复的效率。同时，可利用基因工程技术将超富集植物富集重金属特性克隆到生物量较高的植物中去，从而产生符合人们需要的修复植物；或者加强研究植物富集重金属机理，从而指导改良大生物量植物。转基因植物应用于植物修复中，需要同时建立转基因风险评估体系。

④ 植物修复研究本质上是跨学科的，因此需要研究人员来自不同的背景，拥有土壤化学、植物生物学、生态学和土壤微生物学背景知识，以及环境工程的相关知识[110]。土壤重金属污染的修复是一项系统工程，单一的修复技术很难达到预期效果，需要以植物修复为主，辅以物理、化学和微生物手段，以增加重金属的生物有效性，促进植物的生长和吸收，从而提高植物修复的综合效率。因此，联合修复技术将是今后土壤重金属污染植物修复技术的主要研究方向之一[111]。

⑤ 加强田间实用技术示范，综合利用土壤化学、土壤生物学、农学和植物生理学等多个学科的理论与技术，强化超积累植物对重金属污染土壤的修复效率，降低修复成本，建立和完善超积累植物与低积累作物轮作或间套作的农艺管理体系，以构建边生产边修复的生产技术模式。加强修复植物优化搭配研究，优化配植富集重金属不同、生态位不同的修复植物，设计修复植物顶级群落，让其具有修复多种重金属污染的能力。除了需要不断提高修复植物富集能力之外，一些涉及食品安全方面的有富集 Cd 能力的农作物（如油菜、水稻等），其主要研究方向在于如何将重金属元素控制在这些植物的根部，限制进入食物链的有害重金属含量。

虽然目前植物修复污染土壤还不能开展大规模应用，但是假以时日，通过不断的实验积累，植物修复技术终将会成为人类治理重金属污染最有利的武器。

参考文献

[1] 吴志能，谢苗苗，王莹莹. 我国复合污染土壤修复研究进展［J］. 农业环境科学学报，2016，35（12）：2250-2259.

[2] 杨勇，何艳明，栾景丽，等. 国际污染场地土壤修复技术综合分析［J］. 环境科学与技术，2012（10）：92-98.

[3] 薛生国. 土壤环境保护与生态文明建设 [J]. 国际学术动态，2015(2)：52-54.
[4] 李元杰，王森杰，张敏，等. 土壤和地下水污染的监控自然衰减修复技术研究进展 [J]. 中国环境科学，2018，38(3)：1185-1193.
[5] 殷梦菲，李静，王翠苹，等. 多溴联苯醚污染土壤的新型强化修复技术 [J]. 中国环境科学，2017，37(10)：3853-3860.
[6] 沈根祥，谢争，钱晓雍，等. 上海市蔬菜农田土壤重金属污染物累积调查分析 [J]. 农业环境科学学报，2006，25(S1)：46-49.
[7] 王确，张今大，陈哲晗，等. 重金属污染土壤修复技术研究进展 [J]. 能源环境保护，2019(03)：5-9.
[8] 黄杉. 重金属污染土壤的生物修复技术研究进展 [J]. 绿色环保建材，2019(04)：52.
[9] 樊有赋，陈晔，詹寿发，等. 超积累植物与重金属污染的植物修复技术 [J]. 河北农业科学，2007，11(5)：73-75.
[10] 刘美伶. 凤眼莲对有机氯农药与重金属复合污染水体的修复效果研究 [D]. 重庆：重庆大学，2017.
[11] 王海新. 锌镉超积累植物东南景天对镍的耐性与积累机制 [D]. 杭州：浙江大学，2017.
[12] 田村学造. 生物技术净化环境 [M]. 郭丽华等译. 北京：化学工业出版社. 1990.
[13] 程树培. 环境生物技术 [M]. 南京：南京大学出版社. 1994.
[14] 林力. 生物整治技术进展 [J]. 环境科学. 1997，18(3)：67-71.
[15] Czupyrna G，Levy R D，Maclean A I，et al. In Situ Immobilization of Heavy Metal-Contaminated Soils [J]. Soil Science，1992，154(4)：338.
[16] 周际海，黄荣霞，樊后保，等. 污染土壤修复技术研究进展 [J]. 水土保持研究，2016，23(3)：366-372.
[17] 师艳丽，陈明，李凤果，等. 土壤重金属污染修复技术研究进展 [J]. 有色金属科学与工程，2018，9(05)：66-71.
[18] 饶晨曦，龙来早. 土壤修复技术研究现状 [J]. 广东化工，2018，45(02)：156，157-158.
[19] 仝玉霞，袁庆军，孟凡伟. 污染场地的土壤修复工作与修复技术探讨 [J]. 环境与发展，2017，29(06)：46，48.
[20] 姚庆宋，黄慧，张加琪. 土壤污染现状及修复对策研究 [J]. 绿色环保建材，2017(07)：225.
[21] Fellet G，Marchiol L，Delle Vedove G，Peressotti A. Application of Biochar on Mine Tailings: Effects and Perspectives for Land Reclamation [J]. Chemosphere，2011：1262-1267.
[22] 唐世荣. 植物修复技术与农业生物环境工程 [J]. 农业工程学报，1999，15(2)：21-26.
[23] 杨慧芬，陈淑祥. 环境工程材料 [M]. 北京：化学工业出版社，2008.
[24] Beesley L，Marmiroli M. The Immobilisation and Retention of Soluble Arsenic Cadmium and Zinc by Biochar [J]. Environmental Pollution，2011：474-480.
[25] Beesley L，Moreno-Jiménez E，Gomez-Eyles J L. Effects of Biochar and Greenwaste Compost Amendments on Mobility，Bioavailability and Toxicity of Inorganic and Organic Contaminants in a Multi-element Polluted Soil [J]. Environmental Pollution，2010：2282-2287.
[26] Novak J M，Busscher W J，Laird D L，et al. Impact of Biochar Amendment on Fertility of a Southeastern Coastal Plain Soil [J]. Soil Science，2009，174(2)：105-112.
[27] Steiner C，Glaser B，Teixeira W G，et al. Nitrogen Retention and Plant Uptake on a Highly Weathered Central Amazonian Ferralsol Amended with Compost and Charcoal [J]. 2008：893-899.

[28] Lehmann J, Gaunt J, Rondon M. Bio-char Sequestration in Terrestrial Ecosystems-A Review [J]. Mitigation and Adaptation Strategies for Global Change, 2006: 403-427.

[29] Rauret G. Extraction Procedures for the Determination of Heavy Metals in Contaminated Soil and Sediment [J]. Talanta, 1998: 449-455.

[30] Cao X, Harris W. Properties of Dairy-manure-derived Biochar Pertinent to Its Potential use in Remediation [J]. Bioresource Technology, 2010: 5222-5228.

[31] Uchimiya M, Klasson K T, Wartelle L H, et al. Influence of Soil Properties on Heavy Metal Sequestration by Biochar Amendment: 1. Copper sorption Isotherms and the Release of Cations [J]. Chemosphere, 2010 : 1431-1437.

[32] 张军英，刘钊. 植物修复重金属污染土壤在我国的发展前景 [J]. 甘肃冶金，2003，25 (4)：27-30.

[33] 郭彬，李许明，陈柳燕，等. 土壤重金属污染及植物修复技术研究 [J]. 安徽农业科学，2007，35 (33)：10776-10778.

[34] Lu Mang, Zhang Zhong zhi, Wang Jing xiu, et al. Interaction of Heavy Metals and Pyrene on Their Fates in Soil and Tall Fescue (*Festuca arundinacea*) [J]. Environmental science & technology, 2014, 48 (2): 1158-1165.

[35] Singh S, Sounderajan S, Kumar K, et al P. Investigation of Arsenic Accumulation and Biochemical Response of in Vitro Developed *Vetiveria zizanoides* Plants. [J]. Ecotoxicology and Environmental Safety, 2017, 145: 50-56.

[36] Kong Zhaoyu, Glick Bernard R. The Role of Plant Growth-Promoting Bacteria in Metal Phytoremediation [J]. Advances in Microbial Physiology, 2017, 71: 97-132.

[37] Mesa V, Navazas A, González-Gil R, et al. Use of Endophytic and Rhizosphere Bacteria to Improve Phytoremediation of Arsenic-Contaminated Industrial Soils by Autochthonous Betula celtiberica. [J]. Applied and Environmental Microbiology, 2017, 83 (8): 03411-03416.

[38] Feng Nai xian, Yu Jiao, Zhao Hai ming, et al. Efficient Phytoremediation of Organic Contaminants in Soils Using Plant-Endophyte Partnerships [J]. The Science of the Total Environment, 2017, 583: 352-368.

[39] Benedek A, Horváth A, Hirmondó R, et al. Potential Steps in the Evolution of a Fused Trimeric all-β dUTPase Involve a Catalytically Competent Fused Dimeric Intermediate [J]. The FEBS Journal, 2016, 283 (18): 3268-3286.

[40] Subrahmanyam S, Adams A, Raman A, et al. Ecological Modelling of a Wetland for Phytoremediating Cu, Zn and Mn in a Gold-Copper Mine Site Using Typha Domingensis (Poales: Typhaceae) near Orange, NSW, Australia [J]. European Journal of Ecology, 2017, 3 (2): 77-91.

[41] Willegems V, Consuegra E, Struyven K, et al. Teachers and Pre-service Teachers as Partners in Collaborative Teacher Research: A Systematic Literature Review [J]. Teaching and Teacher Education, 2017, 64: 230-245.

[42] Alvarez-Bernal D, Contreras-Ramos S, Marsch R, et al. Influence of Catclaw Mimosa Monancistra on the Dissipation of Soil PAHS [J]. International Journal of Phytoremediation, 2007, 9 (2): 79-90.

[43] Kotzebue J R. The EU Integrated Urban Development Policy: Managing Complex Processes in Dynamic Places [J]. European Planning Studies, 2016, 24 (6): 1098-1117.

[44] Schwittay A, Boocock K. Experiential and Empathetic Engagements with Global Poverty: ‘Live

below the line so that others can rise above it' [J]. Third World Quarterly, 2015, 36(2): 291-305.

[45] 陈文麟. 土壤重金属污染及植物修复技术综述 [J]. 科技创新与应用, 2015(25): 184.

[46] Chemrouk O, Chabbi N. Vulnerability of Algiers Waterfront and the New Urban Development Scheme [J]. Procedia Engineering, 2016, 161: 1417-1422.

[47] Pittman J K, Hirschi K D. CAX-ing a Wide Net: Cation/H(+) Transporters in Metal Remediation and Abiotic Stress Signalling. [J]. Plant Biology (Stuttgart, Germany), 2016, 18(5): 741-749.

[48] Ent A V D, Ocenar A, Tisserand R, et al. Herbarium X-ray Fluorescence Screening for Nickel, Cobalt and Manganese Hyperaccumulator Plants in the Flora of Sabah (Malaysia, Borneo Island) [J]. Journal of Geochemical Exploration, 2019, 202: 49-58.

[49] Manzoor M, Gul I, Silvestre J, et al. Screening of Indigenous Ornamental Species from Different Plant Families for Pb Accumulation Potential Exposed to Metal Gradient in Spiked Soils [J]. Soil and Sediment Contamination: An International Journal, 2018, 27(5): 439-453.

[50] Sunayana G, Suchismita D. Screening of Cadmium and Copper Phytoremediation Ability of *Tagetes* erecta, Using Biochemical Parameters and Scanning Electron Microscopy-Energy-Dispersive X-ray Microanalysis [J]. Environmental Toxicology and Chemistry, 2017, 36(9): 2533-2542.

[51] Frey B, Keller C, Zierold K. Distribution of Zn in Functionally Different Leaf Epidermal Cells of the Hyperaccumulator Thlaspi Caerulescens [J]. Plant, Cell & Environment, 2000, 23(7): 675-687.

[52] Lin Lijin, Jin Qian, Liu Yingjie, et al. Screening of a New Cadmium Hyperaccumulator, *Galinsoga parviflora*, from Winter Farmland Weeds Using the Artificially High Soil Cadmium Concentration Method [J]. Environmental Toxicology and Chemistry, 2014, 33(11): 2422-2428.

[53] Wei Shuhe, Clark G, Doronila A Ignatius, et al. Cd Hyperaccumulative Characteristics of Australia Ecotype *Solanum nigrum* L. and Its Implication in Screening Hyperaccumulator [J]. International Journal of Phytoremediation, 2013, 15(3): 199-205.

[54] Rungruang N, Babel S, Parkpian P. Screening of Potential Hyperaccumulator for Cadmium from Contaminated Soil [J]. Desalination and Water Treatment, 2011, 32(1-3): 19-26.

[55] Liu Zhixiong, Bie Zhilong, Huang Yuan, et al. Rootstocks Improve Cucumber Photosynthesis Through Nitrogen Metabolism Regulation Under Salt Stress [J]. Acta Physiologiae Plantarum, 2013(7): 2259-2267.

[56] Long S P, Ort D R. More than Taking the Heat: Crops and Global Change [J]. Current Opinion in Plant Biology, 2010, 13(3): 241-248

[57] Zhao Xiheng, Nishimura Y, Fukumoto Y, et al. Effect of High Temperature on Active Oxygen Species, Senescence and Photosynthetic Properties in Cucumber Leaves [J]. Environmental and Experimental Botany, 2010(2): 212-216.

[58] Tartaglio V, Rennie E A, Cahoon R, et al. Glycosylation of Inositol Phosphorylceramide Sphingolipids is Required for Normal Growth and Reproduction in Arabidopsis [J]. The Plant Journal, 2017(2): 278-290.

[59] Pinheiro R R, Singh A, Barreto-Bergter E, et al. Sphingolipids as Targets for Treatment of Fun-

gal Infections [J]. Future Med. Chem. 2016, 8(12) 1469-1484.

[60] Pragati K, Anshu R, Anurakti S, et al. Prospects of Genetic Engineering Utilizing Potential Genes for Regulating Arsenic Accumulation in Plants [J]. Chemosphere, 2018, 211: 397-406.

[61] Dhankher O P, Li Y, Rosen B P. Engineering Tolerance and Hyperaccumulation of Arsenic in Plants by Combining Arsenate Reductase and γ-Glutamylcysteine Synthetase Expression [J]. Nat Biotechnol, 2002, 20(11): 1140-1145.

[62] Bastet A, Lederer B, Giovinazzo N, et al. Trans-Species Synthetic Gene Design Allows Resistance Pyramiding and Broad-Spectrum Engineering of Virus Resistance in plants [J]. Plant Biotechnology Journal, 2018, 16(9): 1-13.

[63] Poliner E, Pulman J A, Zienkiewicz K, et al. A Toolkit for *Nannochloropsis oceanica* CCMP1779 Enables Gene Stacking and Genetic Engineering of the Eicosapentaenoic Acid Pathway for Enhanced Long-Chain Polyunsaturated Fatty Acid Producion) [J]. Plant Biotechnol J., 2018, 16(1): 298-309.

[64] Canfora L, Sbrana C, Avio L, et al. Risk Management Tools and the Case Study *Brassica napus*: Evaluating Possible Effects of Genetically Modified Plants on Soil Microbial Diversity [J]. Science of the Total Environment, 2014, 493: 983-994.

[65] Ramu V S, Swetha T N, Sheela S H, et al. Simultaneous Expression of Regulatory Genes Associated with Specific Drought-Adaptive Traits Improves Drought Adaptation in Peanut [J]. Plant Biotechnol J., 2016, 14(3): 1008-1020.

[66] Broggini G A, Wöhner T, Fahrentrapp J, et al. Engineering Fire Blight Resistance into the Apple Cultivar 'Gala' Using the FB_MR5 CC-NBS-LRR Resistance Gene of *Malus × Robusta* 5 [J]. Plant Biotechnol J., 2014, 12(6): 728-733.

[67] Ke Q, Kim H S, Wang Z, et al. Down-Regulation of GIGANTEA-Like Genes Increases Plant Growth and Salt Stress Tolerance in Poplar [J]. Plant Biotechnol J., 2017, 15(3): 331-343.

[68] Schreiber T, Tissier A. Generation of dTALEs and Libraries of Synthetic TALE-Activated Promoters for Engineering of Gene Regulatory Networks in Plants [J]. Plant Gene Regulatory Networks, 2017, 1629: 185-204.

[69] Huang Junchao, Zhong Yujuan, Sandmann G, et al. Erratum to: Cloning and Selection of Carotenoid Ketolase Genes for the Engineering of High-Yield Astaxanthin in plants [J]. Planta, 2012, 236(2): 691-699.

[70] Feng Ying, Wang Qiong, Meng Qian, et al. Chromosome Doubling of *Sedum alfredii* Hance: A Novel Approach for Improving Phytoremediation Efficiency [J]. Journal of Environmental Sciences, 2019, 86(12): 87-96.

[71] Nandakumar S, Pipil H, Ray S, et al. Removal of Phosphorous and Nitrogen from Wastewater in Brachiaria-Based Constructed Wetland [J]. Chemosphere, 2019, 233: 216-222.

[72] Rizwan M, ElShamy M M, Abdel-Aziz H M M. Assessment of Trace Element and Macronutrient Accumulation Capacity of Two Native Plant Species in Three Different Egyptian Mine Areas for Remediation of Contaminated soils [J]. Ecological Indicators, 2019, 106.

[73] Lin Yulong, Zhang Ying, Zhang Fuqing, et al. Effects of Bok Choy on the Dissipation of Dibutyl Phthalate (DBP) in Mollisol and Its Possible Mechanisms of Biochemistry and Microorganisms [J]. Ecotoxicology and Environmental Safety, 2019, 181: 284-291.

[74] Hussain Z, Arslan M, Shabir G, et al. Remediation of Textile Bleaching Effluent by Bacterial Augmented Horizontal Flow and Vertical Flow Constructed Wetlands: A Comparison Atpilot Scale [J]. Science of the Total Environment, 2019, 685: 370-379.

[75] Li Zuran, Colinet G, Zu Yanqun, et al. Species Diversity of *Arabis alpina* L. Communities in Two Pb/Zn Mining Areas with Different Smelting History in Yunnan Province, China [J]. Chemosphere, 2019, 233: 613-614.

[76] Hu Yahu, Gao Zhuo, Huang Yu, et al. Impact of Poplar-Based Phytomanagement on Metal Bioavailability in Low-Phosphorus Calcareous Soil with Multi-Metal Contamination [J]. Science of the Total Environment, 2019, 686 (10): 848-855.

[77] González Á, García-Gonzalo P, Gil-Díaz M M, et al. Compost-Assisted Phytoremediation of As-Polluted Soil [J]. Journal of Soils and Sediments, 2019, 19 (7): 2971-2983.

[78] Sytar O, Kumari P, Yadav S, et al. Phytohor mone Priming: Regulator for Heavy Metal Stress in Plants [J]. Journal of Plant Growth Regulation, 2019, 38 (2).

[79] Chuaphasuk C, Prapagdee B. Effects of Biochar-Immobilized Bacteriaon Phytoremediation of Cadmium-Polluted Soil [J]. Environmental Science and Pollution Research International, 2019, 26: 23679-23688.

[80] Winner W E, et al. Consequences of Evolving Resistance to Air Pollutants [J]. New York, 1991: 33-59.

[81] Pan Pan, Lei Mei, Qiao Pengwei, et al. Potential of Indigenous Plant Species for Phytoremediation of Metal (Loid)-Contaminated Soil in the Baoshan Mining Area, China [J]. Environmental Science and Pollution Research International, 2019, 26: 23583-23592.

[82] Ashraf S, Ali Q, Zahir Z A, et al. Phytoremediation: Environmentally Sustainable Way for Reclamation of Heavy Metal Polluted Soils [J]. Ecotoxicology and Environmental Safety, 2019, 174: 714-727.

[83] Huang Huimin, Zhao Yunlin, Xu Zhenggang, et al. Physiological Responses of *Broussonetia papyrifera* to Manganese Stress, a Candidate Plant for Phytoremediation [J]. Ecotoxicology and Environmental Safety, 2019, 181: 18-25.

[84] Xiao Ran, Ali A, Wang Ping, et al. Comparison of the Feasibility of Different Washing Solutions for Combined Soil Washing and Phytoremediation for the Detoxification of Cadmium (Cd) and Zinc (Zn) in Contaminated Soil [J]. Chemosphere, 2019, 230: 510-518.

[85] Pankaj Umesh, Singh Durgesh Narain, Singh Geetu, et al. Microbial Inoculants Assisted Growth of *Chrysopogon zizanioides* Promotes Phytoremediation of Salt Affected Soil [J]. Indian journal of microbiology, 2019, 59 (2): 137-146.

[86] Huang Yingping, Xi Ying, Gan Long, et al. Effects of Lead and Cadmium on Photosynthesis in *Amaranthus spinosus* and Assessment of Phytoremediation Potential [J]. International Journal of Phytoremediation, 2019, 21 (10): 1041-1049.

[87] Li Jiangxia, Zhang Jun, Larson S L, et al. Electrokinetic-enhanced Phytoremediation of Uranium-Contaminated Soil Using Sunflower and Indian mustard [J]. International Journal of Phytoremediation, 2019, 21 (12) 1197-1204.

[88] Li Kang, Yang Baoshan, Wang Hui, et al. Dual Effects of Biochar and Hyperaccumulator *Solanum nigrum* L. on the Remediation of Cd-contaminated Soil [J]. PeerJ, 2019, 7: e6631.

[89] Xin Jianpan, Tang Jinyun, Liu Yali, et al. Pre-Aeration of the Rhizosphere Offers Potential for Phytoremediation of Heavy Metal-Contaminated Wetlands [J]. Journal of Hazardous Materials, 2019, 374: 437-446.

[90] Mahajan P, Kaushal J, Upmanyu A, et al. Assessment of Phytoremediation Potential of *Chara vulgaris* to Treat Toxic Pollutants of Textile Effluent [J]. Journal of toxicology, 2019 (1): 1-11.

[91] Tran H-T, Wang H-C, Hsu T-W, et al. Revegetation on Abandoned Salt Ponds Relieves the Seasonal Fluctuation of Soil Microbiomes [J]. BMC genomics, 2019, 20 (1): 478.

[92] Sayago U F C. Design of a Sustainable Development Process Betwee Phytoremediation and Production of Bioethanol with *Eichhornia crassipes* [J]. Environmental Monitoring and Assessment, 2019, 191 (4): 1-8.

[93] Lal S, Ratna S, Said O B, Kumar R. Biosurfactant and Exopolys Accharide-Assisted Rhizobacterial Technique for the Remediation of Heavy Metal Contaminated Soil: An Advancement in Metal Phytoremediation Technology [J]. Environmental Technology & Innovation, 2018, 10: 243-263.

[94] Majumdar A, Barla A, Upadhyay M K, et al. Vermiremediation of Metal (Loid)s via *Eichornia crassipes* Phytomass Extraction: A Sustainable Technique for Plant Amelioration [J]. Journal of Environmental Management, 2018, 220: 118-125.

[95] Vijayaraghavan K, Harikishore Kumar Reddy D, Yun Y-S. Improving the Quality of Runoff from Green Roofs Through Synergistic Biosorption and Phytoremediation Techniques: A Review [J]. Sustainable Cities and Society, 2019, 46: 101381.

[96] Alvarez-Vázquez L J, Martínez A, Rodríguez C, et al. Mathematical Analysis and Optimal control of Heavy Metals Phytoremediation Techniques [J]. Applied Mathematical Modelling, 2019, 73: 387-400.

[97] 卢晋晶，郜春花，武雪萍，等. 植物-微生物联合修复技术在Cd污染土壤中的研究进展 [J]. 山西农业科学，2019 (06): 1115-1120.

[98] 常亚飞. 土壤重金属污染及修复技术研究 [J]. 石化技术，2019, 26 (01): 174-175.

[99] 张彩丽，陈磊，江懿，等. 土壤铅镉污染修复中植物修复技术的研究进展 [J]. 中国沼气，2019, 37 (02): 40-44.

[100] 董旭斌，陈巧超，董俐佳，等. 探析植物修复土壤重金属污染的强化技术 [J]. 科技风，2019 (15): 127.

[101] 陈同斌，廖晓勇，谢华，等. 磷肥对砷污染土壤的植物修复效率的影响：田间实例研究 [J]. 环境科学学报，2004, 24 (3): 455-462.

[102] Wide M, Nilsson O. Differential Susceptibility of the Embryo to Inorganic Lead During Periimplantation in the Mouse [J]. Teratology, 1977, 16 (3): 273-276.

[103] Liphadzi M S, Kirkham M B, Mankin K R, et al. EDTA-Assisted Heary-Metal Uptake by Poplar and Sunflower Grown at a Long-Term Sewage-Sludge Farm [J]. Plant and Soil, 2003, 257: 171-182.

[104] Jiang Bo, Xing Yi, Zhang Baogang, et al. Effective Phytoremediation of Low-Level Heavy Metals by Native Macrophytes in a Vanadium Mining Area, China [J]. Environmental science and pollution research international, 2018, 25 (31): 31272-31282.

[105] Angle J S, Baker A J M, Whiting S N, et al. Soil Moisture Effects on Uptake of Metals by *Thlaspi*, *Alyssum* and *Berkheya* [J]. Plant and Soil, 2003, 256: 325-332.

[106] 钟志玉. 植物修复在土壤污染治理中的应用 [J]. 环境与发展, 2019, 31 (02): 34+ 36.

[107] 王效举. 植物修复技术在污染土壤修复中的应用 [J]. 西华大学学报（自然科学版）, 2019, 38 (01): 65-70.

[108] Yan Huili, Gao Yiwei, Wu Lulu, et al. Potential Use of the *Pteris vittata* Arsenic Hyperaccumulation-Regulation Network for Phytoremediation [J]. Journal of Hazardous Materials, 2019, 368: 386-396.

[109] Kogbara R B, Badom B K, Ayotamuno J M. Tolerance and Phytoremediation Potential of Four Tropical Grass Species to Land-Applied Drill Cuttings [J]. International Journal of Phytoremediation, 2018, 20 (14): 1446-1455.

[110] Hou Jinyu, Liu Wuxing, Wu Longhua, et al. *Rhodococcus* sp. NSX2 Modulates the Phytoremediation Efficiency of a Trace Metal-Contaminated Soil by Reshaping the Rhizosphere Microbiome [J]. Applied Soil Ecology, 2018,

[111] Ren Cheng gang, Kong Cun cui , Wang Shuo xiang, et al. Enhanced Phytoremediation of Uranium-Contaminated Soils by Arbuscular Mycorrhiza and Rhizobium [J]. Chemosphere, 2019, 217: 773-779.

第二章 污染土壤植物修复机制

第一节 重金属污染土壤

一、概述

土壤是人类赖以生存和发展的必要条件和重要的环境介质，是一个复杂的多阶层的环境系统。土壤也是人类赖以生存的主要自然资源，是环境四大要素之一，是连接自然环境中有机世界和无机世界、生物界和非生物界的中心环节，也是人类生态环境的重要组成部分[1]。土壤在为人类的生活和生产提供丰富资源的同时，还要承载人类排放的各种污染物，成为受污染较严重的环境介质。由于土壤具有复杂的“固、液、气”三相结构，进行着各种物理和化学反应，因此，对于进入其中的污染物，土壤可以通过挥发、淋溶等作用将其从土体中迁至大气和水体，或是通过稀释和扩散作用降低有毒有害物质的浓度，或是将污染物转化为不溶性化合物而沉淀，或是利用胶体的吸附作用降低其生物有效性，或是利用生物和化学的降解、转化作用将污染物转变成无毒或毒性较小的物质，因此土壤系统具有自净能力，但这种自净潜能是有限的。当进入土壤中污染物质的数量超过其本身承载力和自净能力时，其结构和功能发生变化，造成不可逆的土壤污染。

土壤作为人类社会生产、生活中不可缺少的物质基础，是各种植物、动物、微生物的主要栖息场所，同时又是各种污染物的最终归宿[2]。据相关报道：世界上90%的污染物最终都将会滞留在土壤中，对人类以及动植物的生存与发展构成极大的威胁。土壤环境污染对社会、自然、生态造成巨大破坏，甚至危及人类自身生存。因此，必须重视土壤重金属污染问题，急需研究先进实用的土壤重金属污染的修复技术，为国家粮食安全及农业的可持续发展奠定基础[3-5]。

土壤污染是指具有生理毒性的物质或过量的植物营养元素通过各种途径进入土壤，其输入量和输入速度超过土壤自净速度，污染物质积累过程逐渐占优势，从而导致土壤性质恶化、生长在土壤上的植物生理功能失调的现象。而土壤重金属污染具体是指土壤中植物生长必需和非必需的金属元素含量超过了土壤自身的净化能力，从而改变了土壤的组成及其理化性质，使土壤中生物的生长条件恶化，人类取食、饮用或呼吸被重金属污染的食物、水和空气，这些元素最终将进入人体，进而影响人类生活和健康的自然现象。

重金属是指相对密度等于或大于5.0的一类金属元素，这类金属元素有45种左右，常见的有汞（Hg）、镉（Cd）、铅（Pb）、铬（Cr）、锌（Zn）、铜（Cu）等[6]。其中对动植物毒性最大的有As（类金属）、Hg、Cd、Ni、Fe、Al，这些元素很容易被动植物吸收，并在其不同器官中累积。因此有学者把Hg、Cd、Pb、Cr和类金属As等生物毒性显著的元素，以及Mn、Mo、Ni、Cu、Co、Sn、Zn等有一定毒性的一般元素定义为环境污染中的重金属。

1962年美国海洋生物学家Rachel Carson出版的划时代的科普著作《寂静的春天》，向人们讲述了使用杀虫剂对环境造成的危害，更重要的是，杀虫剂中含有某些重金属元素，它们会通过多种途径进入生态链，从而对人类的生存造成极大的影响。其后有很多的科学家对重金属造成的环境污染进行了深入的研究，并取得了很多成果，对人们了解重金属污染方面的知识起到了很大的作用[7]。近年来，世界各国都非常重视污染环境的治理，特别是中国政府为了人与自然的和谐相处，在党的十八大报告中将生态文明建设提到前所未有的战略高度，而水土环境的治理是生态文明建设的核心[8,9]。2010年2月，环境保护部、国家统计局和农业部联合发布了《第一次全国污染源普查公报》，普查结果显示，2007年度全国废水中铅、汞、镉、铬、砷5种重金属产生量为2.54×10^4t，排放量近900t，大气中上述5种重金属污染物排放量约9500t。2010年7月由环境保护部完成《重金属污染综合防治规划》，是我国历史上第一次就重金属污染防治开展的专项编制规划，该规划的编制实施极大地增强了我国“十二五”重金属污染防治力度，重金属污染防治水平得到提高。据2012年2月1日《中国青年报》报道，中国1/5耕地受重金属污染，其中镉污染耕地涉及11省25个地区，湖南、江西等长江以南地带问题严重。土壤重金属污染分布面积显著扩大并向东部人口密集区扩散，长江中下游某些区域部分城市明显存在放射性异常，土壤污染已对生态环境、食品安全、人体健康和农业可持续发展构成严重威胁。如中国某些大中城市农田污灌区的癌症病亡率要比对照区高出10～20倍[10]；在南方某些盛产稻米的地区，稻米中含重金属Cd浓度已经超过能诱发“骨痛病”的浓度标准。可见，中国重金属污染已达到了必须重视和治理的程度，有必要研究和提出一些行之有效的治理措施，为改善生态环境和构建和谐社会奠定基础。

为了落实政策，2014年由环境保护部牵头制定了《土壤污染防治行动计划》，从而为土壤污染的防治和治理指明了方向。根据环境保护部公布的2014年中国土壤污染数据表明，在约$6.30\times10^6km^2$调查面积中，全国土壤总的点位超标率为16.1%[11]。中国已有19.4%耕地土壤被污染，按照$1.2\times10^8hm^2$耕地计算，污染面积约达$0.23\times10^8hm^2$，而20世纪90年代仅有10%耕地土壤被污染，污染面积约达$0.12\times10^8hm^2$，可见，耕地土壤污染以惊人的速度跃升；通过调查数据发现，耕地的轻微、轻度、中度和重度污染点位比例分别达13.7%、2.8%、1.8%和1.1%；从污染类型看，无机型污染最多，有机型和复合型污染比重较小，其中无机污染物超标点位数高达82.8%，8种无机污染物镉、镍、砷、铜、汞、铅、铬和锌的点位超标率分别达7.0%、4.8%、2.7%、2.1%、1.6%、1.5%、1.1%和0.9%；调查也发现，矿区中超标点位高达33.4%，55个污水灌区中71%的土壤被污染[12]。可见，工矿业和农业生产是导致土壤被污染的主要原因。由于污染物进入土壤使农田遭受不同程度的污染，污染物通过在作物体内的富集进入食物链，对人畜健康和生态环境构成很大威胁。中国的土壤污染是在社会和经济发展过程中经过长期的累积形成的，因此，为了实现人与自然和谐发展，构建资源节约型和环境友好型社会，被污染水土的治理已刻不容缓。

随着中国城市化进程不断加快，现阶段中国对采矿、制革、冶炼、电镀、烧碱制造、垃圾焚烧、污水灌溉等行业大力发展，但由于在此过程中存在的管理制度不完善，技术相对比较落后，高效循环利用效率低等状况，从而导致了大量的重金属（如铅、汞、镉、钴等）污染物进入大气、水、土壤，引起了严重的环境污染问题。重金属污染不仅会导致土壤生产能力的下降，而且还可以通过农作物根部的吸收，迁移转化到根、茎、叶及果实中去，经过食物链最后累积到人的体内，从而危害人的身体健康。由于土壤中重金属元素不能为土壤中微生物所降解，给污染治理增加了很大的困难，因此如何有效地将土壤中重金属元素彻底清除将是研究的难点。常规的土壤重金属污染治理方法（如物理法、化学法）不仅投资成本高、需用复杂设备条件或打乱土层结构，而且大多数只能暂时缓解重金属的危害，还可能造成二次污染，不能从根本上解决重金属的污染问题，对大面积的污染更是无可奈何，种种不利因素限制了其大规模的推广应用。近年来出现的植物修复技术，与传统的化学修复、物理和工程修复等技术相比，它具有投资和维护成本低、操作简便、不易造成二次污染、具有潜在或显著经济效益等优点，并且更符合环境保护的要求，因此越来越受到世界各国政府、科技界和企业界的高度重视和青睐。自20世纪80年代问世以来，植物修复已经成为国际学术界研究热点领域，并且开始进入产业化初期阶段[13-16]。

目前，世界各国都面临着土壤重金属污染严重阻碍农业生产和生态环境修复及改善的重大现实问题。国内外众多学者围绕重金属污染物在作物-土壤系统内的迁移、富集及对重金属污染土壤的治理和植物修复技术等问题进行了大量的研究和探索。重金属污染土壤的过程具有隐蔽性、长期性、表聚性和不可逆性及土壤-植物系统的复杂性等特点，严重影响着植物的正常生长、产量和品质及人类健康。因此，重金属污染土壤研究一直是全球环境保护的热点和难点问题之一[17,18]。植物修复技术属于原位修复技术，这种技术被认为是重金属污染土壤修复的最有效方法，不仅可用于重度污染区（如矿山）的复垦，还可用于轻度污染土壤的改良，是一种清洁的绿色环保型重金属污染土壤处理技术；相比其他方法，植物修复引起次生环境问题的可能性小，并且可以回收污染物，带来经济效益。可见，重金属污染土壤的植物修复技术具有重要的研究价值和广阔的应用前景[19-22]。

二、土壤重金属污染的来源

重金属是土壤环境中来源普遍、风险性大的一类积聚性污染物。随着工、农业的生产和城镇化的快速发展，大量的重金属元素通过工业废水和生活污水排放、污水浇灌、工矿冶炼业废渣和不易降解的农业废弃物堆放、交通尾气及工业废气的沉降等途径进入土壤生态系统中，使得近年来我国土壤环境重金属污染现象日益严重。重金属污染不仅能够影响土壤的组成、结构和功能，更为重要的是可被动植物吸收，进而通过食物链迁移对人类健康造成危害。如果农作物生长在被污染的土壤中，会通过食物链直接影响人类的健康[23]。因此，面对比任何一个国家都严峻的污染现状，我国需要找到治理污染的方法和解决污染的思路。例如，水俣病、砷中毒、血铅等重金属污染事件常见于报道，尤其是2013年广东省发现大量的湖南产镉大米，一度引起社会关注，不仅把我国土壤重金属污染及粮食作物重金属超标问题推上了舆论的风口浪尖，也让重金属污染土壤的治理和修复工作受到了广泛关注。全球正面临着粮食安全、水资源短缺和环境污染等诸多问题，这些问题的出现均与水土资源密切相关。随着矿产资源的不合理开发与利用、污水灌溉、化肥与农药的大量施用、工业化和城镇化的迅速发展，土壤污染日益严重。

常见的重金属离子污染物，主要来源于化工（如 Cu^{2+}、Cd^{2+}、Zn^{2+} 和 Pb^{2+} 等）、电镀（如 Cd^{2+}、Zn^{2+} 和 Pb^{2+} 等）、采矿（如 Cd^{2+} 和 Cr^{3+} 等）、冶金（如 Cd^{2+} 和 Pb^{2+} 等）、皮革（如 Cr^{3+} 等）等工业排放的废水和固体垃圾填埋场的溶液（如 Cd^{2+}、Pb^{2+}、Zn^{2+}、Cu^{2+} 和 Cr^{3+}）。土壤是人类赖以生存的主要自然资源之一，也是生态环境的重要组成部分。在土壤污染中量最大、最经常发生的污染是来源于工农业与城市废水和固体废弃物、农药化肥、牲畜排泄物等的化学污染，其中，多数土壤污染以重金属为主，局部地方以金属加有机废弃物的形式出现，土壤重金属污染直接或间接与引起污染的各种活动有关。土壤重金属污染已成为影响全球居民健康的重大生态问题之一，对污染土壤的修复正逐渐成为保障生态安全的重要措施之一。重金属元素是具有潜在危害性的污染物质，且不能被微生物分解，当它们在生物体富集时对环境的危害十分巨大[24]。

土壤重金属污染的来源概括起来主要有如下几个方面。

1. 污水灌溉

由于我国是一个水资源紧缺的国家，部分灌区常把污水作为灌溉水源来利用。污水按其来源可分为城市生活污水、石油化工污水、工业矿山污水和城市混合污水等。城市生活污水中重金属含量很少，但由于我国工业发展迅速，工矿企业污水未经分流处理而排入下水道与生活污水混合排放，从而造成污灌区土壤 Hg、As、Cr、Pb、Cd 等重金属含量逐年增加。据调查，在我国辽宁省沈阳西郊、浙江省温州和遂昌等地近年也出现了镉中毒人群，病因源于污灌引起的农田镉污染，人群日均镉摄入量为 352～765μg/d，显著高于 FAO 与 WHO 推荐的最高允许限量（55～65μg/d）；淮阳污灌区土壤 Hg、Cd、Cr、Pb、As 等重金属在1995年已超过警戒限；其他灌区部分重金属含量也远远超过当地背景值。尽管鞍山宋三污灌区土壤中重金属 As、Cr、Pb、Cu 在土壤中的累积量较小，但是 Hg、Cd 在土壤中的累积显著，污染严重；同样湘潭锰矿废弃地土壤中重金属含量测定表明，该矿区废弃地土壤中 Mn、Pb、Cd 污染最为严重，且达到重污染级别[25-27]。

2. 固体废弃物污染

固体废弃物种类繁多，成分复杂，其危害方式和污染程度也不尽相同。其中，以矿业和工业固体废弃物污染最为严重。固体废弃物在堆放或处理过程中，由于日晒、雨淋、水洗等，重金属极易移动，以辐射状、漏斗状向周围土壤、水体扩散，从而造成土壤、水体重金属污染。如沈阳冶炼厂冶炼锌的过程中产生的矿渣主要含 Zn 和 Cd，1971年开始堆放在一个洼地场所，其浸入液中 Zn、Cd 含量分别达 6.6×10^3 mg/L 和 7.5×10^3 mg/L，目前已扩散到离堆放场700m以外的范围；而武汉市垃圾堆放场、杭州铬渣堆放区附近土壤中 Cd、Hg、Cr、Cu、Zn、Pb、As 等重金属含量均高于当地土壤背景值；南京市典型工业企业所在地周围住宅区土壤中重金属的含量与背景值相比，除 Cr 以外，Cu、Zn、Pb、Cd、Hg、Ni 和 As 7 种重金属元素多存在一定程度的富集现象；而煤矸石的堆放对周围土壤造成的重金属污染也不可忽视[28]。

3. 农用物资影响

农药、化肥和地膜是重要的农用物资，对农业生产发展起到了重大的推动作用，但由于长期不合理使用，也导致了土壤重金属污染。绝大多数的农药为有机化合物，少数为有机-无机化合物或纯矿质，个别农药在其组成中还含有 Hg、As、Cu、Zn 等重金属，生产中过量或不科学使用农药将会造成土壤重金属污染。金属元素是肥料中报道最多的污染物质，氮、钾肥料中重金属含量相对较低，而磷肥中则含有较多的有害重金属，复合肥的重金属主要来源于母料及加工流程。肥料中重金属含量一般是磷肥＞复合肥＞钾肥＞氮肥。近年来，地膜的大面积推广使用，造成了土壤的白色污染，由于地膜生产过程中加入了含有 Cd、Pb 的热稳定剂，同时也加重了土壤重金属污染。

目前，重金属造成的环境污染已成为世界范围内的严重问题。工业化的发展，干扰了自然平衡的生物地球化学循环，使得这一问题愈发的严重。对于生物来说，超过阈值的重金属浓度会产生不利影响，并干扰正常运转的生物系统。植物在重金属胁迫下，其根系生长受到影响，细胞膜透性增大，植物抗氧化酶系统和光合系统遭到破坏，并对基因产生毒害。与有机物质不同，土壤重金属基本上不可降解，会在环境中不断累积，导致土壤质量下降、农作物减产和农作物品质下降。另外，由于生物的富集作用，土壤重金属最终还可能通过食物链进入人体，其潜在危害极大。仅在中国就有 $2.88\times10^6hm^2$ 土地因矿山开采而遭到污染破坏，并以平均每年 $46700hm^2$ 的速度在不断增加，最终导致水土流失、异地污染等环境问题，这些遭到污染破坏的土地几乎完全没有植被的覆盖[29-35]。

三、土壤重金属污染的危害

重金属污染是土壤环境中尤为突出的问题之一，土壤一旦被污染，其危害性远远大于大气和水体的污染。重金属污染的土壤中重金属元素一般不易随水移动，难为微生物降解，在土壤中累积，并可通过食物链富集在生物体内，有的还转化为毒性更强的甲基化形态，通过食物链危害生物，如进入人体内蓄积而危害人体健康。因此，土壤污染较之于大气和水体污染而言，一般污染暴露的时滞效应较长，易被人们所忽视，容易造成更大的危害。

大多数重金属在土壤中相对稳定，不能在物质循环和能量交换过程中降解，难以从土壤中迁出，从而对土壤的理化性质、生物学特性和微生物群落结构产生不良影响（如影响土壤生态系统结构和功能的稳定），并可通过植物的吸收和食物链的积累，危害人类健康。在重金属污染的土壤上生长的农产品质量下降，损害人体健康，导致区域性疾病的发生。在人类历史上，由于土壤污染引起的疾病和环境公害事件屡见不鲜。陕西省华县龙岭村，面粉中锡的含量超出国家标准 116 倍，铅超标 2198 倍；芹菜中 Hg、Cd、Pb、Cr、As 全部超标，其中汞超标 16 倍，铅超标 8315 倍，属于严重污染和特级污染，龙岭村现已成为一个“癌症村”，经查明，铅、砷污染是致癌的主要原因。铅在土壤中的形态，涉及它们在土壤中的迁移、转化以及对植物的毒性，而铅的环境容量也受其形态制约[36-38]。许多研究表明，重金属铅进入土壤后会产生明显的生物效应，可导致植物（特别是其根部）中毒、植株枯萎死亡、产量降低等。

土壤重金属污染危害主要包括以下几方面。

1. 土壤重金属污染直接导致严重的经济损失

对于各种土壤污染造成的经济损失，目前尚缺乏系统的调查资料。仅以土壤重金属污染为例，全国每年因重金属污染而减产粮食1000万吨，被重金属污染的粮食多达1200万吨，合计经济损失至少200亿元[39]。

2. 土壤重金属污染对农作物的危害

污染土壤中的重金属通过作物根部的吸收进入作物体内，蓄积到一定程度后会对作物产生毒害。对Cd污染条件下小白菜和菜豆幼苗生长的研究发现，30μmol/L的Cd使小白菜和菜豆的生长受到抑制，表现为株高、主根长度下降，叶面积锐减等，其原因可能在于Cd对作物光合作用与蛋白质合成的干扰以及由膜系统损伤造成的代谢紊乱等。由于重金属对根部生长发育的抑制作用，作物对营养元素的吸收和运输受到影响，如Cu污染土壤中小麦根部P、K、Ca、Mg和Fe等营养元素含量均较低。研究表明，复合污染条件下，不同重金属的协同和加和作用可加剧对农作物的危害。许桂莲等[40] 研究发现，Zn、Cd及其复合作用均影响小麦幼苗对营养元素Ca、Mg的吸收，并且Ca、Mg的吸收随Zn、Cd浓度的升高而呈下降趋势。Zn、Cd、Cu、Pb、As复合污染中Pb含量为300mg/kg时水稻减产4.6%～6.8%，而单元素Pb含量高达2000mg/kg时水稻仅减产3.4%，显然重金属复合污染可加剧对作物的毒性作用[41,42]。

3. 土壤重金属污染导致食物品质不断下降

我国大多数城市近郊土壤都受到了不同程度的污染，有许多地方粮食、蔬菜、水果等食物中镉、铬、砷、铅等重金属含量超标或接近临界值。据报道，1992年全国有不少地区已经发展到生产“镉米”的程度，每年生产的“镉米”多达数亿千克。仅沈阳某污灌区被污染的耕地已多达2500hm^2，致使粮食遭到严重的镉污染，稻米的含镉浓度高达0.4～1.0mg/kg（这已经达到或超过诱发“痛痛病”的平均含镉浓度）。江西省某县多达44%的耕地遭到污染，并形成670hm^2的“镉米”区。土壤污染除影响食物的卫生品质外，也明显地影响农作物的其他质量。有些地区污灌已经使得蔬菜味道变差、易烂甚至出现难闻的异味。农产品的储藏和加工品质也不能满足深加工的要求[43]。

4. 土壤重金属污染危害人体健康

土壤污染会使污染物在植物体内积累，并通过食物链富集到人和动物体中，危害人体健康，引发癌症等疾病。如世界公害事件——日本的水俣病事件是含汞废水污染了水俣海域，鱼贝类富集了水中甲基汞，人和动物食用后引起中毒，造成1004人中毒，206人死亡；“骨痛病”（也称“痛痛病”）事件是当地铝厂排放的镉废水引起土壤及水环境污染，造成近100人死亡，都是典型例证。

5. 土壤重金属污染对土壤微生物和土壤酶的危害

重金属对土壤微生物的影响较为复杂，取决于土壤性质、重金属种类及微生物对重金属的吸收和代谢途径等多种因素。研究表明，重金属污染能明显影响土壤微生物群落，降低土壤微生物数量和活性细菌数量。Hani等[44] 发现，重金属的增加会影响微生物种类并导致微生物数量下降，在受Cd污染的土壤中，细菌、真菌和放线菌的数量比未受污染的土壤低得多。对土壤重金属综合污染指数与微生物多样性指数的相关分析表明，在土壤综合污染较轻的条件下，土壤微生物多样性较高，随着重金属综合污染指数的增加，微生物多样性指数呈指数式迅速下降。李元等[45] 的研究也表明，重金属污染会减少能利用碳底物的微生物的数量，降低土壤微生物群落的多样性[46]。

国内外关于重金属对土壤酶活性影响的研究已有不少报道，重金属对土壤酶活性的影响多表现为抑制作用。脲酶对Hg的抑制作用最为敏感，其余依次为转化酶、磷酸酶和过氧化氢酶，当加入土壤中的Hg含量为30mg/kg时，脲酶的活性降至原来的29%～47%，脲酶的活性可作为土壤Hg和Hg、Cd复合污染程度的生化监测指标。Cd、Zn、Pb共存对脲酶表现出协同抑制负效应的特征，转化酶和碱性磷酸酶的活性主要随Cd浓度的增加而降低，Cd的抑制作用显著；在复合效应影响中，三种重金属对土壤酶活性抑制效应依次为：Cd＞Zn＞Pb。刘霞等[47] 的研究结果表明，潮土中总量Cd和Pb与几种土壤酶活性的关系大多不显著，相关系数小；而潮褐土中各形态的Cd和Pb与土壤酶活性都显著相关，顺序依次为交换态＞铁锰结合态＞碳酸盐结合态。

6. 土壤污染导致其他环境问题

土地受到污染后，含重金属浓度较高的污染表土容易在风力和水力的作用下分别进入到大气和水体中，导致大气、地表水、地下水污染和生态系统退化等其他次生生态环境问题。如北京市的大气扬尘，有50%来源于地表。表土的污染物质可能在风的作用下，作为扬尘进入大气中，并进一步通过呼吸作用进入人体。这一过程对人体健康的影响可能类似于食用受污染的食物。上海川沙污灌区的地下水检测出氟、汞、镉和砷等重金属。成都市郊的农村水井也因土壤污染而导致井水中汞、铬、酚、氰等污染物超标[48-50]。

四、土壤重金属污染的现状

随着工业化和城市污染的加剧及农用化学物质种类、数量的增加，土壤重金属污染日益严重：污染程度加剧，面积逐年扩大。重金属污染物在土壤中移动性差，滞留时间长，不能被微生物降解，并可经水、植物等介质最终影响人类健康，因此，土壤重金属污染问题已经成为当今环境科学研究的重要内容。据我国农业农村部进行的全国污灌区调查，在约140万公顷的污灌区中，遭受重金属污染的土地面积占污灌区面积的64.8%，其中轻度污染的占46.7%，中度污染的占9.7%，严重污染的占8.4%。

从目前开展重金属污染调查情况来看，我国大多数城市近郊土壤都遭受不同程度的污染。如中科院南京土壤研究所对苏南某市郊区5个蔬菜基地进行调查发现，5个蔬菜基地土壤中镉超标率从21.9%至80.0%不等，有些地方土壤中汞超标率达到44.4%。此外，按照国家无公害蔬菜标准，所调查的蔬菜样品中，铬、锡、铅的超标率分别为15%、20%和20%。对重庆市近郊的蔬菜基地土壤中重金属的调查表明，土壤中汞、锡超标率分别为6.7%和36.7%[51]。沈阳市农作物也遭受锡的严重污染，大白菜中锡的超标率为100%，番茄为85%，菜豆为80%，黄瓜为65.9%，水稻为13%。中科院南京土壤研究所对太湖地区的研究结果表明，据典型区综合污染指数评价结果，水稻土壤安全状态约为50%，预警状态为33%，轻污染状态为17%；蔬菜地安全状态约为29%～39%，预警状态为21%～23%，轻污染状态为36%～39%，个别地区中度污染和重污染约占10%以上。调查显示，江苏省某丘陵地区14000km^2范围内，铜、汞、铅和锡等的污染面积达35.9%。广东省地勘部门土壤调查结果显示，西江流域的10000km^2土地遭受重金属污染的面积达5500km^2，污染率超过50%，其中，汞的污染面积达到1257km^2，污染深度达到地下40cm。对杭州市郊蔬菜基地土壤和蔬菜的环境质量评价结果显示，小白菜与小青菜两种蔬菜中的铅远超过无公害蔬菜卫生标准[52,53]。

在众多的污染物中，重金属铅的污染尤为突出，与其他重金属和有机污染物相比，铅的来源广、迁移性很弱、毒性大。进入土壤中的铅通过一系列物理、化学和生物变化可转化成不同的形态，从而表现出不同的生物活性和毒性，影响土壤的正常功能，导致农作物体内铅的积累，进而通过食物链对人类健康造成危害。土壤中铅污染的来源主要有汽油里添加的抗爆剂烷基铅，烷基铅随汽油燃烧后的尾气而积存于公路两侧百米范围内的土壤中，另外，铅冶炼厂、铅字印刷厂、铅采矿场等也是重要的污染源。一般进入土壤中的铅易与有机物结合，极不易溶解，土壤铅大多发现在表土层，表土铅在土壤中几乎不向下移动。超标农药的运用，加重了土壤对植物的铅污染。Pb^{2+}在土壤中的积累、迁移和转化受制于其在土壤体系中的生物、物理过程和氧化还原、沉淀溶解、吸附解吸、络合解离、酸碱平衡等化学过程，而其在土壤固液界面上的行为却取决于土壤固相中有机、无机组分对Pb^{2+}的吸附-解吸特性[54-56]。

五、土壤重金属污染的特点

1. 土壤重金属污染的隐蔽性和滞后性

土壤污染不像大气、水体污染那样比较明显，可以被人们轻易地发现和察觉。如江河湖海的水体污染、工厂排出的滚滚浓烟、固体垃圾任意堆放的污染等，常常通过人的感官就很容易辨识和发觉，但是，土壤重金属污染却没有那么容易被发觉，往往要通过对土壤样品进行分析化验和对农作物进行残留检测，甚至通过研究对人畜健康状况的影响才能确定。土壤中的重金属物质首先输送给地表的一些粮食、蔬菜、水果等作物，然后再通过食物链输入到人体，积累到一定程度才能反映出来。例如日本的“骨痛病”事件，人们经过长期饮用受镉污染的河水，并食用此水灌溉的含镉稻米，致使镉在体内蓄积，经过了10～20年蓄积后才被人们所发觉。再如，六六六和DDT在中国已经被禁止使用20多年，但至今在某些土壤环境中仍然可以被检出。鉴于土壤重金属污染具有的隐蔽性和滞后性等特点，土壤重金属污染的初期一般都不太容易受到重视[57-59]。

2. 土壤重金属污染的累积性和地域性

重金属污染物在大气和水体中一般都比在土壤中更容易迁移，这使得污染物质在土壤中并不像在大气和水体中那样容易扩散和稀释，重金属物质能与土壤有机质或者矿质相结合，并长久地保存在土壤中，很难从土壤中彻底去除，最终使其在土壤环境中的浓度随着时间的推移不断累积，从而达到一个较高的浓度。植物从土壤中除了吸收它所必需的营养物质之外，同时也能被动吸收一些有害的重金属物质，有害物质在植物的根、茎、叶、果内积累，再通过食物链的传递作用，最终危害人类健康。因此，重金属很容易在土壤中不断积累而超标，同时也使土壤污染具有很强的地域性[60]。

3. 土壤重金属污染的不可逆转性

重金属对土壤的污染基本上是一个不可逆转的过程，许多有机化学物质的污染也需要较长的时间才能降解。譬如，被某些重金属污染的土壤可能要100～200年时间才能够恢复。

4. 土壤重金属污染的难治理性

如果大气和水体受到污染，切断污染源之后，通过稀释和自净化用有可能使污染得到不断逆转，但积累在土壤中的难降解污染物则很难靠稀释作用和自净作用来消除。土壤污染一旦发生，仅仅依靠切断污染源的方法往往很难恢复，有时要靠换土、淋洗土壤等方法才能得到解决，其他治理技术可能见效较慢。因此，治理污染土壤通常成本较高，治理周期也较长。

重金属污染物最主要的特点是不能被微生物降解，在自然界的净化过程中，重金属污染物只能从一个地方转移到另一个地方，从一种价态转变为另一种价态，从一种形态转化为另一种形态，所以靠自然本身的净化过程重金属污染物很难被消除，必须人为采取各种行之有效的措施才能实现污染物的彻底治理。目前从现有的方法和技术来看，治理成本和周期仍然是重金属污染治理技术难点所在，与中国现行的经济发展状况不太相符。所以需要探索更为廉价、先进、有效的修复重金属污染的技术和方法[61,62]。

5. 土壤重金属污染的多样性

重金属中有很大部分是过渡元素，它们的价态存在多样性，且随环境配位体、pH值和E_h值的不同，呈现不同的化合态、结合态和价态，有的具有较高的化学活性，能参与多种复杂的反应。重金属随着其价态的不同，呈现的毒性也不同，有的相差巨大。例如六价铬的氧化物毒性为三价铬的100倍；二价铜和二价汞的毒性要分别大于一价铜和一价汞的毒性；三价砷的毒性要高于五价砷的毒性[63]。另外，重金属的形态不同，其毒性也有差别，一般有机物的毒性要大于无机物的毒性，如二甲基镉、甲基氯化汞的毒性要分别高于氯化镉、氯化汞的毒性。一般离子态的金属毒性常常大于络合态，而且络合物越稳定，其毒性也就越低，如铅、铜、锌离子态的毒性都远远高于其络合态的毒性[64]。

6. 重金属在土壤中的吸附作用

溶质在溶剂中呈不均一的分布状态，表层中的浓度与内部不同，这种浓度改变的现象称为吸附作用，吸附作用服从最小表面自由能原理。广义的吸附作用包括两种主要的机理：矿质水界面的二维加积——表面吸附作用和固相的三维生长——沉淀作用。表面吸附包括电位吸附、离子交换吸附、分子或离子吸附与单分子层吸附4种类型。一般认为，土壤对重金属离子的吸附作用属于表面吸附的范畴，分为专性吸附和非专性吸附。其中，专性吸附是指土壤颗粒与金属离子形成螯合物，金属离子在土壤颗粒内层与氧或羟基结合，这种吸附作用发生在胶体决定电位层——Stern 层中不能被钙、钾等离子置换。非专性吸附是指金属离子通过静电引力和热运动的平衡作用保持在双电层的外层——扩散层中，这种作用是可逆的，遵守质量作用规律，可以等当量互相置换[65-68]。一般来说，土壤表面存在两类不同的吸附点位，即结合能高的点位与结合能低的点位。通过专性吸附机制被吸附的离子结合能较高，而通过非专性吸附机制被吸附的离子结合能较低。廖敏等[69] 研究证实，重金属镉可以通过高、低能点位被土壤吸附，在四种红壤土中以低能点位吸附为主。

当重金属离子进入土壤后或迁入沉积物中，必然要发生吸附和解吸，这是控制土壤重金属活性的重要物理化学过程之一。固体颗粒物对重金属离子的吸附作用是控制悬浮沉积物和水体、土壤及其溶液中重金属离子浓度的重要因素，因此对重金属的吸附研究受到诸多学者的关注。徐明岗等[70] 对砖红壤和黄棕壤在不同浓度、不同 pH 值下吸附 Cu^{2+} 进行了测定，结果表明，2 种土壤 Cu^{2+} 吸附量均随平衡液中 Cu^{2+} 浓度增加而增大，两者关系较好地符合 Langmuir 吸附方程（朗缪尔吸附方程）。Cu^{2+} 吸附量随 pH 值升高而增加，Cu^{2+} 分配系数的对数与 pH 值呈极显著的线性正相关，吸附一个 Cu^{2+} 所释放 H^+ 的平均数为砖红壤（1.19）大于黄棕壤（1.01）。洪春来等[71] 研究了菜园土（青紫泥）对铅的吸附、解吸特性，结果表明，铅在青紫泥上的吸附平衡均可采用 Langmuir、Freundlich（弗罗因德利希）和 Temkin（特姆金）等吸附方程来拟合，由 Langmuir 方程求得青紫泥对铅的最大吸附量为 14285mg。土壤吸附态 Pb^{2+} 的解吸量随着 Pb^{2+} 吸附量的增加而增加。叶力佳等[72] 研究了提纯硅藻土对 Cu^{2+} 的吸附影响因素，并对吸附机理进行了初步探讨，他们发现，在一定范围内，增加硅藻土用量、延长吸附作用时间、升高吸附温度、提高 pH 值均可改善对 Cu^{2+} 的吸附，其中 pH 值是最重要的影响因素。硅藻土对 Cu^{2+} 的等温吸附符合 Langmuir 方程[73-75]。

重金属离子在土壤中的吸附作用受许多环境因子的影响，与土壤组分及其表面化学性质、土壤 pH 值等有密切关系。土壤类型的不同，各种因子的影响程度也不相同；同一土壤上，各因子间存在多种复杂的关系，最终促进或抑制对重金属离子的吸附。符娟林等[76] 研究了长江三角洲和珠江三角洲 10 种代表性农业土壤对重金属 Pb、Cu 和 Cd 的吸附特性，发现 pH 值是影响土壤对重金属吸附的最重要因素，土壤重金属吸附量随 pH 值增加而增加。土壤 pH 值和有机质或黏粒含量较高的土壤（如乌栅土、青紫泥田、黄斑田），其对重金属吸附能力高于 pH 值和有机质或黏粒含量较低的土壤（如黄筋泥、粉泥田）。土壤阳离子交换容量（CEC）越大，土壤表面所带净负电荷越多，对阳离子的吸附点位也越多[77]。谢丹等[78] 研究了浙江嘉兴和湖州水稻土对 Pb^{2+} 吸附与解吸动力学，表明这两种可变电荷土壤对 Pb^{2+} 的吸附量与土壤 CEC 的大小相一致。对河北山麓平原中壤质潮褐土根际和非根际土壤的吸附特点的研究表明，根际土壤中 Pb^{2+} 的吸附量比相应的非根际土壤吸附量高，这主要是根系分泌物使根际土壤中有机质的含量增加所致的。利用向海湿地采集的草根层土壤进行吸附铅、镉的影响因素实验，结果表明，土壤对铅、镉的吸附能力主要受外部因素（如吸附剂用量、吸附时间和 pH 值）的影响；而有机质和铁、锰氧化物则是影响土壤吸附铅、镉能力的主要内在因素，且与土壤对铅、镉的最大吸附量呈一定的正相关[79,80]。

7. 重金属形态分级

重金属的形态分析从20世纪70年代开始就已受到科学家的关注。由于不同形态的重金属具有不同的化学活性及生物有效性，环境重金属的生物毒性不仅与其总量有关，更大程度上是由其形态分布决定的。因此，近些年来许多学者已不满足于重金属总量研究，而十分重视重金属在土壤、沉积物中的地球化学相及其分配。

重金属在土壤中各种形态存在的数量比例，直接影响重金属在土壤中的迁移、转化以及对植物的毒性。土壤中重金属形态非常复杂，由于土壤对重金属的吸持、富集、迁移和转化，以及土壤与重金属之间的溶解沉淀、吸附解吸、络合离解、氧化还原等作用，重金属在土壤固相中以各种不同形态存在。土壤重金属形态主要受该元素本身性质和含量、土壤组成（有机质、黏土矿质、胶体的含量和组成、锰铁铝氧化物、碳酸盐和微生物等）和土壤环境条件（pH值、E_h值、温度和湿度）及气候、水文、生物等条件的影响。不同形态产生不同的环境效应，直接影响重金属的毒性、迁移及在自然界的循环。有关重金属的形态分级，国内外土壤学家都进行了深入的研究[81]。目前，在环境科学领域应用较多的是Stove的分级方法，在土壤科学和地球科学领域应用较多的则是Tessier和Shuman方法以及在此基础上发展起来的形态分级体系，我国蒋廷惠在20世纪80年代末对土壤重金属的形态分级也做了详细研究。无论哪种测定方法，一般均将土壤重金属形态区分成交换态、碳酸盐结合态、无定形氧化锰结合态、有机态、无定形氧化铁结合态、晶形氧化铁结合态、残渣态等几种[82,83]。

交换态是指吸附在黏土、腐殖质及其他成分上的金属，对环境变化敏感，易于迁移转化，能被植物吸收，其含量反映人类近期排污影响及对生物毒性作用。碳酸盐结合态是指土壤中重金属元素在碳酸盐矿质上形成的共沉淀结合态。pH值升高有利于碳酸盐的生成。铁锰氧化物结合态一般以矿质的外囊物和细分散颗粒存在，活性的铁锰氧化物比表面积大，吸附或共沉淀阴离子而成，该形态反映人文活动对环境的污染。有机结合态是土壤中各种有机物（如动植物残体、腐殖质）及矿质颗粒的包裹层等与土壤中重金属螯合而成的。残渣态重金属一般存在于硅酸盐、原生和次生矿质等土壤晶格中，是自然地质风化过程的结果，主要受矿质成分、岩石风化和土壤侵蚀的影响[84-86]。

土壤中重金属元素的存在形态是衡量其环境效应的关键参数，因而备受关注。操作定义上的重金属形态为重金属与土壤组分的结合形态，它与土壤类型、性质、污染来源历史、环境条件等密切相关，是以特定的提取剂和提取步骤的不同而定义的。由于各种试剂的溶解能力不尽相同，即使同一种形态，其提取量也只对特定的提取剂才有意义。Tessier等提出的连续提取法有一定的代表性，其将重金属形态分为水溶态、可交换态、碳酸盐结合态、铁锰氧化结合态、有机结合态和残渣态。

影响土壤重金属形态变化的环境因子，包括土壤pH值、有机质含量、氧化还原电位、土壤胶体的种类和数量等。据研究，pH值改变导致土壤中重金属化学形态的变化，在低pH值时尤其明显。当土壤pH值从7.0降至4.5时，交换态中的Cd、Zn、Pb增加，与碳酸盐结合的Cd、Zn、Pb减少。同时与铁、锰氧化物结合的重金属则略有降低，而有机态和残渣态中的金属量不变。在植物根际环境中，根呼吸产生的二氧化碳、根系分泌的有机酸以及微生物对根际 pH 值都有一定的影响。如 Barak 等[87] 在碳酸钙高达 63%的石灰性土壤中观察到，施大量硫酸钾能消除花生叶片的缺铁失绿症状，其原因是 K^+ 的选择性吸收导致根际 pH 值下降而溶解了铁氧化物。最近有研究结果显示，随着小麦根际的酸化或碱化，根际的可提取性 Cd 相应地增加或减少，表明根际 pH 值的变化一定程度上调节着植物对金属的吸收。土壤 E_h 值的高低影响着重金属的沉淀与溶解平衡：在还原性条件下，土壤 E_h 值降至 0 以下时，土壤中的含硫化合物开始大量生成 H_2S，土壤中可溶性重金属大多以难溶性的硫化物沉淀形式存在；相反，在氧化状态下，重金属元素大多以溶解度较大的硫酸盐形式存在。在有机质对土壤重金属形态的改变平衡中，研究表明，增加有机质含量，可使土壤中 Cr、Hg、Cu 和 As 的有效态增加，而对 Cd、Zn 的影响较小；在 pH 值低时，有机质对重金属的移动性影响较小；土壤有机质含有大量的功能基团，可以与重金属络合或螯合，形成有机-金属络合物或螯合物，提高土壤重金属的有效性[88-91]。

六、修复土壤重金属污染的方法

重金属污染土壤的植物修复是指通过植物系统及其根系移去、挥发或稳定土壤环境中的重金属污染物，或降低污染物中的重金属毒性，以清除污染、修复或治理土壤为目的的一种技术。对重金属污染土壤的修复方法包括机械处理填埋方法、物理和化学方法、生物学修复改良方法；前两种方法可实现程度低，且成本高，效果不理想；生物学修复改良方法主要是利用微生物和植物对重金属污染的土壤进行修复。近年来植物修复技术一直是治理土壤重金属污染领域内的研究热点。人工修复重金属污染土壤利用物理、化学、生物及农业生态等方法转移、吸收、降解和转化土壤中的重金属，使其浓度降低到可接受水平，满足相应土地利用类型所要求的指标。依据反应机制及作用对象的性质，污染土壤人工修复技术包括物理修复技术、化学修复技术、生物修复技术。

目前，世界各国对土壤重金属污染的修复技术主要包括物理修复、化学修复、生物修复、农业生态修复和联合修复等技术。物理修复技术主要包括工程措施和热脱附，前者适用于小面积严重污染的土壤，后者则主要针对易挥发的重金属（如汞、砷等）。常用的化学修复方法有电动修复、淋洗修复和固化修复。电动修复是一种原位修复技术，不扰动土层，且操作简单、处理效率高，但易导致土壤理化性质变化。淋洗修复技术的关键是寻找既能提取各种形态重金属又不破坏土壤结构的淋洗剂。但高效淋洗剂普遍价格偏高，且洗脱废液对土壤和地下水存在二次污染的风险。固化修复虽然简单易行，但并不是一项永久的修复措施。固化修复通过加入化学试剂或材料改变了重金属的赋存形态，而并未将其从土壤中去除，容易再度活化造成二次污染。生物修复技术利用特定动植物或微生物对重金属的吸收、转化或清除功能修复重金属污染土壤，该法因具有成本低、易操作、不易造成二次污染且能大面积推广等优点而备受关注。农业生态修复主要通过改变耕作制度、调整作物品种、调节生态因子（如土壤水分、养分、pH 值、氧化还原电位、气温和湿度等）实现。为了提高对土壤重金属的修复效率，很多学者将上述常见的修复技术有机结合起来，例如植物-微生物的联合修复、化学淋洗-深层固定联合技术等。这些技术有很多已成功应用于污染土壤修复实践，尤其是对于污染面积较小、污染物种类单一、污染程度较轻的污染土壤修复各有其优势和不足，表 2-1 为重金属污染土壤修复方法的比较。

表 2-1 重金属污染土壤修复方法的比较

类别	名称	原理及实施方法	优点	缺点
物理修复	工程法	客土、换土、翻土	见效快，可改善被污染土壤理化性质	成本高
	热处理	加热污染土壤，使挥发性重金属挥发后进行回收和集中处理	见效快，周期短	成本高，收集难度大
	吸附法	采用吸附剂吸附固定重金属离子，降低其生物有效性	见效快，可回收重金属	成本高，易造成二次污染
化学修复	淋洗法	利用酸性或交换性强溶液淋洗土壤，然后回收淋洗液及重金属	见效快，可回收循环利用	成本高，影响土壤性质
	电解法	利用直流电使土壤重金属离子在电解、电迁移、电渗和电泳等作用下被去除	见效快，清除彻底	成本高，不适于传导性差的土壤
	沉淀法	提高土壤 pH 值使以阳离子形态存在的重金属生成氢氧化物沉淀	见效快，易于实施	成本高，沉淀物难以去除
	有机酸络合法	采用有机酸络合污染土壤中的重金属离子生成难溶的络合物，降低重金属生物有效性	见效快，易于实施	成本高，络合物不能去除
生物修复	动物修复	利用土壤动物吸收、利用、累积重金属	生态环保，易于实施	修复周期长
	微生物修复	利用微生物吸收、利用和转化重金属，降低土壤中重金属的生物有效性	生态环保，不易造成二次污染	见效慢，周期长
	植物修复	利用植物对重金属的耐受性和累积性，去除和固定土壤中的重金属	成本低，具有生态效益	见效慢，周期长
生态修复	—	以生态工程为主体手段修复受重金属污染危害的生态系统	成本低，具有经济、社会和生态效益	见效慢，周期长

土壤重金属污染是影响人类健康和环境质量的主要问题之一，它不仅影响农作物生产，而且也影响大气和水环境质量，甚至通过食物链危害人类的健康。植物修复技术作为一种新兴的、高效的生物修复途径现已被科学界和政府部门认可和选用。有关耐重金属植物与超富集植物的研究逐渐增多，植物修复作为一种治理污染土壤的技术被提出并得到广泛应用。该技术可在稳定污染土壤、减少风蚀与水蚀及防止地下水二次污染的同时，使污染土壤得到修复，既不破坏污染现场土壤结构，又减少了修复费用，因此已成为我国重金属污染修复技术的研究热点。

植物在重金属胁迫下，其根系生长受到影响，细胞膜透性增大，植物抗氧化酶系统和光合系统被破坏，基因被毒害等。但不少种类植物仍能在高浓度的重金属离子环境中生长，完成其生活史，表明在长期进化过程中植物亦相应地产生了多种抵抗重金属毒害的防御机制，以适应环境的变化。

七、植物修复重金属污染土壤的研究

当环境中的污染物含量达到临界值后就成为有害的环境污染元素，这些污染元素进入植物体并累积到一定量，就会对植物产生毒害，通常表现为生长受限，导致叶片失绿、植株矮小、产量和品质下降等症状。植物修复是美国科学家Chaney等在1983年提出的，是通过植物的一些特殊生理功能（如吸收、降解、稳定、挥发等）来降低土壤中重金属污染物的含量，甚至将土壤重金属污染物移出环境的污染治理技术。植物修复也称绿色修复，它是一种新型、高效、低成本的土壤重金属污染修复技术，具有就地适用的特点，是一种以太阳能驱动来整治环境的策略。植物修复不会影响表土，因此可以提高土壤肥力。绿色植物必须具有摄取环境污染物和通过各种机制实现其解毒的巨大能力。相对于其他修复措施，植物修复具有较低的实施和维护成本。植物修复的成本比其他治理方法少5%。同时，植被修复作用于土壤污染物的方法，也有助于防止金属进一步侵蚀和浸出。

这一技术提出后，受到国内外众多学者的普遍好评，科技工作者开始探索植物修复技术在污染土壤治理中的作用。为了将植物修复技术在生产实践中推广应用，首先需要寻找能在重金属污染土壤中生长的具有较强耐性的植物。植物修复的核心技术在于超富集植物的选取，主要通过野外调查采样、温室栽培、对植物进行测量和分析等方法进行。野外调查采样主要目的是选择植物和采集备用土壤。通过配制不同浓度梯度的重金属土壤，进行栽培，测量植物的生长情况，测定其是否为超富集物种。经过多年的研究发现，超富集植物具有以下特征：①在低浓度污染土壤中对污染物的累积速率较高；②重金属在植物体内富集量较高，与普通植物相比，超富集植物地上部累积某种重金属的量高出几十倍甚至几百倍。

近年来，国内外学者对超富集植物提出了如下3个基本判定标准：①植物地上部分污染物含量必须大于一定的临界值；②污染物含量在植物地上部大于地下部；③植物对污染物的富集系数大于1.0。

土壤重金属修复植物的实验指标包括以下几个方面的内容。

① 萌发率和存活率。在植物生长初期判断重金属对植物的影响作用。

② 生理指标的测定。株高、茎粗和叶绿素含量，酶活性、丙二醛、脯氨酸等生理指标，可以反映重金属对植物生理活动的影响。

③ 重金属耐性范围。超富集植物对重金属浓度的耐性不是无限的，而是在超过一定限度后，会如同其他植物一样表现出重金属中毒症状。确定重金属的耐性范围，有利于植物更好地应用于现实的污染土壤中。

④ 植物体中的金属含量。包括植物根、茎、叶中的重金属含量，确定了富集重金属的有效植物组织，便于进一步优化选择超富集植物。

⑤ 生物重金属富集系数。重金属富集系数是指植物某一部位的元素含量与土壤中相应元素含量之比，它在一定程度上反映着沉积物与植物系统中元素迁移的难易程度，说明重金属在植物体内的富集情况，也即反映植物对重金属富集程度的高低或富集能力的强弱。

$$\mathrm{BCF}=c_{\mathrm{p}}/c_{\mathrm{s}}$$

式中 c_p——植物地上部分重金属含量；

c_s——沉积物中重金属含量。

一种植物的修复潜力，主要受两个关键因素决定，即富集的金属浓度和产生的生物量。两种不同的方法用于测试植物富集重金属的能力：①使用超富集的，即产生相对较少的地上生物量但积累目标重金属到更大的程度；②其他植物，其积聚重金属程度低，但产生更多的生物量，整体的重金属积累量与超富集植物的积累量相当。研究发现，在植物修复中超积累和超抗性比高生物量更重要。因为利用超富集植物会产生丰富的金属和低体积的生物量，在金属回收和无害化处理时是经济的和易于处理的；相反，使用非富集植物将产生一个低浓度金属富集体，比较大的生物量在回收处理时不经济。如果植物（如三叶草属）能够在一个生长期多次收获，可能在植物修复重金属方面具有巨大潜力。与灌木和乔木相比，草具有较高的生长率、较强的环境适应能力、较高的生物生长量等。一些研究人员利用作物（如玉米、大麦）进行植物修复重金属，当然重金属污染程度都需要降低到污染可接受的水平，作物修复的缺点是可能使食物链受到影响。

第二节 植物修复机制

环境污染虽然会对植物产生危害，但是植物却对环境保护有着多种功能。植物通过自身的光合、呼吸、蒸腾和分泌等代谢活动与环境中的污染物质和微生态环境发生交互反应，通过吸收、分解、转化、挥发、固定等过程使污染物达到净化和脱毒，从而起到修复环境的效果。

一、植物对物质的吸收、排泄和积累

植物对污染土壤的修复治理主要是通过植物自身的一系列新陈代谢活动实现的，而在这些活动过程中始终伴随着植物对物质的吸收、排泄和积累。植物修复污染土壤主要利用植物及其根际微生物的吸收、排泄和积累作用。去除、转化和固定土壤中的有毒化合物，由高等植物和微生物组成的整体来完成，涉及许多物理、化学和生物过程。修复过程包括直接修复（植物可以直接吸收、固定、分解污染物）和间接修复（植物通过改善土壤环境而进行修复）。

1. 植物对物质的吸收

植物为了维持正常的生命活动，必须不断地从周围环境中吸收水分和营养物质。植物体的各个部位都具有一定的吸收水分和营养物质的能力，其中，最主要的吸收器官是根，它能从其生长介质土壤或水体中吸收水分和矿质元素。植物对土壤或水体中污染物质的吸收具有广泛性，因为植物在吸收营养物质的过程中，除对少数几种元素表现出选择性吸收外，对大多数物质并没有绝对严格的选择作用，对不同的元素只是吸收能力大小不同而已。植物对污染物质的吸收能力除受本身的遗传机制影响外，还与污染介质的理化性质、根际圈微生物区系组成、污染物质在介质溶液中的浓度大小等因素有关，而其吸收机制是

主动吸收还是被动吸收尚不清楚[92]。

2. 植物对物质的排泄

植物也像动物一样需要不断地向外排泄体内多余的物质，这些物质的排泄常常以分泌物或挥发物的形式进行。分泌是细胞将某些物质从原生质体分离或将原生质体的一部分分开的现象。分泌主要通过植物根系、茎、叶表面的分泌腺等进行。分泌的物质主要有无机离子、糖类、植物碱、鞣质（又称单宁）、树脂、酶和激素等生理上有用或无用的有机化合物，以及一些不再参加细胞代谢活动而被去除的物质，即排泄物。挥发性物质除随分泌器官的分泌活动排出植物体以外，主要是随水分的蒸腾作用从气孔和角质层中间的孔隙扩散到大气中。植物排泄的途径通常有两条，其中一条途径是经过地下根吸收后，再经地上茎、叶器官排出去。例如，某些植物将羟基卤素、汞、硒从土壤溶液中吸收后，将其从叶片中挥发出去；高粱叶鞘可以分泌一些类似蜡质的物质，将毒素排出体外。另一条途径是经叶片吸收后，通过根分泌排泄，如烟草和萝卜通过叶片吸收1,2-二溴乙烷，然后迅速将其从根排泄。其他的如酚类污染物、苯氧基乙酸和2,4,5-三氯苯氧基乙酸都从叶片吸收后再通过根分泌排泄。当这些污染物质含量超过一定临界值后，会对植物组织、器官产生毒害作用，进而抑制植物生长甚至导致其死亡。在这种情况下，植物为了生存，也常分泌一些激素（如脱落酸）来促使积累高含量污染物质的器官（如老叶）加快衰老而脱落，并重新长出新叶用以生长，进而排出体内有害物质，这种“去旧生新”的方式是植物排泄污染物质的另一条途径。

3. 植物对物质的积累

进入植物体内的污染物质，部分经生物转化成为代谢产物并经排泄途径排出体外，但大部分污染物质与蛋白质或多肽等物质具有较高的亲和性而长期存留在植物的组织或器官中，在一定的时期内不断积累增多而形成富集现象，还可在某些植物体内形成超富集，这是植物修复的理论基础之一。通常用富集系数（植物体内某种元素含量/土壤中该种元素含量）来表征植物对某种元素或化合物的累积能力；用转移系数（植物地上部某种元素含量/植物根部该种元素含量）来表征某种重金属元素或化合物从植物根部到植物地上部的转移能力。富集系数越大，表示植物累积某种元素的能力越强。转移系数越大，说明植物由根部向地上部运输重金属元素或化合物的能力越强，越有利于植物提取（萃取）修复。不同植物对同种污染物质的累积能力不同，同一种植物对不同污染物质、同一种植物的不同器官对同一种污染物质的累积能力均存在差异，累积部位表现出不均一性。当植物吸收和排泄的过程呈动态平衡时，植物虽仍以某种微弱的速度在吸收污染物质，但在体内的累积量已不再增加，而是达到一个极限值，称为临界含量，此时的富集系数称为平衡富集系数。

影响植物吸收、排泄和积累的因素很多，如土壤、水分、光照及植物本身的因素等。其中植物根系与根际圈污染物质间的相互作用是较为重要的影响因素，因为植物根系只能吸收根际圈内溶解于水溶液中的元素，包括Fe、Mn、B、Zn、Cu等必需元素，以及Cd、Hg、Pb、Cr等有害重金属元素。这些元素通常以有机化合物、无机化合物或有机金属化合物的形式存在于土壤中。根据植物根系对土壤中污染物质吸收的难易程度，可将土壤中污染物大致分为可吸收态、交换态和难吸收态三种。土壤溶液中的污染物（如游离离子及螯合离子）易为植物根系所吸收，为可吸收态；残渣态等难为植物吸收的为难吸收态；介于两者之间的便是交换态，主要包括被黏土和腐殖质吸附的污染物。可吸收态、交换态和难吸收态污染物之间经常处于动态平衡之中，可吸收态部分的重金属一旦被植物吸收而减少时，交换态部分便主动来补充，而当可吸收态部分因外界输入而增多时，则促使交换态向难吸收态部分转化，这三种形态在某一时刻可达到某种平衡，但随着环境条件（如植物吸收、螯合作用及温度、水分变化等）的改变而不断地发生变化。因此，改善土壤环境，间接影响污染修复过程。

4. 植物根系的生理作用

根是植物体的重要器官，它具有固定植株、吸收土壤中水分和矿质营养、合成和分泌有机物等生理特性。

首先，植物根的形态可影响污染物的生物可利用性和降解程度。例如，污染土壤中生长的植物，其根系的生长能不同程度地打破土壤的物理化学结构，使土壤产生大小不等的裂缝和根槽，使土壤通风，并为土壤中挥发和半挥发性污染物质的排出起到导管的作用。根毛-土壤界面可使微生物、污染物有较大、较多的接触空间，根际圈的细菌与真菌合作可以提高多种有机污染物的降解率，根际分泌物可以诱导高分子有机污染物的共代谢，从而加强其生物降解。

其次，根可以通过吸收和吸附作用在根部累积大量的污染物质，加强对污染物质的固定，其中根系对污染物质的吸收在污染土壤修复中起重要作用。根际圈内较高的有机质含量可以改变污染物的生物可利用性和淋溶性。根际圈微生物可促进有毒物质与腐殖酸的共聚作用。例如，氯酚和多环芳烃与土壤有机质的关系直接或间接受根际微生物的影响。另外，植物本身受到果胶和木质素保护，可以去除或吸附高分子疏水化合物，阻止这些污染物进入植物的根内。

最后，根还有生物合成的作用，可以合成多种有机酸、植物碱、有机酚和有机磷等有机物。同时还能向周围土壤中分泌有机酸、糖类物质、氨基酸和维生素等有机物，这些分泌物能不同程度地降低根际圈内污染物质的可移动性和生物有效性，减少污染物对植物的毒害。植物根分泌物因植物种类不同而异，并与环境因素有关。调查表明，缺铁的双子叶植物和单子叶植物，它们的根部能累积有机酸，但只有双子叶植物具有较强的将质子释放到根部的能力。另外，植物具有多种物理和生化防御功能，可以阻止有毒物质的侵入，并排斥根表的多种非营养物质进入植物体。一旦有机毒物进入植物根部，它们就可被代谢或通过分室储存，形成不溶性盐，以与植物组分络合或键合为结构聚合物的方式固定下来。

5. 植物根际圈的作用

植物根际圈是由根系和土壤微生物之间相互作用而形成的独特圈带，它的范围一般是指离根表几毫米到几厘米的圈带，包括根系、与之发生相互作用的生物及受这些生物活动影响的土壤。由于植物根不断地向根际圈输入光合产物和 O_2，加之枯死的根细胞和植物分泌物不断累积，植物根际圈为好氧、兼性厌氧及厌氧微生物的同时生存提供了有利的环境，各种微生物可利用不同有机污染物为营养源进行长年繁殖，使根际圈成为以土壤为基质、以植物的根系为中心、聚集大量微生物和土壤微型动物的独特的“生态修复单元”。

植物根系分泌的有机物质及其本身产生的脱落物，促使土壤微生物和土壤动物在根系周围大量繁殖和生长，使得根际圈内微生物和土壤动物数量远远大于根际圈外的数量，而微生物的生命活动（如氮代谢、发酵和呼吸作用）及土壤动物的活动等对植物根也产生重要影响，它们之间形成了互生、共生、协同及寄生的关系。生长于污染土壤中的植物首先通过根际圈与土壤中污染物质接触，根际圈中植物根系及其分泌物质、微生物与土壤动物的新陈代谢活动对污染物（重金属和难以降解的多环芳烃等有机污染物）产生吸收、吸附和降解等一系列活动。植物发达的根系为微生物附着提供了巨大的表面积，易于形成生物膜，促进污染物被微生物降解利用。根际圈作为微生物活动较强的地带，可加强污染物的降解和转化，植物通过诱导根际圈微生物群落的代谢而获得保护[93-95]。

二、植物修复污染环境的基本理论与原则

（一）植物修复污染环境的基本理论

植物修复常用于水体污染、土壤污染、大气污染和噪声污染的修复。水体污染植物修复主要为水体富营养化修复、水体重金属修复；土壤污染植物修复主要为土壤重金属修复、土壤有机物质修复；大气污染植物修复主要为物理性污染修复、化学性污染修复；而噪声污染植物修复主要通过植物群体的隔声和消声作用，切断噪声的传播途径而达到降噪目的。大量的研究表明，植物对污染（退化）环境的修复主要有以下三种方式：一是植物通过适应性调节后对污染物产生耐性；二是完全的“回避”作用；三是植物的超积累作用。因此，作为一门新兴的环境治理与保护技术，植物修复技术及其理论基础涉及众多学科（如生物学、地球化学、地质学、植物生物学与生态学、毒理学、土壤化学、环境生态学和农业生物环境工程等）。多学科的交叉融合为该技术的发展和应用提供了许多理论基础，主要包括生态适应性理论（乡土物种对群落恢复的重要性）、种群密度制约及分布格局原理（物种组合及空间配置原理）、限制性因子原理（生态系统恢复的关键因子）、生态位原理、植物演替理论、植物入侵理论、生态多样性原理、干扰理论、景观生态学理论等，最主要的是植物生理生态学理论。

在涉及的众多基础理论中，对植物环境修复工程最具指导意义的是恢复生态学中的人为设计理论。该理论认为，通过工程方法和植物重建，可直接恢复受污染胁迫退化的生态系统，但恢复的类型可以是多样的。因为生态系统本身就是由许多生态因子所决定的开放系统，生态系统恢复的关键因子是多样的，通过复杂生物网结构和多样化的生态环境相互作用，展示植物群落的生态与环境保护功能。

（二）植物修复污染环境的基本原则

污染环境修复的目的是在保证大气、水和土壤结构健康的前提下，满足人类可持续发展对空气、水和土壤多功能的要求。因此，在植物修复过程中应遵循以下原则。

1. 生态学原则

生态学原则主要包括生态演替、食物链（网）和生态位原则。植物修复应遵循生态学

原则，根据生态系统自身的演替规律、结构与功能统一规律，在生态系统恢复和重建过程中，分步骤、分阶段，循序渐进。植物修复方法的选择、技术的优化组合、影响因子的调控等措施必须遵循生态学的基本原理和方法，维持生态修复过程中物质流、能量流、信息流的良性循环和动态平衡，最大限度地激活环境的自我恢复功能，达到修复的目的。

2. 地域性原则

在对污染退化环境开展植物修复时，必须要考虑和遵循地域的生态环境本底和历史背景。物种的引进、生态群落的构建设计都必须因地制宜，选择最佳的修复工艺或工艺组合。尤其是在污染修复植物筛选中，首先要保证所选植物在生理上适应当地的污染环境，即植物对污染具有较强的耐性且生长旺盛，并以所期望的修复作用方式与污染物发生作用，高效地吸收、积累或降解污染物。其次，所选植物最好是本地种，尽量不引入外来种，以避免可能出现的生态风险。

3. 可行性原则

可行性原则也就是污染环境植物修复过程的最小风险、最大效益原则。可行性包括技术可行性、经济可行性。技术可行性是指修复工程设计方案中的技术具先进性、实用性、简单可操作性和可实施性。经济可行性是指修复工程的技术成本、项目运行管理成本可被接受，即工程投入成本低，产出效益佳。总之，就是对拟将实施的工程要开展仔细论证，力求风险最少，获得的环境效益、经济效益和社会效益统一，且最大化。

4. 工艺优化原则

工艺优化原则也称为整体优化原则，即在污染环境植物修复中，优化原则不仅包括以生态环境的自我恢复能力为核心，对修复工程中各种修复方法、影响因子等进行最优化组合和调控，也包括将修复对象系统内在的自我恢复能力和外源增加的修复功能有机结合，在工艺投入的最小化和效果的最大化之间寻求优化。

5. 安全性原则

工程实施中采用的修复植物与辅助措施不会对人体健康造成威胁，不将病原微生物或有毒、有害物质引入植物修复的环境，修复过程和结果对环境本身的生态安全不造成威胁，修复工程不产生对地上植物、地下水、空气等有毒害的二次污染物。

第三节　重金属污染土壤植物修复机制

一、植物修复重金属污染土壤的机制

在大量推广运用植物修复重金属污染土壤之前，必须对其吸收、转运和积累重金属的生理和生化机制有清楚的认识。目前国内外在此方面已有大量研究，已发展到分子水平。

1. 限制重金属离子跨膜吸收机制

植物根部重金属离子横向运输的途径主要为质外体途径和共质体途径。重金属离子进

入植物体后的分配依靠跨膜运输完成，主要包括跨质膜转运和跨液泡膜转运两种方式。从理论上来说，植物通过限制对重金属的吸收，能有效降低体内重金属浓度，阻止重金属离子由质膜进入胞质溶胶是最好的防御机制。Nedelkoska 等[96] 通过对天蓝遏蓝菜与烟草的根部及其细胞壁的 Cd 水平研究发现，在 Cd 处理浓度为 20μg/g 时，烟草根毛吸收的 Cd 大多数在 3d 内就直接进入共质体，而天蓝遏蓝菜在开始的 7～10d 内则是几乎把所有吸收的 Cd 都储存在细胞壁中，然后再释放到共质体中向茎叶部运输。后来研究表明，Cd 吸收是一个不需要结合部位的选择性过程，即细胞壁中的负电荷使 Cd^{2+} 在细胞膜外富集起来，从而增加了跨膜梯度，可推动 Cd^{2+} 进入细胞中。细胞膜表面（CMS）的电负性形成细胞膜表面电势（ψ_0），影响细胞表面离子的浓度，并进一步影响金属阳离子的植物毒性。金属阳离子对有毒金属元素毒性的影响主要通过细胞膜表面电势，而不是离子之间的竞争起作用。另外，细胞膜具有选择透过的特性，它能调节和控制细胞内外物质的交换和运输，是有机体与外界环境之间的一个重要界面，因此，质膜的透性大小是决定外界重金属离子能否进入细胞和进入多少的主要因素。Besson-Bard 等[97] 研究认为，根细胞膜上可能存在 Cd 诱导的运输蛋白，该蛋白对重金属的运输具有很强的选择性。IRT 作为一种质膜转运体具有 Fe、Cu、Zn 和 Cd 转运活性，在转录水平上 IRT 基因的表达也响应 Cd 胁迫。

2. 重金属与植物细胞壁结合机制

植物对重金属的排斥作用首先是使重金属在植物体内的运输受阻。通过对黄瓜、菠菜、互花米草、黑麦草、烟草、皖景天等植物的试验表明，植物吸收的重金属离子大部分位于细胞壁，且被局限于细胞壁上，而不能进入细胞质影响细胞内的代谢活动，这种作用阻止了重金属离子进入细胞原生质，而使其免受伤害，从而使植物对重金属表现出耐性。类似的结果也在水稻、玉米、小麦等主要农作物的试验中出现。例如，王芳等[98] 采用不同的水稻品种，研究了细胞壁组分中 Cd 的含量，发现不同品种根部细胞壁组分中 Cd 的含量存在显著差异，且细胞壁组分中含 Cd 高的品种非蛋白巯基含量比含 Cd 低的品种高出 1.6 倍。袭波音[99] 的研究结果表明，水稻体内 Cd 主要分布在细胞壁上，其次为含核糖体的可溶性成分（以液泡为主），而且根部 Cd 含量要高于地上部。司江英等[100] 认为，细胞壁和细胞溶质部分是 Cu 在玉米细胞内分布的主要位点，细胞核、叶绿体及线粒体等细胞器中 Cu 的含量较低。张戴静[101] 研究了 Cu 和 Cd 在小麦幼苗细胞组织的分布，发现 Cu 胁迫下，小麦幼苗中 Cu 主要集中在根的细胞壁中，其次是根的细胞质，包括线粒体、叶绿体、细胞核等细胞器。Cd 处理下，以根的细胞质中 Cd 含量最高，占整个幼苗总含量的 41.29%～49.49%；其次为根细胞壁部分，占总含量的 17.88%～31.38%；而叶细胞器中含量最低，只占到总量的 0.41%～1.76%，且随外源 Cd 含量升高比例降低，60mg/L Cd 处理时，叶细胞器 Cd 比例降至最低。

3. 重金属离子的体外螯合和排斥机制

植物体内存在多种金属配位体，主要包括有机酸、氨基酸、植酸、植物螯合肽（PCs）和金属硫蛋白（MTs）。在重金属胁迫条件下，植物同时分泌某些金属结合蛋白和某些特殊的有机酸来螯合重金属，以降低植物周围环境中有效态的重金属含量，避免植物受害。其中，研究较多的是有机酸、氨基酸和糖类等可溶性的有机小分子及高分子，以及不溶性的粘胶类物质。例如，杨秀敏等[102]的研究表明，超积累植物可分泌金属结合蛋白（类似于金属硫蛋白或植物螯合肽）作为植物的离子载体，还可能分泌某些化合物，促进土壤中的金属溶解。Lu等[103]的研究表明，秋茄在低浓度Cd胁迫下分泌有机酸，使秋茄根际周围的重金属离子的相对浓度降低，从而影响秋茄对Cd的吸收。Mench等[104]计算出了Cd与分泌物的络合稳定常数和最大吸附量，表明Cd可与根分泌物各组分形成络合物。有研究表明，荞麦从根部分泌草酸应对Al胁迫，并在叶中积累非毒性的Al-草酸盐，从而在内部和外部都发生解毒作用。重金属胁迫诱导下多种金属可诱导植物体内PCs的产生。王超等[105]用Cd处理的2种水生植物的体内都合成PCs，且随着Cd浓度的增加，水浮莲根系产生明显毒害效应，同时根系中的PCs大量合成。

此外，植物对重金属离子的排斥性还表现在重金属离子被植物吸收后又被排出体外。

4. 重金属离子的区室化机制

植物根系分泌物以及根系周围的植物-微生物微系统均能防御重金属离子进入。进入根系的重金属离子首先被根部细胞壁及糖类固定而束缚于果胶位点。张旭红等[106]研究提出细胞壁可以通过“区室机制”和“适应机制”来减轻重金属带来的伤害，认为有些耐性品种细胞内的重金属离子可能被固定地存放在毒害位点，如细胞核、线粒体和较远的不敏感“自由空间”（如液泡），从而降低了重金属在细胞内的毒性。李妍[107]的研究表明，在镉胁迫发生时，抗氧化酶系统没有对小麦起到保护作用，而是细胞区室化等因素起了主导作用。陈涛涛[108]认为，液泡在植物对抗重金属、病虫害和盐胁迫等过程中起到非常重要的作用，这些功能的发挥依靠液泡内载体蛋白的运载能力。在植株层面上，某些超富集重金属植物不同器官可能存在区室作用。Singh等[109]研究发现，As超富集植物蜈蚣草能将吸收的As储存在羽叶中，茎部再将地下部的As转移到羽叶过程中起着重要作用，它能形成一个羽叶吸收As的储槽，在低As浓度时，主要将As转移到幼叶中；在As浓度较高时，将As转移到老叶中，从而能降低毒害的程度。因此，区室化可能是一种很有效的解毒途径。

5. 抗氧化系统防卫机制

自由基含量的增高可能是重金属胁迫导致植物生长发育受到伤害的主要原因之一。重金属胁迫与其他形式的氧化胁迫相似，能导致大量的活性氧自由基产生。同时，这种过氧化胁迫往往能刺激一些植物抗氧化防卫能力的提高合成一些抗氧化物质，且这些物质能够在一定范围内清除活性氧（ROS），以保护细胞免受氧化胁迫的伤害。这些抗氧化物质包括主要的细胞氧化还原物质［如维生素C、谷胱甘肽（GSH）］，以及超氧化物歧化酶（SOD）、过氧化物酶（POD）、抗坏血酸过氧化物酶（APX）等，在重金属胁迫时进行响应，保护植物膜系统，清除胁迫所产生的自由基，保护细胞免遭伤害。黄辉等[110]研究认为，重金属胁迫引起刺苦草抗氧化酶活性增加是植物抵抗氧化胁迫的重要保护机制。研究人员认为菠菜、小白菜、茭白随着重金属处理浓度的增加，苯丙氨酸氨裂合酶（PAL）、SOD、POD、硝酸还原酶（NR）活性均呈现出先上升后下降的趋势，是因为受到外来重金属胁迫时，抗氧化物能及时有效地通过SOD清除自由基，保护细胞免受氧化胁迫的危害，当胁迫加剧远远超过正常的歧化能力时细胞内多种功能酶及膜系统遭到破坏，生理代谢紊乱。单一的Cd、Pb处理后，大麦幼苗叶片中、油菜根内脯氨酸含量增加幅度与重金属浓度呈正相关，高浓度的Cd、Pb复合处理后植株不同部位脯氨酸含量均高于所有单一处理的样点。不同浓度的Cd处理水稻幼苗时，随着Cd浓度的增加，发现叶绿素和SOD活性下降，POD活性先上升后下降，细胞膜透性大幅度增大，是因为重金属毒害可能最终破坏了水稻体内的保护酶系统。因此，当重金属污染超过一定的阈值，保护酶活性不足以清除体内自由基时，酶活性则迅速下降，从而产生植物毒害。

6. 重金属胁迫下热激蛋白响应机制

热激蛋白（HSP），又称热休克蛋白，是受热等因素刺激后而诱导产生的蛋白质，是一类可以调节应激反应并且保护机体防止细胞损伤的蛋白质。重金属离子能引起植株产生热激反应，产生热休克蛋白。目前已有较多关于植物响应重金属胁迫提高HSP表达的报道，热胁迫和重金属胁迫可以增加小麦中低分子量HSP（16220kDa）的mRNA水平；植物海石竹生长在富含Cu的土壤中时，HSP17可在根中表达；对野生番茄进行细胞培养研究发现，一种较大的HSP（HSP70）也能对Cd胁迫做出反应，抗体定位表明，HSP70存在于细胞核和细胞质中，也存在于细胞膜上，说明HSP70可以保护细胞膜不受Cd破坏；水稻rHsp90基因对酵母以及烟草在逆境中的生存发挥着重要的作用。中国科学院遗传发育生物研究所研究人员发现拟南芥的bHLH的3个转录因子参与了植物对Cd胁迫的响应，由于转录因子的互作表达，启动了一些与重金属区室化相关的基因，将Cd区室化在根部，降低了地上部分的转运。蒋昌华等[111]的试验表明，重组菌株由于过表达RcH-SP70，提高了对重金属胁迫的抗性。因此，在正常的蛋白质折叠和组装过程中HSP作为分子伴侣，在逆境条件下也可以通过修复被胁迫伤害的蛋白质而发挥作用。

7. 植物基因组DNA甲基化变异对重金属胁迫的响应机制

DNA甲基化是一种共价化学修饰，是在DNA甲基转移酶的作用下，将甲基从供体*S*-腺苷甲硫氨酸转加到胞嘧啶上的一种化学修饰过程。近年来的研究证明，重金属污染会对DNA甲基化水平造成影响，并且许多受甲基化变化诱导的基因与这些胁迫反应有关。葛才林等[112]研究认为，重金属对水稻和小麦叶片蛋白质合成的抑制与重金属引起的水稻和小麦叶片中DNA甲基化水平的提高相关。重金属离子胁迫导致植物基因组DNA甲基化水平的上升有利于植物抵抗重金属胁迫，防止DNA被内切酶酶切和多拷贝转座。Cu^{2+}、Hg^{2+}和Cd^{2+}胁迫导致小麦和水稻叶片DNA中^{5m}C比例的升高。Cr可以诱导油菜基因组中DNA甲基化水平的上升。Cd^{2+}胁迫下的二倍体和四倍体油菜叶片基因组DNA中分别有22.7%和23.3%的CCGG位点发生了胞嘧啶甲基化，均分别高于二者未经Cd^{2+}处理的对照组（20.3%和19.8%）。另外，重金属处理后，萝卜、拟南芥、棉花的基因组DNA的甲基化水平呈现出相同的规律。这些研究结果表明植物DNA甲基化修饰参与了环境胁迫下的基因表达调控过程。

一般来说，植物对土壤中的无机污染物和有机污染物都有不同程度的降解、吸收和挥发等修复作用，有的植物甚至是同时具有上述几种作用。根据植物修复功能的不同，植物修复污染土壤的作用主要有以下几种形式，包括：植物挥发污染土壤重金属、植物提取污染土壤重金属、植物稳定污染土壤重金属、植物根际行为对重金属污染土壤修复。

二、植物挥发污染土壤重金属的作用机制

植物挥发作用是植物转化作用的一种。植物挥发是利用植物去除环境中的一些挥发性污染物的修复方法，是指植物将污染物吸收到体内后，通过植物蒸腾作用将挥发性化合物或其代谢产物转化为气态物质释放到大气中的一种植物修复方法。植物对重金属污染物的挥发作用，即利用植物根系分泌的特殊物质使土壤中重金属转变为可挥发的形态，或是植物将吸收的重金属在其体内转化为气态物质释放到大气中的过程。植物挥发作用的去毒机制是将母体化合物转化成对植物无毒性的新陈代谢产物储存在植物器官中。该方法利用植物根系分泌特殊物质或微生物，使土壤中污染物被植物吸收并转化为挥发态，挥发出植物表面，以去除土壤中的污染物。但植物挥发受植物根系等限制较大，处理能力不是很强。

适合植物挥发技术处理的污染物有两大类：一类是有机污染物，包括三氯甲烷、氯化烃类化合物、四氯化碳等含氯溶剂；另一类是无机污染物，如汞、硒等。由于植物挥发涉及污染物释放到大气的问题，因此污染物的归趋及其对生态系统和人类健康的影响是需要关注的。目前植物挥发技术主要针对 Hg 和 Se 等可以气化的金属。对 Hg 和 Se 等进行了研究，结果发现能用于植物挥发技术的植物有白杨（*Populus* sp.）、紫花苜蓿（*Medicago sativa*）、刺槐（*Robinia pseudoacacia*）、印度芥菜（*Brassica juncea*）、油菜（*Brassica campestris*）、洋麻（*Hibiscus cannabinus*）、苇状羊茅（*Festuca arundinacea*），以及某些通过基因重组获得的杂草等。通常影响植物蒸发速率的温度、降水量、湿度、日照及风速等气候因素都会影响植物的挥发作用，而且是影响植物挥发修复的主要因素。因此土壤中足够的水分是保证植物挥发系统正常运转、高效修复重金属污染土壤的重要条件。

例如，烟草能使毒性较大的 Hg^{2+} 转化为气态的单质汞。Hg 在环境中是以多种形式存在的，包括元素 Hg、Hg^{2+}、有机汞化合物，其中以甲基汞对环境危害最大，且易被植物吸收。在这方面的研究，现代分子生物学发挥了重要的作用。虽然现在还未发现能直接挥发 Hg 的自然生长的植物，但有研究利用转基因植物挥发 Hg，即将耐汞毒的细菌体内的汞还原酶基因转移到拟南芥属中，获得的转基因植物能耐受并能吸收土壤中的汞，并将汞还原成零价态后挥发进入大气。Heaton 等[113] 利用转基因水生植物盐蒿和陆生植物拟南芥、烟草来移除土壤中的无机汞和甲基汞，这些植物携带有经修饰的细菌的汞还原酶修饰基因 merA，可将根系吸收的 Hg^{2+} 转化成低毒的 Hg，从植物体中挥发出来。可以说，植物挥发为土壤中 Hg 等元素的去除提供了一种潜在的可能性。植物挥发技术不需要对植物进行产后处理，但它会使重金属从土壤转移至环境空气中，对人类健康和生态系统具有一定的污染风险。

目前这方面研究比较多的还有非金属元素 Se。研究表明，很多植物能吸收污染土壤中的 Se，并可将其转化为可挥发态的二甲基二硒或二甲基硒。土壤中的 Se 是以一种与硫类似的方式被植物吸收的，而在植物体内，硫通过 ATP 硫化酶的作用还原为含硫化合物。Pilon-Smits 等[114] 运用分子生物学技术证明印度芥菜体内硒的还原作用也是由 ATP 硫化酶催化的，而且该酶是硒酸盐同化为有机态硒的主要限速酶；同时也发现根际细菌在植物体内硒化合物还原、同化为有机硒的过程中发挥着重要作用，它能促进硒酸根通过质膜进入根内，从而促进植物对硒的吸收。田间试验表明，种植大麦的土壤中 Se 的挥发速率是

不种植大麦土壤的19.6倍；研究还发现根际细菌可以增强对Se的挥发作用，对灭菌的植株接种根际细菌后，植株对硒的挥发作用增强了4倍。Bañuelos等[115]发现洋麻可将土壤中的三价硒转化为挥发态的甲基硒而去除。Zayed等[116]已经发现一些商业性蔬菜作物的植物挥发作用明显，其中花椰菜对Se的年移出量较大。史煦涵等[117]的研究认为，用含ACC脱氨酶的植物促生根际菌（PGPR）接种有助于减轻胁迫引起的乙烯产生，从而促进在胁迫条件下的植物生长和发育，进而减轻非生物胁迫对植物的影响，使植物可以更好地抵御重金属的胁迫。申荣艳等[118]在正常田间持水量的土壤中，加入淀粉和葡萄糖等碳源均一定程度地促进了真菌和细菌数量的增加，从而促进了土壤中PCBs（多氯联苯）和OCPs（有机氯农药）的降解。

植物挥发是一种行之有效的修复措施，但应用范围比较局限，且重金属元素通过植物转化挥发到了大气中，只是改变了重金属存在的介质，当这些元素形态与雨水结合后又散落到土壤中，容易造成二次污染，重新对人类健康和生态系统造成威胁。

三、植物提取污染土壤重金属的作用机制

植物提取作用又名植物萃取，是指利用积累和超积累植物将各种金属元素、类金属（砷、硒）、非金属硼、放射性核素（^{90}Sr、^{137}Cs、^{238}U等）从土壤中吸收提取出来富集，并将污染物转运到根部和地上茎叶，然后通过收割植物地上部的方式将污染物清出土壤。因此，在利用该技术净化污染的过程中，植物含有毒有害物质，其采后的处理及回收利用的植物材料不能进入食物链，但可用作非食用工业原料，如木材，或加工为木板，或用作燃料，将灰分在垃圾填埋场处理。若污染物是有价值的金属，可以回收利用。

影响植物萃取修复的因素主要有污染物浓度，金属的生物可利用性，植物的拦截、吸收及富集能力等。用于萃取技术的植物通常具有以下特点：对金属具有很高的耐受性，根系发达，生长速率高，生物量大，且金属大量富集在它的可收割部位。因此，萃取技术对土壤的条件要求较高，土壤一定要适合植物生长，同时还要有利于污染物向植物转移。

植物提取技术始于美国人利用菥蓂属植物修复长期被污泥污染的含有重金属的土壤。随后，国内外许多科学家都开展了植物提取重金属的研究。关于植物修复的研究现已经从实验室到实践修复都取得了很大的进展。Baker等[119]在英国首次利用阿尔卑斯菥蓂（*Thlaspi caerulesences*）修复了长期施用污泥导致重金属污染的土地，证明了植物修复这一技术的可行性。汤叶涛等[120]经过实验研究，于国内首次发现了对Pb、Zn、Cd具有超富集能力的圆锥南芥。Chaney等[121]在1991年曾成功将一片严重受镉污染的土地变成绿意盎然的土地。植物提取有很多优点（如成本低，不易造成二次污染，保持土壤结构不被破坏等），受到了国内外专家学者越来越多的关注与研究。植物提取修复是目前研究最多也是最有发展前途的一种植物修复技术，此方法的关键在于寻找合适的超富集植物和通过人为的方法诱导出超级富集体。

在重金属污染土壤中，植物提取重金属是主要和最有用的植物修复技术。植物修复的效率取决于许多因素，如土壤性质、重金属的形态和植物种类等。适合用于提取技术的植物最好具备以下特点：①较高的生长速率；②具有良好的地上生物量；③广泛分布和高度支化的根系统；④能积累土壤中的多种目标重金属；⑤累积重金属易向地上部转运；⑥对

目标重金属毒害作用具有抗性；⑦具有良好适应环境能力；⑧抗病原体和害虫；⑨易栽培，收获方便；⑩排斥食草动物，以避免食物链的污染。

能应用于植物提取的往往是一些超积累植物。Chaney 于 1983 年提出植物修复模型之后，针对植物的超积累和高生物量，在重金属污染土壤修复中，运用植物修复技术，论证了植物对重金属的超积累能力比高生物量更为重要。然而，也有一些具有高生物量的柳属植物种类（如伪蒿柳、一般的灌木性柳）对 Zn、Cd 有较高的超积累能力。此外，烟草属植物也具有对 Cu 和 Cd 的超积累能力。

土壤重金属污染治理，常用的有野生植物（大部分）和某些高产的农作物（个别），如印度芥菜、油菜、杨树、苎麻等。目前已经发现超富集植物约为 500 种，广泛分布于植物界的 45 个科，其中以超积累 Ni 的植物最多。Ni 超积累植物主要是十字花科的庭荠属植物，从已有资料看，Ni 超积累植物体内 Ni 最高含量可达每克干重 20mg，Ni 浓度超过每克干重 20mg 的植物有 19 种。十字花科菥蓂属植物是 Zn 和 Cd 超积累植物，它是一种生长在富含 Zn、Cd、Pb、Ni 土壤中的野生草本植物，它的地上部分 Zn 含量高达每千克干重 33600mg，Cd 含量高达每千克干重 1140mg。根据研究结果预算，连续种植菥蓂属植物 14 茬，污染土壤中锌含量可从每千克干重 400mg 降低到每千克干重 300mg，而萝卜需种植 2000 茬。据报道红根苋可富集高浓度^{137}Cs，对切尔诺贝利核电站 1986 年泄漏后大面积土壤的放射性核污染进行植物修复有较大潜力。通过对中国东南部一些古老的铅锌矿区的植被调查，发现矿山生态型的东南景天具有较强的忍耐土壤中高浓度 Zn、Cu、Pb 的能力，并能从土壤中吸收和转移大量 Zn 到地上部，对 Zn 污染的土壤有较强的修复能力；还发现蜈蚣草有超富集砷的能力。

超积累植物对重金属有很强的吸收和积累能力，不仅表现在介质中金属浓度很高时，而且表现在介质中金属浓度较低时，其地上部的重金属浓度仍比普通植物高 100 倍以上，解释这种超积累现象的一种可能机制是超积累植物能活化根际土壤中的重金属。同时，超积累植物对重金属的吸收具有很强的选择性，即超积累植物只吸收和积累生长介质中的一种或几种特异性金属。有关超积累植物吸收重金属的生理与分子机制的研究主要集中在菥蓂属植物吸收 Zn 和 Ni 超积累植物。目前，除了对 Zn 和 Ni 超积累的生理机制研究有所突破外，对其他重金属元素和植物种类的研究尚无明显进展。

酸洗可以促进重金属氧化物或矿质成分溶解，可通过添加化学螯合剂来强化植物的提取效果。丛枝菌根真菌可通过加快植物对重金属的吸收和转运，强化植物修复。通过向土壤中施加螯合剂（如 EDTA、DTPA、EGTA、柠檬酸等）活化土壤中的重金属，增加重金属的生物有效性，提高富集植物对重金属的积累，促进植物的吸收，可能也是植物修复发展的一个新方向。Wang 等[122] 发现丛枝菌根真菌与植物联合培养，不仅能够减轻重金属对植物的毒害，还能有效地影响植物对重金属的吸收和转化。土壤中富集的多种对重金属具有抗性的细菌和真菌，可影响重金属的毒性及重金属的迁移和释放，通过接种特殊微生物，利用丛枝菌根在重金属污染土壤中与植物根系共生的特性，强化植物修复也是另一重要的研究方向。此外，Lebeau 等[123] 利用根际微生物通过金属的氧化还原来改变土壤金属的生物有效性，或者通过分泌生物表面活性剂、有机酸、氨基酸和酶等来提高根际环境中重金属的生物有效性，也取得了一定的进展。

植物提取通过植物超积累重金属污染物的特性将土壤中的重金属污染物通过植物根系吸收并转运到植物地上部分，随后收获地上部分并妥善处理（如灰化后提炼回收），连续种植和收割几茬，可逐渐降低土壤中重金属污染物含量，达到满足作物生长要求的目的。根据植物本身的特性，也可以采用持续性提取方式，即在整个生长期内植物能够吸收、转运和累积较多量的重金属污染物储存于植物地上部分，但这些重金属污染物离子并不会对植物产生毒害。植物提取土壤污染物的过程和机制由4部分组成：①土壤中重金属污染物的释放，不同形态的土壤重金属污染物相互作用和转换后达到平衡状态，转换为容易被植物根系吸收的形态；②根系对重金属污染物离子的吸收；③重金属污染物离子从根向地上部运输；④植物地上部累积重金属污染物离子。

植物提取与植物挥发和植物固定相比有以下明显优点：①植物提取技术普遍适用于中低度污染土壤的修复，即使在污染物浓度较低时也有较高的积累速率，仍可对污染土壤进行修复；②可以真正意义上将污染物从土壤中转移出去；③不会造成二次污染。

四、植物稳定污染土壤重金属的作用机制

植物稳定又称植物固定，是利用植物根系分泌物降低土壤污染物危害的一种方法，即利用植物将土壤重金属转变成无毒或者毒性较低的价态，通过耐性植物根系分泌物质来使污染物质螯合或沉淀在植物根际圈，从而使其失去生物有效性，以减少污染物质的毒害作用，通过固定、隔绝阻止重金属进入水体和食物链的途径和可能性，降低对环境和人类健康危害的风险，使污染土壤保持生态功能，能起到这种作用的植物被成为固化植物。

植物固定过程主要降低了重金属污染物的生物有效性和移动性，其中包括分解、沉淀、螯合、氧化还原等过程，这一方法并没有改变土壤中重金属污染物的总量，只起到暂时的固定作用。常用于修复重金属污染土壤的稳定剂有石灰、含磷物质、碳酸钙、沸石、硅酸盐等。植物固定体现了植物抵抗重金属污染土壤环境的能力，但并没有去除土壤中的重金属污染物，改变环境条件后仍可使重金属污染物生物有效性发生改变。

固化植物可以通过根际微生物改变根际环境的pH值和E_h值来改变重金属的化学形态，从而固定土壤中的重金属。其主要作用机理是通过改变根际环境的pH值和E_h值，使金属在根部积累、沉淀或吸收，从而加强土壤中重金属的固化。该技术适用于表面积大、土壤质地黏重等相对污染严重的情况，有机质含量越高对植物固定就越有利。常用的植物有印度芥菜、油菜、杨树、苎麻等，目前已成功在矿区复垦和土壤污染修复中使用。对土壤环境中Pb的固定研究表明，一些植物可降低Pb的生物有效性，缓解Pb对环境中生物的毒害。Dushenkov等[124]研究发现，Pb可与植物分泌的磷酸盐结合形成难溶的磷酸铅固定在植物根部，从而减轻铅对环境的毒害。印度芥菜的根能使有毒的、生物有效性高的六价铬还原为低毒的、生物有效性低的三价铬。

植物稳定利用耐重金属植物降低土壤中有毒金属的移动性，从而减少金属被淋滤到地下水或通过空气扩散进一步污染环境的可能性，如植物枝叶分解物、根系分泌物对重金属的固定作用，腐殖质对金属离子的螯合作用。植物在植物稳定中主要有两种功能，一种是保护污染土壤不受侵蚀，减少土壤渗漏来防止金属污染物的淋移。如英国的科学家在废矿区种植耐重金属植物，并辅施大量化肥，不仅能稳定矿山废物，而且能建立良好的植被，

同时选出了3种植物用于重金属污染土壤的修复，并已开始商业化，即 *Agrostis tenuis*（Goginan）修复酸性Pb/Zn废矿，*Festuca rubra*（Merlin）修复石灰性Pb/Zn废矿，*Agros tistenuis*（Parys）修复Cu废矿。另一种是通过金属在根部积累和沉淀或根表吸持来加强土壤中污染物的固定。适用于固化污染物的理想植物，是一些忍耐性高、根系发达的多年生常绿植物，如高山甘薯、九节木薯、天蓝遏蓝菜等。

植物稳定技术适合于黏性重、有机质含量高的污染土壤的修复，目前主要用于矿区污染土壤的修复。植物稳定只是一种原位降低污染元素生物有效性的途径，而不是一种永久除去土壤中污染元素的方法，这种方法并未将土壤中的重金属去除，只是暂时将其固定而使其减少对环境中生物的毒害作用，当环境条件改变仍可使重金属的生物有效性发生变化，因此该方法并未彻底解决土壤重金属污染问题。尽管如此，植物对重金属可以起到明显的稳定作用，在矿区防止水土流失和次生污染方面可起到良好作用。

五、植物根际行为对重金属污染土壤修复的作用机制

根际圈促进生物降解作用也称为植物刺激作用、植物辅助生物修复作用，是微生物与植物的联合修复作用。许多研究表明，根际圈通过植物根及其分泌物质，以及微生物、土壤动物的新陈代谢活动对污染物产生吸收、吸附、降解等一系列活动，在污染土壤植物修复中起着重要作用。在植物根区土壤中，相关微生物在改变重金属生物有效性，重金属转移、固定或代谢行为及被植物吸收等方面起着重要作用，而植物代谢对微生物转化污染物的过程也起着十分重要的作用。植物根系为微生物群落的活动提供栖息地和氧气，保证细菌的有氧转化，从而产生较高的微生物密度并保证新陈代谢。此外，植物根系的存在为土壤创造一种适合于植物修复的生态环境，如pH值得到缓冲、金属离子被植物吸收或螯合。根际圈生物降解有机污染物的效率高于单一利用微生物降解有机污染物的效率，其原因是植物能为根际圈微生物持续提供营养物质和为其生长创造良好的环境。根际圈生物修复已成为原位生物修复重金属污染物的一个新热点。

植物对重金属污染土壤的净化是植物根系分泌物及土壤微生物对污染物的降解，植物对污染物的吸收、转移和积累等作用的综合结果。其过程是从植物根际圈与污染物质的相互作用开始的，然后通过根的吸收作用将污染物质转移到植物体内，植物超量吸收和积累重金属，从而清除土壤中重金属或降低其浓度。因此其作用机制主要包括以下几方面。

1. 植物根系的生理生态作用

根系是植物与其生长基质直接接触的重要器官，它具有固定植株、吸收土壤中水分及溶解于水中的矿质营养等功能。植物根系的吸收是化学物质进入植物体内最重要的途径之一，许多重金属污染物都能不同程度地从根系进入植物体内，并在植物体内富集。其作用主要体现在以下两个方面，包括根系对重金属的吸收、转运及转化和根系对根际重金属的活化作用。

2. 根系对重金属的吸收、转运及转化

某些毒性重金属与植物必需元素在化学特性上具有相似性，因此可以通过植物吸收营养元素的途径进入根部。例如，AsO_4^{3-} 或 Cd^{2+} 能通过吸收 PO_4^{3-}、Fe^{2+} 或 Ca^{2+} 的途径进

入植物体内；生长于液体培养基中的印度芥菜的根组织能快速积累 Ca^{2+}、Ni^{2+}、Pb^{2+} 和 Sr^{2+} 至 500 倍于环境浓度；烟草根可在数小时内使含有 1～5mg/L Hg^{2+} 的液体培养基中的 Hg^{2+} 浓度减少为原来的 1/100；生长在长江中下游的一些铜矿区的优势植物海州香薷和鸭趾草茎部铜最高含量（以干重计）分别为 304mg/kg、831mg/kg，而其根部铜含量最高达 228mg/kg、6159mg/kg。通过根系吸收到体内的重金属通过络合或隔离（集中于液泡、胞壁连续区、叶表皮和表皮毛等特殊部位）使细胞免受毒性，从而达到高积累，或通过植物体的酶促反应转化成低毒的或挥发性状态。

在植物根系对重金属离子的吸收及其在体内的转运过程中，跨膜运输蛋白系统起着重要作用。目前对参与 Zn^{2+} 和 Fe^{2+} 吸收及跨膜运输的蛋白家族（ZRT、IRT-like proteins、ZIP）研究的最为广泛[125]。该蛋白质一般由 309～476 个氨基酸组成，其主体分布于细胞膜中，C 端和 N 端位于膜外，而位于膜内、富含组氨酸的可变区被推测为金属结合区，包括 ZRT（zinc-regulated transporter，酵母锌转运体）和 IRT（iron-regulated transporter，拟南芥铁转运体）。有报道称拟南芥 ZIP1、ZIP2 和 ZIP3 基因在酵母菌 Zn^{2+} 转运缺失突变株中的表达可恢复其 Zn^{2+} 转运功能，当 Zn^{2+} 缺失时可诱导拟南芥根部 ZIP1 和 ZIP3 基因的表达[126]。ITR1（iron transporter1）可转运 Fe^{2+}，Fe^{2+} 匮乏时该基因表达被诱导，有效地转运 Cd^{2+} 和 Zn^{2+}，即当营养元素匮乏时 ZIP1、ZIP2、ZIP3、ITR1 及其相关的可诱导离子转运器可参与毒性离子的转运。相反，转运基因 IRT1 突变体 irt1 表现出铁锌缺失症状。目前已从不同植物、酵母或动物细胞中识别出 25 个以上的 ZIP 成员，同时也挖掘出了其他金属离子吸收转运基因，如小麦 LCT1 基因在酵母中表达可使其对 Cd^{2+} 和 Ca^{2+} 吸收活性增强，拟南芥 CUPT1 基因可使酵母 Cu^{2+} 缺失突变体恢复吸收和转运 Cu^{2+}，烟草的 MCBP4 基因介导 Pb^{2+} 的吸收。

3. 根系对根际重金属的活化作用

重金属元素在土壤环境中并不能直接被植物吸收，它首先需要被活化，以溶解形态存在于土壤环境中，成为生物可利用的形态，才能被植物吸收。例如，离子态是许多金属元素的生物可利用形态（汞除外，其有机状态比无机离子状态的汞毒性更大）。因此，植物对金属元素的吸收除与金属元素本身的性质、吸收元素的物种相关外，还与土壤环境的理化性质、土壤水分含量及其他重要金属元素和化合物的存在密切相关。植物根系及根际微生物能够通过分泌一定量的化合物改变根际土壤环境中的 pH 值和 E_h 值等条件，参与重金属活化过程，改变重金属的形态及生物有效性。

一方面，根系分泌低分子质量的酸性有机化合物，能降低根际圈 pH 值，提高难溶解重金属化合物在土壤溶液中的溶解度。研究发现，随着 pH 值的升高，土壤吸附重金属的量增加；pH 值降低时，根际环境中 H^+ 增加，被土壤吸附的重金属 Mn 与 H^+ 发生交换，生成 Mn^{2+} 被解吸下来，土壤中重金属的生物有效性便增加。另一方面，根系分泌物大多为有机化合物，它们能够与土壤中不同类型、不同形态的重金属元素发生复杂的化学反应，改变根际环境中重金属的化学性质和生物有效性。例如，根系分泌的黏胶物质（或多糖类化合物）能够与根际环境中的重金属离子络合，形成稳定的金属络合物，重金属被包埋在黏胶内部，而黏胶则位于根尖外部，有效地阻挡重金属离子进入根系，同时又把重金属离子固定在根外的区域内。此外，根系分泌物中的大量有机酸、氨基酸能够与土壤中Zn、Cd、Pb等重金属形成络合物，增加它们的生物有效性，有利于植物的吸收，从而降低了这些重金属在土壤环境中的含量。有研究表明，一般植物在重金属胁迫时往往会通过增加根系分泌物的分泌来减轻重金属的毒害作用，而超积累植物则可能通过增加根系分泌物的分泌来增加对重金属的吸收。例如，Cd超积累植物在土壤中Cd含量很高时，不但能正常生长且能超量累积Cd；在土壤中Cd含量较低时，其所积累的Cd含量比普通植物高百倍以上。其机制在于超积累植物能利用发达的根系和稠密的根毛主动吸收Cd或能活化根际土壤中的重金属，包括直接改变重金属的形态，或者通过其分泌物改变根际pH值，促进根对Cd的吸收利用，根系分泌的有机酸（如草酸、柠檬酸、酒石酸和琥珀酸）可以活化污染土壤中的Cd，增加土壤Cd的溶解性。

六、重金属在土壤-植物系统中迁移转化规律

根际环境作为一个在植物生长、吸收、分泌以及土壤、水、大气、微生物等综合作用下形成的具有独特物理、化学和生物学性质的微生态系统，对于重金属迁移、转化和归宿有着重要的影响。在土壤-根际-植物系统中，根际环境是一个重要的环境界面。为了更好地解决土壤或沉积物重金属污染问题，需要明确重金属在根际环境中的分布、迁移机制、生物有效性以及植物对重金属的吸收和累积机制。对重金属在根际化学行为的研究有助于抗性品种的筛选和培育，或利用高吸收能力的植物通过“生物抽提”来治理污染土壤。因此，对恒电荷土壤与可变电荷土壤的根际土壤吸附重金属的规律和机制的探讨和研究具有重要的意义。

土壤重金属迁移性大小决定了它对生物和生态环境的危害大小。土壤中的重金属由于无机及有机胶体对阳离子的吸附、代换、络合及生物作用的结果，大部分被固定在耕作层中，一般很少迁移至40cm以下。

土壤中的重金属有向根际土壤迁移的趋势，且根际土壤中重金属的有效态含量高于本体土壤，这主要是由于根系生理活动引起的根-土界面微区环境变化，与植物根系的特性和分泌物有关。根系分泌物能降低根际pH值，加强土壤微生物的活性，改变根际重金属的生物有效性。已有研究表明，水溶性小分子分泌物与锡的络合作用较强，这有利于锡在根际的移动，使它较易向植物体迁移。

植物对污染土壤中重金属的吸收能力除受其本身遗传机制影响外，还与根际圈微生物区系组成、土壤理化性质、重金属存在形态等因素有关。植物对重金属的吸收具有广泛性，没有绝对严格的选择作用，只是吸收能力大小不一而已。植物从土壤中吸收重金属的量和土壤中重金属总量有一定关系，但土壤重金属的总量并不是植物吸收程度的一个可靠指标。

根系活动能活化根际中的重金属，增强其生物有效性。根据王建林等[127]的研究，红壤中的氧化铁大多处于老化状态，但在种植水稻后，土壤中原有的铁被活化，在根际这一现象更为明显。有研究表明，Cd、Pb、Cu、Zn这4种元素交互作用能促进Cd、Pb、Zn的活化而增加植物对其的吸收。周启星等[128]认为加Zn有促进水稻植株吸收Cd的功能。而土壤中Pb、Cu、Zn浓度增大有利于土壤解吸，70%以上的吸附Cd可以被解吸液解吸下来进入土壤溶液，增加Cd的生物有效性。

植物可通过自身生物调节降低或消除重金属对它的危害。在水稻根际中活化的铁易吸附重金属等污染物，降低重金属的生物有效性。此外，在维管植物根际发现存在铁锰结核，后被称为根际结核。根际结核可富集5～10倍于周围沉积物的Cd、Cu、Pb、Zn，且结核半径越小，这些重金属的富集量越大。许多研究认为，细胞壁的金属沉淀作用可以阻止过多金属进入植物体内原生质，使细胞免受其毒害，但并不是所有耐性植物都表现为金属在细胞壁物质上的特定积累。另外，在重金属胁迫条件下，某些植物可通过自身调节其根系分泌物，改变根际环境中的物理、化学和生物作用，影响重金属的活性。

根际环境的性质是可变的。许多实验表明，向根际供应 NO_3^- 时，禾谷类植物的根际pH值上升，豆科植物的根际pH值下降，施 NH_4^+ 时正好相反。利用微生物对重金属的吸收、沉积、氧化还原等作用，能减少植物对重金属的摄取。根际微生物可通过接种来改变其种类和数量。为减少水稻对Cd的吸收，可向稻田中施石灰，使Cd由交换态向络合态转化，降低其有效性，或通过排水来改变其根际 E_h 值，使Cd向难迁移态转化。徐星凯等[129] 指出向盐渍土中施加有机物料，可改变根际Zn的存在形态，使其有效态增多。另外，向土壤中加石灰或黏土矿质能限制作物对Cd的吸收；向重金属污染土壤中加入螯合剂，能增强修复植物对重金属的吸收。

1. 根际重金属形态与生物有效性

随着根际化学的发展，重金属的研究也日渐深入，并逐步扩展到对根际中重金属的研究。根际是土壤中受植物根系及其生长活动显著影响的微域环境，具有特殊的物理、化学和生物性质，因而根际环境影响着重金属的形态和生物有效性。重金属的生物有效性是指重金属能对生物产生毒性效应或被生物吸收的性质，包括毒性和生物可利用性。虽然植物吸收重金属有随土壤中重金属浓度增加而增多的趋势，但植物根系对重金属的吸收主要与重金属的形态有关，除残渣态外其余形态的重金属都可被直接或间接吸收。

根际环境中发生的物理、化学和生物过程及其相互作用直接影响着重金属在各地球化学相中的分配。如禾本科植物在缺铁胁迫下可诱导根系分泌质子作用加强，促使根际pH值下降，铁元素得到活化，但与此同时，也提高了根际重金属的迁移活化性能，使得重金属的毒性增强。Delorme等[130] 认为超积累植物菥蓂属的 *T. caerulescens* 比 *T. pratense* 的根际微生物（包括耐重金属Cd和Zn的细菌）多，也是由于根际pH值降低所致的。谢正苗等[131] 也报道，铝超量积累植物（如多花野牡丹）的体内pH值非常低，可以释放 H^+ 到根际土壤，使根际土壤酸化，导致铝活度增加，引起植物对铝的高量吸收。Ernst等[132] 就影响重金属生物可利用性的物理、化学和生物方面的因素分别做了较为完整的论述，最近的研究也证实，超积累植物能改变根际环境，活化重金属，提高重金属的有效性。据报道，Cu超积累植物 *T. latifolia* 根际的Fe和Mn氧化物含量较非根际明显要多。此外，根际微生物可通过分泌有机酸改变根际pH值，从而改变重金属在根际的存在形态和毒性。

20世纪90年代开始，重金属在根际中的形态转化研究日益引起许多学者的重视。王建林等[127] 在研究水稻根际中铁的形态转化时指出，两种水稻土根际中游离氧化铁略有下降，无定形氧化铁明显亏缺，络合态铁在根际土中的含量均低于非根际土。Cacador 等[133]发现，由于植物根系的存在，Zn、Pb、Cu 在不同地球化学相中的含量明显不同。在非根际沉积物中，Zn、Pb、Cu 主要以几种可迁移的化学形态存在；而在根际沉积物中，它们主要分布于残渣态中。Ni 无论在根际还是非根际都以残渣态为主。陈有鑑等[134]的研究显示，种植植物后，根际土壤交换性 Cu 增加，碳酸盐态和铁锰氧化物态减少，有机结合态变化不大，而且不同形态重金属的含量变化幅度还跟植物的种类有关。林琦等[135]指出由于根际中铁锰氧化物结合态几乎为非根际的 2 倍，根际可能存在交换态、碳酸盐结合态向铁锰氧化物结合态转化的机制。

菌根是植物根系和真菌形成的一种共生体，在这个共生体系中，真菌从植物中获得光合作用产物，植物通过根外菌丝吸收土壤中的矿质养分。菌根与土壤的交互作用形成菌根际，它是由有生命的真菌、植物和无生命的土壤形成的微生态系统。该系统中植物和真菌的生长代谢影响着土壤的理化性质；同时，土壤性质的变化影响着植物的生长和真菌对矿质养分的吸收。对菌根的研究，主要集中在谷类植物对 N、P 及 Cu、Zn 和 Mg 的影响方面。这些研究结果证实菌根可能通过改变根系分泌物改变了植物的根际环境，从而增加了植物对矿质营养的吸收，而关于菌根对根际金属形态变化影响的研究甚少。对占植物种类80%的菌根植物的根际重金属形态进行深入研究，了解菌根中植物、微生物的综合作用对根际重金属形态和分布的影响，对揭示重金属在土壤-植物体系中的转化规律，发展污染土壤修复技术具有重要理论意义。

根际促生细菌是指在植物根际土壤环境中，依附在植物根际表面，其能够显著促进植物生长的一类细菌总称。植物利用根际促生菌通过其分泌的分泌物（如糖类、酶、氨基酸等物质）能够促进生活在根系周围土壤微生物的活性和生化反应，有利于土壤中重金属的释放，从而可促进植物对重金属的吸收。

目前发现的根际促生菌包括固氮螺菌属（*Azospirillum*）、无色菌属（*Achromobacter*）、沙雷氏菌属（*Serratia*）、芽孢杆菌属（*Baillus*）、肠杆菌属（*Enterobater*）、假单胞杆菌属（*Pseudomonas*）等。植物根际促生菌分泌物不但可以供给植物必要的生长调节因子和营养物质来提高植物的生物生长量，提高重金属在土壤中的有效态含量，还可以促进植物对重金属的吸收和向地上部分的转移，从而提高对土壤中重金属污染的植物修复效率，为完善重金属的植物修复提供了可靠技术支持，目前该技术还仅处于实验室研发和中试阶段。

2. 根际和非根际 Cu、Zn、Pb、Cd 形态变化

根际和非根际 Cu、Zn、Pb、Cd 形态变化与非根际相比，无论是菌根还是非菌根植物，根际土金属形态都发生了一定的变化。表 2-2 列出了根际土和非根际土中不同形态金属含量的测定结果和方差分析结果。测定的 4 种金属的 5 个形态中，变化量最大的是可交换态 Cu，与非根际土相比，植物根际土中可交换态 Cu 有显著增加的趋势，在无菌根和有菌根条件下分别增加了 26%和 43%。在非菌根际土中，Cu 的铁锰氧化态和有机结合态没有显著变化。水溶态和交换态是土壤金属中具有直接生物有效性的形态。根际中可交换态 Cu 增加，说明植物根系活化了根际土壤内的 Cu，使土壤中 Cu 由紧结合态向松结合态转移，而且 Cu 转移速度可能大于植物吸收的速度。王建林等[127] 在研究水稻根际土中铁形态转化时有类似的结果，Zn 在根际土中的变化趋势与 Cu 相似，但 Zn 的可交换态浓度低于检测下限，其碳酸盐态有显著增加趋势，可见 Zn 的移动性比 Cu 差。与 Cu、Zn 形态在根际土中的变化不同，交换态 Cd 在非菌根际土中略有增加（约 8%），碳酸盐态则呈显著减少趋势。根际土中 Cd 形态分布向结合较强方向转移的结果，可能与植物对非必需元素的抗性反应有关，在 Cd 的胁迫作用下，植物可能通过改变 pH 值和根系分泌物组分增加 Cd 的强结合态，减小其生物有效性，以减轻植物受毒害程度。

表 2-2　非菌根际土、菌根际土和非根际土中 Cu、Zn、Pb、Cd 形态分布

金属形态		非根际土/(mg/kg)	非菌根际土/(mg/kg)	菌根际土/(mg/kg)
Cu	交换态	0.588	0.74**	0.84**
	碳酸盐态	4.59	4.78	4.71
	铁锰氧化态	19.98	19.60	20.72
	有机态	45.56	45.99	53.64*
	残渣态	94.19	93.67	86.09
Zn	交换态	—	—	—
	碳酸盐态	21.40	23.81*	24.40*
	铁锰氧化态	59.77	60.20	57.58
	有机态	23.41	21.08	31.38**
	残渣态	228.02	227.51	219.24
Pb	交换态	—	—	—
	碳酸盐态	14.88	15.07	16.33
	铁锰氧化态	32.66	31.39	35.17
	有机态	26.97	25.58	30.19*
	残渣态	58.19	60.66	51.01
Cd	交换态	0.320	0.345	0.317
	碳酸盐态	0.557	0.471*	0.528
	铁锰氧化态	0.537	0.499	0.533
	有机态	—	—	—
	残渣态	1.109	1.214	1.147

注：* 表示 $p<0.1$；** 表示 $p<0.05$；—表示未检出。

第四节　有机污染物污染土壤植物修复机制

土壤污染包括重金属污染、有机污染、放射性污染等多种类型，而有机物是影响土壤环境的主要污染物之一，在环境中不断积累的有机污染物，到达一定程度后有可能给整个生态系统带来灾难性的影响。

环境中的有机污染物是指引起环境污染并对生态系统产生有害影响的有机化合物，包括天然有机污染物和人工合成有机污染物。天然有机污染物（如黄曲霉类、氨基甲酸乙酯、黄樟素等）主要由生物体的代谢活动及其他活动产生。人工合成有机污染物是指一类在自然环境中并不存在、由人工合成的有机化学物质，如各类农药、多环芳烃（PAHs）、多氯联苯（PCBs）、合成橡胶等，其大体量及危害性已引起人们的广泛关注。由于在工农业中的广泛使用，大量的人工合成有机污染物被释放到环境中，造成了严重的环境污染和农产品质量安全问题，严重危害生态安全和人类健康。目前，有机污染物造成的环境污染已成为一个全球性的问题。因此，如何有效地去除环境中的有机污染物成为亟待解决的问题。

持久性有机污染物（persistent organic pollutants，POPs）是指具有持久性、半挥发性、生物蓄积性和高毒性，并通过各种环境介质能够长距离迁移，对人类健康和环境造成严重危害的天然的或人工的有机污染物。

土壤有机污染中，PAHs 污染已成为土壤环境科学研究的热点。多环芳烃是由两个或两个以上苯环以稠环形式连接的化合物，是环境中普遍存在的一类典型的持久性有机污染物，其中 16 种被美国环保署确定为优先控制的有机污染物质；其具有强疏水性、低蒸气压及高辛醇-水分配系数的特点。PAHs 具有稳定的生物特性，难以被生物分解，会严重危害土壤的生态功能与生产环境，此外，PAHs 还具有强致癌性、致畸性及生物蓄积性。由于植物可以吸收和积累 PAHs，进而可通过食物链影响到农产品安全和人体健康，植物体内 PAHs 污染水平已引起国际广泛关注。

天然源 PAHs 在自然界中本来就存在，主要通过火山活动等产生，未开采的煤、石油中也含有很多 PAHs；而人为源 PAHs 则主要由石油、煤炭、木材以及气体燃料等不完全燃烧产生，每年人类的生产生活活动向环境中释放了大量的 PAHs，远超过了环境的自净能力。PAHs 在环境中分布广泛：天然水体中 PAHs 浓度为 0.001～10μg/L；工业废水中约为 1mg/L；在一些重污染区，每千克土壤 PAHs 含量可达上万微克，严重危害土壤的生产和生态功能、农产品安全和人类健康。

对于植物代谢有机污染物的研究已经有众多的相关报道，多集中于除草剂等污染物。除此以外，国际上也有学者研究了 PCBs、三硝基甲苯（TNT）等非农药类有机污染物在植物体内的代谢情况。对于植物代谢 PAHs 的研究，国内外仍处探索阶段，代谢过程及机理尚不清晰。显然，阐明植物代谢 PAHs 的动力学等基本过程，研究植物酶在 PAHs 代谢中的相关关系，明确 PAHs 及其代谢产物在植物亚细胞的分配关系，将对防治 PAHs 污染、合理利用环境资源、降低农作物污染风险、保障污染区农产品安全等起到积极的作用。

环境中有机污染物的去除方法主要有物理法、化学法和生物法，其中生物修复技术被认为是一种高效、低成本和环境友好型的原位修复技术。此外，相对于物理法和化学法，利用生物法去除土壤和水体中的有机污染物更加方便、易行，且受外界环境因素影响较小。因此，生物修复技术逐渐成为研究热点。

有机污染物生物修复技术包括植物修复技术、动物修复技术、微生物修复技术及其联合修复技术。微生物修复方法是通过微生物的代谢作用，使有机污染物转化为小分子无害物质甚至矿化为水和 CO_2 的方法。研究表明，微生物修复具有较好的污染物去除能力，然而易受自然环境因素的影响，使得田间修复效果比在实验室条件下逊色很多。此外，生物强化修复中接种的降解性微生物在和土著微生物的竞争中往往处于劣势，导致接种的微生物数量迅速下降。与微生物修复技术相比，用于植物修复技术的植物不仅可以直接利用太阳能，具有可再生性和稳定性，而且还具有碳封存、固土以及生产生物燃料和植物纤维的可能性。然而，植物常常由于缺乏降解顽固性有机污染物的完整代谢途径而难以高效地彻底降解有机污染物。因此，将微生物修复技术和植物修复技术结合使用，不仅能够克服单一修复技术的不足，还能提高修复效率，实现对多种混合污染物的修复。近年来，植物-微生物联合修复技术已成为研究环境中有机污染物修复技术的重要内容。

工业废水和生活污水的排放，农药的使用使环境中的有机污染物种类繁多，成分复杂，因此去除环境中的有机污染物成了人类面临的一个严峻挑战。传统的有机污染物的生物修复是用微生物来完成的，有人认为研究植物去除有机物比较困难，因为有机物在植物体内的形态较难分析，形成的中间代谢物也较复杂，很难观察其在植物体内的转化。但是与微生物修复相比，植物修复更适用于现场修复。近些年有关的研究也很多，有的已达野外应用的水平。植物主要通过 3 种机制去除环境中的有机污染物，即：①植物直接吸收有机污染物；②植物释放分泌物和酶，刺激根区微生物的活性和生物转化作用；③植物增强根区的矿化作用。

一、植物对有机污染物的直接吸收作用

植物从土壤中直接吸收有机物，然后将没有毒性的代谢中间体储存在植物组织中，这是植物去除环境中中等亲水性有机污染物的一个重要机制。化合物被吸收到植物体后，植物可将其分解，并通过木质化作用使其成为植物体的组成成分，也可通过挥发、代谢或矿化作用使其转化成二氧化碳和水，或转化成无毒性作用的中间代谢物（如木质素），储存在植物细胞中，达到去除环境中有机污染物的作用。环境中大多数苯系物（BTEX）、含氯溶剂和短链的脂肪族化合物都是通过这一途径去除的。Bucken 等[136] 研究发现植物可直接吸收环境中微量除草剂阿特拉津。

植物对化合物的吸收受化合物的化学特性、环境条件和植物种类三个因素的影响。因此，为了提高植物对环境中有机污染物的去除率，应从这三方面深入研究，促进植物对污染物的吸收。

二、植物释放分泌物和酶去除环境有机污染物

植物可释放一些物质到土壤中，以利于降解有毒化学物质，并可刺激根区微生物的活性。Tralamazza 等[137] 研究表明植物每年释放的物质可达植物总光合作用的 10%～20%，这些物质包括酶及一些有机酸，它们与脱落的根冠细胞一起为根区的微生物提供重要的营养物质，促进根区微生物的生长和繁殖。Nichols 等[138] 研究表明，植物根区微生物明显比空白土壤中多，这些增加的微生物能增加环境中的有机物质的降解。Reilley 等[139] 在 1996 年研究了多环芳烃的降解，发现植物使根区微生物密度增加，多环芳烃的降解增加，Miya 等[140] 的研究也得到相同的结论。Jordahl 等[141] 报道杨树根区的微生物数目增加，但没有选择性，即降解污染物的微生物没有选择性增加，表明微生物的增加是由于根区的

影响，而非污染物的影响。Siciliano等[142]通过研究也发现草原地区微生物对2-氯苯甲酸的降解率升高11%～63%。植物释放到根区土壤中的酶系统可直接降解有关的化合物，这已被一些研究所证实。有研究表明硝酸盐还原酶和漆酶可降解军火废物（如TNT），使之成为无毒的成分；脱卤酶可降解含氯的溶剂［如三氯乙烯（TCE）］，生成Cl^-、H_2O和CO_2。因此，Laura[143]认为可通过根区的酶来筛选可用于降解某类化合物的酶，认为这是最好、最快速地寻找能用于降解某类化合物的植物的一种方法。

三、根区有机物的生物降解

植物可促进根区微生物的转化作用，已被很多研究所证实。植物根区的菌根真菌与植物形成共生作用，有其独特的酶途径，用以降解不能被细菌单独转化的有机物。植物根区分泌物刺激了细菌的转化作用，在根区形成了有机碳，根细胞的死亡也增加了土壤有机碳，这些有机碳的增加可阻止有机化合物向地下水转移，也可增加微生物对污染物的矿化作用。另有研究发现微生物对阿特拉津的矿化作用与土壤有机碳成分直接相关。植物为微生物提供生存场所并可转移氧气使根区的好氧转化作用能够正常进行，这也是植物促进根区微生物矿化作用的一个机制。

（一）植物根系酶系对有机污染物污染土壤的作用机制

酶是由活细胞产生的具有催化功能的一类蛋白，具有作用条件温和、高效性和专一性等特点，且种类繁多，迄今为止生物界发现的酶有4000多种。植物体的一切生命活动都是由新陈代谢的正常运转来维持的，而代谢中的各种化学反应都是由酶的催化来实现的，因此酶对于维持植物体的正常生命活动具有重要意义。

1. 植物酶在植物抗逆方面的作用

逆境胁迫是对植物生长和生存不利的各种环境因素的总称，包括非生物胁迫（物理胁迫和化学胁迫，如辐射、干旱、高温、低温、盐害及重金属和农药污染等）和生物胁迫（如病虫害、杂草等）。一旦植物受到逆境胁迫，体内的氧代谢动态平衡就会被打破，活性氧增多，对细胞不利。植物对氧化胁迫有一定的适应能力和抵抗能力，植物体内的抗氧化防御系统可以使活性氧的产生处于动态平衡之中。植物抗氧化防御系统，又称活性氧清除系统，包括酶促系统［主要是超氧化物歧化酶（SOD）、过氧化物酶（POD）等］和非酶促系统。

另外，很多研究表明植物酶在多种逆境中均有重要作用，如多酚氧化酶（PPO）可以使酚类物质氧化为对病原物毒性更强的酮类物质，与植物的抗病能力密切相关；POD和SOD共同作用可以降低低温对苔藓造成的伤害；古今等[144]认为提高植物体内抗氧化酶类活性有助于抵御UV-B辐射胁迫。

2. 植物酶的环境污染预警作用

生物代谢中酶也是一种能反映环境物理和化学变化的生物标记物，酶活性的变化可以对环境的变化提供早期预报。因此，越来越多的学者关注植物体内酶在逆境中对污染物的响应，希望用其来诊断环境污染状况。

水稻体内谷胱甘肽 *S*-转移酶（GST）会对镉胁迫产生应答，且酶活性与镉处理存在明显的剂量-效应关系，以此为基础，在一定范围内，可以尝试通过 GST 的活性来判断镉胁迫强度；另外，植物酶对农药的响应灵敏且存在一定的剂量-效应关系，因此，很多人建立了利用植物酶快速检测农药的方法，如利用小麦酯酶检测乐果，用植物酶检测氨基甲酸酯类农药残留等。可见，植物酶对环境污染的监测预警功能已被广泛应用。

3. 植物酶对污染物的解毒作用

植物酶对一些污染物有解毒作用，主要表现为某些植物酶可催化化学有毒物质的解毒反应。如在对一些除草剂的解毒机制中，细胞色素 P450 酶系通过脱烷基化、羟基化或脱硫氧化等方式实现对除草剂的解毒作用。此外，小麦对禾草灵的解毒作用，大豆、水稻对苯达松的代谢解毒作用都是通过羟基化作用实现的。通常，大部分有机污染物在植物体内的解毒反应也都是在酶的作用下进行的，主要的解毒酶包括细胞色素 P450 酶和谷胱甘肽 *S*-转移酶等。

另外，可以直接利用某些特定酶来降解污染物（有机农药等），从而产生解毒作用，常见的降解酶类主要包括氧化还原酶类（过氧化物酶、多酚氧化酶等）和水解酶类。

4. 植物酶对有机污染的响应

植物在环境污染胁迫的情况下体内酶会发生一定的响应，不同功能酶系对于不同类别污染物和不同强度污染的响应不同。

（1）细胞色素 P450 酶系对有机污染的响应　细胞色素 P450 酶系是广泛存在于各种生物体的代谢酶系，它的主要成分是细胞色素 P450 和 NADPH-细胞色素 P450 还原酶。近 10 年来，以细胞色素 P450 酶系作为环境污染生物标志物的研究得到发展。

大量研究表明，细胞色素 P450 酶系对环境污染响应敏感。例如，小麦叶片中细胞色素 P450 活性随菲浓度升高而升高，对低浓度菲污染细胞色素 P450 含量做出较为敏感的响应，可作为生物标志物指示土壤中低剂量的有机污染物。宋玉芳等[145] 研究了菲和芘单一胁迫及复合胁迫植物，结果表明其细胞色素 P450 酶系的响应都很敏感。尝试以细胞色素 P450 酶系的变化作为有机污染胁迫的生物标记物的研究已成为国内外研究热点。

（2）谷胱甘肽 *S*-转移酶对有机污染的响应　谷胱甘肽 *S*-转移酶是由两个同源二聚体亚基组成的一个超基因家族，它是存在于植物与动物体内的一类多功能酶，存在于植物发育的每个阶段，且大量存在于细胞质中。GST 活力的大小可以体现出活性氧自由基的积累和对细胞的损伤程度，多用来作为农药污染风险评价指标。早在 20 世纪 80 年代，Trimmerman[146] 就认为 GST 的活性和类型是植物抵抗除草剂能力的一项重要指标。

（3）多酚氧化酶对有机污染的响应　多酚氧化酶是一类广泛分布于生物体内能催化多酚类氧化成醌类的铜结合酶。病原菌侵染、害虫取食、机械损伤、化学物质等多种因素均可诱导植物体内的 PPO 活性发生改变，尤其对有机污染响应敏感。

有研究表明，两种供试农药经树干注射后均可引起垂柳叶片内的 PPO 活性升高。另外，中国农业大学王业霞等[147] 的研究结果显示，棉花 PPO 对乐果、丁硫克百威、吡虫啉三种农药都能产生明显响应。

（4）过氧化物酶对有机污染的响应　过氧化物酶是普遍存在于高等植物体内的一类含

铁卟啉辅基的酶，亦是木质素合成的主导酶。POD是公认的生物体抗氧化防御系统中的重要酶，它可以清除活性氧自由基，保护机体免受因环境胁迫引起的毒害作用，植物来源POD的活性高低可作为植物抗逆性的指标。

同样，POD对有机污染会产生响应。刘建武等[148] 对五种水生植物进行萘处理，发现水葫芦与水花生体内POD活性随萘污染浓度增加而升高，浮萍、紫萍和细叶满江红的POD活性则随萘污染浓度增加呈先升高后降低的趋势。另有研究表明，芘处理小白菜幼苗，POD活性显著提高。

5. 植物酶对有机污染物的代谢作用

通常，有机污染物在植物体内的代谢分阶段进行：第一阶段是有机污染物在植物体内进行代谢的最重要阶段，氧化、还原与水解往往是影响有机污染物活性与选择性的关键反应，酶的催化作用在这些生物化学反应中起重要作用；第二阶段的代谢主要是合成过程，也是在酶作用下发生的一系列反应，经反应形成对植物无毒、高度水溶性、移动性很差的缀合物。总之，有机污染物在植物体内的代谢过程前两个阶段都需要酶的参与，即酶在植物代谢有机物中的作用不容忽视。因此，研究有机污染物对植物体内酶的影响，对于探讨有机污染物在植物体内的代谢过程及机理有重要意义，可为准确评价有机污染风险及有效制订修复方案奠定基础。以下综述了植物体内几种酶对有机污染物的代谢作用。

（1）细胞色素P450酶系对有机污染物的代谢作用　由于细胞色素P450酶系种类的多样性，使生物体对许多结构不同的化学物质具有代谢作用，表现为*O*-脱甲基、环氧化、羟基化等多种反应类型。细胞色素P450酶系在植物内源与外源亲脂化合物氧化反应中起重要作用。

外源诱导物可与细胞色素P450酶系形成络合物，首先抑制了酶的活性，随后产生了酶的诱导。同时，细胞色素P450酶系可与内质网缔合，可催化众多亲脂除草剂的氧化作用。例如，苯基脲除草剂绿麦隆通过环甲基羟基化作用及*N*-脱甲基作用而解毒，这两种反应都需要细胞色素P450酶系的诱导。另外，细胞色素P450酶系也广泛存在于微生物中，这类酶系可以作用于碳链加上氧原子，再经一系列反应使碳链断开，进而完成对有机污染物的降解，多环芳烃碳链的断裂也主要靠细胞色素P450酶系的作用。

此外，芳环或烷基羟基化也是细胞色素P450羟基化酶诱导有机物最普遍的代谢反应。综上，细胞色素P450酶系主要参与诱导有机污染物丧失活性的代谢反应。

（2）谷胱甘肽*S*-转移酶对有机污染物的代谢作用　GST用于催化一系列疏水、亲电子有机物的缀合作用，其功能是保护细胞免受氧化伤害，达到解除内源性或外源性毒物毒性的目的，因而对大多数有机污染物在植物体内的代谢起重要作用。据报道，所有有机体都含有多种GST同工酶，目前从玉米体内已分离出8种胞液GST同工酶，7种二聚体同工酶，它们均参与有机污染物的代谢。

GST是生物体内的一类与代谢和解毒有关的酶系，该酶系与有害物质结合后把它们排出体外，保护体内的蛋白质和核酸等，并使有害物质代谢为低毒化合物。有研究表明，三氮苯、氯代乙酰胺、芳氧苯氧丙酸、二苯醚、磺酰脲、硫代氨基甲酸酯等多种类型有机物，在作物体内均由GST催化与还原性谷胱甘肽（GSH）或高谷胱甘肽

(hGSH) 进行不可逆的缀合作用进行代谢。GST 还能影响激素调控，能防止脂质过氧化损伤，因此 GST 在保护组织以抵御有机物氧化侵害及氧化压力中起重要的作用。在农药等有机污染物的安全性评价中，以 GST 作为标志物来反映有机物的生物毒性程度有着良好前景。

另外，赵胡等[149] 认为可以通过基因工程技术将降解 PAHs 的酶（包括 GST）导入到植物体内，从而达到降解或转化 PAHs 的目的，减少 PAHs 对植物的毒害效应。

(3) 多酚氧化酶对有机污染物的代谢作用　虽然 PAHs 很难被生物降解，但目前已知具有木质素降解酶系——漆酶（一种多酚氧化酶）的白腐菌可以降解 PAHs。另有研究表明，固定化 PPO 处理模拟含酚废水，对苯酚的去除率可达 95.3%，应用前景乐观；同时，漆酶还可以降解五氯酚（PCB），且降解能力强。因此，研究植物多酚氧化酶对于探讨植物代谢有机污染物有重要意义。

此外，PPO 作为 PAHs 降解途径中的一类关键酶，能催化 PAHs 开环，生成较易降解的中间产物，在 PAHs 降解过程中起着关键作用。另有报道指出，经纯化后的漆酶可以氧化 PAHs 中的大多数种类，用纯漆酶液处理 72h，苊去除 35%，蒽和苯并［*a*］芘分别被氧化 18%和 19%，添加一定量的 HBT（1-羟基苯并三唑）后漆酶可对 PAHs 几乎完全降解。

(4) 过氧化物酶对有机污染物的代谢作用　POD 是氧化有机污染物的重要酶，植物来源的 POD 已证实具有降解苯酚类物质的能力。研究表明，植物对聚合染料的耐受力的提高与植物体内 POD 活性的增加、酚类化合物的减少以及植物组织中脯氨酸的积累有关。在微生物修复方面，POD 的作用已引起关注。丁娟等[150] 曾报道白腐菌可通过其分泌的木质素过氧化物酶、锰过氧化物酶和漆酶来降解有机物，由于这些酶对底物的非特异性，白腐菌不仅在处理纺织、造纸工业废水方面极具潜能，也能有效地降解氯代芳香族有机物、农药和 PAHs 等有机物。

许多有机污染物具有与木质素结构单元相类似的结构，因此木质素过氧化物酶等在降解有机污染物（主要是芳香族类有机物）中有重要作用，这也是利用白腐菌对有机污染进行生物修复的原因所在。同样，在植物体内众多酶系中 POD 的功能作用值得关注。

（二）植物根系微生物对有机污染物污染土壤的作用机制

在陆地生态系统中，植物是生产者，土壤微生物是分解者，植物将光合产物以根系分泌物和植物残体形式释放到土壤，供给土壤微生物碳源和能源，微生物则将有机养分转化成无机养分，以利于植物吸收利用。根际微生物被认为是土壤微生物的子系统，影响着植物定植、生长和群落演替；植物通过其根系产生的分泌物影响根际微生物的群落结构。土壤微生物和植物的共同作用在污染土壤的生物修复方面发挥着巨大作用。

根系对根际微生物的作用主要是通过其根系分泌物来进行的。根系分泌物指在一定生长条件下，活的且未被扰动的植物根释放到根际环境中的有机物的总称。其成分相当复杂，从化学组成来看，根系分泌物主要是糖类、有机酸类和氨基酸类物质，以及少量的脂肪酸类、固醇类、激素类、核苷酸类、黄酮类和酶类等有机物质。

1. 根系分泌物对土壤微生物的影响

根系分泌物为微生物提供重要的能量物质，其成分和数量影响着微生物的种类和数量。不同种类植物根系分泌物对根际微生物的影响不同，不同种植物或同种植物不同发育时期根系分泌物不同，从而导致不同种类植物或同种类植物不同时期根际微生物具有一定差异。朱丽霞等[151]从根系分泌产生的糖类、氨基酸、黄酮类物质等方面综述根系分泌物与根际微生物的相互作用，认为根际微生物量与根系分泌物量呈正相关，根系分泌物种类决定根际微生物种类；并认为根系分泌物影响根际微生物代谢，表现为有时促进微生物代谢，有时抑制微生物代谢。胡小加等[152]研究发现，在油菜上应用黄烷酮和异黄酮能有效提高根瘤菌的侵染率和固氮酶活性，而油菜根的分泌物中可能不含类黄酮物质，或是所含的类黄酮物质在浓度上和种类上不能有效地诱导根瘤菌的结瘤基因，因此，通过基因工程改造，使油菜能够产生黄酮类物质，进而诱导油菜根瘤菌的结瘤基因表达，可能是使其高产的有效手段。根系分泌物对根际微生物具有直接影响和间接影响之分：一些根系分泌物直接作用于根际微生物，抑制或增强其活性；另一些根际分泌物则可能通过影响一种微生物活性进而影响另一种微生物。

2. 土壤微生物对根系的影响

根际微生物也会影响根系的生长和发育。沈宏等[153]认为，土壤中微生物产生的次生代谢产物，对植物根系的分泌既有刺激作用又有抑制作用，包括影响根细胞的通透性、根的代谢、修饰转化根分泌物。现已证明，菌根真菌可以通过影响植物根表皮细胞通透性增加植物对某些营养元素的吸收。

可见，根系分泌物直接或间接影响了根际微生物，包括其在根际的种类、分布和代谢活性。同样，根际微生物也影响着根分泌物。因此，通过调节根系分泌物来提高根际有益微生物种类和多样性进而抑制病原菌在根际定殖、繁殖和发展是今后植物土传病防治的一个新策略；而通过根际微生物影响根系的形态结构和生理活性，提高土壤中植物营养元素的有效性，对于提高粮食产量和降低由于化肥使用而造成的土壤污染不失为一种好的措施。

3. 植物-微生物联合修复技术的概念及原理

植物-微生物联合修复技术是指利用植物-微生物组成的复合体系富集、固定、降解土壤中污染物的技术。植物与微生物两者是互惠互利的关系，共同增强修复效果。一方面，植物根际附近的微生物能将土壤中的有机质、植物根系分泌物转化成自身可吸收的小分子物质，同时通过分泌有机酸、铁载体等物质改变环境中有机污染物的存在状态或氧化还原状态，降低有机物的毒性，减轻有机污染物对植物本身的毒害，提高植物的耐受性，促进植物对有机污染物的吸收、转移、富集。另一方面，植物也促进了环境中微生物的生物活性，提高了微生物修复有机污染物的能力。第一，植物为微生物提供了良好的生存场所，通过转移氧气使根区微生物的好氧呼吸作用能够正常进行；第二，植物根系可以延伸到土壤的不同层次中，使附着在根际的降解菌能够分布在不同土层中，从而使深土层的有机污染物也能被降解；第三，植物根系能释放出多种有利于有机污染物降解的化学物质（如蛋白质、糖类、氨基酸、脂肪酸、有机酸等），这些物质增加了根际土壤中有机质的含量，可以改变根际土壤对有机污染物的吸附能力，显著提高根际微生物的活性，从而间接促进了有机污染物的根际微生物降解。植物根际微生物活性的提高又反作用于植物根际，影响植物根的代谢活动和细胞膜的通透性，并改变根际养分的生物有效性，促进根际分泌物的释放。与单一的植物、微生物修复技术相比，植物-微生物联合修复技术对处理环境中的有机污染物起到了强化作用，提高了对有机污染物的处理效率，对环境中有机污染物的处理有着巨大的潜力。

根际是指植物根系直接影响的土壤区域，该区域可进行植物与外界环境的物质与能量交换，也可与多种微生物共同构成复杂的生态区系，对环境中的有机污染物进行降解。植物与根际微生物联合降解有机污染物的机制主要有如下 3 点。

① 植物生长所释放的根系分泌物能够改善根际微生物的活性，提高微生物数量及改善群落结构，从而加快有机污染物的降解与转化。研究发现，大部分植物根际区的农药降解速率比非根际区快，且降解速率与根际区微生物数量呈正相关。研究还发现，多种微生物联合的群落比单一群落对化合物的降解有更广泛的适应范围。邓振山等[154] 以根瘤菌、石油烃降解菌、根际促生菌与豆科植物扁豆的不同组合为联合体系对土壤中石油污染物的降解进行研究，发现在扁豆根际同时添加 3 种类型微生物时，土壤石油污染物降解率为 83.05%，比只添加 1 种或 2 种微生物的降解率高。

② 根系分泌物中含有一些糖类、表面活性剂等，能够活化土壤中的有机污染物，并可将有机污染物从土壤颗粒中解离出来，进而便于植物和微生物对污染物进行降解。有研究表明，根际微生物可以促进疏水性和持久性有机物的植物吸收，如在苜蓿和黑麦草根际的滴滴涕（双对氯苯基三氯乙烷）浓度比根际外围显著降低，这可能与根际微生物分泌的表面活性剂有关。

③ 植物将营养物质及 O_2 输送到根部，促进了根际微生物的新陈代谢和增殖，从而强化了根际微生物对有机污染物的降解与转化作用。有研究发现，根际细菌种类比根外土壤中的细菌种类多 1.5～3.0 倍，不同植物根际微生物的数量有明显差异，不同植物的不同分泌物对其根际微生物的种类、数量以及群落结构有较大的影响。这种根际微生物数量和种类的多样性构成了较为复杂的生物链和巨大的污染物降解群体，有助于有机污染物的降解。

4. 植物与菌根菌的联合修复技术

菌根是土壤中的真菌菌丝与高等植物营养根系形成的一种联合体。根据菌根形态学及解剖学特征的差异，可将菌根分为内生菌根、外生菌根、内外生菌根、丛枝菌根等类型。其中能降解有机污染物的主要是外生菌根真菌和丛枝菌根真菌，它们在促进有机污染土壤中植物的生长、有机污染物的降解与转化等方面发挥着积极作用。

目前关于菌根降解有机污染物的机制可以归纳为以下几点：①菌根真菌在某些有机污染物诱导下分泌一些酯酶、过氧化物酶等，这些酶可以降解或转化有机污染物；②菌根真菌以有机污染物作为碳源，通过代谢分解有机污染物获取生长所需的能源，从而达到降解有机污染物的目的；③菌根菌丝使植物根系的吸收范围更广，一方面增加了宿主植物对营养的吸收，促进植物生长；另一方面也增加了根系对有机污染物的接触面积，提高修复效率；④菌根的存在改善了根际周围的微生态环境及群落结构，增强了微生物的生物活性，从而提高了微生物和植物的降解效率。

Sarand 等[155] 研究表明，在石油污染土壤中，乳牛肝菌和卷边柱蘑菌能够生存于植物根际，16 周后遍布土壤表面；乳牛肝菌在土壤中形成活性较强的菌丝团，菌丝团在石油污染的土壤真菌界面形成微生物薄膜，支持多种细菌群落，增加污染土壤的微生物种类，并提高其活性，从而促进污染物的降解。Liu 等[156] 发现，接种丛枝菌根真菌（*Glomus caledonium* L.）能提高黑麦草在蒽污染土壤中的存活率，并促进植物生长；接种丛枝菌根真菌的紫花苜蓿土壤中苯并［*a*］芘含量显著低于未接种处理的。这是因为菌根提高了植物的活力和生物量，促进了根际微生物对污染物的降解。Xun 等[157] 研究表明，同时接种植物促生菌和丛枝菌根真菌能显著提高生长在石油污染盐碱土壤中燕麦（*Avena sativa*）的干质量和茎高，并且在 60d 内能将初始石油烃含量为 5g/kg 污染土壤中的石油烃降解 47.93%，高于未接种及单一接种的对照。这些结果说明同时接种植物促生菌和丛枝菌根真菌能提高植物对石油污染物的耐受能力及降解能力。Lu 等[158] 研究发现，同时接种丛枝菌根真菌和蚯蚓能使黑麦草在 180d 内降解多氯联苯达 79.5%，高于不接种及单一接种的对照组，表明接种菌根真菌明显促进了污染土壤中多氯联苯的降解。菌根修复除了具备其他生物修复的诸多优点外，还能较好地解决接种降解菌株与土著微生物竞争时不易存活的问题，在接种降解菌株难以生存的贫瘠土壤和干旱的气候下，该技术的使用不受限制。

5. 植物与内生菌的联合修复技术

植物内生菌是指能定殖在植物组织内部，但并不使其宿主植物表现出症状的一类微生物。自然界现存的近 30 万种植物中，基本上每个植物体内均存在 1 种或多种内生菌，具有丰富的生物多样性。植物内生菌与植物两者之间相互作用、相互依存。一方面，植物内生菌能够产生降解酶类直接代谢有机污染物。Ning 等[159] 研究发现，定殖于植物内部的黄孢原毛平革菌能够分泌细胞色素 P450 酶系和锰过氧化物酶来降解菲，并且可以通过提高锰过氧化物酶活力的方式增强对菲的降解效果。又如当环境中的多环芳烃达到一定浓度时，能够诱导内生菌产生双加氧酶，使底物双加氧形成对应的过氧化物，再经过氧化、脱氢等一系列反应逐渐降解成一些易代谢的基础化合物。另一方面，内生菌参与调控植物代谢有机污染物。当内生菌定殖于植物体时会分泌一些植物激素、铁载体、脱氨酶等物质，促进植物根系生长，提高植物生物量，增强植物抗逆境能力，从而增强植物体内有机污染物的代谢能力。一些内生菌能够利用 1-氨基环丙烷-1-羧酸（ACC）脱氨酶分解 ACC 生成的氨和 α-丁酮酸，作为自身生长的氮源，不但能够补充自身所需的营养物质，还能有效地降低植物细胞内乙烯的含量，缓解对植物生长产生的不利影响。此外，植物为内生菌提供了一个相对稳定的生存场所，促进了内生菌的繁殖，从而加快了有机污染物的降解速率。Thijs 等[160] 报道了植物内生菌（consortium CAP9）具有高效转化 2,4,6-三硝基甲苯（TNT）的能力，可促进细弱剪股颖根际 TNT 的脱毒，确保植物健康生长。Zhang 等[161] 的研究表明，将分离于蔗草的植物内生菌——假单胞菌（*Pseudomonas* sp.）J4AJ 接种于蔗草根际，60d 内柴油去除率达 54.51%，而只接种 J4AJ 菌株的对照去除率仅有

38.97%；此外，同时接种 *Pseudomonas* sp. J4AJ 和种植蕨草提高了污染土壤中过氧化氢酶和脱氢酶的活性，而土壤微生物多样性指数比其他土壤样品低。Khan 等[162] 研究发现，接种植物内生菌假单胞菌属 PD1 可以促进植物的生长并保护植物免受菲毒性的影响，与未接种内生菌的对照相比，接种内生菌的植物降解菲的能力提高了 25%～40%。

6. 植物与专性降解菌的联合修复技术

植物与专性降解菌的联合修复技术是在利用植物进行污染土壤修复的同时，向土壤中接种具有较强降解能力的专性降解菌株，以促进有机污染物的降解。专性降解菌株包括从土壤中筛选得到的高效降解菌株和经过改造的基因工程菌株。高效降解菌株具有高代谢能力和高降解率等特点。有研究表明，种植紫茉莉同时接种降解菌株 ZQ5 可使土壤中的芘降解率达 81.1%，是紫茉莉单独修复效果的 1.98 倍，是菌株 ZQ5 单独修复效果的 1.39 倍。Lin 等[163] 将柴油污染区土壤中分离得到的微生物接种到种植了沙打旺的柴油污染区土壤中，发现与单一种植沙打旺的污染土壤相比，该土壤的柴油含量显著下降。Cao 等[164] 成功克隆了铜绿假单胞菌 BSFD5 中的鼠李糖脂合成基因簇（rhlABRI），并整合到恶臭假单胞菌 KT2440（*P. putida* KT2440）基因组中，将构建的含鼠李糖脂合成基因簇（rhlABRI）的恶臭假单胞菌 KT2440 投入到种有修复植物的芘污染土壤中，发现 rhlABRI 成功表达并与植物协同修复芘污染的土壤。由此可见，向污染土壤修复植物中接种专性降解菌株，通过植物和微生物间的协同作用，可以提高植物生物量，改善微生物的群落结构，共同提高修复效率。因此，从土壤中分离筛选具有高效降解能力的功能菌株对环境中有机污染物的修复具有重要意义。

总之，环境中有机污染物的存在形式多样，影响因素众多，只有通过多种修复技术的联合使用才能真正达到污染治理的目的。尽管目前联合修复技术还存在着一些缺陷，但随着研究的不断发展和深入，联合修复的机制逐渐被阐明，植物-微生物联合修复技术将在有机污染物实际修复应用中发挥更大的作用。

7. 菌根对有机污染物降解的影响

在过去的十余年中，利用菌根真菌修复有机物污染土壤的报道并不多见，特别是关于菌根真菌直接降解有机污染物的。大多数研究关注外生菌根真菌对有机污染物的降解特性，而关于植物菌根共生体降解有机污染物的研究报道很少。研究表明，外生菌根真菌能够降解多种难降解性有机污染物，如 2,4-二氯酚、2,4,6-三硝基甲苯、阿特拉津以及一些 3～5 环的多环芳烃。同时，有研究者发现，外生菌根真菌无论是在纯培养还是共生体状态下，都具有降解部分 PCBs 的能力。此外，外生菌根真菌在共生状态下还可以促进菌丝际微生物对其他有机化合物（如甲苯和二甲苯）的降解。

与外生菌根真菌相比，近年来已有大量关于丛枝菌根真菌（AM 真菌）对有机污染物降解的报道，其中最常见的是利用 AM 真菌修复 PAHs 污染的土壤。Binet 等[165] 研究了接种 AM 真菌对黑麦草和紫花苜蓿修复人为添加 PAHs 污染土壤的影响，结果表明经过 112d 的培养，接种 AM 真菌显著促进土壤 PAHs（如蒽、芘、苯并［*a*］芘等）的降解。杨婷等[166] 研究了添加发酵牛粪和造纸干粉对菌根化紫花苜蓿修复多环芳烃（PAHs）污染农田土壤的影响，结果表明添加微量（0.05%～0.1%）造纸干粉可通过增进 AM 真菌侵染来促进植株生长，加速 PAHs 降解。李秋玲等[167] 以紫花苜蓿为宿主植物，研究了 5 种丛枝菌根真菌（*Glomus mosseae*、*Glomus etunicatum*、*Glomus versiforme*、*Glomus constrictum* 和 *Glomus intraradices*）对土壤中 PAHs 降解的影响。结果表明，接种 AM 真菌后土壤中菲和芘的残留浓度明显降低，其中 *Glomus mosseae*、*Glomus versiforme*、*Glomus constrictum* 对菲和芘降解的促进效果最好。白建峰等[168] 在温室盆栽试验条件下研究了接种 AM 真菌、蚯蚓（*Eisenia fetida*）对南瓜（*Cucurbita moschata*）修复 PAHs 污染农田土壤的影响，结果表明接种 AM 真菌和蚯蚓提高了 AM 真菌侵染率，显著提高了土壤中 3 环以上 PAHs 污染物的降解率，并促进了南瓜根系对 PAHs 的吸收。近年来，利用 AM 真菌修复 PCBs 污染土壤的研究也不断见诸报道。滕应等[169] 利用盆栽试验研究了丛枝菌根真菌（*Glomus caledonium*）和苜蓿根瘤菌（*Rhizobium meliloti*）单接种及双接种对 PCBs 复合污染土壤的联合修复效应，结果表明无论是单独还是同时接种均显著促进了土壤 PCBs 的降解率。黑麦草与 AM 真菌、蚯蚓联合修复 PCBs 污染土壤的研究结果也表明，菌根和蚯蚓均能够促进黑麦草降解土壤 PCBs，且同时接种蚯蚓和菌根可以显著提高黑麦草修复土壤 PCBs 的能力。

已有的结果表明，AM 真菌几乎没有腐生能力，因此大多研究都认为 AM 真菌促进土壤有机污染物降解的可能机理中并不包括其直接代谢有机污染物，而是由于 AM 真菌影响了其他根际微生物的数量及活性，从而促进了有机污染物的降解。Joner 等[170] 利用磷脂脂肪酸方法分析了根际微生物群落结构，发现接种 AM 真菌对根际微生物群落结构有明显影响。利用 Biolog 分析根际土壤微生物代谢活性，结果也同样表明接种 AM 真菌改变了根际土壤微生物碳源利用能力。AM 真菌促进土壤有机污染物降解的另外一个可能机理则是促进了根系以及根际土壤相关氧化酶及水解酶的活性。

目前，大多数试验都是采用人为污染土壤。人为添加污染物具有一些优点，即初始加入的污染物的种类和量是已知的，因此可以推测出污染物可能的降解途径。此外，新加入土壤的污染物对植物及土壤微生物而言具有较高的生物有效性和毒性，但这同时也是该研究方法的缺点，即有机污染物在土壤中的行为和生物有效性与长期污染土壤有较大区别。近年来，也有一些试验采用长期污染土壤，大多是针对外生菌根真菌，关于 AM 真菌的研究相对较少。

8. 菌根对根际范围的影响

菌根真菌的外生菌丝由于能扩大传统的“根际”范围，因此也被称为“根系的根”。与没有菌根真菌的植物相比，菌根化植物其菌丝可以帮助植物吸收非根际区域的养分，同时促进该区域土壤酶活性，这部分受菌丝体影响的区域则被称为菌丝际。目前关于有机污染物在菌丝际土壤中的降解动态的研究还很少见。菌丝通过输送植物糖类以及死亡菌丝的降解等，向菌丝际输入大量的碳源，可以显著改变菌丝际土壤微生物学特性，如促进菌丝际微生物活性以及提高某一类或几类潜在的有机污染物降解微生物在该区域的活性，从而发挥菌根真菌在有机污染土壤修复中的作用。

（三）植物根系行为对有机污染物污染土壤的作用机制

由于植物根际的特性，根际范围内的一系列微生物过程都十分活跃，包括促进特定有机污染物的生物降解过程，这被称为根际修复。即使是在有机物污染土壤上，很多植物也同样可以很好地生存，从而可通过根际分泌物改变土壤微生物群落结构，并且可以帮助土壤中具有有机污染物降解能力的土著微生物存活。植物主要通过以下几个方面促进细菌及真菌的降解活性：

① 促进土壤空气扩散，提高好氧微生物代谢活性。植物根系的延伸和切割可以改善土壤通气性，还有一些植物可以通过根系向土壤中传输氧气。

② 根系分泌物以及死亡根系为土壤微生物提供有机碳源。糖类、乙醇以及有机酸等小分子有机物给好氧微生物提供能源或者为厌氧微生物提供电子供体。

③ 根系分泌物中的有机污染物的结构类似物，可以作有机物降解酶的诱导物。这一类化合物有的可以促进有机污染物降解菌群的生长，使其达到一定的数量优势；也有一些浓度很低不能促进降解菌生长的化合物，它们可以作为共代谢底物促进有机污染物的降解。

④ 根系分泌物中含有的生物表面活性剂（如皂素等）能促进污染物的迁移，从而提高它们的生物有效性。

植物根系在土壤中广泛分布，除了疏松土壤外，其所到之处还能向土壤中不断输入氧气和养分物质。正是由于这种根际效应，根际微生物无论是生物量、活性以及多样性等都超过非根际土壤中的微生物群落。此外，根系活动还能改变根际微域的氧化还原环境，如造成局部的厌氧环境，这种厌氧-好氧微域环境有利于有机污染物的还原脱卤和氧化开环过程偶合，从而促进有机污染物的降解。

然而，植物根际修复效果也受到一些因素的影响，最突出的就是植物根系的发达程度，其次就是植物根系分泌物量的多少，这些因素决定了植物根系在土壤中的影响范围以及对根际微生物的影响强度。研究表明，在植物根际范围外，根系分泌物对微生物的促生长效应快速衰减。因此，在植物修复过程中往往选择那些根系发达的植物品种，如杨树、柳树、黑麦草等。

只要有植物的生长，污染环境中就存在着根际修复效应，但是往往这些自然修复过程效率低下，因此就需要通过人为措施提高植物修复效率，如筛选生物量大、根系发达的植物品种，添加营养物质或者结构类似物作为诱导物促进污染物的微生物降解等。但无论如何优化，其基本原则就是利用定殖在特定植物根际的微生物进行降解。研究发现，同样的污染土壤中，PCBs的修复效率主要取决于植物品种的选择，这是因为不同的植物品种其根际微生物群落存在差异。尽管如此，由于土著植物品种以及土著微生物是在长期污染环境下被自然选择留下来的，它们已经充分适应了这种污染环境并且可以代谢这些污染物来作为自身碳源和能源。因此，人们在修复植物品种选择的时候往往还是优先从土著植物中挑选并加以优化。除了土著植物的适应性之外，利用土著植物品种还可以避免生物入侵，在最大程度上降低当地的生态风险。

1. 湿地植物的泌氧行为及其对根际环境的影响

湿地植物根系的泌氧功能已经被许多实验所证实，且根系泌氧能力会随着时间的增加而减小。这些氧气主要由地上部光合作用产生运输到植物地下部，因而根系泌氧量受光照的影响显著。对于同一根系来说，距离根系顶端距离不同，其根内和根外氧气含量也存在很大差异。根际土壤中的氧气含量会随着与根系距离的增加而减少，呈现出径向泌氧的特征，这种径向泌氧的能力在不同的植物品种、同一植物根系不同部位、不同时间均会有所不同，但一般来说径向泌氧距离不会超过 2mm。

湿地植物通过根系泌氧功能可以改变根际微生物数量及其群落结构，并影响根际生物地球化学循环。众多研究结果表明，根系分泌的氧气可以氧化根际亚铁离子（Fe^{2+}），此过程会伴随氢离子（H^+）的释放，因而会引起根际酸化。淹水条件下，由于氧气缺乏，大多数含氮离子是以铵根离子（NH_4^+）形式存在的。有研究发现，因湿地植物根系具有泌氧能力，在距离根表 2mm 以内，NH_4^+ 与硝酸根离子（NO_3^-）含量大致相等；在距离大于 2mm 后，NH_4^+ 逐渐增加，NO_3^- 逐渐减少。

2. 湿地植物根表铁膜的形成

根际土壤溶液中的亚铁离子（Fe^{2+}）能被氧化成 Fe^{3+}，而在根表形成铁膜。根表铁膜的形成是生物和非生物因素作用的结果，其主要成分为铁的氢氧化物、针铁矿和纤铁矿等。根表铁膜含量受溶液中亚铁离子浓度、土壤氧化还原状况、植物种类、氧气含量及根际铁氧化细菌含量的影响。在一定范围内，植物根表铁膜含量与溶液中 Fe^{2+} 含量呈显著正相关。土壤氧化还原状况决定了部分元素（Fe、Mn、N 等）的存在状态及生物有效性，因而对根表铁膜的形成有重要影响。Christensen 等[171] 研究发现，根表铁膜与根际氧化还原电位呈显著的负相关。不同植物品种因其根系结构不同，通气组织大小也不同，且通气组织越发达，根系泌氧量越大。同时，根表铁膜含量过多，又会反过来减少植物根系径向泌氧量。除此之外，根际的铁氧化细菌也对根际 Fe^{2+} 的氧化有着重要作用，尤其当根际氧气含量较少时。已有研究表明，根际土壤铁氧化细菌含量显著高于非根际土壤，并且其生物量与根表铁膜含量呈显著正相关，对铁元素的根际生物地球化学循环起了重要作用。

根表铁膜的形成不仅影响根际元素的迁移和生物有效性，同时也影响根际微生物群落的结构与功能。钟顺清等[172] 研究发现，湿地植物根表铁膜的形成可以有效提高植物对根际磷元素的吸附能力，增加磷向细胞内的扩散，从而提高根内磷浓度。有研究表明，铁膜被当作镉（Cd）、铅（Pb）等重金属元素的临时储库，在一定条件下可以减少重金属离子对根系的胁迫以及根系对重金属离子的吸收。

第五节 有机污染物-重金属复合污染的土壤植物修复作用机制

一、土壤复合污染现状

1939 年，Bliss[173] 在《毒物联合使用时的毒性》一文中最早提出了复合污染的概念。1972 年，Duce 等[174] 在 Science 上首次报道了土壤重金属-有机物复合污染现象。美国 EPA 优先控制名录指出：1200 个受污染场地中，49%的场地受到重金属和有机物复合污染[175]。污水灌溉、工业废水（染整、染料合成等）、农药的生产和使用等都容易造成土壤中重金属-有机物复合污染[176,177]。

随着工业化的发展，有机或无机的有毒有害物质对土壤环境的污染越来越严重。据估计，受农药污染的耕地1300万～1600万公顷，持久性有机污染物污染严重，如沈抚灌区的抚顺三宝屯四队水稻田，因30多年的石油污水灌溉而成为重污染农地，1982年测得PAHs含量高达631.9mg/kg；浙江东南某水稻种植地区PCBs含量达930ng/g。受有机无机复合污染的耕地面积未见确切报道，但从土壤污染的来源、局部地区的污染调查，均可推断我国大面积的耕地是受重金属、有机污染物复合污染的。特别是重金属污染耕地，常常存在农药、普通有机污染物与重金属的复合污染。由污水处理厂的污泥、城市生活垃圾、工业废水等造成的土壤污染也大都为有机无机复合污染类型。

二、复合污染的概念与分类

所谓复合污染是指多元素或多种化学品，即多种污染物对同一介质（土壤、水、大气、生物）的同时污染[178]。而判断生态系统中复合污染发生的唯一指标是生态系统中存在的一种以上的化学物质相互之间发生各种作用，产生或加和、或协同、或拮抗、或独立的效应反应[179]。

关于复合污染的分类，按污染物的类型分有如下几类。①有机复合污染，由两种或两种以上有机污染物共存所形成，目前研究较多的是两种农药之间的复合污染。②无机复合污染，是两种或两种以上无机污染物同时作用所形成的环境污染现象；重金属之间的复合污染是当前无机复合污染研究的重点。③有机-无机复合污染，是有机污染物和无机污染物在环境中同时存在的环境污染现象。目前研究较多的是重金属与石油烃、农药及洗涤剂之间的复合污染[180]。

三、有机污染物与重金属在土壤中交互作用

土壤是一个由无机胶体（黏土矿质）、有机胶体（腐殖酸类）以及有机-无机胶体所组成的胶体体系，其具有较强的吸附性能。在酸性土壤下，土壤胶体带正电荷；在碱性条件下，则带负电荷。进入土壤的有机污染物可以通过物理吸附、化学吸附、氢键结合和配价键结合等形式吸附在土壤颗粒表面，其吸附容量往往与土壤中有机胶体和无机胶体的阳离子吸附容量有关，也与土壤胶体的阳离子组成有关。有机污染物本身的性质可直接影响土壤对它的吸附作用，在各种有机污染物的分子结构中，凡是带—NHR、—OH、—$CONH_2$等功能团的有机污染物，都能增强被土壤吸附的能力。在不同酸碱度条件下，有机污染物（极性化合物）在溶液中以分子和离子两种形态共存，但不同形态的化合物在土壤-水界面上具有不一样的吸附能力。通常，由于有机污染物的离子形态较之分子形态在土壤表面具有相对小得多的吸附系数而被忽略[181]。重金属在土壤中的吸附过程主要是交换吸附、静电吸附以及专性吸附。重金属的存在通常不会影响有机污染物（特别是分子形态存在的有机物）在土壤上的吸附，它本身在土壤有机质上的吸附则主要是通过与有机质官能团之间的络合作用而产生的，其中Hg、Cu、Ni和Cd等具有比较强的络合能力，其络合点位主要为羧基、羟基以及氨基等；但极性有机污染物可以通过静

电作用以及在土壤中的黏土矿质上形成氢键等方式被吸附在土壤表面，从而与重金属存在竞争吸附[182]。土壤中的重金属与有机污染物之间也能够发生配位反应生成有机配合体，而这种配合体可能会改变土壤-水界面上的分配系数，导致重金属在土壤中的表观吸附量增加或降低。王慎强等研究表明磷苯二胺能够在土壤溶液中发生配位反应生成铜的有机配合体，导致铜在土壤中的表观吸附量增加[183]。重金属污染土壤的植物修复中，络合剂（EDTA，2,2-联吡啶、有机酸、EDDS、氨三乙酸等）均通过与重金属形成络合物达到增溶目的。

一些重金属还能与有机污染物作用导致有机物甲基化或者作为催化剂影响有机污染物的化学行为，例如，汞、锡等可与有机污染物发生作用而生成毒性更大的金属有机化合物(甲基汞、三甲基锡等)[184]。针铁矿、氧化铝及氧化钛等对有机化合物与重金属之间的化学反应进行催化[185]。另外，变价的重金属与有机污染物共存可能存在氧化还原的交互作用，最明显的例子是六价铬、五价砷、五价锰等和有机污染物苯酚类、苯胺类的化学反应。

四、有机污染物-重金属交互作用对土壤生物学过程的影响

有机污染物-重金属交互作用对土壤生物学过程的作用，主要是通过影响酶的活性从而间接影响有机污染物的降解。此外，它们也通过改变土壤的氧化还原能力从而影响有机污染物-重金属的交互作用。通常，重金属污染容易导致土壤中酶活性的降低，使呼吸作用减小，氮的矿化速率变慢，有机污染物降解半衰期延长等[186]。当然，重金属对土壤中微生物活性的影响，也与重金属种类、土壤类型、有机污染物的结构等有关。例如，镉的存在对污泥的分解有非常明显的减缓作用，可是它对葡萄糖、纤维素的作用就非常小，原因是镉的加入导致它在有机质上的吸附，从而使有机质的分解速率变慢[187]。

五、重金属对微生物降解有机污染物过程的抑制

大量的研究工作表明，重金属对土壤微生物生理过程有着重要的影响。重金属对垃圾的分解、甲烷的产生、酸化、氮的转移、生物量的变化和酶的活性等的影响都被广泛研究[188-191]。重金属包括铜、锌、镉、铬（三价和六价）、镍、汞和铅等都被报道能够抑制微生物的每个过程。然而，在某些情况下，小剂量重金属能够刺激生物活性，某些金属（包括汞、铅、镍、镉和铜）在缺盐的沉积物中能够促进甲烷产生[192]。另外，有报道称镍（＜300mg/L）能刺激酸化过程。

（1）抑制好氧生物降解　一些研究表明，金属抑制一系列有机污染物（包括氯代酚和苯、低分子量的芳烃、羟基酚盐）的好氧生物降解。铜、镉、汞、锌、铬（Ⅲ）能够抑制湖水样品中2,4-二氯苯氧乙酸甲酯（2,4-DME）的生物降解[193]，且重金属的抑制作用与环境介质有关：在沉积物中，锌的毒性最大，其最低抑菌浓度（MIC）为0.06mg/L；而在附着生物样品中，汞是抑制作用最强的，其MIC为0.002mg/L。纯体系下对于萘降解菌 *Burkbolderia* sp. 而言，溶液相中Cd的MIC为1mg/L[194]。另外Said和Lewis[193]对Cd在沉积物样品中的MIC和附着生物样品中的MIC做了个比较，前者为0.1mg/L，后者为0.629mg/L。污染土壤系统中金属抑制作用同样存在，在土壤中接种了2,4-D降解菌

Alcaligenes eutrophus JMP 134d 后，60mg/kg 的 Cd 抑制了 2,4-D 的生物降解[195,196]。在 1mg/L 和 2mg/L 的 Cd 胁迫下，菲的降解日期被延缓了 5d；而在 3mg/L 的时候，菲的降解被完全抑制[197]。重金属的毒性对污染物的降解影响不仅包括芳烃污染物，还对聚合物聚羟基丁酸酯（PHB）的生物降解产生影响[198]。铜能够抑制 PHB 降解菌 *Acidovorax delafieldii* 的活性，其 MIC 为 8～15mg/L。不同的重金属对不同的有机污染物产生不同影响。Benka-Coker 和 Ekundayo[199] 研究锌、铅、铜、锰对原油生物降解的影响，其中锌对降解原油的细菌 *Micrococcus* sp. 和 *Pseudomonas* sp. 抑制作用最大，锰抑制作用最小。重金属的联合毒性比单个重金属的毒性要小。例如，0.5mg/L 的锌的毒性相当于 0.5mg/L 的铜、铅、锰的总浓度的毒性。

（2）抑制厌氧生物降解　厌氧代谢途径在生物降解中是非常重要的，有时是高氯化有机物（例如三氯乙烯和全氯乙烯）唯一的生物降解代谢途径。尽管厌氧条件被人认为大大降低了有毒重金属的水溶性和可移动性，但是研究结果证明金属对生物降解的抑制作用是很明显的。Kuo 和 Genthner 等[200] 曾从沉积物中分离厌氧细菌群并研究了 Cd、Cu、Cr 和 Hg 对脱氯和生物降解的影响。研究表明这一簇细菌能够完全降解 2-氯苯酚（2-CP）、3-氯苯甲酸（3-CB）、苯酚（PH）和苯甲酸盐（BEN）。加入的低浓度重金属（0.1～2.0mg/L）能延长细菌的适应期，降低脱氯和生物降解的效率。其中，Cd 和 Cr 能抑制 3-CB 的生物降解，BEN 的降解对铜最敏感，PH 的降解受汞的影响最大。同样，Cd 对五氯苯酚（PCP）的降解具有抑制作用[201]。Kuo 和 Genthner 指出重金属除了影响降解细菌，还有可能影响非降解菌组分，且这种间接毒性模式可能对有机污染物的生物降解起着重要作用。

六、重金属的浓度与其抑制生物降解的相关性

一般来说，复合污染环境中随着重金属生物可利用性浓度的增加抑制作用也在增强。但事实上，有证据显示重金属对有机污染物生物降解的影响有其他的模式。

（1）模式 1　低浓度的重金属刺激了有机污染物的生物降解，而高浓度的重金属则抑制其生物降解过程。许多研究表明，低浓度重金属能够刺激生物活性直到达到刺激最大值，随后重金属浓度的增加，则对生物的毒性加大。这可以由种群而不是单个微生物研究的实验结果来解释。因此，这种模式很有可能是重金属不同毒性影响的结果，在这种模式中，另一个对重金属胁迫更加敏感的微生物体和一个对有机污染物降解有利菌团之间存在着对共有资源的竞争，当敏感菌团受到重金属抑制时，减轻了其与有益菌团之间对资源的竞争，从而使有益菌团降解有机污染物的速度加快。支持这个模式的是 Capone 等的实验，加入某种重金属刺激了甲烷的产生。笔者认为这可能是由于对产甲烷菌和非产甲烷菌不同的抑制效果所致的。Kuo 和 Genthner 报道添加某些低浓度重金属刺激了生物降解。相比对照，六价 Cr (0.01mg/L) 增加了苯酚（phenol，PH）的降解，其降解率达到 177%，苯甲酸盐（benzoate，BEN）达到 169%；Cu 和 Cd（0.01 mg/L）增加 BEN 的生物降解率，达到 185%，2-CP 达到 168%；1～2mg Hg 增加了 2-CP 和 3-CP 的降解，其降解率分别达到 133%～135%。

（2）模式 2　低浓度重金属抑制了有机污染物的生物降解，高浓度重金属对其生物降解的抑制作用反而减少。一些研究已经显示在低浓度的范围内，重金属加大了对降解有机

污染物的生物活性的抑制，达到最大抑制水平后随着金属浓度的增加，金属对生物活性的影响下降。Said 和 Lewis 报道在 Cd 浓度为 10mmol/L 时，2,4-DEM 最大降解率要明显小于在 100mmol/L 时。在后来的研究中，观察到了相似现象，在一个 2,4-D 与 Cd 复合污染的土壤中，2,4-D 的降解菌群对高浓度的 Cd 的耐性比对低浓度的高。微生物团体动力学也许能够解释这些反应，高浓度的重金属为那些能够降解有机污染物并对重金属有耐性的微生物创造了选择性的压力。这种压力可能降低了这种微生物与那些对重金属敏感的非降解微生物之间的竞争，从而在高浓度重金属下增大了有机污染物的生物降解性。这种模式在研究 Cd 对环烷烃（NAPH）的 *Burkholderia* sp. 菌生物降解的影响中也曾观察到，Cd 的浓度在 1～50mg/L 时增加了对 NAPH 的生物降解抑制作用，更高的溶液相 Cd 浓度（100mg/L）降低了对 NAPH 的生物降解的抑制。原因可能是在高的重金属浓度中，微生物要比在低的重金属浓度中能更快诱导抗金属机制。Laddaga 和 Silver 研究表明，高浓度 Cd 中大肠杆菌 K-12 对 Cd 的初始吸收率要比在低浓度 Cd 中低[202]。

综上所述，在有机污染物-重金属的复合污染体系下，一种污染物的行为必然要受到其他污染物的影响，从而改变了单个污染物在环境中的存在状态，进而影响到植物修复的效率。因此，当面对一个由有机污染物-重金属组成的复合污染修复体系时，植物将在复合污染环境中扮演何种角色对植物修复技术的成败具有重大的现实意义。

七、有机污染物-重金属复合污染土壤的植物修复

植物修复技术在有机污染物-重金属复合污染土壤中的研究目前还很少。Maliszewska-Kordybach 等[203] 研究了多环芳烃与重金属复合污染土壤在植物生长初期对植物根长的影响。结果表明复合污染对植物根长的影响要受到土壤本身性质的影响，不同性质的土壤，即使在同一污染条件下，种植同一种作物，其污染物对根长的影响也不相同。但是发现，复合污染对根长的抑制作用要明显强于对照。因此，复合污染物之间的交互作用对植物修复效率产生了很大的影响。Vervaeke 等[204] 的研究对象是疏浚的污泥和柳树，主要考察柳树是否对富含有机污染物和重金属污染物的污泥有修复效果。1.5 年后，他们发现柳树促进了矿物油的降解，但对 PAHs 的降解却不如对照组，而且对重金属的吸收效果也不显著。他们认为没有种植植物的污泥层比种植植物的污泥层更容易开裂形成缝隙，从而更容易产生有氧的环境，有利于好氧微生物的生长与繁殖；同时，由于种植植物的污泥层表面更容易被植物覆盖，污泥层的有机污染物不容易被光降解与被雨水淋失。从而可能造成种植植物的污泥层的 PAHs 的降解速度不如未种植物的污泥层降解的快。关于重金属的富集，试验的结果证明柳树对重金属的选择性富集不明显，估计还要利用一些超富集植物进行基因克隆来提高柳树的富集效率。Mattina 等[205] 筛选了 8 种植物对有机污染物-重金属复合污染土壤进行研究，8 种作物为莴笋、南瓜、夏南瓜、黄瓜、番茄、加拿大蓟、白扇豆和菠菜。研究结果表明南瓜对氯丹有很好的生物富集作用，同时对 Zn 和 Cd 的富集效果比菠菜还显著；而莴笋、菠菜、加拿大蓟、番茄和夏南瓜对有机污染物-重金属有明显的转移固定作用。这表明在自然界中应当存在那些既对有机污染物有去除效果又能吸收重金属的植物。

因此，有机污染物-重金属复合污染土壤的植物修复技术要成功运用于实践，筛选植

物是首先要解决的问题。

参考文献

[1] 陈微，魏君. 土壤环境污染现状分析与对策研究 [J]. 黑龙江科学，2014 (7)：112.
[2] 王晓刚，郝永亮，赵和平. 土壤污染的原因及防治措施 [J]. 山西农业（致富科技版），2008 (9)：32.
[3] 王确，张今大，陈哲晗，等. 重金属污染土壤修复技术研究进展 [J]. 能源环境保护，2019 (03)：5-9.
[4] 朱慧君，江婷，郭海川. 重金属污染土壤修复技术研究进展 [J]. 生物化工，2019，5 (02)：105-107.
[5] 孟祥芬. 论土壤重金属污染修复技术研究进展 [J]. 环境与发展，2019，31 (02)：69-74.
[6] 杨定清，周娅，谢永红，等. 环境重金属污染及其应对措施 [J]. 四川农业科技，2011 (6)：8-9.
[7] 杨少敏. 红壤与黄褐土根际环境下外源重金属铅的化学行为研究 [D]. 武汉：华中农业大学，2007.
[8] 徐瑶. 我国地方政府环境管理中存在的问题及对策研究 [D]. 济南：山东大学，2011.
[9] 黄文岳. 加强环境保护促进人与自然和谐发展 [J]. 科园月刊，2010 (1)：64-65.
[10] 邢艳帅. 有机酸诱导油菜对 Cd 污染土壤的修复研究 [D]. 新乡：河南师范大学，2014.
[11] 杨启良，武振中，陈金陵，等. 植物修复重金属污染土壤的研究现状及其水肥调控技术展望 [J]. 生态环境学报，2015，24 (06)：1075-1084.
[12] 杨志英，张建珠，李春苑，等. 土壤重金属污染及其修复技术研究现状 [J]. 绿色科技，2018 (22)：62-63，65.
[13] 张晓艺. 农田土壤重金属污染状况及修复技术研究 [J]. 中国资源综合利用，2019，37 (04)：86-88.
[14] 徐菲. 土壤重金属污染修复技术特点及前景分析 [J]. 现代农村科技，2019 (03)：85.
[15] 林辛. 土壤重金属污染修复技术研究进展 [J]. 民营科技，2018 (08)：82.
[16] 赵海. 土壤重金属污染修复技术研究进展 [J]. 中国资源综合利用，2017，35 (09)：110-112.
[17] 常亚飞. 土壤重金属污染及修复技术研究 [J]. 石化技术，2019，26 (01)：174-175.
[18] 孟祥芬. 论土壤重金属污染修复技术研究进展 [J]. 环境与发展，2019，31 (02)：69，74.
[19] 邱孺，康雅楠，胡昆，等. 浅谈土壤重金属污染现状及治理措施 [J]. 内蒙古林业调查设计，2017，40 (05)：1-3.
[20] 王烁. 我国农田土壤重金属污染修复技术、问题及对策的探讨 [J]. 环境与发展，2019，31 (01)：57-58.
[21] 连文桓. 重金属污染土壤修复技术 [J]. 农家参谋，2019 (18)：172.
[22] 施美兰. 土壤重金属污染修复技术研究 [J]. 科技资讯，2018，16 (19)：97，99.
[23] Joseph L，Jun B-M，Flora J R V，et al. Removal of Heavy Metals from Water Sources in the Developing World Using Low-Cost Materials：A Review [J]. Chemosphere，2019，229：142-159.
[24] Xiao Ran，Guo Di，Ali A，et al. Accumulation，Ecological-Health Risks Assessment，and Source Apportionment of Heavy Metals in Paddy Soils：A Case Study in Hanzhong，Shaanxi，China [J]. Environmental Pollution，2019，248：349-357.
[25] Maurya P K，Malik D S，Yadav K K，et al. Bioaccumulation and Potential Sources of Heavy Metal Contamination in Fish Species in River Ganga Basin：Possible Human Health Risks Evaluation [J]. Toxicology Reports，2019，6：472-481.

[26] Wang Ping, Hu Yuanan, Cheng Hefa. Municipal Solid Waste (MSW) Incineration Fly Ash as an Important Source of Heavy Metal Pollution in China [J]. Environmental Poll ution, 2019, 252: 461-475.

[27] Jia Xiaolin, Hu Bifeng, Marchant B P, et al. A Methodological Framework for Identifying Potential Sources of Soil Heavy Metal Pollution Based on Machine Learning: A Case Study in the Yangtze Delta, China [J]. Environmental Pollution, 2019, 250: 601-609.

[28] Zhuo Huimin, Wang Xu, Liu Heng, et al. Source Analysis and Risk Assessment of Heavy Metalsin Development Zones: A Case Study in Rizhao, China [J]. Environmental Geochemistry and Health, 2020. 42: 135-146.

[29] Yadav I C, Devi N L, Singh V K, et al. an Zhang. Spatial Distribution, Source Analysis, and Health Risk Assessment of Heavy Metals Contamination in House Dust and Surface Soil from Four Major Cities of Nepal [J]. Chemosphere, 2019, 218: 1100-1113.

[30] Ding Huaijian, Tang Lei, Nie Yining, et al. Characteristics and Interactions of Heavy Metals with Humic Acid in Gold Mining Area Soil at a Upstream of a Metropolitan Drinking Water Source [J]. Journal of Geochemical Exploration, 2019, 200: 266-275.

[31] Wang Shuo, Cai Limei, Wen Hanhui, et al. Spatial Distribution and Source Apportionment of Heavy Metals in Soil from a Typical County-Level City of Guangdong Province, China [J].Science of The Total Environment, 2019, 655: 92-101.

[32] Wang Shuhang, Wang Wenwen, Chen Junyi, et al. Geochemical Baseline Establishment and Pollution Source Determination of Heavy Metals in Lake Sediments: A Case Study in Lihu Lake, China [J]. The Science of the Total Environment, 2019, 657: 978-986.

[33] Wang Pengcong, Li Zhonggen, Liu Jinling, et al. Apportionment of Sources of Heavy Metals to Agricultural Soils Using Isotope Fingerprints and Multivariate Statistical Analyses [J].Environmental pollution, 2019, 249: 208-216.

[34] Saljnikov E, Mrvić V, Čakmak D, et al. Pollution Indices and Sources Appointment of Heavy Metal Pollution of Agricultural Soils Near the Thermal Power Plant [J]. Environmental Geochemistry and Health, 2019, 41: 2265-2279.

[35] Liu Qiuxin, Jia Zhenzhen, Li Shiyu, et al. Assessment of Heavy Metal Pollution, Distribution and Quantitative Source Apportionment in Surface Sediments Along a Partially Mixed Estuary (Modaomen, China) [J]. Chemosphere, 2019, 225: 829-838.

[36] Hanebuth T J J, King M L, Mendes I, et al. Hazard Potential of Widespread but Hidden Historic Offshore Heavy Metal (Pb, Zn) Contamination (Gulf of Cadiz, Spain) [J]. Science of The Total Environment, 2018, 637-638: 561-576.

[37] Jafari A, Kamarehie B, Ghaderpoori M, et al. The Concentration Data of Heavy Metals in Iranian Grown and Imported Rice and Human Health Hazard Assessment [J]. Data in Brief, 2018, 16: 453-459.

[38] Yang Ting, Huang Huajun, Lai Faying. Pollution Hazards of Heavy Metals in Sewage Sludge from Four Wastewater Treatment Plants in Nanchang, China [J]. Transactons of Nonferrous Metals Society of China, 2017, 27 (10): 2249-2259.

[39] Ogunlaja O O, Ogunlaja A, Morenikeji O A, et al. Risk Assessment and Source Identification of Heavy Metal Contamination by Multivariate and Hazard Index Analyses of a Pipeline Van-

dalised Area in Lagos State, Nigeria [J] . Science of The Total Environment, 2018: 9, 651: 2943-2952.

[40] 许桂莲，王焕校，吴玉树，等. Zn、Cd 及其复合对小麦幼苗吸收 Ca、Fe、Mn 的影响 [J]. 应用生态学报，2001，12 (2)：275-278.

[41] Chaturvedi A, Bhattacharjee S, Mondal G C, et al. Exploring New Correlation Between Hazard Index and Heavy Metal Pollution Index in Groundwater [J] . Ecological Indicators, 2019, 97: 239-246.

[42] Chu Zhujie, Fan Xiuhua, Wang Wenna, et al. Quantitative Evaluation of Heavy metals' Pollution Hazards and Estimation of Heavy Metals' Environmental Costs in Leachate During Food Waste Composting [J]. Waste Management, 2019, 84: 119-128.

[43] Sharma S, Nagpal A K, Kaur I. Appraisal of Heavy Metal Contentsin Groundwater and Associated Health Hazards Posed to Human Population of Ropar Wetland, Punjab, India and Its Environs [J]. Chemosphere, 2019, 227: 179-190.

[44] Hani H. Soil Effects due to Sewage Sludge Application in Agriculture [J]. Fertic Res, 1996, 43: 145-156.

[45] 李元，祖艳群，杨济龙，等. 紫外辐射增强对春小麦根际土壤微生物种群动态的影响 [J]. 中国环境科学，1999，19 (2)：157-160.

[46] Khallaf E A, Authman M M N, Alne-na-ei A A. Contamination and Ecological Hazard Assessment of Heavy Metals in Freshwater Sediments and *Oreochromis niloticus* (Linnaeus, 1758) Fish Muscles in a Nile River Canal in Egypt [J] . Environmental Science and Pollution Research, 2018, 25 (14): 13796-13812.

[47] 刘霞，刘树庆，唐兆宏. 潮土和潮褐土中重金属形态与土壤酶活性的关系 [J]. 土壤学报，2003，40 (4)：581-586.

[48] Asomugha R N, Udowelle N A, Offor S J, et al. Heavy Metals Hazards from Nigerian Spices [J]. Roczniki Państwowego Zakładu Higieny, 2016, 67 (3):

[49] Redwan M, Rammlmair D. Flood Hazard Assessment and Heavy Metal Distributions Around Um Gheig Mine Area, Eastern Desert, Egypt [J] . Journal of Geochemical Exploration, 2017, 173: 64-75.

[50] Wang Yanshuang, Fang Ping. Analysis of the Impact of Heavy Metal on the Chinese Aquaculture and the Ecological Hazard [C] . Proceedings of the 2016 International Forum on Energy, Environment and Sustainable Development, 2016: 434.

[51] 刘俭根. 我国土壤重金属污染现状及治理战略 [J]. 资源节约与环保，2019 (04)：145.

[52] 朱慧君，江婷，郭海川. 重金属污染土壤修复技术研究进展 [J]. 生物化工，2019，5 (02)：105-107.

[53] 刘佳麟，张家铜. 土壤重金属污染的现状及其治理 [J]. 山东工业技术，2019 (07)：229.

[54] Pragg C, Mohammed F K. Pollution Status, Ecological Risk Assessment and Source Identification of Heavy Metals in Road Dust from an Industrial Estate in Trinidad, West Indies [J].Chemistry and Ecology, 2018, 34 (7): 624-639.

[55] Huang Ying, Liu Da, Jiang Luo, et al. Quantitative Assessment of Bladder Neck Compliance by Using Transvaginal Real-Time Elastography of Women [J]. Ultrasound in Medicine & Biology, 2013 (10): 1727-1734.

[56] Yan Yongde, Yang Xiaonan, Huang Ying, et al. Direct Electrochemical Formation of Different Phases Al-Y Alloys by Codeposition in LiCl-KCl Melts [J]. Rare Metal Materials and Engineering, 2016, 45(2): 272-276.

[57] 兰敏. 土壤中重金属污染的产生及特点 [J]. 世界有色金属, 2018(14): 260, 262.

[58] 张会曦, 李湘妮, 梁普兴, 等. 我国耕地重金属污染现状及改良方法初探 [J]. 绿色科技, 2018(14): 183-184.

[59] 阿卜杜萨拉木·阿布都加帕尔. 准东地区土壤重金属污染特征及其健康风险评价研究 [D]. 乌鲁木齐: 新疆大学, 2018.

[60] 杨显辉, 金爱民, 庞宏娇. 杭州湾南岸潮滩重金属污染调查和评价 [J]. 海洋开发与管理, 2018, 35(04): 30-35.

[61] 隋易橦. 中国耕地重金属污染防治法制研究 [D]. 杨凌: 西北农林科技大学, 2018.

[62] 张乃明. 重金属污染土壤修复理论与实践 [J]. 农业环境科学学报, 2017, 36(10): 1977.

[63] Cheng Hefa, Hu Yuanan. Municipal Solid Waste (MSW) as a Renewable Source of Energy: Current and Future Practices in China [J]. Bioresource Technology, 2010(11): 3816-3824.

[64] Cheng Hefa, Hu Yuanan, Luo Jian, et al. Multipass Membrane Air-Stripping (MAS) for Removing Volatile Organic Compounds (VOCs) from Surfactant Micellar Solutions [J]. Journal of Hazardous Materials, 2009, 170(2-3): 1070-1078.

[65] Bogusz A, Oleszczuk P, Dobrowolski R. Adsorption and Desorption of Heavy Metals by the Sewage Sludge and Biochar-Amended Soil [J]. Environmental Geochemistry and Health, 2019, 41(4): 1663-1674.

[66] Wang Hong, Xia Wen, Lu Ping. Adsorption Characteristics of Biochar on Heavy Metals (Pb and Zn) in Soil [J]. Huan Jing Ke Xue, 2017, 38(9): 3944-3952.

[67] Rosen V, Chen Y. Effects of Compost Application on Soil Vulnerability to Heavy Metal Pollution [J]. Environmental Science and Pollution Research International, 2018, 25: 35221-35231.

[68] Xia Xing, Yang Jian Jun. Molecular Sequestration Mechanisms of Heavy Metals by Iron Oxides in Soils Using Synchrotron Based Techniques: A Review [J]. Ying Yong Sheng Tai Xue Bao, 2019, 30(1): 348-358.

[69] 廖敏. 镉在红壤中的吸附特征 [J]. 浙江大学学报, 1998, 24(2): 199-202.

[70] 徐明岗. 砖红壤 Cu^{2+} 和 Zn^{2+} 吸附等温线与 pH 的关系 [J]. 热带亚热带土壤科学, 1997, 6(3): 217-220.

[71] 洪春来, 贾彦博, 杨肖娥, 等. 菜园土壤对铅的吸附与解吸特性研究 [J]. 中国农学通报, 2006, 22(9): 412-414.

[72] 叶力佳, 杜玉成. 硅藻土对重金属离子 Cu^{2+} 的吸附性能研究 [J]. 矿冶, 2005(03): 69-71.

[73] Kumararaja P, Manjaiah K M, Datta S C, et al. Chitosan-g-Poly(Acrylic Acid)-Bentonite Composite: a Potential Immobilizing Agent of Heavy Metals in Soil [J]. Cellulose, 2018, 25(7): 3985-3999.

[74] Wang Hong, Xia Wen, Lu Ping. Study on Adsorption Characteristics of Biochar on Heavy Metals in Soil [J]. Korean Journal of Chemical Engineering, 2017, 34(6): 1867-1873.

[75] Matos M P S R, Correia A A S, Rasteiro M G. Application of Carbon Nanotubes to Immobilize Heavy Metals in Contaminated Soils [J]. Journal of Nanoparticle Research, 2017, 19(4).

[76] 符娟林, 章明奎, 黄昌勇. 长三角和珠三角农业土壤对 Pb、Cu、Cd 的吸附解吸特性 [J]. 生态与农

村环境学报，2006（02）：59-64.

[77] Arabyarmohammadi H，Darban A K，van der Zee S E A T M，et al. Fractionation and Leaching of Heavy Metals in Soils Amended with a New Biochar Nanocomposite [J]. Environmental Science and Pollution Research International，2018，25（7）：6826-6837.

[78] 谢丹，徐仁扣，蒋新，等. 2种水稻土中Cu（Ⅱ）和Pb（Ⅱ）的解吸动力学 [J]. 生态与农村环境学报，2006（03）：65-69.

[79] Zhou Dan，Liu Dan，Gao Fengxiang，et al. Effects of Biochar-Derived Sewage Sludge on Heavy Metal Adsorption and Immobilization in Soils [J]. International Journal of Environmental Research and Public Health，2017，14（7）：681.

[80] Kim D-J，Shin H-J，Ahn B-K，et al. Competitive Adsorption of Thallium in Different Soils as Influenced by Selected Counter Heavy Metals [J]. Applied Biological Chemistry，2016，59（5）：695-701.

[81] Han Haitao，Pan Dawei，Zhang Shenghui，et al. Simultaneous Speciation Analysis of Trace Heavy Metals（Cu，Pb，Cd and Zn）in Seawater from Sishili Bay，North Yellow Sea，China [J].Bulletin of Environmental Contamination and Toxicology，2018，101：486-493.

[82] Amrane C，Bouhidel K E. Analysis and Speciation of Heavy Metals in the Water，Sediments，and Drinking Water Plant Sludge of a Deep and Sulfate-Rich Algerian reservoir [J].Environmental Monitoring and Assessment，2019，191（2）.

[83] Zhou Li，Wang Sheng，Hao Qingxiu，et al. Bioaccessibility and Risk Assessment of Heavy Metals，and Analysis of Arsenic Speciation in Cordyceps sinensis [J]. Chinese Medicine，2018，13：1-8.

[84] Kang Xuming，Song Jinming，Yuan Huamao，et al. Speciation of Heavy Metals in Different Grain Sizes of Jiaozhou Bay Sediments：Bioavailability，Ecological Risk Assessment and Source Analysis on Acentennial Timescale [J]. Ecotoxicology and Environmental Safety，2017，143：296-306.

[85] Tokalıoğlu S，Kartal Ş. Multivariate Analysis of the Data and Speciation of Heavy Metals in Street Dust Samples from the Organized Industrial District in Kayseri（Turkey）[J].Atmospheric Environment，2006，40（16）：2797-2805.

[86] Rashed M N，Ahmed M M，Al-Hossainy A F，et al. Trends in Speciation Analysis of Some Heavy Metals in Serum of Patients with Chronic Hepatitis C and Chronic Hepatitis B Using Differential Pulse Adsorptive Stripping Voltammetric Measurement and Atomic Absorption Spectrophotometry [J]. Journal of Trace Elements in Medicine and Biology，2010，24（2）：138-145.

[87] Barak P，Chen Y. The Effect of Potassium on Iron Chlorosis in Calcareous Soils [J]. J Plant Nutrition，1984，7：125-133.

[88] Yıldırım G，Tokalıoğlu Ş. Heavy Metal Speciation in Various Grain Sizes of Industrially Contaminated Street Dust Using Multivariate Statistical Analysis [J]. Ecotoxicologe and Environmental Safety，2016，124：369-376.

[89] Liang Ren jun，Ma Xiao tian，Qiu Jicai. Heavy Metals（Fe，Zn，Mn，Cr，As）Speciation Analysis and Ecological Risk Assessment in the Surface Sediments of WuHe Wetland [J].Applied Mechanics and Materials，2014，（675-677）：299-304.

[90] Serrano N, Díaz-Cruz J M, Ariño C, et al. Full-Wave Analysis of Stripping Chronopotentiograms at Scanned Deposition Potential (SSCP) as a Tool for Heavy Metal Speciation: Theoretical Development and Application to Cd(Ⅱ)-phthalate and Cd(Ⅱ)-Iodide Systems [J]. Journal of Electroanalytical Chemistry, 2006, 600(2): 275-284.
[91] Kurilov P I, Kruglyakova R P, Savitskaya N I, et al. Fractionation and Speciation Analysis of Heavy Metals in the Azov Sea Bottom Sediments [J]. Journal of Analytical Chemistry, 2009, 64(7): 738-745.
[92] 崔科飞. 紫花苜蓿对硒的吸收积累特征及其解毒机理的研究 [D]. 汉中: 陕西理工大学, 2017.
[93] Chen Zengming, Ding Weixin, Xu Yehong, et al. Importance of Heterotrophic Nitrification and Dissimilatory Nitrate Reduction to Ammonium in a Cropland Soil: Evidences from a ^{15}N Tracing Study to Literature Synthesis [J]. Soil Biology and Biochemistry, 2015, 91: 65-75.
[94] Kits K D, Klotz M G, Stein L Y. Methane Oxidation Coupled to Nitrate Reduction Under Hypoxia by the Gammaproteobacterium *M ethylomonas denitrificans*, sp. nov. type strain FJG1 [J]. Environ Microbiol, 2015, 17(9): 3219-3232.
[95] Hallin S, Hellman M, Choudhury M I, et al. Relative Importance of Plant Uptake and Plant Associated Denitrification for Removal of Nitrogen from Mine Drainage in Sub-Arctic Wetlands [J]. Water Research, 2015, 85: 377-383.
[96] Nedelkoska T V, Doran P M. Hyperaccumulation of Cadmium by Hairy Roots of Thlaspi caerulescens [J]. Biotechnology and bioengineering, 2000, 67: 607-615.
[97] Besson-Bard A, Gravot A, et al. Nitric Oxide Contributes to Cadmium Toxicity in *Arabidopsis* by Promoting Cadmium Accumulation in Roots and by Up-Regulating Genes Related to Iron Uptake [J]. Plant Physiol, 2009, 149: 1302-1315.
[98] 王芳, 丁杉, 张春华, 等. 不同镉耐性水稻非蛋白巯基及镉的亚细胞和分子分布 [J]. 农业环境科学学报, 2010, 29(4): 625-629.
[99] 袭波音. 水稻铬胁迫耐性的遗传分析与还原型谷胱甘肽缓解铬毒害的机理研究 [D]. 杭州: 浙江大学, 2012.
[100] 司江英, 赵海涛, 汪晓丽, 等. 不同铜水平下玉米细胞内铜的分布和化学形态的研究 [J]. 农业环境科学学报, 2008, 27(2): 452-456.
[101] 张戴静. 铜、镉对小麦幼苗生长的影响及其在细胞内的分布 [C] //刘丹丹. 中国作物学会 50 周年庆祝会暨学术年会论文集. 北京: 中国农业科学院作物研究所, 2011: 71-84.
[102] 杨秀敏, 胡振琪, 胡桂娟, 等. 重金属污染土壤的植物修复作用机理及研究进展 [J]. 金属矿山, 2008(7): 120-123.
[103] Lu H L, Yan C L, Liu J C. Low-Molecular-Weight Organic Acids Exuded by Mangrove (*Kandelia candel* (L). Druce) Roots and Their Effect on Cadmium Species Change in the Rhizosphere [J]. Environ Exp Bot, 2007, 61(2): 159-166.
[104] Mench M, Morel J L, Guckert A. Metal Binding with Root Exudates of Low Molecular Weight [J]. Soil Sci, 1988, 39: 521-527.
[105] 王超, 王利娅, 孙琴, 等. 低浓度镉胁迫下 2 种水生植物体内植物络合素的响应 [J]. 四川大学学报, 2008, 40(6): 2-5.
[106] 张旭红, 高艳玲, 林爱军, 等. 植物根系细胞壁在提高植物抵抗金属离子毒性中的作用 [J]. 生态毒理学报, 2008, 3(1): 9-14.

[107] 李妍. 铅镉胁迫对小麦幼苗抗氧化酶活性及丙二醛含量的影响 [J]. 麦类作物学报，2009，29（3）：514-517.

[108] 陈涛涛. 扁穗牛鞭草对铬的吸收积累特征研究 [D]. 重庆：西南大学，2012.

[109] Singh N，Ma L Q. Arsenic Speciation，and Arsenic and Phosphate Distributionin Arsenic Hyperaccumulator *Pteris vittata* L. and Non-Hyperaccumulator *Pteris ensiformis* L. [J] Environ Mental Pollution，2006，141（2）：238-246.

[110] 黄辉，李升，郭娇丽. 镉胁迫对玉米幼苗抗氧化系统及光合作用的影响 [J]. 农业环境科学学报，2010（2）：47-52.

[111] 蒋昌华，田浩人，李健，等. 月季 RcHSp70 基因表达提高大肠杆菌对非生物胁迫的耐性 [J]. 中国观赏园艺研究进展，2012，11（6）442-445.

[112] 葛才林，杨小勇，向农，等. 重金属对水稻和小麦 DNA 甲基化水平的影响 [J]. 植物生理与分子生物学学报，2002，28（5）：363-368.

[113] Heaton A，Rugh C L，Wang N J，et al. Phytoremediation of Mercury and Methylmercury-Polluted Soils Using Genetically Engineered Plants [J]. Soil & Sediment Contamination，1998，7（4）：497-509.

[114] Pilon-Smits E A H. Overexpression of ATP Sulfurylase in Indian Mustard Leads to Increased Selenate Uptake，Reduction，and Tolerance [J]. Plant Physiology，1999，119（1）：123-132.

[115] Bañuelos G S，Ajwa H A. Mackey B，et al. Evaluation of Different Plant Species Used for Phytoremediation of High Soil Selenium [J]. Journal of Environmental Quality，1997，26（3）：639-646.

[116] Zayed A M，Terry N. Selenium Volatilization in Roots and Shoots：Effects of Shoot Removal and Sulfate Level [J]. Urban & Fischer，1994，143（1）：8-14.

[117] 史煦涵，刘佳莉，方芳，等. 含 ACC 脱氨酶的 PGPR 在植物抗非生物胁迫中的作用研究进展 [J]. 中国农学通报，2012，28（27）：1-4.

[118] 申荣艳，骆永明，李振高，等. 污泥农用后有机复合污染土壤强化修复初步研究 [J]. 农业环境科学学报，2007，26（4）：1501-1505.

[119] Baker A J M，McGrath S P，Sidoli C M D，et al. The Possibility of In Situ Heavy Metal Decontamination of Polluted Soils Using Crops of Metal-Accumulating Plants [J]. Elsevier，1994，11：41-49.

[120] 汤叶涛，仇荣亮，曾晓雯，等. 一种新的多金属超富集植物——圆锥南芥（*Arabis paniculata* L.）[J]. 中山大学学报（自然科学版），2005（04）：135-136.

[121] Chaney R L. Phytoremediation of Soil Metals [J]. Current Opinion in Biotechnology，1997，8（3）：279-284.

[122] Wang F Y，Lin X G，Yin R. Role of Microbial Inoculation and Chitosan In Phytoextraction of Cu，Zn，Pb and Cd by *Elsholtzia splendens*—a Field Case [J]. Environmental Pollution，2007，147（1）：248-255.

[123] Lebeau T，Braud A，Jezequel K. Performance of Bioaugmentation-Assisted Phytoex-Traction Applied to Metal Contaminated Soils：A Review [J]. Environmental Pollution，2008，153：497-522.

[124] Dushenkov V，Kumar P B A N，Motto H，et al. Rhizofiltration：The Use of Plants to Remove

Heavy Metals from Aqueous Streams [J] . Environmental Science & Technology, 1995, 29 (5): 1239-1245.

[125] Guerinot M L. The ZIP Family of Metal Transporters [J] . Biochim Biophys Acta, 2000, 1465: 190-198.

[126] Grotz N, Fox T, Connolly E, et al. Identification of a Family of Zinc Transporter Genes from *Arabidopsis* that Respond to Zinc Deficiency [J] . Proc Natl Acad Sci USA, 1998, 95: 7220-7224.

[127] 王建林，刘芷宇. 水稻根际中铁的形态转化 [J]. 土壤学报，1992 (04)：358-364.

[128] 周启星，高拯民. 作物籽实中 Cd、Zn 的交互作用及其机理的研究 [J]. 农业环境保护，1994，13 (4)：148-151.

[129] 徐星凯，张素君，吴龙华，等. 有机物料对滨海盐渍土重金属根际效应的影响 Ⅰ. 土壤内源 Zn 形态分布 [J]. 应用生态学报，1998 (3)：247-253.

[130] Delorme T A, Gagliardi J V, Angle J S, et al. Influence of the Zinc Hyperaccumulator *Thlaspi caerulescens* J. & C. Presl. and the Nonmetal Accumulator *Trifolium pratense* L. on Soil Microbial Populations [J] . Canadian Journal of Microbiology, 2001, 47 (8): 773-776.

[131] 谢正苗，黄铭洪，叶志鸿. 铝超积累植物和铝排斥植物吸收和累积铝的机理 [J]. 生态学报，2002 (10)：83-89.

[132] Ernst W H O. Bioavailability of Heavy Metals and Decontamination of Soils by Plants [J] .Applied Geochemistry, 1996, 11: 163-167.

[133] Cacador I. Accumulation of Zn, Pb, Cu, Cr and Ni in Sediments Between Roots of the Tagus Estuany Salt Marshes, Portugal [J] . Estuarine, Coastal and Shelf Science, 1996, 42: 393-403.

[134] 陈有鑑，黄艺，曹军，等. 玉米根际土壤中铜形态的动态变化 [J]. 生态学报，2002 (10)：1666-1671.

[135] 林琦，郑春荣，陈怀满. 根际环境中镉的形态转化 [J]. 土壤学报，1998，35 (4)：461-467.

[136] Burken J G, Schnoor J L. Phytoremediation: Plant Uptake of Atrazine and Role of Root Exudates [J] . Journal of Environmental Engineering, 1996, 122 (11): 958-963.

[137] Tralamazza S M, Rocha L O, Oggenfuss U, et al. Complex Evolutionary Origins of Specialized Metabolite Gene Cluster Diversity among the Plant Pathogenic Fungi of the Fusarium graminearum Species Complex [J] . Genome biology and evolution, 2019, 11 (11) .

[138] Nichols T D, et al. Rhizosphere Microbial Populations in Contaminated Soils [J] . Water, Air and Soil Pollution, 1997, 95: 165-178.

[139] Reilley A, Banks M K, Schwab A P. Disspation of PAHs in the Rhizosphere [J] . Environ Qual, 1996, 25: 212-219.

[140] Miya R K, Firestone M K. Phenanthrene-Degrader Community Dynamics in Rhizospere Soil from a Common Annual Grass [J] . Environ Qual, 2000, 29: 584-592.

[141] Jordahl J L, Foster L, Schnoor J L. Effect of Hybird Poplar Trees on Microbial Populations Imortant to Hazardous Waste Bioremediation [J] . Environ Toxicol Chem, 1997, 16 (6): 1318-1321.

[142] Siciliano S D, Germial J J. Bacterial Inoculants of Forage Grasses that Enhance Degradation of 2-Chlorobenzoic Acid in Soil [J] . Environ Toxicol Chem, 1997, 16 (6): 1098-1105.

[143] Laura C. Promise and Prospects of Phytroemediation [J]. Plant Physiol, 1996, 110: 715-719.
[144] 古今，陈宗瑜，訾先能，等. 植物酶系统对 UV-B 辐射的响应机制 [J]. 生态学杂志，2006，25 (10)：1269-1274.
[145] 宋玉芳，李昕馨，张薇，等. 植物 CytP450 和抗氧化酶对土壤低浓度菲、芘胁迫的响应 [J]. 生态学报，2009，29 (7)：3768-3774.
[146] Trimmerman K P. Molecular Characterization of Corn Glutathione S-Transferase Isozymes Involved in Herbicide Detoxication [J]. Physiologia Plantarum, 1989, 77 (3): 465-471.
[147] 王业霞，史雪岩，梁沛，等. 三种内吸性杀虫剂对棉花多酚氧化酶和羧酸酯酶活性的影响 [J]. 农药学学报，2006，008 (004)：319-322.
[148] 刘建武，林逢凯，王郁. 水生植物净化萘污水能力研究 [J]. 上海环境科学，2002，021 (007)：412-415.
[149] 赵胡，李裕红. 环境中多环芳烃的植物修复技术研究进展 [J]. 土壤通报，2009，40 (002)：456-460.
[150] 丁娟，罗坤，周娟，等. 三株白腐菌产锰过氧化物酶活性及其对多环芳烃的降解 [J]. 环境污染与防治，2007，029 (009)：656-660.
[151] 朱丽霞，章家恩，刘文高. 根系分泌物与根际微生物相互作用研究综述 [J]. 生态环境学报，2003，012 (001)：102-105.
[152] 胡小加. 类黄酮激活根瘤菌在油菜上结瘤和固氮的研究初探 [J]. 应用生态学报，1999，10 (1)：127-128.
[153] 沈宏，严小龙. 根分泌物研究现状及其在农业与环境领域的应用 [J]. 农村生态环境，2000 (03)：51-54.
[154] 邓振山，高飞，刘玉珍，等. 基于含蜡状芽孢杆菌的生物刺激-生物强化联合体系降解石油污染物 [J]. 南华大学学报 (自然科学版)，2018，032 (002)：19-25.
[155] Sarand I, Timonen S, Nurmiaho-Lassila E L, et al. Microbial Biofilms and Catabolic Plasmid Harbouring Degradative Fluorescent Pseudomonads in *Scots pine* Mycorrhizospheres Developed on Petroleum Contaminated Soil [J]. FEMS Microbiology Ecology, 1998, 27 (2): 115-126.
[156] Liu S L, Luo Y M, Cao Z H, et al. Degradation of Benzo [J]. Environmental Geochemistry and Health, 2004, 26 (2): 285-293.
[157] Xun F F, Xie B M, Liu S S, et al. Effect of Plant Growthpromoting Bacteria (PGPR) and Arbuscular Mycorrhizal Fungi (AMF) Inoculation on Oats in Saline-Alkali Soil Contaminated by Petroleum to Enhance Phytoremediation [J]. Environmental Science and Pollution Research, 2015, 22 (1): 598-608.
[158] Lu Y F, Lu M, Peng F, et al. Remediation of Polychlorinated Biphenyl-Contaminated Soil by Using a Combination of Ryegrass, Arbuscular Mycorrhizal Fungi and Earthworms [J]. Chemosphere, 2014, 106 (2): 44-50.
[159] Ning D L, Wang H, Ding C, et al. Novel Evidence of Cytochrome P450-Catalyzed Oxidation of Phenanthrene in *Phanerochaete chrysosporium* under Ligninolytic Conditions [J]. Biodegradation, 2010, 21 (6): 889-901.
[160] Thijs S, Van Dillewijn P, Sillen W, et al. Exploring the Rhizospheric and Endophytic Bacterial Communities of *Acer pseudoplatanus* Growing on a TNT-Contaminated Soil: Towards the De-

velopment of a Rhizocompetent TNT-Detoxifying Plant Growth Promoting Consortium [J] . Plant and Soil, 2014, 385 (1/2): 15-36.

[161] Zhang X Y, Chen L S, Liu X Y, et al. Synergic Degradation of Diesel by *Scirpus triqueter* and Its Endophytic Bacteria [J] . Environmental Science and Pollution Research, 2014, 21 (13): 8198-8205.

[162] Khan Z, Roman D, Kintz T, et al. Degradation, Phytoprotection and Phytoremediation of Phenanthrene by Endophyte *Pseudomonas putida* PD1 [J] . Environmental Science & Technology, 2014, 48 (20): 12221-12228.

[163] Lin X, Li X J, Li P J, et al. Evaluation of Plant-Microorganism Synergy for the Remediation of Diesel Fuel Contaminated Soil [J] . Bulletin of Environmental Contamination and Toxicology, 2008, 81 (1): 19-24.

[164] Cao L, Wang Q, Zhang J, et al. Construction of a Stable Genetically Engineered Rhamnolipid-Producing Microorganism for Remediation of Pyrene-Contaminated Soil [J] . World Journal of Microbiology and Biotechnology, 2012, 28 (9): 2783-2790.

[165] Leyval C, Binet P. Effect of Polyaromatic Hyrdrocarbons in Soil on Arbuscular Mycorrhizal Plants [J] . Journal of Environmental Quality, 1998, 27 (2): 402-407.

[166] 杨婷，林先贵，胡君利，等. 发酵牛粪和造纸干粉对多环芳烃污染土壤菌根修复的影响 [J] . 环境科学学报，2011，31 (1)：144-149.

[167] 李秋玲，凌婉婷，高彦征，等. 丛枝菌根对土壤中多环芳烃降解的影响 [J] . 农业环境科学学报，2008 (05)：17-22.

[168] 白建峰，秦华，张承龙，等. 蚯蚓和丛枝菌根真菌对南瓜修复多环芳烃污染土壤的影响 [J] . 土壤通报，2013 (01)：208-212.

[169] 滕应，骆永明，高军，等. 多氯联苯污染土壤菌根真菌-紫花苜蓿-根瘤菌联合修复效应 [J] . 环境科学，2008 (10)：239-244.

[170] Joner E J, Leyval C. Rhizosphere Gradients of Polycyalic Aromatic Hydrocarbon (PAH) Dissipation In Two Industrial Soils and the Impact of Arbuscular Mycorrhiza [J] . Environmental Science & Technology, 2003, 37 (11): 2371-2375.

[171] Christensen K K, Wigand C, Andersen F. Sulfate Reduction in Lake Sediments Inhabited by the Isoetid Macrophytes *Littorella uniflora* and *Isoetes lacustris* [J] . Aquatic Botany, 1998, 60 (4): 307-324.

[172] 钟顺清，徐建明. 铅污染土壤中根表铁膜对宽叶香蒲利用磷的影响 [J] . 植物营养与肥料学报，2009，15 (06)：1419-1424.

[173] Bliss C. The Toxicity of Poisons Applied Jointly [J] . Annals of Applied Blology, 1939, 26 (3): 585-615.

[174] Duce R A, Ray B J, Quinn J G. Enrichment of Heavy Metals and Organic Compounds in the Surface Microlayer of Narragansett Bay, Rhode Island [J] . Science, 1972, 176 (4031): 161-163.

[175] United States Environmental Protection Agency (USEPA) . Recent Developments for in Situ Treatment of Metal Contaminated Soils [R] . Washington D C: Office of Solid Waste and Emergency Response, 1997.

[176] Volkering F, Breure A M, Rulkens W H. Microbiological Aspects of Surfactant Use for Biolog-

ical Soil Remediation [J]. Biodegradation, 1998, 8: 401.

[177] Lwegbue C M A. Assesment of Heavy Metal Speciation in Soils Impacted with Crude Oil in the Niger Delta, Nigeria [J]. Chemical Seciation and Bioavailiability, 2011, 23(1): 7-15.

[178] 陈怀满，郑春荣. 复合污染与交互作用研究——农业环境保护中研究的热点与难点 [J]. 农业环境保护，2002,(4): 192.

[179] 周启星. 复合污染生态学 [M]. 北京：中国环境科学出版社，1995.

[180] 何勇田，熊先哲. 复合污染研究进展 [J]. 环境科学，1994, 15 (6): 79-83.

[181] Hu J, Aizawa T, Ookubo Y, et al. Adsorption Characteristics of Ionogenic Aromatic Pesticides in Water on Powdered Activated Carbon [J]. Water Res, 1998, 32(9): 2593-2600.

[182] Fabrega J R, Jafvert C T, Li H, et al. Modeling Short-Term Soil-Water Distribution of Aromatic Amines [J]. Envionmental Science and Technologe, 1998, 32: 2788-2794.

[183] 王慎强，周东美，王玉军，等. 磷苯二胺对铜在红壤和砂浆黑土中吸附和解吸的影响 [J]. 土壤学报，2003, 40 (4): 464-573.

[184] Cai Y, Jaffe B, Jones R. Ethymercury in the Soils and Sediments of the Florida Everglades [J].Envionmental Science and Technologe, 1997, 31: 302-305.

[185] Deng B, Stone A T. Surface-Catalyzed Chromium Reduction: Reactivity Comparisons of Different Organic Reductants and Different Oxide Surfaces [J]. Envionmental Science and Technologe, 1996, 30: 2484-2494.

[186] Khan K S, Huang C Y. Effect of Acetate on Lead Activity to Microbial Biomass in a Red Soil [J]. J Environ Sci, 1999, 11(1): 40-47.

[187] Hiroyuki H. Decomposition of Organic Matter with Previous Cadmium Adsorption Insoils [J]. Soil Sci Plant Nutr, 1994, 42(4): 745-752.

[188] Bardgett T D, Saggar S. Effects of Heavy Metal Contamination on the Short Term Decomposition of Glucose in a Pasture Soil [J]. Soil Biol Biochem, 1994, 26: 727-733.

[189] Bburkhardt C, Insam H, Hutchinson T C, et al. Impact of Heavy Metals on the Degradative Capabilities of Soil Bacterial Communities [J]. Blol Ferlil Soils, 1993, 16: 154-156.

[190] Knight B P, Mcgrath S P, Chaudri A M. Biomass Carbon Measurements and Substrate Utilization Patterns of Microbial Populations from Soils Amended with Cadmium, copper, or Zinc [J]. Appl Envirnn Microbiol, 1997, 63: 39-43.

[191] Lin C Y. Effect of Heavy Metals on Acidogenesis in Anaerobic Digestion [J]. Water Res, 1993, 27: 147-152.

[192] Capone D G, Reese D D, Kiene R P. Effects of Metals on Metnanogenesis, Sulfate Reduction, Carbon Dioxide Evolution, and Microbial Biomass in Anoxic Salt Marsh Sediments [J]. Appl Environ Micros, 1983, 45: 1586-1591.

[193] Said W A, Lewis D L. Quantitative Assessment of the Effects of Metals on Microbial Degradation of Organic Chemicals [J]. Appl Environ Microbial, 1991, 57: 1498-1503.

[194] Sandrin T R, Chech A M, Maier R M. A Rhamnolipid Biosurfactant Reduces Cadmium Toxicity During Biodegradation of Naphthalene [J]. Appl Environ Microbiol, 2000, 66: 4585-4588.

[195] Roane T M, Pepper I L. Microbial Remediation of Soils Cocontaminated with 2,4-Dichlorophenoxy Acetic Acid and Cadmium [C]. 12s' Annual Conference on Hazardous Waste Research: Building PARTNERSHIPS FOR innovative Technologies, 19-22 May 1997, Kansas City, Mis-

souri, Manhattan, KS: Great Plains/Rocky Mountain Hzardous Substance Research Center. 1997: 343-356.

[196] Roane T M, Josephson K L, Pepper I L. Microbial Cadmium Detoxification Allows Remediation of Co-Contaminated Soil [J]. Appl Environ Microbiol, 1996, 67: 3208-3215.

[197] Marlin P, Maier P M. Phamnolipid Enhanced Mineralization of Phenanthrene in Organic Metal Co-Cotaminated Soils [J]. Bioremed J, 2000, 4: 295-308.

[198] Birch L, Brandl H. A Rapid Method for the Deremination of Metal Toxicity to the Biodegradation of Water Insoluble Polymers. Fresen J Anal Chem, 1996, 354: 760-762.

[199] Benka-Coker M O , Ekundayo J A . Effects of Heavy Metals on Growth of Species of *Micrococcus* and *Pseudomonas* in a Crude Oil/Mineral Salts Medium [J] . Bioresource Technology, 1998, 66 (3): 241-245.

[200] Kuo C W, Sharak G, Barbara R. Effect of Added Heavy Metal Ions on Biotransformation and Biodegradation of 2-Chlorophenol and 3-Chlorobenzoate in Anaerobic Bacterial Consortia [J]. applied & environmental microbiology, 1996, 62 (7): 2317-2323.

[201] Kamashwaran S R, Crawford D L. Anaerobic Biodegradation of Pentachlorophenol in Mixtures Containing Cadium by two Physiologically Distinct Microbial Enrichment Cultures [J]. J lnd Microbiol Bioteclrnol, 2001, 27 (1): 11-17.

[202] Laddaga R A, Silver S. Cadmium Uptake in *Escherichia coli* K-12. Journal of Bacteriology, 1985, 162: 1100-1105.

[203] Maliszewska-Kordybach B, Smreczak B. Habitat Function of Agricultural Soils as Affected by Heavy Metals and Polycyclic Aromatic Hydrocarbons Contamination [J]. Environment International, 2003, 28 (8): 719-728.

[204] Vervaeke P, Luyssaert S, Mertens J, et al. Phytoremediation Prospects of Willow Stands on Contaminated Sediment: a Field Trial [J]. Environmental Pollution, 2003, 126 (2): 275-282.

[205] Mattina M J I, Lannucci-Berger W, Musante C, et al. Concurrent Plant Uptake of Heavy Metals and Persistent Organic Pollutants from Soil [J]. Environmental Pollution, 2003, 124 (3): 375-378.

第三章

污染土壤植物修复技术方法及研究现状

第一节 重金属污染土壤植物修复技术方法及研究现状

一、超富集植物在重金属污染土壤修复中的研究技术与方法

重金属超富集植物是指能够超量吸收和积累重金属的植物。在重金属含量高的土壤及在重金属含量低的非污染或弱污染土壤上，重金属超富集植物都有很强的吸收富集能力，能将所吸收的重金属元素大量迁移至地上部，其可收割的地上部能耐受和积累高含量的污染物。重金属超富集植物大多数生长在重金属含量较高的土壤上，同时具有重金属耐性的特征。

（一）超富集植物的分布特点

超富集植物在空间上的分布具有明显特点。超富集植物通常会生长在矿山区、成矿作用带或者由富含某种或某些化学元素的岩石风化而成的地表土壤上，它们常常构成一个“生态学孤岛”，种群的构成与岛外植被具有明显差异。在正常土壤环境与重金属超常土壤环境之间往往存在明显的植被类型分界线，这些生长在重金属超常土壤中的植物通常具备一些特殊功能，其中某些植物可能就是重金属超富集植物或富集植物。

超富集植物在植物科属内也具有一定的分布特点。以镍超富集植物为例，据统计，已发现的230余种镍超富集植物主要分布在“五科、十属”内[1]。“五科”是指大戟科、大风子科、十字花科、堇菜科、苦脑尼亚科；“十属”是指庭芥属、油柑属、白巴豆属、黄杨属、菥蓂属、柞木属、天料木属、*Geissois*、*Bornmuellera* 和鼠鞭草属。

（二）重金属超富集植物研究现状

目前已经发现的超富集植物达700多种，广泛分布于植物界的50个科，以十字花科居多（表3-1、表3-2）。研究最多的植物主要为菥蓂属（*Thlaspi*）、庭荠属（*Alyssum*）、芸薹属（*Brassica*）、九节属（*Psychotria*）、蓝云英属，但绝大多数属于Ni的超富集植物，如庭荠属植物的叶片含镍量可以达到3%。已报道的Zn超富集植物有十字花科菥蓂属的天蓝遏蓝菜（*Thlaspi caerulescens*）等。蕨类植物、苎麻和苋能有效地清除土壤中的

Cd。Pichtel等[3]发现欧蒲公英（*Tarax acumofficinale*）和豚草（*Ambrosia artemisifolia* L）能超积累土壤中的Pb，岩兰草（*Androgon muricatus*）和巴伊亚雀稗（*Paspalum notatum Flugge*）可用来修复Pb/Zn矿区的尾料。近期，又发现圆叶遏蓝菜（*Thlaspi rotundifolium*）可超积累Pb，圆叶南芥（*Arabis halleri*）可超积累Zn和Cd。

表3-1 目前已发现的部分超富集植物[2]

金属	金属浓度标准/%	种数	科数
As	>0.1	2	2
Cd	>0.01	1	1
Co	>0.1	28	12
Cu	>0.1	37	15
Pb	>0.1	15	6
Mn	>1.0	9	5
Ni	>0.1	317	37
Zn	>1.0	11	5
Sb	>0.1	2	2
Se	>0.1	17	7
Ti	>0.1	1	1

注：数据来自朱有勇、李元主编的《农业生态环境多样性与作物响应》。

表3-2 已知植物地上部分超量累积的金属含量[2]

金属	植物种	含量/(mg/kg)
As	蜈蚣草	5000
Cd	天蓝遏蓝菜	1800
Co	蒿莽草属植物	10200
Cu	高山甘薯	12300
Pb	圆叶遏蓝菜	8200
Mn	粗脉叶澳洲坚果	51800
Ni	九节属植物	47500
Zn	天蓝遏蓝菜	51600

注：数据来自朱有勇、李元主编的《农业生态环境多样性与作物响应》。

Pb污染是土壤重金属污染中最常见的一种，关于修复土壤重金属Pb的研究报道最多。大量研究表明，植物可大量吸收并在体内积累Pb，如圆叶遏蓝菜的茎可吸收Pb达8500mg/kg。但是这种植物生长缓慢，生物量小，不适用于植物修复。而印度芥菜（*Brassica juncea*）培养在含有高浓度可溶性Pb的营养液中时，植物茎中的Pb含量达到1.5%。对印度芥菜进行土培试验，通过向土壤中添加螯合剂可以促进印度芥菜对土壤Pb的富集[4]。国外一些学者，如Wei等[5]报道了多种重金属超富集植物龙葵（*Solanum nigrum*）。印度芥菜同龙葵一样，可同时富集Pb、Cr、Cd、Ni、Zn、Cu和Se等多种重金属，并且其生物量较大，适用于植物修复。因此，国外一些学者也以印度芥菜为研究对象，进行重金属污染修复研究。在理论研究的同时，学者们在植物修复技术的开发与推广方面也做了大量贡献。目前，英国已开发出多种草本植物用于土壤重金属污染的治理，并推向商业化。

在我国，重金属Cd污染的植物修复技术研究报道较多。周启星团队[6,7]首次建立未污染区和污染区相互印证的超积累植物筛选的系统方法；并采用此先进新方法，率先开展超积累杂草的系统筛选研究，在国际上首次发现三叶鬼针草等Cd超积累杂草，并成功筛选出小白酒草、蒲公英、全叶马兰和狼把草等Cd富集杂草，为我国获得具有自主知识产权的超积累植物迈开了一大步。周启星及其研究团队率先开展超积累花卉的系统筛选研究，首次发现紫茉莉、孔雀草和缨绒花为Cd超积累花卉，蜀葵、金盏菊、万寿菊和雏菊为Cd富集花卉，矮牵牛和百日草为Pb富集花卉，从而为植物修复从根本上解决因生物量小而限制其修复效果这一世界性难题奠定了物质基础。在上述系列发现基础上，对这些超积累植物从污染土壤修复的高效性和经济性层面，成功进行了重金属污染土壤强化修复技术的系统开发和实际应用。魏树和等[7]对青城子铅锌矿各主要坑口周围17科31种杂草植物的积累特性进行了研究。发现全叶马兰、蒲公英和鬼针草三种植物地上部对Cd的富集系数均大于1，且地上部Cd含量大于根部Cd含量；狼尾草、龙葵地上部Cd和Zn的富集系数均大于1，地上部Cd和Zn的含量也大于根部Cd和Zn的含量，还首次发现了龙葵是Cd超富集植物。苏德纯和黄焕忠等[8]从40多个芥菜型油菜品种中初步筛选出了溪口花籽和朱苍花籽两种品种，这两种品种的油菜对Cd具有较好的耐毒性和富集能力。刘威等[9]通过野外调查与温室试验，发现了一种新的Cd超富集植物——宝山堇菜，在自然条件下其地上部Cd平均含量为1168mg/kg，最大含量为2310mg/kg，而在温室条件下平均含量可达4825mg/kg。宝山堇菜不仅可以超量吸收Cd，而且具备较强的地下至地上转运能力。

As污染在我国各污染类型土壤中普遍存在。1997年，有学者提出世界上存在砷超富集植物的可能性，并开始进行砷超富集植物的筛选研究。通过野外调查和栽培试验，在中国境内首次发现了As的超富集植物蜈蚣草（*Pteris vittata* L.），其叶片As含量高达5070mg/kg[10]。大叶井口边草是对土壤As具有超富集作用的植物，其地上部分As含量最大达到694mg/kg，平均含量可达418mg/kg，其生物富集系数为1.3～4.8[11]。Ma等[12]也报道了砷超富集植物蜈蚣草，其中叶片As含量高达5000mg/kg。这些研究表明蜈蚣草具有特殊的耐砷毒能力。

重金属Pb也是我国重金属污染土壤中常见的，国内学者针对Pb污染的植物修复技术开展了大量研究。有研究发现，土荆芥是一种Pb超富集植物，其茎叶Pb含量可以达到3888mg/kg[13]。刘秀梅等[14]对铅锌尾矿区附近生长的山野豌豆、草木樨、披碱草、酸模、紫苜蓿和羽叶鬼针草6种植物体内Pb的含量与分布、重金属Pb的迁移总量、根系的耐性指数做了研究。盆栽试验数据结果表明，羽叶鬼针草和酸模能够富集重金属Pb，对Pb有很好的耐性，二者可以作为先锋植物去修复被Pb污染的土壤。柯文山等[15]通过温室沙培盆栽对十字花科芸薹属5种植物（芥菜、芥蓝、鲁白15号、竹芥、甘蓝）进行Pb吸收和耐性的研究，结果表明鲁白15号、芥菜不仅生物量高、生长速率快，且地上部积累的Pb浓度超过1000mg/kg，迁移总量和迁移率均较大，对土壤Pb具有良好的修复潜能。

Zu等[16] 对云南兰坪铅锌矿区及废弃地的土壤进行了研究，筛选出了6种植物，即中华柳、多脉冬青、滇石栎、马斯箭竹、野古草和桃叶杜鹃，其重金属含量很高，富集系数较大。Zu等[17] 对云南会泽Pb/Zn矿区植物的研究发现：一些植物对某种重金属（Pb、Zn、Cd）具有较高的累积能力。其中续断菊中Pb、Zn、Cd含量分别为428.02mg/kg、2265.36mg/kg、28.44mg/kg；圆叶无心菜中Pb、Zn、Cd含量分别为687.64mg/kg、2722.5mg/kg、25.72mg/kg；中华山蓼中Pb、Zn、Cd含量分别为274.04mg/kg、1577.37mg/kg、18.53mg/kg；小花南芥中Pb、Zn、Cd含量分别为1094.4mg/kg、4905.06mg/kg、64.99mg/kg。钱海燕等[18] 采用温室盆栽试验研究了黑麦草对土壤中Zn、Cu污染的耐受性和积累能力，结果表明，黑麦草对Zn、Cu有较好积累能力。杨肖娥等[19] 通过野外调查和温室栽培发现了一种新的Zn超富集植物——东南景天，天然条件下东南景天的地上部分Zn平均含量为4515mg/kg。

利用重金属超富集植物修复土壤污染具有极大的应用潜力，已引起人们的广泛关注，必将得到广泛、深入的研究和大量的示范、推广和应用。然而，现已发现的绝大多数超富集植物地上部生物量较小，生长缓慢，目前还缺乏大规模栽培技术；与一般的农作物相比，超富集植物每年的生物产量较低，为一般农作物的1/2，甚至更低。因此，寻找和筛选生物量大、生长快、易栽培的新的重金属超富集植物至关重要。

（三）重金属超富集植物在土壤修复中的应用

植物修复作为生物修复的一种，由于植物自身生长特性、外部环境条件和修复成本等因素影响，往往适用于大面积中低浓度污染水平土壤的修复，如修复大面积的农田污染土壤，在达到良好稳定的修复效果的同时，也大大降低了修复成本。另外，在我国，大面积受中、低浓度重金属污染的农田土壤实施休耕，进行植物修复是不切合实际的。随着超富集植物研究的深入，已有利用超富集植物与作物间作的重金属污染土壤修复模式，即在农业生产的同时进行重金属污染土壤治理，收获符合卫生标准的农产品，实现“边生产边修复”模式符合我国国情。

1. 作物-超富集植物间作的概念

作物-超富集植物间作是指在同一田地上于同一生长期内，分行或分带相间种植一种作物和超富集重金属植物的种植方式。间作在实际生产过程中具有以下优势：①提高土地利用率，由间作形成的作物复合群体可增加对阳光的截取与吸收，提高光能利用率；②某些不同种类作物间作可产生互补作用，如宽窄行间作或带状间作中的高秆作物有一定的边行优势，豆科与禾本科间作有利于补充土壤氮元素的消耗等；③与禾本科间作，有助于提高禾本科植物对有机磷的吸收效率；④改善作物的铁营养状况；⑤减少病害和杂草，提高作物的生物量和粮食产量。需要注意的是，间作时不同作物之间也常存在着对阳光、水分、养分等的激烈竞争。因此，对株型高矮不一、生育期长短稍有参差的作物进行合理搭配和在田间配置宽窄不等的种植行距，有助于提高间作效果。

目前对旱地、低产地、用人畜力耕作的田地应用间作较多，用于间作的多为豆科、禾本科作物，关于间作在提高农业资源利用率、增加产量方面已有较深入的研究[20]。近年来，关于间作对植物吸收重金属的影响也有不少研究报道。间作主要是通过改变根系分泌物、土壤酶活性、土壤微生物、土壤 pH 值等这些对重金属存在形式产生作用效果的因素，间接地改变土壤中重金属的有效性，从而最终影响植物对重金属的吸收。

2. 作物-超富集植物间作体系对植物重金属积累的影响

利用重金属富集植物间作，如 Wieshammer 等[21] 利用深根的 Cd、Zn 富集植物柳树和矮小浅根的拟南芥间作，并没有增加植物对 Cd 和 Zn 的提取效率，可能是因为水、营养和污染物的竞争吸收及杂草的影响；Chen 等[22] 报道超富集 Zn、Cd 的蕨类植物蹄盖蕨和另外一个 Zn、Cd 富集植物匍匐南芥（Arabis flagellosa）间作也不能提高植物提取效率，可能两种富集植物存在对 Zn/Cd 的竞争吸收。因此，富集植物之间存在对重金属的竞争作用，导致不能提高富集植物对土壤重金属的修复效率。

作物间作或富集植物间作这两种间作模式，在土壤重金属污染治理方面难于达到较理想的效果，因此，近年来多数学者在探索超富集植物与作物间作模式，以下列举几项研究的进展。

（1）镉超富集植物与作物间作　前期的研究发现，叶菜类（如菜心、白菜等），与富集植物油菜间作是不可行的，如镉超富集植物油菜与中国白菜间作，降低了中国白菜对 Cd 的提取量，但白菜镉浓度仍超过蔬菜安全标准[23]。在 10mg/kg 和 20mg/kg 的 Cd 处理土壤上，与油菜中油杂 1 号套种的小白菜有较高的地上部生物量和较低的 Cd 积累量，油菜可以减轻 Cd 对小白菜的毒性，但小白菜的 Cd 浓度也是比较高的[24]。张广鑫等[25] 提出在土壤受到中度或者轻度重金属污染情况下，尽量不要种植叶菜类及块茎类植物，应该种植那些可食用部分积累重金属污染物少的植物，如种植瓜果类、果树等，这样做的主要目的就是对农作物的重金属浓度予以有效降低。因此，在植物种植过程中要尽量选择那些可食用部分积累重金属污染物少的品种，这是一种能够在很大程度上使受到重金属污染的土壤重新获得生产潜力的方法。在实际的运用中，将超富集植物与低积累重金属作物间作，能够实现修复土壤的目的，并且能够使收获的农产品达到我国相关卫生标准的要求。

秦丽等[26] 研究了不同 Cd 浓度（0、50mg/kg、100mg/kg、200mg/kg）对续断菊与玉米间作条件下两种植物富集吸收土壤 Cd 的影响，结果表明间作使续断菊生物量提高了 4.8%～64.9%，玉米生物量提高了 4%～33%，并且使续断菊体内 Cd 含量提高了 31.4%～79.7%（100mg/kg Cd 处理除外）。另外间作条件下，当土壤 Cd 浓度为 50～200mg/kg 时，玉米体内 Cd 含量比单作时降低了 18.9%～49.6%。单作时，续断菊地上部和根部 Cd 含量都与土壤可溶态 Cd 含量呈显著正相关，相关系数分别为 0.962 和 0.976；间作时玉米根、茎、叶中 Cd 含量均与土壤可溶态 Cd 含量呈显著正相关，相关系数分别为 0.991、0.959 和 0.977。表 3-3 除对照外，间作显著降低了玉米对 Cd 的有效转运系数，三个不同 Cd 浓度处理下分别比单作时降低了 21%、71%和 25%；续断菊 Cd 转运系数在间作和单作状态下均高于玉米。这些研究结果表明，续断菊与玉米间作提高了续断菊对土壤中 Cd 的富集效果，同时抑制了玉米体内 Cd 的积累量。

表 3-3 镉污染胁迫下续断菊和玉米的镉转运系数

镉浓度 /(mg/kg)	续断菊单作		续断菊间作		玉米单作		玉米间作	
	转运系数	有效转运系数	转运系数	有效转运系数	转运系数	有效转运系数	转运系数	有效转运系数
0	1.1	3.5	0.5	0.8	0	0	1.3	3.4
50	1.5	5.5	0.8	2.1	1.1	3.3	0.6	2.6
100	0.7	3	0.8	3.1	0.7	3.8	0.4	1.1
200	1.4	5.3	0.8	6	0.3	0.8	0.4	0.6

研究结果显示，Cd 超富集植物续断菊与玉米间作后，续断菊在大量吸收镉的同时，抑制了玉米对镉的吸收，进一步揭示间作后土壤中可溶态 Cd 与植物体内 Cd 富集存在显著相关性，但对于间作条件下土壤可溶态 Cd 增加的原因及超富集植物富集更多的机理仍然需要深入研究。

为了证明玉米与续断菊间作的修复效果，进一步进行了大田试验[27]，结果发现，玉米各部位 Cd 含量由拔节期向成熟期呈递减规律：成熟期间作玉米根、茎、叶 Cd 含量相对于拔节期分别降低了 24.51%、29.06%、55.32%；成熟期单作玉米根、茎、叶 Cd 含量相对于拔节期分别降低了 22.05%、7.20%、45.02%；同一部位，间作 Cd 质量分数下降大于单作（图 3-1）。

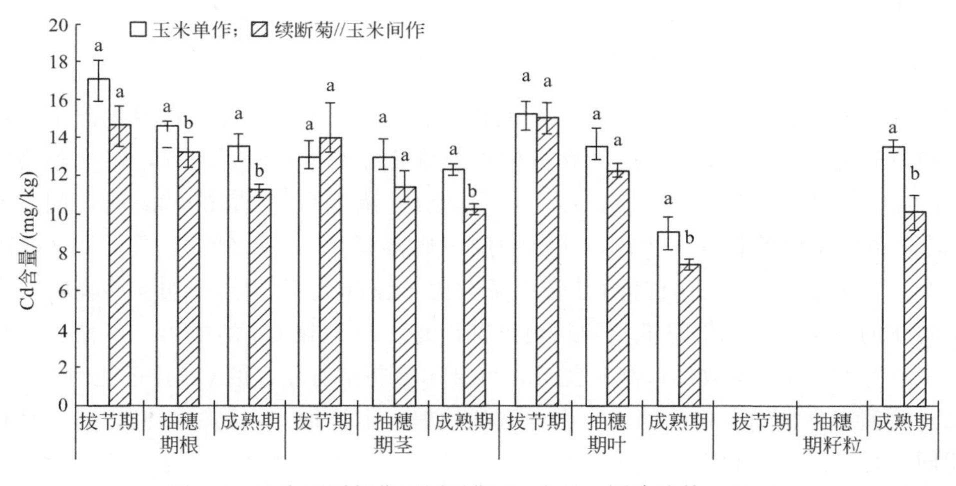

图 3-1 玉米不同部位不同时期 Cd 含量（谭建波等，2015）

拔节期，单作与间作玉米 Cd 含量分布均为：根＞叶＞茎；间作玉米根、茎、叶之间没有显著差异性，而单作玉米的根部 Cd 含量显著大于茎、叶部分，且间作玉米根、茎、叶平均 Cd 含量为 13.97mg/kg，小于单作平均 Cd 含量 14.54 mg/kg。抽穗期，间作玉米 Cd 含量分布为：根＞叶＞茎；单作分布为：根＞茎＞叶，均是根部 Cd 含量显著大于茎、叶部分，且间作玉米根、茎、叶平均 Cd 含量为 10.41mg/kg，小于单作平均 Cd 含量 11.90mg/kg。成熟期，单作与间作玉米根、茎、叶、籽粒 Cd 含量差异显著，大小顺序为：根＞茎＞籽粒＞叶，且间作玉米根茎叶籽粒平均 Cd 含量为 8.74mg/kg，小于单作平均 Cd 含量 10.94mg/kg。

玉米与续断菊大田间作下，间作与单作续断菊根部、地上部 Cd 含量从拔节期到成熟期呈增加趋势。间作续断菊根部与地上部 Cd 含量分别增加 16.88mg/kg、15.45mg/kg；单作续断菊根部与地上部 Cd 含量分别增加 5.5mg/kg、10.09mg/kg；间作根部、地上部 Cd 含量增加量大于单作（图 3-2）。在拔节期、成熟期，单作与间作续断菊 Cd 含量分布均是地上部显著大于根部。

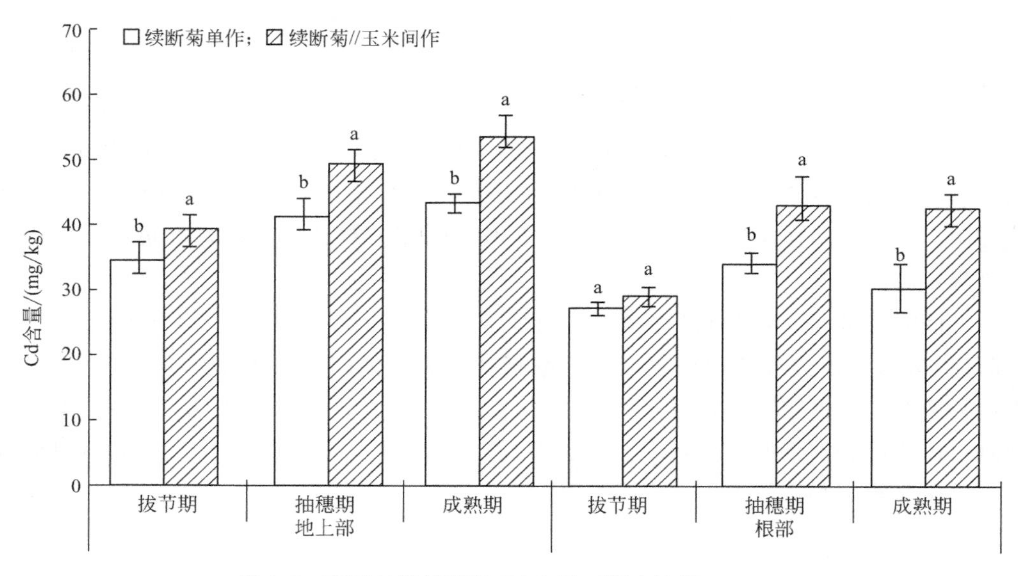

图 3-2　不同时期续断菊 Cd 含量（谭建波等，2015）

印度芥菜和苜蓿间作条件下，单作和间作苜蓿 Cd 含量均超过饲料卫生限定标准，但间作种植方式仍然使苜蓿地上部 Cd 含量较单作降低了 2.8%～48.3%，印度芥菜地上部 Cd 含量也较单作降低了 1.1%～48.6%。在土壤 Cd 浓度为 10.37mg/kg 时，间作印度芥菜 Cd 转运系数比单作提高了 6%，其余浓度下则降低了 5%～27%；在土壤 Cd 浓度为 5.37～20.37mg/kg 时，间作苜蓿 Cd 转运系数比单作降低了 30%～46%。表明印度芥菜和苜蓿间作的种植方式能够降低植物从地下部向地上部运输 Cd 的能力。不论单作还是间作，印度芥菜 Cd 转运系数都远高于苜蓿，可见印度芥菜有较强的 Cd 转运能力[28]。

（2）锌超富集植物与作物间作　由于选择的超富集植物、作物、研究方法、种植模式等不相同，得到的结果也存在很大差异。Gove 等[29] 研究发现将遏蓝菜（学名菥蓂）与大麦种植在一起，可以降低大麦对 Zn 的吸收。黑亮等[30] 将东南景天与低积累作物玉米套种在污泥上，发现与超富集东南景天单独种植相比，套种显著提高了超富集东南景天提取 Zn 的效率，Zn 含量达 9910mg/kg，是单种时的 1.5 倍（表 3-4），并且所收获的玉米籽粒重金属含量符合食品和饲料卫生标准，处理后的污泥生物稳定性明显提高。利用室内盆栽试验初步研究了两种植物根系相互作用的机理，超富集东南景天和玉米用半透膜隔开的盆栽套种试验也显示，在套种条件下，玉米促进超富集东南景天吸收更多的重金属的部分原因是玉米根系降低溶液 pH 值和提高水溶性有机物（DOC）及 Zn、Cd 浓度，从而可向超富集东南景天一侧输送更多的水溶态 Zn、Cd。然而，对于 DOC 中起主要作用的成分及溶液 pH 值降低的作用因素，需要进行更深入的研究。

表 3-4 不同种植处理东南景天中重金属含量 单位：mg/kg

植物处理	Zn	Cu	Cd
超富集东南景天	6538.3±264.9b	8.6±0.6b	8.6±0.1b
非富集东南景天	421.9±38.8c	12.7±0.5a	0.8±0.03c
套种超富集东南景天	9910.3±446.7a	8.6±0.7b	15.4±1.1a
套种非富集东南景天	421.2±0.9c	13.1±0.3a	0.9±0.01c

注：1. 数据是平均值±标准误差（$n=3$）。

2. 根据 Duncan 检验，同列中不同字母表示不同种植处理具有显著差异（$p<0.05$）。

周建利等[31] 为了检验重金属污染土壤间套种修复技术的长期实际应用效果，在大田条件下将东南景天与玉米间套种，并设置加入柠檬酸与EDTA混合添加剂的处理，以及单种东南景天作为对照，通过5次田间试验（约3年），连续监测植物产量、重金属含量及土壤重金属变化情况。结果表明，各处理土壤中Cd、Zn的含量随着试验的进行逐步下降，套种和套种+混合添加剂处理经过5次种植后土壤达到国家土壤环境质量二级标准，土壤Cd含量从1.21～1.27mg/kg降为0.29～0.30mg/kg，Zn含量从280～311mg/kg降为196～199mg/kg，达到了国家土壤环境质量标准（GB 15618—1995）的要求（Cd≤0.3mg/kg，Zn≤200mg/kg）；而对于土壤全铅量，试验前各小区为110～130mg/kg，低于国家土壤环境质量标准（250mg/kg），三年试验后没有显著变化。混合添加剂未表现出强化东南景天提取重金属的效果。第5季施用石灰后，东南景天Cd、Zn含量明显降低；而且，施用MC（柠檬酸：EDTA=10：2）的处理镉含量更低。混合添加剂可螯合活化重金属，酸性富铁土壤可吸附被活化的重金属，使之不易被水淋失，但是石灰的施用促进螯合态重金属的淋失，造成东南景天的吸收量减少。东南景天重金属浓度和提取效率未出现逐年降低的现象。间套种可生产符合饲料卫生标准的玉米籽粒，第4季达到食品卫生标准。从收获的东南景天计算得到的提取量占土壤Cd下降的贡献率为32.5%～36.5%，玉米提取仅占0.47%～0.60%，其余63.0%～66.9%为淋溶等其他因素将Cd带离了表层土壤。土壤全Zn的降低幅度为30%～36%，东南景天的贡献率为37%～39%，玉米约为2%，其余60%左右为淋溶等其他因素的作用。说明在该酸性（pH值为4.7）土壤上，除了植物提取去除Cd、Zn，向下淋溶也起重要作用（表3-5）。套种除了增加了玉米的吸锌作用，也增加了锌的淋溶作用，使土壤锌变得较单种时更少。

表 3-5 田间试验土壤重金属降低因素分析

元素	种植方式	土壤重金属降低率/%	东南景天提取贡献率/%	玉米提取贡献率/%	淋溶等因素贡献率/%
Cd	单种	75.7	36.5	0	63.5
	套种	76.4	36.5	0.47	63
	套种+MC	76	32.5	0.6	66.9
Zn	单种	29.2	57.6	0	42.4
	套种	36	37.2	1.98	60.8
	套种+MC	30	38.9	2.07	59.1

注：1. 植物提取贡献率（%）$=\frac{\text{植物地上部干重}\times\text{重金属浓度}}{\text{相应面积表层土壤质量}\times\text{修复前后土壤重金属浓度差值}}\times 100\%$。

2. 淋溶等因素贡献率（%）=100－植物提取贡献率之和。

(3) 砷超富集植物与作物间作　砷超富集植物大叶井口边草与玉米品种云瑞 8 号间作显著提高了大叶井口边草地上部对 As 的吸收量 ($p<0.05$)，与单作相比提高幅度达 41%(表 3-6)，表明间作云瑞 8 号对大叶井口边草 As 富集有促进作用[32]。

表 3-6　不同种植方式植物地上部对重金属的提取量　单位：μg/kg

处理	大叶井口边草			玉米		
	As	Pb	Cd	As	Pb	Cd
大叶井口边草单作	513.65±70.86b	83.44±8.37a	3.04±0.01a	—	—	—
云瑞 6 号单作	—	—	—	73.57±6.48e	10.85±0.79d	0.45±0.09d
云瑞 8 号单作	—	—	—	140.22±29.37cd	12.89±0.67d	0.56±0.01d
云瑞 88 号单作	—	—	—	457.19±16.29bc	12.69±1.02d	2.41±0.34b
大叶井口边草与云瑞 6 号间作	327.31±21.33b	45.35±6.08b	2.63±0.01a	178.86±18.52cd	67.89±1.52b	1.71±0.06c
大叶井口边草与云瑞 8 号间作	725.52±80.52a	47.50±12.09b	3.34±0.15a	703.99±16.67a	78.41±0.58a	0.82±0.06d
大叶井口边草与云瑞 88 号间作	135.01±30.52c	45.31±21.07b	1.16±0.13b	676.95±36.43b	22.69±1.08c	8.19±0.04a

(4) 铅超富集植物与作物间作　铅超富集植物小花南芥与蚕豆间作大田试验发现，与单作蚕豆和小花南芥相比，间作显著降低了土壤中铁锰氧化物结合态和有机物结合态铅的含量，这说明间作改变了铅在土壤中的存在状态。不同种植模式下小花南芥和蚕豆的 Pb 含量见表 3-7[33]。

表 3-7　不同种植模式下小花南芥和蚕豆的 Pb 含量　单位：mg/kg

植物品种	植株部位	单作			间作		
		40d	80d	120d	40d	80d	120d
蚕豆	地上部	7.09±0.43b	7.80±0.99b	5.30±1.08b	8.78±0.25a	8.80±0.54a	13.27±0.64a
	地下部	5.06±0.98b	6.26±0.26a	9.65±0.17b	8.70±0.50a	6.67±2.30a	14.52±0.28a
小花南芥	地上部	25.32±0.50a	38.20±3.27a	28.08±3.07a	23.21±3.96a	36.12±3.86a	29.40±5.59a
	地下部	29.43±1.79a	26.26±2.07b	48.12±4.86a	27.36±1.56a	39.44±4.59a	39.91±2.10b

在 40d、80d 和 120d 时分别采集植株，测定不同时期蚕豆地上部和地下部的 Pb 含量。蚕豆单作地上部的 Pb 含量为 7.09mg/kg、7.80mg/kg 和 5.30mg/kg，间作为 8.78mg/kg、8.80mg/kg 和 13.27mg/kg，单作与间作地上部分 Pb 含量差异均显著(除 80d 以外)；而 Pb 含量单作时先升高后降低，间作时逐渐升高，且 120d 含量是 80d 和 40d 的 1.51 倍左右。蚕豆单作地下部 Pb 含量分别为 5.06mg/kg、6.26mg/kg 和 9.65mg/kg，间作为 8.70mg/kg、6.67mg/kg 和 14.52mg/kg，40d 和 120d，单作与间作 Pb 含量差异显著，80d 差异不显著；随着时间变化，单作地下部分 Pb 含量逐渐升高，120d 时的 Pb 含量是 80d 的 1.51 倍，是 40d 的 1.91 倍，间作 Pb 含量也是先降低后升高，80d 比 40d 时下降了 23.3%。

在种植后的 40d、80d 和 120d，小花南芥单作地上部分 Pb 含量分别为 25.32mg/kg、

38.20mg/kg 和 28.08mg/kg，间作分别为 23.21mg/kg、36.12mg/kg 和 29.40mg/kg，40d 和 80d 的单作与间作地上部分 Pb 含量差异均不显著，单作与间作地上部分 Pb 含量都有先升高后降低的趋势，80d 时 Pb 含量比 40d 时分别升高了 33.7%和 35.7%。小花南芥单作时，地下部分 Pb 含量分别为 29.43mg/kg、26.26mg/kg 和 48.12mg/kg，间作时分别为 27.36mg/kg、39.44mg/kg 和 39.91mg/kg，在 40d 时，单作与间作地下部分 Pb 含量差异不显著，80d 和 120d 时差异均显著。小花南芥单作时地下部分 Pb 含量也是先降低后升高，80d 含量比 40d 下降了 10.8%；间作含量呈逐步上升趋势，120d 含量分别是 80d 和 40d 时的 1.46 和 1.01 倍。

这些研究表明，重金属富集植物和低积累作物间作在重金属污染的土壤上，与单作超富集植物相比较，间作超富集植物提取重金属的效率明显提高；而且与单作作物比较，减少了作物对重金属的积累，同时产量未受明显影响。因此，开发合理的超富集植物与作物间作，可缩短植物处理土壤所需的时间，同时可收获符合卫生标准的食品、动物饲料或生物能源，该模式是一条不需要间断农业生产、较为经济合理的绿色组合模式，应该受到广泛的关注[34]。遗憾的是，超富集植物和作物间作的模式仍然很少，超富集植物和作物间作体系的研究仍需不断深入，超富集植物和作物间作促进超富集植物吸收重金属，以及减少作物吸收重金属的作用机理也需要深入研究。

二、低积累植物在重金属污染土壤修复中的研究技术与方法

在某些地区，农田土壤由于受到工业、矿业、城镇垃圾等污染源以及农业活动本身过量使用农业化学品的影响，形成了大面积重金属污染土壤，严重威胁当地的农业生产活动。我国重金属污染的农田土壤主要表现为污染程度轻、污染面积大的特点，且多数轻度污染的农田仍在进行农业生产活动。而农产品的重金属污染问题则引起了人们的广泛重视，国际上也对重金属元素的环境标准越来越严格。我国耕地资源有限，对于受到重金属污染的农田土壤，除通过技术手段去除重金属或将重金属固定在土壤中外，如何降低作物对重金属的吸收富集，阻控重金属在食物链中传递，实现重金属污染土壤的安全利用，也是相关学者的研究热点。重金属低富集作物品种，通过采用合理的农艺调控措施，也许能够在保障正常的农业生产活动和作物安全性的同时，实现对轻度重金属污染农业土壤的利用。

（一）低富集重金属的作物品种筛选及利用

土壤供给植物正常生长所需的所有养分，土壤中存在的少量 Cu、Zn、Mo、Fe、Mn 等重金属元素进入植物体内可以起到酶催化的作用，而土壤中的这些重金属元素一旦过量就会影响植物的正常生长发育。通常，植物在受到重金属污染时都会表现出生长迟缓、植株矮小、根系伸长受到抑制直至停止、叶片褪绿、出现褐斑等症状，严重时甚至死亡。重金属对植物生长的影响与重金属的浓度直接相关，高浓度的重金属扰乱植物的新陈代谢，抑制植物的生长，但是低浓度的重金属对植物生长却有一定的促进作用。

植物修复是修复重金属污染土壤的一种绿色治理方法，但其因大多数超富集植物的修复周期长、生物量低等缺点的限制，使得植物修复技术在目前难以大范围推广[29,35]。考虑

到我国的实际国情，大面积停耕轻度重金属污染的农田，开展长期的植物修复或其他成本昂贵的工程修复显然是不切实际的。因此，在现阶段，选种低富集作物品种，有效控制重金属在作物中积累，对保障农业安全生产具有重要的现实意义。

不同作物对重金属的吸收富集特性不同，同一作物的不同品种对重金属的吸收富集特性也不同。低富集作物品种是指作物吸收或运输到可食部位的重金属含量低，明显低于食品卫生标准或饲料卫生标准的品种[36,37]。重金属低富集作物应该满足以下特点[38]：①作物整株重金属含量较低或者可食部位重金属含量低于有关标准；②重金属富集系数小于1，即作物对重金属的富集量低于土壤中该重金属的含量；③转运系数小于1，即该植物从其他部位向可食部位转运重金属能力较弱；④作物能够在较高浓度土壤重金属污染胁迫下正常生长，生物量不会因污染胁迫而显著降低。

1. 植物对重金属耐性及吸收积累特性的差异

（1）植物积累重金属的种间差异　不同品种的植物由于生理生化等方面的巨大差异，使其对重金属的积累机制和效果存在显著不同。不同品种植物对矿质营养吸收存在种间差异，该结论早已被证实，这是开展土壤重金属污染植物修复研究和应用的理论基础。在同一块Pb污染的土壤中生长的玉米、小麦、水稻和蚕豆，玉米对土壤Pb的吸收量最大，其含量分别是水稻、小麦的2倍多，是蚕豆的5倍左右[39]。在刘维涛等[40]的研究中豆科蔬菜表现为低积累，根菜类蔬菜（伞形科和百合科）表现为中等积累，而叶菜类蔬菜（菊科和藜科）表现为高积累。大田条件下不同品种蔬菜中Pb、Cd、Cu、Zn含量具有明显差异[41]：叶菜类蔬菜（大白菜、西芹）对土壤Pb、Cd、Zn高富集，对土壤Cu中富集；根菜类蔬菜（萝卜）对Cu高富集，对Pb、Cd、Zn中富集；花、果类蔬菜（青花菜、菜豆、番茄）对Cd、Zn低富集；茎菜类蔬菜（莴笋）对Pb、Cd、Cu、Zn中富集或低富集（图3-3）。

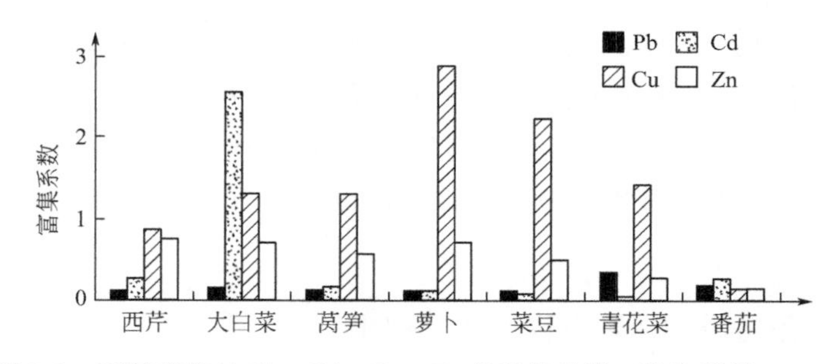

图3-3　不同蔬菜对Pb、Cd、Cu、Zn的富集系数（祖艳群等，2003）

不同蔬菜对土壤重金属的富集能力不同。叶菜类蔬菜对Cu、Zn、Cd、Pb的富集能力一般强于果菜类和根菜类，在叶菜类中又以苋菜、小白菜的富集能力较强，包菜的富集能力较弱[42]。玉米对Pb的吸收和转运能力较强[43]，可以根据玉米籽粒的生物量、籽粒重金属含量及重金属转运系数等指标筛选到重金属低积累玉米品种[44]。

植物不同部位吸收和积累重金属的量也存在差异，一般新陈代谢旺盛的器官积累的重金属量多，而营养器官积累较少。祖艳群[41]研究了7种蔬菜的可食部分Pb、Cd、Cu、Zn的含量。番茄的Pb、Cd、Cu、Zn含量均最低；而Pb在菜花中平均含量最高，达到

2.64mg/kg；Cd 在生菜中的平均含量最高，为 0.04mg/kg；Cu 和 Zn 都在豌豆中的平均含量最高，分别为 17.35mg/kg 和 19.30mg/kg（表 3-8）。

表 3-8 蔬菜非食用部分的重金属含量（以鲜重计）($n=6$) 单位：mg/kg

蔬菜	统计	Pb	Cd	Cu	Zn
芹菜	均值	0.45	0.02	5.88	10.60
	范围	0.28～0.73	0.01～0.05	3.48～6.88	6.48～15
大白菜	均值	0.33	0.03	0.97	3.45
	范围	0.22～0.96	0～0.13	0.23～5.19	1.74～14.16
生菜	均值	0.37	0.04	5.42	5.03
	范围	0.09～0.58	0～0.16	1.53～9.26	1.37～13.35
萝卜	均值	0.79	0.03	8.58	9.53
	范围	0.08～1.25	0～0.06	3.20～18.60	5.20～13.70
豌豆	均值	1.05	0.01	17.35	19.30
	范围	0.10～2.26	0～0.05	5.92～27	7.84～32.32
番茄	均值	0.27	0.01	0.65	2.69
	范围	0.20～0.37	0～0.01	0.60～0.77	0.73～5.78
菜花	均值	2.64	0.01	16.62	8.41
	范围	1.26～4.12	0～0.04	9.37～23.36	2.04～16.48

（2）植物积累重金属的种内差异 植物对重金属的吸收富集也存在明显的种内差异，即基因型差异[38]。王激清等[45] 将 13 个不同品种的油菜种植于重金属污染的土壤中，结果显示每种油菜品种对 Cd 的积累效果均表现不同，甚至存在很大差异，不同品种油菜地上部最高积累量是最低积累量的 18 倍左右。甘蓝的不同品种之间对重金属的吸收富集也存在明显不同，孙建云等[46] 研究了 31 个甘蓝不同基因型品种对 Cd 的吸收和积累情况，发现不同品种之间存在着显著差异。不同甘蓝品种吸收的 Cd 主要分布在根系，地上部 Cd 含量较低，说明甘蓝植株通过限制 Cd 向地上部的运输来缓解 Cd 毒害。来源地域和遗传背景差异较大的不同基因型水稻品种之间也存在着种内差异，Cd 在不同类型糙米中含量大小表现为籼米型＞新株型＞粳米型。表明籼米型水稻的籽粒对 Cd 的积累能力较强，粳米型最弱[47]。水稻对 Cd 的吸收和积累量有时已超过卫生标准数倍，但其生长状况仍未发生改变。基于此，在重金属污染农田选用合适的作物品种以控制可食部分重金属含量在较低水平是可行的。

不同品种玉米幼苗植株对 Cr 的吸收与 Cr^{3+} 胁迫浓度成正相关，在高浓度 Cr^{3+} 胁迫下出现富集现象，各品种间富集 Cr^{3+} 能力存在差异[48]。玉米不同品种的营养体对 Pb 的吸收能力差异明显，在 Pb 污染胁迫下，在试验的 25 个不同玉米品种中，根部 Pb 积累量最大的品种是积累量最低品种的 4 倍多，而在茎叶中最高积累品种是最低的 3 倍多[49]。同一种作物的不同基因型对重金属积累也具有显著的差异，这为筛选低积累重金属的作物品种提供了可行性。张微等[50] 采用盆栽试验，研究不同浓度镉胁迫下 4 种基因型番茄幼苗镉吸收量的变化，筛选出东圣 1 号为镉低积累番茄品种（表 3-9）。

表 3-9 不同浓度镉处理下番茄幼苗 Cd 吸收量变化

Cd 浓度/(mg/kg)	圣粉 1 号/(mg/kg)		东圣 1 号/(mg/kg)		农域 906/(mg/kg)		宝冠 1 号/(mg/kg)	
	地上部分	根部	地上部分	根部	地上部分	根部	地上部分	根部
对照	0.023±0.001b	0.032±0.003c	0.021±0.001b	0.032±0.00d	0.026±0.003c	0.028±0.002c	0.048±0.009b	0.029±0.002b
1	0.027±0.001b	0.035±0.002c	0.026±0.001b	0.041±0.004c	0.049±0.003b	0.047±0.002b	0.063±0.005a	0.042±0.002c
5	0.071±0.001a	0.071±0.002b	0.040±0.004a	0.059±0.002b	0.062±0.004a	0.071±0.002a	0.069±0.001a	0.060±0.001b
10	0.026±0.001b	0.083±0.003a	0.019±0.002c	0.071±0.004a	0.023±0.002c	0.074±0.004a	0.031±0.001c	0.073±0.004a

2001 年我国农业部公布了全国稻米检测报告，报告中指出一种重金属元素超标的占 37.5%，两种重金属元素同时超标的占 4.3%，三种重金属元素同时超标的占 14.3%，可见重金属复合污染很严重。在实际污染条件下，土壤往往会受到多种重金属的复合污染，而不是单一的重金属污染。通过施加肥料、农药等措施提高土壤铁、锌等营养元素的生物有效性的同时，也可能会加剧有毒重金属对植物的毒害作用[51]。如 Fe 的有效性提高伴随 Cr 的有效性提高，Zn 的有效性提高会引起 Ni 和 Pb 的有效性提高。Pb、Cd 共存时，Pb 促进了玉米对 Cd 的吸收，并认为 Pb 存在时，加剧了 Cd 对玉米的毒害作用，而 Cd 的存在则表现出抑制玉米对 Pb 吸收的趋势[52]。在不同浓度 Cu^{2+}、Pb^{2+} 复合污染条件下，玉米体内 Cu^{2+}、Pb^{2+} 的含量均较单污染高，说明 Cu^{2+}、Pb^{2+} 在玉米体内的积累具有协同作用[53]。

2. 低富集重金属作物品种的筛选

选育土壤重金属低积累农作物品种，控制农产品有毒重金属含量，进而降低安全风险，是实现重金属污染土壤安全利用的可靠途径。通过从表型众多的作物中筛选出可食部位低积累重金属特性的作物品种，应用于低水平污染的农田土壤，可以有效降低有毒重金属进入食物链的量，进而控制重金属污染所造成的潜在危害。基于此理念，作为一种土壤重金属污染防治解决方案，提出筛选和培育重金属污染预防品种的概念，即筛选和培育具有低吸收、低积累土壤中重金属特征的农作物或作物品种，使其可食部位的重金属含量低于相关食品安全标准的最大允许值。明确将污染预防品种（PSC）定义为在一定污染水平的土壤中，作物可食部分吸收积累污染物含量低于食品卫生标准，并且经过验证确认其污染物低量积累特性稳定的品种[54]。

由于植物根系对重金属的吸收能力不同，重金属在植物体内的积累量不同。植物对重金属的解毒和区室化能力等因素有差异，不同基因型的同类植物对重金属的吸收积累能力也有很大的不同。不同基因型作物对重金属的吸收、积累水平差异较大，甚至同一种作物的不同品种间重金属吸收、积累能力也可能有较大差异[44,54]。利用这些特点，可以筛选出污染预防品种。但是，目前尚未对重金属低积累作物的筛选进行明确定义，多数学者筛选重金属低积累作物主要是参考国家食品卫生有关标准，使筛选出作物的供食用器官重金属含量不超标，其次是考虑作物的生长、产量不受影响。然而，对于作物不同生育期生长、吸收积累重金属含量等方面缺乏全面综合的研究分析。

植物积累和转运重金属的品种差异研究是筛选低积累品种的重要前提。富集系数（BCF）和转运系数（TF）分别是用于反映植物对重金属富集和转运能力的重要指标。富集系数用来评价植物将重金属从土壤吸收进入其体内的能力，富集系数越大，表明植物对重金属的吸收能力越强；转运系数则用来评价植物将重金属从根部向地上部及地上部不同器官转运的能力，转运系数越大，则重金属从根系向地上部器官转运能力越强，或在器官之间的转运能力越强。

（1）低富集玉米品种的筛选　通过选育重金属低积累型作物品种并在轻度污染的土壤中进行安全生产，符合我国农业发展的现实需求[55]。伍钧等[56]选择四川射洪县广泛推广的5种玉米品种（正红311、成单30、川单428、隆单8和川单418），在当地玉米示范区进行了7个试点的种植试验，研究了不同品种和环境交互效应对玉米籽粒积累重金属能力的影响，结果发现同一品种在各试点富集重金属的能力无明显差别，而各品种间富集能力具有明显差别（表3-10）。试验筛选的川单418可作为Cu污染农田的低积累稳定品种。

表3-10　不同试点玉米籽粒的富集系数

品种	试点	玉米籽粒重金属富集系数					
		Hg	As	Cu	Pb	Cr	Zn
正红311	1	0.1397	0.0038	0.0721	0.0035	0.0024	0.3833
	2	0.0211	0.0110	0.0909	0.0025	0.0073	0.3480
	3	0.0384	0.0112	0.1497	0.0021	0.0097	0.3060
	4	0.0240	0.0095	0.1077	0.0021	0.0038	0.2814
	5	0.1046	0.0095	0.1162	0.0015	0.0085	0.2986
	6	0.0420	0.0115	0.1043	0.0016	0.0046	0.3115
	7	0.0339	0.0053	0.1470	0.0024	0.0025	0.3083
成单30	1	0.0498	0.0021	0.0841	0.0020	0.0043	0.2669
	2	0.1066	0.0028	0.0737	0.0026	0.0020	0.2869
	3	0.1062	0.0026	0.0493	0.0028	0.0037	0.3189
	4	0.1376	0.0028	0.0659	0.0021	0.0032	0.2595
	5	0.1203	0.0039	0.1247	0.0023	0.0022	0.2638
	6	0.0810	0.0037	0.1087	0.0022	0.0035	0.3223
	7	0.2249	0.0034	0.0880	0.0023	0.0019	0.3043
川单428	1	0.1101	0.0110	0.2247	0.0014	0.0094	0.2540
	2	0.0339	0.0063	0.1809	0.0021	0.0116	0.2243
	3	0.0984	0.0076	0.2762	0.0017	0.0119	0.2685
	4	0.0472	0.0125	0.2305	0.0022	0.0109	0.3087
	5	0.0588	0.0101	0.2065	0.0020	0.0036	0.2635
	6	0.0578	0.0100	0.2170	0.0018	0.0034	0.3076
	7	0.0322	0.0081	0.1521	0.0021	0.0035	0.3159

续表

品种	试点	玉米籽粒重金属富集系数					
		Hg	As	Cu	Pb	Cr	Zn
隆单 8	1	0.0618	0.0017	0.0753	0.0021	0.0063	0.2740
	2	0.2300	0.0027	0.1020	0.0023	0.0067	0.2857
	3	0.1188	0.0153	0.1154	0.0016	0.0043	0.3122
	4	0.8410	0.0156	0.1222	0.0015	0.0084	0.3481
	5	0.0439	0.0035	0.1240	0.0012	0.0091	0.2625
	6	0.1200	0.0065	0.0591	0.0008	0.0101	0.1919
	7	0.1122	0.0041	0.1253	0.0020	0.0109	0.3684
川单 418	1	0.1870	0.0022	0.0683	0.0021	0.0031	0.3229
	2	0.0533	0.0035	0.0867	0.0022	0.0013	0.2927
	3	0.0520	0.0050	0.1016	0.0022	0.0037	0.2660
	4	0.0589	0.0082	0.0698	0.0024	0	0.2902
	5	0.0688	0.0178	0.0729	0.0024	0.0010	0.2432
	6	0.0645	0.0111	0.0985	0.0023	0.0077	0.3068
	7	0.0299	0.0295	0.0836	0.0024	0.0070	0.3414

受高Cd胁迫的25个玉米品种（表3-11）根、茎叶和籽粒中Cd含量差异显著，富集系数和转运系数均存在显著差异（$p<0.05$），表明不同玉米品种对Cd的吸收富集能力和转运能力存在明显的品种间差异[57]。

表3-11　25个玉米品种Cd积累特征[57]

品种编号	Cd含量/(mg/kg)			富集系数	茎叶转移系数	籽粒转移系数
	根	茎叶	籽粒			
①旭玉1446	17.53	2.86	0.1	0.39	0.169	0.035
②桂单160	12.14	1.43	0	0.314	0.118	0
③曲辰11号	3.88	0.6	0.07	0.107	0.172	0.111
④美嘉玉1号	39.81	1.59	0.05	0.899	0.041	0.031
⑤中金368	24.75	1.87	0.02	0.542	0.076	0.009
⑥曲辰3号	26.85	1.3	0.03	0.617	0.049	0.026
⑦宁玉507	27.78	3.53	0.07	0.594	0.130	0.019
⑧金紫糯	10.95	2.83	0.02	0.246	0.260	0.006
⑨晴三	13.23	3.13	0.02	0.314	0.238	0.005
⑩云瑞8号	23.48	1.26	0.02	0.513	0.054	0.013
⑪汕珍	7.48	3.19	0.08	0.154	0.438	0.026
⑫云优167	21.17	4.19	0.03	0.465	0.200	0.008
⑬云瑞21号	6.35	1.73	0.12	0.14	0.291	0.067
⑭云瑞88号	26.61	2.16	0.08	0.627	0.084	0.038
⑮靖丰8号	23.13	0.83	0.05	0.471	0.038	0.06

续表

品种编号	Cd 含量/(mg/kg)			富集系数	茎叶转移系数	籽粒转移系数
	根	茎叶	籽粒			
⑯会单 4 号	8.73	2.66	0.02	0.205	0.307	0.006
⑰京滇 8 号(一代)	3.93	1.03	0.02	0.108	0.266	0.016
⑱寻单 7 号	9.76	2.36	0.1	0.248	0.253	0.042
⑲靖单 13 号	6.62	1.77	0.12	0.2	0.285	0.066
⑳京滇 8 号(二代)	30.51	2.13	0.02	0.614	0.070	0.008
㉑路单 8 号	14.71	2.86	0.08	0.33	0.200	0.029
㉒路单 7 号	27.19	3.32	0.02	0.565	0.123	0.005
㉓宣黄平 4 号	22.34	2.97	0.03	0.475	0.134	0.011
㉔云瑞 68 号	5.35	2.59	0.08	0.147	0.477	0.032
㉕云瑞 6 号	2.16	2.3	0.1	0.063	0.554	0.043

通过聚类分析（图 3-4）玉米品种籽粒对 Cd 的积累差异，将玉米品种划分为三类：第一类为 Cd 低积累类群，其籽粒平均 Cd 含量为 0.02mg/kg；第二类为 Cd 中等积累类群，其籽粒平均 Cd 含量为 0.06mg/kg；第三类为 Cd 高积累类群，其籽粒平均 Cd 含量为 0.096mg/kg。挑选出云瑞 8 号、会单 4 号、路单 7 号三个品种属于 Cd 低积累类群；同时，三个品种的富集系数和籽粒转运系数也远低于平均值，可作为 Cd 低积累玉米品种。

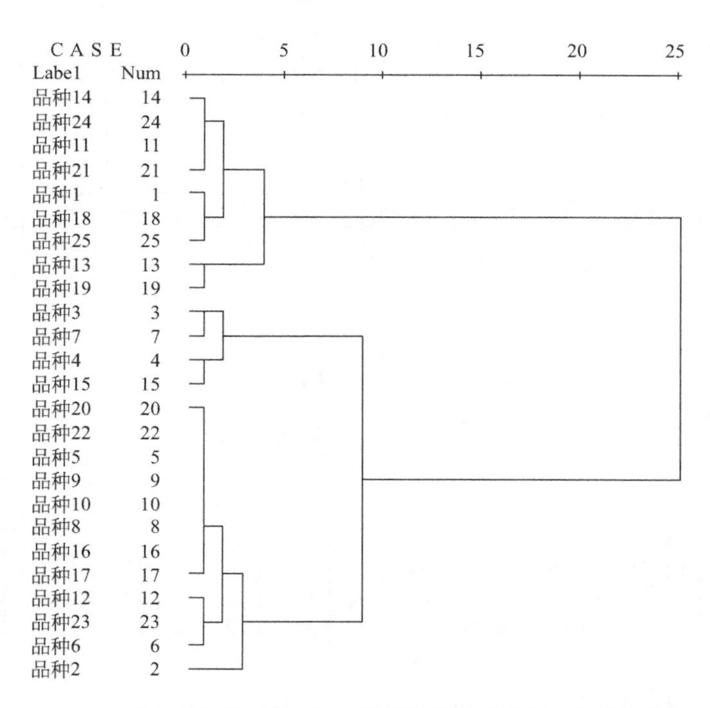

图 3-4 25 个玉米品种籽粒重金属 Cd 质量分数聚类分析（陈建军等，2014）

植物对重金属的总吸收量可以用单株植物各器官的生物量与重金属含量乘积之和来表示。通过田间试验，于蔚等[58] 研究了在 2000mg/kg Pb 胁迫下，25 个玉米品种不同生育期根、茎叶和籽粒 Pb 含量的差异，筛选生长正常、高产且籽粒 Pb 含量未超出国家相应标准的玉米品种。不同玉米品种对 Pb 总吸收量存在显著差异，25 个玉米品种对 Pb 的总吸收量为 13.34～51.90mg/株。其中靖丰 8 号对 Pb 的总吸收量最高，为 51.90mg/株；云优 167 对 Pb 的总吸收量最低，为 13.34mg/株。云优 167 可作为 Pb 低积累品种。

目前，我国对重金属低积累作物的筛选已经做了大量的研究，其中对小麦、水稻、高粱及玉米等作物重金属低积累品种筛选更多。玉米作为我国主要的粮食产物，生物量大且产量高，其茎叶更可广泛地作为畜牧和工业原料，而关于玉米重金属低积累品种的筛选已有大量研究[59]。郭晓方等[44] 通过对 8 种不同玉米品种籽粒的生物量、籽粒重金属含量及重金属转运系数等指标综合评价，筛选得到饲料玉米灵丹 20 和正丹 958，可作为广东地区冬季种植的低积累玉米品种；代全林等[43] 对 25 个玉米品种吸收土壤中 Pb 的能力及不同器官积累 Pb 水平的差异进行研究，通过筛选较高 Pb 污染水平下籽粒 Pb 含量较低、非食用部分 Pb 含量水平较高的品种，最终获得粤甜 2 号、糯优 2 号和超甜 38 作为低积累 Pb 的玉米品种。

（2）低富集水稻品种的筛选　对土壤重金属具有较强耐受性和低积累特性的水稻品种可被用于轻度重金属污染水稻田。叶新新等[60] 研究两种水稻田（红泥田和黄泥田）中 As 污染对 9 个水稻品种 As、Cd 富集能力的影响，不同水稻品种对 As、Cd 耐性有显著差异（图 3-5），杂交稻对土壤中的 As 富集能力较强，而籼稻对 Cd 吸收能力较强。南粳 32 对 Cd、As 的积累能力表现最弱，且稻米中 Cd、As 浓度未超过国家食品安全卫生标准，并且南粳 32 对 As 耐性较高。因此，南粳 32 适合在 Cd、As 轻度污染土壤上安全生产。

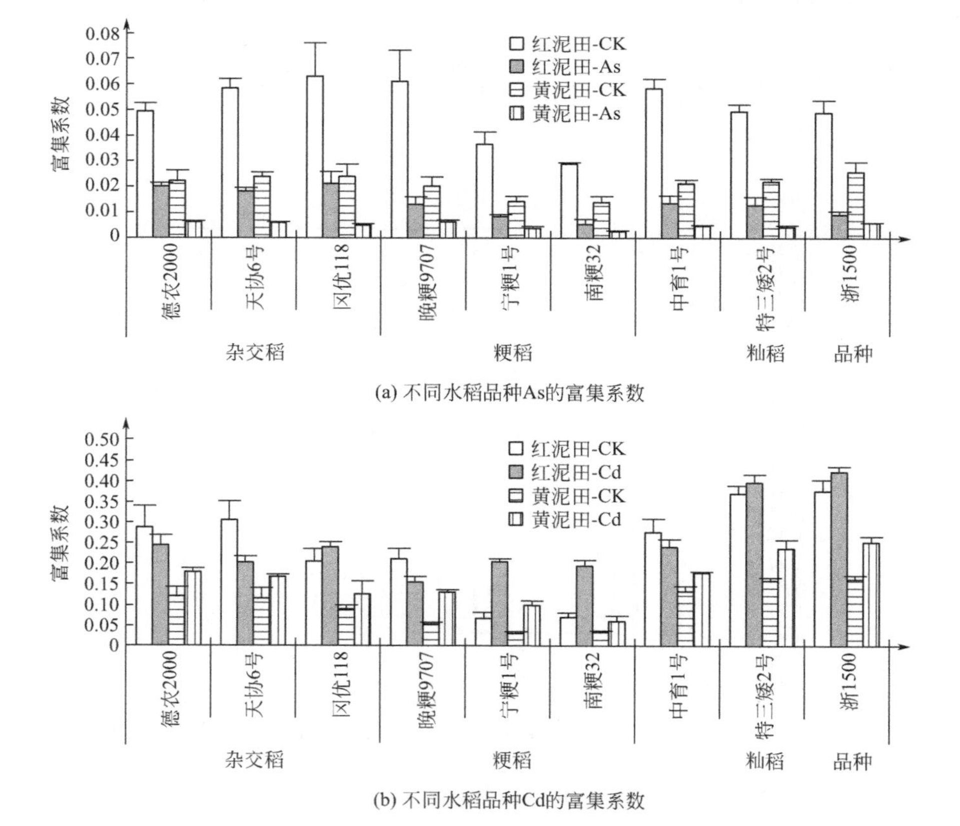

(a) 不同水稻品种As的富集系数

(b) 不同水稻品种Cd的富集系数

图 3-5　不同水稻品种对 As 和 Cd 的富集系数（叶新新等，2012）

Yu等在春夏两个季节将43个水稻（*Oryza sativa* L.）品种种植于低水平Cd（1.75～1.85mg/kg）污染土壤，研究各品种籽粒Cd含量，发现其中的30种水稻品种可视为Cd污染预防品种（Cd-PSC），并且两季节试验结果中籽粒Cd含量与土壤Cd含量间存在极显著正相关（$p<0.01$），表明水稻籽粒Cd积累受基因型控制，在一定水平Cd污染土壤上筛选Cd污染预防品种是可行的[61]。以华南地区20多个水稻品种为研究对象，对其生长在同一污染土壤上Cd吸收积累特性进行了研究，发现汕优63、汕优64等杂交稻的产量较高，但糙米对Cd的积累也较多；野奥丝苗糙米对Cd的积累量较低，其单位产量的耗水量、根冠比、Cd向糙米的迁移率也明显较低，因此，通过综合比较，在轻度Cd污染的稻田适合选种优质稻野奥丝苗[62]。在轻度污染土壤上选择种植重金属低积累作物品种是一个经济有效的重金属污染土壤治理方案。

通过品种选择，将作物可食部位的重金属浓度控制在允许范围内，已被认为是轻度污染地区控制污染的有效途径，并在向日葵[63]和硬质小麦[64]上成功应用。

（3）低富集小麦品种的筛选　38个不同基因型小麦籽粒品种和不同生育期吸收和积累Cd、Pb能力的差异显著[65]，38个基因型小麦籽粒中重金属含量的多少不仅与小麦自身的吸收有关，还与小麦品种重金属从地上部向籽粒的转移效率有关。杨素勤等[66]为筛选出对Pb低积累的小麦品种，在轻度污染耕地上研究了20个小麦品种对重金属Pb的吸收特性、转运及富集规律。在轻度污染土壤中不同品种的小麦铅、镉含量差异显著（图3-6）。

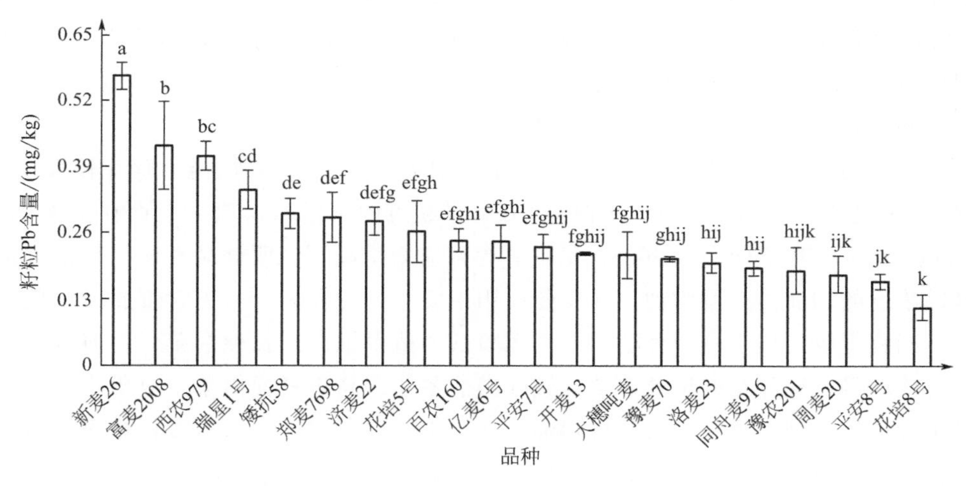

图3-6　不同小麦品种籽粒中Pb含量（杨素勤等，2014）

图中不同字母表示差异性显著（$p<0.05$）

以籽粒中Pb含量为参考指标进行聚类分析，将不同品种的小麦分为三类：第一类为高积累型，包括新麦26；第二类为中积累型，包括瑞星1号、西农979和富麦2008；第三类为低积累型（图3-7）。为方便比较，将第一和第二类定义为对土壤Pb积累能力较强的品种，将第三类定义为积累作用较弱的品种。通过聚类分析表明，花培8号、平安8号、周麦20、豫农201和同舟麦916为Pb的低积累品种。研究初步确定花培8号和周麦20两个品种在污染土壤安全利用方面具有更大的应用潜能。

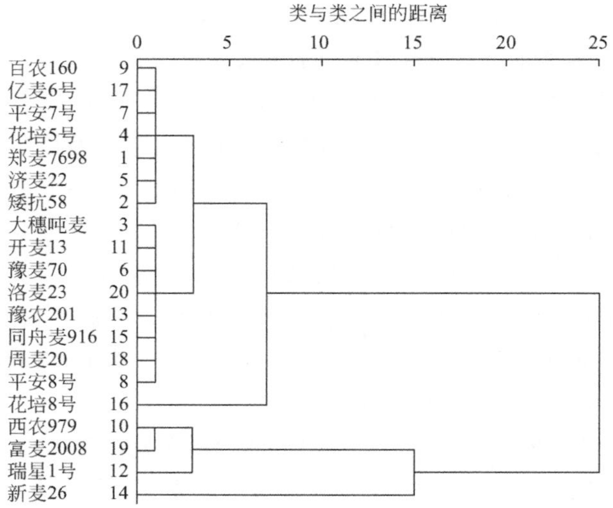

图 3-7　不同小麦品种籽粒 Pb 含量的聚类分析（杨素勤等，2014）

（4）低富集蔬菜品种的筛选　蔬菜的不同品种间也存在着明显的积累重金属特性差异，选育低积累型蔬菜在重金属轻度污染土壤中种植，也可获得满足食品卫生安全标准的产品[67,68]。张永志等[69]根据重金属低积累蔬菜的判定标准，通过盆栽试验在叶菜类、茄果类、根茎类、瓜类蔬菜的 16 个品种中筛选出 Hg、As、Pb、Cd 的低积累蔬菜品种。杭州本地香和杭州长瓜是 As、Pb、Cd 和 Hg 低积累品种，津优 1 号、浙蒲 2 号是 As、Cd 和 Hg 低积累品种，萝卜白玉春、番茄浙杂 203 和番茄 FA-189 是 Cd 和 Hg 低积累品种，茄子丰秀是 Pb 和 Hg 低积累品种，白菜早熟 5 号、杭茄 1 号和引茄 1 号是 As、Pb、Hg 低积累品种，青菜抗热 605 和上海青是 Hg 低积累品种。

不同品种的小白菜在不同程度 Cd 污染土壤中吸收和积累 Cd 的能力存在较大差异[70]。当土壤 Cd 浓度为 0.6mg/kg 时，小白菜 Cd 含量超过国家标准 8.33%；而在土壤 Cd 浓度为 1.2mg/kg 时，其超标率达 66.67%。Cd 含量递增率高，说明该品种地上部镉含量极易随土壤镉浓度的增加而大量增加，在实际应用中安全风险较大；而镉含量递增率低的品种则可在不同程度镉污染土壤中种植，安全风险低，值得推广。长梗白菜、上海青、矮箕苏州青、青优四号、矮脚葵翩黑叶白菜、皱叶黑油冬儿、高华青梗白菜、早生华京、金冠清江、夏王青梗菜、利丰青梗白菜和杭州油冬儿这 12 个品种为在 Cd 轻度污染土壤中种植安全系数较高的小白菜品种（表 3-12）。

植物种间及品种间对 Cd 的吸收和耐性存在明显差异[71]。谭小琪等[72]以 29 个番茄品种为试验材料，根据番茄可食部位 Cd 质量分数、Cd 转运系数、番茄植株生物量指标评价，表明台湾黄圣女、黄金一点红、台湾珍珠、新 402、元明黄娇子、台湾红圣女 6 个品种可作为番茄的 Cd-PSC。

降低蔬菜产品重金属含量可以从 2 个方面着手：①降低土壤重金属的浓度和活性；②选用在食用部位积累量小的作物品种。人体中 70%的 Cd 来自于食品中的蔬菜，在现阶段土壤污染问题不能较快解决的情况下，筛选 Cd 低积累品种，对无公害蔬菜生产和人民健康显得极其重要和迫切。

表 3-12 60个小白菜品种地上部Cd含量[70]

品种	地上部 Cd 含量/(μg/kg)		品种	地上部 Cd 含量/(μg/kg)	
	Ⅰ	Ⅱ		Ⅰ	Ⅱ
矮抗青	40.66±2.05	61.15±3.08	皱叶黑油冬儿	25.66±1.49	44.72±2.50
四月慢	47.12±2.36	109.48±4.67	高华青梗白菜	27.37±1.37	40.34±2.07
苏州青	41.40±2.17	65.17±3.16	早生华京	25.52±1.31	32.95±1.56
长梗白菜	25.38±2.04	44.63±2.51	华山青梗菜	47.95±2.25	94.02±5.23
上海青	30.23±2.69	37.48±1.92	华黄青梗菜	48.55±2.68	85.89±4.18
日本皇冠	31.85±2.10	58.80±2.69	日本绿冠	26.72±1.69	44.40±2.25
矮脚苏州青	21.14±1.28	42.28±2.23	清江 456	46.20±2.66	86.26±4.19
蚕白菜	25.20±1.36	53.72±2.64	金冠清江	25.85±1.08	40.02±2.08
绍兴油冬儿	39.00±1.94	56.17±2.59	矮脚大头青	43.80±2.67	63.46±3.66
七宝青菜	45.51±2.57	108.55±4.88	黑大头	30.46±1.95	35.91±1.85
黑叶五月慢	52.52±2.68	112.11±5.10	上海矮抗青	27.28±1.44	52.52±2.67
特矮青	51.83±2.79	72.14±3.66	特抗半高白菜	27.18±1.56	85.06±4.50
抗热 605	31.62±2.13	56.22±2.78	抗热 805	33.28±1.84	52.38±2.49
申宝冠青	40.48±2.25	65.95±3.05	四季青	46.02±2.36	90.51±4.62
上海夏青	24.46±1.63	87.97±4.10	华青	35.26±1.58	57.69±2.59
上海白叶四月慢	35.49±1.90	56.40±2.57	台湾明珠	55.48±2.51	104.22±5.10
矮脚苏州青	41.45±2.33	83.72±4.13	谊禾夏宝	53.03±2.64	67.02±3.64
青优四号	25.38±1.62	38.68±1.92	大头清江白	38.68±1.67	58.48±2.59
伏豹抗热青	31.89±1.68	44.63±2.31	夏王青梗菜	26.03±1.31	42.09±2.51
绿星青菜	21.51±1.11	40.34±2.01	利丰青梗白菜	25.80±1.24	42.42±2.62
绿领火青菜	28.94±1.50	54.69±2.54	红明清	40.29±2.02	58.75±3.04
五峰抗热青	34.98±1.86	56.72±2.63	杭州小白菜	33.46±1.65	84.18±4.65
绿秀 91-1	37.20±1.72	56.49±2.48	杭州油冬儿	21.51±1.08	36.46±1.91
矮脚葵翩黑叶白菜	22.62±1.32	26.22±1.64	西子绿小白菜	38.26±1.83	59.35±3.40
四季清江	27.05±1.45	47.95±2.51	沪青一号	26.54±1.29	49.94±2.62
金夏王青梗菜	30.18±1.39	36.69±1.83	特矮青	46.06±2.31	86.08±4.50
科兴小白菜	37.75±1.76	58.80±2.90	扬州清	36.37±1.68	65.63±3.61
黄金小白菜	26.54±1.22	39.88±1.65	高梗白	33.51±1.59	79.15±3.95
台湾青秀	52.57±2.85	74.58±3.04	扬子抗热青	33.00±1.64	72.46±3.67
绍兴矮黄头	30.37±1.66	55.34±2.84	绿扬春	39.97±2.11	65.77±3.49

注：表中数据为平均值±标准差（$n=3$）；Ⅰ表示 Cd^{2+} 浓度为 0.6mg/kg，Ⅱ表示 Cd^{2+} 浓度为 1.2mg/kg。

目前，重金属低积累型作物的选育以围绕 Cd 居多，向日葵和硬粒小麦已被应用到污染土壤的安全生产中，效果显著。国内也针对不同重金属元素展开了不同作物品种的重金属低积累品种的筛选，通过对水稻[73]、大白菜[74]、小麦[75] 和大麦[76] 等作物的系统研究，筛选到了相应的重金属污染预防品种，从而为我国大面积轻度重金属污染农田土壤的安全利用提供了有力的保障。由于实际的重金属污染土壤均为复合型污染，选育作物的可食部位对多种重金属为低积累型的品种，对污染土壤的安全利用，保证粮食安全更具有实际意义。然而，同一种作物在不同土壤条件下积累重金属能力表现不同，这是由土壤理化性状、土壤微生物、根际氧化膜、根际分泌物、不同耕作制度和不同重金属及其相互协同与拮抗作用等因素的综合影响造成的。作物与其周围环境存在着极其密切的关系，两者是统一的，需要综合考虑。

（二）非食用植物在重金属污染土壤中的应用

在重金属轻度污染土壤上，非食用作物（如经济作物棉花、苎麻等，工业用油料作物蓖麻、海甘蓝等，以及其他非食用作物园林植物、花卉等），因其体内吸收的重金属不进入食物链，同时还兼有经济效益，具有很好的应用前景，更易被接受和推广。

1. 园林植物

在重金属轻度污染土壤上种植园林植物，把土壤修复与园林绿化结合起来，既修复了城市土壤重金属污染又美化了环境。在轻度重金属污染的土壤上种植城市园林植物，既能长期、安全、有效地清除重金属和修复土壤结构，又能满足城市居民对绿地景观的审美要求，弥补了重金属超积累植物在经济价值和美学欣赏上的局限性[77]。大部分园林植物，大多表现为根部的富集系数大于茎、叶的富集系数，这可能是该类型植物对重金属的一种适应特性，即将土壤中有毒重金属阻滞在根部。对于城市园林绿化植物来说，其大部分是木本植物，由于它们的生物量较草本植物大得多。在城市重金属轻度污染土壤上，可以种植城市园林植物[78]。南方城市常见的三种园林绿化植物（杜鹃花、桂花、栀子花）对6种重金属元素（Mn、Zn、Cu、Ni、Cd、Pb）的总平均富集系数分别为0.34、0.28、0.19（表3-13）。杜鹃花对6种重金属的转移能力最强，总平均转移系数为1.92；其次是桂花，总平均转移系数为1.62；栀子花的转移能力最弱，总平均转移系数为1.09[79]。

表3-13　三种园林植物不同器官对6种重金属的富集系数

物种	器官	富集系数						
		Mn	Cu	Zn	Ni	Cd	Pb	平均值
杜鹃花	根	1.18	0.19	0.07	0.05	0.14	0.10	0.29
	茎	1.14	0.27	0.08	0.03	0.21	0.32	0.34
	叶	1.36	0.23	0.09	0.15	0.32	0.23	0.40
	平均	1.23	0.23	0.08	0.08	0.22	0.22	0.34
桂花	根	0.42	0.35	0.06	0.08	0.12	0.23	0.21
	茎	0.67	0.24	0.07	0.04	0.37	0.41	0.30
	叶	1.00	0.15	0.09	0.06	0.48	0.15	0.32
	平均	0.73	0.25	0.07	0.06	0.32	0.26	0.28
栀子花	根	0.36	0.24	0.07	0.10	0.15	0.19	0.19
	茎	0.20	0.25	0.07	0.05	0.16	0.38	0.19
	叶	0.37	0.24	0.08	0.05	0.16	0.33	0.21
	平均	0.31	0.24	0.07	0.07	0.15	0.30	0.19

木本植物具有较高的重金属耐性，所以种植木本植物也可以起到利用土地的目的。木本植物一般不与食物链相连，对动物和人类的危害较小，植物收获后还可以作为建筑和工业材料，并且可以起到绿化环境、净化空气的作用。同时，木本植物可以促进土壤或废弃地向稳定方向发展，加快恢复受污染破坏的生态系统。不同树种富集重金属的能力显著不同，梓树、黄檗对 Cu 的富集能力较强，铺地柏、红皮云杉、小叶丁香对 Pb 的富集能力较强，紫丁香、胡桃楸对 Zn 的富集能力较强（表 3-14）[80]。

表 3-14 不同树种对重金属的平均富集系数

树种	Cu	Pb	Zn
稠李(*Prunus padus* L)	0.30	0.05	0.22
红皮云杉(*Picea koraienasis* Nakai)	0.17	0.13	0.37
胡桃楸(*Juglans mandshurica* Maxim)	0.43	0.02	0.40
山楂(*Crataegus pinnatifida*)	0.20	0.08	0.39
梓树(*Catalpa ovata* G. Don.)	0.57	0.03	0.50
铺地柏(*Sabina procumbens*)	0.03	0.15	0.22
紫丁香(*Syringa oblata Lindl*)	0.32	0.03	0.43
海棠果(*Calophyllum inophyllum* L.)	0.49	0.02	0.38
山梨(*Pyrus ussuriensis* Maxim)	0.26	0.01	0.33
红瑞木(*Cornusalba* L.)	0.32	0.04	0.46
桧柏(*Sabina chinensis Ant.*)	0.29	0.07	0.38
小叶丁香(*Syringamicrophylla*)	0.33	0.13	0.41
黄檗(*Phellodendron amurense* Rupr.)	0.49	0.01	0.19
水曲柳(*Fraxinus mandshurica* Rupr.)	0.40	0.02	0.19
文冠果(*Xanthoceras sorbifolia Bunge*)	0.36	0.01	0.29
暴马丁香(*Syringa reticulata* var. *amurensis*)	0.36	0.05	0.35

2. 花卉植物

（1）花卉植物的优势　花卉类植物应用于土壤污染治理同其他一般植物相比具有以下优势：①花卉植物种类繁多、品种丰富，可挖掘的潜力巨大，这就使筛选工作有了坚实的基础；②在轻度重金属污染土壤上种植，能够美化环境，产生经济效益；③花卉属观赏性植物，不会进入食物链，对人体的危害小；④人类在长期的生产实践中积累了丰富的品种选育、花卉栽培及病虫害防治等经验；⑤某些品种的花卉植物可开发生产出非食用型产品，如花卉芳香油可抗菌，提高人体免疫力，可用于治疗疾病。由此可见，利用花卉植物实现轻度污染土壤的安全利用是完全可行的。

在重金属轻度污染土壤上种植花卉植物是污染土壤的主要利用方式。与其他农业措施结合，在污染土壤上的大面积应用，不仅可以美化环境，而且可带来巨大的经济效益。今后转基因技术在花卉植物上的应用将是一个很有意义的课题，例如 Watanabe[81] 等将酵母金属硫蛋白基因的结构因子 CPUI 导入具有较大生物量的植物向日葵中，转基因的向日葵因此对土壤中的 Cd 具有了较强的耐性，同时具备了较大的生物量和较强的重金属耐性，即具备了植物修复的潜力。现代分子生物学的快速发展使利用转基因技术成为可能。

（2）耐重金属花卉的筛选　花卉植物的种类和品种繁多，直接从所有花卉植物中逐一筛选显然是不科学的。因此，应首先根据各种花卉的特点及其本身生长习性，从中选取在重金属污染土壤上能正常生长的花卉植物进行研究。

花卉植物的根、茎、叶重金属含量在一定程度上可用来判断植物是否可以作为筛选对象[82]。此外，生育期、抗倒性、抗病虫害能力、休眠期等也可作为选择依据的考虑因素，因为短的生育期、弱的休眠性有利于花卉植物的繁殖生长，强的抗病虫能力有利于花卉植物在逆境中生长。模拟筛选条件的土壤盆栽试验是一种筛选耐性植物的有效方法。

花卉植物可以在一定程度上积累和转移重金属。有些花卉植物的生物量大、抗逆性强、生长迅速、分布广泛，可被种植在轻度重金属污染土壤中，治理土壤污染，改善土壤质量。周霞等[83] 研究了多种花卉植物对不同重金属的积累能力，重金属被积累由易到难的排序为 Cr>Zn>Cu>Cd>Pb（表 3-15），鸭脚木、金光变叶木、细叶鸡爪槭、胡椒木、金边椤叶槭根部 Cr 积累系数都大于 1。因此，这些品种的花卉植物可用于修复 Cr 污染土壤。

表 3-15　花卉植物根、茎、叶中重金属含量[83]　　单位：mg/kg

种类	器官	Cd	Cr	Cu	Zn	Pb
鸭脚木	叶	0.0649	0.643	10.8	78.7	1.2
	茎	0.108	0.909	20.2	138.7	1.43
	根	0.112	1.936	21.4	94.6	6.78
亮叶忍冬	叶	0.0472	0.657	11.7	75.5	1.47
	茎	0.211	0.803	22.6	99.7	4.38
	根	0.132	1.487	24.8	88.8	7.98
小叶黄杨	叶	0.0308	0.966	14.8	79.3	1.77
	茎	0.146	0.92	18.8	102.4	1.57
	根	0.0678	1.454	29.6	85.6	9.54
金叶假连翘	叶	0.248	0.889	9.2	98.4	2.88
	茎	0.23	0.938	14.9	78.2	1.47
	根	0.22	1.359	23.7	77.9	8.45
金光变叶木	叶	0.0455	0.91	15	56	2.44
	茎	0.133	1.072	15.6	80	1.69
	根	0.144	1.865	36.4	78.9	9.29
细叶鸡爪槭	叶	0.0924	1.059	18.1	117.6	1.13
	茎	0.147	1.04	16.5	41.2	2.46
	根	0.223	1.928	29.6	76.9	9.88
胡椒木	叶	0.0924	0.836	10.6	40.2	1.76
	茎	0.181	0.77	18.7	42.4	4.08
	根	0.117	1.852	31.8	92.3	9.36
金边椤叶槭	叶	0.166	0.737	9.7	56.1	2.22
	茎	0.208	0.996	21.2	60.2	3.16
	根	0.148	1.83	30.1	77.1	8.36

3. 纤维植物

纤维植物是指植物体某一部分的纤维细胞特别发达，能够产生植物纤维，并作为主要用途而被利用的植物。纤维植物广泛地用作编织、造纸、纺织等方面的原材料，在重金属耐性方面研究较多的是苎麻。

苎麻，多年生宿根性草本植物。苎麻对土壤的适应性较强，平原、湖区、丘陵区、山区的各种土壤都可以种植苎麻。苎麻韧皮纤维是纺织工业的重要原料。此外，苎麻具有根系庞大、生物量大、抗逆性强、生长速率快等特点，在水土保持、土壤改良等方面起着重要的作用。

苎麻对As、Hg、Cd和Pb都有较强的耐性[84-86]。另外，苎麻的出麻率受土壤Cd污染影响较小。因此在轻度Cd污染土壤中种植苎麻可以阻止Cd进入食物链，获得经济和环境双重效益，具有良好的应用潜力。三个苎麻品种（中苎1号、湘苎2号、湘苎3号）均具有较强的Cd耐受能力和富集能力（表3-16），其中湘苎3号耐受Cd的能力最强，是一种理想的重金属污染土壤农业利用的备选植物[87]。

表3-16 苎麻地上部对镉的吸收与积累特征

Cd浓度/(mg/kg)	地上部分镉含量/(mg/kg)			镉积累量/(mg/kg)		
	中苎1号	湘苎2号	湘苎3号	中苎1号	湘苎2号	湘苎3号
0	8.3±0.4a	9.7±0.9a	11.2±0.9a	6.6±0.8d	8.5±0.7c	11.3±1.0c
5	18.1±0.7ab	19.5±0.1ab	23.3±1.8abc	14.1±0.9cd	12.6±0.5bc	21.2±2.7bc
10	25.0±2.1bc	24.2±2.2b	28.7±0.2bc	14.9±3.3cd	13.6±0.9bc	20.9±2.6bc
20	34.6±2.6c	40.0±5.0b	37.8±6.2c	19.9±3.8bc	19.0±1.7b	31.8±3.5b
35	49.4±4.4d	34.4±3.6c	36.9±4.9c	26.3±4.3ab	16.2±2.9bc	25.1±5.3bc
65	61.5±5.1c	43.4±0.8c	36.19±7.0c	34.0±0.4a	20.3±1.5b	25.1±4.7bc
100	56.5±5.2dc	60.1±6.3d	61.5±9.6d	25.9±0.6b	28.9±5.7a	49.6±8.7a

佘玮等[88]在湖南安化利用苎麻修复镉污染农田，其中中苎1号原麻年产量可达3450kg/hm^2，同时地上部能带走镉0.28kg/(hm^2·a)，若按当前湖南省苎麻原麻单价6.8元/kg计算，每公顷年收益约为2.3万元，产生的经济效益非常可观。苎麻属于多年生植物，一年三季，并且产量较大，省去了年年播种、栽培的费用，进一步降低了苎麻修复重金属污染土壤的成本。用于修复重金属污染的苎麻，不进入食物链，降低了安全风险，并且收割后除可利用其纤维外，还可用于造纸、建筑材料等工业用途，产生更大的经济效益。

利用经济作物治理污染土壤，不仅能达到良好的治理效果，还能发挥出非可食作物的巨大优势，既避免了进入食物链造成的安全风险，又能产生较为可观的经济效益。综合来看这是一项很有潜力的污染农田治理方案，但是它也存在一些不足，需要进一步研究解决。

① 经济作物的筛选。对于经济作物的筛选要同时兼顾环境效益和经济效益。首先要考虑其不会通过食物链造成安全风险；然后要求该类型作物要对土壤重金属污染有足够的耐受性，其生物量不受污染影响或受污染胁迫影响较小；最后则要考虑其应具备一定的经

济价值。不同作物对于不同重金属的耐性不同，不同作物在重金属单一污染和复合污染时对于重金属的耐性也不同，如何针对不同的污染情况选择合适的经济作物是今后需要进一步探索的问题。

② 经济作物残留部分的处理。经济作物在生长成熟后，只有有经济价值的部位被利用，这些部位往往占整株植物很小的比例，剩下的大部分植物体（如根和茎等）携带着大量重金属。这些剩余部分如何妥善处理，彻底消除重金属对环境的影响，是值得进一步研究的。

③ 环境友好型辅助措施的运用。在重金属轻度污染土壤上种植经济作物，为提高经济作物的产量，同时为了避免二次污染，通常利用环境友好型辅助设施，促进经济作物对重金属的吸收，减少其对环境的损害。

第二节 有机污染物污染土壤植物修复技术方法及研究现状

人类长期以来的能源开采、农药施用和工业生产等活动，使得大量有机污染物（如有机氯、多环芳烃、石油烃等）进入到土壤当中，破坏土壤环境，威胁环境安全。因此，有机污染土壤的治理同重金属污染土壤一样是环境修复技术研究的热点问题。目前，修复有机污染土壤环境的技术主要有物理修复、化学修复、电化学修复、生物修复等。植物修复是具有很大应用潜力的土壤有机污染治理技术，与其他土壤有机污染修复措施相比具有以下几点优势：①植物修复经济有效、实用美观，且作为土壤原位处理的方式，对环境扰动较少；②修复过程中植物根系的生长发育对于稳定土表、防止水土流失具有积极生态意义；③与微生物修复相比，植物修复更适用于现场修复且操作简单，能够处理大面积面源污染的土壤；④植物修复土壤有机污染的成本远低于物理、化学和微生物等修复措施，这为植物修复的工程应用奠定了基础。

植物修复也有一定的局限性：① 植物对污染物的耐受能力或积累性不同，且往往某种植物仅能适用于某种单一类型的有机污染物，而实际有机污染土壤中的污染物成分通常是非常复杂多样的，这就限制了植物对有机污染土壤的修复效果；②通常情况下植物对有机污染土壤的修复过程缓慢，周期长，且对土壤肥力、含水量、质地、盐度、酸碱度及气候条件等有较高的要求；③植物修复效果易受自然灾害的影响。

一、农田农药污染土壤植物修复技术方法及研究现状

（一）农田农药污染现状

农药对促进农业的发展、保障粮食供给具有极其重要的意义，现代农业生产几乎已经离不开农药的使用，农药已成为现代农业不可或缺的生产资料。农药主要有杀菌剂、杀虫剂和除草剂三大类。在世界范围内，农药拯救了人类总粮食产量的近1/3[89]。然而近年来随着农药长期大量的施用，由农药所导致的污染已成为农业面源污染的重要来源。据相关统计，在农田中施用的农药仅有30%左右附着在农作物上，剩余的70%左右扩散到土壤

和大气中，从而导致农药残留及衍生物在土壤中积累，形成污染[90]。农药污染不仅会对土壤中的各种生物造成危害，破坏土壤原有的生态结构，而且还会通过饮用水或土壤-植物系统等进入到食物链当中，对人体健康造成严重威胁。早在20世纪70年代，国外就开始对土壤农药污染进行修复和治理。目前，欧洲地区（如德国、丹麦和荷兰等）在农药污染土壤治理方面处于世界领先地位[91]。近年来，随着民众对农产品安全和品质需求的提升，我国对土壤农药污染的治理工作越来越重视。

据统计，目前世界上正在生产和使用的农药多达数千种，世界农药的使用量以10%左右的速度逐年增长。20世纪60年代末，世界农药的年总产量平均在400万吨左右，而到了20世纪90年代总产量则激增到了3000多万吨。我国作为农业大国，农药使用量居世界第一，每年有将近50万～60万吨的农药用于农业生产，但由于利用率低，这其中有近80%～90%的农药未被有效利用而进入到土壤环境中，造成约87万～107万公顷的农田被农药污染[90,92]。我国上海、浙江、山东、江苏和广东等地区农药使用量较大，其中以上海和浙江用药量最高，分别达到了10.8kg/hm^{2}和10.41kg/hm^2[93]。以小麦为主要农作物的北方干旱地区施药量小于南方水稻产区；蔬菜、水果的用药量明显高于其他农作物。目前，农药污染已成为我国分布最广泛的一类有机污染，具有持续性和农产品富集性，对我国的环境安全与农业发展影响较大。随着使用时间和使用量的不断增加，农药残留也逐渐严重，呈现出点—线—面的立体式空间污染态势。

（二）杀虫剂污染农田植物修复技术

目前，人们在对一些杀虫剂（如有机氯农药、有机磷农药以及拟除虫菊酯类农药）污染土壤的植物修复技术研究方面取得了一些成果。Lunney等[94]研究5种植物（西葫芦、大牛毛草、紫花苜蓿、黑麦草和南瓜）在温室内对DDT及其代谢产物DDE运输传导和修复能力时发现，南瓜和西葫芦表现出较强的运输和富集能力。在污染物浓度为3700ng/g的污染土壤中，南瓜和西葫芦地下部的DDT平均积累量分别达到1519ng/g、2043ng/g，地上部平均积累量分别为57536ng/g、35277ng/g。也有报道发现香蒲可高效去除甲基对硫磷，非常具有应用潜力[95]。将紫花苜蓿放在10mg/L的保棉磷中培养，结果发现紫花苜蓿有效降低了保棉磷的半衰期，由原来的10.8d下降至3.4d[96]。Garcinuño等[97]研究发现狭叶羽扇豆种子对杀虫剂苯线磷、氯菊酯和甲萘威有很强的保留能力。

同种污染物分子的不同同分异构体在植物组织中的积累量不同，在植物的不同组织中积累量也存在显著差异。例如，在研究植物对杀虫剂六氯环己烷（HCHs）同分异构体的吸收和分布时，发现地中海蓟和埃里卡藻的组织中β型的HCHs所占的比例最大，且地上组织的含量要远远高于根部。该结论可作为研究植物修复HCHs污染土壤的重要理论参考[98]。黄化刚[99]比较了23份优质能源作物蓖麻（*Ricinus communis*）不同基因型栽培种对DDTs（包括*p,p'*-DDT、*o,p'*-DDT、*p,p'*-DDD和*p,p'*-DDE）的吸收和积累能力差异，发现不同蓖麻品种间对土壤DDTs的积累及转运能力具有显著差异。根、茎、叶DDTs的平均含量在干重状态下分别为70.51mg/kg、0.43mg/kg和0.37mg/kg。

不同品种的植物对不同类别农药的主要去除机制各异。安凤春等[100]通过植草方法研究了DDT及其主要降解产物污染土壤的植物修复试验，比较了10个品种的草在不同污染浓度下对5种土壤的修复效果。结果发现，不同品种的草在同一土壤中对污染物的去除能力存在差异，同一品种的草在不同土壤中对污染物的去除能力也是有差异的。在植物修复过程中，草对土壤有机污染物的吸收量很少，该途径对污染物的去除率所占总去除率的比例也很小。植草3个月后，草对DDT及其主要降解产物的吸收与富集仅占原施药总量的0.13%～3.0%，而有7.10%～71.94%的DDT及其主要降解产物则从土壤中消失。凤眼莲可将250mL的1mg/L的三氟氯氰菊酯、乙硫磷和三氯杀螨醇降解速度分别提高362.23%、283.33%和106.64%，其原因是凤眼莲可以将农药吸收积累在体内或吸收后降解，贡献率分别为63.06%、69.28%和37.77%，积累作用对乙硫磷和三氯杀螨醇的降解起到了约60%的作用，而对三氟氯氰菊酯的降解起了约30%的作用[106]。

在实际应用中，植物与微生物均可提高污染物的降解速率，两者共同起降解作用时对总降解率的贡献率不同，通常植物作用的贡献率大于微生物，但微生物的存在可以强化植物的降解。在夏会龙等[101]对凤眼莲植物修复几种农药污染的效应的研究中，微生物的消解贡献率相对较小，分别占乙硫磷、三氯杀螨醇和三氟氯氰菊酯消解率的19.72%、13.93%和15.30%。但通过比较抑菌与不抑菌处理农药在凤眼莲体内的积累量变化动态可看出，抑菌处理在一定程度上影响了培养72h以内的凤眼莲根系的吸收，如表3-17所示。表明根际微生物的作用并非仅仅直接降解有机物，还在一定程度上增强了植物对污染环境的适应能力，并促进植物对有机物的吸收，从而间接加速有机污染物的降解。

表3-17 凤眼莲积累及其对农药消解的影响

处理	时间/h	乙硫磷		三氯杀螨醇		三氟氯氰菊酯	
		积累量/μg	贡献率/%	积累量/μg	贡献率/%	积累量/μg	贡献率/%
抑菌	24	34.24±12.78	57.03	23.56±2.18	15.97	16.62±0.35	16.21
	72	42.92±6.22	29.00	46.64±29.18	40.56	31.34±20.97	23.21
	120	33.58±0.81	35.35	41.76±7.44	55.68	39.92±0.45	31.31
	168	46.96±3.68	40.83	43.93±12.72	79.87	44.04±14.49	41.94
	240	61.30±2.98	62.87	43.28±7.81	72.13	58.96±4.50	44.50
不抑菌	24	39.27±11.35	31.42	32.20±5.71	22.21	21.46±3.62	17.17
	72	76.36±15.04	95.45	42.24±6.02	33.13	24.21±2.99	24.21
	120	41.94±20.12	52.42	44.90±13.22	57.94	40.35±12.97	29.34
	168	76.14±15.74	64.80	36.59±4.07	54.21	27.81±2.67	24.18
	240	69.60±8.43	66.28	43.32±5.70	66.65	29.34±2.20	20.96

注：表中积累量数据为平均数±SD；积累量表示每株植物积累量每株植物鲜重10～11g。

单独通过植物降解的方式修复土壤农药污染的效果往往不能满足实际要求，所以一般需要通过一些技术手段强化植物修复。搭配使用两种表面活性剂：非离子表面活性剂Triton X-100（TX100，纯度>98%）和阴离子表面活性剂十二烷基苯磺酸钠（SDBS，纯度>98%）。在SDBS与TX100物质的量比为0∶10、1∶9、5∶5、9∶1时，能促进黑麦草吸收积累有机氯农药（OCPs）（p,p'-DDT和γ-HCH）。SDBS-TX100增强黑麦草吸收OCPs的程度与混合表面活性剂配比、浓度及OCPs本身的性质等密切相关。SDBS-

TX100 对黑麦草吸收 OCPs 的促进作用随着 SDBS 比例的增大而增强，其中对 p,p'-DDT 的促进效果更好；当 SDBS-TX100 配比为 9∶1 时，与无表面活性剂相比，黑麦草根中 p,p'-DDT 和 γ-HCH 的最大吸收量分别提高了近 70 倍和 14 倍。图 3-8 和图 3-9 分别为 48h 内不同配比 SDBS-TX100 对黑麦草根和茎叶吸收积累 OCPs 的影响[102]。

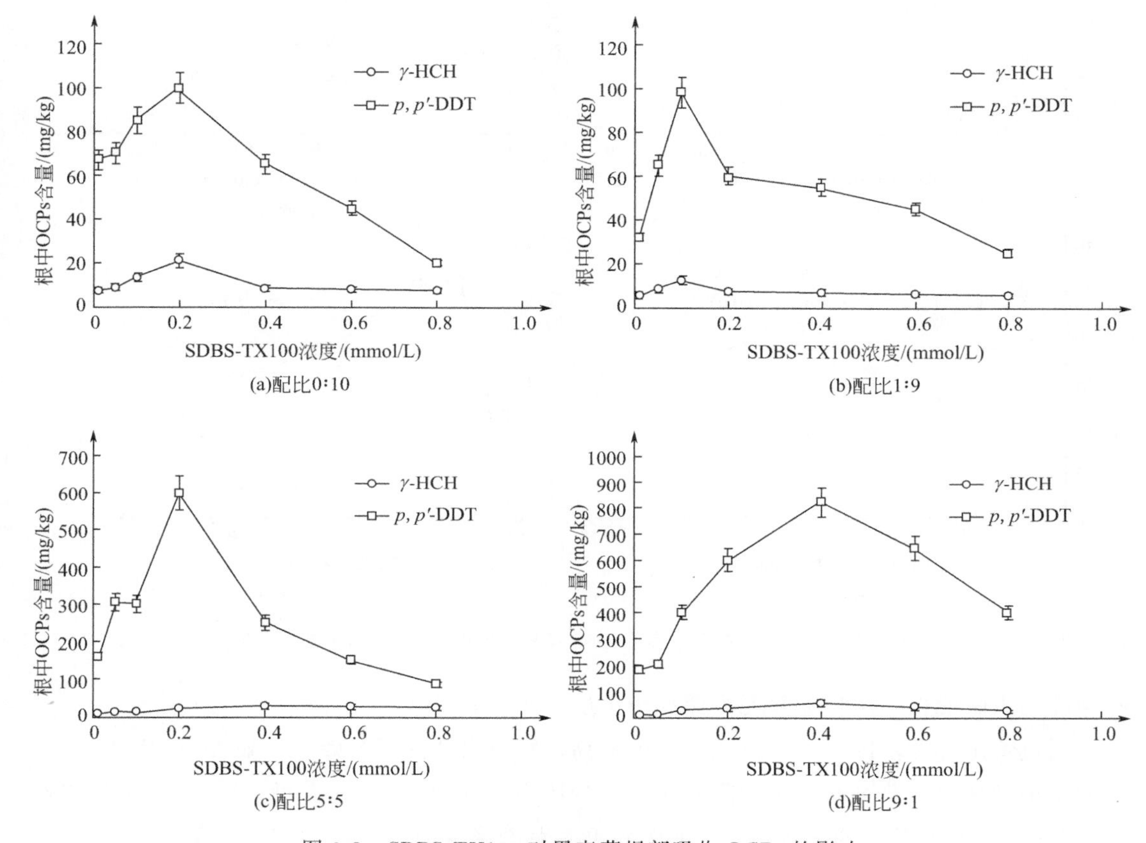

图 3-8　SDBS-TX100 对黑麦草根部吸收 OCPs 的影响

（三）除草剂污染农田植物修复技术

由除草剂大量使用导致的农田土壤污染，也可以通过植物修复技术达到净化的效果。人们在除草剂污染植物修复技术方面也进行了大量的研究。Gaskin 等[103] 发现在外部根际菌群与宿主植物松树共存时，可以大大提高土壤中莠去津的降解效果，比单独使用植物修复的去除率提高了 3 倍，充分说明利用植物降解污染土壤中的莠去津是可行的。Kruger 等[104] 利用地肤草进行修复试验，发现地肤草对多年沉积的莠去津具有明显的吸收效果，可降低土壤中生物可利用的莠去津量，且其他农药的存在不影响莠去津的降解。狼尾草也可提高土壤农药的降解，在污染土壤中生长 80d 后，能将莠去津和西玛津的降解率分别提高 23％和 32％[105]。风倾草在一定条件下可以促进土壤 80％以上的莠去津降解[106]。虞云龙等[107] 发现棉花、水稻、小麦和玉米等农作物也可明显促进丁草胺的降解，将丁草胺的降解半衰期缩短了 26.6％ ～ 57.2％。Li 等[108] 研究发现，多花黑麦草能吸收氟乐灵，并能在植株体内将其代谢。Olette 等[109] 研究了浮萍、伊乐藻和水盾草对磺酰脲类除草剂啶

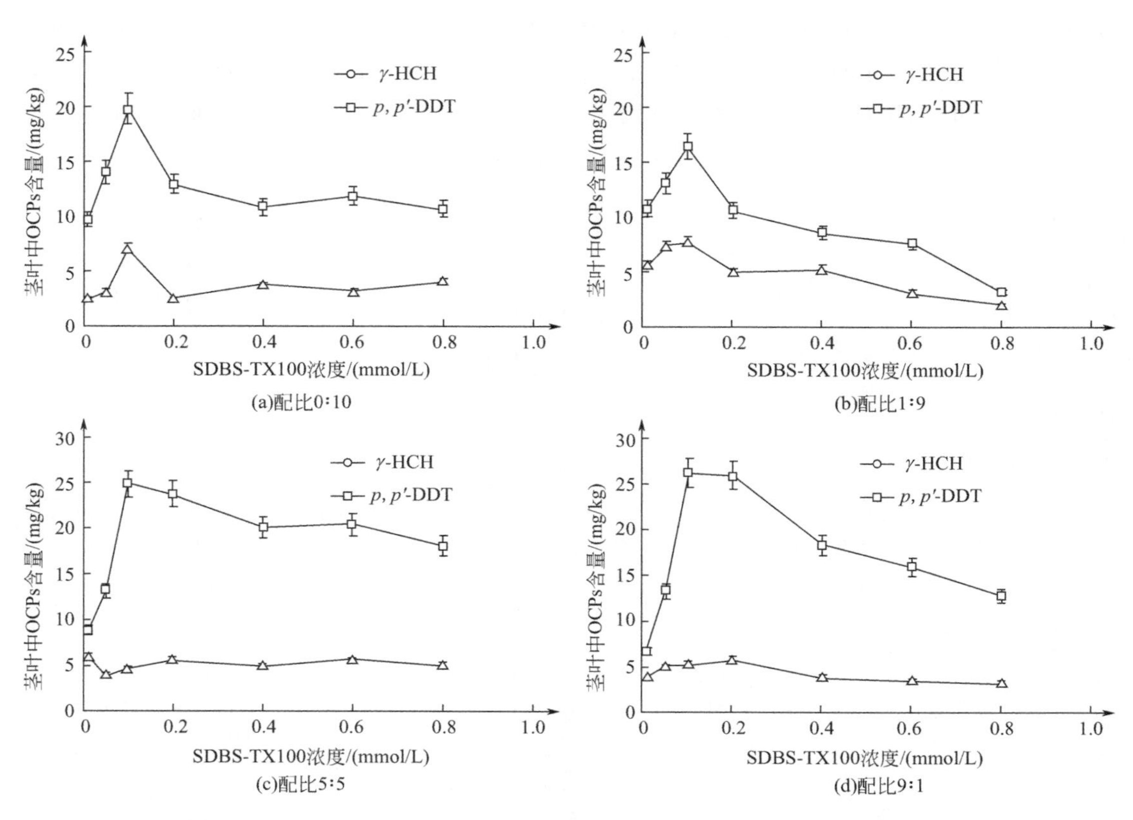

图 3-9 SDBS-TX100 对黑麦草茎叶吸收 OCPs 的影响（周溶冰等，2011）

嘧磺隆的吸收能力，发现吸收能力浮萍＞伊乐藻＞水盾草。

通过特定外源基因导入的方式，也可提高植物对农药的降解效率。如表达 CYP2B6 基因的水稻植株对除草剂呋草黄的降解作用至少增强了 60 倍；表达大豆 CYP71A10 和细胞色素 P450 还原酶基因的烟草植株，对苯脲型除草剂降解能力提高 20%～23%[110]。

植物修复具有的绿色环保、经济有效等优势，非常适合我国农业坚持可持续发展的要求，该技术在我国成为最具发展前景的技术。然而，以目前农药污染土壤植物修复技术的研究现状来看也存在一些局限性，例如植物修复技术不能应对环境中所有的有机农药污染，且对农药浓度有要求，只有适宜浓度范围植物修复才能实现，此外植物修复周期比较长。

二、多环芳烃污染土壤植物修复技术方法及研究现状

（一）土壤多环芳烃污染现状

多环芳烃（polycyclic aromatic hydrocarbons，PAHs）是环境中普遍存在的具有代表性的一类重要持久性有机污染物（persistent organic pollutants，POPs）。大量研究表明多环芳烃具有致癌、致畸、致突变的“三致”效应，许多国家已将毒性较大的一类多环芳烃设为优先控制的污染物。由于污水灌溉、固体废弃物填埋渗漏、石油开采和石油产品大量

使用等，我国许多地方已出现较为严重的多环芳烃污染土壤。PAHs 由于性质稳定、难于降解，会在土壤当中持续累积，对土壤生态功能、土地利用、农业生产和人类健康等构成严重威胁。因此，如何将土壤 PAHs 污染有效去除、恢复受污染土壤原有功能已成为国内外土壤和环境科学界共同关注的热点问题。

（二）土壤 PAHs 降解植物的筛选

Liu 等[111] 通过盆栽试验研究了 5 种观赏性植物（紫松果菊、紫苑、高羊茅、火凤凰、苜蓿）对油田污染土壤中污染物的降解效能，结果显示，火凤凰和苜蓿有效降低了土壤中 PAHs 含量，同时火凤凰也对土壤理化性质的改善起到了积极的作用。杨红军等[112] 对狐尾草、狗尾草、蟋蟀草、稗草、高羊茅、碱蓬进行 60d 的温室盆栽试验，其中种植狐尾草、狗尾草、蟋蟀草对土壤菲的降解效果最好，去除率分别达到了 81.53%、78.02%、76.01%，而碱蓬仅为 42.86%。也有研究表明，杂交黑麦草、多年生黑麦草、高羊茅、狼尾草、苏丹草、紫花苜蓿、苕子、白三叶对土壤中 PAHs 均有不同程度降解效果，如表 3-18～表 3-20 所示[113]。通过 90d 的盆栽种植试验，紫花苜蓿和多年生黑麦草有效促进了土壤 PAHs 降解，去除率分别达 48.4%、46.8%，对 3 环 PAHs 的降解效果要比 4 环及 4 环以上的 PAHs 更好。这些供试植物对 PAHs 均有一定的吸收、富集与转运能力，紫花苜蓿和多年生黑麦草对土壤 PAHs 的生物富集系数分别为 0.096、0.085，通过植物提取的修复效率分别为 0.017% 和 0.013%。

表 3-18 不同处理土壤中 PAHs 的浓度 单位：μg/kg

PAHs	杂交黑麦草	多年生黑麦草	高羊茅	狼尾草	苏丹草	紫花苜蓿	苕子	白三叶	对照
2 环	—	—	—	—	—	—	—	—	—
3 环	91±13	117±11	105±56	105±69	171±52	89±22	158±48	94±22	425±91
4 环	3367±701	3183±706	3390±376	3155±649	3703±271	3066±265	4158±604	3496±729	4736±1023
5 环	1481±225	1450±229	1497±217	1440±130	1677±88	1379±141	1826±267	1680±245	2115±366
6 环	1383±140	1176±108	1245±78	1309±127	1407±151	1207±61	1473±150	1472±162	1574±331
总量	6322±1060	5926±1029	6237±702	6009±972	6948±538	5743±398	7615±989	6714±1123	8849±1766

表 3-19 不同处理土壤中 PAHs 去除率 单位：%

PAHs	杂交黑麦草	多年生黑麦草	高羊茅	狼尾草	苏丹草	紫花苜蓿	苕子	白三叶	对照
2 环	—	—	—	—	—	—	—	—	—
3 环	88.9a	85.7a	87.2a	87.2a	79.2a	89.2a	80.8a	88.6a	48.2b
4 环	45.8ab	48.8a	45.5ab	49.2a	40.4b	50.7a	33.1bc	44.5ab	23.8c
5 环	40.8b	42.0b	40.1b	42.4b	33.3ab	44.8b	27.0a	34.2a	15.4c
6 环	13.7abc	26.6a	22.3bc	18.3abc	12.3abc	24.6ab	8.1abc	10.8abc	0.01c
总量	43.2ab	46.8ab	44.0ab	46.0ab	37.6b	48.4a	31.6bc	40.6b	19.2c

注：同行不同字母表示不同处理存在显著差异（$p<0.05$）。

表 3-20 不同植物体内 PAHs 含量、富集系数（BCF）、转运系数（TF）和提取效率

项目	杂交黑麦草	多年生黑麦草	高羊茅	狼尾草	苏丹草	紫花苜蓿	苕子	白三叶
地下部 PAHs 含量/(μg/kg)	643.7c	733.0b	446.0f	630.0c	450.7f	857.0a	520.0e	576.7d
地上部 PAHs 含量/(μg/kg)	122.3c	212.0a	98.7d	94.3d	168.0b	210.3a	164.6b	98.7d
生物富集系数(BCF)	0.069bc	0.085b	0.049d	0.065bc	0.056d	0.096a	0.062d	0.061cd
转运系数(TF)	0.19de	0.29b	0.22cd	0.15f	0.37a	0.25c	0.32b	0.17ef
提取效率/%	0.009b	0.013ab	0.004c	0.005c	0.002c	0.017a	0.003c	0.002c

注：同行不同字母表示不同处理存在显著差异（$p<0.05$）。

（三）微生物强化植物修复技术

多环芳烃降解植物通过植物提取降解和蒸腾作用途径对土壤中污染物的总去除效果贡献很小，平均贡献率仅为 0.24%[114-117]。植物促进土壤 PAHs 降解的过程非常复杂，简而言之，植物对土壤 PAHs 的降解主要是通过植物根部与根内外微生物之间的交互过程实现的，而发生这一过程的主要场所就是植物根际圈。因此，在研究植物修复土壤 PAHs 污染时，通常需要与土壤微生物结合起来。另外，大量研究也确实证明，在使用 PAHs 降解植物或 PAHs 专性降解菌对土壤 PAHs 污染进行修复时，如果将两者组合在一起，其修复效果会更好，降解率甚至成倍增长，即“1+1>2”。

因此，通过接种微生物强化植物降解土壤多环芳烃污染是土壤修复中的常用技术手段，可显著提高植物修复效果，缩短修复周期，降低修复成本。姚伦芳等以里氏木霉、根瘤菌和紫花苜蓿作为供试生物，研究微生物-植物联合修复对 PAHs 污染土壤修复效果，并对其微生态效应进行了探究[118]。微生物不仅促进了紫花苜蓿的生长，而且与紫花苜蓿产生了协同作用，有效提高了土壤中 PAHs 降解率。而紫花苜蓿则能够通过其根际效应有效地促进土壤微生物的活性。木霉菌提高了紫花苜蓿 5.88%的生物量，木霉菌与根瘤菌复合菌则使紫花苜蓿的生物量进一步提高，其生物量增加了 11.15%。木霉菌-紫花苜蓿和木霉菌与根瘤菌复合菌-紫花苜蓿处理下土壤中 PAHs 的降解率分别为 25.62%、32.93%，显著高于处理对照组（5.67%）。这些结果表明，通过接种木霉菌、根瘤菌，可以与紫花苜蓿产生协同作用，不仅促进了 PAHs 在土壤中的降解，而且能够恢复土壤微生物生态功能多样性和稳定性。接种菌根真菌和 PAHs 专性降解菌也能促进紫花苜蓿的生长和土壤中 PAHs 的降解。经过 90d 修复试验，种植紫花苜蓿接种菌根真菌、多环芳烃专性降解菌和两种菌混合处理的 PAHs 的降解率分别为 47.9%、49.6%、60.1%，均显著高于只种植紫花苜蓿的处理[119]。

植物-微生物联合修复 PAHs 污染土壤，植物的根系及根系分泌物可有效促进根际微生物的生长和繁殖。植物发达的根系部分为微生物的生长繁殖提供了良好的环境，并且也是微生物降解污染物的绝佳场所。大量的根系分泌物和脱落的根冠细胞可以加速土壤的生化反应，植物根系分泌的特殊化学物质（如有机酸等），可以改变土壤的 pH 值等[120]；分泌的营养物质（如糖类、醇、蛋白质等），可增加根际专性降解菌等功能微生物的群落数量，提高其活性，改变其种群结构，促进共代谢作用。张晶等[121] 利用聚合酶链式反应-

变性梯度凝胶电泳（PCR-DGGE）方法研究，发现紫花苜蓿-菌根真菌-两种降解菌（芽孢杆菌和黄杆菌）处理时，土壤中细菌群落多样性显著提高。这说明植物-微生物组合种植在一定程度上影响了土壤微生物群落的结构和丰度，进而使土壤 PAHs 的降解效率得到提升。此外，植物根际分泌物能够将土壤中锁定的 PAHs 从土壤表面分离开来，提高 PAHs 的生物有效性，促进微生物和植物对老化 PAHs 的降解[122]。根际微生物的代谢活动对植物的生长具有明显的促进作用。研究表明，部分根际微生物虽然不具备 PAHs 专性降解能力，但可以明显提高高羊茅对污染环境的抗逆性[123]。各种人为因素与环境因子都会对植物和微生物的生长和活性产生影响，进而对植物-微生物联合修复多环芳烃污染土壤的过程和效率产生影响[124]。

（四）植物-土壤动物联合修复技术

土壤动物是构成完整土壤生态系统的重要部分。这些大型土生动物和小型动物种群吞食大量土壤、有机质和植物残落物，分解有机物，矿化与释放营养物质，构建与维持土壤团聚体，提高土壤养分的有效性和周转率，改善根际环境，刺激根际微生物的生长。有研究表明，土壤动物群对土壤环境中的氮素总矿化率贡献约为 30%[125]。胡锋等[126] 发现，在 40d 培养期内不添加任何基质，原小杆线虫对土壤及小麦根际细菌种群均有明显的增殖作用。土壤动物组织对土壤中的菲、芘积累量非常少，分别仅为 0.06%、0.08%，但它们在土壤中活动而产生的物理干扰可以改善土壤通气性，更有助于土壤养分的均匀分布及好氧降解 PAHs 条件的形成[127,128]。在温室盆栽试验条件下，接种 AM（arbuscular mycorrhiza）真菌和蚯蚓，可促进 AM 真菌侵染南瓜，增加南瓜生物量；可有效提高南瓜对土壤中菲、蒽、芘、苯并［*k*］荧蒽、苯并［*a*］芘、苯并［*g*，*h*，*i*］苝等 PAHs 污染物的降解效率，提高南瓜对 3～5 环 PAHs 的吸收效果，特别是 AM 真菌和蚯蚓共同接种时，南瓜修复污染土壤的效果表现最好；AM 真菌可促进南瓜转移根系吸收的高浓度 PAHs 化合物至地上部，缓解 PAHs 对根系的毒害作用，提高南瓜在高浓度 PAHs 污染土壤中的存活率，有利于提高南瓜对高 PAHs 污染水平土壤的修复效果；蚯蚓则对南瓜地下部吸持高分子量的 PAHs（3～5 环）化合物有积极的作用[129]。Lu 等[130] 将高羊茅-丛枝菌根真菌（*Glomus caledoniun* L.）-蚯蚓（*Eisenia foetida*）组合培养 120d 后，发现植物、真菌、蚯蚓、土著微生物之间的交互作用刺激了微生物生长，提高了土壤中多酚氧化酶的活性，在这样的状态下，PAHs 的去除率高达 93.4%。该复合修复体系将成为修复老化 PAHs 污染土壤的有效方案。对比修复前后土壤 PAHs 的变化情况，PAHs 的含量由最初的 620mg/kg 削减至 41mg/kg，达到了我国住宅用地土地的 PAHs 含量标准。

（五）表面活性剂强化植物修复技术

表面活性剂的分子结构具有独特的两亲性，可以促进土壤中 PAHs 的解吸和溶解，同时能改变降解微生物细胞的表面性质，缩短微生物吸附位置和生物摄取位置之间的扩散路径，有助于微生物吸附到被污染物占据的土壤颗粒上。此外，表面活性剂还可以作为土壤微生物的碳源，促进微生物生长和相关酶活性，使得土壤环境条件向更有助于植物吸收积累 PAHs 的方向发展。Gao 等[131] 发现非离子表面活性剂吐温 80（Tween 80）能显著促进黑麦草和三叶草对多环芳烃的吸收，并可促进土著微生物降解PAHs。Ni等[132]证实十二烷基苯磺酸钠（SDBS）-Tween 80混合使用（含量低于150mg/kg时）能显著提高菲和芘的降解率，且2种表面活性剂混合使用时，黑麦草根部和地上部分积累的菲和芘含量是单一使用Tween 80时的2～3倍。接种PAHs专性降解菌、添加鼠李糖脂均能促进紫花苜蓿的生长和土壤中PAHs的降解[119]。

利用生物表面活性剂强化PAHs污染土壤生物联合修复的技术尚不成熟，仍需要开展大量的研究工作。对于向推广应用层面的发展来说还为时尚早，仍然存在一些问题需要解决，如种类过于单一、成本偏高、获取技术不成熟等[133]，对根际环境、土壤生物乃至整个生态系统的影响也还需要综合全面的论证研究。因此，需进一步研究不同类型生物表面活性剂应用在不同实际污染土壤上所表现出来的各种情况，以便选择合适的活性剂，在达到修复效果的同时控制好成本，从而为生物联合修复PAHs污染土壤提供有力辅助手段。

（六）固定化微生物强化植物修复技术

外源高效降解菌经过固定化技术，以不溶性固体作为载体，定位于限定的空间区域以内，可以保证在实际应用时降解菌有足够的单位细胞密度，有助于屏蔽土著菌、噬菌体和毒性物质的恶性竞争、吞噬和毒害，使降解菌得以长期保持活性，在复杂环境中也可稳定地发挥高效能[134,135]。用于固定化技术的微生物包括土著菌、外源高效菌和基因工程菌。固定化载体和高效降解菌相互固定的方式有吸附法、包埋法、交联法、共价结合法、微生物自身固定化以及组合固定化技术等[136]。固定化微生物技术在土壤修复中的研究才刚刚起步，许多方面的研究（诸如效能、影响因素、作用机制等）急需得到进一步地挖掘与探讨。

（七）农艺强化植物修复技术

植物间作、套作等不同耕作方式有助于促进植物对土壤有机污染物的去除。张晓斌等[137]研究了黑麦草/苜蓿间作对PAHs污染土壤的修复效应。黑麦草/苜蓿间作提高了植物对土壤菲的吸收，且间作体系根系富集系数大于单作，如表3-21所示；土壤中菲的可提取浓度随时间的延长而逐渐降低，在菲重度污染土壤上，黑麦草/苜蓿间作的优势更加凸显，间作与单作相比去除效果显著，间作对菲去除率高达90.53%。

表3-21　60d植物对菲的生物富集系数（以鲜重计）

富集系数	H5	M5	HMH5	HMM5
根部富集系数(RCF)	2.14±0.31c	4.38±0.22a	3.44±0.25b	4.73±0.50a
茎叶富集系数(SCF)	0.15±0.04b	0.30±0.04a	0.28±0.08a	0.25±0.02a
富集系数	H50	M50	HMH50	HMM50
根部富集系数(RCF)	1.30±0.12c	1.36±0.12c	1.53±0.04b	1.68±0.08a
茎叶富集系数(SCF)	0.36±0.06b	0.41±0.04b	0.42±0.03b	0.56±0.01a

注：1. H表示黑麦草；M表示苜蓿；HMH表示间作黑麦草；HMM表示间作苜蓿。

2. 5表示5mg/kg菲处理；50表示50mg/kg菲处理。

3. 同行标记相同字母表示差异不显著，$p<0.05$。

三、石油污染土壤植物修复技术方法及研究现状

（一）土壤石油污染现状

土壤作为人类、动植物和微生物赖以生存的重要环境基础，承载着自然界物质和能量，参与物质迁移、积累和转化等重要的循环过程。然而，随着现代文明的发展，土壤污染问题日益突出。目前，土壤污染被视为与大气污染、水污染齐驱的3大污染之一，已成为社会各界的关注热点。根据2014年我国环境保护部和国土资源部发布的《全国土壤污染状况调查公报》显示，我国土壤污染物总超标率高达16.1%。其中，有机类污染物，尤其是石油污染物已成为导致土壤安全问题的重要因素之一。据统计，中国有机污染面积大约是0.2亿公顷，其中石油污染占据很大比例。土壤中的石油污染物主要包括碳氢化合物（脂肪烃、芳香烃等）、卤代烃以及其他组分（含氧化合物、含氮化合物、含硫化合物等）。按挥发性划分，石油烃类物质包含大量的挥发性有机化合物（VOCs）和半挥发性有机化合物（SVOCs）[138]，因此具有很高的迁移性，污染面积广，生物有效性高，能够直接影响生物体。而且，石油烃类物质的长链部分因其分子质量大，结构紧密，所以乳化性较差，会在土壤中滞留并积累，对土壤结构以及生物种群造成严重影响，并如同重金属污染物质一样，富集于积累性植物中，进入食物链，对人们的健康造成威胁[139]。

石油污染主要来源于石油开采过程中泵、管线、油罐以及净化设备的泄漏，石油加工厂区设备的跑、冒、滴、漏，石油运输过程中的偶然事故，地下油罐的渗漏，以及煤化工生产过程中的泄漏和不合格排放等。石油污染物组成复杂，含有致畸、致癌、致突变的物质（如卤代烃、苯系物、苯胺类、菲、苯并［*a*］芘等），其一旦进入土壤，将对人类健康和生态环境造成严重危害[140]。

（二）石油烃污染物降解植物的筛选

植物可以适应广泛的环境条件，并且能在一定程度上改变周围土壤的环境，例如，根系分泌物可以通过化学或生物过程影响土壤营养元素的有效性[141]。植物修复的关键因素是修复植物对污染物的耐性和修复能力，即在高水平污染物的存在下，植物可以正常生长繁殖，并能够促进土壤中污染物的去除。在修复植物的选择过程中，植物的表型、生理学以及生物化学特征常被作为筛选指标[143,144]，例如，植物总生物量的大小、根系的发育状况及其物理尺度（例如植物根/茎比、根表/根体积比）、植物生长速率等都是常见的耐性指标。而石油烃残留量或去除率是常见的修复效率指标。近年来筛选出了多种可用于石油烃污染土壤修复的植物品种（表3-22）[145]。

表3-22 用于修复石油烃污染的不同植物

污染源	修复植物	科	污染物浓度/%	参考文献
帝国石油（加拿大）	高羊茅	禾本科	5.0	Huang et al，2005[146]
胜利油田（中国）	紫茉莉	紫茉莉科	2.0	Peng et al，2009[147]
炼油厂（秘鲁）	紫花苜蓿	豆科	10.0	Moghadam et al，2014[148]

续表

污染源	修复植物	科	污染物浓度/%	参考文献
炼油厂(伊朗)	牛尾草	禾本科	0.7	Soleimani et al,2010[149]
胜利油田(中国)	凤仙花	凤仙花科	4.0	Cai et al,2010[150]
胜利油田(中国)	牵牛花	旋花科	4.0	Zhang et al,2010[151]
明禾加油站(中国)	薫草	莎草科	1.0	Zhang et al,2014[152]
胜利油田(中国)	墨西哥玉米草	禾本科	7.7	唐景春等,2010[153]
胜利油田(中国)	棉花	锦葵科	10.0	Tang et al,2010[154]
石油污染土壤(墨西哥)	莎草	莎草科	0.5	Escalante et al,2005[155]
大港油田(中国)	长药八宝	景天科	4.0	程立娟等,2014[156]
烃污染场地(加拿大)	黑麦草	禾本科	0.7	Phillips et al,2009[157]

近几年中国科学院沈阳应用生态研究所刘睿团队[158,159]从几十种植物中筛选出石油污染土壤修复效果较好的植物火凤凰和紫松果菊，通过研究表明，火凤凰和紫松果菊具有很大的潜力，可降解石油污染土壤中的PAHs。种植火凤凰植物可以促进根际土壤中大部分氧化还原酶的活性，增强土壤微生物群落对PAHs的降解作用。经过150d的培养，PAHs的去除率达到90%以上，PAHs降解率比没有种植火凤凰的对照提高了45.34%。较高的修复性能也受植物本身特性（如过量的根系、纤维根系、抗病性强、抗旱、耐热、耐贫瘠土壤等）的影响。种植火凤凰可以引起土壤细菌群落结构和多样性的变化，植物与根际微生物的协同作用可促进土壤中PAHs的降解。

（三）石油污染土壤植物修复技术研究现状

1. 根际降解

根际降解实质是植物根部及其周围微生物的相互作用，降低了石油类污染物的毒性和持久性。首先，植物体为其根部供给营养物质，使根部不断生长发育，并不断向根际分泌有机物质，其中的一些根际分泌物会提高石油污染物的生物可利用性；其次，植物根部能够在根际区创造富含糖类、氨基酸、有机酸、维生素、单宁、生物碱、固醇、生物酶、生长素等营养物质的多元有机环境，刺激周边微生物群落的新陈代谢活动[160]；最后，在根际微生物代谢作用下，把石油污染物作为可利用的碳源供给微生物自身生长发育和繁殖所需，从而减少石油污染物对植物的毒害作用。

研究表明，总石油烃在根际土壤比非根际土壤更易被降解，植物培养70d后，非根际与根际土壤总石油烃降解率分别为11.8%和27.4%[161]。通过对芦苇、柽柳、沙枣修复新疆石油污染土壤效果的研究[162]，发现经过80d的修复，石油烃去除率可达到26.50%～31.27%，明显高于空白的15.57%～20.34%。其中，饱和烃去除效果最好，可达39.34%～46.18%。植物根际微生物分析表明，植物能够明显提高根际微生物数量，且3种植物的根土比（R/S）达到23～169。土壤酶活性在植物修复区显著改善，这种改善在不同类型植物作用下的程度有所差异（芦苇>沙枣>柽柳），过氧化氢酶活性、多酚氧化酶活性和脱氢酶活性分别是对照组的1.12～1.34倍、1.63～1.91倍和1.56～1.73倍。萱草在石油烃含量≤40000mg/kg时表现出良好的耐性，并且萱草对石油烃污染土壤中石油烃的修复效果比较显著，主要表现在试验组石油烃的去除率分别为53.7%和33.4%，显著高于空白对照组（31.8%和12.0%）[163]。陈嫣等[164]在大庆油田石油开采区含油率为6.15%的石油污染土壤上种植紫花苜蓿和披碱草，发现植物根际的石油污染土壤的持水能力和微生物活性得到明显改善。丁正等[165]以红壤、黑土、棕壤、灰潮土和黄棕壤5种自制石油烃污染土壤为研究对象，设置不同培养时间和石油烃浓度，进行了狗牙根、黑麦草、高羊茅对石油烃的修复模拟实验。研究结果表明，种植草坪后土壤石油烃的降解率较对照更高，且生物量较大的高羊茅和黑麦草处理石油烃降解率高于生物量较小的狗牙根处理；随着培养时间增加，所有处理石油烃降解率和降解菌数量呈先增加后降低的趋势，但低浓度石油烃污染土壤石油烃降解率和降解菌数量及植物生物量高于高浓度石油烃污染土壤。Wild等[166]在利用夏豌豆和白芥菜盆栽试验修复重度石油污染土壤时发现，非根际土壤中石油类去除率为59%，根际土壤中石油类去除率提高了12%，为71%。Xu等[167]研究了玉米、黑麦草和白苜蓿及其联合修复对污染土壤中菲和芘的去除效果，结果表明，种植植物可有效去除污染土壤中的菲和芘。尤其是玉米，在菲和芘初始浓度分别为52.52mg/kg和58.19mg/kg，经60d植物修复后，其浓度分别降至4.15mg/kg和6.77mg/kg，降解率分别达到92.10%和88.36%。

2. 植物固定

植物固定的方式也是植物修复土壤石油污染的一种方式。植物固定的方式主要包括2种：①植物根部细胞壁在相关酶和蛋白质的作用下和污染物结合在一起，使其固定在细胞膜外面；②部分酶能够促使某些污染物透过根部细胞壁和细胞膜进入细胞液泡中，从而起到固定作用。此外，在植物分泌的生物酶催化下，石油污染物与土壤中有机物之间的相互作用增加，并形成无害的腐殖质，进而提高石油污染物的生物可利用性[140]。

3. 植物降解

植物降解是污染物被植物根部吸收后，在植物组织输运作用下，参与植物体内新陈代谢从而实现降解的过程。Palmroth等[168]研究了欧洲赤松、杨树、黑麦草和紫羊茅等混合种植以及豌豆和白三叶等豆科植物对土壤中柴油污染物的去除效率。实验结果表明，豆科植物降解效率最高。有趣的是，豆科植物根部污染物浓度虽然降低，但其根茎叶萃取物中并未发现柴油成分，该研究结果验证了植物对有机物的直接降解作用。许端平等[169]将典型禾本科植物高粱和玉米种植于模拟石油污染的土壤中，研究高粱和玉米对石油污染土壤的修复作用。高粱、玉米使土壤中总石油烃含量显著降低，并且在收获的高粱、玉米植物体中直链烷烃和多环芳烃含量明显高于空白对照组（未检出）。结果表明高粱、玉米可在一定程度上去除土壤中的石油烃，且高粱对土壤中石油烃的去除作用比玉米更强；高粱、玉米可以富集和积累土壤中一定程度的多环芳烃和直链烷烃。此外，植物分泌的生物酶可以在植物体外部催化土壤中的石油类污染物发生化学反应，从而实现污染物的降解[160]。

4. 植物挥发

植物挥发是指植物吸收污染物后，污染物中的易挥发组分和某些代谢物通过植物茎叶的蒸腾作用释放到大气环境中，从而清除土壤当中积累的污染物。植物挥发作用大小可通过以下 2 种方法测量[170]：①在密闭系统中，利用吸附剂吸收植物茎叶挥发出的有机气体，通过分析吸附有机物含量直接计算植物挥发量；②开放系统中，通过测量体系中残留污染物含量，间接计算出植物挥发量。需要注意的是，后者由于存在植物吸收、根际降解等作用，往往存在较大的误差。Rubin 等[171] 在密闭系统测量了杨树苗对石油组分甲基叔丁基醚的挥发量，研究发现，经过 1 周时间的培养，体系中的甲基叔丁基醚质量分数减少了 30%。

近年来，运用植物修复技术处理石油污染土壤的案例屡见报道。Da 等[172] 发现 2 类柳科植物具有很强的石油耐受性，在污染土壤中种植 2 种柳科植物，经过 3 年的生长后，土壤中的石油烃质量分数减少 98%。李先梅等[173] 研究了 4 种植物（墨西哥玉米草、苏丹草、黑麦草、紫花苜蓿）对不同浓度石油污染土壤的修复效果，在石油污染物浓度为 10g/kg 和 40g/kg 时，墨西哥玉米草的石油去除率高达 63.00% 和 39.75%。苏丹草在浓度为 20g/kg 和 30g/kg 时石油去除率达到最大，为 55.00% 和 49.67%。上述 2 种植物根系发达，生长过程中对石油污染毒害作用的抵抗性强，其成活率、株高、生物量受石油污染物浓度影响均较小，对石油的去除效果较好。通过比较，墨西哥玉米草和苏丹草比黑麦草和紫花苜蓿更适合作为华北油田石油污染土壤的修复植物。Abioye 等[174] 和 Agamuthu 等[175] 分别用红麻和麻风树修复润滑油污染的土壤（润滑油质量分数 1%，并添加啤酒花种子皮），实验发现，在 90d 修复期内，红麻能使土壤中的润滑油质量分数减少 91.8%；在 180d 修复期内，麻风树使土壤中的润滑油质量分数减少 96.6%。

植物修复方法绿色环保，成本低廉，在土壤修复应用中备受青睐。然而，植物生长过程受气候、季节以及土壤环境限制，致使场地修复效率具有很大的不确定性。此外，高浓度的污染物会使植物出现中毒现象，甚至死亡。因此，植物修复方法通常和物理修复方法、化学修复方法以及微生物修复方法联用，以达到协同修复目的。

第三节 有机污染物-重金属污染土壤植物修复技术方法及研究现状

随着我国经济的快速发展，各地的城市化、工业化进程不断加快，在人们的物质生活获得巨大改善的同时，也面临着严峻的土壤污染问题。我国将近 5000 万公顷的耕地受到了不同程度的重金属污染，超过国土总面积 1/3 的土壤受到侵蚀，近国土总面积 1/2 的土壤已经发生土壤酸化。我国土壤重污染点位比例为 1.1%，且相对而言，我国南部地区的土壤污染程度要高于北部地区[176]。2014 年 4 月，我国国土资源部和环境保护部联合发布《全国土壤污染状况调查公报》，指出我国的土壤污染类型主要以无机污染为主，有机污染次之。无机污染主要是重金属污染，农业部农产品污染防治重点实验室对全国 24 个省市土地调查显示，320 个严重污染区，约 $548\times10^4hm^2$，重金属超标的农产品占污染物超标农产品总面积的 80%以上。2006 年前，环境保护部对 $30\times10^4hm^2$ 基本农田保护区土壤的重金属抽测了 $3.6\times10^4hm^2$，重金属超标率达 12.1%[177]。有机污染同重金属污染一样，可随着物质循环进入到食物链当中，严重威胁着生态环境安全和人类健康。早期的污染研究主要侧重于单一污染物产生的环境效应，随着研究工作的不断深入，人们认识到环境污染物具有伴生性和综合性，不同污染物之间可产生联合作用，形成复合污染[178]。有机物和重金属在土壤中共存，不同污染物之间和其与环境因子之间发生多种相互作用，增加了治理污染的成本及治理的复杂性[179]。环境中复合污染现象常常无法用单一污染理论来解释。因此，开展有机-重金属复合污染土壤修复技术的研究具有重要意义。本节结合几种常见的有机污染物（农药、石油、多环芳烃、多氯联苯等）与重金属复合污染的情况，对有机污染物-重金属污染土壤的植物修复技术方法及研究现状进行综述。

一、农药-重金属污染土壤植物修复技术方法及研究现状

（一）污染现状

在污水灌溉、矿质肥料大量使用、工业“三废”、汽车尾气、城市垃圾等因素影响下，重金属大量进入到土壤环境中并积累，造成污染。当今现代化农业长期大量广泛使用化学农药，且使用的农药种类繁多，组合多样，导致剧毒、高残留、难降解农药成为当前农药污染典型特征之一。据报道，农业生产所施用农药的有效利用率仅为30％～40％，而真正作用于靶标生物的仅有0.1％，绝大部分农药进入环境当中，造成污染或作物农药残留，直接危害人类健康。当前，环境中的污染物正趋于多元化和复杂化，进入生态系统中的污染物的种类随时间呈指数增长，实际污染的环境不再是单一污染的状态，而是以由各种污染物构成的复合/混合污染为主。单一污染物的作用机理很难解释多种污染物间复杂相互作用产生的环境效应，以往依据单一效应制定的有关评价标准难以真实地反映实际环境质量[180]。

（二）修复技术与研究现状

重金属-农药复合污染对植物产生的毒害主要表现为发芽率降低、根茎伸长受抑制、生物量降低、酶活性和某些化学物质含量发生变化等。在镉、铜和氯嘧磺隆复合处理条件下，小麦种子发芽率、根与茎伸长显著受到抑制，三者对复合污染的敏感程度顺序为：根长＞茎长＞发芽率。铜和氯氰菊酯交互作用对大白菜种子的影响也表现出相似的结果[181]，这说明植物的根对重金属-农药复合污染较为敏感，也是最容易受损的部位。镉与豆磺隆复合污染对小麦辽春10号具有协同抑制作用，小麦表现出生长迟缓、植株矮小等中毒症状，且随着镉浓度的增加，小麦生物量呈现下降的趋势[182]。

用于植物修复的理想材料应该具有能快速生长、生长周期短、生物量巨大、地上部能忍耐和积累高浓度污染物、易于种植和收获等特点。蓖麻属于大戟科蓖麻属一年生或多年生草本，原产于热带非洲，是能快速生长的C3植物种类。蓖麻籽是目前制作生物柴油的新原料，同时也是重要的工业原料，可制备表面活性剂、脂肪酸甘油酯、聚合用的稳定剂和增塑剂、泡沫塑料及弹性橡胶等，还用于环保油漆和涂料生产。由于蓖麻能在重金属重度污染土壤上快速生长，伴随着积累大量的重金属，其在环境污染治理方面的应用目前已受到研究者的广泛关注。另外，蓖麻是具有多种非食用用途的工业作物，在种植方式上具

有轮作和套作的优势，可以减少污染物的健康风险，提高土地资源的利用程度。黄化刚通过田间盆栽试验筛选对DDTs和Cd复合污染土壤残余污染物具有较高修复效率的蓖麻品种，比较了23份优质能源作物蓖麻不同基因型栽培种对复合污染土壤中Cd和DDTs的吸收和积累能力差异[99]。结果表明，不同蓖麻品种对土壤DDTs和Cd的积累及转运能力差异较大。叶、茎、根DDTs的平均含量（以干重计）分别为0.37mg/kg、0.43mg/kg和70.51mg/kg，Cd平均含量（以干重计）分别为1.22mg/kg、2.27mg/kg和37.63mg/kg。DDTs和Cd的生物富集系数变动幅度分别为0.09～65.33和0.43～13.30，DDTs或Cd的转运系数均小于0.1。植物对DDTs和Cd总的积累量分别为83.06～267.79μg和66.04～155.12μg。生物量大、生长周期短、根系吸收能力强及其可同时积累DDTs和Cd等特性表明蓖麻作物在DDTs/Cd复合污染土壤植物修复中有很大的应用前景。

重金属和持久性有机污染物（POPs）是导致土壤污染的两大典型污染物。镉（Cd）是环境中的有毒物质，是生物体的非必需元素，其化合物的毒性很大，蓄积性很强。滴滴涕（DDTs）是环境中典型的持久性有机污染物和环境内分泌物干扰物（EDs）。DDTs通常包括*p*,*p*′-DDT、*o*,*p*′-DDT、*p*,*p*′-DDE和*p*,*p*′-DDD（统称为DDTs）。虽然我国在1983年全面禁止生产和使用DDTs，但至今，在各种环境介质（包括土壤、水体、空气、植物和动物产品）中仍可广泛检测出DDTs[183,184]。由于Cd和DDTs在环境中普遍存在，且具有持久性和对动植物及人体的严重毒害作用，因此引起了相关学者的广泛关注。朱治强通过盆栽试验，研究不同基因型南瓜品种对Cd和DDTs复合污染土壤残余污染物的积累特性，以寻找Cd/DDTs低积累型或富集型南瓜品种材料[185]。结果表明，不同南瓜品种对土壤DDTs和Cd的积累及转运能力差异较大。南瓜果实、叶、茎、根DDTs的平均含量（以干重计）分别为338.4～793.2ng/g、1619～1812ng/g、1273～3548ng/g、3396～12811ng/g，Cd平均含量（以干重计）分别为0.26～1.12mg/kg、0.49～2.25mg/kg、1.04～4.84mg/kg、1.61～7.72mg/kg。经过分析比较，“特别选蜜本王”可以认定为Cd和DDTs低积累型南瓜，在中轻度Cd和DDTs（Cd≤1.50mg/kg，DDTs≤1.00mg/kg）复合污染土壤上种植该品种亦可保障农产品的质量安全；而“日本红甜蜜”南瓜具有共富集Cd和DDTs的潜力，适宜作为Cd-DDTs复合污染土壤的植物修复材料。

甲霜灵农药作为苯基酰胺类高效、低毒内吸性杀菌剂广泛应用于烟草黑胫病的防治中，该农药的大量使用不可避免地在烟田环境中形成残留，影响土壤环境。镉是部分植烟土壤中大量存在且毒性很强的重金属之一，易被烟草根系吸收、富集并通过烟气进入人体。刘祥等[186]研究了农药甲霜灵和重金属Cd复合污染对烟草整个生育期内根系生长发育及其生理过程的影响。发现添加浓度为20mg/kg的甲霜灵增加了烟草主根长、根体积和根系活力，而减少了根干物质重；添加浓度为20mg/kg的Cd减少了烟草主根长和根干物质重，增加了根体积，对根系活力则有先促进后抑制作用；甲霜灵与Cd复合污染对烟草主根长和根干物质重表现为减少，主根长和根干物质重与对照相比分别减少23.20%和31.57%，其对根体积表现为增加，对根系活力则有先促进后抑制作用。另外，重金属Cd的添加抑制了烟草根系对甲霜灵的吸收与转运。

随着土壤污染问题研究的不断深入，越来越多的环境污染问题得到解决，但同时也逐步发现许多新的问题。例如土壤有机无机复合污染的问题不能简单地将单一污染的植物修复技术拿过来使用，而是需要进一步加强复合污染的修复研究，从降解植物筛选到修复效能的验证与强化，再到作用机理的研究等方面均需要不断完善。

二、多环芳烃-重金属污染土壤植物修复技术方法及研究现状

（一）污染现状

目前，由重金属与多环芳烃构成的复合污染已引起国内外相关学者的广泛关注。重金属与多环芳烃均属于持久性污染物，它们往往是同时或者先后进入到环境中，对环境造成影响。典型的多环芳烃-重金属复合污染场地有焦电、煤矿、化工和冶炼等工业场地。近年来，我国也相继开展了工业场地污染调查方面的研究。白世强等[187]研究发现洛阳工业区土壤 Pb、Zn、Cu 和 Cr 重金属复合污染严重；丁琼等[188]发现华东某农药厂场地土壤中 DDTs 和 HCHs 等 POPs 类有机污染物污染严重；冯嫣等[189]调查发现北京焦化厂场地土壤 PAHs 高达 144.8mg/kg；Tang 等[190]对台州旧电子处理厂土壤调查研究，发现该地区存在重金属、PAHs 及 PCBs 复合污染问题。朱岗辉等[191]研究了焦电、煤矿和冶炼三类工业场地土壤中 6 种重金属（Cu、Pb、Zn、Cr、Cd、As）和 16 种 PAHs 的污染状况。结果表明，冶炼类工业场地存在复合污染，主要是 Pb、Zn、Cu、As 及 PAHs 污染，超标率均超过 50%，最高的甚至超标近百倍。煤矿类场地也表现为复合污染，主要是 As 和 PAHs 污染，其中 As 超标率为 87.5%，最高超标 2.4 倍；PAHs 超标率为 75%，最高超标 6.7 倍。焦电类场地则以 PAHs 污染为主，超标率达 81.2%，最高超标 34 倍。通过对各污染场地的 PAHs 污染进行源解析，发现焦电类工业场地主要为煤燃烧源，而煤矿类主要为石油源，冶炼类场地主要为煤和石油的混合来源。三类工业场地存在不同程度的复合污染，其中表现最普遍的是 As-PAHs 复合污染，Pb 与 PAHs 在三类工业场地均显著相关。对三类工业场地 PAHs 和重金属进行污染评价的结果为，冶炼类＞焦电类＞煤矿类，其中焦电类工业场地以 PAHs 污染最严重，冶炼类工业场地以重金属污染为主。

对复合污染中污染物之间联合作用的理解，不同的学者给出的解释不一，但总结起来主要包括如下 3 类。①简单相似作用。也有文献称之为相似联合作用、剂量相加作用和相对剂量相加作用。表现为各单一污染物之间没有相互影响，所有污染物作用方式、作用机制均相同，只是强度不同。②独立联合作用。也称为简单不相似作用、简单独立作用或效应相加作用。各污染物间不存在相互作用，但污染物的作用方式、机制和部位不同。③交互作用。污染物之间存在相互作用，所产生的联合作用效应大于或小于各污染物单一污染所产生的效应之和。联合作用增强的称为协同、加强或超相加；反之，为拮抗、抑制或亚相加。

（二）修复技术与研究现状

不同品种的植物对 PAHs-重金属复合污染土壤的修复效能不同。赵颖等采用盆栽试验的方法，研究不同种类牧草对复合污染土壤中 PAHs 和 As 的修复作用[192]。试验所用供试土壤的 PAHs 和 As 含量分别为 2.01mg/kg、28.3mg/kg。结果表明，土壤中 PAHs 的降解主要途径是依靠植物根际微生物代谢活动，通过植物吸收的途径贡献很小。在该试验

条件下，杂交狼尾草、高丹草和苏丹草对土壤中∑PAHs去除能力最强，去除率为99.36%～99.67%，菊苣去除能力最弱，去除率为97.78%。表3-23显示了在复合污染条件下各种供试植物对PAHs的降解作用。

表3-23 供试牧草对∑PAH降解作用的影响

牧草品种	收割时土壤中∑PAHs含量/(mg/kg)	土壤中∑PAHs去除量/(mg/盆)	植物吸收量/(mg/盆)	∑PAHs总降解量/(mg/盆)	∑PAHs总降解率/%	植物根际的降解作用	
						降解量/(mg/盆)	降解率/%
杂交狼尾草	1.38	3.15	0.02	3.13	99.36	2.43	77.65
高丹草	1.41	3	0.01	2.99	99.67	2.29	76.56
苏丹草	1.41	3	0.01	2.99	99.67	2.29	76.55
籽粒苋	1.57	2.2	0.02	2.18	99.09	1.48	67.91
菊苣	1.83	0.9	0.02	0.88	97.78	0.18	20.60
多年生黑麦草	1.47	2.7	0.01	2.69	99.63	1.99	73.99
高羊茅	1.69	1.6	0.01	1.59	99.34	0.89	56.02
紫花苜蓿	1.43	2.9	0.01	2.89	99.66	2.19	75.76
多花黑麦草	1.45	2.8	0.01	2.80	99.64	2.10	74.96
早熟禾	1.78	1.15	0.01	1.14	99.13	0.44	38.86
对照	1.87	0.7	0	0.7	100.0	0	0

注：每盆土壤质量为5kg。

不同牧草种植下土壤中总As质量分数无明显差异，有效态As含量差异明显。杂交狼尾草、高丹草、苏丹草种植土壤中的有效As含量最高，与定苗前相比，其含量增加了73.9%～96.6%；早熟禾种植土壤中的有效As含量最低，其含量仅增加了21.4%。表3-24显示了供试土壤中有效As、总As的含量。盆栽试验结果表明，杂交狼尾草、高丹草、苏丹草对PAHs-As复合污染土壤的修复效果最好，适合用于污灌区复合污染农田土壤的修复与治理。

表3-24 收割牧草时供试土壤中有效As、总As含量

处理	收割牧草时总As/(mg/kg)	试验初期有效As/(mg/kg)	收割牧草时有效As/(mg/kg)	有效As含量提高率/%
高丹草	26.84a	1.81a	3.31ab	82.9
苏丹草	26.55a	1.76a	3.06bc	73.9
籽粒苋	27.69a	1.82a	2.86cd	57.1
菊苣	27.57a	1.73a	2.87cd	57.6
紫花苜蓿	27.65a	1.75a	2.13e	21.7
高羊茅	27.13a	1.83a	2.21e	20.8
杂交狼尾草	26.46a	1.79a	3.52a	96.6
早熟禾	27.68a	1.82a	2.21e	21.4
多年生黑麦草	27.64a	1.76a	2.76d	56.8
多花黑麦草	27.95a	1.78a	2.98cd	67.4
对照	28.13a	1.81a	1.83f	2.3

重金属可以促进PAHs的降解。丁克强等[193]采用室内盆栽试验方法，研究了苜蓿在Cu污染土壤中对多环芳烃苯并［a］芘污染的修复作用。经过60d的盆栽试验，土壤中苯并［a］芘的可提取浓度随着时间延长而逐渐减少，苜蓿加快土壤中可提取态苯并［a］芘的削减。苜蓿对污染浓度为1mg/kg、10mg/kg、100mg/kg的土壤中苯并［a］芘的削减率分别达到86.0%、84.3%和39.8%。苜蓿的存在提高了根圈土壤中微生物的数量，增强了微生物代谢活性，因而促进了土壤苯并［a］芘的降解。同时，植物的根、茎对土壤苯并［a］芘也有一定的积累，并且能够在Cu和苯并［a］芘混合污染中正常生长。苜蓿的存在对土壤中Cu的含量无明显影响。土壤受到污染后，依靠本身的自净能力，可以使土壤中一定浓度的苯并［a］芘得到降解。而当土壤中同时存在一定浓度的Cu污染时，会强化苜蓿促进土壤中苯并［a］芘的降解，并提高苜蓿的生物量，增强土壤微生物的活性，从而提高苜蓿修复Cu和苯并［a］芘混合污染土壤的能力。

PAHs也可以促进植物对重金属的富集。转移系数用来评价植物将重金属从地下部向地上部转移富集的能力，转移系数是否大于1是区别富集植物与普通植物的一个重要特征。在芘、Cd、Pb复合污染土壤中，红薯对土壤中Cd的转移系数可达到3以上，最大的可达52.57；对Pb的转移系数大于1，最大为1.14。而在重金属单污染条件下，所有处理对土壤重金属的转移系数均小于1，Cd单污染时各处理Cd的转移系数在0.33～0.55之间；Pb单污染时各处理Pb的转移系数在0.59～0.76之间。相比单污染，复合污染促进了红薯体内重金属向地上部转移。当芘初始浓度为100mg/kg时，芘单污染根际区与非根际区的残留浓度分别为4.77mg/kg、8.21mg/kg，复合污染为1.67mg/kg、6.40mg/kg。芘初始浓度为300mg/kg时，芘单污染各区的残留浓度分别为5.92mg/kg、16.88mg/kg，复合污染为2.51mg/kg、18.27mg/kg。可见各浓度下，复合污染时根际区芘的含量均小于单污染，复合效应促进了根际区芘的去除。非根际区芘的含量在低浓度时是单污染大于复合污染，而高浓度时是复合污染大于单污染，说明低浓度时复合效应促进非根际区芘的去除，高浓度却表现为抑制芘的去除[194]。

重金属和多环芳烃复合污染对植物的修复效果产生抑制。通过盆栽试验研究原生Cd超积累植物东南景天在Cd-菲/芘复合污染土壤中的生长及其对两类污染物的去除能力[195]。选择受低浓度（0.92mg/kg）Cd污染的菜地土壤作为供试土壤，分别设置两个Cd污染浓度（0.92mg/kg、6mg/kg）和3个菲/芘污染浓度（0mg/kg、25mg/kg、150mg/kg），并将各个Cd和两种PAHs的污染水平分别进行交叉处理，并于配好的复合污染土壤上种植东南景天。研究发现，土壤Cd浓度的提高刺激了东南景天的生长，而PAHs的存在则对这种促进作用产生抑制。同时，当土壤Cd污染浓度为6mg/kg时，PAHs削弱了东南景天对土壤Cd的吸收积累能力。经过60d的种植，土壤Cd的植物去除率在低、高浓度Cd污染土壤中分别为5.8%～6.7%和5.7%～9.6%。东南景天未对土壤中菲和芘的去除率产生明显影响。土壤Cd浓度的提高使得芘在土壤中降解效率降低，脱氢酶活性也受到了Cd影响而降低，这说明Cd浓度的提高造成芘降解效率的减缓可能是因为土壤高浓度Cd污染对土壤微生物活性造成了影响。本试验的结果说明东南景天可以在菲或芘存在下，从土壤中有效提取Cd，但是在高浓度Cd污染土壤中，其提取效率受到两种PAHs的抑制。另外，仅种植东南景天无法起到同时修复重金属和PAHs复合污染的效果，此时需要考虑采取其他辅助措施进行强化修复。许超等[196]通过盆栽试验研究了两种基因型玉米生长前期根系形态对土壤Cd和芘复合污染的响应。结果表明，Cd与芘复合污染显著降低了白玉米和黑玉米的生物量，尤其是对根的抑制作用更加明显；与未污染相比，Cd与芘复合污染下白玉米和黑玉米的根长稍有增长，根表面积、根平均直径和根体积等指标降低，但两处理间差异不显著。

重金属与多环芳烃复合污染，一定浓度范围内可以促进植物对两种污染物的修复，超过某个范围之后就转而为抑制修复。苏丹草具有生长旺盛、耐寒性强、根系发达、具备较强Cd耐受力及抗逆能力等优点，常被用于修复土壤重金属和多环芳烃复合污染的技术研究。针对典型重金属污染物Cd和PAHs中具有代表性的4环化合物芘，研究芘-Cd复合污染土壤中苏丹草的生长、苏丹草对Cd的吸收和积累特点、修复效益以及对芘的降解作用。结果表明，芘-Cd复合污染土壤中，低浓度芘（5mg/kg）的添加可以缓解Cd对植物造成的毒害作用，而中、高浓度芘（50mg/kg、300mg/kg）的添加却会加剧Cd的毒害作用。即在影响苏丹草生长方面，低浓度芘（5mg/kg）与Cd表现为拮抗作用，而中、高浓度芘（50mg/kg、300mg/kg）与Cd表现为协同作用。苏丹草可以从芘-Cd复合污染土壤中提取Cd，植物积累的Cd总量随着土壤Cd浓度的提高显著增加。当土壤镉浓度为9mg/kg、18mg/kg时，芘的加入抑制了镉在苏丹草体内的转运；而当土壤镉浓度为6mg/kg时，芘的添加对镉在苏丹草体内的转运无显著影响。复合污染土壤中，芘的去除率随着芘浓度的增大显著减小，种植苏丹草可以显著提高土壤中芘的去除率；各浓度芘与低浓度（6mg/kg）Cd的相互作用降低了苏丹草对土壤中Cd的修复效率，然而50mg/kg的芘却显著提高了中浓度（9mg/kg）Cd污染土壤中苏丹草积累Cd的总量；同时，Cd的添加抑制了土壤中芘的去除，且抑制程度随着Cd添加浓度的增大而增强。因此，苏丹草修复芘-Cd复合污染土壤的修复效率受Cd和芘相互作用的影响，且污染物之间的相互作用类型可能会因污染物浓度不同而发生变化[197]。邢维芹等[198]研究铅和苯并［*a*］芘混合污染酸性土壤上黑麦草生长对污染物的修复作用，表明，Pb是抑制黑麦草株高和产量的主要因素，当Pb与苯并［*a*］芘混合污染土壤时，在一定浓度范围内黑麦草能吸收土壤中的Pb和苯并［*a*］芘，黑麦草对Pb与苯并［*a*］芘复合污染土壤有一定的修复作用。

三、石油烃-重金属污染土壤植物修复技术方法及研究现状

（一）污染现状

土壤的石油和重金属污染是环境污染研究的热点。目前全球每年约开采40亿吨石油，其中7%左右（含原油及产品）会进入到环境中，污染土壤环境和地下水资源。石油中除含有大量持久性有机污染物以外，还含有如钒、镍、镉、铅、铜、铬、钡等重金属。石油中重金属含量不高，但它们不能被生物降解，一旦进入土壤就会长久残留，不断积累，使污染呈现逐步加重的趋势。我国土壤石油类污染程度非常严重，远远高于发达国家，石油污染呈逐年累积加重态势，部分区域土壤环境已恶化至不可恢复的边缘。原油中的有机污染物质具有致癌、致畸、致突变作用，会在粮食中积累，通过食物链进入动物和人体内。而重金属也是造成土壤污染的主要物质，其污染过程具有隐蔽性、长期性、不可逆转性。

土壤重金属污染的危害还表现在降低土壤肥力、降低农作物产量和品质、恶化水源、通过食物链危及人体等方面[199]。

（二）修复技术与研究现状

目前，筛选得到的用于土壤修复的植物多数具有超积累特性，但这些植物大多是野生品种，且生物量低，生长速率慢，需较长修复周期，因此在实际操作中难以大面积应用。而紫花苜蓿作为污染修复植物品种，已驯化成熟，该植物是生长速率快、生长周期较短的豆科牧草。目前，已有很多报道指出，紫花苜蓿是一种很有潜力的土壤修复植物。紫花苜蓿是多年生豆科草本植物，具有很高的饲用价值和生态价值，在世界上被广泛种植，在我国已有2000多年的栽培历史，被誉为“牧草之王”。周云[200] 以油田现场采集的油污土壤和钻井废物为研究对象，采用盆栽试验，通过种植紫花苜蓿、多花黑麦草，系统研究了试验条件下植物降解石油烃污染物和重金属的修复效果，以及植物修复对土壤中重金属形态的影响。经多花黑麦草生长修复的油污土和固化土，其含油量平均下降了51.5%～72.8%；经紫花苜蓿生长修复的油污土和固化土，其含油量平均下降了42.4%～57.0%。不同污染程度土壤上种植的多花黑麦草与对照相比，其生物量显著优于紫花苜蓿，由此可以推断，石油污染物的降解率可能与植物品种特性及其生长的条件有关。多花黑麦草的根系发达，并相互交错呈网状，说明其耐受油污染程度高于紫花苜蓿，因此多花黑麦草对土壤中石油类污染物的处理率略高于紫花苜蓿。对于复合污染土壤的重金属修复效能，紫花苜蓿对重金属的富集迁移能力略优于多花黑麦草。紫花苜蓿对As、Cd、Zn、Cu元素的富集能力较好，富集系数均大于1，对Cd、As、Zn和Ni的迁移能力较强，迁移系数均大于0.5；多花黑麦草对Cd、As、Zn元素富集效果较好，富集系数大于1，对As、Zn、Pb和Ni有较明显的迁移作用，迁移系数均大于0.5。植物修复使土壤重金属的形态产生明显变化，残渣态比例明显降低，平均比例降低约40%，主要向可氧化态等生物有效态转化，生物有效态比例明显增加约38%，由此证明植物修复对土壤中重金属有一定的活化作用，提高了植物对重金属的修复效果。

胥九兵等[199] 利用微生物菌剂和花卉植物在花盆中对不同浓度的石油烃和重金属镉的复合污染土壤进行了生物修复试验研究。只在菌剂作用下，2个月后两种土壤中石油烃的降解率分别为39.4%和46.3%；在同时种植花卉植物的情况下，提高了石油烃的降解率，其中种植紫茉莉时两种复合污染浓度的土壤中石油烃降解率分别提高了5.2%和9.5%，种植牵牛花使两种土壤中石油烃的降解率分别提高了13.3%和21.1%。可见，依靠植物分泌物和自身的降解作用以及根际生物圈有助于土壤中石油烃的降解。比较两种花卉植物对污染物的降解效果，牵牛花的降解效果优于紫茉莉。复合污染土壤中的重金属组分Cd的浓度水平高时，植物对土壤中Cd的富集效果好，但不同植物的富集水平差异较大。在低浓度复合污染土壤中，土壤中镉浓度为50mg/kg，两种植物对镉的富集效果差异不大；而在高浓度复合污染土壤中，土壤中镉浓度为100mg/kg，紫茉莉的富集量为49.12mg/kg，仅提高18.0%，牵牛花中镉的富集量为294.30mg/kg，提高了610.7%，是紫茉莉的6倍。可见，紫茉莉和牵牛花在石油烃-镉复合污染条件下对镉均具有一定的富集能力，且当土壤中镉的浓度为100mg/kg时，牵牛花的富集效果是紫茉莉的6倍。

腐殖质是土壤有机质的主要组分，是由有机物质再合成形成的大分子物质组成的混合物，是天然的螯合剂。腐殖酸是腐殖质的重要组成部分，是可以从土壤中提取出来的一种暗色有机物质，不溶于稀酸。由于腐殖质具有改善土壤物理、化学性质，提高土壤肥力等功能，因此在重金属污染甚至重金属与石油烃复合污染的土壤中可以促进植物生长。腐殖质含有多种活性且相互作用的官能团（如羧基和酚羟基等），可以与重金属在土壤介质中发生螯合作用，影响其固持能力和移动性。在重金属和石油烃复合污染土壤中，研究腐殖酸对草本植物芸薹、高羊茅和向日葵吸收重金属的影响[201]。实验结果表明，腐殖酸会大幅降低污染土壤中可溶性和交换态重金属含量，提高植物可利用态重金属的含量。腐殖酸促进 Pb、Cu、Cd 和 Ni 在供试植物幼苗和根部的积累，促进效果最明显的是高羊茅幼苗，达到了 264.7%，生物富集系数从 0.30 提高到 1.10。芸薹根中 Ni 和 Pb 的生物富集系数也有一定提高。人工添加腐殖酸，除 Ni 外，其他种类重金属潜在生物有效性和可淋出性因子大于 1，这说明大多数重金属对植物具有潜在的有效性。上述研究结果表明，石油烃与重金属污染共存时，通过添加腐殖酸可以提高植物对土壤重金属的吸收，同时减少重金属淋失。

四、多氯联苯-重金属污染土壤植物修复技术方法及研究现状

（一）污染现状

多氯联苯（PCBs）是国际上极为关注的 12 种优先控制持久性有机污染物之一，具有致癌、致畸、致突变的“三致”效应以及生态环境与健康风险；高浓度的重金属对动植物具有严重的毒害作用。随着信息时代的发展，全球越来越多的废旧电子和电器设备被淘汰，形成巨量的电子垃圾。在电子垃圾拆解、焚烧或就地堆放的处置过程中，电子垃圾中所含的铜、铅、镉等重金属和多氯联苯等持久性有机污染物易进入周边环境，使拆解场地及周边区域形成了重金属与毒害有机物污染并存的特点。吴江平等[202] 研究发现，广东省清远市龙塘镇某电子垃圾拆卸场附近水塘沉积物中的 PCBs 含量达到 24.5～38.6mg/kg，该地区电子废弃物焚烧土壤中 Cu、Pb、Cd 平均含量分别达到 4850.6mg/kg、1714.5mg/kg、10.5mg/kg[203]，远远超过了国家土壤环境质量标准（GB 15618—1995）规定的三级土壤标准。在土壤介质中，有机污染物可以与重金属发生各种联合作用，包括协同、拮抗、相加等，从而影响土壤中污染物的形态、性质与毒性变化。但是，目前国内外对污染土壤修复研究往往仅针对重金属或者有机物单一污染类型的修复，而对重金属-多氯联苯复合污染土壤的修复工作，文献报道不多。

（二）修复技术与研究现状

在长江三角洲某电子废弃物拆解区，其土壤中存在着严重的多氯联苯与重金属铜、镉的复合污染问题。选用紫花苜蓿、海州香薷以及伴矿景天作为供试植物，研究其对多氯联苯、铜、镉复合污染土壤的修复效应（见表 3-25）[204]。对 PCBs 而言，紫花苜蓿、海州香薷、伴矿景天均显示出较好的修复效果，其对土壤中 PCBs 的去除率分别达 48.9%、68.5%和 76.8%，显著高于对照处理的 19.7%（$p<0.05$），并以种植伴矿景天对土壤中

PCBs 的去除效果最好。而对于重金属 Cu 和 Cd，以伴矿景天的去除效果最为显著（$p<0.05$）；而海州香薷仅对土壤中 Cu 的去除效果明显；此外，种植紫花苜蓿虽然对两种重金属均有一定程度的去除，但与对照相比，重金属含量的降低并不显著。总体而言，三种植物对复合污染土壤的修复效果表现为伴矿景天>海州香薷>紫花苜蓿，如表 3-25 所示。

荨麻是一种重金属超富集植物，许多研究证明荨麻对重金属污染土壤具有良好的修复效果。另外，也有研究证明荨麻对 PCBs 污染土壤同样具有良好的修复潜力。Viktorova 等[205] 在受到重金属或 PCBs 污染的土壤中培养荨麻，经过 4 个月的种植培养，其对土壤重金属（Zn、Pb、Cd）和多氯联苯的去除率分别达到 8% 和 33%。对于重金属和多氯联苯复合污染土壤，通过动物粪便作为肥料强化植物修复是一种有效的途径，可显著提高植物的修复效果。Doni 等[206] 采用马粪和黑杨（var. *italica*）对被重金属（Pb、Cr、Cd、Zn、Cu、Ni）和有机污染物污染的土壤进行修复研究。通过一年的栽培试验，马粪+黑杨的修复方式有效降低了污染土壤中的污染物含量，总石油烃的降解率达 80%，对多氯联苯和重金属的去除率达到 60%，显著高于仅用马粪处理的对照组。

表 3-25 各修复处理后土壤中 Cd、Cu、PCBs 的含量与去除率

处理	Cd		Cu		PCBs	
	含量/(mg/kg)	去除率/%	含量/(mg/kg)	去除率/%	含量/(μg/kg)	去除率/%
对照	5.78±0.16a	3.2	3130±847a	22.8	762±121a	19.7
紫花苜蓿	5.35±0.48ab	10.5	2476±1166ab	39.0	484±180ab	48.9
海州香薷	5.14±0.38ab	14.0	1544±644b	62.0	298±97b	68.5
伴矿景天	4.28±0.27b	28.4	1330±206b	67.2	220±48b	76.8

注：表中不同字母表示不同处理之间差异达显著水平（$p<0.05$）。

参考文献

[1] 唐世荣. 超积累植物在时空、科属内的分布特点及寻找方法 [J]. 农村生态环境，2001 (04)：56-60.

[2] 朱有勇，李元. 农业生态环境多样性与作物响应 [M]. 北京：科学出版社，2012.

[3] Pichtel J，Kuroiwa K，Sawyerr H T. Distribution of Pb，Cd and Ba in Soils and Plants of Two Contaminated Sites [J]. Environmental Pollution，2000，110 (1)：171-178.

[4] Blaylock M J，Salt D E，Dushenkov S，et al. Enhanced Accumulation of Pb in Indian Mustard by Soil-Applied Chelating Agents [J]. Environmental Science & Technology，1997，31 (3)：860-865.

[5] Wei S，Anders I，Feller U. Selective Uptake，Distribution，and Redistribution of ^{109}Cd，^{57}Co，^{65}Zn，^{63}Ni，and ^{134}Cs via Xylem and Phloem in the Heavy Metal Hyperaccumulator *Solanum nigrum* L [J].Environmental Science and Pollution Research，2014，21 (12)：7624-7630.

[6] 崔爽. 铅超积累花卉的筛选与螯合强化及其应用 [D]. 沈阳：中国科学院沈阳应用生态研究所，2007.

[7] 魏树和，周启星，王新，等. 杂草中具重金属超积累特征植物的筛选 [J]. 自然科学进展，2003，(12)：1259-1265.

[8] 苏德纯，黄焕忠，张福锁. 印度芥菜对土壤中难溶态镉、铅的吸收差异 [J]. 土壤与环境，2002，(02)：125-128.

[9] 刘威，束文圣，蓝崇钰. 宝山堇菜（*Viola baoshanensis*）——一种新的镉超富集植物 [J]. 科学通报，2003 (19)：2046-2049.

[10] 陈同斌，韦朝阳，黄泽春，等. 砷超富集植物蜈蚣草及其对砷的富集特征 [J]. 科学通报，2002 (03)：207-210.

[11] 韦朝阳，陈同斌，黄泽春，等. 大叶井口边草——一种新发现的富集砷的植物 [J]. 生态学报，2002 (05)：777-778.

[12] Ma L Q, Komar K M, Tu C, et al. A Fern that Hyperaccumulates Arsenic [J]. Nature, 2001, 409: 579.

[13] 吴双桃，吴晓芙，胡曰利，等. 铅锌冶炼厂土壤污染及重金属富集植物的研究 [J]. 生态环境，2004 (02)：156-157，160.

[14] 刘秀梅，聂俊华，王庆仁. 6 种植物对 Pb 的吸收与耐性研究 [J]. 植物生态学报，2002 (05)：533-537.

[15] 柯文山，陈建军，黄邦全，等. 十字花科芸薹属 5 种植物对 Pb 的吸收和富集 [J]. 湖北大学学报（自然科学版），2004 (03)：236-238，269.

[16] Zu Yanqun, Li Yuan, Schvartz C, et al. Accumulation of Pb, Cd, Cu and Zn in Plants and Hyperaccumulator Choice in Lanping Lead-Zinc Mine Area, China [J]. Environment International, 2004, 30 (4): 567-576.

[17] Zu Yanqun, Li Yuan, Chen Jianjun, et al. Hyperaccumulation of Pb, Zn and Cd in Herbaceous Grown on Lead-Zinc Mining Area in Yunnan, China [J]. Environment International, 2005, 31 (5): 755-762.

[18] 钱海燕，王兴祥，蒋佩兰，等. 黑麦草连茬对铜、锌污染土壤的耐性及其修复作用 [J]. 江西农业大学学报（自然科学），2004，05：801-804.

[19] 杨肖娥，龙新宪，倪吾钟，等. 东南景天（*Sedum alfredii* H）——一种新的锌超积累植物 [J]. 科学通报，2002 (13)：1003-1006.

[20] Zhang F, Li L. Using Competitive and Facilitative Interactions in Intercropping Systems Enhances Crop Productivity and Nutrient-Use Efficiency [J]. Plant and Soil, 2003, 248 (1): 305-312.

[21] Wieshammer G, Unterbrunner R, García T B, et al. Phytoextraction of Cd and Zn from Agricultural Soils by *Salix* ssp. and Intercropping of *Salix caprea* and *Arabidopsis halleri* [J]. Plant and Soil, 2007, 298 (1): 255-264.

[22] Chen Z, Setagawa M, Kang Y, et al. Zinc and Cadmium Uptake from a Metalliferous Soil by a Mixed Culture of *Athyrium yokoscense* and *Arabis flagellosa* [J]. Soil Science and Plant Nutrition, 2009, 55 (2): 315-324.

[23] Wang B, Xie Z, Chen J, et al. Effects of Field Application of Phosphate Fertilizers on the Availability and Uptake of Lead, Zinc and Cadmium by Cabbage (*Brassica chinensis* L.) in a Mining Tailing Contaminated Soil [J]. Journal of Environmental Sciences, 2008, 20 (9): 1109-1117.

[24] Liu Y, Kong G T, Jia Q Y, et al. Effects of Soil Properties on Heavy Metal Accumulation in Flowering Chinese Cabbage (*Brassica campestris* L. ssp. chinensis var. utilis Tsen et Lee) in Pearl River Delta, China [J]. Journal of Environmental Science and Health, Part B, 2007, 42

(2): 219-227.

[25] 张广鑫，王鑫，陈刚. 解析间套作体系在污染土壤中的应用研究进展 [J]. 科技创新导报，2013 (03): 157.

[26] 秦丽，祖艳群，湛方栋，等. 续断菊与玉米间作对作物吸收积累镉的影响 [J]. 农业环境科学学报，2013，32 (03): 471-477.

[27] 谭建波，陈兴，郭先华，等. 续断菊与玉米间作系统不同植物部位 Cd、Pb 分配特征 [J]. 生态环境学报，2015，24 (04): 700-707.

[28] 李新博，谢建治，李博文，等. 印度芥菜-苜蓿间作对镉胁迫的生态响应 [J]. 应用生态学报，2009，20 (07): 1711-1715.

[29] Gove B, Hutchinson J J, Young S D, et al. Uptake of Metals by Plants Sharing a Rhizosphere with the Hyperaccumulator Thlaspi caerulescens [J]. International Journal of Phytoremediation, 2002, 4 (4): 267-281.

[30] 黑亮，吴启堂，龙新宪，等. 东南景天和玉米套种对 Zn 污染污泥的处理效应 [J]. 环境科学，2007，28 (04): 852-858.

[31] 周建利，邵乐，朱凰榕，等. 间套种及化学强化修复重金属污染酸性土壤——长期田间试验 [J]. 土壤学报，2014，51 (05): 1056-1065.

[32] 秦欢，何忠俊，熊俊芬，等. 间作对不同品种玉米和大叶井口边草吸收积累重金属的影响 [J]. 农业环境科学学报，2012，31 (07): 1281-1288.

[33] 陈兴，郭先华，祖艳群，等. 蚕豆与小花南芥间作体系中 Cd，Pb 在植物中的累积特征 [J]. 云南农业大学学报 (自然科学)，2016，31 (01): 167-172.

[34] 卫泽斌，郭晓方，丘锦荣，等. 间套作体系在污染土壤修复中的应用研究进展 [J]. 农业环境科学学报，2010，29 (S1): 267-272.

[35] 刘维涛，张银龙，陈喆敏，等. 矿区绿化树木对镉和锌的吸收与分布 [J]. 应用生态学报，2008 (04): 752-756.

[36] Grant C A, Sheppard S C. Fertilizer Impacts on Cadmium Availability in Agricultural Soils and Crops [J]. Human and Ecological Risk Assessment: An International Journal, 2008, 14 (2): 210-228.

[37] Chen S, Sun L, Sun T, et al. Interaction Between Cadmium, Lead and Potassium Fertilizer (K_2SO_4) in a Soil-Plant System [J]. Environmental Geochemistry and Health, 2007, 29 (5): 435-446.

[38] 刘维涛，周启星，孙约兵，等. 大白菜对铅积累与转运的品种差异研究 [J]. 中国环境科学，2009，29 (01): 63-67.

[39] 胡斌，段昌群，刘醒华. 云南寻定几种农作物籽粒中重金属的比较研究 [J]. 重庆环境科学，1999 (06): 45-47.

[40] 刘维涛，周启星，孙约兵，等. 大白菜 (*Brassica pekinensis* L.) 对镉富集基因型差异的研究 [J]. 应用基础与工程科学学报，2010，18 (02): 226-236.

[41] 祖艳群，李元，陈海燕，等. 昆明市蔬菜及其土壤中铅、镉、铜和锌含量水平及污染评价 [J]. 云南环境科学，2003 (S1): 55-57.

[42] 岳振华，张富强，胡瑞芝，等. 菜园土中重金属和氟的迁移累积及蔬菜对重金属的富集作用 [J]. 湖南农学院学报，1992 (04): 929-937.

[43] 代全林，袁剑刚，方炜，等. 玉米各器官积累 Pb 能力的品种间差异 [J]. 植物生态学报，2005

(06): 126-133.
[44] 郭晓方，卫泽斌，丘锦荣，等. 玉米对重金属累积与转运的品种间差异 [J]. 生态与农村环境学报，2010，26(04): 367-371.
[45] 王激清，刘波，苏德纯. 超积累镉油菜品种的筛选 [J]. 河北农业大学学报，2003(01): 13-16.
[46] 孙建云，王桂萍，沈振国. 不同基因型甘蓝对镉胁迫的响应 [J]. 南京农业大学学报，2005(04): 40-44.
[47] 李坤权. 水稻不同品种对土壤镉的耐性、积累与分配的差异研究 [D]. 扬州：扬州大学，2003.
[48] 周希琴，吉前华. 铬胁迫下不同品种玉米种子和幼苗的反应及其与铬积累的关系 [J]. 生态学杂志，2005(09): 1048-1052.
[49] 匡少平，徐仲，张书圣. 玉米对土壤中重金属铅的吸收特性及污染防治 [J]. 安全与环境学报，2002(01): 28-31.
[50] 张微，吕金印，柳玲. 不同基因型番茄幼苗对镉胁迫的生理响应及镉吸收差异 [J]. 农业环境科学学报，2010，29(06): 1065-1071.
[51] 程旺大，姚海根，吴伟，等. 土壤-水稻体系中的重金属污染及其控制 [J]. 中国农业科技导报，2005(04): 51-54.
[52] 曹莹，黄瑞冬，王国骄，等. 铅和镉复合胁迫对玉米吸收铅特性及产量影响 [J]. 玉米科学，2007(03): 91-94.
[53] 李凡，张义贤. 单一及复合污染下铅铜在玉米幼苗体内积累与迁移的动态变化 [J]. 农业环境科学学报，2010，29(01): 19-24.
[54] 刘维涛，周启星. 重金属污染预防品种的筛选与培育 [J]. 生态环境学报，2010，19(06): 1452-1458.
[55] 李培军，刘宛，孙铁珩，等. 我国污染土壤修复研究现状与展望 [J]. 生态学杂志，2006(12): 1544-1548.
[56] 伍钧，吴传星，孟晓霞，等. 重金属低积累玉米品种的稳定性和环境适应性分析 [J]. 农业环境科学学报，2011，30(11): 2160-2167.
[57] 陈建军，于蔚，祖艳群，等. 玉米（*Zea mays*）对镉积累与转运的品种差异研究 [J]. 生态环境学报，2014，23(10): 1671-1676.
[58] 于蔚，李元，陈建军，等. 铅低累积玉米品种的筛选研究 [J]. 环境科学导刊，2014，33(05): 4-9，104.
[59] 吴传星. 不同玉米品种对重金属吸收累积特性研究 [D]. 雅安：四川农业大学，2010.
[60] 叶新新，周艳丽，孙波. 适于轻度 Cd、As 污染土壤种植的水稻品种筛选 [J]. 农业环境科学学报，2012，31(06): 1082-1088.
[61] Yu H，Wang J，Fang W，et al. Cadmium Accumulation in Different Rice Cultivars and Screening for Pollution-Safe Cultivars of Rice [J]. Science of The Total Environment，2006，370(2): 302-309.
[62] 吴启堂，陈卢，王广寿. 水稻不同品种对 Cd 吸收累积的差异和机理研究 [J]. 生态学报，1999(01): 106-109.
[63] Li Y-M，Chaney R L，Schneiter A A，et al. Combining Ability and Heterosis Estimates for Kernel Cadmium Level in Sunflower [J]. Crop Science，1995，35: 1015-1019.
[64] Penner G A，Bezte L J，Leisle D，et al. Identification of RAPD Markers Linked to a Gene Governing Cadmium Uptake in Durum Wheat [J]. Genome，1995，38(3): 543-547.
[65] 何冠华. 不同基因型小麦对土壤重金属污染响应及抗性筛选研究 [D]. 郑州：河南农业大学，2012.

[66] 杨素勤，程海宽，张彪，等. 不同品种小麦 Pb 积累差异性研究 [J]. 生态与农村环境学报，2014，30 (05)：646-651.

[67] 马往校，段敏，李岚. 西安市郊区蔬菜中重金属污染分析与评价 [J]. 农业环境保护，2000 (02)：96-98.

[68] 彭玉魁，赵锁劳，王波. 陕西省大中城市郊区蔬菜矿质元素及重金属元素含量研究 [J]. 西北农业学报，2002 (01)：97-100.

[69] 张永志，郑纪慈，徐明飞，等. 重金属低积累蔬菜品种筛选的探讨 [J]. 浙江农业科学，2009 (05)：872-875.

[70] 陈瑛，李廷强，杨肖娥，等. 不同品种小白菜对镉的吸收积累差异 [J]. 应用生态学报，2009，20 (03)：736-740.

[71] 丁枫华，刘术新，罗丹，等. 23 种常见作物对镉毒害的敏感性差异 [J]. 环境科学，2011，32 (01)：277-283.

[72] 谭小琪，李取生，何宝燕，等. 番茄对镉吸收累积的品种差异 [J]. 暨南大学学报 (自然科学与医学版)，2014，35 (03)：215-220.

[73] Liu J，Cai G，Qian M，et al. Effect of Cd on the Growth，Dry Matter Accumulation and Grain Yield of Different Rice Cultivars [J]. Journal of the Science of Food and Agriculture，2007，87 (6)：1088-1095.

[74] Liu W，Zhou Q，An J，et al. Variations in Cadmium Accumulation Among Chinese Cabbage Cultivars and Screening for Cd-Safe Cultivars [J]. Journal of Hazardous Materials，2010，173 (1)：737-743.

[75] Zhang G，Fukami M，Sekimoto H. Influence of Cadmium on Mineral Concentrations and Yield Components in Wheat Genotypes Differing in Cd Tolerance at Seedling Stage [J]. Field Crops Research，2002，77 (2)：93-98.

[76] Wu F，Zhang G，Yu J. Interaction of Cadmium and Four Microelements for Uptake and Translocation in Different Barley Genotypes [J]. Communications in Soil Science and Plant Analysis，2003，34 (13-14)：2003-2020.

[77] 刘俊祥，孙振元，韩蕾，等. 草坪草对重金属胁迫响应的研究现状 [J]. 中国农学通报，2009，25 (13)：142-145.

[78] 马敏，龚惠红，邓泓. 重金属对 8 种园林植物种子萌发及幼苗生长的影响 [J]. 中国农学通报，2012，28 (22)：206-211.

[79] 金文芬，方晰，唐志娟. 3 种园林植物对土壤重金属的吸收富集特征 [J]. 中南林业科技大学学报，2009，29 (03)：21-25.

[80] 胡海辉，徐苏宁. 哈尔滨市不同绿地植物群落重金属分析与种植对策 [J]. 水土保持学报，2013，27 (04)：166-170.

[81] Watanabe M，Shinmachi F，Noguchi A，et al. Introduction of Yeast Metallothionein Gene (CUP1) into Plant and Evaluation of Heavy Metal Tolerance of Transgenic Plant at the Callus Stage [J]. Soil Science and Plant Nutrition，2005，51 (1)：129-133.

[82] 刘家女. 镉超积累花卉植物的识别及其化学强化 [D]. 沈阳：东北大学，2008.

[83] 周霞，林庆昶，李拥军，等. 花卉植物对重金属污染土壤修复能力的研究 [J]. 安徽农业科学，2012，40 (14)：8133-8135.

[84] 韦朝阳，陈同斌. 高砷区植物的生态与化学特征 [J]. 植物生态学报，2002 (06)：695-700.

[85] 王欣，刘云国，艾比布·努扎艾提，等. 苎麻对镉毒害的生理耐性机制及外源精胺的缓解效应 [J]. 农业环境科学学报，2007 (02)：487-493.

[86] 黄闺，孟桂元，陈跃进，等. 苎麻对重金属铅耐受性及其修复铅污染土壤潜力研究 [J]. 中国农学通报，2013，29 (20)：148-152.

[87] 曹晓玲，黄道友，朱奇宏，等. 苎麻对镉胁迫的响应及其对其它重金属吸收能力的研究 [J]. 中国麻业科学，2012，34 (04)：190-195.

[88] 佘玮，揭雨成，邢虎成，等. 不同程度污染农田苎麻吸收积累镉特性研究 [J]. 中国农学通报，2012，28 (14)：275-279.

[89] 刘长江，门万杰，刘彦军，等. 农药对土壤的污染及污染土壤的生物修复 [J]. 农业系统科学与综合研究，2002 (04)：291-292+297.

[90] 仲维科，郝戬，孙梅心，等. 我国食品的农药污染问题 [J]. 农药，2000 (07)：1-4.

[91] 何丽莲，李元. 农田土壤农药污染的综合治理 [J]. 云南农业大学学报，2003 (04)：430-434.

[92] 赵为武. 农产品农药残留问题及治理对策 [J]. 植物医生，2001 (03)：10-13.

[93] 肖军，赵景波. 农药污染对生态环境的影响及防治对策 [J]. 安徽农业科学，2005 (12)：2376-2377.

[94] Lunney A I, Zeeb B A, Reimer K J. Uptake of Weathered DDT in Vascular Plants: Potential for Phytoremediation [J]. Environmental Science & Technology, 2004, 38 (22): 6147-6154.

[95] Amaya-Chávez A, Martínez-Tabche L, López-López E, et al. Methyl Parathion Toxicity to and Removal Efficiency by *Typha latifolia* in Water and Artificial Sediments [J]. Chemosphere, 2006, 63 (7): 1124-1129.

[96] Flocco C G, Carranza M P, Carvajal L G, et al. Removal of Azinphos Methyl by Alfalfa Plants (*Medicago sativa* L.) in a Soil-Free System [J]. Science of The Total Environment, 2004, 327 (1): 31-39.

[97] Garcinuño R M, Fern á ndez-Hernando P, Cámara C. Evaluation of Pesticide Uptake by *Lupinus* seeds [J]. Water Research, 2003, 37 (14): 3481-3489.

[98] Calvelo Pereira R, Monterroso C, Macías F, et al. Distribution Pathways of Hexachlorocyclohexane Isomers in a Soil-Plant-Air System. A Case Study with *Cynara scolymus* L. and *Erica* sp. Plants Grown in a Contaminated Site [J]. Environmental Pollution, 2008, 155 (2): 350-358.

[99] 黄化刚. 镉-锌/滴滴涕复合污染土壤植物修复的农艺强化过程及机理 [D]. 杭州：浙江大学，2012.

[100] 安凤春，莫汉宏，郑明辉，等. DDT 及其主要降解产物污染土壤的植物修复 [J]. 环境化学，2003 (01)：19-25.

[101] 夏会龙，吴良欢，陶勤南. 凤眼莲植物修复几种农药的效应 [J]. 浙江大学学报（农业与生命科学版），2002 (02)：49-52.

[102] 周溶冰，陈建军，尤胜武，等. 混合表面活性剂对植物吸收有机氯农药的影响 [J]. 环境科学学报，2011，31 (09)：2042-2047.

[103] Gaskin J L, Fletcher J. The Metabolism of Exogenously Provided Atrazine by the Ectomycorrhizal Fungus *Hebeloma crustuliniforme* and the Host Plant *Pinus ponderosa* [J]. Acs Sym Ser, 1997, 664: 152-160.

[104] Kruger E L, Anhalt J C, Sorenson D, et al. Atrazine Degradation in Pesticide-Contaminated Soils: Phytoremediation Potential [J]. Acs Sym Ser, 1997, 664: 54-64.

[105] Singh N, Megharaj M, Kookana R S, et al. Atrazine and Simazine Degradation in Pennisetum

rhizosphere [J] . Chemosphere, 2004, 56 (3) : 257-263.

[106] Lin C H, Lerch R N, Garrett H E, et al. Bioremediation of Atrazine-Contaminated Soil by Forage Grasses: Transformation, Uptake, and Detoxification [J] . Journal of Environmental Quality, 2008, 37. 196-206.

[107] Yu Yunlong, Yang Jifeng, Pan Xuedong, et al. Effect of Plant Species on Degradation of Butachlor in Rhizosphere Soils Collected from Agricultural Field [J] . 农药学学报, 2004 (01) : 46-52.

[108] Li H, Sheng G, Sheng W, et al. Uptake of Trifluralin and Lindane from Water by Ryegrass [J] . Chemosphere, 2002, 48 (3) : 335-341.

[109] Olette R, Couderchet M, Biagianti S, et al. Toxicity and Removal of Pesticides by Selected Aquatic Plants [J] . Chemosphere, 2008, 70 (8) : 1414-1421.

[110] Kawahigashi H. Transgenic Plants for Phytoremediation of Herbicides [J] . Current Opinion in Biotechnology, 2009, 20 (2) : 225-230.

[111] Liu R, Dai Y, Sun L. Effect of Rhizosphere Enzymes on Phytoremediation in PAH-Contaminated Soil Using Five Plant Species [J] . Plos One, 2015, 10 (3) : e0120369.

[112] 杨红军，谢文军，陈志英，等. 六种野草对土壤中菲的降解研究 [J] . 土壤通报，2012，43 (05) : 1242-1246.

[113] 沈源源，滕应，骆永明，等. 几种豆科、禾本科植物对多环芳烃复合污染土壤的修复 [J] . 土壤，2011，43 (02) : 253-257.

[114] Lee S H, Lee W S, Lee C H, et al. Degradation of Phenanthrene and Pyrene in Rhizosphere of Grasses and Legumes [J] . Journal of Hazardous Materials, 2008, 153 (1) : 892-898.

[115] Sun H, Zhou Z. Impacts of Charcoal Characteristics on Sorption of Polycyclic Aromatic Hydrocarbons [J] . Chemosphere, 2008, 71 (11) : 2113-2120.

[116] 范淑秀，李培军，巩宗强，等. 苜蓿对多环芳烃菲污染土壤的修复作用研究 [J] . 环境科学，2007, (09) : 2080-2084.

[117] 刘魏魏，尹睿，林先贵，等. 多环芳烃污染土壤的植物-微生物联合修复初探 [J] . 土壤，2010，42 (05) : 800-806.

[118] 姚伦芳，滕应，刘方，等. 多环芳烃污染土壤的微生物-紫花苜蓿联合修复效应 [J] . 生态环境学报，2014，23 (05) : 890-896.

[119] 刘魏魏，尹睿，林先贵，等. 生物表面活性剂-微生物强化紫花苜蓿修复多环芳烃污染土壤 [J] . 环境科学，2010，31 (04) : 1079-1084.

[120] 周际海，袁颖红，朱志保，等. 土壤有机污染物生物修复技术研究进展 [J] . 生态环境学报，2015，24 (02) : 343-351.

[121] 张晶，林先贵，刘魏魏，等. 土壤微生物群落对多环芳烃污染土壤生物修复过程的响应 [J] . 环境科学，2012，33 (08) : 2825-2831.

[122] Khan S, Wang N, Reid B J, et al. Reduced Bioaccumulation of PAHs by *Lactuca satuva* L. Grown in Contaminated Soil Amended with Sewage Sludge and Sewage Sludge Derived Biochar [J] . Environmental Pollution, 2013, 175: 64-68.

[123] Huang X D, El-Alawi Y, Penrose D M, et al. A Multi-Process Phytoremediation System for Removal of Polycyclic Aromatic Hydrocarbons from Contaminated Soils [J] . Environmental Pollution, 2004, 130 (3) : 465-476.

[124] Afzal M, Yousaf S, Reichenauer T G, et al. The Inoculation Method Affects Colonization and Performance of Bacterial Inoculant Strains in the Phytoremediation of Soil Contaminated with Diesel Oil [J]. International Journal of Phytoremediation, 2012, 14 (1): 35-47.

[125] Griffiths B S. Microbial-Feeding Nematodes and Protozoa in Soil: Their Effectson Microbial Activity and Nitrogen Mineralization in Decomposition Hotspots and the Rhizosphere [J]. Plant and Soil, 1994, 164 (1): 25-33.

[126] 胡锋，李辉信，谢涟琪，等. 土壤食细菌线虫与细菌的相互作用及其对N、P矿化生物固定的影响及机理 [J]. 生态学报，1999 (06): 914-920.

[127] Eijsackers H, Bruggeman J, Harmsen J, et al. Colonization of PAH-Contaminated Dredged Sediment by Earthworms [J]. Applied Soil Ecology, 2009, 43 (2): 216-225.

[128] Chen X, Liu M, Hu F, et al. Contributions of Soil Micro-Fauna (Protozoa and Nematodes) to Rhizosphere Ecological Functions [J]. Acta Ecologica Sinica, 2007, 27 (8): 3132-3143.

[129] 白建峰，秦华，张承龙，等. 蚯蚓和丛枝菌根真菌对南瓜修复多环芳烃污染土壤的影响 [J]. 土壤通报，2013，44 (01): 202-206.

[130] Lu Y-F, Lu M. Remediation of PAH-Contaminated Soil by the Combination of Tall Fescue, Arbuscular Mycorrhizal Fungus and Epigeic Earthworms [J]. Journal of Hazardous Materials, 2015, 285: 535-541.

[131] Gao Y, Shen Q, Ling W, et al. Uptake of Polycyclic Aromatic Hydrocarbons by *Trifolium pretense* L. from Water in the Presence of a Nonionic Surfactant [J]. Chemosphere, 2008, 72 (4): 636-643.

[132] Ni H, Zhou W, Zhu L. Enhancing Plant-Microbe Associated Bioremediation of Phenanthrene and Pyrene Contaminated Soil by SDBS-Tween 80 Mixed Surfactants [J]. Journal of Environmental Sciences, 2014, 26 (5): 1071-1079.

[133] 陈敏婷. 表面活性剂强化PAHs污染土壤微生物修复的研究进展 [J]. 广东化工，2013，40 (08): 77-78.

[134] Stelting S, Burns R G, Sunna A, et al. Immobilization of *Pseudomonas* sp. Strain ADP: A Stable Inoculant for the Bioremediation of Atrazine [J]. Applied Clay Science, 2012, 64: 90-93.

[135] 胡广军，梁成华，李培军，等. 固定化微生物对多环芳烃污染土壤的降解 [J]. 生态学杂志，2008 (05): 745-750.

[136] 钱林波，元妙新，陈宝梁. 固定化微生物技术修复PAHs污染土壤的研究进展 [J]. 环境科学，2012，33 (05): 1767-1776.

[137] 张晓斌，梁宵，占新华，等. 菲污染土壤黑麦草/苜蓿间作修复效应 [J]. 环境工程学报，2013，7 (05): 1974-1978.

[138] 邵子婴. 强热化土壤气相抽提过程中的污染物去除研究 [D]. 大连：大连海事大学，2015.

[139] 陈果，王景瑶，李聚揆. 石油烃污染土壤修复技术的研究进展 [J]. 应用化工，2018，47 (05): 1014-1018.

[140] 李佳，曹兴涛，隋红，等. 石油污染土壤修复技术研究现状与展望 [J]. 石油学报（石油加工），2017，33 (05): 811-833.

[141] Bhattacharyya P, Das S, Adhya T K. Root Exudates of Rice Cultivars Affect Rhizospheric Phosphorus Dynamics in Soils with Different Phosphorus Statuses [J]. Communications in Soil Science and Plant Analysis, 2013, 44 (10): 1643-1658.

[142] Sharonova N, Breus I. Tolerance of Cultivated and Wild Plants of Different Taxonomy to Soil Contamination by Kerosene [J]. Science of The Total Environment, 2012, 424: 121-129.

[143] 周启星，孙铁珩. 土壤-植物系统污染生态学研究与展望 [J]. 应用生态学报，2004 (10): 1698-1702.

[144] 宋雪英，宋玉芳，孙铁珩，等. 石油污染土壤植物修复后对陆生高等植物的生态毒性 [J]. 环境科学，2006 (09): 1866-1871.

[145] 王亚男，程立娟，周启星. 植物修复石油烃污染土壤的机制 [J]. 生态学杂志，2016, 35 (04): 1080-1088.

[146] Huang X D, El Alawi Y, Gurska J, et al. A Multi-Process Phytoremediation System for Decontamination of Persistent Total Petroleum Hydrocarbons (TPHs) from Soils [J]. Microchemical Journal, 2005, 81 (1): 139-147.

[147] Peng S, Zhou Q, Cai Z, et al. Phytoremediation of Petroleum Contaminated Soils by *Mirabilis Jalapa* L. in a Greenhouse Plot Experiment [J]. Journal of Hazardous Materials, 2009, 168 (2-3): 1490-1496.

[148] Moghadam M S, Ebrahimipour G, Abtahi B, et al. Statistical Optimization of Crude Oil Biodegradation by *Marinobacter* sp Isolated from Qeshm Island, Iran [J]. Iranian Journal of Biotechnology, 2014, 12 (1): 273-288.

[149] Soleiman M, Afyuni M, Hajabbasi M A, et al. Phytoremediation of an Aged Petroleum Contaminated Soil Using Endophyte Infected and Non-Infected Grasses [J]. Chemosphere, 2010, 81 (9): 1084-1090.

[150] Cai Z, Zhou Q, Peng S, et al. Promoted Biodegradation and Microbiological Effects of Petroleum Hydrocarbons by *Impatiens balsamina* L. with Strong Endurance [J]. Journal of Hazardous Materials, 2010, 183 (1-3): 731-737.

[151] Zhang Z, Zhou Q, Peng S, et al. Remediation of Petroleum Contaminated Soils by Joint Action of *Pharbitis nil* L. and Its Microbial Community [J]. The Science of the Total Environment, 2010, 408 (22): 5600-5605.

[152] Zhang X, Liu X, Wang Q, et al. Diesel Degradation Potential of Endophytic Bacteria Isolated from *Scirpus triqueter* [J]. International Biodeterioration & Biodegradation, 2014, 87: 99-105.

[153] 唐景春，王斐，褚洪蕊，等. 玉米草 (*Zea Mexicana*) 与海藻寡糖联合修复石油烃污染土壤的研究 [J]. 农业环境科学学报，2010, 29 (11): 2107-13.

[154] Tang J, Wang R, Niu X, et al. Enhancement of Soil Petroleum Remediation by Using a Combination of Ryegrass (*Lolium perenne*) and Different Microorganisms [J]. Soil & Tillage Research, 2010, 110 (1): 87-93.

[155] Escalante-Espinosa E, Gallegos-Martínez M E, Favela-Torres E, et al. Improvement of the Hydrocarbon Phytoremediation Rate by *Cyperus Laxus* Lam. Inoculated with a Microbial Consortium in a Model System [J]. Chemosphere, 2005, 59 (3): 143-152.

[156] 程立娟，周启星. 野生观赏植物长药八宝对石油烃污染土壤的修复研究 [J]. 环境科学学报，2014, 34 (04): 980-986.

[157] Phillips L A, Greer C W, Farrell R E, et al. Field-Scale Assessment of Weathered Hydrocarbon Degradation by Mixed and Single Plant Treatments [J]. Applied Soil Ecology, 2009, 42

(1): 9-17.

[158] Liu R, Zhao L, Jin C, et al. Enzyme Responses to Phytoremediation of PAH-Contaminated Soil Using *Echinacea purpurea* (L.) [J]. Water, Air, & Soil Pollution, 2014, 225 (12): 2230.

[159] Liu r, Xiao N, Wei S, et al. Rhizosphere Effects of PAH-Contaminated Soil Phytoremediation Using a Special Plant Named Fire Phoenix [J]. Science of the Total Environment, 2014, 473-474: 350-358.

[160] Schnoor J L, Licht L A, Mccutcheon S C, et al. Phytoremediation of Organic and Nutrient Contaminants [J]. Environmental Science & Technology, 1995, 29 (7): 318A-323A.

[161] 鲁莽，张忠智，孙珊珊，等. 植物根际强化修复石油污染土壤的研究 [J]. 环境科学，2009, 30 (12): 3703-3709.

[162] 董亚明，刘其友，赵东风，等. 石油烃降解混合菌修复稠油污染土壤的影响因素 [J]. 干旱区研究，2013, 30 (04): 603-608.

[163] 王亚男，程立娟，周启星. 萱草修复石油烃污染土壤的根际机制和根系代谢组学分析 [J]. 环境科学，2016, 37 (05): 1978-1985.

[164] 陈嫣，李广贺，张旭，等. 石油污染土壤植物根际微生态环境与降解效应 [J]. 清华大学学报 (自然科学版), 2005 (06): 784-787.

[165] 丁正，梁晶，方海兰. 三种草坪草对石油烃污染土壤修复效应的模拟研究 [J]. 环境工程，2016, 34 (S1): 970-975, 982.

[166] Wild E, Dent J, Thomas G O, et al. Direct Observation of Organic Contaminant Uptake, Storage, and Metabolism within Plant Roots [J]. Environmental Science & Technology, 2005, 39 (10): 3695-3702.

[167] Xu S Y, Chen Y X, Wu W X, et al. Enhanced Dissipation of Phenanthrene and Pyrene in Spiked Soils by Combined Plants Cultivation [J]. Science of The Total Environment, 2006, 363 (1): 206-215.

[168] Palmroth M R T, Pichtel J, Puhakka J A. Phytoremediation of Subarctic Soil Contaminated with Diesel Fuel [J]. Bioresource Technology, 2002, 84 (3): 221-228.

[169] 许端平，董天骄，吕俊佳. 典型禾本科植物对石油污染土壤的修复作用 [J]. 环境工程学报，2012, 6 (04): 1398-1402.

[170] Limmer M, Burken J. Phytovolatilization of Organic Contaminants [J]. Environmental Science & Technology, 2016, 50 (13): 6632-6643.

[171] Rubin E, Ramaswami A. The Potential for Phytoremediation of MTBE [J]. Water Research, 2001, 35 (5): 1348-1353.

[172] da Cunha A C B, Sabedot S, Sampaio C H, et al. *Salix rubens* and *Salix triandra* Species as Phytoremediators of Soil Contaminated with Petroleum-Derived Hydrocarbons [J]. Water, Air, & Soil Pollution, 2012, 223 (8): 4723-4731.

[173] 李先梅，肖易，吴芸紫，等. 华北油田石油污染土壤的修复植物筛选 [J]. 环境科学与技术，2015, 38 (06): 14-19.

[174] Abioye O P, Agamuthu P, Abdul Aziz A R. Phytotreatment of Soil Contaminated with Used Lubricating Oil Using *Hibiscus cannabinus* [J]. Biodegradation, 2012, 23 (2): 277-286.

[175] Agamuthu P, Abioye O P, Aziz A A. Phytoremediation of Soil Contaminated with Used Lubricating Oil Using *Jatropha curcas* [J]. Journal of Hazardous Materials, 2010, 179 (1):

891-894.

[176] 李光超，曹建华，张会，等. 典型岩溶区板栗树下土壤 CO_2 迁移动态研究——以广西隆安县岩溶区为例 [J]. 安徽农业科学，2015，43(09)：318-320，370.

[177] 傅国伟. 中国水土重金属污染的防治对策 [J]. 中国环境科学，2012，32(02)：373-376.

[178] 周东美，王慎强，陈怀满. 土壤中有机污染物-重金属复合污染的交互作用 [J]. 土壤与环境，2000(02)：143-145.

[179] 李冰，李玉双. 土壤有机物-重金属复合污染的生物有效性研究进展 [J]. 湖北农业科学，2017，56(18)：3405-3409.

[180] 潘攀，杨俊诚，邓仕槐，等. 土壤-植物体系中农药和重金属污染研究现状及展望 [J]. 农业环境科学学报，2011，30(12)：2389-2398.

[181] Liu T F，Wang T，Sun C，et al. Single and Joint Toxicity of Cypermethrin and Copper on Chinese Cabbage (Pakchoi) Seeds [J]. Journal of Hazardous Materials，2009，163(1)：344-348.

[182] 金彩霞，周启星，王新. 镉-豆磺隆复合污染对小麦生物学性状与品质的胁迫 [J]. 农业环境科学学报，2004(06)：1160-1163.

[183] Guo Y，Yu H，Zeng E Y. Occurrence，Source Diagnosis，and Biological Effect Assessment of DDT and Its Metabolites in Various Environmental Compartments of the Pearl River Delta，South China：A Review [J]. Environmental Pollution，2009，157(6)：1753-1763.

[184] Qiu Y，Zhang G，Guo L，et al. Current Status and Historical Trends of Organochlorine Pesticides in the Ecosystem of Deep Bay，South China [J]. Estuarine，Coastal and Shelf Science，2009，85(2)：265-272.

[185] 朱治强. Cd-DDT 复合污染土壤的植物与微生物联合修复及机理 [D]. 杭州：浙江大学，2012.

[186] 刘祥，张继光，刘跃东，等. 甲霜灵与镉复合污染对烟草根系发育的影响 [J]. 分子植物育种，2018，16(15)：5154-5160.

[187] 白世强，卢升高. 洛阳市工业区及郊区土壤的重金属含量分析与评价 [J]. 农业环境科学学报，2007(01)：257-261.

[188] 丁琼，余立风，田亚静，等. 某农药生产场地中特征 POPs 的环境风险研究 [J]. 环境科学研究，2010，23(12)：1528-1534.

[189] 冯嫣，吕永龙，焦文涛，等. 北京市某废弃焦化厂不同车间土壤中多环芳烃（PAHs）的分布特征及风险评价 [J]. 生态毒理学报，2009，4(03)：399-407.

[190] Tang X，Shen C，Shi D，et al. Heavy Metal and Persistent Organic Compound Contamination in Soil from Wenling：An Emerging E-Waste Recycling City in Taizhou Area，China [J]. Journal of Hazardous Materials，2010，173(1)：653-660.

[191] 朱岗辉，孙璐，廖晓勇，等. 郴州工业场地重金属和 PAHs 复合污染特征及风险评价 [J]. 地理研究，2012，31(05)：831-839.

[192] 赵颖，刘利军，党晋华，等. 污灌区复合污染土壤的植物修复研究 [J]. 生态环境学报，2013，22(07)：1208-1213.

[193] 丁克强，骆永明. 苜蓿修复重金属 Cu 和有机物苯并 [a] 芘复合污染土壤的研究 [J]. 农业环境科学学报，2005(04)：766-770.

[194] 谢素. 红薯对芘、Cd、Pb 复合污染土壤修复潜力的研究 [D]. 广州：暨南大学，2012.

[195] 王凯. 镉-多环芳烃复合污染土壤植物修复的强化作用及机理 [D]. 杭州：浙江大学，2012.

[196] 许超，夏北成，冯涓，等. 玉米根系形态对土壤 Cd 和芘复合污染的响应 [J]. 生态环境，2007

(03): 771-774.

[197] 贾婵. 污灌区多环芳烃(芘)-重金属(镉)复合污染土壤修复及强化措施研究[D]. 杨凌: 西北农林科技大学, 2014.

[198] 邢维芹, 骆永明, 吴龙华, 等. 铅和苯并[a]芘混合污染酸性土壤上黑麦草生长及对污染物的吸取作用[J]. 土壤学报, 2008(03): 485-490.

[199] 胥九兵, 王加宁, 迟建国, 等. 石油烃-镉污染土壤的生物修复研究[J]. 安全与环境工程, 2012, 19(03): 29-32.

[200] 周云. 石油污染土壤植物修复的影响因素[J]. 油气田环境保护, 2015, 25(06): 12-18, 83-84.

[201] Park S, Kim K S, Kang D, et al. Effects of Humic Acid on Heavy Metal Uptake by Herbaceous Plants in Soils Simultaneously Contaminated by Petroleum Hydrocarbons [J]. Environmental Earth Sciences, 2013, 68(8): 2375-2384.

[202] 吴江平, 管运涛, 张荧, 等. 广东电子垃圾污染区水体底层鱼类对PCBs的富集效应[J]. 中国环境科学, 2011, 31(04): 637-641.

[203] 罗勇, 余晓华, 杨中艺, 等. 电子废物不当处置的重金属污染及其环境风险评价: Ⅰ. 电子废物焚烧迹地的重金属污染[J]. 生态毒理学报, 2008(01): 34-41.

[204] 潘澄, 滕应, 骆永明, 等. 紫花苜蓿、海州香薷及伴矿景天对多氯联苯与重金属复合污染土壤的修复作用[J]. 土壤学报, 2012, 49(05): 1062-1067.

[205] Viktorova J, Jandova Z, Madlenakova M, et al. Native Phytoremediation Potential of *Urtica dioica* for Removal of PCBs and Heavy Metals can be Improved by Genetic Manipulations Using Constitutive CaMV 35S Promoter [J]. Plos One, 2016, 11(12): e0167927.

[206] Doni S, Macci C, Peruzzi E, et al. In Situ Phytoremediation of a Soil Historically Contaminated by Metals, Hydrocarbons and Polychlorobiphenyls [J]. Journal of Environmental Monitoring, 2012, 14(5): 1383-1390.

第四章
污染土壤植物修复联合技术研究方法及现状

第一节 植物-化学联合技术修复污染土壤研究方法及现状

随着人类活动，例如工业生产、污水灌溉、矿物开采、农药与化肥大量施用等的影响，造成大量有毒污染物进入土壤环境，土壤污染问题日益严重。对于污染较为严重的土壤，因为其污染浓度超过了环境承载力，土壤环境很难依靠自净能力在短时间内净化污染，进而逐渐积累，最终通过生物富集途径危害人类的健康，因而土壤污染的修复问题已引起人们的广泛重视。

植物修复技术作为一种新兴的修复技术，具有成本低、对土壤环境扰动小、兼有环境美学性等优点，是一项很有发展前景的土壤污染修复技术。但是在实际应用中，许多修复植物由于其个体矮小、生物量低、生长缓慢以及对修复环境要求较高等原因，造成修复效率通常无法满足要求，而且待修复土壤中的污染物质生物有效性往往较低，很难充分发挥植物的修复潜力。因此单纯使用植物修复技术治理土壤污染问题效果不佳，有必要采取一系列的措施来提高植物修复效率，其中化学强化植物修复是研究最活跃、应用最有效的技术，因而越来越受到人们的青睐。

从对土壤影响的角度来看，通过向土壤施用化学物质，一方面可以改变土壤中污染物质的赋存形态，使其从土壤结合态向水溶态、交换态转换，从而提高污染物的生物可利用性；另一方面可以改善根际土壤微生物种群数量和结构，促进植物与其根际微生物的交互作用，进而增强土壤污染物的消解。从对植物影响的角度来看，添加的化学增强剂在保证植物不出现毒害反应的前提下，一方面根据植物吸收、转运重金属的机制，提高植物地上部分对靶重金属的牵引力，促使土壤重金属顺利完成从土壤→植物根际→植物根系→植物茎叶的传输过程；另一方面可以起到对植物生长发育的调控作用，除了可以获得较高生物产量外，还可提高土壤重金属活性[1]。本节将从土壤和植物两个角度对化学方法强化污染土壤植物修复的研究方法及现状进行综述。

一、植物-螯合剂联合修复技术

（一）螯合剂的作用原理及种类

向土壤中添加螯合剂诱导植物修复的基本原理是扰动污染物在土壤液相浓度和固相浓

度之间的平衡。螯合剂在土壤当中可以和重金属发生螯合作用，形成重金属-螯合剂络合物，该络合物具有良好的水溶性，改变了重金属在土壤中的赋存形态，重金属的生物有效性得以提高，进而植物对目标重金属的吸收效率得到提高。常见的螯合剂有两类：一类是人工合成的螯合剂，主要有 EDTA、HEDTA、CDTA、EGTA 等；另一类是天然的螯合剂，主要包括柠檬酸、苹果酸等一些低分子量有机酸和无机化合物（如硫氰化铵）等。

（二）螯合剂联合植物修复技术研究

乙二胺四乙酸（EDTA）是一种有机化合物，对土壤重金属具有很强的络合作用，可改变重金属在土壤中的赋存形态，提高土壤重金属的生物有效性，是最具代表性的重金属螯合剂。在含 2500mg/kg Pb 的土壤中，加入 EDTA 后，玉米、豌豆等地上部 Pb 的浓度可从 500mg/kg 提高到 10000mg/kg。EDTA 能极大地提高 Pb 从根系到地上部的运输能力，按 1.0mg/kg 加入 EDTA 至土壤，24h 后玉米木质部中 Pb 浓度是对照的 100 倍，从根系到地上部的运输转化是对照的 120 倍[2]。在印度芥菜营养生长旺盛期施用 EDTA，可显著提高旱地土壤中水溶态、交换态 Cu，并且活化效应随外源 Cu 浓度的上升和 EDTA 施用量的增加而增大。EDTA 可显著增加印度芥菜茎、叶、根的 Cu 浓度和吸收量，并且 EDTA 用量越大，效果越明显[3,4]。移栽莴苣 20d 后，施入 0.1mol/L 的 EDTA 和 DTPA，可以促进土壤汞向莴苣的迁移，最高增幅达 154.12%，但 DTPA 效果不如 EDTA 显著。骆永明[5] 调查了 812 种烟草，发现其中 18 种在复合 EDTA 改良液处理土壤后的实验中金属吸收量增加了 20%～72%。Blaylock 等[6] 的试验中，5mmol/kg EDTA 和 EGTA［乙二醇双（2-氨基乙基醚）四乙酸］分别施入含 Pb 600mg/kg 和含 Cd 100mg/kg 的土壤中，使得印度芥菜植物体内 Pb、Cd 浓度分别达到 1000mg/kg 和 2000mg/kg。王静雯等[7] 通过外源添加 EDTA（0mmol/kg，2mmol/kg，4mmol/kg，8mmol/kg），研究鱼腥草对 Pb、Zn、Cu、Cd、Cr 五种重金属元素的吸收、转移、富集特性，并确定适宜的 EDTA 调控浓度。当 EDTA 处理浓度为 2mmol/kg 时，鱼腥草体内 Pb、Zn、Cu、Cd 和 Cr 含量分别达到 601.70mg/kg、305.40mg/kg、22.31mg/kg、0.242mg/kg 和 28.51mg/kg，分别为对照的 11.60 倍、7.82 倍、2.50 倍、3.08 倍和 0.17 倍；在此 EDTA 处理浓度下，鱼腥草对 Pb、Zn、Cu、Cd 的富集系数最大，对 Pb、Zn、Cu 的转移系数最大。以上结果说明向土壤中添加一定浓度的 EDTA 可以提高鱼腥草对 Pb、Zn、Cu、Cd 等重金属向地上部转移的能力，提高鱼腥草对 Pb、Zn、Cu、Cd 的吸收积累能力，但削弱了鱼腥草各部位对 Cr 的富集能力。在实验所设的整个浓度梯度中，在 EDTA 添加浓度为 2mmol/kg 时，鱼腥草对土壤重金属吸收富集的能力最强，浓度为 4mmol/kg 时也表现为促进，但效果不及 2mmol/kg，当 EDTA 的添加浓度提高到 8mmol/kg 时，则对鱼腥草产生了较大的毒害作用。

许多天然螯合剂作为植物修复土壤污染的强化剂，同样可以显著改善植物修复效果。土壤环境中存在各种各样的低分子量有机酸，它们促进土壤矿质的溶解，改善根际土壤的理化性质，降低重金属等有毒元素对植物的毒害等，在土壤环境中发挥至关重要的作用。低分子量有机酸能够加速解吸土壤固相中的重金属，促进植物对重金属的吸收。同时许多低分子量有机酸（如酒石酸、苹果酸、柠檬酸等）在土壤中的降解速度较快，降解产物为二氧化碳和水，不易出现残留，也不会造成二次污染。因此，通过施用低分子量有机酸来提高土壤溶液中重金属浓度，强化修复效率的联合修复技术备受关注和青睐。

一般情况下，低分子量有机酸能够通过螯合作用活化土壤中稳定态重金属，增加其生物有效性。Burckhard 等[8] 对比了柠檬酸、甲酸、琥珀酸和草酸对金属尾矿中固态 Zn 的活化效果，指出柠檬酸更能促进土壤中固态 Zn 的释放。Wasay 等[9] 在利用酒石酸和柠檬酸进行土壤中重金属的淋洗试验中指出，酒石酸对土壤中 Pb 和 Cd 的淋洗效率分别为 87%和 91%，而柠檬酸的淋洗效率更高，分别达到了 89%和 98%。梁彦秋等[10] 通过盆栽试验研究了低分子量有机酸在 Cd 污染土壤修复中的作用，发现酒石酸可以明显地减轻 Cd 对蒲公英的毒害。此外，酒石酸可以显著降低土壤 pH 值，提高重金属的有效含量。稂涛等[11] 研究发现，陆生植物博落回（*Macleaya cordata*）对土壤中不同形态的铀具有一定的富集能力，博落回根部对不同化学形态铀的富集能力大小顺序为 $UO_2{}^{2+}$ > UO_2HPO_4 > $CaUO_2(CO_3)_3^{2-}$ > UO_2Cit^- > $(UO_2)_2(EDTA)_2^{4-}$，博落回地上部分对不同化学形态铀的富集能力大小顺序为 UO_2Cit^- > $(UO_2)_2(EDTA)_2^{4-}$ > $UO_2{}^{2+}$ > $CaUO_2(CO_3)_3^{2-}$ > UO_2HPO_4。可以看出，博落回根部对 $UO_2{}^{2+}$ 的富集能力很高，但地上部分很低。柠檬酸存在时，使得培养液中铀的主要化学形态为 UO_2Cit^-，并且在铀浓度为 100mg/L 时，博落回对 UO_2Cit^- 的生物富集系数和转移系数分别达到 0.09 和 8.53。因此，要增强博落回对铀污染土壤中铀的富集转移能力，可通过添加柠檬酸，改变土壤中铀的赋存形态，使其更多地向 UO_2Cit^- 转化。刘泓等[12] 向重金属 Cd 污染的土壤中分别添加柠檬酸和酒石酸，显著促进了雪里蕻对 Cd 的吸收，并提高了 Cd 向植株地上部分迁移的能力。

邢艳帅[13] 采用盆栽试验，在受重金属 Cd 污染的土壤中种植芥菜类油菜作物，通过对盆栽土壤中添加有机酸进行诱导胁迫处理，分析重金属 Cd 在油菜-土壤系统中的总含量及不同形态含量的分布特征，以及该试验条件下对土壤酶活性的影响，考察在有机酸诱导作用下，油菜对土壤中 Cd 的富集变化趋势的影响。首先，在 Cd 污染浓度为 4mg/kg 的土壤中种植油菜后，于油菜的不同生长期分别添加浓度为 1mmol/kg、2mmol/kg、3mmol/kg、4mmol/kg、5mmol/kg、6mmol/kg 的乙酸、草酸、柠檬酸、苹果酸和酒石酸五种有机酸，分析油菜对土壤中重金属 Cd 的富集系数和转运系数的变化趋势。结果表明：向 Cd 污染土壤中添加 4mmol/kg 的乙酸、3mmol/kg 的草酸、2mmol/kg 的柠檬酸和 1mmol/kg 的酒石酸可以有效活化土壤中的 Cd，促进油菜对土壤中 Cd 的吸收，当添加的有机酸浓度过高时，这种促进效果不明显。通过苹果酸诱导作用后，油菜对 Cd 的富集系数随着苹果酸浓度变化的变化幅度不大，且油菜地上部分对重金属 Cd 的转移系数均低于对照组样品，说明外源苹果酸的加入，对土壤中 Cd 的活化或抑制作用较弱。其次，针对上述盆栽试验中的油菜-土壤体系，分析重金属 Cd 在土壤中的不同形态分布特征。结果表明，油菜-土壤体系在受到 4mmol/kg 草酸、1mmol/kg 柠檬酸和 1mmol/kg 酒石酸诱导处理后，土壤中有效态 Cd（可交换态、碳酸盐结合态以及铁锰氧化物结合态的加和）所占最高比例分别为 89.25%、89.43%、89.67%；而乙酸和苹果酸诱导时，土壤中 Cd 的有效态所占比例最大值分别为 77.40%和 73.59%。说明草酸、柠檬酸、酒石酸在适当浓度范围内会提高土壤Cd的可迁移性，提高油菜对重金属的富集效果，而乙酸和苹果酸的促进效果比较差。最后，分析在1～6mmol/kg的五种有机酸诱导处理下，土壤中蔗糖酶、淀粉酶和过氧化氢酶的活性变化趋势。结果表明，向土壤中添加4mmol/kg的乙酸、1mmol/kg的草酸、6mmol/kg的柠檬酸、3mmol/kg的苹果酸时，蔗糖酶的活性表现最高；而在1～5mmol/kg酒石酸诱导范围内，土壤蔗糖酶活性一直低于对照组，当浓度达到6mmol/kg时才出现高于对照组的情况。该结果说明低浓度乙酸、草酸、柠檬酸、苹果酸可以提高蔗糖酶活性，而低浓度酒石酸则会抑制蔗糖酶活性。在五种有机酸诱导作用下，土壤中淀粉酶活性均被增强，说明在试验浓度范围内，有机酸可以有效提高土壤淀粉酶活性，且土壤中淀粉酶活性分别在2mmol/kg乙酸、3mmol/kg草酸、3mmol/kg柠檬酸、2mmol/kg苹果酸、4mmol/kg酒石酸诱导作用下，活性表现出最强。有机酸对过氧化氢酶活性产生的影响表现为先上升后下降趋势，当乙酸浓度为5mmol/kg、草酸浓度为2mmol/kg、柠檬酸浓度为4mmol/kg、苹果酸浓度为2mmol/kg、酒石酸浓度为3mmol/kg时酶活性表现最强。说明适量乙酸、草酸、柠檬酸、苹果酸、酒石酸均可提高过氧化氢酶活性。

没食子酸又称五倍子酸、棓酸，是自然界存在的一种多酚类化合物，在食品、生物、医药、化工等领域有广泛的应用。没食子酸可作为重金属螯合剂，用于土壤重金属污染的修复。Nascimento等[14]研究表明没食子酸与EDTA效果相当，对重金属Cd、Zn和Ni的螯合效果比EDTA好。温丽等[15]在模拟Cd、Pb和Zn复合污染土壤中种植溧阳苦菜，并添加低分子量有机酸没食子酸，当添加浓度为5.0mmol/kg时，溧阳苦菜地上部对Cd和Pb的富集系数达到最大，分别为2.85和1.02，分别比对照组提高了271%和200%。

乙二胺二琥珀酸（EDDS）是一种天然物质，配合能力强，易生物降解，与过渡金属有很强的螯合作用，它对植物和土壤微生物的毒性都低于EDTA，环境风险相对EDTA更小。刘金等向种植苎麻的铅、镉复合污染土壤中施加EDTA和EDDS，均显著提高了苎麻植物各部位铅、镉的含量（见表4-1），提升了苎麻对土壤中重金属的修复效果。在浓度为1.5～3mmol/kg时，EDDS对苎麻修复镉的强化效果较好，土壤镉的去除效率相比对照提高了16%～27%，在更高浓度时，EDTA对苎麻修复镉的强化效果较好；在苎麻对土壤铅的修复方面，EDTA比EDDS的强化效果好，使得苎麻对土壤铅修复效果提高了22.6%。EDTA和EDDS均会对苎麻的生物量产生负面影响，致使叶片丙二醛含量增加，在同等浓度水平下，EDDS对苎麻所产生的这种负面影响要小于EDTA[16]。

表4-1 不同修复措施下苎麻各部位镉、铅含量

处理	Cd含量/(mg/kg)			Pb含量/(mg/kg)		
	叶	茎	根系	叶	茎	根系
对照	0.92±0.122de	1.571±0.090f	6.531±0.710f	1.802±0.107e	0.243±0.031f	8.898±0.601g
EDTA 1.5mmol/kg	1.100±0.216d	5.025±0.496b	16.32±2.012d	4.165±0.256c	0.498±0.046de	15.094±0.581e
EDTA 3mmol/kg	3.442±0.137c	5.47±0.877ab	19.573±1.586c	4.604±0.529c	1.015±0.085c	19.840±1.438cd
EDTA 6mmol/kg	4.589±0.083b	6.129±0.679a	22.00±0.988b	5.894±0.189b	1.447±0.176b	25.137±3.337b
EDTA 9mmol/kg	4.837±0.160a	6.368±0.771a	28.03±4.455a	8.679±0.940a	1.891±0.286a	30.326±2.021a
EDDS 1.5mmol/kg	1.02±0.092de	2.986±0.199e	19.228±1.815c	2.02±0.221de	0.429±0.047e	12.687±0.945f

续表

处理	Cd 含量/(mg/kg)			Pb 含量/(mg/kg)		
	叶	茎	根系	叶	茎	根系
EDDS 3mmol/kg	0.833±0.062e	1.598±0.076f	19.825±0.466c	2.12±0.077de	0.49±0.031de	18.384±0.886d
EDDS 6mmol/kg	1.082±0.083d	3.307±0.135d	11.27±1.419e	2.948±0.174d	0.629±0.054d	17.487±0.975d
EDDS 9mmol/kg	1.107±0.069d	3.774±0.391c	11.28±1.348e	2.770±0.132d	1.339±0.113b	22.297±2.003c

螯合剂不同的种类和用量对植物吸收、迁移和积累重金属特征会产生不同影响。郑淑云[17]的研究表明，柠檬酸、低浓度腐殖酸、EDTA 和 DTPA 都促进了芥菜地上部分对 Pb 的吸收，柠檬酸促进了芥菜地下部分对 Pb 的吸收；低浓度草酸、EDTA、DTPA 和腐殖酸促进了 Pb 向地上部分的迁移。有机酸均降低了 Cd 的生物可利用性；柠檬酸、草酸、高浓度腐殖酸阻碍了 Cd 向地上部分的迁移；EDTA 和 DTPA 促进了 Cd 向地上部分的迁移，提高了 Cd 的迁移能力。Pb 在对照芥菜根和茎叶中都以盐酸提取态为主，添加有机酸处理，Pb 各种形态的优势顺序没有变化，只是各种形态的浓度和相对百分比发生了变化。Cd 在芥菜根和茎叶中以氯化钠提取态为主，添加 EDTA 增加了芥菜根中氯化钠和去离子水提取态 Cd 的百分比，柠檬酸增加了芥菜茎叶中醋酸提取态 Cd 的百分比。

螯合剂强化修复效果受螯合剂种类、用量和添加方式等条件的直接影响。不同螯合剂对重金属有一定的选择性，根据土壤重金属污染状况，选择合适的“重金属-螯合剂”组合是达到最佳强化效果的重要前提。众多研究表明，螯合剂添加浓度过高，将会大大提高土壤中重金属的生物毒性，并加速土壤微量元素的流失，并且螯合剂本身对植物具有一定毒性作用，这样会对植物的生长造成严重的负面影响，最终削弱植物对重金属污染的修复效果。因此，在实际应用前，应根据模拟试验确定合适的螯合剂用量。螯合剂的添加方式包括以下 2 种：①在达到最大生物量时一次性全部投入；②在植物生长期内分多次小剂量使用，以逐步提高植物对其毒害的耐性，促进植物连续吸收[1]。

尽管螯合剂具有强化植物修复效果的能力，但其在实际应用中还存在一些问题需要进一步研究，例如：螯合剂对环境造成的潜在风险和不利因素尚不明确，在某些情况下施用浓度过高，将对土壤微生物和植物产生毒害作用，降低修复效果，破坏生态环境，并可能引起重金属淋溶下渗到地下水中，造成地下水的污染；另外，螯合剂实际的使用成本较高，需要进行系统的技术经济论证。

二、植物-表面活性剂联合修复技术

（一）表面活性剂的作用原理及种类

表面活性剂是指具有固定的亲水及疏水基团、有很强表面活性、能使液体的表面张力显著下降的物质。亲水基团表现出溶于水的性质，疏水基团表现出在相界面聚集的性质。表面活性剂在溶液界面定向吸附的特性，使得表面活性剂具有独特的表面活性，可以改变固体表面的湿润性，同时具有乳化、破乳、起泡、消泡、分散、絮凝、洗涤、抗静电、润滑和增溶、匀染、拒水等性能。常用的表面活性剂主要分为人工合成的化学表面活性剂和易生物降解的生物表面活性剂（表 4-2）。人工合成表面活性剂有阴离子型、阳离子型、非离子型和两性离子型 4 类。阴离子型表面活性剂主要包括醋酸、磺酸、硫酸及其盐类等；阳离子型主要有季铵盐（CTAN)、吡啶盐等；非离子型主要包括聚乙二醇辛基苯基醚（TX 100)、脂肪酸山梨坦（Span 80)、聚山梨酯（Tween 80）等；两性离子型包括烷基二甲基铵丙酸内盐、甜菜碱等。在修复污染土壤中较为常见的有阴离子型、阳离子型和非离子型。生物表面活性剂根据结构及形态可分为糖脂类（鼠李糖脂等)、磷脂（磷脂酰乙醇胺等）和脂肪酸类（甘油酯等)、脂多肽（莎梵亭等）和脂蛋白类（脂氨基酸等)、聚合物（脂杂多糖）和微粒（生物破乳剂）5 类。

表 4-2 常用的修复土壤污染表面活性剂种类

种类	类型	中文名称	英文名称	化学分子式	简称
人工合成表面活性剂	阴离子型	十二烷基磺酸钠（十二烷基硫酸钠）	Sodium dodecyl sulfate	$C_{12}H_{25}SO_4Na$	SDS
		十二烷基苯磺酸钠	Sodium dodecyl benzene sulfonate	$C_{18}H_{29}NaO_3S$	SDBS
	阳离子型	十二烷基氯化吡啶水合物	1-dodecylpyridinium chloride	$C_{17}H_{32}ClNO$	DPC
		十六烷基三甲基溴化铵	Hexadecyl trimethyl ammonium bromide	$C_{16}H_{33}(CH_3)_3NBr$	CTAB
	非离子型	聚山梨酯 80	Polysorbate 80	$C_{24}H_{44}O_6$	Tween 80
		聚氧乙烯辛基苯基醚	Triton X-100	$C_{34}H_{62}O_{11}$	TX 100
		聚氧乙烯月桂醚	Polyethylene glycol monooleyl ether	$C_{38}H_{76}O_{11}$	AE
生物表面活性剂	脂多肽	莎梵亭	Surfactin	—	—
		芬荠素	Fengycin	—	—
	糖脂类	烷基糖苷	Alkyl glycosides oligomer	—	APG
		茶皂素	Tea saponin	—	—
		鼠李糖脂	Rhamnolipid	—	—
		槐糖脂	Sophorolipid	—	—
		皂角苷	Saponins	—	—

表面活性剂作为洗涤用品肥皂的主要活性物已有 100 多年的历史，其应用领域从家用洗涤剂扩展到一切生产与技术经济领域，如石油勘探与开采、采矿、食品、农业、林业、交通、建材、环保、医药等，使用范围之广使得大量表面活性剂被排入到环境中。表面活性剂存在于环境中会产生正负两种效应：一种是由于其难降解性而构成环境污染物；另一种是它们又是环境中某些污染物的修复剂。20 世纪 90 年代以来，建立在增溶和增流作用基础上的表面活性剂强化修复技术已成功用于土壤中多种难溶解、难降解、难利用的有机污染物（如 PAHs、PCBs 等）的修复，以及重金属污染的修复。选择表面活性剂强化生物修复主要考虑以下 3 个方面：①表面活性剂本身的增溶能力；②在环境中的可降解性；③表面活性剂的使用量及对土壤优势菌群生长的促进作用[18]。

（二）表面活性剂联合植物修复技术研究

1. 人工合成表面活性剂

人工合成表面活性剂是指人工化学合成的能显著降低界面张力的物质。亲水基团主要有—COOH、—SO_3H和—NH_2等，疏水基团主要有烷基、芳香基、有机氟和有机硅等。由于表面活性剂含有烷基、苯环、有机氟等，使其对环境生物具备一定的毒性作用，并难以被生物降解。不同类型表面活性剂的毒性大小为：非离子和两性型＜阴离子型＜阳离子型。而不同类型表面活性剂的降解难易程度不同，有研究表明：对于疏水基碳氢链，直链比带有支链的易于生物降解；对于非离子表面活性剂的亲水基，聚氧乙烯链越长，越不易生物降解；含有芳香基的表面活性剂较仅有脂肪基的表面活性剂更难于生物降解。

表面活性剂能与土壤重金属产生螯合作用，提高重金属的生物有效性，从而促进植物对重金属的吸收与累积。刘泓等[12] 向种植雪里蕻的Cd污染土壤添加十二烷基苯磺酸钠(SDBS)，雪里蕻中Cd的质量浓度急剧升高，在SDBS的施加浓度为20mmol/kg时达到最大值，比对照样本的Cd质量浓度增加了10%。Sun等[19] 利用赤霉酸和非离子表面活性剂Tween 80辅助孔雀草修复重金属Cd污染土壤，发现赤霉酸和Tween 80均可促进植物生长，同时提高了孔雀草对Cd的积累作用，其积累量比对照组增加了15%～33%。Di等[20] 发现表面活性剂TX 100提高了芥菜体内不同组织中重金属Pb的含量，但降低了芥菜的生物量。Liu等[21] 利用烷基多糖苷（APG）辅助蕨草修复多环芳烃和Pb复合污染土壤，发现APG浓度为20～40mg/L时能有效促进芳香烃的降解和蕨草对Pb的累积，在APG浓度为40mg/L时Pb的累积效果最好。Ramamurthy等[22] 利用TX 100和Tween 80辅助印度芥菜修复土壤中重金属Pb和Cd，芥菜地上部位和地下部位重金属Cd、Pb浓度随表面活性剂浓度增加而增加，TX 100处理比对照组增加了200mg/L，效果比Tween 80显著。周小勇等[23] 研究了SDBS、CTAB、Triton X-100等不同离子类型的表面活性剂对水稻土中重金属的解吸效果，并采用盆栽试验研究了上述3种表面活性剂对Zn超富集植物长柔毛委陵菜的生物量、吸收和富集重金属的影响。CTAB对水稻土中Zn、Pb、Cd和Cu的解吸效果表现最佳，3种表面活性剂对各重金属的解吸率大小均为Cd＞Zn＞Cu＞Pb。3种表面活性剂均促进了长柔毛委陵菜的生物量，其叶、柄和根的生物量增加了0.2～2.5倍。3种表面活性剂均提高了长柔毛委陵菜各部位对Zn、Cd的积累能力及其叶和柄对Pb、Cu的积累能力，同时显著促进了Zn、Pb、Cd和Cu从植物根部向地上部转运。因此表面活性剂CTAB、SDBS和Triton X-100都提高了长柔毛委陵菜修复重金属污染土壤的效率。

2. 生物表面活性剂

生物表面活性剂是指由植物、动物或微生物新陈代谢过程中产生的集亲水基团与疏水基团于一体的具有表面活性的一类物质。生物表面活性剂的亲水基团可以是离子或非离子形式的单糖、二糖、多糖、羧基、氨基或肽链；疏水基团则由各种脂肪烃组成。生物表面活性剂除了具有降低溶液表面张力、乳化和破乳、分散、增溶等作用外，还具有以下优点：①低毒、无毒；②易生物降解；③能在极限条件下起作用；④可选择吸附；⑤生物刺激性小；⑥易氧化分解；⑦结构多样；⑧盐溶液中不盐析等。

鼠李糖脂是由假单胞菌或伯克氏菌类产生的一种生物代谢性质的阴离子生物表面活性剂，它广泛存在于水体、土壤、植物体等自然环境中，由于其优良的亲水和亲油特性以及一定的重金属螯合能力，在环境污染修复领域被广泛研究和应用。张晶等[24]通过鼠李糖脂、菇渣和植物的单独及联合作用的盆栽试验，评价了鼠李糖脂和菇渣联合强化苜蓿修复多环芳烃（PAHs）污染土壤的效果。60d 内，苜蓿单独修复的降解率仅为 14.43%，菇渣（质量分数为 3%）、鼠李糖脂联合苜蓿修复显著提高了 PAHs 降解率，当鼠李糖脂施加量为 125mg/g 和 250mg/g 时，土壤 PAHs 降解率分别达到 32.64%和 36.95%，比单独种植苜蓿的处理提高了 115.45%和 156.06%。与单独种植苜蓿相比，菇渣（3%）+鼠李糖脂（250mg/g）+苜蓿的处理方式对植物生物量提高程度最大，地上和地下生物量分别达到了 1.05g/盆和 0.20g/盆；同时也显著提高了土壤细菌和真菌的数量，分别达到了 31.37×10^6CFU/g 和 5.86×10^6CFU/g（特别是多环芳烃降解菌数量达到了 39.57×10^5MPN/g），分别是对照（CK）和植物单独处理的 29 倍和 4 倍。此外，与对照相比，菇渣、鼠李糖脂和苜蓿的联合作用显著提高了土壤微生物群落的功能多样性。由此可见，菇渣和鼠李糖脂联合强化苜蓿修复 PAHs 污染土壤达到了比较理想的效果。

Xia 等[25]利用茶皂素强化甘蔗吸收土壤中 Cd，发现使用 0.3%的茶皂素时，甘蔗体内 Cd 含量有明显增加，其中根部增加了 96.9%，茎秆增加了 156.0%，叶增加了 30.1%。王吉秀等[26]研究了 CTAB、鼠李糖脂和皂角苷等不同离子类型的表面活性剂对矿渣中重金属 Pb 和 Zn 的解吸效果，并采用盆栽试验研究了上述 3 种表面活性剂对 Pb 和 Zn 超富集植物小花南芥的生物量、吸收和富集重金属的影响。结果表明：3 种表面活性剂对 Pb 的解吸率是鼠李糖脂＞皂角苷＞CTAB，对 Zn 的解吸率随处理质量浓度增加而增加，解吸率介于 2.84%～10.84%之间；除了当 CTAB 处理的质量浓度为 7.5g/L 时，小花南芥叶长、冠幅、根长及地下部和地上部生物量均下降，其他处理下 3 种表面活性剂均能促进小花南芥叶长、根长、冠幅、地上部生物量及地下部生物量增加，与对照相比增加了 1.06～1.92 倍。添加 3 种表面活性剂都能显著促进小花南芥对 Pb 和 Zn 的积累，并且位移系数和富集系数都大于 1。这说明 3 种表面活性剂均可提高小花南芥修复土壤重金属 Pb 和 Zn 的能力。表 4-3 为不同表面活性剂处理下小花南芥吸收累积铅和锌的特征。

表 4-3 表面活性剂处理下小花南芥吸收累积铅、锌的特征

处理	Pb						Zn					
	富集系数	位移系数	滞留率/%	生物富集系数	转运量系数	净化效率/%	富集系数	位移系数	滞留率/%	生物富集系数	转运量系数	净化效率/%
CK	1.30	1.17	−0.17	0.0017	2.59	13.99	1.81	0.91	0.09	0.0021	2.02	17.31
C1	1.72	1.68	−0.68	0.0036	4.94	21.59	1.93	0.96	0.04	0.0031	2.82	18.91
C2	1.97	1.51	−0.51	0.0043	3.73	23.75	2.47	1.24	−0.24	0.0050	3.08	27.43
C3	2.00	1.50	−0.50	0.0052	3.17	23.99	2.55	1.29	−0.29	0.0062	2.73	28.71
C4	2.09	1.49	−0.49	0.0044	3.45	25.03	3.64	1.27	−0.27	0.0072	2.93	40.71
S1	2.00	1.94	−0.94	0.0055	4.63	26.35	2.25	1.53	−0.53	0.0057	3.66	27.24

续表

处理	Pb						Zn					
	富集系数	位移系数	滞留率/%	生物富集系数	转运量系数	净化效率/%	富集系数	位移系数	滞留率/%	生物富集系数	转运量系数	净化效率/%
S2	2.19	1.55	−0.55	0.0063	3.65	26.66	2.68	1.31	−0.31	0.0072	3.09	30.47
S3	2.88	1.58	−0.58	0.0069	3.50	35.24	3.18	1.75	−0.75	0.0105	3.88	53.27
S4	3.44	1.96	−0.96	0.0091	4.65	45.47	4.64	1.48	−0.48	0.0110	3.52	55.38
Z1	1.95	1.05	−0.05	0.0040	2.52	19.99	1.30	1.61	−0.61	0.0032	3.86	16.08
Z2	3.38	1.73	−0.73	0.0090	3.79	42.86	2.52	1.86	−0.86	0.0151	4.07	71.81
Z3	3.69	1.70	−0.70	0.0125	3.99	46.39	2.92	1.91	−0.91	0.0210	4.49	77.75
Z4	4.32	2.69	−1.69	0.0126	6.16	63.03	4.75	1.88	−0.88	0.0176	4.31	88.15

注：表中CK代表空白对照；C，S，Z分别表示CTAB、鼠李糖脂、皂角苷；1，2，3，4分别表示施加表面活性剂溶液的浓度为0.25g/L、0.5g/L、5g/L、7.5g/L。

目前，表面活性剂辅助植物修复土壤污染已经取得一定成果，研究大多集中在修复效能、累积方式等方面，对于由此带来的土壤二次污染风险的研究较少，所以应加强相关风险评估与研究。在对重金属污染土壤的修复研究中，表面活性剂作用下土壤中生物有效态重金属的含量要远远高于植物地上部位，植物的吸收速率远低于活性剂的活化速率，大大增加了重金属因渗滤对地下水造成的潜在污染。同时，表面活性剂能与土壤中的胶体、有机物等发生物理化学作用，并在其亲水性作用下随水体不断迁移，最终导致土壤贫瘠化。其中，土壤胶体是重金属和有机物的重要载体成分，但目前关于表面活性剂对土壤胶体的迁移影响没有较为系统的研究。另外，施加表面活性剂对土壤养分的影响尚不明确，需要进一步的研究论证。

三、植物-固定化改良剂联合修复技术

（一）固定化改良剂的作用原理及种类

根据原料来源的不同，土壤改良剂可分为天然改良剂、人工合成改良剂、天然-合成共聚物改良剂和生物改良剂等。目前的研究主要集中在以天然改良剂（如工农业废弃物）为原料，应用于退化土壤的改良，其改良作用主要体现在以下几个方面：①改善土壤物理性状，增强土壤保水保土能力；②增强土壤中营养元素的有效性，提高土壤肥力；③提高土壤中有益微生物和酶活性，抑制病原微生物，增强植物的抗性；④降低重金属污染土壤中Cd、Pb、Zn、Co、Cu、Ni等的迁移能力，抑制作物对重金属吸收。

化学固定是指在土壤中加入化学试剂或化学材料等，利用它们与重金属之间形成不溶性或移动性差、毒性小的物质而降低其在土壤中的生物有效性，减少其向水体和植物及其他环境单元的迁移，达到控制土壤污染物毒害作用的目的。将化学固定化技术和植物提取相结合，建立联合修复体系，能够改善重金属污染土壤的修复效率。固定方法的关键在于成功地选择一种经济而有效的固化剂，到目前为止已有大量的改良材料被应用。主要有：能提高土壤pH值的石灰或碳酸钙，与重金属形成难溶性沉淀的磷酸、磷矿石、羟基磷灰

石、过磷酸钙、硅酸盐等化合物，阳离子吸附量高的海泡石、坡缕石、沸石、蒙脱石等矿质，腐殖酸等有机物及一些对人体无害或有益并对重金属有拮抗作用的金属元素。

（二）固定化改良剂联合植物修复技术研究

刘华[27] 利用矿质改良剂海泡石、沸石、海泡石＋沸石对锰矿区未开采区、开采区和尾矿区土壤进行改良，研究其对土壤中重金属形态的影响，对栽培锰超富集植物短毛蓼改良土壤中重金属形态的影响，以及对短毛蓼吸收重金属和抗氧化酶系统的影响。矿质改良剂的添加对锰矿土壤中 Mn（0.58%～0.75%）、Cd（0.48%～0.83%）、Cr（0.02%～0.09%）和 Cu（0.72%～2.41%）的可交换态影响较小，增加了土壤中 Ca 和 Mg 的可交换态；栽培短毛蓼使锰矿土壤中重金属 Mn、Cd、Cr、和 Cu 的可交换态含量下降，使添加改良剂土壤重金属稳定性提高。另外，改良剂促进了短毛蓼地上部分对 Ca、Mg、Cd、Cr 和 Mn 的累积，提高了短毛蓼株高和根长，但是对短毛蓼的株重产生了抑制作用，伤害指标丙二醛（MDA）和 H_2O_2 含量增加，抗性指标 SOD、POD 和 CAT 活性提高。

林晓燕等[28] 开展野外田间试验，在铅锌尾砂中添加改良剂 TH-LZ01（主要成分为氧化钙、海泡石、硫酸亚铁），反季节种植耐重金属草本植物紫斑白三叶、金鸡菊、紫花苜蓿，同时以不添加改良剂不种植植物作为对照，研究添加改良剂后植被恢复情况以及对尾砂重金属含量和 pH 值的影响。反季节种植植物半年后，即使是粗放式管理，3 个添加改良剂种植植物的处理植被覆盖度均达 70%以上，尤其是紫斑白三叶处理，植被覆盖度高达 99.76%，远高于对照（6.13%）；添加改良剂 TH-LZ01、种植植物可以显著降低尾砂 Cu、Zn、Pb、Cd 的 DTPA 提取态含量，降低率分别达 83.00%、78.00%、31.00%、24.00%，效果显著。

孙岩等[29] 通过田间试验，验证几种改良剂在玉米和东南景天间套种修复重金属污染土壤中的大田实际应用效果。结果表明，施用改良剂蘑菇渣肥、云母和沸石能有效降低玉米籽粒和茎叶中 Cd 和 Pb 的含量，玉米籽粒 Cd 和 Pb 含量均达到食用标准。蘑菇渣肥显著增加了东南景天对 Cd 的提取量，腐殖酸显著促进了东南景天对 Pb 的吸收。因此，蘑菇渣肥和腐殖酸可以应用于玉米和东南景天套种系统。施用云母和沸石可以显著提高土壤 pH 值，降低土壤可交换态 Cd、Pb 含量，从而降低两种植物对 Cd、Pb 的吸收；然而，施用蘑菇渣肥和腐殖酸却增加土壤可交换/吸附态 Cd、Pb 含量。植物根系吸收 Cd 的稳定常数显示该有机吸附态 Cd 难于被玉米根系吸收。

王宇霞[30] 将沸石、鸡蛋壳、牡蛎壳、硅藻土、聚丙烯酰胺（PAM）作为改良剂，研究它们对土壤重金属复合污染的修复作用。改良剂明显降低了青菜地上部分对重金属 Cu、Zn、Ni 和 Cd 的积累，并缓解了氧化性损伤和脂膜损伤；改良剂明显提高了土壤 pH 值，Cu、Zn、Pb、Ni 和 Cd 的提取态占比普遍降低（硅藻土处理除外）；土壤 pH 值与提取态 Pb、Zn、Ni 和 Cd 含量呈显著的负相关，而青菜中 Zn、Ni 和 Cd 的含量与土壤提取态含量呈显著正相关。通过连续种植，土壤的 pH 值随时间的增长而有所降低，但仍显著高于对照。分级提取结果表明，土壤中 Cu、Zn、Pb、Ni、Cr 和 Cd 可交换态含量显著降低（除单独加入硅藻土处理外）；茼蒿对重金属积累量逐渐降低；茼蒿叶中 H_2O_2 含量的变化不显著，而CAT活性升高，MDA和SOD含量降低，Cu、Ni和Cr在植物解毒组分中比例上升进而降低了重金属对植物的毒性。

羟基磷灰石可提高土壤pH值，影响土壤环境，一方面使重金属钝化，降低其有效态含量和迁移性；另一方面可提高酶活性，改善土壤功能，促进植物对重金属的吸收。孙婷婷等[31] 将羟基磷灰石与3种植物（海州香薷、巨菌草、伴矿景天）联合用于修复Cu、Cd污染土壤。羟基磷灰石可有效提高土壤的pH值，并钝化重金属Cu和Cd，对土壤总Cu和Cd的含量无明显影响。植物与羟基磷灰石的联合修复在有效降低土壤Cu和Cd（$p<0.05$）活性的同时，也降低了植物根际土壤总Cu、总Cd的含量（$p<0.05$）。修复植物巨菌草和海州香薷分别与羟基磷灰石的联合修复表现出较好的对重金属的吸收效果：不仅可降低土壤Cu、Cd活性，并可通过植株地上部分的生长吸收总Cu、Cd，以减少土壤Cu、Cd的积累。磷脂脂肪酸分析显示，植物与羟基磷灰石的联合修复可有效缓解土壤真菌化的趋势，其中巨菌草与羟基磷灰石的联合修复可有效提高土壤革兰氏阳性菌、革兰氏阴性菌生物量及多样性，降低真菌/细菌（F/B）值，从而降低土壤真菌病害的风险。巨菌草与羟基磷灰石的联合修复方式更有利于土壤微生物特别是细菌群落多样性的形成和微生态体系的恢复。不同植物根系活性代谢引起有机质的积累，促进了植物与羟基磷灰石处理中根际有机碳含量显著提高。

粉煤灰是燃煤电厂排放的废渣，也可作为一种值得开发利用的宝贵资源。我国粉煤灰贮存量超过10亿吨，但其利用率却不到30%，报道指出，粉煤灰农用投资少、成本低，是开发利用的重要途径。近年来，鉴于粉煤灰多孔疏松、粒细质轻、比表面积大和吸附能力强等特点，常用于改良土壤。武存喜[32] 将粉煤灰应用于辅助植物修复石油污染土壤，通过对石油污染土壤进行单独添加粉煤灰、添加粉煤灰+种植紫花苜蓿、单独种植紫花苜蓿等几种处理，探索粉煤灰添加对土壤中石油烃降解率的影响。粉煤灰单作用下土壤中的石油烃降解率为4.14%～17.18%；紫花苜蓿单作用下石油烃降解率为6.6%～30%；粉煤灰+紫花苜蓿复合作用下降解率为13.4%～60.36%；且3种处理石油烃降解率均随粉煤灰用量增大而逐渐增大；粉煤灰的施用提高了紫花苜蓿的发芽率和生物量。上述结果表明，粉煤灰有助于土壤环境的改善，可促进紫花苜蓿的生长，从而增强紫花苜蓿对土壤中石油污染的修复效果。

土壤的理化和生物性质、污染重金属的种类和浓度不同，不同改良剂的性质和作用机理不同，应因地适宜地选择修复效率高、持续效果长久、来源广泛、价格低廉的改良剂，这是推广应用该技术的关键。邹富桢等[33] 研究了4种由不同剂量的沸石、石灰石、无机磷、有机肥（猪粪或蘑菇渣）组配的混合改良剂对酸性多金属污染土壤的改良效果。盆栽试验的结果显示，4种有机-无机混合改良剂处理后，土壤pH值显著提高，总体提高了0.52～1.76个单位，土壤中Pb、Cu、Zn的有效态含量分别比对照土壤降低70.92%～99.29%、69.47%～98.45%、67.22%～99.17%，而且土壤pH值和Pb、Cu、Zn的有效态含量呈显著负相关性。对照土壤种植的菜心和油麦菜的发芽率和生物量均受到抑制，植株地上部Pb、Cu、Zn含量均高于食品卫生标准。土壤经混合改良剂处理后，菜心和油麦菜的生长得到改善，株高和地上部的生物量显著增加，并且地上部Pb、Cu、Zn含量显著降低。改良后土壤中的Pb、Cu、Zn可交换态含量明显降低，铁锰氧化物结合态含量提高。根据上述结果可以说明，4 种有机-无机混合改良剂可以通过提高土壤 pH 值和改变土壤中重金属形态向更稳定的铁锰氧化物结合态转换的途径，实现酸性多金属污染土壤的钝化修复。

崔红标等[34] 比较了不同剂量磷灰石（0.6%和 1.2%）和石灰（0.2%和 0.4%）对 Cu、Cd 污染土壤的修复效果。石灰和磷灰石处理均使土壤溶液明显增多和土壤 pH 值明显提高，且均表现为 0.4%石灰＞0.2%石灰＞1.2%磷灰石＞0.6%磷灰石＞对照；随着磷灰石和石灰的施用量的增加，土壤溶液减少，土壤 Cu、Cd 有效态含量逐渐降低。石灰和磷灰石处理土壤提高了巨菌草的生物量，降低了巨菌草对重金属的吸收，其中 0.4%石灰处理巨菌草生物量最高，地上和根生物量分别为 61.45g、10.31g。与石灰相比，磷灰石在维持较低活性 Cu、Cd 的能力方面具有更好的稳定性，而高剂量的石灰更能有效地通过巨菌草转移土壤中的重金属。

何冰等[35] 开展为期一年的大田试验，探究石灰和泥炭处理对东南景天和玉米的生长及积累重金属的影响。通过向土壤中施用土壤改良剂石灰和石灰＋泥炭，单作玉米和套作玉米＋东南景天，验证了施用石灰可以提高土壤 pH 值，有利于降低土壤重金属的生物有效性，缓解重金属胁迫对植物生长的毒害作用。石灰处理对玉米和东南景天积累 Zn 和 Cd 产生的影响恰好相反，石灰促进了东南景天地上部 Zn 和 Cd 的积累，而抑制了玉米地上部 Zn 和 Cd 的积累。在施用石灰的基础上添加泥炭，既起到了调节土壤 pH 值的作用，而且有助于改善土壤肥力，促进植物生长。在重金属积累方面，泥炭促进了玉米和东南景天对 Zn 的吸收积累，抑制了玉米对 Cd 的吸收，而对东南景天对 Cd 的积累无明显影响。由此推测泥炭中的有机质对 Zn 不敏感，对土壤 Zn 的生物有效赋存形态无明显影响，而有机质则给土壤带来了额外的肥力，改善了植物的生长环境，从而间接加强了玉米和东南景天对 Zn 的吸收能力。而泥炭中的有机质对 Cd 较为敏感，有机质与 Cd 产生的螯合作用使得 Cd 的生物有效性显著降低，减少玉米对 Cd 的吸收。植物对土壤重金属的去除取决于植物地上部的生物量大小和植物地上部对重金属的富集能力。在本试验中，供试玉米的总体生物量是东南景天的 4～10 倍，而东南景天对 Zn 的总体富集量则是玉米的 50～55 倍，Cd 富集量是玉米的 50～60 倍。因此，东南景天对 Zn 和 Cd 的修复效果要优于玉米。由于采用玉米套种东南景天的种植方式，因此土壤重金属的总去除量等于东南景天和玉米的重金属去除量的总和。从总去除量上看，东南景天对 Zn 的去除量占总去除量的 94%，对 Cd 的去除量占总去除量的 95%。说明东南景天对土壤重金属的清除起绝对作用。单种玉米与玉米套种东南景天相比，玉米套种东南景天的总去除量高于单种玉米。单独施用石灰与石灰＋泥炭处理相比，石灰＋泥炭处理组的总去除量大于单独施用石灰处理组。总的来说，在施用石灰＋泥炭的基础上，采用东南景天套种玉米的方式 Zn 和 Cd 的去除量最高。对于 Pb 和 Cu 来说，由于东南景天对 Pb 和 Cu 的积累能力较弱，东南景天对 Pb 的去除量仅比玉米高 1～2 倍，而对 Cu 的去除量则低于玉米。石灰或泥炭处理使得东南景天的生长环境得到有效改善，提高了其生物量，进而促进了东南景天对 Pb 和 Cu 的总体吸收量。

对于重度污染土壤，利用重金属耐性植物进行植物稳定修复具有原位、成本低及对环境友好等优点。在植物定植和修复过程中，植物根际效应能够改变根际土壤的物理、化学、生物特性，通过氧化还原、络合沉淀等反应降低重金属的活性与迁移能力，从而缓解重金属植物毒性并控制重金属的迁移转化。耐性植物的生长可提高排土场的植被覆盖率，抑制地表径流的产生，减少土壤侵蚀的发生。在地表径流中，重金属主要以两种形态扩散：溶解态，即以自由离子或分子形态扩散；悬浮颗粒态，即以有机物或无机物形式吸附于泥沙等颗粒物表面，并随之在径流中扩散。随着植被覆盖率的增加，随径流扩散的重金属含量随之减少，从而控制了土壤中重金属的迁移。张鹏等[36] 通过在多金属污染排土场种植重金属耐性作物红麻、苎麻，辅以石灰＋有机肥、石灰＋生物炭的土壤改良，研究不同植物稳定修复模式下植物的生长状况、土壤 pH 值与重金属含量、径流液产生与理化性质的变化情况。发现改良剂处理有效促进了红麻、苎麻生长，提高了其株高、根长和生物量，有助于排土场土壤的植被恢复。石灰与有机肥、生物炭的施加可以改善土壤酸性环境，将土壤 pH 值由酸性显著提高至中性，降低土壤重金属生物有效性，且生物炭的作用更显著。随着红麻、苎麻稳定修复时间的增加，土壤重金属有效态含量呈现一定程度下降趋势。植物的定植和土壤改良还可以减少地表径流的产生；提高径流液 pH 值，但 pH 值会随着修复时间的增长而下降；径流液中溶解态和悬浮态重金属含量均在植物稳定修复过程中得到降低，土壤中重金属污染物的扩散迁移得到有效控制。李磊等[37] 研究了在重度重金属复合污染土壤上，施用不同配比的石灰和泥炭（T1：泥炭 0g/kg，石灰 2g/kg；T2：泥炭 30g/kg，石灰 0g/kg；T3：泥炭 50g/kg，石灰 0g/kg；T4：泥炭 30g/kg，石灰 2g/kg；T5：泥炭 50g/kg，石灰 2g/kg）对红蛋生长及其对污染土壤中 Pb 和 Cd 的修复影响。石灰显著提高了土壤 pH 值，而泥炭对土壤 pH 值无显著影响；石灰和泥炭使得土壤中交换态 Pb 和 Cd 含量显著降低，红蛋地上部和地下部的 Pb 和 Cd 含量有不同程度降低；T3、T4、T5 处理显著提高了红蛋的 Pb 单株迁移量和年迁移量，年迁移量分别为 CK 的 2.1 倍、2.6 倍和 2.8 倍；各处理均显著提高了红蛋的 Cd 单株迁移量和年迁移量，年迁移量分别为 CK 的 1.8 倍、2.9 倍、2.9 倍、2.8 倍和 2.9 倍，其主要原因在于土壤改良剂有效改善了植物的生长环境，显著增加了地上部生物量。

对于重金属复合污染的土壤，单一改良剂往往难以达到较好的修复效果。一些研究表明，混合改良剂对重金属的吸附、沉淀、络合等能力往往大于单一的改良剂。郭荣荣等[38] 研究表明，“石灰＋沸石＋羟基磷灰石”混合改良剂可以显著提高广东省大宝山矿区周边酸性多金属污染土壤 pH 值并降低 Cu、Zn、Pb、Cd 的生物有效性，使红油麦菜在改良后的土壤上能够正常生长。蔡轩等[39] 采用来源广泛、价格更低廉的钙镁磷肥和磷矿粉代替羟基磷灰石，并在无机混合改良剂的基础上添加了 3 种有机肥（猪粪、鸡粪、蘑菇渣），所筛选出的有机-无机混合改良剂表现出更好的改良效果，空心菜地上部 Cu、Zn、Pb、Cd 含量达到食品卫生标准。孟桂元等[40] 以有机肥、石灰和海泡石作为土壤改良剂，研究其对苎麻生物量、叶绿素含量及重金属镉、铅积累特性的影响。不同改良剂及其组合处理，都能促进叶绿素含量及叶绿素 a/叶绿素 b 值增加，改善光合作用，使生物量显著增多，以 3 种改良剂组合处理最佳，有机肥及其与海泡石组合稍次。不同土壤修复措施下苎麻根系和地上部镉、铅积累浓度均明显减少，分别以单施石灰和海泡石处理减幅最多，二者组合处理降幅稍次，单施有机肥处理降幅最少。改良剂处理均能促进苎麻转运系数增加，但增幅不明显。综合比较，有机肥及其与石灰、海泡石组合的处理效果较好，可有效降低污染土壤中有效 Cd、Pb 含量，改善土壤理化性质，促进植物生长，达到较理想的植物修复效果。

土壤微生物是土壤有机质和土壤养分实现转化和循环的重要角色，对物质循环和能量流动具有关键作用，微生物活性和群落结构的变化能敏感地反映生态系统的变化。微生物功能多样性能反映出化学改良剂和植物的修复效果。杜瑞英[41] 应用 Biolog 技术对多金属污染土壤修复过程中微生物生态特征的变化进行分析。发现种植红麻前施用改良剂，土壤中的微生物活性得到显著提高，各处理对土壤微生物活性的改善效果：有机肥＋石灰石＞粉煤灰＞白云石＞石灰石＞对照（未施用改良剂），其中有机肥＋石灰石组合使用的方式显著提高了多金属污染土壤微生物的代谢多样性。种植红麻后各处理土壤微生物活性改善效果：有机肥＋石灰石＞粉煤灰＞石灰石＞对照＞白云石。有机肥＋石灰石和红麻联合作用下，土壤微生物活性进一步得到提高。种植红麻后，施用有机肥＋石灰石可以刺激根系分泌 L-丝氨酸、4-羟基苯甲酸和 L-精氨酸等碳源，使微生物对胺类和氨基酸类碳源的利用能力大幅提高。各处理土壤微生物对糖类、氨基酸类和胺类等碳源的利用能力增强，有助于重金属污染土壤的生态修复。彭桂香等[42] 对超积累植物和化学改良剂（赤泥、污泥、沸石和熟石灰）联合修复锌、镉污染土壤进行了研究，观察分析不同的土壤改良配方对重金属超积累植物东南景天盆栽土壤中细菌、真菌和放线菌数量，微生物量碳（C_{mic}）及微生物量氮（N_{mic}）的影响，以此来筛选出最优的促进东南景天修复锌、镉污染土壤的改良剂配方。细菌、真菌和放线菌数量，与土壤 Zn 和 Cd 的去除率、东南景天植株干重、C_{mic} 及 C_{mic}/N_{mic} 两两之间都呈现极显著正相关关系（但 C_{mic}/N_{mic} 与真菌数量仅呈显著相关）。土壤改良剂对细菌、放线菌、真菌的数量均有一定的提高；在各种土壤配方中，添加了 6g 赤泥、15g 污泥和 15g 沸石的处理组最有利于各类土壤微生物的生长。

矿山重金属污染土壤往往环境条件恶劣，土壤严重酸化、高浓度的有毒重金属污染、养分水平低、物理结构缺失、过高的盐分含量等情况都不利于植物正常生长。因此，在矿山污染土壤的植物修复中，通过外源添加土壤改良剂调节土壤理化性质，是保证植物正常生长、提高植物修复效果的必要手段。李正强等[43] 研究了改良剂石灰和猪粪对铅、锌尾矿土壤上光叶紫花苕生长的影响。结果表明，施用改良剂能够使光叶紫花苕的株高、地上部鲜重、地下部鲜重、总鲜重、干重、根长、叶绿素 a 含量、叶绿素 b 含量、胡萝卜素含量均有所增加，施用猪粪条件下光叶紫花苕的株高、地上部鲜重、根长均显著高于对照，施用石灰条件下光叶紫花苕的株高、地上部鲜重、地下部鲜重、总鲜重、地下部干重、根长、叶绿素 a 含量、胡萝卜素含量均显著高于对照，说明施用石灰和猪粪可缓解重金属对光叶紫花苕的毒性效应，改善其生长状况。黄树焘[44] 以安徽铜陵杨山冲尾矿库为修复试验基地，研究厩肥牛粪、石灰、凹凸棒石（坡缕石）、膨润土、沸石、磷矿粉对尾矿基质性质的改良效果，利用能源植物稳定修复尾矿。在酸性尾砂上施用 $Ca(OH)_2$ 显著提高了尾砂的 pH 值，并显著降低了重金属溶解性，施用量大于 0.9％时，绝大多数重金属的硝酸钠（稀盐）提取态含量低于检出限。但是，随着石灰施加量的增加，尾砂 pH 值持续升高，磷酸二氢铵提取态砷的含量显著增加，大麦根长也表现出先增长后缩短的趋势。在施加石灰的基础上，继续添加凹凸棒石、膨润土、沸石、磷矿粉对尾砂无明显改善效果。能源植物长势总体表现为荻最佳（荻成活率达 99.3％），芦苇、五节芒次之，芦竹长势最差。熟石灰可以有效改善酸化尾砂场地的土壤条件，使之满足植物的生长环境要求。磷矿粉在碱性尾砂中对能源植物的生长表现为抑制，而在酸性尾砂中则表现为显著促进。

在放射性核素污染的植物修复中，土壤改良剂有两种应用途径：一是作为植物固定技术的辅助措施，主要以稳定污染物的形式降低其在土壤环境中的迁移性和生物有效性。该措施可以分为2个作用机制，即通过添加土壤改良剂使之直接作用于污染物，或者作用于土壤，间接地改变污染物在土壤环境中的稳定性；二是作为植物萃取技术的强化手段，即通过土壤的改良作用促进富集或超富集植物对污染物的吸收、积累，最终根除污染物。在放射性核素污染土壤的植物修复中，常用的外源天然土壤改良剂包括石灰、沸石、膨润土、硅藻土等。

石灰能改良酸性土壤，提高土壤养分有效性，降低一些重金属对作物的毒害。Campbell等[45]发现用石灰处理的泥炭土能增强黑麦草对^{137}Cs的富集，但处理黏土的效果不显著，主要原因可能是试种土壤的成分存在较大差异。史建君等[46]采用模拟污染物的同位素示踪技术研究了在土壤中施用白垩和在田表水中撒施膨润土对降低作物（尤其是作物的食用部分）中^{89}Sr和^{141}Ce积累的效应。白垩能有效降低黑麦草、青菜对^{89}Sr的吸收，当白垩施用量为20g/kg时，青菜对^{89}Sr吸收降低率达77.6%，黑麦草也能降低35.2%，土壤中白垩的引入量与黑麦草、青菜中^{89}Sr的比活率呈显著性线性负相关。

沸石具有较高的吸附容量和离子交换能力，可与土壤溶液中的其他阳离子进行可逆交换，这种盐基交换能力可以用来改良盐碱地，其吸附性能在放射性污染修复中具有较好的应用前景。Campbell等[45]发现在不同土壤里添加斜发沸石（沸石的一种）能不同程度地降低黑麦草对^{137}Cs的吸收，在用质量比为10%的斜发沸石和^{137}Cs浓度40mg/kg处理的土壤中，黑麦草叶片中^{137}Cs含量均低于30mg/kg；而在相同^{137}Cs浓度处理下，未添加斜发沸石的泥炭土中黑麦草叶片组织的^{137}Cs质量浓度高达1860mg/kg，在黏土中叶片组织的^{137}Cs质量浓度为150mg/kg。

膨润土是一种宝贵的非金属矿产资源，同时也是农业上广泛应用的改良剂，可提高农肥、水分的蓄积能力，从而改良土壤，提高农作物产量。膨润土还可作为高放废物深地质处置库的缓冲回填材料。田间试验发现[46]，在田表水中引入适量膨润土，能有效降低被^{141}Ce污染的田表水中放射性比活度，并在降低^{141}Ce在稻壳、糙米中的积累方面有一定效果，但未能改变稻根、稻草对^{141}Ce的吸收和积累。

硅藻土是一种生物成因的硅质沉积岩，在废水处理、建筑、食品工业等诸多领域有广泛应用。硅藻土无毒，易与粮食分离，且能吸附杀死一些害虫，因此在农业应用上可作为一种有效的杀虫物质，同时硅藻土又可作为化肥的优良载体，促进植物生长，改良土壤状况。Osmanlioglu[47]在放射性废液（含有^{137}Cs、^{143}Cs和^{60}Co）中添加硅藻土能将废液中的放射性比活度从原始的2.60Bq/mL（$1Bq=1s^{-1}$）降低到0.40Bq/mL。硅藻土在放射性污染治理方面有一定的应用潜能，但是在植物-土壤体系的应用中效果并不可观。史建君[46]研究发现在受放射性锶污染的水稻田中施加硅藻土，除了稻壳外水稻其他各部位中^{89}Sr比活度变化不大，在硅藻土撒施量的范围内，水稻对^{89}Sr的吸收与积累没有明显改变，原因可能是硅藻土施加的量相对较少，对土壤中放射性^{89}Sr的作用不大。

除上述几种矿质和有机酸外，还有一些土壤改良剂在植物修复中研究较少。例如陈世宝等[48]发现施加磷矿粉、羟基磷矿粉、豆渣、骨炭及硫酸亚铁等土壤改良剂均能在一定程度上降低铀矿区污染农田中油菜对^{238}U、^{226}Ra及^{232}Th的吸收，以豆渣、羟基磷矿粉处理效果较显著，其中在豆渣处理下^{238}U、^{226}Ra及^{232}Th的富集系数分别比对照降低42.9%、39%和71%。豆渣和羟基磷矿粉对降低铀矿区污染土壤中植物对上述核素的吸收和富集具有潜在的应用价值。Wasserman等[49] 发现使用有机质改良的铁铝土和黏绨土种植萝卜能降低Cs的生物有效性，原因可能是改良剂中某些化合物与土壤中^{137}Cs之间存在络合作用。Tang等[50] 向土壤中添加了$(NH_4)_2SO_4$，使得三色苋对^{134}Cs吸收率降低，但血色苋对^{134}Cs的积累量则增加。

四、植物-植物生长调节剂联合修复技术

（一）植物生长调节剂的作用原理及种类

植物生长调节剂是指人工合成的具有与植物激素类似的生理效应的化学物质。植物生长调节剂合成较容易，价格低，效果好，无污染，可以大规模应用于农业生产，已发展为现代化农业的一项重要农资。根据主要生理效应的不同，植物生长调节剂可分为三大类：第一类是生长促进剂，促进分生组织细胞分裂和伸长，促进营养器官的生长和生殖器官的发育，如吲哚乙酸（IAA）、赤霉素（GA_3）、细胞分裂素、乙烯类等；第二类是生长延缓剂，不同种类的生长延缓剂抑制赤霉素生物合成过程中的不同环节，如矮壮素（CCC）、比久（B9）、多效唑（PP333）等；第三类是植物生长抑制剂，抑制顶端分生组织生长，使植物丧失顶端优势、侧枝多、叶小，生殖器官也受影响，如三碘苯甲酸（TIBA）、马来酰肼（MH）等。

当植物受到重金属胁迫时，由于重金属干扰了一些生理代谢过程，使得种子的萌发、植物的生长、开花等都会受到影响，最终导致植物生物量减少并且修复效率不高等。而植物激素在缓解重金属胁迫过程中扮演了重要的角色，在一定程度上减轻了重金属对植物的毒性胁迫。

在植物提取修复重金属污染土壤过程中，施用植物生长调节剂的目的在于减轻重金属对植物生长的负面影响，从而提高植物提取修复的效率。植物生长调节剂通过促进植物根系的生长、提高植物的生物量、增强植物的蒸腾作用、减弱重金属毒性等几个方面来发挥其作用。

（二）植物生长调节剂促进植物根系的生长和形态构建

根系是植物吸收水分的主要器官，溶解于水中的矿质营养也要通过根系的吸收进入植物地上部。植物根系还能吸收和吸附土壤中的重金属等污染物质。换言之，植物提取修复技术依赖于植物根系对污染物的提取，高度发达的根系系统会使超富集植物更具有优势。如果通过外源施加植物生长调节剂能够促进根系的生长和形态构建，那么植物修复的效率就能随之提高。但是，目前在植物修复过程中对植物根系的影响研究多集中于根系生物量和根长的研究，对根系其他方面的研究较少。周建民等[51] 以玉米为试验材料，发现在施加了10mg/kg的IAA后，玉米的根系生物量并未有显著增加，但其根长显著增加，达到了25%，同时，其地上部的Pb、Zn、Cd累积量也有显著提高，但其对根系的分析

指标也只有生物量和根长两个方面。在以往的研究中，对于植物根系的研究都很少，涉及的指标也很少，根系对于植物修复的重要性和强化措施对根系方面的作用在一定程度上被忽略了，关于外源施加植物生长调节剂对重金属胁迫下植物根系的影响更是鲜见报道。但是高度发达的根系使植物提取占有优势，如在土壤中的分布范围更广，可获取的重金属量也更多，同时发达的根系意味着更多的重金属吸收位点，植物修复的效率也可能随之而提高。

（三）植物生长调节剂提高植物的生物量

生物量一直是限制将超富集植物应用于实际修复工作的重要因素。在不降低超富集植物的吸收能力的前提下，促进植物的快速生长，提高植物的生物量，从而提高植物重金属积累量，这是外源添加植物生长调节剂的目的之一。因此，植物生长调节剂对超富集植物生物量的影响应视为评价其强化效果和筛选适宜浓度的重要指标。Liu 等[52] 对水培条件下生长素对东南景天吸收 Pb 的作用进行研究，结果表明 100μmol/L IAA 处理时，植物根系、地上部的干重以及 Pb 的提取量都较 Pb 单独处理有显著增加。高会玲等[53] 研究外源油菜素内酯对镉胁迫下菊芋幼苗光合作用及镉超富集的调控效应，发现外源喷施不同浓度的 24-表油菜素内酯（24-EBL）均能提高 Cd 胁迫下的植株干重，外源喷施 10^{-10}mol/L、10^{-9}mol/L、10^{-8}mol/L、10^{-7}mol/L 24-EBL 使得南芋 2 号植物干重分别提高 29%、50%、30%和 18%，南芋 5 号植株干重分别提高 45%、48%、64%和 33%。廖爽[54] 以牛膝菊为研究对象，在镉污染胁迫下，喷施赤霉素（GA_3）和 2,4-表油菜素内酯（2,4-EBL）均能促进牛膝菊的生长，且随两种生长调节剂浓度的增加，牛膝菊的地上部分生物量呈先增多后减少的趋势。其中喷施 10^{-5}mol/L 赤霉素（GA_3）和 10^{-8}mol/L 的 2,4-表油菜素内酯则分别使牛膝菊地上部分生物量较对照增加了 22.23%～27.17%（$p<0.05$）和 14.35%～20.41%（$p<0.05$）。10^{-6}mol/L 赤霉素可显著提高牛膝菊地上部分镉积累量，比对照增加了 22.23%～25.94%（$p<0.05$）。而喷施 2,4-表油菜素内酯则均降低了牛膝菊地上部分镉积累量。

（四）植物生长调节剂增强植物的蒸腾作用

蒸腾作用是指植物体内的水分以气态方式从植物体的表面向外界散失的过程，其引起的上升液流有助于根部从土壤中吸收的无机离子和有机物以及根中合成的有机物转运到植物体的各部分。简而言之，植物必须通过水分的蒸腾作用调控和提取污染物。一些研究表明，植物生长调节剂可以通过增强植物的蒸腾作用影响重金属在植物体内的转运。Tassi 等[55] 的研究表明细胞分裂素（Cytokinin，CK）在进行植物修复时能够提高植物的生物量、地上部富集量以及蒸腾速率。生物量的增加可能与细胞分裂有关；地上部的富集量增加可能是因为细胞分裂素提高了植物对重金属的耐受能力和蒸腾速率，例如通过诱导气孔的开发增强植物体内含有水溶态物质和污染物等的蒸腾流。李萍等[56] 采用水培试验研究了喷施细胞分裂素类物质 6-苄氨基嘌呤（6-BA）和激动素（KT）对玉米幼苗镉吸收及转运的影响，发现喷施 6-BA 和 KT 能逆转叶片气孔关闭，缓解 Cd 对植物根部的毒害作用，增强根系活力，增强植物的蒸腾作用，促进植物对镉离子的吸收。

（五）植物生长调节剂缓解重金属对植物的毒害作用

调控体内的激素水平是植物适应重金属胁迫的重要方式，同时植物激素也能对植物吸收和富集重金属产生促进作用。Ouzounidou等[57] 研究施用赤霉素和吲哚乙酸对铜胁迫下油葵生长、生理和代谢的影响，发现施用IAA减弱铜对油葵根伸长、根毛形成的抑制作用，GA_3 则是改善铜对其茎叶的毒害作用；铜胁迫下油葵光合色素的含量显著下降，添加这两种激素可以有效缓解叶绿素和类胡萝卜素的下降。高会玲等[53] 认为，油菜素内酯可明显提高菊芋的耐镉水平，主要是因为外源喷施油菜素内酯能显著促进其光合作用和提高水分利用效率，从而改善Cd胁迫下菊芋幼苗的生长。植物生长调节剂缓解重金属对植物的胁迫的机制可能是植物生长调节剂引起植物代谢发生某些变化或者与调节活性氧代谢及蛋白质表达有关，但具体机制仍有待研究。

己酸二乙氨基乙醇酯（DA-6）是一类新型细胞分裂素类植物生长调节剂，具有生长素和赤霉素及细胞分裂素等的多种功能，可促进细胞分裂和生长，提高植物叶绿素含量，从而促进光合作用。王雷等[58] 采用盆栽土培法研究生长调节剂 GA_3 和 DA-6 强化黑麦草Cd污染土壤修复，观察植物生长调节剂对黑麦草生理生化特性以及Cd在植物体内化学形态分布的影响。结果表明，添加 GA_3 和 DA-6 使黑麦草体内 SOD、POD、CAT 的酶活性显著提高，MDA 含量显著下降（$p<0.05$），减轻了 Cd 对细胞的膜脂过氧化作用；GA_3 和 DA-6 使黑麦草体内 Cd 的移动性明显降低（$p<0.05$），在一定程度上缓解了 Cd 对植物的伤害，且 10μmol/L GA_3 和 1μmol/L DA-6 分别是 GA_3 和 DA-6 处理中效果最为显著的。由于 GA_3 和 DA-6 增强了黑麦草对 Cd 的抗性，黑麦草的光合作用和生物量都得到显著提高（$p<0.05$），因而也促进了黑麦草对 Cd 的富集和提取效率（$p<0.05$），其中 1μmol/L DA-6 作用效果最为显著，可以在实际植物修复土壤 Cd 污染中作为强化措施加以应用。

于彩莲[59]（2011）研究了复硝酚钠、2,4-D 及 DA-6 等生长调节剂在龙葵修复 Cd 污染土壤中的作用，并在不同 Cd 污染的土壤上进行了 DA-6 的最佳用量试验，同时还探讨了 DA-6 和腐殖酸联合施用后对 Cd 污染修复的强化作用。100mg/kg 的高 Cd 污染土壤胁迫下，使得龙葵生物量明显降低。生长调节剂 2,4-D 和 DA-6 显著提高了龙葵的生物量。施用的三种调节剂使成熟期龙葵对 Cd 的累积量增加了 24.49%～39.8%（$p<0.05$），其中 DA-6＞2,4-D＞复硝酚钠。生长调节剂明显提高了抗氧化系统酶的活性，增强了清除超氧自由基阴离子的能力，减轻了膜脂过氧化损伤，使 MDA 含量以及叶片的相对电导率显著降低，提高了龙葵叶片叶绿素相对含量（SPAD），其中 DA-6 降低作用最显著。DA-6 能够不同程度地增加龙葵地上和总 Cd 的累积量，10mg/L 的 DA-6 对 Cd 浓度为 10mg/kg、25mg/kg 和 50mg/kg 土壤的修复效果显著，地上 Cd 累积量最高增加了 81.87%；20mg/L 的 DA-6 对 Cd 浓度为 100mg/kg 土壤修复效果显著，使龙葵地上和总 Cd 累积量分别增加了 36.38%和 34.54%，强化效果显著。相同剂量的 DA-6 在不同浓度 Cd 污染土壤中所产生的效果不同，适宜浓度的 DA-6 处理才能最大程度地降低龙葵叶片中 MDA 含量。在土壤 Cd 浓度为 0mg/kg 和 25mg/kg 条件下，40mg/L 的 DA-6 处理效果最显著；而当土壤 Cd 浓度为 10mg/kg、50mg/kg 和 100mg/kg 时，DA-6 的施加浓度为 10mg/kg

和 20mg/L 时效果较好。DA-6 还可提高龙葵叶片中 POD 活性，提高 SPAD 值，进而增强龙葵的抗逆性，使龙葵的生长状况得到改善，其对土壤 Cd 污染的修复能力也因此而增强。在 DA-6 和腐殖酸共同作用下，随着 Cd 浓度提高，龙葵干物质积累呈先增加后下降的趋势。腐殖酸能提高龙葵修复 Cd 污染土壤的能力，与 DA-6 配合施用能使这种能力得到加强。

多效唑（PP333）是一种植物生长调节剂，它可以通过抑制植物体内赤霉素合成和降低吲哚乙酸含量来控制植物营养体生长，干扰植物体内甾醇类物质的合成，改变植物细胞膜的组成成分，进而提高植物体的抗逆性。以能源植物大麻为材料，分析植物生长调节剂多效唑（PP333）对重金属胁迫下六安寒麻和 USO-31 两个大麻品种的影响[60]。经梯度浓度多效唑（0，100mg/L，300mg/L，500mg/L，700mg/L）处理，随着处理浓度加大，两种供试大麻的株高皆呈显著下降趋势。但是，PP333 处理浓度≤300mg/L 时，两种大麻地上部生物量与对照差异不显著；经 500mg/L PP333 处理，USO-31 的生物量仍与对照之间无明显差异。选用 50μmol/L Cd 和 300mg/L、400mg/L PP333 作为处理浓度，分析叶面喷施 PP333 对 Cd 胁迫下两种大麻幼苗生长和生理特性的影响。当 PP333 浓度为 400mg/L 时，Cd 胁迫下的两种供试大麻的生物量、含水量等明显提高；当施加浓度为 300mg/L 和 400mg/L 时，在 Cd 胁迫下两种供试大麻 MDA、可溶性糖含量以及根系与地上部分镉含量和迁移指数（TF%）显著降低，根系活力显著提高。叶片解剖结构显示，Cd 胁迫下，六安寒麻的叶片厚度、上表皮厚度、海绵组织厚度、栅栏组织与海绵组织的比值（*P/S*）、叶片组织结构紧密度（CTR%）和叶片组织疏松度（SR%）均无显著变化，USO-31 的叶片厚度、下表皮厚度、栅栏组织和海绵组织厚度、叶片组织松弛度（SR%）均显著增加，这些叶片形态结构变化可能是大麻植株在 Cd 胁迫下产生的应激反应。400mg/L PP333 明显降低了 Cd 胁迫下 USO-31 的下表皮厚度、栅栏组织与海绵组织的厚度。分别采用无污染土壤（CK）和复合重金属污染土壤培养大麻，用 400mg/L 和 600mg/L PP333 喷施播种 1 月后的幼苗，播种 48d 后取样调查。结果发现，复合重金属污染土壤和叶面喷施多效唑对两种供试大麻的生长均产生了抑制作用，降低了株高、生物量、六安寒麻的木质素含量（$p<0.05$）。同时，单独的重金属处理下，两种供试大麻对 Zn、Cd、Cu、Pb 的积累主要集中在根部。叶面喷施多效唑显著提高了两种大麻对 Zn 的吸收能力，而削弱了对重金属 Pb、Cd、Cu 的吸收能力。

6-苄氨基嘌呤（6-BA）是一种细胞分裂素类物质，能促进植物细胞分裂。2,4-二氯苯氧乙酸是一种苯氧类的植物生长调节剂，简称为 2,4-D，在苯氧化合物中活性最强，比吲哚乙酸大了约 100 倍。2,4-D 属于低毒性的植物生长调节剂，在植物体中表现出极性运输。丁军露[61] 研究了 6 种植物生长调节剂（IBA、GA_3、6-BA、NAA、2,4-D 以及 DA-6）单独作用对竹柳吸收重金属的影响。浓度为 10mg/L 的植物生长调节剂可显著促进竹柳对重金属的吸收能力。其中，IBA 可有效提高竹柳对 Pb 的吸收能力，对 Pb 的吸收量为对照组的 2.03 倍；DA-6 可有效提高竹柳对 Cu 的吸收能力，对 Cu 的吸收量为对照组的 3.68 倍；6-BA 可有效提高竹柳对 Zn 的吸收能力，对 Zn 的吸收量为对照组的 1.63 倍。

另外，也有研究指出，添加植物生长调节剂能够提高植物的生物量，但并不能提高植物对土壤重金属的富集效能。彭丹莉[62] 将不同浓度（30mg/L、50mg/L、100mg/L）的IAA、GA_3、6-BA施加于毛竹生长的重金属复合污染土壤中，三种植物生长调节剂分别能够不同程度地增加毛竹根部和地上部的生物量，IAA、GA_3、6-BA分别增加了2.4%～22.4%、10.0%～57.3%、0.6%～73.0%地上部的生物量。对于毛竹吸收重金属而言，植物生长调节剂未明显增加Cu、Cd、Pb的吸收量，甚至还出现了一定量的减少。

五、植物-酸碱调节剂联合修复技术

土壤pH值是影响重金属在土壤中赋存形态的一个重要因素。根据土壤的酸碱度和靶重金属的性质，投加酸性或碱性物质改变土壤pH值，改变重金属在土壤中的主要赋存形态，可根据情况调节重金属在土壤中有效形态的比例。对于铅、锌、镉等重金属而言，降低土壤pH值能促使部分结合态重金属溶解而进入土壤溶液，使得重金属的生物可利用态在土壤中的赋存比例提高，促进植物对重金属的吸收效率。但需要考虑的是有些超富集植物适宜于中性或偏碱性土壤条件下生长，如果土壤pH值过低，则会对修复植物的生长产生不利影响，这时需要通过添加碱性调节剂来促进植物生长与对重金属的富集。然而，对于As而言，当pH值升高时，As在土壤中的溶解量才会增加。这是由于As在土壤中主要以AsO_3^{4-}或AsO_3^{3-}形态存在，若pH值升高，土壤胶体所带正电荷减少，进而对As的吸附力降低，使土壤溶液中As的含量不断增加。

降低土壤pH值的方法主要有直接加酸法和施肥法。直接加酸法是指直接向土壤中添加酸性化学剂，如稀H_2SO_4等[63]。施肥法是指施入的肥料可增加营养，也具有降低pH值的作用，如施用铵态氮肥可降低土壤pH值。可通过添加生石灰或施用硝态氮肥等措施来提高土壤pH值[64]。在调节土壤pH值之前，应先对当地土壤理化性质进行分析，再根据污染土壤中重金属的种类、含量以及植物的生长习性，有针对性地采取某种pH值调节方案。

六、植物-肥料联合修复技术

养分是影响植物吸收重金属的要素，有些已成为调控重金属植物有效性的重要物质。施加植物营养物质，能促进植物的生长，提高根部活动强度，相应地可促进植物对重金属的吸收。

氮肥的强化作用包括土壤与植物两方面。有研究表明，铵态氮肥中的NH_4^+进入土壤后通过硝化作用，可使土壤pH值短期内明显下降，增加了Cd的生物有效性，更重要的是NH_4^+还能与Cd形成络合物而降低土壤对Cd的吸附[65]。NH_4^+也能有效地把^{137}Cs从污染多年的土壤颗粒中解吸出来，施用0.2mol/L的硝酸铵可将植物地上部^{137}Cs的积累量提高2～12倍[66]。硝酸铵也能促进小麦对Cd的吸收。有研究表明，硝酸钙强化植物吸收Cd的情况与施用含Ca复合肥时植物吸收Cd的情况类似，这可能与离子交换过程有关，肥料颗粒周围的高盐量加剧了土壤中交换位点的竞争。外源性盐基离子不仅可取代交换态Cd，而且可通过置换H^+降低土壤溶液pH值，从而促进植物对土壤可溶性Cd的吸收。使用生理酸性肥料$(NH_4)_2SO_4$不但能提供植物所需的氮和硫，还能酸化根际土壤，提高金属溶解度[67]。不过有的植物对铵敏感，过量施用可能导致铵中毒。硫肥能降低土壤 pH 值，增加莴苣对 Pb 的吸收[68]。

氮肥还可通过提高生物量而强化植物吸收重金属。不过，植物生物量的增加常伴随体内重金属浓度的下降，即所谓的稀释效应。只要生物量的增加能够补偿植物体内重金属浓度的下降，施肥就能提高一季植物所提取的重金属总量。Bennett 等[69] 研究发现，施用硝酸铵钙能增加三种超积累植物的生物量，且生物量增加带来的稀释效应很微弱。氮肥并不能影响 Cd、Zn、Cr、Pb、Ni 等在土壤中的移动性，但却促进羊草对这些元素的吸收，因为氮肥促进了植物生长。施用氮肥可使超积累植物 *Alyssum Bertolonii* 生物量增加 3 倍，而 Ni 的浓度保持 1.0%基本不变。

磷也是植物必需的大量元素。有文献报道施用磷肥的效果不如氮肥明显[70]，这可能与植物品种或土壤磷素水平有关。土壤施用磷肥的不利因素在于容易产生金属的磷酸盐沉淀而降低重金属的有效性。实际上，磷矿粉常作为一种土壤重金属的固定剂。因此，在植物提取修复中应考虑采用叶面喷施磷肥。

磷肥大多含有 Cd，所以施用磷肥能够增加植物体内的 Cd 含量。在 Cd 污染的土壤上施用 KCl 肥料对水稻和小麦吸收 Cd 均有促进作用[71]。以往的研究表明，在砷污染条件下，植物对磷与砷的吸收表现为拮抗作用，施磷往往减少植物对砷的吸收。但有人以砷超富集植物蜈蚣草为材料，发现磷与砷之间并不存在拮抗效应，在高浓度时甚至表现出明显的协同效应[72]。后来很多人也证实了氮肥、磷肥、钾肥确实可以促进植物吸收土壤中的镉[73,74]。

硫肥能促进超积累植物对钴和镍的吸收，植物中钴和镍的含量与硫添加量呈显著正相关[75,76]。CO_2 也是一种肥料，增加大气 CO_2 浓度，松树幼苗的针叶对 Zn 的吸收量增加[77]。当大气 CO_2 的浓度从 350mL/L 增加到 700mL/L 后，在重金属污染的土壤溶液中，CO_2 分压（p_{CO_2}）增加，pH 值降低，可溶性 Cd、Zn 的浓度也增加 1 倍，植物叶片中 Cd、Zn 的浓度也显著增加[78]。

需要注意的是，有的养分元素与重金属之间可能存在拮抗作用。Smolders 等[79] 发现营养液中 K^+ 浓度增加导致植物体 ^{137}Cs 含量下降。在土壤中，^{137}Cs 常被固定在云母类矿质的楔状层间，而 K^+ 是影响云母矿质层间距大小及层间阳离子释放的重要因素。植物吸收造成的根际 K^+（包括 NH_4^+）的亏缺能诱导矿质层间 K^+ 的释放，^{137}Cs 也得以从云母类矿质的楔状层中释放出来被植物吸收。因此，过量施用钾肥会加重 ^{137}Cs 的固定而不利于植物对 ^{137}Cs 的吸收[80]。

七、植物-复合强化剂联合修复技术

（一）表面活性剂-螯合剂复合强化

在所用的化学强化物质中，表面活性剂和螯合剂以其特有的增溶、增流、螯合、络合等特性而备受人们青睐。人们根据表面活性剂的增溶和增流特性，将其用于重金属污染的治理，发现表面活性剂对修复重金属污染的土壤与沉积物效果显著，加入螯合剂后效果更显著。利用表面活性剂润滑、增溶、分散、洗涤等特性，改变土壤表面电荷和吸收位能，或从土壤表面将重金属置换出来，使其以络合物的形式存在于土壤溶液中，可加快重金属在自然环境中的可流动性，从而加速重金属的去除。

陈玉成[81] 研究表面活性剂-螯合剂联合对镉污染土壤植物修复的强化效应及其条件。首先通过盆栽试验，研究了表面活性剂类型、添加时间、添加浓度等因素对植物体内重金属浓度、吸收总量、器官分配比率等的影响，发现在影响植物吸收土壤重金属总量的因素中，表面活性剂类型是较为重要的因素之一，就表面活性剂而言，阴离子型与非离子型表面活性剂要比阳离子型表面活性剂的强化修复效果更好。采用多季盆栽试验，证明了表面活性剂与EDTA 主要通过提高重金属生物有效性的途径来提高植物对重金属的吸收效率，同时也促使植物根部吸收的Cd向地上部转移。表面活性剂与EDTA 对细胞膜的作用使得Cd更容易进入植物体内，随着体内Cd浓度的升高，细胞膜脂被过氧化，MDA 含量上升。表面活性剂与EDTA 处理后，生长56d时收获植物地上部位，可收获理论最大Cd的吸收量80%以上。

董姗燕[82] 采用混合正交设计 L_{18}（$6^1\times3^6$）的盆栽试验对六种表面活性剂［十二烷基硫酸钠（SDS）、十二烷基苯磺酸钠（SDBS）、十六烷基三甲基溴化铵（CTAB）、溴代十六烷吡啶（CPB）、聚山梨酯（Tween 80）、聚氧乙烯辛基苯基醚（TX 100）］以及螯合剂乙二胺四乙酸钠（EDTA）进行复合筛选。结果表明，影响植物吸收镉的主要因子是表面活性剂类型。表面活性剂与EDTA 复合使用，可以促进根内的镉向地上部转移，有利于强化重金属的植物修复。采用对比设计的盆栽试验研究两种螯合剂［EDTA 和乙二醇双(2-氨基乙基醚）四乙酸（EGTA）］对雪里蕻吸收镉的影响，发现螯合剂EGTA 对促进雪里蕻吸收镉效果显著，EGTA、EDTA 添加剂量对植物生物量、镉吸收量的影响没有明显的差异，但它们施用的时间则明显影响植物体内镉的积累，基本趋势是施用时间越延后，积累量越高。综合考虑试验成本等因素，选用两种表面活性剂SDS、TX 100和螯合剂EDTA 继续采用正交设计 L_8（2^7）的盆栽试验，对不同目标重金属（镉、铅、铜）和不同修复植物类型（玉米和雪里蕻）进行了筛选。从植物体内重金属浓度考虑，作为 C_4 植物的玉米有着更高的生物量，而作为 C_3 植物的雪里蕻则更容易积累重金属。在表面活性剂与EDTA 作用下，镉最易被植物富集，铜次之，而铅最不易被富集，其平均富集系数分别为70.31%、67.42%和28.92%。植物体内Cd、Pb、Cu的浓度与其在土壤中的有效态含量呈显著性正相关，表面活性剂与EDTA 促进植物吸收重金属的主要机理是其提高了土壤重金属的生物有效性。

刘家女[83] 将紫茉莉与多种强化剂联合运用，观察其对重金属Cd污染土壤的修复效能。研究结果表明在化学强化实验条件下，提取修复的效率和土壤中Cd的有效态含量很大程度上得到了提高，尤其是，当强化剂以溶液形式在植株收获前一个月投加到污染土壤中时，效果是极为明显的，复合的EDTA+SDS和EGTA+SDS处理使地上部Cd总量最大分别是对照处理的2.21倍和2.52倍。作为一种螯合剂，在强化紫茉莉提取Cd方面，EGTA 比EDTA 更有效。尽管EDTA 处理能够提高紫茉莉的地上部和根部Cd浓度，但由于EDTA 对植物具有一定的毒性，它在很大程度上抑制了植物的生长，导致强化效率下降。而EGTA 的施用，尤其是当它与SDS复合强化处理时，植物的生物量和重金属含量都得到了显著的提高。

石福贵等[84] 研究了鼠李糖脂和EDDS对黑麦草生长与吸收土壤重金属Cu、Zn、Pb和Cd的影响，以及对土壤酶活性的影响。结果显示，向重金属复合污染土壤中施加1g/kg的鼠李糖脂将显著降低黑麦草地上部的生物量。表面活性剂可以破坏植物细胞膜透性，导致植物组织内重金属含量显著增加。因此，一定浓度的鼠李糖脂与土壤重金属复合作用会对植物产生一定的毒害，从而降低了植物的生物量。EDDS比鼠李糖脂具有更强的溶解土壤Cu、Zn、Pb和Cd的能力；同时施加1g/kg的鼠李糖脂和0.4g/kg的EDDS大幅增加了土壤溶液中Cu、Zn、Pb和Cd的浓度，显著增加了黑麦草地上部植株中Cu、Zn、Pb和Cd的含量，促进了土壤脲酶和脱氢酶的活性。鼠李糖脂与EDDS易生物降解，环境风险小，用于黑麦草修复重金属复合污染具有很大的修复潜力。

冉文静等[85] 采用黑麦草修复模拟重金属污染土壤的盆栽试验，考察在分别投加螯合剂EDTA、没食子酸（Gallic）和表面活性剂SDS，以及分别复合投加EDTA和SDS，Gallic和SDS等不同化学强化条件下植物修复效果。在不同化学强化措施条件下，使用化学强化剂比不使用强化剂条件下黑麦草提取土壤Cd、Pb、Zn的效果更好，而组合使用强化剂又比单独使用强化剂条件下的这种促进效果更好。Gallic和SDS复合使用对黑麦草提取重金属的促进效果最好，然后依次是Gallic和SDS、EDTA和SDS、Gallic、EDTA、SDS≈CK；复合投加Gallic和SDS使黑麦草叶绿素a/叶绿素b指标下降了4%，根膜通透比上升了2.44%，说明该投加方式不仅强化效果好，而且风险小。

烷基糖苷（APG）是一种绿色的非离子型表面活性剂，常应用于植物修复多环芳烃的污染治理中，氨三乙酸（NTA）是一种可生物降解的螯合剂，可用于强化植物修复重金属污染。通过考察APG和NTA单一溶液及复合溶液对土壤中铅和芘的解吸作用，发现复合添加APG和NTA对土壤中芘和铅的活化效果明显优于分别单独添加两种强化剂，两种强化剂组合对芘和铅的解吸产生协同效果。单独添加NTA可以促进Pb在蕉草中的积累和转移。APG和NTA的复合添加则对Pb在蕉草中的积累和转移产生协同作用。APG与NTA的组合显著提高了土壤中芘的总去除率。表明APG-NTA组合使用可有效增强蕉草对土壤Pb和芘污染的修复效果[86]。

（二）螯合剂-螯合剂复合强化

许多研究表明，不同螯合剂的组合使用要比单一使用某种螯合剂对植物修复的强化更有效。Luo等[87] 发现组合使用EDTA和*S*,*S*-EDDS，会提高植物提取Cu、Pb、Zn、Cd的效率，与单独使用EDTA或*S*,*S*-EDDS时相比会达到一个更高的水平。Tandy等[88]认为出现这样的结果是由于EDTA和*S*,*S*-EDDS在植物提取金属的效率上存在差异，加入*S*,*S*-EDDS，使得EDTA捕获痕量金属的有竞争力的阳离子减少，如土壤可溶性钙。杜波[89] 将EDTA与酒石酸组合使用，研究其对植物修复Pb、Cd复合污染土壤的效能。EDTA、EDTA和酒石酸组合显著提高了金盏菊地上部分和地下部分Pb、Cd含量，金盏菊不同部位Pb、Cd富集系数显著提高，添加EDTA后，植物Pb转移系数大于1，但Cd转移系数仍然小于1；EDTA与酒石酸组合能显著提高金盏菊地上部分和地下部分的重金属积累量，且EDTA、酒石酸浓度分别为1.5mmol/kg、0.5mmol/kg时的强化效果最好；EDTA及EDTA-酒石酸组合处理下，可交换态及碳酸盐结合态Pb、Cd在土壤中的含量显著提高，且金盏菊体内的重金属含量与土壤中可交换态及碳酸盐结合态 Pb、Cd 的比例呈正相关。

（三）螯合剂-植物激素复合强化

重金属螯合剂也常与植物激素复合使用，以增强植物的修复效果。侯琪琪等[90] 用盆栽试验研究了 Gallic（没食子酸）与 DA-6 单独及联合使用对黑麦草修复复合重金属污染土壤的影响。结果表明，Gallic 与 DA-6 单独及联合使用，能使黑麦草对重金属污染土壤中 Cd、Zn 的修复产生明显的促进作用，但对 Pb、Cu 的修复没有明显变化。当添加 5mmol/kg 的 Gallic 时，黑麦草对 Cd、Zn 的富集量分别达到了 15.9mg/kg 与 1660.8mg/kg，富集系数较未添加 Gallic 时提高了 93.9%、233.9%；同时添加 10μmol/kg DA-6 与 5mmol/kg Gallic 之后，黑麦草对 Cd、Zn 的富集量分别达到了 18.8mg/kg 与 1680.5mg/kg，富集系数较未添加 DA-6 时提高了 18.2%与 1.2%。图 4-1～图 4-4 显示了单独添加 Gallic 及与 DA-6 复合使用时黑麦草对土壤重金属的富集情况（DA-6 的浓度均为 10μmol/kg；Cd、Pb、Cu、Zn 的起始浓度分别设置为 5mg/kg、300mg/kg、100mg/kg、200mg/kg 的中高浓度；测定时间为黑麦草种子发芽 42d 后）。

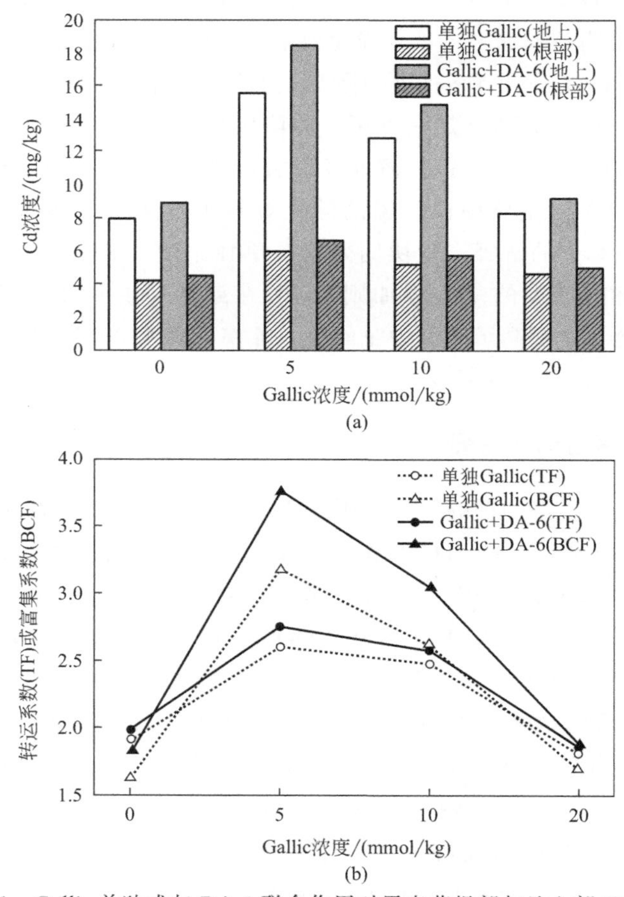

图 4-1　Gallic 单独或与 DA-6 联合作用对黑麦草根部与地上部 Cd 浓度以及转运系数或富集系数的影响

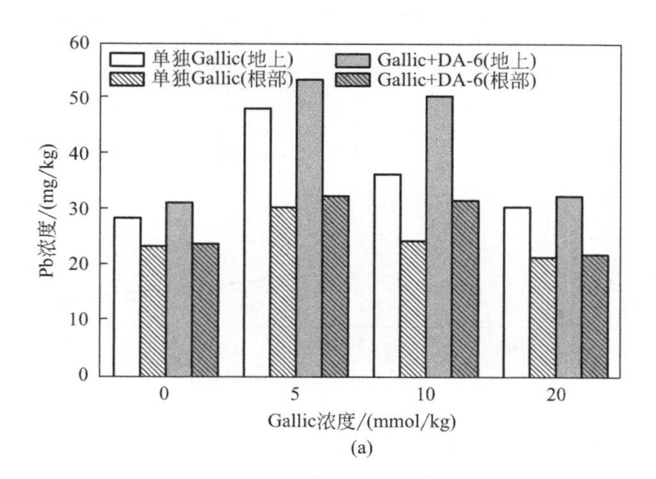

(a)

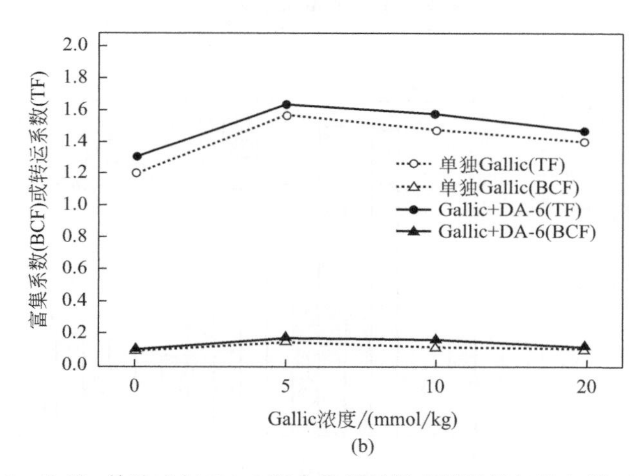

(b)

图 4-2 Gallic 单独或与 DA-6 联合作用对黑麦草根部与地上部 Pb 浓度及转运系数或富集系数的影响

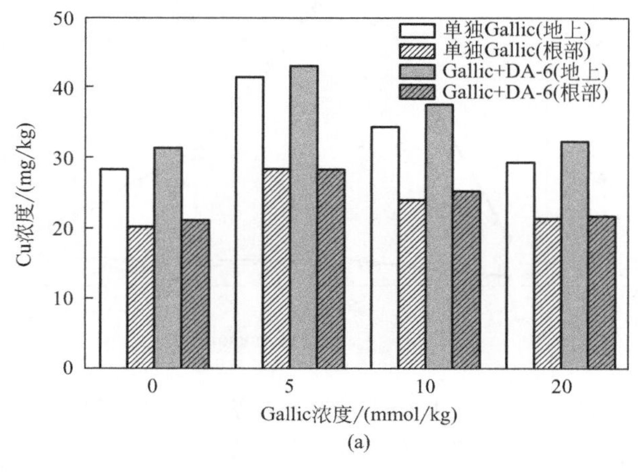

(a)

图 4-3

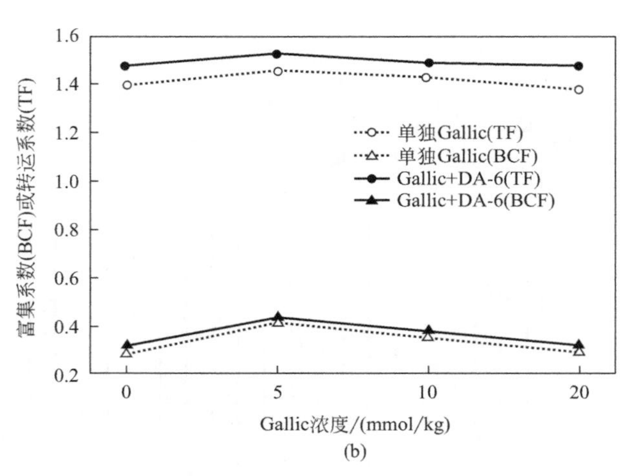

图 4-3　Gallic 单独或与 DA-6 联合作用对黑麦草根部与地上部 Cu 浓度以及转运系数或富集系数的影响

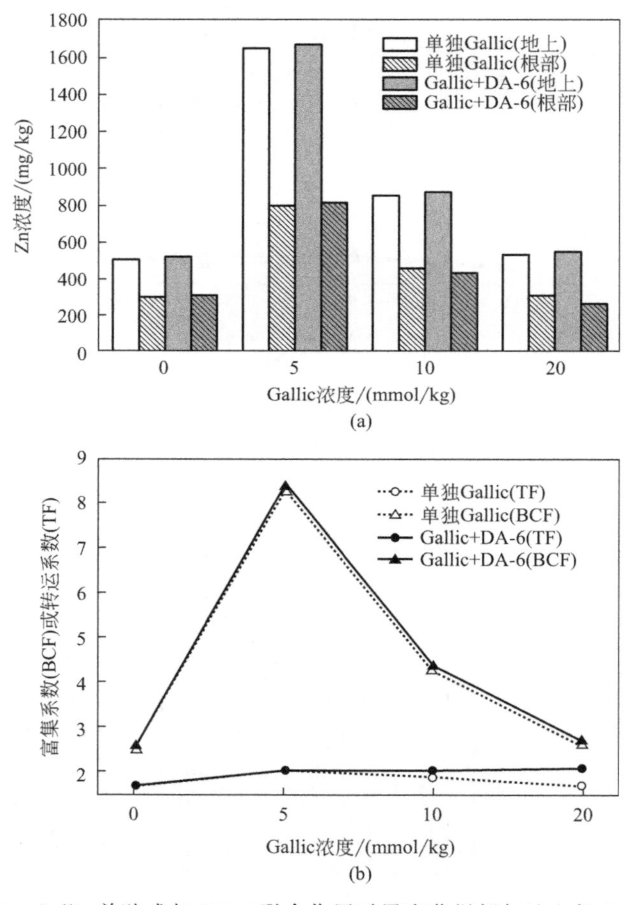

图 4-4　Gallic 单独或与 DA-6 联合作用对黑麦草根部与地上部 Zn 浓度以及转运系数或富集系数的影响

赤霉素（GA_3）能显著加速细胞分裂、促进成熟细胞纵向伸长以及植物茎和叶的生长。Hadi等[91]研究表明，Pb胁迫下，叶面喷施10^{-6}mol/L GA_3能显著促进玉米生长，提高其生物量。吴秋玲等[92]研究了GA_3和EDTA强化黑麦草修复Pb污染土壤及其解毒机制。发现细胞壁沉积和液泡区室化是黑麦草地上部分抵抗Pb毒性效应的重要途径。EDTA提高了植物体内Pb的浓度和Pb在细胞可溶组分和细胞器组分中的比例，植物受Pb的毒害作用加剧，导致黑麦草的生物量显著降低（$p<0.05$）。叶面喷洒低浓度GA_3（1μmol/L或10μmol/L）显著促进了黑麦草对Pb的富集，并且使Pb在细胞器组分中的比例降低，缓解了Pb对植物细胞的毒害效应，使得黑麦草的生物量增加（$p<0.05$），其中1μmol/L GA_3作用最显著。当施加的GA_3浓度达到100μmol/L时，黑麦草对Pb的吸收富集能力下降，而提高了Pb在细胞可溶组分和细胞器组分中的比例，黑麦草生物量显著低于对照。低浓度GA_3可在一定程度上缓解黑麦草所受到的毒害作用，生物量表现为单独GA_3（低浓度）＞低浓度GA_3＋EDTA＞单独EDTA。低浓度GA_3-EDTA联用对黑麦草富集Pb产生协同强化作用，当Pb浓度为500mg/kg时，EDTA＋1μmol/L GA_3使黑麦草地上部分Pb浓度和提取效率分别达到1250.6mg/kg和1.1%。由此可见，低浓度GA_3与EDTA联用在强化Pb污染土壤植物修复中具有很好的应用潜力。

（四）其他形式的复合强化

有机物料施入土壤后会降解产生大量水溶性有机物。而溶解有机质（DOM）可以充当许多微量有机或无机污染物的主要迁移载体，促进它们在土壤和水环境中的迁移和扩散。研究发现，DOM可以提高疏水性有机污染物（如PAHs）在环境中的活性。王艮梅等[93]研究将有机物料及表面活性剂加入菲污染土壤后黑麦草对土壤中菲的修复作用。选用了农地中常用的两种代表性有机肥（绿肥和猪粪堆肥）和表面活性剂吐温80（Tween 80）、十二烷基硫酸钠（SDS）、溴化十六烷基三甲基铵（CTAB）为强化植物修复材料。结果显示，菲污染土壤中施入有机物料及表面活性剂能够增加黑麦草体内的菲浓度，尤其是有机物料与非离子型表面活性剂Tween 80联合作用时，黑麦草体内菲浓度是对照的2.31～3.06倍，该处理促进了黑麦草对菲的吸收积累。植物修复菲污染土壤时，植物吸收菲的比例不足0.1%，主要是有机物料及表面活性剂加入后提高了菲的活性，有利于微生物对菲的降解及植物对菲的代谢作用；不同处理间的差异可能是外源物质加入后对土著微生物的活性及土壤微生态环境产生了影响导致的。表4-4显示了不同强化剂处理对植物吸收和降解土壤污染物的影响。

表4-4 不同强化剂处理对植株吸收积累菲及土壤菲降解的影响

强化剂处理	土壤残留浓度/(mg/kg)	菲降解率/%	植物吸收量/(μg/盆)	植株吸收占总降解菲比例/%
CK	18.53	80.18	47.81	0.043
GM	15.43	83.49	83.73	0.075
PC	14.73	84.24	87.52	0.078
T 80	15.8	83.1	75.88	0.068

续表

强化剂处理	土壤残留浓度/(mg/kg)	菲降解率/%	植物吸收量/(μg/盆)	植株吸收占总降解菲比例/%
SDS	19	79.68	51.05	0.045
CTAB	17.3	81.5	37.12	0.033
GM-T 80	15.27	83.67	133.2	0.119
GM-SDS	16.9	81.93	85.55	0.076
GM-CTAB	16.13	82.75	39.65	0.035
PC-T 80	14.83	84.14	137.6	0.123
PC-SDS	15.53	83.39	73.79	0.066
PC-CTAB	15.63	83.28	54.00	0.048

注：污染土壤菲浓度为93.5mg/kg；PC—猪粪堆肥；GM—绿肥；T 80—Tween 80。

EDTA作为一种最典型的螯合剂，虽然具有很好的化学特性，但是EDTA在环境中很难降解，残留时间长，容易导致处理场所的重金属向周边土壤和地下水迁移，造成二次污染。另外，大多数螯合剂都在一定程度上表现出对植物的毒害作用，进而影响植物产量和萃取的重金属总量。因此，重金属螯合剂也常与其他环境风险相对较小的化学强化剂联合使用，应在能达到较好的强化修复效果的同时，尽量采用易被环境生物降解且生态毒性较低的强化剂，降低生态风险。在重金属胁迫下，外源螯合剂EDDS与EDTA对印度芥菜产生了较大的毒性[94]。单独添加EDTA，尽管油菜地上部铅含量增加，但生物量及总铅量却下降；单独添加硫酸铵，尽管根部铅含量增加，但地上部几乎没有铅的积累。而两者联合添加时，植物地上部铅含量显著增加，分别比单独施用EDTA和硫酸铵处理增加2倍与9倍。这表明联合强化机制可能与生长介质的酸化、离子交换反应，以及增施硫酸铵后可减轻EDTA的毒害作用等有关[95]。

重金属超富集植物提取土壤中重金属的植物提取技术是一项低成本和有效的技术，但是单纯利用超富集植物修复污染农田需要数年时间（>5年），长时间停止耕种进行土壤污染修复，农民没有收入来源，显然是不切实际的。采取修复植物与经济作物套作的方式进行“边生产边修复”是平衡经济利益和环境修复的最理想的方法。卫泽斌等[96]研究植物套种和混合强化剂施用对重金属污染土壤的长期修复效果以及对地下水可能的环境风险，通过渗滤池（0.9m×0.9m×0.9m）进行了7次植物种植试验，共设置了单种超富集植物东南景天、单种低积累植物玉米、东南景天和玉米套种，以及套种+MC［混合强化剂，柠檬酸：味精废液：EDTA：KCl（摩尔比）=10：1：2：3，5mmol/kg］4个处理，连续监测植物、土壤和渗滤液的重金属含量变化。结果表明，东南景天和玉米套种只适合在春夏季进行，套种显著提高了植物对Zn和Cd的提取效率；在秋冬季，套种或混合强化剂均对东南景天生长造成影响，并且减少了东南景天对Zn和Cd的富集；套种+MC处理中土壤Zn、Cd和Pb含量的降幅最大，与初始值相比降幅分别为28%、50%和22%，该处理土壤重金属含量的降低，主要是由于混合强化剂使重金属向下层土壤发生迁移。表4-5～表4-8显示了不同处理下玉米与东南景天对重金属的修复情况。

表 4-5　不同处理下 7 次种植的玉米籽粒和茎叶的重金属含量范围和变异系数

元素	处理	籽粒			茎叶		
		含量范围/(mg/kg)	平均值/(mg/kg)	变异系数	含量范围/(mg/kg)	平均值/(mg/kg)	变异系数
Zn	单种玉米	32.64～43.53	37.63	0.107	119.2～304.5	175.1	0.384
	套种	31.92～39.17	34.84	0.071	119.3～422.1	203.5	0.491
	套种+MC	29.53～37.62	33.31	0.083	106.0～403.3	180.3	0.555
Cd	单种玉米	0.101～0.336	0.209	0.391	0.424～1.429	0.680	0.509
	套种	0.103～0.464	0.250	0.596	0.363～1.409	0.844	0.460
	套种+MC	0.060～0.462	0.212	0.787	0.219～0.755	0.519	0.404
Pb	单种玉米	0.068～0.317	0.226	0.430	3.69～9.315	6.03	0.335
	套种	0.046～0.777	0.299	0.888	4.47～13.11	6.92	0.443
	套种+MC	0.222～0.567	0.347	0.364	5.37～15.16	7.96	0.456

表 4-6　不同处理下 4 次种植的东南景天的重金属含量范围和变异系数

元素	处理	含量范围/(mg/kg)	平均值/(mg/kg)	变异系数
Zn	单种景天	4023～8820	6655	0.350
	套种	4703～11807	8309	0.351
	套种+MC	4578～11451	7928	0.354
Cd	单种景天	24.84～81.61	47.60	0.542
	套种	29.13～83.49	57.02	0.412
	套种+MC	25.96～72.39	47.68	0.399
Pb	单种景天	15.79～35.45	25.63	0.331
	套种	17.87～43.85	31.57	0.337
	套种+MC	12.43～37.49	28.29	0.393

表 4-7　东南景天和玉米对重金属的吸收提取量　　单位：mg/块地

元素	处理	第 1 次(2008 年 4～7 月)	第 2 次(2008 年 10 月～2009 年 3 月)	第 3 次(2009 年 3～7 月)	第 4 次(2009 年 10 月～2010 年 6 月)	总计(2008 年 4 月～2010 年 6 月)
Zn	单种景天	153.1±5.8b	1097±63a	390.8±16.0c	930.3±86.5a	2571±82a
	单种玉米	—	—	—	—	108.1±22.9c
	套种	270.1±21.9a	641.8±95.6b	499.1±31.0b	593.9±151.9b	2087±226ab
	套种+MC	306.6±18.7a	299.2±106.5c	618.6±36.3a	384.2±63.4b	1718±182b
Cd	单种景天	0.882±0.129b	10.11±1.51a	2.416±0.169c	5.826±0.273a	19.24±1.44a
	单种玉米	—	—	—	—	0.430±0.068c
	套种	1.523±0.091a	4.900±1.134b	3.063±0.113b	4.122±0.950a	13.91±1.99b
	套种+MC	1.792±0.307a	2.843±1.385b	3.518±0.007a	1.570±0.423b	9.977±2.102b

续表

元素	处理	第1次（2008年4～7月）	第2次（2008年10月～2009年3月）	第3次（2009年3～7月）	第4次（2009年10月～2010年6月）	总计（2008年4月～2010年6月）
Pb	单种景天	0.636±0.033b	3.626±0.394a	1.534±0.125b	3.968±0.626a	9.764±0.288b
	单种玉米	—	—	—	—	3.987±1.233c
	套种	2.369±0.043a	2.515±0.473ab	2.210±0.142a	2.903±0.761a	12.74±0.72a
	套种+MC	3.093±0.497a	1.955±0.335b	2.267±0.001a	3.017±0.348a	15.03±0.29a

注：1. 表中数据是3次重复的平均值±标准误差，根据Duncan检验（$p=0.05$），同一元素同列具有相同字母的数据无显著差异；单种玉米种植时间和次数与东南景天不同，故没有列出每次玉米的提取量数据，其总计为7次玉米对重金属的总提取量；而套种处理为4次东南景天和7次玉米对重金属的总提取量。

2. 实验地块面积0.9m×0.9m=0.81m^2。

表4-8 不同处理后的表层土壤全量重金属含量 单位：mg/kg

处理	Zn		Cd		Pb	
	1年后	试验结束后	1年后	试验结束后	1年后	试验结束后
单种景天	815.8±29.6a	613.1±48.8a	1.432±0.013a	1.282±0.041a	891.1±21.5a	872.4±46.4a
单种玉米	781.6±31.9a	680.8±26.0a	1.423±0.035a	1.454±0.080a	888.9±12.8a	844.4±27.9a
套种	727.9±47.2a	677.2±24.6a	1.441±0.099a	1.420±0.106a	829.2±43.8ab	869.0±43.8a
套种+MC	756.5±41.4a	579.3±29.4a	0.951±0.091b	0.778±0.014b	754.5±25.2b	670.5±28.7b

注：表中数据是3次重复的平均值±标准误差，根据Duncan检验（$p=0.05$），同列具有相同字母的数无显著差异。

八、植物与其他化学方法联合修复技术

通常汞污染土壤中汞的生物有效性非常低，因此直接采用植物修复的方法修复汞污染土壤很难达到良好的修复效果。有研究表明，通过向土壤中添加化学药剂硫代硫酸铵可提高土壤中生物有效态汞的含量。王建旭等[97]研究发现，当硫代硫酸铵与土壤比例（质量比）为1∶12.5时，土壤中生物有效态汞含量最高，达0.51mg/kg，是对照的12.7倍。土壤中加入2g/kg硫代硫酸铵时，印度芥菜根、茎和叶干重分别增加了0.23g、0.98g和1.22g，且印度芥菜根系、茎和叶片的总汞含量分别达到1.96mg/kg、0.43mg/kg和3.35mg/kg，是对照组的8倍、4倍和2倍。添加硫代硫酸铵后，土壤渗滤液中汞浓度增加，最高达2487ng/L。因此，添加硫代硫酸铵能提高污染土壤植物修复效率。

电动力处理技术在强化植物修复重金属污染土壤中也有应用。通过在电压作用下，电极附近土壤溶液发生电化学反应，改变土壤的E_h值、pH值等理化性质，加快土壤颗粒中重金属离子的解吸，提高土壤溶液中重金属离子的浓度，增加重金属和植物接触的机会，从而促进植物对重金属的吸收、累积。Connor等[98]分别在铜、镉污染土壤上种植黑麦草，并通以30V电压，发现反应器内阳极、阴极之间土体内的重金属有明显的重新分布现象，而且发现阴极区植物对铜的吸收量增加。

尽管化学强化植物修复与物理强化、生物强化等相比，具有效率高、时间短、成本低等优点，但其带来的环境风险也是毋庸置疑的。第一，除了植物营养物质、水溶性腐殖质

等对植物无害外，其他化学物质，特别是高分子螯合剂与表面活性剂等在环境中不易降解，存于土壤中将严重影响非修复植物的生长发育。第二，化学强化物质对土壤中物质的增溶、增流作用会导致靶重金属及其他非靶金属活化后向深层土壤或地下水转移，引起土壤或水体环境的二次污染，提高了修复的难度。第三，由于大多数化学物质对金属元素的洗脱效应是非专一性的，在活化重金属的同时也活化了土壤中的其他元素（如 Fe、Mn、Ca、Mg 等），使这些元素的淋失量增加，有可能导致植物营养缺乏，对植物生长不利。

第二节 植物-微生物联合技术修复污染土壤研究方法及现状

在陆地生态系统中，植物是生产者，土壤微生物是分解者，植物将光合产物以根系分泌物和植物残体形式释放到土壤，供给土壤微生物碳源和能源，微生物则将有机养分转化成无机养分，以利于植物再吸收利用。根际微生物被认为是土壤微生物的子系统，影响着植物定植、生长和群落演替。植物通过其根系产生的分泌物影响根际微生物的群落结构。土壤微生物和植物共同作用在污染土壤的生物修复方面发挥着巨大作用。

近几年，植物-微生物联合修复作为一种强化植物修复技术已经成为土壤修复领域的研究热点。植物-微生物联合修复在植物修复的基础上，联合与植物共生或非共生微生物，形成联合修复体系。常用于与植物联合修复土壤污染的微生物类型主要包括菌根菌、内生菌、根瘤菌以及专性降解菌等。

一、植物与微生物之间的相互作用

（一）根系分泌物对土壤微生物的影响

植物对土壤微生物产生影响，主要是通过其释放到根际的根系分泌物来实现的。根系分泌物是指在一定生长条件下，活的且未被扰动的植物根释放到根际环境中的有机物的总称。其成分相当复杂，从化学组成来看，根系分泌物主要是糖类、有机酸类和氨基酸类物质以及少量的脂肪酸类、固醇类、激素类、核苷酸类、黄酮类和酶类等有机物质[99]。

根系分泌物为微生物提供重要的能量物质，其成分和数量影响着微生物的种类和数量。不同种类植物根系分泌物对根际微生物的影响不同（表 4-9）。由于不同种植物或同种植物不同发育时期根系分泌物不同，从而导致不同种植物或同种植物不同时期根际微生物具有一定差异。朱丽霞等[100] 从根系分泌产生的糖类、氨基酸、黄酮类等方面综述根系分泌物与根际微生物的相互作用，认为根际微生物量与根系分泌物量呈正相关，根系分泌物种类决定根际微生物种类，并认为根系分泌物影响根际微生物代谢，表现为有时促进微生物代谢，有时抑制微生物代谢。胡小加等[101] 研究发现，在油菜上应用黄烷酮和异黄酮能有效提高根瘤菌的侵染率和固氮酶活性，而油菜根的分泌物中可能不含类黄酮物质，或是所含的类黄酮物质在浓度上和种类上不能有效地诱导根瘤菌的结瘤基因。因此，通过基因工程改造油菜使其能够产生黄酮类物质，进而诱导油菜根瘤菌的结瘤基因表达，该方法可能会成为提高油菜产量的有效手段。根系分泌物对根际微生物所产生的影响分为直接影响和间接影响两种。有些根系分泌物可直接作用于根际微生物，对微生物的活性产生抑制或增强作用；而另一些根际分泌物则可能会通过影响一种微生物活性而间接影响另一种微生物。

表 4-9 几种植物根系分泌物对土壤微生物的影响

植物类型	根际分泌物	对土壤微生物的影响
水稻[102]	黄酮、双萜、异羟肟酸	影响甲烷菌的活性及排放
小麦[103]	酚酸、异羟肟酸	促进好气性纤维素黏菌和木霉的繁殖
苜蓿[104]	皂苷	抑制木霉
白菜[105]	糖苷硫氰酸酯	抑制泡囊丛枝菌根(VAM)萌发
苜蓿[106]	黄酮类	诱导根瘤菌结瘤
玉米[107]	缺磷时分泌糖和氨基酸	促进微生物活性，活化难利用的磷

（二）土壤微生物对根系的影响

根际微生物也会影响根系的生长和发育。沈宏等[108] 认为，土壤中微生物产生的次生代谢产物，对植物根系的分泌既有刺激作用又有抑制作用，包括影响根细胞的通透性、根的代谢、修饰转化根分泌物。现已证明菌根真菌可以通过影响植物根表皮细胞通透性增加植物对某些营养元素的吸收。

二、植物-微生物联合修复土壤重金属污染

（一）植物-微生物联合修复土壤重金属污染的基本原理

植物与微生物通过建立共生体系，富集、固定土壤中的污染物。微生物强化植物修复主要是强化植物富集、固定能力，主要表现在两个方面：①活化或固定土壤中重金属；②促进植物生长。用于重金属污染的植物-微生物联合修复中的植物与微生物两者是互惠互利的关系，植物-微生物共存环境中，土壤中附着在根际的微生物能将土壤有机质、植物根系分泌物转化成自身可吸收的小分子物质，同时通过分泌有机酸、铁载体等螯合物质改变土壤中重金属的赋存状态或者氧化还原状态，降低重金属的毒性，增加重金属的生物有效性，减少重金属对植物本身的毒害，促进植物对重金属的吸收、转移、富集，从而增加积累植物的生长量、重金属富集量。

体外微生物可还原土壤中 Fe、Mn 氧化物，解析出其中的重金属，也可将硫等氧化成硫酸盐，降低土壤的 pH 值，绝大多数重金属的活性在低 pH 值土壤环境中可被增强，其形态可转换成更易被植物吸收的生物可利用态；植物的根际内生菌则通过在植物体内释放一定量的生长促生剂促进宿主植物生长，提高宿主植物对重金属的总富集量，进而增强植物对土壤中重金属的清除效果。

植物对微生物修复的强化则主要通过根际分泌物来实现，根际的分泌物对根际微生物的种群数量和结构、生长发育、代谢活动等具有重要影响。根系分泌物种类丰富，一般包

括糖类、蛋白质、氨基酸、有机酸、酚类等，其中有机酸通过螯合、活化作用改变土壤中重金属的化学行为、生态行为，进而改变重金属对植物、微生物的生物有效性、毒性。同时，蛋白质、糖类等有机质分泌物可以作为根际微生物的营养源或能源，为根际微生物提供稳定的生存物质条件，刺激根际微生物活性的增强。根际微生物活性的增强又反过来对植物根际产生更积极的影响，改善根的代谢活动和细胞膜的膜透性，并改变了根际养分的生物有效性，促进了根际分泌物的释放。

（二）植物-土著优势菌联合修复

随着土壤重金属污染的加重，某些微生物具有抵抗重金属毒性的能力，从污染土壤中分离出来的此类微生物即为土著优势菌种。真菌、细菌、放线菌是土壤中分布广、生物量大的微生物，表面积/体积比很大，表面附着的羧基、磷酰基、羟基等负电荷功能基团使得它们对重金属阳离子有着很强的吸附作用。土著优势菌强化植物富集重金属的机制主要表现在以下几个方面：①微生物分泌胞外聚合物与重金属离子螯合解毒，降低重金属毒性；②分泌的酸类对重金属起到活化作用，提高重金属的生物有效性，增强植物对重金属的富集能力；③微生物对土壤中金属离子进行氧化还原及甲基化作用，从而对重金属离子产生作用，将重金属转化为低毒、无毒的形式。

陈文清等[109]利用盆栽试验研究了鱼腥草与内源根际微生物联合修复 Cd 污染土壤，发现在土壤 Cd 浓度为 5mg/kg、10mg/kg 时，鱼腥草的富集率分别为 2.86％、1.63％，吸收量最高可达培养前自身 Cd 浓度的 200 倍（种植前鱼腥草 Cd 含量 0.1146mg/kg，富集后最高达 24.44mg/kg），根际的细菌、霉菌耐性较弱，培养初期放线菌对 Cd 耐性很强，较高浓度 Cd 可能刺激了放线菌菌群的生长繁殖，在两者联合作用下土壤微生态系统能够保持较好的稳定性。吴卿等[110]利用草本植物紫花苜蓿-土著微生物对重金属污染的河道底泥进行修复，在经过 6 个月的 PVC 箱（聚氯乙烯箱）培养后，底泥中的 Ni、Cu、Pb、Cr、Mn、Zn 等重金属污染均不同程度地被净化，紫花苜蓿对 Ni、Cu、Pb、Cr、Zn 的累积均集中在根部，其中总累积量最大的是 Zn。紫花苜蓿对 Mn 的积累主要集中在叶片，占植物中总累积量的 42.47％。而根际微生物对植物的修复效果也具有一定强化作用，其中 Cu 与细菌总数有着相关系数为 0.90 的相关关系。

细菌在土壤中占绝对优势，在植物根周围细菌密度远远高于土壤中的其他部位，植物根际促生细菌在植物根部定植，并促进植物生长。有益的根际微生物能够与植物产生联合协同作用，有助于提高植物的修复效率。植物根际促生菌（PGPR）的研究主要集中在根际细菌上，它们能使植物在生长初期获得更高的发芽率和更长的根系，显著促进重金属胁迫下植物的生长。PGPR 不仅能够刺激并保护植物的生长，而且具有活化土壤中重金属污染物的能力，影响植物对重金属的吸收累积。但细菌促进重金属胁迫下植物生长的同时，对植物吸收积累重金属的作用也不尽相同。

PGPR 促进富集植物生长的同时，还增加植物体内重金属的含量，促进了富集植物对重金属的吸收积累，提高了植物修复的效率。如接种根际细菌后土壤溶液中锌含量增加，遏蓝菜地上部的鲜重和锌含量均增加 1 倍，其对 Zn 的吸收能力增加 3 倍[111]。在遏蓝菜根际分离出大量对 Ni 耐受性较强的细菌，可以明显提高遏蓝菜对 Ni 的富集能力[112]。从印度芥菜根际分离出 Pb 抗性细菌，能够促进植物生长，并可促进植株吸收 Pb[20]。铅镉抗性细菌 WS34 促进供试植物生长，使印度芥菜和油菜的干重分别比对照增加 21.4%～76.3% 和 18.0%～236%，铅镉积累量比对照增加 9.0%～46.4%和 13.9%～329%，且油菜中的增加量大于印度芥菜[113]。

PGPR 促进非富集植物生长并增加植株重金属含量，促进植物对重金属的累积。将从污染土壤中分离得到的三株 Cd 抗性的假单胞菌属和芽孢杆菌属细菌，分别接种到含有 200mg/kg Cd 的土壤中，能显著促进番茄植株的生长，活化植株根际 Cd。RJ16 菌株接种处理的番茄植株地上部干重、根际有效 Cd 含量及植株吸收 Cd 的含量分别比不接菌对照处理增加 64.2%、46.3%和 107.8%[114]。成团泛菌 JB11 使高羊茅和红三叶的干重、植物 Pb 和 Cd 的含量都显著增加[115]。陈生涛等[116] 采用 1 株植物促生细菌根瘤菌 W33（*Rhizobium* sp. W33）接种黑麦草、狼尾草、高羊茅、紫花苜蓿、猪屎豆、油菜和印度芥菜等 7 种不同植物，研究 *Rhizobium* sp. W33 对不同植物吸收铜和根际分泌物的影响。盆栽试验显示，接种 *Rhizobium* sp. W33 后，有 5 种植物的干重增加了 11%～56%，增加幅度为印度芥菜＞黑麦草＞高羊茅＞狼尾草＞油菜，紫花苜蓿和猪屎豆的干重下降。黑麦草、狼尾草、高羊茅和猪屎豆根内 Cu 含量接近或超过 1000mg/kg，Cu 大量积累在植物根部。*Rhizobium* sp. W33 能够显著促进黑麦草对 Cu 的吸收，并提高其对 Cu 的富集系数和转移系数。供试植物-细菌联合修复 Cu 污染土壤根际有机酸的类型主要为苹果酸，接种根瘤菌 W33 后黑麦草、狼尾草根际的苹果酸和水溶性糖含量降低，过氧化氢酶活性增加。综合比较，根瘤菌 W33-黑麦草组合修复重金属 Cu 污染土壤的效果最佳。

有些促生细菌不改变植物体内重金属的浓度，如在温室条件下，具有固氮、溶磷和解钾能力的植物促生细菌对印度芥菜地上部 Pb 和 Cd 浓度没有显著影响，但增加了植物地上部生物量，从而增加了印度芥菜对重金属的吸收量[117]。

重金属污染土壤中，存在大量的重金属耐性真菌，可促进植物吸收累积重金属。接种抗 Cd 的毛霉 QS1，明显促进了油菜生物量的增加、Cd 在植株体内的富集和 Cd 从根部向地上部的迁移，油菜对 Cd 的富集系数和转运系数增加[118]。接种木霉菌株 F6 促进了印度芥菜对 Cd 和 Ni 的吸收积累，印度芥菜对 Cd 和 Ni 的富集系数和转运系数增加[119]。

（三）植物-植物内生菌联合修复

植物内生菌是指那些在其生活史的一定阶段或全部阶段生活于健康植物的各种组织和器官体内或细胞间隙的真菌和细菌，被感染的宿主植物不表现或暂时不表现外在病症。内生菌通过代谢作用利于宿主植物的生长和抵抗重金属毒性，可通过沉淀重金属离子、产有机酸和蛋白质降低植物毒性、产生促进植物生长的植物激素、抗氧化系统抵御重金属毒性、增强植物对营养元素的吸收能力等来强化植物修复。

内生菌能够促进植物生长主要是通过为宿主植物提供矿质营养，增强植物抵抗外界生物或非生物压力的途径。而且，内生菌采用调整宿主植物的渗透压，调控气孔，修饰根际形态，促进矿质营养的吸收及代谢等方式促进植物的生长。目前已成功在植物内接种对重金属具有抗逆性的内生菌，表明内生菌在植物修复中的应用具有巨大潜力。

重金属污染土壤中，内生菌产生的植物激素在植物的生长方面扮演着重要的角色。内生菌能产生植物激素，如假单胞菌、肠杆菌、金黄色葡萄球菌、固氮菌和固氮螺菌产生生长激素及细胞分裂素等。这些激素与赤霉素一起构成植物生长发育的诱导剂。接种了固氮螺菌的根尖具有较强的细胞膜活力，较高的吲哚乙酸、吲哚-3-丁酸浓度，增强了三羧酸循环及糖酵解能力。不同微生物物种具有不同的吲哚乙酸浓度，不同浓度的吲哚乙酸促进植物根系得到不同的生长长度。内生菌产生的低浓度植物激素促进主根系的初级成长，高浓度激素促进侧根及不定根的生长，但抑制主根的生长。

内生菌能够通过调节植物内分泌平衡来促进植物生长。接种荧光假单胞菌的植物对铅具有抗性，其原因在于荧光假单胞菌产生并排泄吲哚乙酸到植物体内。利用 1-氨基环丙烷-1-羧酸（ACC）为唯一氮源是内生菌影响其宿主植物生长的另一种方式。1-氨基环丙烷-1-羧酸脱氨酶是植物乙烯合成的重要酶，而乙烯是植物生长发育（如种子发芽、子叶生长及叶片脱落等生理过程）的重要生物激素。因此，1-氨基环丙烷-1-羧酸脱氨酶是内生菌操控其宿主植物的重要手段。该酶主要存在于植物根系的质外体内，可将 ACC 分解成能被细菌代谢的氨及 α-酮丁酸。内生菌通过降低宿主内乙烯浓度及抑制乙烯合成来促进根系的生长。Idris 等[120] 研究发现，以 1-氨基环丙烷-1-羧酸为唯一氮源的内生菌的比率（36%）较根际微生物的比率（20%）高。Lodewyckx 等[121] 从水稻组织中分离出的内生菌能够保护番茄种子，使其能够在高镍和镉的环境中生长发芽。产生这种现象的原因是镍和镉诱导内生菌降低了植物内的乙烯浓度，同时，接种的内生菌富集并积累了一定量的重金属，相应地减轻了重金属对植物的毒性。

内生菌能减轻重金属对植物的毒性。刘莉华等将 4 株超富集植物龙葵体内分离的内生细菌重新接种发现，内生细菌的存在可以大大降低重金属镉对植物的毒害作用，同时显著提高植物根和地上部分的生物量，促进植物对重金属的固化效果[122]。采用灌根方式接种内生的一株巨大芽孢杆菌，龙葵叶、茎、根部 Cd 含量比不接菌对照均显著增加；混合接种芽孢杆菌、肠杆菌和巨大芽孢杆菌三株内生菌，龙葵叶、茎和根干重分别比不接菌对照高出 118%、110%和 113%，植株地上部和地下部 Cd 吸收总量分别增加 110%和 83%。表明内生菌能显著促进龙葵植株生长，强化龙葵吸收土壤中 Cd 的能力[122]。

万勇[123] 通过在龙葵种子中接种来自龙葵的抗性内生菌来处理污染土壤，对龙葵富集镉浓度没有显著影响，但极大地促进了植物的生长量，间接地提高了植物对镉的总富集量，在 10μmol/L 镉浓度下，植株镉富集量比对照组增长了约 75%。Sheng 等[124] 将来自油菜根部的内生菌 *Pseudomonas fluorescens* G10、*Microbacterium* sp. G16 接种于铅污染土壤，极大地提高了土壤中可溶态铅的含量，有利于植物对铅的富集吸收。Babu 等[125] 将从欧洲赤松根部内分离得到的抗性菌苏云金芽孢杆菌（*Bacillus thuringiensis*，GDB-1）接种于赤杨皮树苗体内，用以处理污染土壤，发现相比对照组赤杨皮树根部重金属浓度分别提高了 154%（Ni）、135%（Cd）、120%（Zn）、117%（Pb）、114%（Cu）、113%（As），茎部重金属浓度分别提高了 175%（Ni）、160%（Cd）、137%（Zn）、137%（Pb）、161.1%（Cu）、110.1%（As）。

（四）植物-根际菌根真菌联合修复

在各种植物共生微生物中，菌根真菌是唯一能够直接联系土壤和植物根系的一类，所谓菌根就是土壤中真菌与植物根系形成的一种共生体。菌根是一个复杂的群体，含有大量的微生物，其中包括放线菌、固氮菌等，这类菌具有一定的降解能力；同时，菌根根际的微生态能提高自身微生物种群密度以及生理活性，从而使微生物菌群保持更稳定的状态；研究表明，菌根表面的菌丝体可以扩大根系吸收面积，提高其吸收能力。菌根真菌与植物组织相通，可从植物中吸收有机物质作为自身生长所需营养，同时从土壤吸收养分、水分供给植物，并能合成生物活性物质（如植物生长激素、维生素等），促进植物生长，增强植物的抗病能力，大大提高植物在逆境生理条件下的生存能力。

丛枝菌根真菌（AMF）是自然界分布最广的一类真菌，能够与陆地上80%以上的植物根系建立共生关系。重金属污染胁迫下，AMF与植物形成的共生体系，强化了植物对营养元素的吸收能力；提高了植物在重金属污染土壤中的耐受能力，减轻了重金属对植物体的毒害；调节了植株对重金属的吸收和转运，使重金属从土壤中高效移出，实现生物修复。因而，利用AMF与富集植物形成的共生体系修复重金属污染的土壤已成为研究热点。研究利用AMF优化重金属污染土壤的植物修复具有重要的理论和实践价值，已受到越来越多的关注。

AMF普遍存在于重金属污染土壤中，影响植物的生长代谢、对重金属的吸收与累积。由于植物和AMF种类、重金属类型、试验环境等方面的差异，AMF对重金属污染土壤植物修复的影响表现出降低、无影响和促进3种不同效应（表4-10）[126]，提示有必要开展更广泛和深入的AMF在重金属污染土壤植物修复中的应用研究。

表4-10 AMF对重金属污染植物修复效果的影响

重金属	植物名称	AMF种类	效果
As	白三叶草，黑麦草	*Glomus mosseae*	降低
As	蒺藜苜蓿	*Glomus mosseae*	降低
As	蒺藜苜蓿	*Rhizophagus irregularis*	降低
As	粉叶蕨，万寿菊	*Glomus mosseae*, *Glomus pansihalos*, *Glomus etunicatum*	降低
Al，Mn	豇豆	*Scutellospora reticulata*, *Glomus pansihalos*	降低
Cd	大麦	Glomaceae和Gigasporaceae科	降低
Cd	烟草	*Glomus*属的菌种	降低
Cd	万寿菊	*Glomus intraradices*, *Glomus mosseae*, *Glomus constrictum*	降低
Cd，Zn	遏蓝菜	以*Glomus fasciculatum*为优势的土著混合菌种	降低
Zn	红三叶草	*Glomus mosseae*	降低
Zn	白三叶草	土著混合菌种	降低
As	多花野牡丹	*Glomus mosseae*, *Glomus intraradices*, *Glomus etunicatum*	促进

续表

重金属	植物名称	AMF 种类	效果
As	蜈蚣草	*Glomus mosseae*, *Gigaspora margarita*	促进
As	蜈蚣草	*Glomus mosseae*, *Glomus intraradices*	促进
As	长叶车前	*Rhizophagus intraradices*	促进
As	香根草	*Glomus* 属的菌种	促进
Cd,Pb	向日葵	*Glomus mosseae*, *Glomus intraradices*	促进
Cd	蕹菜	未知	促进
Cd	洋车前子	*Glomus* 属的菌种	促进
Cd	龙葵	*Glomus versiforme*	促进
Cd	东南景天,黑麦草	*Glomus caledonium*, *Glomus mosseae*	促进
Cu	海州香薷	*Glomus caledonium*, *Acaulospora mellea*	促进
Cu	金鸡菊,蜈蚣草,白三叶草	*Glomus mosseae*	促进
Cu,Zn,Cd	美人蕉	*Glomus* 属的菌种	促进
Cu,Zn,Cd	向日葵	*Rhizophagus irregularis*, *Funneliformis mosseae*	促进
Cr,Ni	大麻	*Glomus mosseae*	无影响
Ni	伯希亚	*Glomus intraradices*	促进
Pb	向日葵	*Glomus intraradices*, *Glomus albidum*, *Glomus diaphanum*, *Glomus claroideum*	促进
Pb	胡杨	*Funneliformis mosseae*	促进
U	蜈蚣草	*Glomus mosseae*, *Glomus intraradices*	促进

注：随着研究工作深入，AMF分类系统和属种分类地位发生变化，其中摩西球囊霉拉丁名称 *Glomus mosseae* 变更为 *Funneliformis mosseae*，根内球囊霉拉丁名称 *Glomus intraradices* 变更为 *Rhizophagus intraradices*。

一些研究报道了AMF增加重金属在植物根部的积累，减少重金属向地上部转移，进而降低富集系数和转运系数。如接种AMF导致超富集植物 *Thlaspi praecox* Wulfen 的地上部生物量下降了17%，地上部Zn、Cd、Pb的浓度最大下降幅度分别达13%、25%和31%，从而降低了其对重金属污染土壤的修复能力[127]。而另外一些研究报道认为，AMF能够促进植物对重金属的吸收，提高植物修复的效果。在300mg/kg砷污染土壤上种植蜈蚣草，接种摩西球囊霉后，蜈蚣草中砷积累量提高了43%[128]。李芳等[129]选了未受重金属污染的点柄粘盖牛肝菌、卷缘桩菇2种外生菌根真菌，研究二者对Pb、Zn、Cd的耐受性，发现卷缘桩菇比点柄粘盖牛肝菌更耐受Pb、Zn的毒害，点柄粘盖牛肝菌则对Cd有更强的耐受性。李亚男等[130]进行玉米-黑麦草间作修复排污河道底泥重金属污染的盆栽试验，并设置接种AMF的试验组，以研究植物-AMF在河道底泥修复过程中的作用以及真菌对河道底泥修复的辅助效果。排污河道底泥中Zn、Cd含量严重超标，经玉米-黑麦草间作修复后情况明显好转，而接种AMF后显著增强了植物对Cd的吸收，提升了植物对污染的整体修复效果，还发现AMF还可提高金属元素由地下部分向地上部分的转运能力。

放射性核素铀及其衰变产物引起的土壤环境污染是一个全球性的环境问题，采用合理的技术手段修复铀污染土壤具有重要的意义。生物修复具有高效、安全、廉价和对环境友好等特点，被称为环境友好替代技术。Rufyikiri等[131]通过实验证明，AMF对铀迁移至植物根系具有促进作用，但AMF的结构对铀具有强烈的吸附作用，因而限制了铀从植物根部向地上部的转移。AMF对植物富集铀促进作用不大，特别是铀浓度高时，甚至还会抑制植物富集铀。Chen等[132]对铀污染土壤（浓度111mg/kg）开展了温室实验，研究了菌根真菌（*Glomus mosseae*或*Glomus intraradices*）对植物吸收铀的影响。研究结果表明：这两种菌根真菌均能够促进植物根部对铀的吸收，并且在植物收获期，根部铀的浓度可高达1574mg/kg。

（五）植物-其他微生物联合修复

除上述类型微生物外，常用于强化植物联合修复土壤重金属污染的微生物还包括产酸微生物、基因工程菌等。杨卓等[133]利用能产生有机酸、柠檬酸的巨大芽孢杆菌-胶质芽孢杆菌、黑曲霉混合制剂作为印度芥菜的生物强化剂，对重金属Cd、Pb、Zn污染的土壤进行修复研究。发现巨大芽孢杆菌-胶质芽孢杆菌混合制剂使印度芥菜对土壤中Cd、Pb、Zn的提取量比对照分别提高了1.18倍、1.54倍、0.85倍，对污染底泥中的Cd、Pb、Zn的提取量比对照分别提高了4.00倍、0.64倍、0.65倍；黑曲霉使印度芥菜对土壤中Cd、Pb、Zn的提取量比对照分别提高了88.82%、129.04%、16.80%，对污染底泥中的Cd、Pb、Zn的提取量比对照分别提高了78.95%、113.63%、33.85%。在基因工程菌的研发方面，Lodewyckx等[121]将植物内生菌的抗性基因ncc-nre耐镍系统接种到*Burkholderia cepacia* L. S. 2. 4，再将*Burkholderia cepacia* L. S. 2. 4接种到羽扇豆，发现接种后羽扇豆根部的镍浓度比对照提高了30%。

三、植物-微生物联合修复土壤有机污染

植物-微生物联合修复土壤有机污染是通过两者所组成的复合体系对污染物质产生富集、固定、降解等作用实现的。由于植物与微生物之间的互惠互利关系，使两者对污染物的作用产生协同效果，修复效果增强，其联合修复系统如图4-5所示。同植物-微生物联合修复土壤重金属污染一样，在联合体系修复土壤有机污染方面，植物与微生物之间也存在类似的交互作用。

（1）在有机污染土壤中，土壤微生物对植物的作用　植物根际附近的微生物通过特有的代谢活动将土壤中的有机污染物、植物根系分泌物等转化成自身可吸收的小分子物质，作为营养或能量来源。并可以向土壤环境中分泌有机酸、铁载体等改变有机污染物在土壤中的赋存状态或氧化还原状态，降低有机污染物对植物产生的毒害作用，并使这些有机污染物更易被植物吸收、转移和富集。

（2）在有机污染土壤中，植物对土壤微生物的作用　首先，植物为微生物提供了良好的生存环境，植物可以将氧气通过根系释放到根际区，使根际微生物的好氧呼吸作用能够

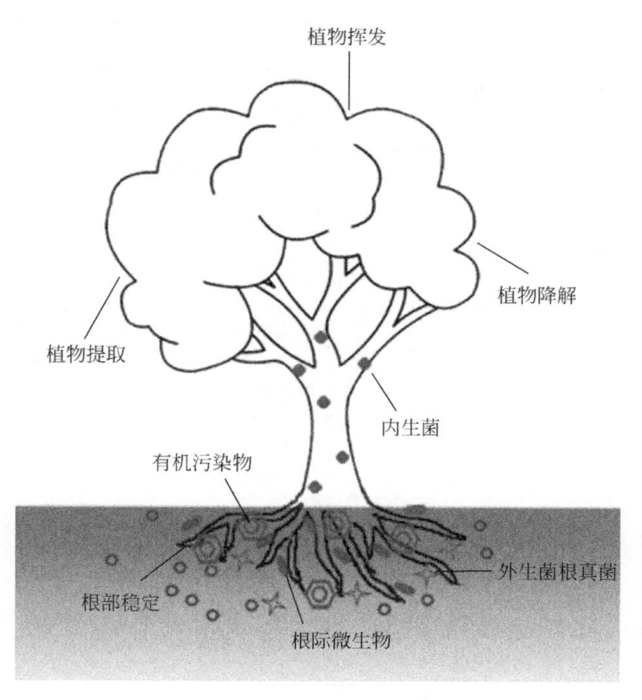

图 4-5 植物-微生物联合修复示意图

正常进行。其次，植物根系可以延伸到土壤的不同层次中，使附着在根际的降解菌能够分布在不同土层中，有助于深层污染土壤的修复。最后，植物根系能释放如蛋白质、糖类、氨基酸、脂肪酸、有机酸等物质，这些物质极大地改善了根际土壤的理化性质，改变了根际土壤对有机污染物的吸附能力，并大大提高了根际微生物的活性，进而促进了根际微生物对有机污染物的降解；植物根际微生物活性的提高又反过来影响植物根的代谢活动和细胞膜的膜通透性，并改变根际养分的生物有效性，促进根际分泌物的释放，形成良性循环。与单一的植物、微生物修复技术相比，植物-微生物联合修复大大提高了对有机污染土壤的修复效果，在面对复杂的污染条件时可以灵活衍生出多种修复方案，对环境中有机污染物的处理有着巨大的潜力。

（一）植物-微生物联合修复土壤有机污染的形式

植物-微生物联合修复技术因其高效、安全、可行性强等优点，近年来已逐渐成为有机污染物修复的研究热点。植物-微生物组合的形式多样，在目前的研究报道中主要包括植物-根际微生物、植物-菌根真菌、植物-内生菌及植物-专性降解菌 4 种联合修复体系，不同的联合修复体系去除有机污染物的效果如表 4-11 所示[134]。

表 4-11 不同植物-微生物联合修复体系对环境中有机污染物的去除能力

修复主体	有机污染物	修复效果	参考文献
耐性植物-根际促生菌-污染物降解细菌	石油	含油淤泥中总石油烃含量从 5%降到 0.5%，去除率高达 90%	Huang 等[135]

续表

修复主体	有机污染物	修复效果	参考文献
高氯酸盐降解菌和植物根际分泌物	高氯酸盐	38d内完全降解240mg/L ClO_4^-	Shrout等[136]
紫花苜蓿-根瘤菌	多环芳烃	对PAHs污染土壤降解率达60%以上	周妍等[137]
禾本科植物-柳树-假单胞菌属PD1	菲	降解率增加25%～40%	Khan等[138]
高羊茅-蚯蚓-丛枝菌根真菌	多环芳烃	120d内将PAHs质量分数从620mg/kg降到41mg/kg，PAHs的去除率高达93.4%	Lu等[139]
白花草木樨-丛枝菌根真菌	柴油	降低柴油毒性，提高植物生物量和抗氧化能力	Hernández-Ortega等[140]
高丹草-毒死蜱降解菌DSP-A	毒死蜱	毒死蜱的降解率达96.44%，远远高于单一的植物或微生物降解	林璀等[141]
杨树-甲基杆菌BJ001	环三亚甲基三硝胺（RDX）和环四亚甲基四硝胺（HMX）	55d内将2.5mg RDX和0.25mg HMX分别降解了58.0%和61.4%	Benoit等[142]

（二）植物与根际微生物的联合修复技术

根际是指植物根系直接影响的土壤区域，该区域是植物与外界环境进行物质与能量交换的重要场所，多种微生物存在于该区域中形成复杂的生态区系并可对其中存在的有机污染物进行有效降解。

植物生长所释放的根系分泌物能够有效改善根际微生物的群落结构，增强其代谢活性，进而促进有机物的降解。有研究表明，农药在绝大多数植物的根际区比在非根际区更易被降解，且降解速率与根际区微生物数量呈正相关。另也有研究表明，多种微生物联合的群落比单一群落对化合物的降解有更广泛的适应范围[143]。姚伦芳等[144]以里氏木霉、根瘤菌和紫花苜蓿作为供试生物，探究微生物-植物联合修复对多环芳烃（PAHs）污染土壤的生物修复效果及其微生态效应。结果表明，经过60d的培养，微生物不仅促进了紫花苜蓿的生长，而且在微生物-紫花苜蓿的协同作用下提高了土壤中PAHs降解率。木霉菌剂使紫花苜蓿生物量增加了5.88%，而木霉菌与根瘤菌复合菌剂则进一步促进了紫花苜蓿的生长，其生物量增加了11.15%。木霉菌与根瘤菌复合菌剂强化紫花苜蓿修复土壤中PAHs的降解率最高，为32.93%；其次是单木霉菌剂强化条件下的紫花苜蓿降解率，为25.62%，均显著（$p<0.05$）高于对照（5.67%）。另外，接种菌剂使得紫花苜蓿对高环（4环、5环、6环）PAHs的降解效果更好，其中，复合菌剂的强化作用要优于单木霉菌剂。研究还发现，紫花苜蓿促进了根际微生物的活性，相比无植物处理的对照组而言，种植紫花苜蓿的其他处理组中土壤脱氢酶活性提高了32.65%～34.58%，紫花苜蓿的存在使得各组平均吸光度值（AWCD）和微生物群落多样性指数均显著（$p<0.05$）高于无植物

的对照组。通过木霉菌、根瘤菌与紫花苜蓿联合作用，不仅有效提高了土壤PAHs降解效率，而且还有利于恢复和维持土壤微生物生态功能多样性和稳定性。邓振山等[145]将根瘤菌、石油烃降解菌、根际促生菌与豆科植物扁豆组成的各种形式的修复体系用于土壤石油污染的修复研究。实验结果表明，在扁豆根际同时添加2种类型微生物时土壤石油污染物降解率为83.05%，修复效果比单一微生物或两种复合微生物的降解效果好。

植物根系分泌物中含有一些糖类、表面活性剂等，可以将土壤中固定的有机污染物解离出来，提高其生物有效性，使其更有利于被降解。有研究表明，根际微生物可以促进植物对疏水性和持久性有机物的吸收效果，如在苜蓿和黑麦草根际的DDTs浓度明显低于非根际中的浓度，这可能与根际微生物分泌的表面活性剂有关。

植物可以将营养物质和O_2输送到根部，然后释放到根际区，为微生物的新陈代谢和增殖提供良好的物质条件，增强根际微生物对有机污染物的降解与转化作用。有研究发现，根际区的细菌种类更丰富，其数量约为非根际区土壤中细菌种类的1.5～3.0倍，不同植物根际微生物的数量有明显差异，不同植物的不同分泌物对其根际微生物的种类、数量以及群落结构有较大的影响[146]。根际微生物庞大的数量和复杂的种类构成了复杂的土壤微生态系统，有助于有机污染物的降解[147]。

（三）植物与菌根真菌的联合修复技术

菌根是土壤中的真菌菌丝与高等植物营养根系形成的一种联合体，其中能降解有机污染物的主要是外生菌根真菌和丛枝菌根真菌，它们对有机污染土壤中植物的生长、有机污染物的降解与转化等方面具有积极的促进作用。

Sarand等[148]发现在石油污染土壤中，乳牛肝菌和卷边柱蘑菌可以在植物根际土壤中生存，16周后遍布土壤表面；乳牛肝菌可以在土壤中形成高活性的菌丝团，菌丝团在土壤-真菌界面形成微生物薄膜，薄膜上附着了多种活跃的细菌群落，大大提高了污染土壤的微生物多样性，为污染物的降解创造了更有利的条件，污染降解率得到提高。Liu等[149]研究发现，接种丛枝菌根真菌有助于增强黑麦草在蒽污染土壤中的耐受性，并提高其生物量；接种丛枝菌根真菌显著促进了种植紫花苜蓿土壤中苯并［*a*］芘的降解，这是由于菌根真菌的存在改善了植物生长状况，使其与土壤微生物间的相互作用增强了，从而提高了微生物对污染物的降解效率。Xun等[150]研究表明，在石油污染盐碱土壤中，植物促生菌和丛枝菌根真菌联合作用能显著提高燕麦的生物量，种植培养60d后，对浓度为5g/kg石油污染土壤中的污染物降解率为47.93%，高于未接种及单一接种的对照，表明植物促生菌和丛枝菌根真菌对植物修复的联合作用效果更具有应用潜能。Lu等[151]研究表明，在丛枝菌根真菌和蚯蚓的联合作用下种植黑麦草，180d后土壤中污染物多氯联苯的降解率达到79.5%，高于不接种及单一接种的处理，说明丛枝菌根真菌对植物修复土壤有机污染具有积极的作用。另外，利用菌根修复污染土壤能较好地解决接种降解菌株与土著微生物竞争时不易存活的问题，在接种降解菌株难以生存的贫瘠土壤和干旱的气候下，该技术的使用不受限制[152]。

（四）植物与内生菌的联合修复技术

自然界现存的近30万种植物中，几乎所有植物体内均存在1种或多种内生菌，生物多样性非常丰富。植物内生菌与植物两者之间相互作用、相互依存。一方面，植物内生菌能够产生降解酶类直接代谢有机污染物。Ning 等[153] 研究发现，定殖于植物内部的黄孢原毛平革菌可以通过所分泌的细胞色素 P450 和锰过氧化物酶来对土壤中的菲污染进行降解，并且可以通过提高锰过氧化物酶活力的方式增强对菲的降解效果。又如当环境中的多环芳烃达到一定浓度时会诱导内生菌产生双加氧酶，使底物双加氧形成对应的过氧化物，再经过氧化、脱氢等一系列反应，将复杂的、难降解的污染物质降解成一些易代谢的基础化合物。另一方面，内生菌参与调控植物代谢有机污染物。当内生菌定殖于植物体时，会分泌一些植物激素、铁载体、脱氨酶等物质，这些物质对提高植物生物量，提高植物抗逆能力，进而增强植物对有机污染物的降解能力等具有重要的积极作用。一些内生菌可以将 1-氨基环丙烷-1-羧酸脱氨酶分解 ACC 生成的氨和 α-丁酮酸作为氮源，不仅能够供给自身的营养所需，而且还能有效地降低植物细胞内乙烯的含量，缓解对植物生长产生的不利影响。此外，植物为内生菌提供了一个相对稳定的生存场所，促进内生菌的繁殖，从而增强了对有机污染物的降解效果。Thijs 等[154] 报道了植物内生菌具有高效转化 2,4,6-三硝基甲苯的能力，可促进细弱剪股颖根际 TNT 的脱毒，确保植物健康生长。Zhang 等[155] 研究表明，将从蘼草植株中分离出来的一类内生菌——假单胞菌 J4AJ（*Pseudomonas* sp. J4AJ）接种于蘼草根际，经过 60d 的种植后，土壤柴油去除率达到 54.51%，而仅接种 J4AJ 菌株的处理组其去除率仅为 38.97%；此外，假单胞菌 J4AJ 和蘼草联合培养的条件下明显提高了污染土壤中过氧化氢酶和脱氢酶的酶活性，但降低了土壤微生物的多样性指数。Khan 等[138] 研究发现，接种植物内生菌假单胞菌属 PD1 可以提高植物对菲污染的耐性，促进植物的生物量，增强对土壤污染物的降解效果，与未接种内生菌的对照相比，接种内生菌的植物降解菲的能力提高了 25%～40%。

（五）植物与专性降解菌的联合修复技术

植物-专性降解菌的联合修复技术在利用植物进行污染土壤修复的同时，向土壤中接种具有较强降解能力的专性降解菌株，以增强有机污染物的降解效果。专性降解菌株包括从土壤中筛选得到的高效降解菌株和经过人工改造的基因工程菌株。高效降解菌株具有高代谢能力和高降解率等特点。有研究表明，紫茉莉和降解菌株 ZQ5 联合修复土壤污染，芘的降解率高达 81.1%，分别是单独种植紫茉莉和单独接种菌株 ZQ5 修复效果的 1.98 倍和 1.39 倍[156]。Lin 等[157] 将从柴油污染区土壤中分离得到的微生物接种到种植了沙打旺的柴油污染区土壤中，显著提高了土壤柴油的去除率。Cao 等[158] 成功克隆了铜绿假单胞菌 BSFD5（*Pseudomonas aeruginosa* BSFD5）中的鼠李糖脂合成基因簇（rhlABRI），并整合到恶臭假单胞菌 KT2440（*P. putida* KT2440）基因组中，发现将构建的含鼠李糖脂合成基因簇（rhlABRI）的恶臭假单胞菌 KT2440 接种到种有修复植物的芘污染土壤中时，rhlABRI 成功表达，并且与植物修复芘污染产生协同效果。实验结果表明，向污染土壤中接种专性降解菌株，可以与修复植物产生协同作用，提高植物生物量，改善土壤微生态环境，增强有机污染物的降解效果。因此，从土壤中分离筛选具有高效降解能力的功能菌株对土壤有机污染物的修复具有重要意义。

刘自力等[159] 从天津大港油田原油污染土壤中筛选得到耐低温的高效石油烃降解菌，

并以小麦、紫花苜蓿作为供试植物，研究外源菌与不同类型植物组合对石油污染降解的影响。经过 70d 的培养，无任何处理的空白对照降解率为 12.76%，主要是土著菌的作用。相比于小麦，紫花苜蓿对石油烃的降解具有更好的促进效果，其降解率达到 24.85%；主要原因是小麦对石油烃污染较为敏感，小麦的生长、根伸长等均受到了一定程度的抑制。小麦-菌悬液条件下与紫花苜蓿-菌悬液条件下石油烃的降解率分别为 17.83%与 16.67%，两者降解效果接近于单独接种菌悬液处理。小麦-固定化外源菌处理条件下，降解率为 21.10%，实验后期石油烃的降解速率上升至 221.4mg/（kg・d），远远高于其他处理，表现出了两者较好的协同作用以及良好的修复潜力。

顾平等[160] 从老化的多环芳烃（PAHs）污染土壤中筛选得到一株高效降解菌 BB-1，经鉴定为巨大芽孢杆菌（*Bacillus megaterium*）。单独种植紫茉莉，在开花期和成熟期对苯并［*a*］芘的降解率分别为 27.42%±1.99%和 51.31%±3.06%；接种 BB-1 后，污染土壤中苯并［*a*］芘的降解率分别为 68.22%±1.21%和 77.16%±0.62%，可见接种菌株 BB-1 后能有效提高紫茉莉对土壤中苯并［*a*］芘的降解效果。另外还分别对比了非根际和根际土壤中的苯并［*a*］芘含量，发现在开花期和成熟期任何一种处理的根际土中苯并［*a*］芘的残留浓度都小于非根际土，说明土壤中苯并［*a*］芘的去除主要是源于根际的作用。

邻苯二甲酸二（2-乙基己）酯（DEHP）是一种常用的塑化剂，使用范围广，产量大，但同时它也是一种内分泌干扰物，具有致癌、致畸、致突变的“三致”效应。随着 DEHP 的广泛应用，土壤已经出现不同程度的 DEHP 污染。采用黄豆与芽孢杆菌、革登氏菌联合，通过盆栽试验研究植物接种微生物对土壤 DEHP 的降解效果[161]。土壤中接种菌株后，DEHP 在土壤中的降解率提高，接种革登氏菌的降解效果优于芽孢杆菌，将两者联合修复比单一修复效果更好。而豆类植物在快速生长期（约 50d 内）对促进菌株降解 DEHP 具有明显的积极作用。

陈丽华等[162] 从陕西姬源油田污染严重的土壤中富集培养、筛选分离得到 8 株降解石油菌，将这些降解菌制成复合菌剂，联合冰草探究两者的组合对石油污染土壤的修复效果。实验发现，植物与微生物菌剂联合修复效果比单一植物修复更好，经过 63d 的培养，植物-复合菌剂联合修复作用下对污染程度为 3%含油土壤的降油率达到 81.48%，而单一植物修复的降油率仅为 38.44%；土壤微生物数量、脱氢酶活性的提高有助于土壤降油率的提高。

刘鑫等[163] 通过将具有高效降解 PAHs 能力的根瘤菌菌株 SL-1 接种到种植紫花苜蓿的实地污染土壤中，研究高浓度多环芳烃污染土壤的微生物-植物联合修复效能。在盆栽试验修复过程中，紫花苜蓿＋菌处理的株高和干重均要高于仅仅种植紫花苜蓿的处理，说明在较高浓度的 PAHs 胁迫下菌株 SL-1 对紫花苜蓿也具有较为明显的促生作用。降解 60d 后，紫花苜蓿＋菌处理对 PAHs 去除率达到 17.9%，而 PAHs 不同组分间的降解效果 3 环＞2 环＞4 环＞6 环＞5 环。因此，在实地污染的 PAHs 胁迫下，菌株联合紫花苜蓿能够有效地降解各组分污染物。在大田修复试验中，经过 60d 和 90d 修复后，紫花苜蓿＋菌处理中 PAHs 的去除率均明显大于只种植紫花苜蓿或只接菌的处理，土壤中低环 PAHs 的降解率明显高于高环 PAHs，从大到小依次为 2 环、3 环、4 环、5 环、6 环。可见大田试验修复过程中，植物与微生物优先联合降解低环 PAHs，而高环 PAHs 降解缓慢。

四、植物-微生物联合修复土壤复合污染

在实际污染土壤中，往往同时存在重金属复合污染、有机物复合污染以及重金属-有机物复合污染的情况，针对此类复合污染土壤的植物-微生物联合修复，也有许多研究报道。

抗生素进入到土壤环境中所产生的危害具有长期、累积性强、作用慢等特点，与持久性有机污染物（POPs）所产生的环境危害类似。陈苏等[164] 以两种土霉素高效降解细菌紫金牛叶杆菌和真菌胶红酵母所制得的混合菌液为供试菌剂，研究其对紫茉莉与孔雀草两种植物修复土霉素-Cd 复合污染土壤的影响。随土壤中土霉素含量增加，孔雀草、紫茉莉的生物量均逐渐下降，土霉素的存在抑制了植物对 Cd 的积累；接种土霉素降解菌提高了两种植物的生物量，并促进了孔雀草、紫茉莉对 Cd 的吸收，而且还提高了紫茉莉对 Cd 的富集系数。

史鼎鼎等[165] 以黑麦草为供试植物，以从 Cd、Pb 复合重金属污染的土壤中筛选得到的耐性菌株（*Rhodococcus baikonurensis*，编号为 J6）为联合修复细菌，研究植物-微生物联合修复重金属复合污染土壤。发现 J6 菌有效提高了黑麦草的生物量，并提高了黑麦草对重金属 Pb、Cd 的吸收效果。在重金属污染水平下，接种细菌的黑麦草地上部 Cd 的积累量逐渐提高，最高达 27%；地下部对 Pb、Cd 的积累量也分别提高 17%～64%、5%～23%。J6 菌降低了根际土中的 Cd、Pb 总量，并提高了土壤 Cd、Pb 有效态比例。另外，J6 菌也显著提高了黑麦草对 Cd 的转运系数。杨雪艳等[166] 从 Pb-Cd 复合污染土壤中筛选得到 Pb-Cd 双耐性菌株 K7，研究其对香根草修复重金属复合污染土壤的影响。结果表明，K7 能提高香根草的生物量，并对香根草地上部和地下部 Pb、Cd 的吸收具有促进作用。加菌后植物根部的 Pb 积累量比不加菌的处理高。相同 Pb、Cd 浓度处理时，加菌量为 3.0g 的香根草根部 Cd 积累量比加菌量为 1.5g 的根部 Cd 积累量高。

佳乐麝香（HHCB）是一种人工合成麝香，其作为天然麝香的替代品被广泛应用于化妆品、洗涤用品、香水、护肤品等产品中，由于其广泛的应用需求导致 HHCB 被大量生产，在生产和使用过程中不可避免地会进入到环境中造成污染，因此，由 HHCB 所造成的环境污染问题已逐渐引起人们的关注。在我国，所有的重金属污染类型中 Cd 污染是范围最广且程度最严重的，HHCB 能够通过污水灌溉、污泥农田施用等多种途径进入到土壤环境中，并与土壤中的污染物 Cd 复合形成一种具有潜在危害的新兴复合污染。张珣等[167] 为探讨植物-微生物联合修复 HHCB 与 Cd 复合污染土壤技术的可行性及其相关修复土壤微生物群落多样性的变化，采用紫茉莉与孔雀草两种植物配合 HHCB 降解菌，对 HHCB-Cd 复合污染土壤进行联合修复研究。发现两种植物对 Cd 的富集均集中在地上部分，其中孔雀草对 Cd 的富集效果更好。HHCB 污染程度的提高会削弱降解菌的降解效果，在 HHCB 污染浓度为 100mg/kg 时，降解率最高达到 63.58%；在 HHCB 含量为 300mg/kg 时，降解率最高达到 55.3%。土壤中较高浓度的 HHCB 会降低细菌种群多样性指数，较高浓度的 Cd 也会降低细菌种群多样性指数，而 HHCB 与 Cd 复合污染则在两者的单一作用基础上进一步使细菌种群多样性指数降低。

第三节 植物-生物炭联合技术修复污染土壤研究方法及现状

有一种肥料对于提高极其贫瘠的土壤肥力具有显著的作用，它广泛并长期被生活在巴西亚马孙流域的人们使用，被称为亚马孙黑土[168]。该肥料呈碱性且含碳量高，施用过这种肥料的土壤，其氮、磷等肥力的含量是周边其他类型土壤的3倍左右；农作物产量也是周边其他类型土壤作物产量的2倍左右[169]；而且施用过这种肥料的土壤也较附近其他土壤中的微生物活性显著增强。经过调查发现，这种黑土是长期生活在亚马孙流域的人们为了增加土壤肥力而人为制造的，是目前亚马孙流域乃至全球土质最优良和肥沃的土壤之一。黑土是通过将不同生物质原料经焚烧获得的，施入土壤中土壤会呈现黑色，这类土壤的主要成分是生物炭（biochar）。

生物炭是指生物质原料在无氧或缺氧及相对低温（<700℃）条件下热裂解形成的一类富有孔隙结构、高度芳香化、含碳量高的固体物质。根据生物质材料来源，生物炭可以分为木炭、秸秆炭、竹炭、稻壳炭以及动物粪便炭等。生物炭从最开始受到人们的广泛关注是源于对全球气候变化的研究，由于生物炭高度芳香化的结构，使其在土壤中保持着极高的稳定性，可以通过吸收大气中的碳，并以生物炭的形式将其固定于土壤中，从而减少和降低因CO_2引起的温室效应。另外，生物炭产品还可以进一步提高碳负效应来缓解全球气候变化。有研究表明，当向土壤中施用质量分数为2%的生物炭时，甲烷的释放几乎完全被抑制。在此基础上，随着相关领域的学者对生物炭深入研究，发现生物炭除了具有固碳减排作用外，还因其独特的理化性质而具有持水、透气、保肥、提高微生物活性及促进作物产量增长的作用。同时，由于生物炭丰富的孔隙结构、巨大的比表面积以及丰富的表面活性基团使其具备对重金属和有机污染物较强的吸附特性，可将有毒物质固定在生物炭内部，降低污染物的生物有效性，从而起到对污染物的修复效果。20世纪80年代以后，相关领域学者开始着眼于生物炭理化性质及其作为土壤改良剂等方面的研究。

一、生物炭的特性及制备影响因素

生物炭的性质主要受到原材料以及制备过程中温度、时间、压力、氧气等条件的影响。制备生物炭的原料以及制备过程中的环境条件不同，所产生的生物炭理化性质[如pH值、孔隙度、比表面积、养分含量、阳离子交换量（CEC）、吸附能力等]不尽相同[170]。生物炭中除碳含量较高外，也含有大量的氮、磷、钾、钙、镁等营养元素，可供植物生长所需。碳、氮的含量随温度的升高而降低，这是由制备过程中的燃烧、挥发等原因所致的，而钾、钙、镁、磷的含量则随温度的升高而增加[171]。一般情况下，主要元素的比例为碳66.6%～87.9%、氢1.2%～2.9%、氧10.6%～26.6%；其次是灰分元素，主要包括钾、钙、钠、镁、硅等[172]。

Gaskin等指出，热解温度对生物炭的质量影响很大，特别是对生物炭的表面化学性质、孔径大小等指标的影响，而生物炭的碳含量、养分浓度等指标则取决于原材料的类型[173,174]。生物炭的元素组成与炭化温度有关，在限制供氧的条件下，随着炭化温度的升高，其含碳量增加，氢、氧含量降低，灰分含量增加，比表面积逐渐增大；而灰分的元素组成还与植物生长地的土壤类型、植物种类有关。生物炭中矿质含量从高到低排序一般为畜禽粪便＞草本植物＞木本植物，而含碳量则相反。

一般而言，生物炭的pH值、灰分含量、比表面积与热裂解的温度呈正相关。研究表明，于400～1000℃制成的生物炭，其比表面积为200～400m^2/g；在低温条件下，产出的生物炭也可能具有较小的比表面积[175]。绝大多数生物炭呈碱性，这是由于生物炭中的灰分元素主要为钾、钙、镁等，且多数以氧化物、碳酸盐形式存在，溶于水后显碱性；另外，由于植物生长过程中聚集的大量金属阳离子，为保持体内的电荷平衡，会积累一定量的碱基（有机阴离子），在热解过程中碱基被浓缩，使生物炭呈碱性[176]。生物炭具有改良土壤性质、促进土壤团聚体形成、调控土壤微生物生态等功能，同时还可以降低土壤中重金属的生物有效性，这些特性也是生物炭与普通炭的区别所在，详见表4-12[177]。

表4-12　不同形式炭的定义比较

概念	内涵定义
生物炭	强调生物质原料来源和在农业科学、环境科学中的应用，主要用于土壤肥力改良、大气碳库增汇减排以及受污染环境修复
炭	泛指炭材料，尤其强调由天然火在自然状态下烧制形成
木炭/炭黑	制作过程和性质特点与生物炭相似，多使用木头、煤炭作为原料，强调应用于燃料、工业热炼、除臭脱色的生物质热解残渣，具有高热值、高内表面积
活性炭	强调制作过程中为增强表面特性的应用而人为采用极高温（通常＞700℃）、物理化学手段（如高温气体或化学药剂）活化的高比表面积、高吸附特性的疏松多孔性物质，常用于受污染环境的修复、环境工程处理等方面
黑炭	泛指各类有机质不完全炭化生成的残渣，包括炭黑、生物炭、活性炭、焦炭等各种炭质材料

二、生物炭施入对植物生长发育的影响

生物炭可通过改良土壤理化性质（如改善土壤结构，增加土壤有机碳含量，提高土壤pH值，提高阳离子交换量，降低交换态Al^{3+}含量等）来改善植物的生长状况；另外，生物炭也可直接向植物提供少量生长所需的营养物质。生物炭对植物的作用效果取决于生物炭的类型、施用量、土壤类型和植物种类等。

大量研究表明，生物炭对作物有明显的增产效果。Major等在哥伦比亚热带草原氧化土壤中单施0t/hm^2、8t/hm^2、20t/hm^2生物炭，并进行连续4年的玉米种植实验。发现除第1年外，后3年玉米的产量呈连续增长的趋势，20t/hm^2处理在第4年的产量比对照提高了1.4倍[178]。Uzoma等对生长在沙土中的玉米进行研究得出，在生物炭施用量0～15t/hm^2范围内，玉米产量基本与生物炭的施用量成正比[179]。除玉米外，生物炭也可促进大豆[180]、水稻[181]、番茄[182]等作物的生长。关于生物炭对作物生长的促进作用，有研究认为，生物碳对低有机质含量土壤的增产效果显著，但对于有机质含量高的土壤作用不明显[183]，或在施用生物炭同时配施化肥才能起到增产作用[184]，原因是肥料消除了生物炭养分含量低的缺陷，而生物炭赋予肥料养分缓释性能，二者具有互补和协同作用[185]。但生物炭的过多施用会抑制作物生长，甚至造成减产，或出现隔年增产而当季影响小等

现象[173]。

生物炭对植物吸收养分等方面的影响主要取决于生物炭的种类、施用量以及土壤中原养分含量。施用生物炭有利于促进植物对磷、钾、钙、镁等元素的吸收[186]。研究证明，生物炭对小麦、水稻、玉米的氮素吸收和积累均有一定的促进作用[187]。张晗芝等[188]发现在玉米苗期，当生物炭的施用量为 $2t/hm^2$、$4t/hm^2$、$12t/hm^2$ 时可促进作物干物质的积累，但当生物炭用量达到 $48t/hm^2$ 时则抑制了作物干物质积累，但在统计学上的表现均不显著。化肥配施量对生物炭作用的发挥存在一定影响，施肥水平较低时，生物炭可促进植株对氮磷钾的吸收；但当施氮量较高时，生物炭则限制了植株对矿质养分的吸收[189]。

生物炭在植物的生长发育及养分吸收中的作用受诸多因素影响，其确切的作用机理尚未明确，大多数实验均是针对短期效果进行研究，并且得到的结论过于片面。为了更好地发挥生物炭的作用，应当对生物炭开展全面而系统的研究，在研究生物炭优势方面的同时，也应关注生物炭的施用对植物产生的负面影响，从多方面控制生物炭作用的影响因素，科学发挥生物炭在环境修复中的作用。

三、植物-生物炭联合对重金属污染土壤的修复

生物炭应用于环境领域具有多种环境效益，比如改良土壤肥力、碳库中的“增汇减排”作用、环境污染修复等，并且制备生物炭的原材料来源广、易获得，使得生物炭的应用前景广阔，并已成为土壤学和环境科学领域的研究热点。据统计，我国每年产生的农业废弃物超过 40 亿吨，其中农作物秸秆高达 7 亿吨，可利用高温裂解炭化技术将这些农业“废弃物”制成生物炭后还田，这是一种变废为宝的新途径，拥有巨大的市场潜力[190]。生物炭应用于重金属污染的治理研究，主要是通过利用其巨大的比表面积、丰富的含氧官能团的吸附能力和表面的离子交换反应等功能实现治理的目的，并且针对的重金属污染主要集中在 Cu、Pb、Zn、Cd、Cr 等。

Samadi 等[191] 研究表明，由甘蔗渣制得的木炭可有效去除水溶液中六价 Cr，木树皮快速热解制得的生物炭可去除水中的有毒重金属 As^{3+}、Cd^{2+}、Pb^{2+} 等；Uchimiya 等[192]发现，由废弃物经过低温、高温热解制得的生物炭以及蒸汽活化类似炭可以固定水、土壤中 Cd、Cu、Ni、Ag 等重金属。

李衍亮等[193] 以棕榈丝为原材料制作生物炭，并将不同量的生物炭（$0t/hm^2$、$5t/hm^2$、$10t/hm^2$、$20t/hm^2$、$30t/hm^2$）施用到重金属污染农田土壤中，通过分析土壤基本理化性状、玉米生长发育和产量以及降低作物对重金属富集的效果等指标，确定生物炭的最佳施用量。实验结果表明，随着生物炭施用量的增加，土壤 pH 值和有机质含量也显著提高。生物炭施用量为 $30t/hm^2$ 时，土壤速效钾含量达到未施用生物炭的对照处理的 3.1 倍。各浓度生物炭处理下土壤和玉米植株中 Pb 和 Cd 含量均有不同程度的降低，当施用量为 $20t/hm^2$ 时，玉米粒中 Pb 含量降低了 49.4%，Cd 含量降低了 45.4%。玉米的产量随生物炭施用量的增加而提高，$5t/hm^2$、$10t/hm^2$、$20t/hm^2$、$30t/hm^2$ 处理的产量分别为对照的 1.75 倍、6.16 倍、8.84 倍和 8.90 倍。综上所述，生物炭通过改善土壤 pH 值和有机质等理化性质，促进玉米的生长发育和产量提高。确定生物炭施用量和种类应当综合考虑污染程度、经济成本以及农业生产的实际需求等方面的因素。

Almaroai 等[194] 利用玉米作为试验作物，将生物炭、牛骨、蛋壳的施加对土壤中铅的生物有效性的影响进行了比较，经过 21d 的种植期后，在生物炭的修复作用和盐水灌溉的条件下，玉米嫩枝中的 Pb 浓度得到有效降低[194]。Bian 等[195] 在华南地区 5 个试验点进行田间试验，研究麦秆生物炭对种植水稻的土壤中重金属 Cd 的修复效果，发现当生物炭的投加量为 40t/hm^2 时，水稻颗粒中的镉含量降低了 20%～90%，并且达到安全标准以下（0.4mg/kg）。该试验表明，利用生物炭对土壤进行修复和改良有望成为解决华南地区镉大米问题的有效方法。

吴继阳等[196] 以污泥为原料，在 500℃缺氧条件下制备污泥生物炭，分析添加污泥生物炭后污染土壤 pH 值，探究污泥生物炭对土壤中 Pb、Cd 的固定效果，并评估污泥生物炭对小青菜生物量及体内重金属含量的影响。发现在污泥生物炭作用下，污染土壤的 pH 值随平衡时间的延长显著升高；污泥生物炭对 Pb 和 Cd 均有较强的固定作用，而污泥生物炭在 Pb-Cd 复合污染土壤中比在单污染土壤中对 Pb 的固定效果更好；污泥生物炭可以提高小青菜的生物量，并明显降低 Pb 和 Cd 在小青菜中的富集。

生物炭可以缓解重金属对植物的污染胁迫，促进植物正常生长。王晓维等[197] 研究了不同质量浓度生物炭（质量分数为 0、2%、5%）对 Cu 胁迫（300mg/kg）下红壤地油菜苗期叶绿素含量、抗氧化酶活性、可溶性蛋白含量及丙二醛含量（MDA）的影响。结果表明，Cu 污染的胁迫降低了油菜叶片中叶绿素 a、叶绿素 b 和总叶绿素含量，提高了油菜 SOD、CAT、POD、MDA 及可溶性蛋白等指标含量；油菜叶片的叶绿素 a、叶绿素 b 及总叶绿素含量随生物炭质量浓度的提高呈逐渐增加的趋势，而 SOD、CAT、POD、MDA 及可溶性蛋白的含量则均呈下降的趋势。上述结果表明，生物炭可提高红壤地 Cu 污染胁迫下油菜苗期的叶绿素含量，缓解 Cu 胁迫对植物产生的毒性效应，改善植物生长状况。

生物炭对植物修复不同浓度重金属污染土壤的作用效果存在一定差异。董双快等[198] 以苏丹草为供试植物，探讨生物炭对植物修复土壤 Cd 和 Pb 的影响。在清洁土壤中添加质量浓度为 5～20g/kg 的生物炭后，苏丹草的生物量明显提高，最大提高到 6.46t/hm^2，约为无生物炭处理的 1.66 倍。Cd 和 Pb 浓度分别为 40mg/kg 和 50mg/kg 时，苏丹草的生物量约比对照组高 12.1%。当 Cd 和 Pb 浓度提高到 160mg/kg 和 200mg/kg 时，苏丹草的生物量仅为对照组的 34.7%。当 Cd、Pb 浓度较低时，添加质量浓度为 5～20g/kg 的生物炭后使得苏丹草的生物量低于对照组；当 Cd 和 Pb 浓度较高时，随生物炭质量浓度的提高，苏丹草的生物量呈显著增加的趋势（$p<0.05$）。在低中浓度 Cd 和 Pb 污染土壤中，生物炭与苏丹草联合修复与单苏丹草修复相比效果较差。而 Cd、Pb 污染水平较高时，生物炭与苏丹草联合修复与单苏丹草修复相比效果较好，但修复率最大仅为 6.19%。

不同生物质材料制成的生物炭对植物富集吸收土壤重金属的作用效果不同。以水稻秸秆炭、竹炭、山核桃壳炭为生物炭强化剂，采用大田试验的方法，研究不同生物炭对镉污染土壤修复效果及青菜吸收镉的影响[199]。施用不同材料生物炭的青菜鲜产量都有增加的趋势。除了山核桃壳炭，施用水稻秸秆炭和竹炭 5t/hm^2 和 10t/hm^2 与对照相比均差异显著，分别增加 6.5%（水稻秸秆炭 5t/hm^2）、11.1%（水稻秸秆炭 10t/hm^2）、4.2%（竹炭 5t/hm^2）和 6.6%（竹炭 10t/hm^2）。青菜地上部分和根部 Cd 含量均因生物炭的施入而降低，且用量 10t/hm^2 均比用量 5t/hm^2 降幅大，其中施用水稻秸秆炭的降幅比施用竹炭和山核桃壳炭都大。施用不同材料生物炭均可以显著提高土壤 pH 值。施用生物炭有利于降低土壤 Cd 含量，其中竹炭处理的土壤 Cd 含量下降最为明显，不同材料生物炭用量 $10t/hm^2$ 均比用量 $5t/hm^2$ 降幅明显。针对轻度镉污染的地块，可以通过生物炭来修复，如此可增加土壤 pH 值，减少镉的生物有效性，从而减少作物体内镉含量累积，保证农产品安全生产，实现农业高效、安全和可持续发展。

生物炭与其他土壤改良剂的复配使用通常能起到比单独使用生物炭更好的强化效果。毕丽君等[200] 研究了 1%和 5%水稻秸秆生物炭投加量配施碳酸钙对重金属污染土壤理化性质，及污染土壤中种植的油菜生物量、重金属富集系数等方面的影响。研究表明，适量生物炭输入可以促进碳酸钙的调控效果。碳酸钙可提高土壤 pH 值，而配施生物炭使土壤的 pH 值进一步提高，最大提高了 0.66，并增加了土壤有机质。碳酸钙配施适量生物炭比单施碳酸钙对油菜可食部分生物量的提高效果更好，在不同类型土壤中这种提高效果表现各异。与对照相比，在郴州土壤中配施 5%生物炭对油菜生物量的提高效果最好，在本试验中，油菜可食部分生物量提高了 36.5%；而在龙岩土壤配施 1%生物炭对油菜生物量的提高效果最好，油菜生物量提高了 67.4 倍。不同类型土壤中碳酸钙单施或与生物炭配施对重金属富集的影响不同。碳酸钙在偏酸性的龙岩土壤中配施适量生物炭对重金属 Cd、As、Pb 在油菜中的富集所发挥的阻控作用更好。

金睿等[201] 将生物炭、泥炭和石灰按照 6∶5∶1 的质量比混合制成生物炭复配调理剂，施加到中轻度镉污染农田中，研究其对镉污染土壤的性状和小白菜吸收镉及其生理特性的影响。生物炭复配调理剂能显著提高土壤 pH 值、土壤微生物氮含量和脲酶活性（$p<0.05$），同时可显著降低土壤有效态 Cd（DTPA-Cd）（最大降幅为 37.1%）、微生物碳含量和酸性磷酸酶活性。生物炭复配调理剂能有效降低小白菜 Cd 吸收量（最大降幅为 85.7%），小白菜细胞中丙二醛含量及超氧化物歧化酶、过氧化氢酶、过氧化物酶活性等抗逆性指标明显下降，同时小白菜 Cd 含量可降至 0.10mg/kg，符合食品安全标准；低用量（2%）的生物炭复配调理剂可使小白菜增产，高用量则不利于小白菜生长。生物炭复配调理剂可有效钝化土壤重金属 Cd，改善土壤生化性状，显著减少小白菜对 Cd 的吸收，可应用于中低浓度 Cd 污染农田土壤的修复，其最佳施用量宜为 20～40g/kg。

生物炭与其他土壤改良剂的复配使用在一定程度上可降低使用其他土壤改良剂所造成的环境风险。畜牧业中所使用的饲料往往会添加铜、锌、有机砷和兽药等，以促进畜禽生长发育和增强其抗病能力等。在实际生产中为保证效果，重金属添加剂往往会过量添加，不仅可能使畜禽产品的重金属含量残留超标，而且由于动物的吸收率低（Cu 和 Zn 的吸收量仅为总摄入量的 5%），最终将导致大量重金属元素随粪便排出。而畜禽粪便是传统农业和现代生态循环农业资源化利用的重要资源，大量含有重金属元素的畜禽粪便被作为农作物肥料施用到农田当中，对环境造成严重的影响。生物炭具有吸附和钝化土壤重金属及农药残留的能力，并且生物炭还可以延缓肥料养分的释放，提高肥料利用率，减少肥料淋失。因此，当在施用有机肥时配施生物炭，不仅有效提高了土壤养分，钝化了动物粪肥当中存在的重金属活性，而且生物炭还赋予肥料养分缓释性能。陈璇等[202] 将 5%的生物炭、5%猪粪肥单独或联合施用于不同程度的 Cu 污染土壤，研究其对蕹菜生长和 Cu 在土壤当中赋存形态的影响[202]。Cu 污染红壤的养分含量较低，而施用猪粪肥能够显著提高蕹菜生物量（平均比对照提高 56.4%），并促进蕹菜对 Cu 的吸收和累积；施用生物炭能降低蕹菜对 Cu 的积累量（平均比对照降低 21.1%）；单施猪粪肥或联合施用（5%猪粪肥＋5%生物炭），蕹菜的含铜量比对照（CK）分别增加了 40.2%、31.7%（土壤含 Cu 量为 200mg/kg）和 27.5%、38.8%（土壤含 Cu 量为 400mg/kg）。未添加外源 Cu 污染时，土壤中 Cu 的有机结合态含量＞铁锰氧化态含量＞碳酸盐结合态含量＞可交换态含量；各形态 Cu 含量随处理不同差异显著，其中单施猪粪肥的土壤中可交换态和有机结合态 Cu、单施生物炭的土壤中有机物结合态 Cu、二者混施的土壤中碳酸盐结合态和有机结合态 Cu 与其他形态 Cu 含量相比均有明显增长的趋势。猪粪肥配施生物炭处理虽然在一定程度上降低了蕹菜生物量，但与单施猪粪肥的处理相比，重金属对作物的影响明显降低。

我国人多地少，采用原位修复技术由于可以达到边生产边治理目的，解决人地紧张的矛盾，在治理土壤重金属污染实践中得到广泛的应用。在原位修复模式中，施用理化改良剂的技术措施由于其操作简单、成本费用低、治理效果明显，常应用于重金属污染土壤修复。研究表明，有机物料经过高温厌氧炭化而成的生物炭，具有巨大的比表面积且富含多种活性基团，具有较强的表面吸附和离子交换能力，可以钝化土壤中 Cd 的活性，从而降低土壤中 Cd 的生物有效性，减少植物对其吸收累积[203]。石灰等碱性材料能提高土壤 pH 值，提供大量的氢氧根离子（OH^-），具有与 Cd^{2+} 共沉淀的作用，同样能降低土壤重金属 Cd 有效性，减少作物对重金属 Cd 的吸收[204]。将石灰与生物炭组配施用会达到比生物炭、石灰改良剂各自单独施用更好的土壤改良效果。以椰壳为原料经 550～600℃高温厌氧炭化制成生物炭，将生物炭和石灰以 10∶1 的质量比配制成生物炭＋石灰混合改良剂，施用到 Cd 污染稻田进行小区试验[205]。石灰处理或者生物炭＋石灰处理种植水稻收获后，土壤 pH 值均明显升高；而常规施肥对照和单施生物炭处理土壤 pH 值基本维持在较低水平。这与生物炭的 pH 值为 7.34，且所含的 CaO 碱性成分较少有关，而石灰含有大量的 CaO 碱性成分，提供了大量的 OH^-，对于酸性土壤 pH 值的提升，是石灰起主要作用。与常规施肥对照相比，不论是生物炭处理或石灰处理，土壤有效 Cd 含量均无显著差异，而生物炭＋石灰处理对降低土壤有效 Cd 含量的效果明显优于单施生物炭或石灰。其原因：一是石灰提供的大量 OH^- 与土壤重金属 Cd^{2+} 共沉淀；二是多孔和带负电荷的生物炭颗粒也提供了更多的保持电荷位点，使带负电荷的土壤胶体对带正电荷的重金属 Cd^{2+} 吸附能力增大。物理吸附和化学沉淀共同作用降低了土壤中有效 Cd 含量。由于土壤 pH 值升高，土壤有效 Cd 含量下降，减少了水稻籽粒对重金属 Cd 的累积，生物炭＋石灰处理糙米 Cd 含量降低为 0.15mg/kg，低于《食品安全国家标准　食品中污染物限量》（GB 2762—2017）中糙米 Cd 0.2mg/kg 限量值，达到了安全食用标准。说明生物炭＋石灰混合改良剂对治理稻田土壤镉污染是切实可行的。

四、植物-生物炭联合对有机污染土壤的修复

生物炭所具有的特殊结构及其表现出来的物理化学特性，使其能够对有机污染物产生吸附作用，因此生物炭在有机污染土壤修复方面也有许多研究报道。

朱文英等[206] 以小麦秸秆为原材料，在 300℃下分别缺氧裂解 3h、6h、8h 制备生物炭，比较了在 3 个不同条件下生物炭的产率、pH 值、灰分以及 C、H、N 含量等指标。

并将 300℃、6h 生物炭作为修复材料，研究其对大港油田石油污染土壤的修复效果。研究发现随裂解时间的延长，生物炭产率下降，pH 值升高，灰分含量增加，H/C 值下降，C 含量则是先升高后下降。将生物炭施入石油污染土壤 14d 和 28d 后，总石油烃降解率分别达到 45.48%、46.88%，均显著高于对照组。修复 14d 后土壤中各类型多环芳烃降解率明显高于对照组，其中苯并［*a*］芘含量下降幅度达 98.18%。因此在 300℃、6h 条件下制备的小麦秸秆生物炭可以被应用于石油污染土壤的修复。

王传花[207] 研究了于 350℃、500℃和 750℃制成的菠萝皮生物炭对土壤芘-铬污染物的吸附行为，并通过添加菠萝皮生物炭和种植水蜈蚣的盆栽试验考察了芘、铬单一污染和复合污染对水蜈蚣生长的影响，生物炭对水蜈蚣的影响，生物炭和水蜈蚣单独作用及联合作用对芘、铬污染物生物可利用性的影响。Cr（Ⅵ）对水蜈蚣的生长是不利的，尤其 Cr（Ⅵ）污染且添加生物炭组对水蜈蚣的株高和生物量均表现出明显的抑制作用；单一芘污染和复合污染组水蜈蚣生物量与无污染组相比略有增加，但差异不显著（$p>0.05$）；生物炭的添加明显抑制了水蜈蚣的生物量。生物炭明显降低了土壤中 $CaCl_2$ 提取态和弱酸提取态铬的含量，而可氧化态铬（有机结合态铬）的含量增加了，说明生物炭的添加降低了铬的迁移性和生物可利用性，从而降低了毒性。添加生物炭后土壤中微生物利用态芘显著减少（$p<0.05$），芘单一污染土壤由 9.83mg/kg 减少到 3.11mg/kg，芘-铬复合污染土壤由 10.46mg/kg 减少到 3.20mg/kg；而吸附态芘含量明显增加（$p<0.05$），芘单一污染和芘-铬复合污染分别由 57.20mg/kg 和 64.53mg/kg 增加到 61.70mg/kg 和 68.54mg/kg，结果表明生物炭同样也减小了芘的生物可利用性。种植水蜈蚣使土壤中可交换态（乙酸提取态）、有机结合态（可氧化态）铬含量增加，而残渣态含量和可还原态含量减少，说明种植水蜈蚣可有效地使土壤中的部分稳定态铬转化成生物有效态；种植水蜈蚣后，无论单一芘污染还是复合芘-铬污染土壤中微生物可利用态芘含量均显著降低，芘总量显著减少，分析是由于水蜈蚣的根系分泌物有效提高了芘的生物可利用性，且铬的共存并未影响芘降解菌的降解能力。生物炭和水蜈蚣联合作用的结果是生物炭起主要作用，减小了土壤中乙酸提取态铬的含量；而对于芘来说，生物炭和水蜈蚣两者联合作用降解效果明显，与单独种植水蜈蚣的处理组相比，生物炭的共存对吸附态和结合态芘的降解率没有明显影响，芘单一污染和芘-铬复合污染土壤中芘的降解率分别为 56.12%和 53.61%。

生物炭的孔隙能够储存水分和养分，因而生物炭可以成为土壤微生物生活的微环境。生物炭可以通过影响土壤中微生物的生长、发育、代谢以及群落分布，间接对土壤的肥力产生影响。生物炭对土壤微生物的影响是复杂多面的，作用机制目前尚无定论。目前的实验研究表明，施加生物炭能增加微生物群落，提高植物产量，同时增强植物对病害的抗性。王传花[207] 将两株芘降解菌和一株铬还原菌按照一定比例混合构建了土壤芘-铬复合污染修复菌群，并以菠萝皮生物炭和海藻酸钠为载体将混合菌群吸附包埋固定，考察了固定化混合菌群修复芘-Cr（Ⅵ）复合污染土壤的效果，并分析了固定化菌群对土壤土著微生物群落结构功能多样性的影响。固定化混合菌群相比空白对照显著提高了芘和 Cr（Ⅵ）的去除率。培养 28d，以生物炭为载体的包埋混合菌群处理组具有最高的芘和 Cr（Ⅵ）的去除率，分别为 82.32%和 55.64%，$CaCl_2$ 提取态 Cr（Ⅵ）的去除率也得到显著提高，为 88.89%～90.93%。培养 28d，固定化菌群小球能够显著提高土壤中脱氢酶以及 FDA

（二乙酸荧光素）水解酶的活性；能显著提高土壤微生物活性和对碳源的利用能力，多样性指数表明添加固定化混合菌群的土壤微生物群落功能多样性相对较丰富。生物炭对包埋在海藻酸钠中的菌群具有促进生长的作用，而未加生物炭的小球中活菌数量显著低于初始小球包埋菌数量。最后，通过进一步研究生物炭固定化菌群-水蜈蚣联合修复芘-铬污染土壤的效能，发现固定化菌群和水蜈蚣两者联合作用对芘的降解效果明显好于其单独作用（$p<0.05$），说明这种方式强化了植物和微生物对芘的降解。对 Cr（Ⅵ）的削减率也是两者联合作用显著高于对照组，只添加固定化菌群和两者联合作用的差异不显著（$p>0.05$），但是都明显高于水蜈蚣单独作用组，推测对铬的削减主要是铬还原菌的还原作用。固定化小球的添加对水蜈蚣生物量有一定的抑制作用；水蜈蚣茎中积累污染物的量小于根，整株水蜈蚣对芘的积累量小于铬；添加固定化菌群小球后水蜈蚣茎内铬的富集量由 3.47μg/g 升高至 8.70μg/g，根中的铬富集量却从 48.01μg/g 减少到 31.87μg/g；添加固定化小球对水蜈蚣体内芘的积累量没有显著影响（$p>0.05$）。固定化小球和水蜈蚣两者联合作用显著提高了土壤中脱氢酶活性和 FDA 水解酶活性；Biolog 生态板测试结果也表明水蜈蚣和固定化菌群联合作用提高了土壤中微生物活性，比单独作用时土壤微生物代谢能力强；固定化菌群和水蜈蚣在一定程度上可以提高土壤微生物的多样性，两者联合作用对提高土壤中优势降解菌的相对丰富度有非常明显的影响。

参考文献

[1] 熊璇，唐浩，黄沇发，等. 重金属污染土壤植物修复强化技术研究进展 [J]. 环境科学与技术，2012，35（S1）：185-193，208.

[2] Huang J W，Chen J，Berti W R，et al. Phytoremediation of Lead-Contaminated Soils：Role of Synthetic Chelates in Lead Phytoextraction [J]. Environmental Science & Technology，1997，31（3）：800-805.

[3] 吴龙华，骆永明，章海波. 有机络合强化植物修复的环境风险研究：Ⅰ. EDTA 对复合污染土壤中 TOC 和重金属动态变化的影响 [J]. 土壤，2001（04）：189-192.

[4] 吴龙华，骆永明. 铜污染土壤修复的有机调控研究：Ⅲ. EDTA 和低分子量有机酸的效应 [J]. 土壤学报，2002（05）：679-685.

[5] 骆永明. 强化植物修复的螯合诱导技术及其环境风险 [J]. 土壤，2000（02）：57-61，74.

[6] Blaylock M J，Salt D E，Dushenkov S，et al. Enhanced Accumulation of Pb in Indian Mustard by Soil-Applied Chelating Agents [J]. Environmental Science & Technology，1997，31（3）：860-865.

[7] 王静雯，伍钧，郑钦月，等. EDTA 对鱼腥草修复铅锌矿区重金属复合污染土壤的影响 [J]. 水土保持学报，2013，27（06）：62-66，72.

[8] Burckhard S R，Schwab A P，Banks M K. The Effects of Organic Acids on the Leaching of Heavy Metals from Mine Tailings [J]. Journal of Hazardous Materials，1995，41（2）：135-145.

[9] Wasay S A，Barrington S，Tokunaga S. Organic Acids for the In Situ Remediation of Soils Polluted by Heavy Metals：Soil Flushing in Columns [J]. Water，Air，and Soil Pollution，2001，127

(1): 301-314.
[10] 梁彦秋，潘伟，刘婷婷，等. 有机酸在修复 Cd 污染土壤中的作用研究 [J]. 环境科学与管理，2006 (08): 76-78.
[11] 稂涛，胡南，张辉，等. 博落回对不同化学形态铀的富集特征 [J]. 环境科学研究，2017，30 (08): 1238-1245.
[12] 刘泓，李秀珍. 不同添加剂对 Cd 污染土壤植物修复的试验研究 [J]. 工业安全与环保，2013，39 (05): 33-36.
[13] 邢艳帅. 有机酸诱导油菜对 Cd 污染土壤的修复研究 [D]. 新乡：河南师范大学，2014.
[14] Nascimento C W A D. Organic Acids Effects on Desorption of Heavy Metals from a Contaminated Soil [J]. Scientia Agricola, 2006, 63: 276-280.
[15] 温丽，傅大放. 没食子酸辅助溧阳苦菜对复合重金属污染土壤的修复 [J]. 中国环境科学，2008 (07): 651-655.
[16] 刘金，殷宪强，孙慧敏，等. EDDS 与 EDTA 强化苎麻修复镉铅污染土壤 [J]. 农业环境科学学报，2015，34 (07): 1293-1300.
[17] 郑淑云. 有机酸对土壤-植物系统中外源铅镉的化学行为及植物效应 [D]. 天津：天津理工大学，2007.
[18] 王洪，李海波，孙铁珩，等. PAHs 污染土壤生物修复强化技术研究进展 [J]. 安全与环境学报，2011，11 (01): 83-88.
[19] Sun Y, Xu Y, Zhou Q, et al. The Potential of Gibberellic Acid 3 (GA_3) and Tween-80 Induced Phytoremediation of Co-Contamination of Cd and Benzo [a] Pyrene (B [a] P) Using *Tagetes patula* [J]. Journal of Environmental Management, 2013, 114: 202-208.
[20] Di Gregorio S, Barbafieri M, Lampis S, et al. Combined Application of Triton X-100 and *Sinorhizobium* sp. Pb002 Inoculum for the Improvement of Lead Phytoextraction by *Brassica juncea* in EDTA Amended Soil [J]. Chemosphere, 2006, 63 (2): 293-299.
[21] Liu F, Zhang X, Liu X, et al. Alkyl Polyglucoside (APG) Amendment for Improving the Phytoremediation of Pb-PAH Contaminated Soil by the Aquatic plant *Scirpus triqueter* [J]. Soil and Sediment Contamination: An International Journal, 2013, 22 (8): 1013-1027.
[22] Ramamurthy A S, Memarian R. Phytoremediation of Mixed Soil Contaminants [J]. Water, Air, & Soil Pollution, 2012, 223 (2): 511-518.
[23] 周小勇，仇荣亮，胡鹏杰，等. 表面活性剂对长柔毛委陵菜 (*Potentilla griffithii* var. *velutina*) 修复重金属污染的促进作用 [J]. 生态学报，2009，29 (01): 283-290.
[24] 张晶，林先贵，李烜桢，等. 菇渣和鼠李糖脂联合强化苜蓿修复多环芳烃污染土壤 [J]. 环境科学，2010，31 (10): 2431-2438.
[25] Xia H, Chi X, Yan Z, et al. Enhancing Plant Uptake of Polychlorinated Biphenyls and Cadmium Using Tea Saponin [J]. Bioresource Technology, 2009, 100 (20): 4649-4653.
[26] 王吉秀，祖艳群，陈海燕，等. 表面活性剂对小花南芥 (*Arabis alpina* L. var. parviflora Franch) 累积铅锌的促进作用 [J]. 生态环境学报，2010，19 (08): 1923-1929.
[27] 刘华. 改良剂对锰矿土壤重金属形态及短毛蓼修复效率的影响 [D]. 桂林：广西师范大学，2014.
[28] 林晓燕，许闯，龚亚龙，等. 不同植物物种及其组合对铅锌尾矿库修复效果研究 [J]. 环境工程，2016，34 (S1): 983-987，949.
[29] 孙岩，吴启堂，许田芬，等. 土壤改良剂联合间套种技术修复重金属污染土壤：田间试验 [J]. 中国

环境科学，2014，34（08）：2049-2056.

[30] 王宇霞. 几种改良剂在重金属复合污染土壤修复中的作用研究 [D]. 乌鲁木齐：新疆大学，2015.

[31] 孙婷婷，徐磊，周静，等. 羟基磷灰石-植物联合修复对 Cu/Cd 污染植物根际土壤微生物群落的影响 [J]. 土壤，2016，48（05）：946-953.

[32] 武存喜. 粉煤灰对石油污染土壤修复的试验研究 [J]. 洁净煤技术，2015，21（04）：95-98.

[33] 邹富桢，龙新宪，余光伟，等. 混合改良剂钝化修复酸性多金属污染土壤的效应——基于重金属形态和植物有效性的评价 [J]. 农业环境科学学报，2017，36（09）：1787-1795.

[34] 崔红标，梁家妮，周静，等. 磷灰石和石灰联合巨菌草对重金属污染土壤的改良修复 [J]. 农业环境科学学报，2013，32（07）：1334-1340.

[35] 何冰，陈莉，李磊，等. 石灰和泥炭处理对超积累植物东南景天清除土壤重金属的影响 [J]. 安徽农业科学，2012，40（05）：2948-2951，2954.

[36] 张鹏，杨富淋，蓝莫茗，等. 广东大宝山多金属污染排土场耐性植物与改良剂稳定修复研究 [J]. 环境科学学报，2019，39（02）：545-552.

[37] 李磊，陈宏，潘家星，等. 改良剂对红蛋植物修复污染土壤重金属铅和镉效果的影响 [J]. 生态环境学报，2010，19（04）：822-825.

[38] 郭荣荣，黄凡，易晓媚，等. 混合无机改良剂对酸性多重金属污染土壤的改良效应 [J]. 农业环境科学学报，2015，34（04）：686-694.

[39] 蔡轩，龙新宪，种云霄，等. 无机-有机混合改良剂对酸性重金属复合污染土壤的修复效应 [J]. 环境科学学报，2015，35（12）：3991-4002.

[40] 孟桂元，周静，邬腊梅，等. 改良剂对苎麻修复镉、铅污染土壤的影响 [J]. 中国农学通报，2012，28（02）：273-277.

[41] 杜瑞英. 土壤改良剂和红麻联合修复对多金属污染土壤中微生物群落功能的影响 [J]. 生态与农村环境学报，2013，29（01）：70-75.

[42] 彭桂香，蔡婧，林初夏. 超积累植物和化学改良剂联合修复锌镉污染土壤后的微生物特征 [J]. 生态环境，2005（05）：654-657.

[43] 李正强，熊俊芬，马琼芳，等. 猪粪和石灰对铅锌尾矿土壤上光叶紫花苕生长的影响 [J]. 江西农业学报，2009，21（4）：122-124.

[44] 黄树焘，宋静，骆永明，等. 铜陵杨山冲尾矿库能源植物生产示范基地的特征化 [J]. 广西农业科学，2009，40（06）：691-695.

[45] Campbell L S，Davies B E. Experimental Investigation of Plant Uptake of Caesium from Soils Amended with Clinoptilolite and Calcium Carbonate [J]. Plant and Soil，1997，189（1）：65-74.

[46] 史建君，王寿祥，陈传群. 施用白垩和膨润土对降低作物吸收放射性锶和铈的有效性 [J]. 核农学报，2003（02）：127-132.

[47] Osmanlioglu A E. Natural Diatomite Process for Removal of Radioactivity from Liquid Waste [J]. Applied Radiation and Isotopes，2007，65（1）：17-20.

[48] 陈世宝，朱永官，陈保冬. 土壤改良剂对油菜富集 ^{238}U、^{226}Ra 及 ^{232}Th 的影响 [J]. 环境污染治理技术与设备，2006，7（11）：13-17.

[49] Wasserman M A，Bartoly F，Viana A G，et al. Soil to Plant Transfer of ^{137}Cs and ^{60}Co in Ferralsol，Nitisol and Acrisol [J]. Journal of Environmental Radioactivity，2008，99（3）：546-553.

[50] Tang S，Chen Z，Li H，et al. Uptake of ^{134}Cs in the Shoots of *Amaranthus tricolor* and *Amaranthus cruentus* [J]. Environmental Pollution，2003，125（3）：305-312.

[51] 周建民，党志，陈能场，等. 3-吲哚乙酸协同螯合剂强化植物提取重金属的研究［J］. 环境科学，2007，28（09）：2085-2088.

[52] Liu T，Liu S，Guan H，et al. Transcriptional Profiling of *Arabidopsis* seedlings in Response to Heavy Metal Lead （Pb）［J］. Environmental and Experimental Botany，2009，67（2）：377-386.

[53] 高会玲，刘金隆，郑青松，等. 外源油菜素内酯对镉胁迫下菊芋幼苗光合作用及镉富集的调控效应［J］. 生态学报，2013，33（06）：1935-1943.

[54] 廖爽. 螯合剂 EDDS 与生长调节剂对牛膝菊（*Galinsoga parviflora*）富集镉的影响［D］. 成都：四川农业大学，2016.

[55] Tassi E，Pouget J，Petruzzelli G，et al. The Effects of Exogenous Plant Growth Regulators in the Phytoextraction of Heavy Metals［J］. Chemosphere，2008，71（1）：66-73.

[56] 李萍，郭喜丰，徐莉莉，等. 细胞分裂素类物质对玉米幼苗镉吸收和转运的影响［J］. 水土保持学报，2011，25（01）：119-122.

[57] Ouzounidou G，Ilias I. Hormone-Induced Protection of Sunflower Photosynthetic Apparatus Against Copper Toxicity［J］. Biologia Plantarum，2005，49（2）：223.

[58] 王雷，何闪英，吴秋玲. GA_3 与 DA-6 促进黑麦草对土壤中 Cd 的提取及其机制［J］. 水土保持学报，2015，29（02）：220-225.

[59] 于彩莲. 生长调节剂强化龙葵修复镉污染土壤能力的研究［D］. 哈尔滨：哈尔滨理工大学，2011.

[60] 夏雪伟. 多效唑对两种大麻（*Cannabis sativa* L.）生长及镉吸收的影响［D］. 南京：南京农业大学，2012.

[61] 丁军露. 竹柳生长培育及对重金属污染土壤生态修复的相关技术研究［D］. 南京：东南大学，2015.

[62] 彭丹莉. 不同调控措施对毛竹生长以及吸收重金属的影响［D］. 杭州：浙江农林大学，2015.

[63] 魏树和，周启星，王新. 超积累植物龙葵及其对镉的富集特征［J］. 环境科学，2005（03）：167-171.

[64] 万云兵，仇荣亮，陈志良，等. 重金属污染土壤中提高植物提取修复功效的探讨［J］. 环境污染治理技术与设备，2002（04）：56-59.

[65] 熊礼明. 土壤溶液中镉的化学形态及化学平衡研究［J］. 环境科学学报，1993（02）：150-156.

[66] Lasat M M，Norvell W A，Kochian L V. Potential for Phytoextraction of ^{137}Cs from a Contaminated Soil［J］. Plant and Soil，1997，195（1）：99-106.

[67] 宋静，骆永明，乔显亮，等. 苏南典型水稻丰产方施肥与地表水浓度动态变化——以苏州市旺山村为例［J］. 土壤，2002（04）：210-214.

[68] Chaney L A，Rockhold R W，Wineman R W. Anticonvulsant-Resistant Seizures Following Pyridostigmine Bromide （PB） and N，*N*-Diethyl-*m*-Toluamide （DEET）［J］. Toxicological Sciences，1999，49（2）：306.

[69] Bennett F A，Tyler E K，Brooks R R，et al. Fertilisation of Hyperaccumulators to Enhance Their Potential for Phytoremediation and Phytomining［J］. 1998：249-259.

[70] Bennett J N，Lapthorne B M，Blevins L L，et al. Response of *Gaultheria shallon* and *Epilobium angustifolium* to Large Additions of Nitrogen and Phosphorus Fertilizer［J］. Canadian Journal of Forest Research，2004，34（2）：502-506.

[71] 衣纯真，付桂平，张福锁，等. 施用钾肥（KCl）的土壤对作物吸收累积镉的影响［J］. 中国农业大学学报，1996（05）：79-84.

[72] 陈同斌，范稚莲，雷梅，等. 磷对超富集植物蜈蚣草吸收砷的影响及其科学意义 [J]. 科学通报，2002 (15)：1156-1159.

[73] Eriksson J E. Effects of Nitrogen-Containing Fertilizers on Solubility and Plant Uptake of Cadmium [J]. Water, Air, and Soil Pollution, 1990, 49 (3): 355-368.

[74] 刘文菊，张西科，谭俊璞，等. 磷营养对苗期水稻地上部累积镉的影响 [J]. 河北农业大学学报，1998 (04)：28-32.

[75] Robinson B H, Brooks R R, Clothier B E. Soil Amendments Affecting Nickel and Cobalt Uptake by Berkheya coddii : Potential Use for Phytomining and Phytoremediation [J]. Annals of Botany, 1999, 84 (6): 689-694.

[76] Robinson B H, Brooks R R, Howes A W, et al. The Potential of the High-Biomass Nickel Hyperaccumulator *Berkheya coddii* for Phytoremediation and Phytomining [J]. Journal of Geochemical Exploration, 1997, 60 (2): 115-126.

[77] Luxmoore R J, O'neill E G, Ells J M, et al. Nutrient Uptake and Growth Responses of Virginia Pine to Elevated Atmospheric Carbon Dioxide1 [J]. Journal of Environmental Quality, 1986, 15: 244-251.

[78] 孙波，骆永明. 超积累植物吸收重金属机理的研究进展 [J]. 土壤，1999 (03)：2-8.

[79] Smolders E, Kiebooms L, Buysse J, et al. ^{137}Cs Uptake in Spring Wheat (*Triticum aestivum* L. cv Tonic) at Varying K Supply [J]. Plant and Soil, 1996, 181 (2): 205-209.

[80] Tang C, Hinsinger P, Drevon J J, et al. Phosphorus Deficiency Impairs Early Nodule Functioning and Enhances Protonrelease in Roots of *Medicago truncatula* L [J]. Annals of Botany, 2001, 88 (1): 131-138.

[81] 陈玉成. 表面活性剂对植物吸收土壤重金属的影响 [D]. 武汉：武汉大学，2005.

[82] 董姗燕. 表面活性剂与螯合剂强化植物修复镉污染土壤的研究 [D]. 重庆：西南农业大学，2003.

[83] 刘家女. 镉超积累花卉植物的识别及其化学强化 [D]. 沈阳：东北大学，2008.

[84] 石福贵，郝秀珍，周东美，等. 鼠李糖脂与 EDDS 强化黑麦草修复重金属复合污染土壤 [J]. 农业环境科学学报，2009，28 (09)：1818-1823.

[85] 冉文静，傅大放. 黑麦草修复模拟重金属污染土壤的化学强化及其潜在风险 [J]. 东南大学学报（自然科学版），2011，41 (04)：793-798.

[86] 陈婷茹. 烷基糖苷和氨三乙酸联合强化蕉草修复铅-芘复合污染土壤 [D]. 上海：上海大学，2016.

[87] Luo C, Shen Z, Lou L, et al. EDDS and EDTA-Enhanced Phytoextraction of Metals from Artificially Contaminated Soil and Residual Effects of Chelant Compounds [J]. Environmental Pollution, 2006, 144 (3): 862-871.

[88] Tandy S, Bossart K, Mueller R, et al. Extraction of Heavy Metals from Soils Using Biodegradable Chelating Agents [J]. Environmental Science & Technology, 2004, 38 (3): 937-944.

[89] 杜波. 络合剂强化金盏菊修复 Pb、Cd 复合污染土壤的研究 [D]. 西安：陕西科技大学，2016.

[90] 侯琪琪，景俏丽，董岁明，等. Gallic acid 与 DA-6 强化黑麦草修复复合重金属（Cd、Pb、Cu、Zn）污染土壤的研究 [J]. 应用化工，2018，47 (03)：425-428.

[91] Hadi F, Bano A, Fuller M P. The Improved Phytoextraction of Lead (Pb) and the Growth of Maize (Zeamays L.): the Role of Plant Growth Regulators (GA_3 and IAA) and EDTA Alone and in Combinations [J]. Chemosphere, 2010, 80 (4): 457-462.

[92] 吴秋玲，王文初，何闪英. GA_3 与 EDTA 强化黑麦草修复 Pb 污染土壤及其解毒机制 [J]. 应用生态

学报，2014，25（10）：2999-3005.

[93] 王艮梅，刘洋. 有机物料及表面活性剂对植物修复非污染土壤的影响［J］. 环境科学与管理，2007（11）：42-46.

[94] 钟继承. 农田土壤-植物系统重金属复合污染特征及 EDDS 诱导植物修复研究［D］. 重庆：西南农业大学，2004.

[95] Xiong T，Lu P. Joint Enhancement of Lead Accumulation in *Brassica* Plants by EDTA and Ammonium Sulfate in Sand Culture［J］. 环境科学学报（英文版），2002，14（2）：216-220.

[96] 卫泽斌，郭晓方，吴启堂，等. 植物套种及化学强化对重金属污染土壤的持续修复效果研究［J］. 环境科学，2014，35（11）：4305-4312.

[97] 王建旭，冯新斌，商立海，等. 添加硫代硫酸铵对植物修复汞污染土壤的影响［J］. 生态学杂志，2010，29（10）：1998-2002.

[98] Connor S E，Thomas I. Sediments as Archives of Industrialisation：Evidence of Atmospheric Pollution in Coastal Wetlands of Southern Sydney，Australia［J］. Water，Air，and Soil Pollution，2003，149（1）：189-210.

[99] 陈龙池，廖利平，汪思龙，等. 根系分泌物生态学研究［J］. 生态学杂志，2002（06）：57-62+ 28.

[100] 朱丽霞，章家恩，刘文高. 根系分泌物与根际微生物相互作用研究综述［J］. 生态环境，2003（01）：102-105.

[101] 胡小加，黄沁洁，张学江. 类黄酮促进根瘤菌侵染油菜根系的研究［J］. 土壤，1999（01）：44-46.

[102] Han C，Liu B，Zhong W. Effects of Transgenic Bt Rice on the Active Rhizospheric Methanogenic Archaeal Community as Revealed by DNA-Based Stable Isotope Probing［J］. Journal of Applied Microbiology，2018，125（4）：1094-1107.

[103] Kobayashi A，Kim M J，Kawazu K. Uptake and Exudation of Phenolic Compounds by Wheat and Antimicrobial Components of the Root Exudate［J］. Zeitschrift Für Naturforschung C，1996，51（7-8）：527-533.

[104] Zimmer D E，Pedersen M W，Mcguire C F. A Bioassay for Alfalfa Saponins Using the Fungus，*Trichoderma viride* Pers. ex Fr. 1［J］. Crop Science，1967，7（3）：223-224.

[105] Bahadur A，Singh J，Singh K P，et al. Effect of Organic Amendments and Biofertilizers on Growth，Yield and Quality Attributes of Chinese Cabbage（*Brassica pekinensis*）［J］. Indian J Agr Sci，2006，76（10）：596-598.

[106] Kapulnik Y，Phillips D A. Effect of Flavones on Nod Genes Expression and Improved Nodulation in Rhizobium Alfalfa Interaction［J］. Phytoparasitica，1987，15（2）：144.

[107] 廖继佩，林先贵，曹志洪，等. 丛枝菌根真菌与重金属的相互作用对玉米根际微生物数量和磷酸酶活性的影响［J］. 应用与环境生物学报，2002（04）：408-413.

[108] 沈宏，严小龙. 根分泌物研究现状及其在农业与环境领域的应用［J］. 农村生态环境，2000（03）：51-54.

[109] 陈文清，侯伶龙，刘琛，等. 根际微生物促进下鱼腥草对镉的富集作用［J］. 四川大学学报（工程科学版），2009，41（02）：120-124.

[110] 吴卿，高亚洁，李东梅，等. 紫花苜蓿对重金属污染河道底泥的修复能力研究［J］. 安徽农业科学，2011，39（28）：17376-17378.

[111] Whiting S N，Leake J R，Mcgrath S P，et al. Assessment of Zn Mobilization in the Rhizosphere of *Thlaspi Caerulescens* by Bioassay with Non-Accumulator Plants and Soil Extraction

[J]. Plant and Soil, 2001, 237(1): 147-156.

[112] Idris R, Trifonova R, Puschenreiter M, et al. Bacterial Communities Associated with Flowering Plants of the Ni Hyperaccumulator Thlaspi goesingense [J]. Applied & Environmental Microbiology, 2004, 70(5): 2667-2677.

[113] 江春玉，盛下放，何琳燕，等. 一株铅镉抗性菌株 WS34 的生物学特性及其对植物修复铅镉污染土壤的强化作用 [J]. 环境科学学报，2008(10)：1961-1968.

[114] 盛下放，白玉，夏娟娟，等. 镉抗性菌株的筛选及对番茄吸收镉的影响 [J]. 中国环境科学，2003(05)：20-22.

[115] 金忠民，沙伟，刘丽杰，等. 铅镉抗性菌株 JB11 强化植物对污染土壤中铅镉的吸收 [J]. 生态学报，2014，34(11)：2900-2906.

[116] 陈生涛，何琳燕，李娅，等. *Rhizobium* sp. W33 对不同植物吸收铜和根际分泌物的影响 [J]. 环境科学学报，2014，34(08)：2077-2084.

[117] Wu S C, Cheung K C, Luo Y M, et al. Effects of Inoculation of Plant Growth-Promoting Rhizobacteria on Metal Uptake by *Brassica juncea* [J]. Environmental Pollution, 2006, 140(1): 124-135.

[118] 朱生翠，曾晓希，汤建新，等. 毛霉 QS1 对贵州油菜修复镉污染土壤的强化作用 [J]. 湖北农业科学，2014，53(18)：4282-4285.

[119] Cao L, Jiang M, Zeng Z, et al. Trichoderma Atroviride F6 Improves Phytoextraction Efficiency of Mustard (*Brassica juncea* (L.) Coss. var. foliosa Bailey) in Cd, Ni Contaminated Soils [J]. Chemosphere, 2008, 71(9): 1769-1773.

[120] Idris E E, Iglesias D J, Talon M, et al. Tryptophan-Dependent Production of Indole-3-Acetic Acid (IAA) Affects Level of Plant Growth Promotion by Bacillus amyloliquefaciens FZB42 [J]. Molecular Plant-Microbe Interactions, 2007, 20(6): 619-626.

[121] Lodewyckx C, Taghavi S, Mergeay M, et al. The Effect of Recombinant Heavy Metal-Resistant Endophytic Bacteria on Heavy Metal Uptake by Their Host Plant [J]. International Journal of Phytoremediation, 2001, 3(2): 173-187.

[122] 刘莉华，刘淑杰，陈福明，等. 接种内生细菌对龙葵吸收积累镉的影响 [J]. 环境科学学报，2013，33(12)：3368-3375.

[123] 万勇. 内生细菌在重金属植物修复中的作用机理及应用研究 [D]. 长沙：湖南大学，2013.

[124] Sheng Xiafang, Xia Juanjuan, Jiang Chunyu, et al. Characterization of Heavy Metal-Resistant Endophytic Bacteria from Rape (*Brassica napus*) Roots and Their Potential in Promoting the Growth and Lead Accumulation of Rape [J]. Environmental Pollution, 2008, 156(3): 1164-1170.

[125] Babu A G, Kim J-D, Oh B-T. Enhancement of Heavy Metal Phytoremediation by *Alnus firma* with Endophytic *Bacillus thuringiensis* GDB-1 [J]. Journal of Hazardous Materials, 2013, 250-251: 477-483.

[126] 祖艳群，卢鑫，湛方栋，等. 丛枝菌根真菌在土壤重金属污染植物修复中的作用及机理研究进展 [J]. 植物生理学报，2015，51(10)：1538-1548.

[127] Vogel-Mikuš K, Pongrac P, Kump P, et al. Colonisation of a Zn, Cd and Pb Hyperaccumulator *Thlaspi praecox* Wulfen with Indigenous Arbuscular Mycorrhizal Fungal Mixture Induces Changes in Heavy Metal and Nutrient Uptake [J]. Environmental Pollution, 2006, 139(2):

362-371.

[128] Liu Y, Zhu Y G, Chen B D, et al. Influence of the Arbuscular Mycorrhizal Fungus *glomus mosseae* on Uptake of Arsenate by the As Hyperaccumulator Fern *Pteris vittata* L [J]. Mycorrhiza, 2005, 15(3): 187-192.

[129] 李芳，张俊伶，冯固，等. 两种外生菌根真菌对重金属 Zn、Cd 和 Pb 耐性的研究 [J]. 环境科学学报，2003(06): 807-812.

[130] 李亚男，王艺霏，王国英，等. 植物-AM 真菌联合修复排污河道复合污染沉积物 [J]. 太原理工大学学报，2017, 48(06): 912-918.

[131] Rufyikiri G, Huysmans L, Wannijn J, et al. Arbuscular Mycorrhizal Fungi Can Decrease the Uptake of Uranium by Subterranean Clover Grown at High Levels of Uranium in Soil [J]. Environmental Pollution, 2004, 130(3): 427-436.

[132] Chen B D, Zhu Y G, Smith F A. Effects of Arbuscular Mycorrhizal Inoculation on Uranium and Arsenic Accumulation by Chinese Brake Fern (*Pteris vittata* L.) from a Uranium Mining-Impacted Soil [J]. Chemosphere, 2006, 62(9): 1464-1473.

[133] 杨卓，王占利，李博文，等. 微生物对植物修复重金属污染土壤的促进效果 [J]. 应用生态学报，2009, 20(08): 2025-2031.

[134] 黄俊伟，闯绍闯，陈凯，等. 有机污染物的植物-微生物联合修复技术研究进展 [J]. 浙江大学学报（农业与生命科学版），2017, 43(06): 757-765.

[135] Huang X-D, El-Alawi Y, Gurska J, et al. A Multi-Process Phytoremediation System for Decontamination of Persistent Total Petroleum Hydrocarbons (TPHs) from Soils [J]. Microchemical Journal, 2005, 81(1): 139-147.

[136] Shrout J D, Struckhoff G C, Parkin G F, et al. Stimulation and Molecular Characterization of Bacterial Perchlorate Degradation by Plant-Produced Electron Donors [J]. Environmental Science & Technology, 2006, 40(1): 310-317.

[137] 周妍，滕应，姚伦芳，等. 植物-微生物联合对土壤不同粒径组分中 PAHs 的修复作用 [J]. 土壤，2015, 47(04): 711-718.

[138] Khan Z, Roman D, Kintz T, et al. Degradation, Phytoprotection and Phytoremediation of Phenanthrene by Endophyte Pseudomonas putida, PD1 [J]. Environmental Science & Technology, 2014, 48(20): 12221-12228.

[139] Lu Y-F, Lu M. Remediation of PAH-Contaminated Soil by the Combination of Tall Fescue, Arbuscular Mycorrhizal Fungus and Epigeic Earthworms [J]. Journal of Hazardous Materials, 2015, 285: 535-541.

[140] Hernández-Ortega H A, Alarcón A, Ferrera-Cerrato R, et al. Arbuscular Mycorrhizal Fungi on Growth, Nutrient Status, and Total Antioxidant Activity of *Melilotus albus* During Phytoremediation of a Diesel-Contaminated Substrate [J]. Journal of Environmental Management, 2012, 95: S319-S324.

[141] 林璀，尤民生. 植物-微生物联合修复毒死蜱污染的土壤 [J]. 华东昆虫学报，2009, 18(02): 81-87.

[142] Benoit V A, Jong Moon Y, Schnoor J L. Biodegradation of Nitro-Substituted Explosives 2, 4, 6-Trinitrotoluene, Hexahydro-1, 3, 5-Trinitro-1, 3, 5-Triazine, and Octahydro-1, 3, 5, 7-Tetranitro-1, 3, 5-Tetrazocine by a Phytosymbiotic *Methylobacterium* sp. Associated with Poplar Tis-

sues (*Populus deltoides* x nigra DN34) [J] . Appl Environ Microbiol, 2004, 70 (1): 508-517.

[143] Sandmann E R I C, Loos M A. Enumeration of 2, 4-D-Degrading Microorganisms in Soils and Crop Plant Rhizospheres Using Indicator Media; High Populations Associated with Sugarcane (*Saccharum officinarum*) [J] . Chemosphere, 1984, 13 (9): 1073-1084.

[144] 姚伦芳，滕应，刘方，等. 多环芳烃污染土壤的微生物-紫花苜蓿联合修复效应 [J] . 生态环境学报，2014，23 (05)：890-896.

[145] 邓振山，王阿芝，孙志宏，等. 利用植物-根际菌协同作用修复石油污染土壤 [J] . 西北大学学报 (自然科学版)，2014，44 (02)：241-247.

[146] Leigh M B, Fletcher J S, Fu X, et al. Root Turnover: An Important Source of Microbial Substrates in Rhizosphere Remediation of Recalcitrant Contaminants [J] . Environmental Science & Technology, 2002, 36 (7): 1579-1583.

[147] 戴青松，韩锡荣，黄浩，等. 根际微生物对土壤有机物修复现状和发展 [J] . 环境科技，2014，27 (01)：71-74.

[148] Sarand I, Nurmiaho-Lassila E L, Koivula T, et al. Microbial Biofilms and Catabolic Plasmid Harbouring Degradative Fluorescent Pseudomonads in *Scots pine* Mycorrhizospheres Developed on Petroleum Contaminated Soil [J] . Fems Microbiology Ecology, 1998, 27 (2): 115-126.

[149] Liu S L, Luo Y M, Cao Z H, et al. Degradation of Benzo [a] Pyrene in Soil with Arbuscular Mycorrhizal Alfalfa [J] . Environmental Geochemistry and Health, 2004, 26 (2): 285-293.

[150] Xun F F, Xie B M, Liu S H, et al. Effect of Plant Growth-Promoting Bacteria (PGPR) and Arbuscular Mycorrhizal Fungi (AMF) Inoculation on Oats in Saline-Alkali Soil Contaminated by Petroleum to Enhance Phytoremediation [J] . Environmental Science & Pollution Research, 2015, 22 (1): 598-608.

[151] Lu Y, Lu M, Peng F, et al. Remediation of Polychlorinated Biphenyl-Contaminated Soil by Using a Combination of Ryegrass, Arbuscular Mycorrhizal Fungi and Earthworms [J] . Chemosphere, 2014, 106: 44-50.

[152] 耿春女，李培军，韩桂云，等. 生物修复的新方法——菌根根际生物修复 [J] . 环境污染治理技术与设备，2001 (05)：20-26.

[153] Ning D, Wang H, Ding C, et al. Novel Evidence of Cytochrome P450-Catalyzed Oxidation of Phenanthrene in *Phanerochaete chrysosporium* Under Ligninolytic Conditions [J] . Biodegradation, 2010, 21 (6): 889-901.

[154] Thijs S, Van Dillewijn P, Sillen W, et al. Exploring the Rhizospheric and Endophytic Bacterial Communities of *Acer pseudoplatanus* Growing on a TNT-Contaminated Soil: Towards the Development of a Rhizocompetent TNT-Detoxifying Plant Growth Promoting Consortium [J] . Plant and Soil, 2014, 385 (1): 15-36.

[155] Zhang X, Chen L, Liu X, et al. Synergic Degradation of Diesel by *Scirpus triqueter* and Its Endophytic Bacteria [J] . Environmental Science and Pollution Research, 2014, 21 (13): 8198-8205.

[156] 赵媛媛，张万坤，马慧，等. 降解菌 ZQ_5 与紫茉莉对芘污染土壤的联合修复 [J] . 环境工程学报，2013，7 (07)：2752-2756.

[157] Lin X, Li X, Li P, et al. Evaluation of Plant-Microorganism Synergy for the Remediation of Diesel Fuel Contaminated Soil [J]. Bulletin of Environmental Contamination and Toxicology, 2008, 81 (1): 19-24.

[158] Cao L, Wang Q, Zhang J, et al. Construction of a Stable Genetically Engineered Rhamnolipid-Producing Microorganism for Remediation of Pyrene-Contaminated Soil [J]. World Journal of Microbiology and Biotechnology, 2012, 28 (9): 2783-2790.

[159] 刘自力，王红旗，孔德康，等. 不同植物-微生物联合修复体系下石油烃的降解 [J]. 环境工程学报，2018，12 (01)：190-197.

[160] 顾平，周启星，王鑫，等. 一株土著 B [a] P 降解菌的筛选及降解特性研究 [J]. 农业环境科学学报，2018，37 (05)：926-932.

[161] 何诗琳，谢方文. 豆类植物接种微生物对土壤 DEHP 的降解效果研究 [J]. 环境与发展，2018，30 (05)：120-121.

[162] 陈丽华，孙万虹，李海玲，等. 石油降解菌对石油烃中不同组分的降解及演化特征研究 [J]. 环境科学学报，2016，36 (01)：124-133.

[163] 刘鑫，黄兴如，张晓霞，等. 高浓度多环芳烃污染土壤的微生物-植物联合修复技术研究 [J]. 南京农业大学学报，2017，40 (04)：632-640.

[164] 陈苏，陈宁，晁雷，等. 土霉素、镉复合污染土壤的植物-微生物联合修复实验研究 [J]. 生态环境学报，2015，24 (09)：1554-1559.

[165] 史鼎鼎，梁小迪，徐少慧，等. EDTA 与耐性细菌对黑麦草吸收复合污染红壤中铅镉的影响 [J]. 农业环境科学学报，2018，37 (08)：1634-1641.

[166] 杨雪艳，蒋代华，史进纳，等. “双耐”细菌-香根草对铅镉复合污染土壤的修复机理 [J]. 应用与环境生物学报，2016，22 (05)：884-890.

[167] 张珣，陈宝楠，孙丽娜. 植物-微生物联合修复佳乐麝香与镉复合污染土壤的研究 [J]. 沈阳农业大学学报，2016，47 (02)：166-172.

[168] Grossman J M, O'Neill B E, Tsai S M, et al. Amazonian Anthrosols Support Similar Microbial Communities that Differ Distinctly from Those Extant in Adjacent, Unmodified Soils of the Same Mineralogy [J]. Microbial Ecology, 2010, 60 (1): 192-205.

[169] Marris E. Black is the New Green [J]. Nature, 2006, 442 (7103): 624-626.

[170] Chan K Y, Van Zwieten L, Meszaros I, et al. Agronomic Values of Greenwaste Biochar as a Soil Amendment [J]. Soil Research, 2007, 45 (8): 629-634.

[171] Cao X, Harris W. Properties of Dairy-Manure-Derived Biochar Pertinent to Its Potential Use in Remediation [J]. Bioresource Technology, 2010, 101 (14): 5222-5228.

[172] Lehmann J, Pereira Da Silva J, Steiner C, et al. Nutrient Availability and Leaching in an Archaeological Anthrosol and a Ferralsol of the Central Amazon Basin: Fertilizer, Manure and Charcoal Amendments [J]. Plant and Soil, 2003, 249 (2): 343-357.

[173] Schmidt M W I, Noack A G. Black Carbon in Soils and Sediments: Analysis, Distribution, Implications, and Current Challenges [J]. Global Biogeochemical Cycles, 2000, 14 (3): 777-793.

[174] Gaskin J W, Steiner C, Harris K, et al. Effect of Low-Temperature Pyrolysis Conditions on Biochar for Agricultural Use [J]. Transactions of the Asabe, 2008, 51 (6): 2061-2069.

[175] 张伟明. 生物炭的理化性质及其在作物生产上的应用 [D]. 沈阳：沈阳农业大学，2012.

[176] Yip K, Tian F, Hayashi J-I, et al. Effect of Alkali and Alkaline Earth Metallic Species on Biochar Reactivity and Syngas Compositions during Steam Gasification [J]. Energy & Fuels, 2010, 24(1): 173-181.

[177] 高敬尧，王宏燕，许毛毛，等. 生物炭施入对农田土壤及作物生长影响的研究进展 [J]. 江苏农业科学，2016，44(10)：10-15.

[178] Major J, Rondon M, Molina D, et al. Maize Yield and Nutrition During 4 Years After Biochar Application to a Colombian Savanna Oxisol [J]. Plant and Soil, 2010, 333(1): 117-128.

[179] Uzoma K C, Inoue M, Andry H, et al. Effect of Cow Manure Biochar on Maize Productivity Under Sandy Soil Condition [J]. Soil Use and Management, 2011, 27(2): 205-212.

[180] Rondon M A, Lehmann J, Ramírez J, et al. Biological Nitrogen Fixation by Common Beans (*Phaseolus vulgaris* L.) Increases with Bio-Char Additions [J]. Biology and Fertility of Soils, 2007, 43(6): 699-708.

[181] 张伟明，孟军，王嘉宇，等. 生物炭对水稻根系形态与生理特性及产量的影响 [J]. 作物学报，2013，39(08)：1445-1451.

[182] 勾芒芒，屈忠义. 土壤中施用生物炭对番茄根系特征及产量的影响 [J]. 生态环境学报，2013，22(08)：1348-1352.

[183] 黄超，刘丽君，章明奎. 生物质炭对红壤性质和黑麦草生长的影响 [J]. 浙江大学学报(农业与生命科学版)，2011，37(04)：439-445.

[184] Asai H, Samson B K, Stephan H M, et al. Biochar Amendment Techniques for Upland Rice Production in Northern Laos: 1. Soil Physical Properties, Leaf SPAD and Grain Yield [J]. Field Crops Research, 2009, 111(1): 81-84.

[185] 何绪生，张树清，佘雕，等. 生物炭对土壤肥料的作用及未来研究 [J]. 中国农学通报，2011，27(15)：16-25.

[186] 马莉，侯振安，吕宁，等. 生物碳对小麦生长和氮素平衡的影响 [J]. 新疆农业科学，2012，49(04)：589-594.

[187] 曲晶晶，郑金伟，郑聚锋，等. 小麦秸秆生物质炭对水稻产量及晚稻氮素利用率的影响 [J]. 生态与农村环境学报，2012，28(03)：288-293.

[188] 张晗芝，黄云，刘钢，等. 生物炭对玉米苗期生长、养分吸收及土壤化学性状的影响 [J]. 生态环境学报，2010，19(11)：2713-2717.

[189] 张万杰，李志芳，张庆忠，等. 生物质炭和氮肥配施对菠菜产量和硝酸盐含量的影响 [J]. 农业环境科学学报，2011，30(10)：1946-1952.

[190] 张野，何铁光，何永群，等. 农业废弃物资源化利用现状概述 [J]. 农业研究与应用，2014(03)：64-67，72.

[191] Samadi M T, Rahman A R, Zarrabi M, et al. Adsorption of Chromium (Ⅵ) from Aqueous Solution by Sugar Beet Bagasse-Based Activated Charcoal [J]. Environmental Technology, 2009, 30(10): 1023-1029.

[192] Uchimiya M, Lima I M, Thomas K K, et al. Immobilization of Heavy Metal Ions (CuⅡ, CdⅡ, NiⅡ, and PbⅡ) by Broiler Litter-Derived Biochars in Water and Soil [J]. J Agric Food Chem, 2010, 58(9): 5538-5544.

[193] 李衍亮，黄玉芬，魏岚，等. 施用生物炭对重金属污染农田土壤改良及玉米生长的影响 [J]. 农业环境科学学报，2017，36(11)：2233-2239.

[194] Almaroai Y A, Usman A R A, Ahmad M, et al. Effects of Biochar, Cow Bone, and Eggshell on Pb Availability to Maize in Contaminated Soil Irrigated with Saline Water [J]. Environmental Earth Sciences, 2014, 71(3): 1289-1296.

[195] Bian R, Chen D, Liu X, et al. Biochar Soil Amendment as a Solution to Prevent Cd-Tainted Rice from China: Results from a Cross-Site Field Experiment [J]. Ecological Engineering, 2013, 58: 378-383.

[196] 吴继阳，郑凯琪，杨婷婷，等. 污泥生物炭对土壤中 Pb 和 Cd 的生物有效性的影响 [J]. 环境工程学报，2017，11(10)：5757-5763.

[197] 王晓维，徐健程，孙丹平，等. 生物炭对铜胁迫下红壤地油菜苗期叶绿素和保护性酶活性的影响 [J]. 农业环境科学学报，2016，35(04)：640-646.

[198] 董双快，朱新萍，梁胜君，等. 添加生物炭对苏丹草修复 Cd、Pb 污染土壤的影响 [J]. 新疆农业大学学报，2016，39(03)：233-238.

[199] 周金波，汪峰，金树权，等. 不同材料生物炭对镉污染土壤修复和青菜镉吸收的影响 [J]. 浙江农业科学，2017，58(09)：1559-1560，1564.

[200] 毕丽君，侯艳伟，池海峰，等. 生物炭输入对碳酸钙调控油菜生长及重金属富集的影响 [J]. 环境化学，2014，33(08)：1334-1341.

[201] 金睿，刘可星，艾绍英，等. 生物炭复配调理剂对镉污染土壤性状和小白菜镉吸收及其生理特性的影响 [J]. 南方农业学报，2016，47(09)：1480-1487.

[202] 陈璇，郭雄飞，陈桂葵，等. 生物炭和猪粪肥对铜污染土壤中蕹菜生长及铜形态的影响 [J]. 农业环境科学学报，2016，35(05)：913-918.

[203] 刘阿梅，向言词，田代科，等. 生物炭对植物生长发育及重金属镉污染吸收的影响 [J]. 水土保持学报，2013，27(05)：193-198，204.

[204] Basta N T, Mcgowen S L. Evaluation of Chemical Immobilization Treatments for Reducing Heavy Metal Transport in a Smelter-Contaminated Soil [J]. Environmental Pollution, 2004, 127(1): 73-82.

[205] 黄庆，刘忠珍，黄玉芬，等. 生物炭+石灰混合改良剂对稻田土壤 pH、有效镉和糙米镉的影响 [J]. 广东农业科学，2017，44(09)：63-68.

[206] 朱文英，唐景春. 小麦秸秆生物炭对石油烃污染土壤的修复作用 [J]. 农业资源与环境学报，2014，31(03)：259-264.

[207] 王传花. 固定化菌群联合水蜈蚣修复芘-铬复合污染土壤实验研究 [D]. 上海：上海大学，2016.

第五章

污染土壤植物修复技术拓展及研究前沿

由前几章可知，植物修复土壤污染主要通过氧化还原和其他作用使污染物得以降解失去毒性，是植物和根际圈微生物共同作用去除土壤中无机和有机污染物的技术。植物修复的过程包括对污染物的吸收、清除、原位固定和分解转化，植物修复的主要方式有植物萃取技术、植物固化技术、根际圈生物修复技术、植物转化技术等（见图 5-1）。

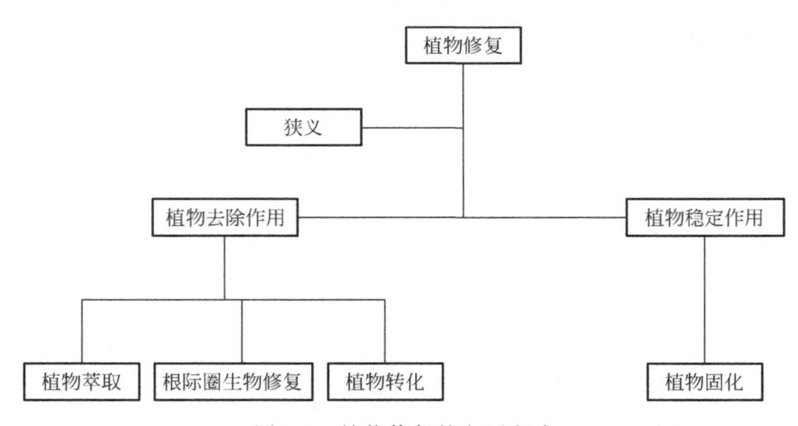

图 5-1　植物修复的主要方式

植物修复作为一项技术也有它的局限性，主要表现在以下几方面。①植物修复针对特定污染物，对于多种重金属污染、多种有机物污染以及有机-无机复合污染的修复，植物修复难以满足要求。②植物根系通常集中在土壤表层，植物根系无法到达的土壤范围以及植物生长状况不好的土层，修复难以奏效。③植物修复受土壤理化性质和各地区气候季节等环境因素的影响，难以在世界范围内不同地区应用。④植物生长周期较长，相比于常规的修复，植物修复需要更长的修复时间，无法满足快速修复污染土壤的需求。⑤具有修复效果的植物多数为野生植物，野生植物种子小且落粒性强，不利于大面积播种；目前发现的超富集植物大多数比较矮小，生物量较低，生长速率慢，根系不发达，修复效果有限。⑥缺乏有效筛选修复植物的方法，对筛选出的修复植物的生长习性了解不足。⑦植物修复后，需要及时处理植物，不然植物死亡，污染物会重新进入土壤中，再次引起污染；对于收割之后的植物，后续处理不当也会造成污染。除了以上不利因素外，植物修复技术还有许多亟待解决的问题：①植物（也包括一些微生物）难以吸收的重金属的活化和次生污染的问题；②提取植物如何处理能够经济并且安全的问题；③从小试到中试，再到实用型处理系统的放大过程中的规章制度与条例的制定问题；④修复技术开发时间的确定和修复费用标准的问题等。

尽管植物修复有其局限性，但是由于其所具备的优点，使得从事环境研究的工作者们仍然投入大量的物力和财力去对其进行研究和应用。基于植物修复的局限性，近些年人们采取了各种办法对植物修复进行强化，比如借助化学、微生物学、基因工程等手段对其修复效果进行强化，试图解决或是改善植物修复的局限性。本章将讨论基因工程技术在植物修复中的研究（耐性基因等）、芯片技术在植物修复中的研究、蛋白质组学技术在植物修复中的研究以及代谢组学技术在植物修复中的研究。

第一节　基因工程技术在植物修复中的研究

一、概述

基因工程是指按照人为创造的蓝图，将某特定的基因，通过载体或其他手段送入受体细胞，再通过一系列复杂的生物学过程（类似工程操作）定向改造受体生物，使特定基因在受体细胞中增殖并表达的一种遗传学操作技术。用基因工程的方法，可以不受物种亲缘关系的限制而将一个外源基因导入受体细胞，经过基因重组、增殖并得到表达，产生新的基因产物[1]。基因工程技术应用于环境保护起始于20世纪80年代，利用基因工程技术所构建的工程菌及开发的超积累植物对污染环境的生物修复有着重大意义。其基本原理是通过基因分离和基因重组技术，将人们需要的目的基因片段转移到受体细胞中并表达，使受体生物具有该目的基因表达显现的特殊性状，从而达到治理污染的目的。例如找到特定污染的抗性基因，转基因后来获得其他抗性植株及筛选可转化污染物的植物或开发超积累植物，进行污染土壤的生物修复。

20世纪80年代以来，表达真核cDNA、细菌毒素和病毒抗原基因等，为人类获取大量医用价值的多肽蛋白开辟了新途径。近些年，随着分子生物学技术的进步和污染修复分子机理研究的深入，发现植物修复效果与一些特殊基因的表达有关，于是研究者们试图通过基因工程技术强化植物修复效果。大量的研究表明，基因工程在植物修复技术中应用是可行的，并且由于其高效、易于控制等优点引起了人们广泛关注。如地中海藻（*Posidonia oceanica*）在暴露于铜或镉的环境条件下成功分离出编码类似金属硫蛋白的基因[2]；柳属植物中存在共同的抵抗铬胁迫的操纵基因，而且能够增强植物对病毒侵害的抵抗能力，并能减缓植物细胞凋亡的速度；Keulen等在30mg/L As胁迫17d的矮向日葵中发现控制几丁质酶的基因表达水平明显提高，促进了植物对As的吸收[3]。

二、基因工程技术在重金属植物修复中的研究

（一）植物基因工程技术修复土壤重金属污染的原理

耐金属的种群和超积累植物通常出现在富含重金属的地区，但是由于它们个体小且生物量很少，这些植物不一定是植物修复所需要的理想植物。用于植物修复的植物要求：生物量高，积累量高，生长快速，根系发达；植物同时能耐受和富集土壤中多种重金属；植物容易种植和收获，方便处理。随着分子生物学技术的发展，可运用基因工程手段来改进一些生长速率快、生物量高，但是对重金属耐受性和富集能力差的植物，使其对重金属具有高的耐受性和富集能力。利用基因工程技术提高植物修复能力主要从以下两个方面进行[4]：一是通过提高修复植物的生物量来促进对重金属的吸收，通过基因工程将野生超积累植物的重金属富集基因转到现有的具有高生物量的植物或作物中[5]，与传统育种方法相比，可获得繁殖速度更快和生物量更大的修复植物；二是通过降低重金属对植物的毒性进行植物修复，一些金属离子可在植物体内通过形态的转化降低其本身的毒性[6]。

基因工程技术已成为国内外植物修复研究的热点，其中植物超富集和耐受重金属的分子生物学机制已有不少报道，一些功能基因也相继在细菌、真菌、植物和动物中被发现、分离和鉴定（见表5-1）[7-31]。植物对重金属的解毒和忍耐机制主要包括：①根际微生物限制金属离子的移动[32]；②被根部细胞壁和分泌物束缚[33]；③减少跨细胞质膜的输入；④从胞质向质外体主动输出；⑤在胞质内被各类的配基螯合；⑥金属离子或其螯合物向液泡内运输和累积；⑦热激蛋白或金属硫蛋白对胁迫损伤蛋白的修复和对细胞质膜的保护；⑧化学转化与挥发，如As（As^{5+}到As^{3+}）、Hg（Hg^{2+}到Hg^{0}）、Cr（Cr^{6+}到Cr^{3+}）等。然而，人们对植物吸收排斥重金属的抗性机制的专一性基础还了解甚少，一般认为主要与植物体内转运蛋白对重金属离子的特殊亲和力和选择性有关，其中涉及的各种植物生化内容很大程度上依赖于植物及金属种类。对于重金属超富集植物，重金属在土壤中的生物可利用率、根的吸收、木质部运输以及茎叶部的区室化都是植物富集重金属所必需的，其中金属阳离子跨膜运载蛋白的高水平表达发挥了重要作用。金属阳离子跨膜运载蛋白可能决定性地参与了重金属在根部的吸收、木质部的载与卸以及液泡的区室化，特别是在叶片的表皮细胞、表皮毛及气孔保卫细胞[33]。另外有机酸、氨基酸、植物络合素和金属硫蛋白等金属离子螯合剂对重金属离子的螯合作用能够缓冲胞质金属离子浓度，增加其溶解性，从而不同程度地提高了植物对重金属的抗性及其在植物体内的运输效率和各部位的有效分配。

表5-1　部分从细菌、真菌、植物和动物中已克隆鉴定的重金属抗性或富集基因

基因	来源	产品	主要作用	参考文献
gshI	*Escherichia coli*	γ-Glu-Cys合成酶	Cd(蓄积)	Murate and Kimura(1982)[10]
ArsC	*E. coli*	砷酸还原酶	As^{5+}还原为As^{3+}	Dhankher, et al(2002)[11]
CzcD	革兰氏阴性菌	Cation1转运蛋白	Co/Zn/Cd(耐受)	Nies(1992)[12]

续表

基因	来源	产品	主要作用	参考文献
MntA	*Lactobacillus plantarum*	Mn/Cd 转运蛋白	Mn/Cd 吸收（升高）	Hao, et al(1999)[13]
ZitB	*E. coli*	Zn 转运蛋白	Zn(耐受)	Grass, et al(2001)[14]
MerA	革兰氏阴性菌	Hg(Ⅱ)还原酶	Hg(耐受)	Wang, et al(1989)[15]
CUP1	*Saccharomyces cerevisiae*	金属硫蛋白基因	Cd/Cu(耐受)	Jeyaprakash, et al(1991)[16]
Zrt1	*S. cerevisiae*	Zn 转运蛋白	Zn 吸收(升高) Cd 吸收(升高)	Zhao, et al(1996)[17]; Games, et al(2002)[18]
Zrc1	*S. cerevisiae*	Zn 转运蛋白	Zn(蓄积)	Li and Kaplan(1998)[19]
Zhf	*Schizosaccharomyes pambe*	Zn/Co/Cd/Ni 转运蛋白	Zn/Co(耐受) Cd/Ni(蓄积)	Clemens, et al(2002)[20]
APSI	*Arabidopsis thaliana*	ATP 硫化酶	Se(积累)	Leustek, et al(1994)[21]
ZATI	*A. thaliana*	Zn 转运蛋白	Zn(耐受)	Van and Zaal, et al(1999)[22]
IRTI	*A. thaliana*	Fe 转运蛋白	Fe/Zn/Mn/Cd(吸收)	Eide, et al(1996)[23]; Korshunova, et al(1999)[24]; Rogers, et al(2000)[25]
AtDTXI	*A. thaliana*	MATE 相关外排蛋白	有毒化合物/镉（解毒）	Li, et al(2002)[26]
CdII9	*A. thaliana*	金属结合蛋白	Cd(耐受)	Suzuki, et al(2002)[27]
ZNTI	*Thlaspi caerulesens*	Zn 转运蛋白	Zn(吸收)	Pence, et al(2000)[8]
TgMTPI	*T. geoesingense*	TgMTP1t1p TgMTP1t2p	Cd/Co/Zn(耐受) Ni(耐受)	Persans, et al(2001)[9] Persans, et al(2001)[9]
PvSR2	*Proteus vulgaris*	重金属胁迫相关蛋白	Cd(耐受)	Zhang, et al(2001)[28]
TaPCSI	Wheat	螯合酶基因	Cd(耐受和积累)	Clemens, et al(1999)[7]
NtCBP4	*Nicotiana* tabacum	阳离子通道	Ni(耐受);Pb(积累)	Arizi, et al(1999)[29]
MT-I	Mouse	金属硫蛋白基因	Cd(耐受)	Brzezinski, et al(1987)[30]
ZnTI	Rat	Zn 转运蛋白	Zn(耐受)	Palmiter and Findley(1995)[31]

（二）基因工程技术在植物修复中的应用

通过从细胞和分子水平上获取对植物抵抗或富集重金属相关机理的研究，运用基因工程技术从不同的角度或途径在提高植物对重金属的抗性和富集量上进行了尝试，并取得了很大的进展。基因工程技术在植物修复中的应用可通过减少胞质内毒性金属离子浓度，以及提高根际金属的生物利用率提高植物修复效率。

1. 基因工程技术在植物提取修复中的应用

植物提取技术利用重金属富集植物从土壤中吸收重金属，待植物收获后再进行处理。

据报道，目前已发现了400多种天然超富集植物。识别出对重金属耐性强或富集性高的生物，通过生物化学、分子生物学等方法鉴别出控制这些性状的基因，然后将这些基因按设计方案定向连接起来，并使其在特定的受体细胞中与载体一起得到复制与表达，使受体细胞获得新的遗传特性，从而提高修复潜能。表5-2介绍了一些转基因植物在土壤重金属植物提取修复技术中的应用。

表5-2 转基因植物在植物提取修复技术中的应用

基因	来源	目标植物	表达效果
MT2	人类	烟草	Cd的耐受性增加[34]
MT1	老鼠	烟草	耐受200μmol/L $CdCl_2$[35]
CUP1	酵母	烟草	富集2～3倍Cu[36]
gshⅡ	大米	印度芥菜	总Cd浓度提高3倍[37]
gshⅠ	大肠杆菌	白杨	Cd、Cr及Cu高积累[37]
TaPCS1	小麦	烟草	Pb及Cd高耐受性[38]
AtPCS1	拟南芥	拟南芥	Cd及Zn超敏感[39]
AtATM3	拟南芥	印度芥菜	Cd、Pb抗性[39]
GR	大肠杆菌	印度芥菜	Cd耐受性增加[40]
APS	拟南芥	印度芥菜	富集2～3倍Se[41]
ArsC and gshⅠ	大肠杆菌	拟南芥	累积2～3倍As[42]
ArsC	大肠杆菌	烟草	累积1.3～1.5倍Cd[42]
NCBP4	烟草	烟草	Ni耐受性提高[42]
NCBP4	烟草	烟草	增加Pb耐受性[43]
AtCAX2	拟南芥	烟草	累计超过15%～20%[44]
ZAT1	拟南芥	拟南芥	根部累积2倍Zn[45]
ZntA	大肠杆菌	拟南芥	生长旺盛[46]
YCF1	酵母	拟南芥	Pb及Cd耐受[47]
CSase	印度芥菜	大米和烟草	Cd耐受[48]
Nt CBP4	烟草	烟草	Ni、Pb耐受[49]
FRE1和FRE2	酵母	烟草	增加铁容量[50]
GSTs	烟草	拟南芥	Al、Cu、Na耐受[51]
Ferretin	大豆	大米	铁积累[52]
Se-cyslyase	老鼠	拟南芥	Se耐受和积累[53]
Ta PCS	小麦	烟草	Pb积累[54]
ACR2	拟南芥	印度芥菜	As耐受[55]

（1）金属硫蛋白　金属硫蛋白（MT）是富含半胱氨酸的低分子量蛋白，是普遍存在

于自然界的一类基因（是原核、真核生物以及病毒DNA和RNA分子中具有遗传效应的核苷酸序列，是遗传的基本单位）编码（包含密码的、编排在密码中的或通过密码表达的，特别用于DNA和RNA的密码）的富含半胱氨酸的低分子肽，对金属（如Cd、Cu和Zn）具有高亲和力。金属硫蛋白通过半胱氨酸残基上的巯基与重金属结合形成无毒或低毒的螯合物，从而降低或清除重金属的毒害。合成金属螯合剂基因的高效表达取决于螯合剂的类型以及结合定域的位置，从而影响金属的摄取、迁移以及截留。例如，过量表达（将一个基因中信息转化成含有该信息的产物，对细胞中的基因表达的激活）金属硫蛋白（MT）及转MT突变体中aa可以显著提高植物对Cd、Cu等重金属的耐受性[56]。转MT突变体中aa烟草可在含300μmol/L Cd的基质中正常生长，过量表达哺乳动物MT的烟草可以在100～200μmol/L Cd浓度下正常生长；而对照野生烟草在10μmol/L Cd浓度下生长即受到严重抑制[56,57]。Thomas等[57]研究发现，酵母基因（CUP1）能够促进烟草对Cu的吸收，CUP1转化株在较老植株中能够比年轻植株聚集高达7倍的Cu。当种植在Cu污染土壤中时，相比对照条件，转基因植物在叶子部位能够积聚2～3倍的Cu。

（2）植络素（植物螯合肽）　植络素（PC）是一种小的富含半胱氨酸的金属螯合缩氨酸（5～23个氨基酸），对多种金属具有清除和解毒作用，通过巯基与金属离子螯合形成无毒化合物，减少细胞内游离的金属离子，从而减轻金属对植物的毒害。Gisbert等[54]通过土壤细菌调节转化，将植物螯合酶编码的小麦基因（TaPCS1）在粉蓝烟草中表达，能够显著增加其对Pb和Cd的耐受性。当在金属污染的土壤中生长到6周后，这种转基因植物能够积累较高的Pb浓度（地上部分增加50%，根部增加85%）。Cherian等[58]将拟南芥PC合成酶（AtPCS1）表达在转基因植物拟南芥中，转基因植物相对于野生型，PC产量增加，3d时间在85μmol/L $CdCl_2$压力下，增加1.3～2.1倍。转基因幼苗相对于未修饰的植物，根系发达，生物量大，叶子较绿，并且该植物（未修饰）在不同地区广泛存在，生长速率快，因此在植物修复中具有一定的应用前景。

（3）谷胱甘肽酶　在植物中的谷胱甘肽酶，一般称为γ-谷氨酰半胱氨酸合成酶（γ-glutamylcysteine，γ-ECS），可以参与合成大量的谷胱甘肽（GSH）和植物螯合肽（PC），对重金属脱毒起到非常重要的作用，例如谷胱甘肽酶的巯基可与As^{3+}结合而减轻其毒性。将两种谷胱甘肽合成酶，即γ-ECS以及谷胱甘肽合成酶GS（glutathionesynthetase）基因在印度芥菜（Indianmustard）中过表达，显示出对Cd具有较强的耐受性和积累作用。除了对Cd的耐受性增加以外，γ-ECS还能够促进硫的吸收，使得植株总硫量增加，当γ-ECS基因在白杨中表达时，也得到相似的结果。Bennett等研究者[59]利用转基因印度芥菜植株，表达γ-ECS、GS和三磷酸腺苷硫化酶（APS），用来比较评估对于混合污染物的植物修复潜力。相对于野生型，表达γ-ECS和GS的转基因植株显示出较高的累积浓度，Cd（+50%），Zn（+45%）。同时γ-ECS转基因植物对于其他金属的累积也具有较高的水平，分别为Cr（+170%），Cu（+140%），Pb（+200%）。相对于野生型植物，APS、γ-ECS和GS转基因植物在植物叶部位分别累积4.3倍、2.8倍和2.3倍的Se。Cherian等[58]通过从大肠杆菌（*E.coli*）导入两种基因［砷酸盐还原酶ArsC（arsenate reductase）以及γ-ECS］到植物拟南芥中去除土壤中的污染物As。当生长在As污染的土壤中时，相对于野生型以及仅仅由γ-ECS或ArsC单独表达的转基因植物，过表达两种基因的转基因植物能够在新鲜植株中累积4～17倍的As，在每克组织中，累积As高达2～3倍。这些研究表明，谷胱甘肽酶的基因表达可以促进植物提取混合重金属，从而可以应用于修复受不同金属污染的土壤。

(4) 金属转运子　金属和碱离子通过植物等离子膜以及细胞器膜的运输对于植物生长以及对有毒金属的植物修复来说非常重要。转运子可使潜在的有毒离子穿过细胞膜，在植物中具有非常重要的作用。通过修改金属转运子（例如CAX2、ZAT、NtCBP4、FRE1及FRE2），金属的耐受性和累积性在一些植物种类中得到显著提高。Zn转运蛋白是一类可以转运Zn^{2+}、Cu^{2+}和Cd^{2+}等金属离子的跨膜蛋白。植物缺Zn时可以诱导编码该蛋白的基因在根部表达，而因基因突变使得该蛋白不能合成时，植物表现出Zn缺乏症，表明此类蛋白与Zn^{2+}等离子的吸收有直接关系[60]。Vander Zaal[48] 等将菥蓂属植物（*Thlaspi goesingense*）的Zn转运蛋白基因ZAT导入拟南芥中表达，结果转基因植株根中Zn的累积量较野生种提高了2倍。Hirschi等[44] 将从拟南芥获得的钙液泡转运子CAX2在烟草中表达，使得烟草对Ca、Cd和Mn的耐受性提高。但是，液泡转运子AtMHX在烟草中表达时，并没有发现烟草对Mg和Zn的累积增加。NtCBP4是从烟草中得到的一种金属转运子，编码一个植物钙调素（calmodulin），当其过表达时，增加对Ni的耐受性，但抑制了Ni的累积，促进了Pb的累积，但是降低了对Pb的耐受性。这是对于植物蛋白参与金属摄取，通过等离子体膜调节植物耐受性并且增加Pb的累积作用的首次报道。由Fe还原酶（FRE1、FRE2）编码的酵母基因在烟草中的表达，使烟草植株地上部的Fe含量增加1.5倍。

(5) 离子还原酶　多种重金属能被细菌代谢使其毒性降低或成为无毒状态。革兰氏阴性菌对汞的抗性是由一个包括5～6个基因的操纵子编码的，其中一个基因（merA）对应的蛋白产物是汞离子还原酶。merA是可溶的，依赖于还原型辅酶Ⅱ（NADPH），NADPH包含二硫化物氧化还原酶（FAD），该酶能将毒性较高的Hg^{2+}转化为毒性较小的金属汞（Hg^0）。merA基因也能提高酿酒酵母（*Saccharomyces cerevisiae*）对Hg^{2+}的忍耐性。这些研究表明，如果merA基因能在植物中表达，则可能提高植物对重金属的忍耐性。但无论使用多么高效的植物表达系统，来自细菌Tn21的merA基因都无法在植物中表达，全长的merA基因的mRNA或其编码的蛋白质没有被检测出来。细菌merA基因的最初一段序列富含CpG二核苷酸并且有较强的偏斜密码子表达，这两点对在转录之后的甲基化和剪切是不利的，所以对植物的高效表达起抑制作用。因此，Rugh等[61] 对merA基因的序列进行了诱变处理，更改9%该基因的编码区，并把诱变后的基因（merApe9）转入到*Arabidopsis thaliana*中。尽管转基因植物表达merA基因的mRNA水平很低，但它的种子能在含100μmol/L Hg^{2+}的培养基上发芽并长成幼苗。和对照相比，转基因植物的抗汞能力提高了2～3倍，对Au^{3+}也有一定的抗性。Rugh等[62] 给出了一个很好的例子：成功更改细菌的金属耐受性基因并使其在植物体中表达。近年来，Rugh等[62] 报道发展转基因的北美鹅掌楸进行汞污染土壤的植物修复，更改merA基因甚至更进一步优化密码子在植物体中的使用，结果表明转基因植物转换Hg^{2+}为Hg^0的总量是对照植物的10倍。到目前为止，野外试验还没有证实这一系统。然而，这却是基因工程可以提高植物修复重金属污染土壤能力的最初的报道。

（6）铁离子还原酶　由于土壤主要含有不可溶的氧化态或氢氧化态的Fe（Ⅲ），所以长期以来植物形成了将不可溶的铁转化为易于吸收的可溶性铁的机制。通过激活ATP酶驱动的质子泵，大量的质子被泵到土壤中，这提高了Fe（Ⅲ）的溶解性，并通过质膜的还原酶将Fe（Ⅲ）转化为Fe（Ⅱ），在铁缺乏的情况下Fe（Ⅲ）的还原酶能被激活。编码铁螯合还原酶的FRO2基因已经从*A. thaliana*中克隆出来，它属于能将电子转运过质膜的黄细胞色素蛋白家族。FRO2由膜内亚铁结合血红素位点、胞质结合供给电子的NADPH和转运电子的FAD位点组成。FRO2基因能使*A. thaliana*突变体的铁螯合还原酶活性恢复，对于缺乏Cu螯合还原酶的突变体，它也能将其活性恢复。FRE1和FRE2两种Fe（Ⅲ）还原酶基因已经从*S. cerevisiae*中得到并分离、纯化，它们的基因也被克隆出来。Samuelsen等[50]将这两种基因共同地和分别地引入到番茄中，并研究了在含铁和缺铁两种情况下番茄中Fe（Ⅲ）还原酶活性变化和铁积累情况。在缺铁情况下，引入FRE2和FRE2＋FRE1的番茄与对照和引入FRE1的相比，对铁的忍耐性和叶片中的铁含量明显增加。在含铁正常情况下，引入FRE1＋FRE2的番茄根部对Fe（Ⅲ）还原能力比对照增加了4倍；引入FRE2和FRE1＋FRE2的番茄叶中铁的含量比引入FRE1和对照的番茄高出许多。

（7）1-氨基环丙烷-1-羧酸脱氨酶　Grichko等[63]将细菌中的1-氨基环丙烷-1-羧酸（ACC）脱氨酶基因引入到番茄后，分别在启动子35S（来源于花椰菜同源嵌合体病毒）、rolD（来源于*Agrobacterium rhizogenes*）和PRB-1b（来源于番茄）的控制下，番茄具有了对Cd、Co、Cu、Ni、Pb和Zn的耐性，并分别不同程度地促进了这些重金属在植物组织中的积累；尤其是在PRB-1b启动子控制下，与对照相比，对Cd和Cu的富集能力分别提高了5倍、3倍，在叶中浓度分别达到35mg/kg、53mg/kg（以湿重计）。ACC脱氨酶能将ACC转变为α-丁酮酸盐和氨，抑制体内乙烯合成，而乙烯能促进植物早熟[64]。ACC脱氨酶基因的表达能促进植物的持续生长，从而提高对重金属的吸收量。在某些情况下，ACC脱氨酶能提高重金属在茎、叶中的比例。

2. 基因工程技术在植物挥发中的应用

植物挥发常用于提取可挥发性的元素（例如Hg和Se），使这些金属从污泥或者土壤中，以无毒的气体形式通过蒸腾作用到达大气中。转基因植物已经开始尝试用于修复这些金属污染。

（1）Hg的耐受性和挥发　Hg是一种污染物质，由于自然过程和人类活动，能够在大气、水和土壤中循环。目前，利用植物修复去除Hg的方式主要有以下两种。

第一种方式，是从能够脱汞的细菌中得到基因，再编码到植物中，从而不仅能够增加对Hg的抗性，而且还可以增加其挥发能力。Heaton等[65]将细菌有机汞裂解酶（merB）和汞还原酶（merA）基因修饰到拟南芥和烟草植物中，从土壤中吸收Hg（Ⅱ）和甲基汞（MeHg），汞最终以气态［Hg（0）］形式从叶表进入到大气中。转基因植物拟南芥，表达merB基因，能够显著增加对甲基汞的耐受性，并且可将甲基汞转化为离子汞，后者的毒性是前者的1/100。另外，当merA和merB转基因植物生长在浓度为25μmol/L的甲基汞溶液中时，每1g新鲜生物量每天挥发14.4～85.0μg的Hg（0）。

第二种方式，是利用含有硫的无毒溶液，将Hg累积在高产植物（无基因转变）土壤中。通过在含有1g/kg $(NH_4)_2S_2O_3$ 的溶液中，调查植物Hg的累积量和挥发量，发现 $(NH_4)_2S_2O_3$ 的添加使得印度芥菜植株和根部的Hg浓度比对照增加了6倍。但是，相对于添加 $(NH_4)_2S_2O_3$ 的处理，汞在对照植物（定期浇水）中的挥发速率明显较高。

（2）Se的耐受性和挥发 Se是环境中的主要污染物，环境中只要Se含量高于限值就会产生毒性效应。Se的挥发涉及无机硒同化为硒代胱氨酸（SeCys）和硒代蛋氨酸（Se-Met）。CGS基因在云薹属植物中的表达，能够促进Se的挥发。CGS转基因幼苗对Se具有较高的耐受性。CGS基因的表达为植物修复提供了一种具有前景的方法，可以低毒性可挥发二甲基硒化物的形式从污染场地中去除Se。

植物挥发的优势在于能够从污染场地中去除污染物质，不需要处置植物。但是，也存在一定的风险，那就是植物产生的挥发性物质的安全性。风险评估报告表明，植物修复中产生硒和汞的挥发物对环境没有明显的危害。用于提高植物挥发能力的工程植物和它们的性能见表5-3。

表5-3 转基因植物在植物挥发修复技术中的应用

基因	来源	目标植物	表达效果
merApe9	突变merA	黄杨	汞的挥发量提高
merA	细菌	烟草	耐受500mg/kgHg(Ⅱ)
merB	细菌	拟南芥	1mg新鲜生物量挥发59pgHg(0)
merB	细菌	拟南芥	挥发Hg(0)的速率763ng/(min·g)
merA9 merA18	修饰的merA	杨木	40mg/kg的Hg(Ⅱ)污染土壤中，生物量较高
SMT	*Abisulcatus*	印度芥菜	当供给硒酸盐时，挥发量增加2.5倍

3. 基因工程技术在植物降解修复中的应用

植物降解修复是指通过植物分泌的酶或与其相关的微生物的生物代谢过程，尤其是对有机污染物（例如氯乙酰胺、TNT、TCE、阿特拉津等），能够化学降解为无毒的物质，或矿化为 CO_2 和 H_2O 分子，或者部分转化为稳定的中间物质储存在植物中的一种修复方式。应用于植物降解的一些很重要的酶，有过氧化物酶、漆酶、磷酸酯酶、硝化还原酶和脱卤素酶等。转基因植物工程用于提高植物降解效率，在不同有机污染物条件下的表现在表5-4中列出。对于有机污染物氯乙酰胺和TNT等，已经获得对其有降解能力的转基因植物。为了增加工程植物对TNT的耐受性，能够使TNT降低为污染性低的化合物的两种细菌酶（PETN还原酶和硝化还原酶）基因，在烟草植物中得到表达，结果表明Onr和nfsI两种基因在结构启动子的控制下，对TNT的耐受性提高。

哺乳动物细胞色素P450 2E1能够促进植物降解修复，这种细胞色素能够氧化非常大范围的化合物，包括TCE和二溴乙烷（EDB）。表达人体P450 2E1的转基因烟草可以增加对TCE和EDB的代谢。另外，谷胱甘肽合成酶（γ-ECS和GS）的表达，不但能够增加对重金属的耐受性，还可以增加对某些有机污染物（例如阿特拉津、异丙甲草胺和菲）的耐受性。Flocco等[66] 将γ-ECS和GS基因表达到芥菜型油菜中，结果表明能够增加对阿特拉津的耐受性（50mg/L 和 100mg/L）。当在 100mg/L 的阿特拉津状态下，野生型的幼苗根被抑制 50%，而 γ-ECS 和 GS 转基因植物仅仅被抑制 20%～30%。与野生型植物对照，转基因植物显示出对 CDNB（1-氯-2,4-二硝基苯）具有较高的耐受性（分别在 5mg/L 和 10mg/L 下测试）。

所有的研究表明，具有较高酶活性的工程植物参与限速步骤，可能对于提高有机污染物的植物降解效率具有重要的作用。尽管有机污染物在植物中的代谢已经有很多研究，但是转基因植物修复技术的优势以及潜在风险，仍然还有很多工作需要做。

表 5-4 转基因植物在植物降解修复技术中的应用

基因	来源	目标植物	有机污染物	表达效果
Onr	PETN 还原酶	烟草	GTN(硝化甘油)	促进硝化甘油脱毒
nfsI	硝基还原酶	烟草	TNT	使 TNT 脱毒
gshI	γ-ECS	白杨	氯乙酰氨	提高对除草剂的耐受性
P450CYP1A1	老鼠单加氧酶	马铃薯	阿特拉津、绿麦隆	代谢除草剂到无毒的形式

除上述应用较多的转基因技术以外，体细胞融合杂交技术也是一种可以用于强化植物修复的基因技术。Dushenkov 等[67] 利用对称和非对称的体细胞融合杂交技术，将生物产量很大的印度芥菜和镉锌超富集植物遏蓝菜的体细胞原生质体融合，产生了具有较强重金属耐性与富集性以及高产量的杂交品种。这表明，该技术可以用生物量小的超富集植物和相近种属的高生物量植物杂交，以创造高生物量、具有超富集特性的新变种，用于植物修复。

（三）植物基因工程技术治理重金属污染的基本战略

1. 修复价值基因的筛选

能够吸收、积累和忍耐重金属的微生物种类很多，有的已经成功地应用到植物修复中。但是从细菌中克隆基因并将其引入到植物中是比较复杂的，这是因为细菌的忍耐性通常由一个大的质粒控制，质粒中又包含一个由许多基因构成的操纵子。在实际操作中，克隆这些基因往往比较困难，超积累植物是提供有修复价值的基因的一个重要来源，但前提是必须详细了解这些植物的超积累原理和对控制基因的鉴别。

表 5-5 列举了一些重金属超积累植物，这些植物能提供丰富的基因资源。

表 5-5 一些重金属超积累植物

重金属	超积累植物	浓度(以干物质计)/(μg/g)
Cu	高山甘薯	12300(茎)
Cd	天蓝遏蓝菜	1800(茎)
Pb	圆叶遏蓝菜	8200(茎)
Zn	天蓝遏蓝菜	51600(茎)
Mn	粗脉叶澳坚	51800(茎)

续表

重金属	超积累植物	浓度(以干物质计)/(μg/g)
Co	*Haumaniastrum robertii*	10200(茎)
Ni	菊科 *Berkheya coddi*	7880(地上部)
Re	*Dicranopteris dichotoma*	3000(地上部)

2. 基本方法

首先识别出对重金属耐性强或积累高的生物，通过生物化学、分子生物学等方法鉴别出控制这些性状的基因；然后将这些基因按设计方案定向连接起来，并使其在特定的受体细胞中与载体一起得到复制与表达，使受体细胞获得新的遗传特性；最后要将转基因植物进行田间试验，确定它是否可达到目的（图 5-2）。

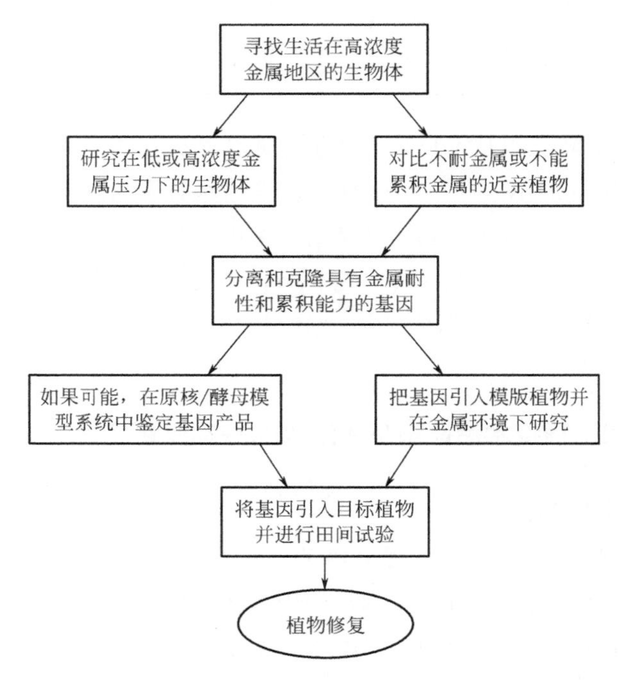

图 5-2　基因工程设计耐受、积累金属的植物的一般策略

三、基因工程技术在有机污染植物修复中的应用

基因工程技术在重金属植物修复中已经进行了大量的研究，并取得了一定的成果，但是基因工程技术在有机污染物植物修复中的研究却很少，这可能是与有机污染物的植物修复与重金属的植物修复在修复机理上存在较大差别有关。重金属的植物修复主要是植物对重金属的超积累，而有机污染物的植物修复主要是依靠植物根际微生物对其进行降解，所以研究者们在研究有机污染物的植物修复时，更多的是关注植物与根际微生物的相互作用，而对转基因植物研究甚少。但是基因工程技术在有机污染物植物修复中具有可行性，主要有以下 2 个方面原因：①构建降解有机污染物的基因工程菌，经过筛选，将其接种到

植物根际土壤，可促进有机物的降解；②虽然有机物的降解主要是依靠植物根际微生物的作用，但是植物对有机物也有一定的吸收作用，而且利用基因工程技术提高植物对有机物的耐受力，对有机污染物的植物修复有极大帮助。表 5-6 是基因工程在植物修复有机污染物中的部分应用实例。

表 5-6 基因工程在植物修复有机污染物中的部分应用实例

基因	来源	污染物	研究者及时间
细胞色素 CYP1A1,CYP2B6,CYP2C19	人	阿特拉津、异丙甲草胺，并对多种杀虫剂产生抗性	Kawahigashi et al,2006[68]
细胞色素 CYP2B22,CYP2C49	野猪	多种除草剂	Kawahigashi et al,2005[69]
锰过氧化氢酶	杂色革盖草	五氯苯酚	Limura et al,2002[70]
硝基还原酶	大肠杆菌	三硝基甲苯	Kurumata et al,2005[71]
过氧化物酶	番茄	苯酚	Eapen et al,2007[72]

（一）基因工程菌降解石油类污染物的应用

石油烃降解菌普遍存在，在天然土壤中石油降解菌一般只占细菌总数的 0.13%～0.50%，而且对污染物的降解速率慢，处理效率低。Murygina 等[73] 的试验表明，在对油污土壤进行一段时间的降解后，系统中微生物活性开始下降，数量逐渐减少，试验证明投加一些适宜石油污染土壤中污染物降解的且与土著微生物有很好相容性的高效菌，在一定程度上会增加微生物的活性。但是对于日益增多的大量人工合成化合物，加入高效降解菌就显得有些不足。采用基因工程技术，从土壤中筛选出对烃类有强降解力的微生物进行培养驯化或基因接种，定向地构建出高效降解工程菌就具有了重要的实际意义。

迄今为止，已发现自然界所含的降解性质粒多达 30 余种。利用这些降解性质粒并通过基因操作过程已研究出多种降解难降解化合物的工程菌。基因工程菌可把多种降解基因转到同一微生物中，可更有效地降解多种污染物。张小凡和小柳津广志[74] 将非降解菌 *Sphingomonas* sp. PY3 的总 DNA 用限制性内切酶处理，经与质粒 DNA 接种后，转化到大肠杆菌 JM109 中，构建成转基因工程菌 JM109-PY3，利用该菌进行模拟生物修复实验，实验结果表明芳香化合物菲明显减少。以上实例说明，利用基因工程技术构建的基因工程菌，对油污土壤中的 PAHs 等危害性大的难降解有机污染物有极强的降解能力。

（二）转基因植物降解石油烃类污染物的应用

在石油烃类污染物的环境中，某些植物（如杨树）即使能修复多种污染物，仍然会有不能或不能完全降解的污染物。还有些个体小的植物虽然有很高的吸收效率，但是由于生物量太小，也限制了它们在环境修复中的应用。在这种环境中能实现成功修复的植物必须具备特殊的多种生理生化功能：对石油烃类污染物有强的耐受能力、高的吸收能力和降解效率；易于栽种，生物量大，生长繁殖不破坏生态环境。然而，在自然界找到合适的修复植物几乎是不可能的。

当一些具有修复功能的外源特异基因被引入植物中时，会产生出具有特殊生理生化功能的转基因植物，这种植物或者获得转化特定有机污染物的能力，或者生物修复能力会大大增强。进一步的研究表明，转基因植物特别有利于对持久性有机污染物的吸收、转化和降解。随着多基因转化技术的逐渐成熟，一些学者通过不同的方法获得了多基因转化植物。Campbell 等[75] 通过构建多基因植物表达载体获得了多基因转化植物的方法。Siminszky 等[76] 同时转入大豆 CYP71A10 和细胞色素 P450 还原酶基因，使烟草对苯脲型除草剂降解能力提高 20%～30%。这项技术的发展水平表明，能够通过转基因的方式获得对多种污染物有降解能力的修复植物，并也可能将降解同一污染物的代谢途径中的多个基因同时转入植物，以使其能够完全降解这种有机污染物。

在考虑应用转基因植物对石油烃类污染物进行修复时，首先要筛选有净化能力的植物，很多植物本身就有吸收和转化特定有机污染物的能力。如 Pradhan 等[77] 发现苜蓿和柳枝稷 6 个月能使油污土壤中的总 PAHs（多环芳香烃）浓度减少 57%。杨树在人工控制的现场实验中能够去除湿地中的三氯乙烯。特别是蚕豆（*Vicia faba*）根际周围的 *Cellulomonas flavigena* 可吸收大量的脂肪族和芳香族碳氢化合物。其次需要考虑植物对有机污染物的耐受能力。越来越多的实验表明通过转基因能够提高植物对特定有机污染物的抗性。Wang 等[78] 在拟南芥中过量表达棉花分泌型漆酶后增强了植物对酚类化合物的抗性。转基因拟南芥的根在含有酚酸类物质的培养基上生长快。利用转基因植物修复石油污染土壤的过程中，可以发挥高效降解菌或基因工程菌与转基因植物修复的协同作用。

（三）过量表达 HRPC 拟南芥对苯酚和三氯苯酚的植物修复

酚类化合物是造成环境污染的原因之一，主要来自炼油、炼焦、造纸、合成氨、化工废水等。酚、氯酚等属于高毒有机污染物，是一种细胞原浆毒素，其毒性表现在侵害人体的细胞原浆，与细胞原浆中蛋白质发生化学反应，形成变性蛋白质，使细胞失去活性，引起脊髓刺激，导致全身中毒。啮齿类的动物长期暴露在 2,4,6-三氯苯酚（TCP）的环境中就会发生癌变[79]。酚类由于对环境的危害性，已被我国生态环境部和美国环境保护局列入优先控制污染物名单[80]。

辣根过氧化物酶（HRP）能够以过氧化氢为电子受体，转移催化酚类的过氧化反应，目前已有利用 HRP 体外降解苯酚、邻苯二酚[81]、五氯酚[82] 的报道。陈晨[83] 根据网上公布的 HRPC 序列设计引物，采用基于 PCR 的两步 PTDS 方法（PCR-based two-step DNA synthesis PTDS)[84] 合成了辣根过氧化物酶同工酶 C（HRPC）基因，该技术经济、简便、快速、可靠。合成的 HRPC 基因的氨基酸序列与网上公布的 HRPC 基因的完全一致，证明成功合成了该基因。为了进一步分析 HRPC 在植物体内的功能，构建了农杆菌双元载体，并通过蘸花法转化拟南芥，获得了过量表达 HRPC 基因的拟南芥植株。对转基因植株的分子水平分析及生理指标的测定分析表明 HRPC 基因的高表达使拟南芥植株抵耐酚类胁迫能力得到了增强。同时 HPLC（高效液相色谱法）分析结果表明，高表达 HRPC 基因能够提高拟南芥植株吸收降解酚类污染物的能力。

四、基因工程在植物修复应用中存在的问题

基因工程技术用于强化植物修复也存在一定的安全问题。例如，基因构造植物用于植

物修复时，这种植物本身可能会对环境或其他生物带来一定风险，包括：外源基因向近源植物或微生物的转移，基因产物对环境或目标生物的负面效应，引起害虫产生抗性，以及其他一些长期的生态学效应[85]。因此，在基因构造植物用于植物修复之前，必须进行转基因植物安全性评价。同时必须禁止粮食作物选为重金属超富集体，以及避免含有大量重金属的转基因植物被动物取食，进入人类食物链。

第二节　芯片技术在植物修复中的研究

一、概述

生物芯片（biochip）是利用微加工技术和微电子技术在固态芯片表面构建的微生化分析系统。自1998年美国宣布正式启动基因芯片项目以来，生物芯片技术的理论研究和实际应用在国内外都得到了迅速的发展，成为人们获取相关信息的重要手段之一。生物芯片技术是生命科学研究中继基因克隆技术、基因自动测序技术和PCR技术之后的又一革命性技术突破，它在生物学、医学、食品、环境科学等领域有着非常广阔的应用前景。分析物本质上是一系列排列在晶片表面晶格中的可寻址识别分子，反应在相同条件下进行。反应结果通过同位素法、化学发光法或酶标法显示，再通过精密的扫描仪或CCD相机技术记录，通过计算机软件分析，形成可读信息，实现对细胞、蛋白质、DNA等生物成分的准确、快速、海量信息的检测。生物芯片技术可用于生命科学研究中对样品制备、化学反应、定性定量检测等不连续分析过程进行小型化、连续化处理，节省空间，加快速度，实现生物分析系统芯片。这些分析过程中的某个步骤或几个步骤可以集成到一个芯片中，得到具有特殊功能的芯片，即生物芯片实验室。用这些生物芯片制成的生化分析仪器具有许多优点：分析过程自动化，生产成本低，防止污染，分析速度可达数万次，所需药物和样品的数量可减少99.0%～99.9%，加工能力极高，仪器体积小，质量轻，携带方便。该基因芯片利用核酸杂交测序原理，在载体表面建立可寻址的高密度DNA分子微阵列，并对标记样本核酸序列进行补充和匹配，对生物未知基因分子进行测序和大规模并行检测。也就是说，将大量基因“探针”按照特定的排列固定在芯片制备材料的固相介质中（如硅片、玻片、塑料片、凝胶或尼龙膜），形成DNA微基质。通过PCR/RT-PCR扩增、体外转录、分子杂交等方法，将目标DNA/RNA标记为荧光物质或荧光物质底物酶，然后与芯片上的探针杂交，使荧光可以通过特定的扫描装置进行扫描。扫描仪得到杂交结果，经过计算机软件的综合分析，最终得到大量的基因序列及其表达信息，如杂交信号在待测样品中的强度和分布规律。

二、生物芯片的种类

根据探针分子、研究对象和制造工艺的不同，生物芯片可分为以下几类。

1. 基因芯片

基因芯片又称DNA芯片和DNA微阵列，是最基本、最成熟的生物芯片技术，也是第一个进入应用和商业化领域的技术。基因芯片是基于核酸互补杂交的原理开发的，意味着将大量探针分子固定在固相支持体上，然后与标记的样品分子杂交，通过监测和分析杂交信号，获得样品分子的数量和序列信息。功能基因芯片根据基因芯片中使用的基因探针的不同类型，可以分为 cDNA 微阵列和寡核苷酸微阵列。根据不同的应用领域，基因芯片可称为专用芯片，如病毒检测芯片、表达谱芯片、指纹芯片、诊断芯片、测序芯片、毒性学芯片等。

2. 蛋白质芯片

蛋白质芯片，也称为蛋白质微阵列，是指通过在特定培养基载体上定期固定大量蛋白质并利用蛋白质和蛋白质、酶和底物、蛋白质和其他小分子之间的相互作用来监测和分析蛋白质的技术。蛋白质芯片的工作方式与基因芯片类似。蛋白质芯片比基因芯片更复杂，因为蛋白质在固相支持体表面比 DNA 更难合成，位于固体表面的蛋白质往往会改变空间构象。蛋白质是基因表达的最终产物，它们能够比基因芯片更好地反映生命的本质，因此其具有更广泛的应用前景。

3. 组织芯片

组织芯片，也称为组织微阵列，是根据预设计或研究需要通过在固相载体上排列数百个不同个体的组织样品而形成的组织微阵列。它可以作为基因芯片技术的延伸。组织芯片最大的便利性在于可以同时对大量的组织样本进行测试，只需要一个实验过程即可完成数十次或数百次的常见实验。相同的实验操作，可缩短测试时间，减少不同组织之间制作的不同染色载玻片或活检标本之间的人为差异，与生物分子的测定更具可比性。目前，组织芯片已广泛应用于肿瘤研究、病原体检测、药物筛选、新药毒理学和形态学教学。

4. 细胞芯片

细胞芯片又称细胞微阵列，是以活细胞为研究对象的一种生物芯片，实际上是一种高通量逆转录基因转染技术，一般指充分运用纤维技术或纳米技术，利用一系列几何学、力学、电磁学等原理，在芯片上完成对细胞的捕获、固定、平衡、运输、刺激及培养的精确控制，并通过化学分析方法的小型化，实现对细胞样品的高通量、多参数、原位连续信号检测和细胞成分的理化分析等研究目的。目前，已经开发出具有集成芯片的微流控芯片、微电极芯片、细胞免疫芯片等微电池芯片等。

5. 糖芯片

糖芯片又称糖微阵列，是糖基因组学研究的新工具。根据芯片上糖的特点，糖芯片可分为单糖芯片、寡糖芯片、多糖芯片和复合糖芯片。糖芯片可同时分析空前数量多糖-蛋白质相互作用，可用于功能糖基因组学研究、药物筛选、抗体结合特异性分析、细胞黏附检测、酶测定及药物糖组学等方面的研究。

6. 微流路芯片

微流路芯片采用芯片上的半导体加工技术和微电子技术构建微流系统（由液体存储池、微反应室、微通道、微电极、微电路中的一种或多种组合而成），加载生物样品和反应液后，在压力泵和电动微流的作用下，在芯片上进行连续或多种反应，达到对样品高通量分析的目的。目前，主要的微流路芯片是流动芯片、微电子芯片、PCR 芯片、毛细管电泳芯片、多功能集成芯片、蛋白质分析微流路芯片。

7. 芯片实验室

芯片实验室也称为微流控芯片或微流控芯片实验室。它将整个实验室的功能（包括采样、稀释、试剂添加、反应、分离和检测）集成到尽可能小的操作平台。目前，芯片实验室的检测方法一般可分为光学检测、电化学检测和质谱检测三类。芯片实验室主要用于临床分析和疾病检测、环境检测、核酸和蛋白质分析、细胞和离子检测等。

三、生物芯片的工作原理

所有生物芯片工作原理都包括芯片的构建、样品的制备、生物分子的相互反应和结果检测分析 4 个基本要点。

（一）芯片的构建

由于芯片种类繁多，制备方法也不尽相同。以基因芯片为例，基因芯片的制备方法可分为原位合成法和点样法两类。原位合成法采用光导化学合成和照相平版印刷技术在载体（玻璃板、金属板、硅胶片、各种有机高分子制作的薄膜等）表面合成寡核苷酸探针，适用于商业和大规模高密度基因芯片的制备和应用。点样法也称合成后交联，采用手动或自动点样装置，将寡核苷酸链探针、cDNA 或基因组 DNA 点置于特殊处理的载体上。点样法包括接触法和喷墨法两种，适用于研究机构制备具有点阵规模适中的基因芯片。

（二）样品的制备

对于基因芯片，DNA 或 mRNA 样品在反应前必须进行 PCR 扩增，以提高检测灵敏度，RNA 样品通常需要先逆转录成 cDNA。为了获得基因的杂交信号，必须对目的基因进行标记，标记的方法有荧光标记法、生物素标记法、核素标记法等，目前使用最普遍的是荧光标记法，样品的标记在 PCR 扩增或反转录过程中进行。对于蛋白质芯片，由于蛋白质芯片的检测对象包括蛋白质、酶的底物或其他小分子，因此需要对被测蛋白质用荧光剂、酶或其他特异性物质进行标记，然后与生物芯片上的生物分子进行相互作用。对于非核酸类的生物大分子，存在的问题是有时不便于对其进行扩增和放大，因为其结构相对比较复杂，不能进行扩增，灵敏度要求更高。

（三）生物分子的相互反应

对于基因芯片，核酸样品和探针之间发生杂交，这是一种固-液相杂交，应注意探针和样品的量、浓度、反应温度、反应时间、反应速率等因素。反应结束后，应洗掉非特异性结合生物分子，以避免背景干扰。对于蛋白质芯片，先将芯片与样品溶液在适当的温度下孵育一段时间，然后洗去未反应的分子，再根据不同的标记直接检测（如荧光标记）或显色后检测（如酶标记）。

（四）结果检测分析

生物芯片和样品反应后，应对反应结果进行检测和分析。在每个芯片的制造过程中，应设计判断结果的依据。去除背景干扰后，应将每个点的荧光密度或灰度与标准进行比较，并根据信号的存在与否以及尺寸进行定性或定量分析。对于基因芯片，由于所使用的标记物不同，所用的检测方法也不同。目前，荧光标记是获取生物信号最广泛使用的方法，也正在开发一些新兴技术，如电化学检测、表面等离子体共振和石英晶体微天平等技术。对于蛋白质芯片，用激光共聚焦显微镜扫描荧光标记芯片，用 CCD 照相机扫描酶标芯片的颜色。另外，还有质谱法、化学发光法、同位素标记法等技术。

四、生物芯片在植物修复中的应用

1998 年 6 月 29 日，美国宣布正式启动生物芯片计划。随后，世界各国开始关注并加强对生物芯片研发的投入。以生物芯片为核心的相关生物技术产业正在全球崛起。生物芯片具有信息量大、反应速率快、小型化、自动化、成本低、污染少、应用广泛等优点，可满足环境科学的技术要求。因此，将生物芯片技术引入环境科学研究具有重要意义。目前生物芯片已应用于检测土壤微生物及鉴定微生物群落，检测水中的微生物，检测环境毒物，分析环境流行病学，研究公害病及职业病，研究环境医学等领域。

（一）利用基因芯片研究植物非生物逆境响应基因表达的进展

当植物受到环境压力时，一些基因将开始表达，一些基因的表达会增加，这些基因通常与植物抗性有关。通过比较应激诱导前后基因表达的差异，可以发现与植物抗性相关的基因。寻找和鉴定特异性相关基因是从分子水平上揭示植物生理机制的基础研究，发现新基因是培育新品种的重要前提，如寻找抗病虫、抗旱、抗寒、抗污染、污染修复基因，用于新产品的开发和品种改良等。使用基因芯片可以高通量、快速检测基因表达的差异。

1. 基因芯片技术在植物抗冻、抗寒中的应用

低温环境是影响植物生长的重要因素之一，植物为抵抗低温环境，在生长习性、生理生化、遗传表达等方面有各种特殊的适应特性，即植物抗冻性。研究植物的抗冻性有助于人们了解植物抗冻机制并使之服务于生产实践，尽可能地减少因冻害引发的生产损害。植物抗寒性是由多基因控制的性状，往往需要一系列相关基因的共同表达才能表现高抗寒特性，仅靠转移单个基因而获得抗冻性强的植物有一定的难度。在进行植物抗寒性基因工程研究时，应综合考虑各种环境胁迫之间的相互作用以及基因的转入对植物抵抗外界逆境综合适应性的影响，进一步拓宽抗寒基因的来源，才能为今后植物抗寒性分子改良开辟新的途径，为培育抗寒新品种奠定基础。研究植物抗冻性一般是通过基因工程方法导入外源性的抗冻相关基因，如抗寒调控基因、抗渗透胁迫相关基因、抗冻蛋白基因、脂肪酸去饱和代谢关键酶基因及 SOD 基因等[86]。

Dong 等[87] 利用 Affymetrix 芯片对冷胁迫突变异种的拟南芥 AtNUP160 进行分析，

发现这种突变体在冷胁迫下除了降低CBF3-LUC报告基因的表达，还有许多与植物抗冻有关的其他基因也受到影响，如冷诱导的LEA基因、糖代谢及氧化胁迫相关基因，进而推断出拟南芥核孔蛋白AtNUP160在植物冷胁迫耐受过程中发挥着重要的作用。Mantri等[88] 利用微阵列芯片分别对鹰嘴豆进行抗逆基因筛选，通过寒冻敏感型及耐受型鹰嘴豆分别进行寒冻胁迫试验，最后芯片分析结果成功筛选出15个寒冻胁迫相关基因，进而推断出这些基因可能在植物抗寒过程中起到关键作用。Sasaki等[89] 对拟南芥悬浮培养的细胞进行冷处理，芯片分析结果显示所有冷调控基因中，在短暂冷处理1d表达上调的基因只出现在延滞期的细胞中，而作用在上游信号转导的激酶和转录因子则表达大多下调。这表明在延滞期的细胞中这些基因可能与冷处理诱导的抗寒性有关。

2. 基因芯片技术在植物耐盐方面的研究

土壤盐渍化是影响植物生长的另一个重要因素，当植物处于外界高盐浓度时植物很容易失去水分而变得干燥，只有当细胞水势低于溶液外部时才能保持吸水并存活下来，此时细胞往往通过细胞内的溶质积累方式来降低渗透势，增强根细胞的吸水能力，这种调节称为渗透调节。为了减少盐胁迫造成的伤害，植物在长期进化过程中，形成了一套耐盐的机制，或增加Na^+的外排或限制Na^+的吸收，或将Na^+束缚在液泡中。高通量、大规模的基因表达分析丰富了人们对盐胁迫下植物基因表达调控机理的认识。研究发现，与盐胁迫应答有关的基因主要包括：参与离子转运和重建离子平衡有关的基因、参与渗透保护物质生物合成的基因、与水分胁迫相关的基因及与细胞排毒、抗氧化相关的酶基因等，它们涉及生理代谢、细胞防御、能量产生和运输、离子转运和平衡、细胞生长和分裂等诸多方面，这些基因以某种协调的机制发挥作用，维持盐胁迫下植物正常的生长发育[90]。

2006年，Wong[91] 等通过cDNA芯片对冷胁迫、盐胁迫、模拟干旱胁迫及干旱恢复试验后的小盐芥进行基因表达分析，得出共有154个基因表达发生变化，其中6个基因在3种胁迫条件下表达均发生变化，与干旱胁迫相关的基因在水分不足的条件下表达下调。另外，与冷胁迫相关的基因表达变化涉及茉莉酸的存在，这说明小盐芥具有精确应对环境胁迫的能力。Sottosanto等[92] 利用Affymetrix ATH1基因芯片对盐处理不同时间的野生型拟南芥、AtNHX1 T-DNA插入突变拟南芥和恢复系拟南芥进行基因表达谱分析，发现有57个基因在盐胁迫时对AtNHX1产生影响。而用基因芯片技术分析耐盐小麦RH8706-49在不同盐胁迫时间下小麦根部基因的表达情况，获得了61215个小麦基因的差异表达图谱。在不同盐胁迫时间下大量根部基因的表达发生很大变化，既有盐诱导表达的基因，也有盐抑制表达的基因，同时对杂交数据进行多种聚类分析，其中盐诱导表达基因的作用显得非常重要[93]。

3. 基因芯片技术在植物耐旱方面的研究

水是影响作物产量最重要的环境因素，全球干旱和半干旱地区占全球陆地面积的1/3，但在中国，这一比例甚至更大，达到1/2，即使是潮湿地区的短期异常干旱也会影响作物产量。通过基因工程提高植物抗旱性，研究植物抗旱机理，对降低水资源压力具有重要的理论和实际意义。近年来，随着对植物功能基因组学和蛋白质组学的深入研究，从拟南芥和其他植物中克隆了许多干旱相关基因，包括与信号传递和转录调控相关的调节蛋白基因，以及与保护功能相关的蛋白质基因[94]。利用基因芯片技术开展抗旱基因筛选和调控机制的研究已逐渐成为植物抗旱基因工程的新方向。

在植物抗旱胁迫方面，首都师范大学用基因芯片技术分析了正常情况下生长的抗一氧化氮的拟南芥 t387 突变体的 mRNA 表达谱。芯片结果分析发现有 405 个基因发生明显上调，269 个基因发生明显下调；并发现突变体在正常情况下，就表现出明显的抗性相关基因上调现象。干旱处理后，突变体确有较强的抗旱能力，与野生型相比，t387 突变体失水速率快、气孔孔径大、蒸腾速率快、光合速率慢，但 t387 突变体根系统特别发达，推测其抗旱的机理与其发达的根系是密不可分的[95]。Giraud 等[96] 利用基因芯片技术对选择性氧化酶 1a（AOX1a）缺失型突变体拟南芥进行研究，发现在 AOX1a 缺失的情况下，拟南芥对干旱胁迫有极大的敏感性，进而说明 AOX1a 在细胞正常的氧化还原平衡中发挥着重要的作用。Huang 等[97] 利用全基因组寡核苷酸芯片对土壤干旱胁迫下的拟南芥进行鉴定，发现大约 2000 个干旱应答基因，其中大多数干旱调控基因在浇水后 3h 恢复到正常表达水平。分析表明，有 2/3 的干旱应答基因是通过 ABA（脱落酸）或 ABA 的类似物 PBI425 调控的。Ozturk 等[98] 利用 cDNA 芯片分别研究了大麦在干旱和盐胁迫下的基因表达，在干旱胁迫下共有 15%的转录本的表达发生了显著变化，其中上调表达的转录本主要包括茉莉酸反应相关基因、类金属硫蛋白基因、晚期胚胎富集蛋白基因和 ABA 反应蛋白基因等，下调的转录本主要为光合作用功能相关基因。马延臣等[99] 利用 Affymetrix 水稻 60K 芯片分析了 PEG（聚乙二醇）模拟干旱下 2 个不同耐旱性水稻品种根系对 PEG 毒害响应的转录本表达变化，共发现 27 个对 PEG 毒害响应的转录本，其中 10 个表现为上调表达，17 个表现为下调表达，这 17 个下调表达基因包括 5 个功能为水解酶相关的转录本、3 个编码蛋白酶的转录本及 9 个功能未知基因，在以前研究中没有被报道过。Bray[100] 比较了 3 个利用基因芯片研究拟南芥干旱胁迫响应基因的结果，只有 27 个基因受干旱胁迫的诱导，这些基因按其功能可以分为代谢、转运、信号传输、转录、亲水蛋白和功能未知 6 类。造成这些研究结果差异较大的原因可能是不同的基因芯片包含的基因存在差异，另外不同试验中植株生长和胁迫处理的条件也存在一定的差异。

4. 基因芯片在植物养分胁迫下基因表达研究

氮、磷、钾和硫是植物生长和发育所必需的重要元素，缺乏任何元素都会导致植物的生长发育受阻，影响植物的正常生长。铁等微量元素在植物细胞中，其含量虽不及氮、磷等大量元素，但缺乏也会影响植物的正常生长。在低磷、低氮和低钾胁迫下根系形态的变化被认为是高等植物对胁迫的形态响应。相关基因的诱导表达在分子水平上是一种适应性表达。一些基因直接或间接参与胁迫下根系形态结构的适应性变化过程，而其他基因则直接参与营养元素的吸收和利用。目前，基因芯片技术已在拟南芥、水稻、玉米和小麦等植物响应养分胁迫的基因表达中得到了应用，并得到了一些胁迫响应的关键基因，完善了植物的耐养分胁迫的分子网络信息，为今后利用基因工程手段创制作物养分高效利用基因型奠定了基础[101]。

5. 基因芯片研究植物在高温胁迫下的基因表达

高温胁迫可诱导大量基因发生差异表达。Rizhsky等[102] 利用cDNA芯片研究烟草在高温和干旱共同胁迫下的基因表达谱，发现热激蛋白（Hsp）基因、活性氧中间产物消除酶基因、代谢相关基因和胁迫响应基因等4类基因同时受高温和干旱控制，另外还发现2个高温和干旱同时胁迫特异诱导的转录因子WRKY和己烯应答转录共激活子。为阐明高温胁迫对谷物灌浆期代谢的影响，Yamakawa等[103] 利用包含21938个基因的水稻芯片研究了水稻灌浆期的基因表达谱，发现淀粉合成相关基因（如淀粉粒束缚淀粉合成酶、分支酶和胞质丙酮酸、正磷酸双激酶基因）在热胁迫下下调表达，而α-淀粉酶和热激蛋白上调表达。

Qin等[104] 利用基因芯片研究耐热性不同的小麦苗期叶片在高温处理下的基因表达谱，共鉴定了6560个热胁迫响应探针，这些探针所编码的基因不仅包含热激蛋白和热激转录因子，还包括其他转录因子、植物激素代谢与信号转导相关基因、RNA代谢相关基因、钙信号相关基因、核糖核酸体蛋白相关基因以及其他非生物胁迫相关基因，其中313个探针在耐热基因型和热敏感基因型间存在响应差异。Larkindale等[105] 利用基因芯片研究了拟南芥在直接高温胁迫及两种不同高温锻炼过程的基因表达谱，结果表明，在高温胁迫中，分子伴侣蛋白剧烈上调、RNA翻译、转录的抑制都可能与植物的耐热性相关。为鉴定对植物获得性耐热起作用的基因，分析了经热锻炼处理中特异响应的57个上调基因和69个下调基因，其中上调基因主要包括转录因子（HsfA3和DREB2B）、胁迫相关蛋白基因（热激蛋白Hsp70、低温胁迫耐性相关蛋白kin1/COR6.6和USP）及能量代谢相关基因，下调基因主要为生物胁迫相关基因。此外，通过分析与植物耐热性相关基因启动子区域的顺式作用元件，鉴定了一些可能参与这些基因表达模式相关的基序，上调基因的元件中主要包括HSE、siteⅡ基序、DRE和ABRE，下调基因的元件主要是W-box基序。王曼玲等[106] 利用Affymetrix公司开发的水稻全基因组芯片分析了培矮64S在孕穗期和抽穗开花期高温胁迫下的叶片基因表达谱，并发掘了一些高温诱导表达基因。

（二）基因芯片技术在植物修复中的研究

近年来，利用基因芯片研究植物逆境胁迫下的基因表达已成为植物逆境分子生物学研究的热点。研究表明，当植物遭受非生物胁迫时并非被动地防御，而是采取积极主动的措施来应对非生物胁迫。

1. 基因芯片技术在研究植物耐铝毒上的应用

Houde和Diallo[107] 用基因芯片分析了铝处理后的4个大麦品种（2个耐铝，2个对铝敏感），发现83个与铝胁迫相关的候选基因，其中25个与耐铝机制相关。这些候选基因包括一些重要的酶（如丙酮酸脱氢酶、交替氧化酶、半乳糖酸内酯氧化酶、抗坏血酸氧化还原酶）的基因和ABC转运子；而耐铝相关的基因包括ALMT 1苹果酸转运子、谷胱甘肽*S*-转移酶基因、萌发蛋白（草酸氧化酶）基因、果糖1,6-二磷酸酶基因、富含半胱氨酸蛋白基因、细胞色素P450单氧酶基因、纤维素合成酶基因、锌指转录因子、抗病响应蛋白基因和F-box包含域蛋白基因等，由此证明与能量代谢平衡和铝排除相关的基因在耐铝机制中发挥关键作用，而维护抗坏血酸的动态平衡在保证根系再生长方面起到很大作用。在玉米中，铝在敏感品种中诱导的基因数目多于耐性品种，而细胞壁合成相关基因、低磷响应基因和柠檬酸分泌相关基因与耐铝机制密切相关[108]。Chandran 等[109] 发现铝胁迫铝敏感苜蓿品种 A17 后，基因芯片中有 10%的基因表达发生显著变化；其中，上调基因主要集中在细胞壁修饰、生物与非生物胁迫蛋白等相关基因，而下调基因主要集中在初级代谢、次级代谢、蛋白质合成与加工以及细胞循环方面相关基因；而与苜蓿耐铝相关的基因包括有机酸转运蛋白基因、细胞壁松弛酶基因、铝结合蛋白基因、果胶乙酰酯酶基因和膜联蛋白基因等。Goodwin 和 Sutter[110] 用 Affymetrix 公司的 ATHI 基因芯片检测铝处理前后拟南芥中转录水平情况，发现在 256 个响应基因中，有 94 个上调，162 个下调；铝毒激发了很多耐铝相关的转录因子、信号蛋白（包括液泡信号）基因、排序与对接蛋白基因的上调；在铝胁迫后，GST、植物生长素调控相关蛋白、过氧化物酶（peroxidase）和几丁质酶（chitinase）等的基因上调；同时，与逆境相关的 Ras GTP 结合蛋白、ATP 结合盒和 AtELP 1 受体等的基因可能负责将铝离子转运并储存在根液泡中，以缓解铝毒害效应。Li 等[111] 用铝处理玉米后再移除铝，使玉米在正常条件下恢复生长，证实铝导致植物缺水症状的出现，利用基因芯片和 qRT PCR 验证分析后，发现氨基酸的新陈代谢途径在缓解铝毒机制中发挥关键作用。

在抗逆过程中，植物在形态、生理生化和分子水平上发生一系列适应性变化，而分子水平上的变化起着决定性的作用。到目前为止，虽然已在栽培大麦中发现并验证了与柠檬酸分泌有关的耐铝基因 HvAACTl，然而从基因全局变化水平上来阐述大麦耐铝机制的报道仍然不多。因此，从分子水平入手才能从根本上揭示植物逆境胁迫抗（耐）性这一复杂的生物学机制，而基因芯片技术为开展这一工作提供了一条便捷途径。

2. 基因芯片技术在砷污染修复中的应用

砷是一种广泛和大量存在的类金属元素，作为一种致癌诱变剂被熟悉和关注，即使长期暴露在较低的砷浓度下也会引起癌变[112]。砷污染土壤和地下水的情况在世界各地均有报道[113-115]。最近，在亚洲的部分地区（包括中国），由于长期饮用砷污染的地下水而引起的地方性砷中毒事件不断被报道，砷污染已经成为一个威胁公共健康安全的主要问题[116]。砷污染的土壤已经影响到农作物的生理、生长和产品品质，如产自湖南郴州砷污染区的大米里有很高浓度的砷，超过可容许的最高浓度（以干重计）0.5mg/kg，该地区人口头发抽样检测结果显示，90%的人头发砷含量超标[117]。因此，修复砷污染的土壤和水已成为环境科学和公共健康的挑战性课题。发展低成本、高效和环境友好型的用于修复砷污染土壤的技术已迫在眉睫。

蜈蚣草对砷的富集能力取决于蜈蚣草根际微生物和砷生物可利用性（形态）间的相互作用。因此，研究污染土壤根际微生物群落对阐明蜈蚣草对砷的富集机制显得非常重要。韩永和等[118] 研究探讨了土壤中的砷污染程度和蜈蚣草根际对微生物代谢潜力、群落和功能基因丰度等产生怎样的影响。功能基因芯片技术已用于在土壤、沉积物和地下水等复杂环境中揭示微生物群落结构、代谢活性和动力学等特征[119-123]。实验结果表明微生物群落结构、功能基因的分布和代谢多样性变化与土壤砷污染水平和蜈蚣草根际环境直接相关，显示植物修复是一个植物、微生物和污染物间相互作用的复杂过程。

五、展望

基因芯片在植物研究上的应用正在逐渐开展，基因芯片技术与传统的杂交技术相比所具有的检测系统微型化、样品需求的微量化、检测的高效化及高通量化使其在植物研究中的应用前景无疑是非常广阔的，它可以广泛地应用到基因功能、植物生理机制、农业发展、农业食品卫生和环境保护等诸多方面。基因芯片在应用的同时仍然具有不足之处，主要的问题是芯片制作和分析系统的价格昂贵和信号的假阳性。尽管面临着这样一些问题，但是随着纳米技术、微制造技术和分析技术的发展，基因芯片将逐渐趋于应用的普遍化和结果的精确化。

第三节　蛋白质组学技术在植物修复中的研究

一、概述

随着人类基因组以及水稻、拟南芥等植物基因组测序工作相继完成，在弄清楚了大多数基因之后，全面认识基因产物及其在生命活动中的作用的时机已经到来。在这种形势下，蛋白质组学研究作为后基因组时代生命科学的新的研究领域应运崛起。蛋白质组学这一概念由澳大利亚学者 Marc Wllkins 和 Williams 于 1994 年首次提出。第一次植物尺度的蛋白质组学研究是关于拟南芥的，研究结果 1995 年发表在《电泳》（Electrophoresis）杂志上。蛋白质组学指的是由一个细胞或一个组织的基因组所表达的全部相应的蛋白质，也可以指细胞、组织或机体全部蛋白质的存在及其活动方式。蛋白质组学包括表达蛋白质组学和功能蛋白质组学两大部分。表达蛋白质组学研究基因编码所有蛋白质的识别和定量，及其在细胞中的定位和在后转录阶段进行的修饰；功能蛋白质组学主要研究蛋白质之间的相互作用，确定蛋白质在特定通道和细胞结构中的作用，说明蛋白质结构和功能间的相互关系。目前功能蛋白质组学主要包括差异蛋白质学和蛋白质间相互作用，这两方面的研究是目前蛋白质组学领域的研究热点。蛋白质组学的发展既是技术所推动的，也是受技术限制的。蛋白质组学研究成功与否，很大程度上取决于其技术方法水平的高低。目前双向凝胶电泳技术、蛋白质双向电泳图谱的数字化和采用分析软件进行的大规模数据处理技术以及质谱技术是蛋白质组学研究中的三大基本支撑技术。

蛋白质组学研究能够为阐述生物体与环境相互关系的分子机理提供精确的信息。近些年来，蛋白质组学技术广泛应用于研究在 Cd 等重金属胁迫下，模式植物与超积累植物蛋白质组的变化[124-126]。很多典型的功能性蛋白（比如光合作用蛋白、能源与糖类代谢蛋白、转录与翻译蛋白、氧化还原蛋白、胁迫响应蛋白等）在大多数被研究的植物中都有明显的变化[125,127-129]。蛋白质组学也被用来探究某些特殊的代谢过程及蛋白质，例如 Schneider 等[130] 利用定量蛋白质组学技术评估了大麦中液泡转运蛋白对 Cd 解毒的作用，鉴定出几个可能重要的转运蛋白，可以深入研究。Alvarez 等[131] 应用蛋白质组学方法测定了很多酶在芥菜Cd超积累与耐性过程中起到了必要的作用。这些研究可让人们更好地了解植物应对重金属胁迫的机理。

植物促生菌能够通过各种机理促进植物生长，提高植物修复的效率。促生菌具有各种促生特性（比如产生植物生长激素、铁载体、ACC脱氨酶，溶磷等），也能通过某些代谢产物提高重金属的生物有效性，这些研究揭示了促生菌促进修复的部分机理。微生物与植物互作是非常复杂的生物学过程，之前的研究具有其局限性，不能深入地探究微生物与植物的相互关系。蛋白质组学为微生物与植物互作研究提供了更精准的数据，为深入地机理研究提供了可能。蛋白质组学技术让人们发现了很多特异的功能性蛋白，并逐步了解了这些功能蛋白对环境的响应。通过蛋白质组学的研究，人们可以更精准地了解促生菌是如何影响植物蛋白质的表达的，从而推测对植物代谢途径的影响，更深入地揭示促生菌与植物的互作过程。Farinati等[132] 分析了八种根际促生菌接种对超积累植物拟南芥地上部重金属积累、蛋白质表达以及相关基因表达的影响，研究发现，接种促生菌后，植物地上部中与光合作用和非生物胁迫相关的蛋白质的表达提高了。Guarino等[133] 利用比较蛋白质组学技术研究了植物对重金属适应的分子机理，以及外源添加促生菌剂对植物蛋白表达的影响。结果表明，土壤中添加促生菌剂后，提高了能量代谢途径相关蛋白的表达，例如与光合作用、卡尔文循环相关的酶活性增强了。

二、蛋白质组学技术与方法

（一）双向凝胶电泳

双向凝胶电泳是20世纪80年代发展起来的一项蛋白质分离技术，主要包括样品制备、等电聚焦（IEF）、胶条平衡、SDS-PAGE、凝胶的染色与图像扫描分析等步骤，其基本原理是利用各蛋白质等电点、分子量的不同，通过第一向IEF和第二向SDS-PAGE对蛋白质进行分离，得到充分反映各蛋白质的等电点、分子量、含量和种类等信息的二维图谱[134]。该技术是目前唯一可以在一块凝胶上同时分离大量蛋白质的方法，且分离得到的蛋白质组分的纯度可以达到90%以上。根据蛋白质的等电点、分子量、溶解性和相对丰度的不同，双向电泳（2-DE）可以对样品中复杂的蛋白质进行整体性的分离，获得完整的蛋白质图谱。这些图谱不仅可以反映蛋白质表达水平的差异，还可以说明蛋白质翻译后修饰的情况[135]。2-DE早期的技术存在着一定的局限性，与早期相比，2-DE有两个主要的进步：首先，极高的重复性使有机体的参考图谱可通过Internet获得，来比较不同组织类型、不同状态的基因表达；其次，高加样量使得2-DE成为一项真正的制备型技术。但能得到高分辨率和好的重复性的2-DE图谱仍是其要面临的挑战。

（二）生物质谱技术

质谱（MS）技术在20世纪90年代得到了长足的发展，生物质谱的应用推动了蛋白质组学的发展。生物质谱的基本原理是将样品分子离子化后，根据离子间不同的质荷比（m/z）对样品进行分离并确定其分子量等信息。根据离子化源的不同，生物质谱可分为基质辅助激光解吸电离质谱（MALDI-MS）和电子喷射离子化质谱（ESI-MS）。生物质谱具有高灵敏度、高准确度和自动化等优点，可以用于分析极性高、难挥发和热不稳定性样品，但它目前只适用于20个氨基酸以下肽段的检测，且对某些氨基酸不能区别，无法测定某些肽的固有序列[136]。

生物质谱被认为是大规模、高通量进行蛋白质结构鉴定的首选工具，但与之结合的双向电泳仍有缺点（如工作量大、重现性差）。因此，需对其进行改进，如结合分子扫描技术等。通过LC-MS/MS可直接鉴定蛋白质混合物，将来可有望不通过2-DE就能研究蛋白质组。当然，这还需要解决和克服一些技术问题，其中最根本的是质谱的定量问题。随着生物质谱和数据采集软件等技术的不断飞速发展，生物质谱技术将更加有效地帮助人们研究蛋白质-蛋白质间相互作用、翻译后修饰乃至基因表达水平的变化等[137]。

（三）蛋白质芯片技术

蛋白质芯片技术，又称蛋白质微阵列技术，它是一种自动化、微型化和高通量的蛋白质分析技术。在一个高密度的载体上固定各种探针蛋白质，其可以捕获样品中待测的蛋白质并与之结合，从而高通量地测定这些蛋白质的生物活性，以及蛋白质与生物大分子之间的相互作用。芯片技术实际上是一种大规模的酶联免疫反应，它可以迅速将人们感兴趣的蛋白质从混合物中分离出来，并进行分析。蛋白质间的相互作用是蛋白质研究中的一个重要问题[138]，将直接促进对蛋白质生物功能的了解，可以运用蛋白质芯片技术进行这一方面的研究。

（四）蛋白质组学新技术

1. 蛋白质分离技术

最初的蛋白质分离技术主要依赖于双向电泳技术（two-dimensional electrophoresis，2-DE)。2-DE发展至今在技术上有了很大的改进，使其重复性和灵敏度大大提高，相比较其他电泳技术而言仍具有自己独特的优越性，但它无法分离一些较大的疏水性蛋白质、低丰度的蛋白质及具有极端分子量和等电点的蛋白质等[139]。近几年，蛋白质组学的急剧发展对其研究技术也有了新的需求和挑战，目前已在原有技术的基础上改进和衍生出许多新的技术。

(1) 多维液相色谱技术　多维液相色谱技术是将样品在第一根液相色谱柱的洗脱液依次注入后续的色谱柱进行进一步分离的液相色谱联用技术。样品中各组分以进样点为原点在多维的分离方向上展开，减少了峰的重叠，提高了系统分辨率。将多维液相色谱与质谱连用能够满足蛋白质组学研究高通量的要求，还具有高峰容量、高灵敏度、易于实现自动化等优点[140]。

(2) 双向荧光差异凝胶电泳技术　在传统的2-DE基础上，Amersham Biosciences公司又开发了双向荧光差异凝胶电泳（differential-gel electrophoresis，DIGE)，它是唯一使用内标来衡量每块胶上每个点变化的技术，可以保证精确度及检测到的蛋白质丰度变化的真实性。内标、实验组、对照组分别用不同的荧光标记物（如Cy2、Cy3、Cy5）标记，用不同标记对应的激发波长来检测被不同荧光基团所标记的蛋白质，实现在同一块胶上多个样品的表达并进行定量。这种技术的缺点是其标记条件比较苛刻，在荧光标记时只有当约1%～2%的赖氨酸残基被修饰才可以维持被标记蛋白质在电泳时的溶解性。因此，用它标记赖氨酸含量少的蛋白质有一定难度。

（3）多重蛋白质组技术　多重蛋白质组技术先用具有不同激发或放射光谱的荧光染料检测这些样品的特定属性（比如糖基化、磷酸化、药物结合能力及药物代谢能力等），再使用相同的荧光团检测所有凝胶分离的总蛋白质谱，即它可以并行地检测蛋白质表达量及蛋白质的特定功能。多重蛋白质组技术相比DIGE技术其优越性在于可以提供更宽波段的信息，对2D胶的数量不限，不同的图谱可以通过任何方式的叠加进行匹配，总蛋白质谱和功能属性谱之间不需要共享太多的标记。该技术在蛋白质的表达分析及蛋白质翻译后修饰等研究中得到了应用。

2. 蛋白质鉴定技术

由于其高灵敏度和高通量，质谱已经取代了传统的蛋白质鉴定方法，如埃德曼降解法（Edman degradation）和氨基酸分析法。但是，质谱一般适用于少于20个氨基酸的肽段，并且不能区分分子量和带电荷相同的同分异构体的质量，在分析蛋白质-蛋白质相互作用以及结构和功能之间的关系方面存在局限性。蛋白质组研究需要大规模和高通量的蛋白质鉴定方法。近年来，发展起来许多不基于凝胶的质谱蛋白质组技术。

（1）多维蛋白质鉴定技术（MudPIT）　它的使用促进了非凝胶质谱蛋白质组学技术（称为“鸟枪法”）的发展。MudPIT由两个正交分离系统、强阳离子交换（SCX）和反向色谱柱（RP）组成。该技术与基于凝胶的蛋白质组学技术相比，具有通量和灵敏度较高等优点。缺点是无法量化，但可以通过预先标记蛋白质样品来克服。目前，MudPIT已广泛应用于蛋白质组分析、差异蛋白质表达分析、膜蛋白检测和蛋白质泛素化等研究中。

（2）同位素编码亲和标签（ICAT）技术　该技术最早是由Gygi等于1999年发展起来的。其原理是对来源不同的两种蛋白质样品分别用不同的同位素亲和标签标记，然后两样品混合、酶解，在经过生物素亲和色谱分离后，将吸附在柱上的标记多肽用液相色谱-质谱或液相色谱-串联质谱进行分析，可见不同来源的同种多肽成对或并邻地展现在质谱图上，M_w差值为8Da或4Da（肽段带两个电荷），两者峰面积差为蛋白质在两样品中的表达差异[141]。这种方法的优点是能够快速准确地找出差异蛋白质，而且可以快速定性和定量鉴定低丰度蛋白质，尤其是膜蛋白等疏水性蛋白质。缺点是所采用的试剂只能对含有半胱氨酸的蛋白质进行分析，对小肽段的鉴定存在困难。

（3）同位素重标签定量（iTRAQ）　同位素重标签定量是美国应用生物公司开发的一种同时对4种样品进行绝对和相对定量的方法，来自不同样品的多肽标记后等物质的量浓度混合，经两维LC（液相色谱法）分离后进行MS和MS/MS分析。在质谱图中，iTRAQ标记的不同样品中的同一蛋白质表现为相同的质荷比，在质谱扫描中以单峰出现。iTRAQ与ICAT相比减少了质谱图的复杂性。iTRAQ的方法克服了传统2-DPAGE（二维电泳）的一些缺点，尤其是能够鉴定出许多小分子量的蛋白质，而2-DDIGE（荧光差异双向电泳）也为iTRAQ提供了有用的补充[142]。

（五）生物信息学分析

生物信息学是以计算机为主对生物信息进行储存、检索和分析的一门学科，它通过综合利用生物学、计算机科学和信息技术而解释大量复杂的生物数据所蕴含的生物学奥秘，阐述生物大分子信息的生物学意义。生物信息学的研究重点主要体现在基因组学和蛋白质组学。蛋白质组的信息主要包括蛋白质的性质、结构与功能等。各种蛋白质和DNA数据库及分析软件包的出现大大提高了蛋白质组分析的效率，例如Genbank、PIR、Swiss-Port、Database及EMBL等数据库可用于查找蛋白质相关信息，确定蛋白质的种类，分析其理化性质，预测可能的翻译后修饰以及蛋白质的三维结构等。

SWISS-PROT是目前在蛋白质组学领域中应用最广泛的数据库，也是一个对数据人工审读很严格的蛋白质注释性的数据库。该数据库除了含蛋白质序列信息外，对每一条数据都有详细注释，包括蛋白质表达、功能、结构域、突变体、翻译后的修饰，以及齐全的引文和许多其他数据库的链接等。一般来说，任何蛋白质序列数据的搜寻和比较都应当从SWISS-PROT开始。另外，还有一种不同类型的蛋白质组数据库，即双向凝胶电泳蛋白质表达数据库，这些数据库以生物、细胞或组织的2-DE胶分离为基础，数据库中包含了双向凝胶电泳胶图谱、相关的研究样品以及胶上鉴定的蛋白质信息。

（六）酵母双杂交系统

用于蛋白质相互作用研究的方法主要有酵母双杂交系统、免疫共沉淀、噬菌体展示、表面等离子共振、荧光能量转化等几种。其中应用最广泛的一种方法可以说是酵母双杂交系统，它是研究蛋白质相互作用的有力工具。酵母双杂交系统（yeast-2-hybid system）是以真核细胞的转录因子的结构和活性特点为基础的[143]，其建立得利于人们对真核生物调控转录起始过程的知识，即当转录因子的DNA-结合结构域与激活结构域紧密结合后，将导致一系列基因转录增加。酵母双杂交系统利用转录因子GAL4的DNA-结合结构域与激活结构域的特异载体，将许多可读框（又称开放阅读框）分别连在两种载体上，构成文库，然后转入酵母细胞，并与酵母细胞克隆杂交。当其中两个开放阅读框编码的蛋白质在酵母细胞中表达，并发生作用时，就会将DNA-结合结构域和激活结构域结合在一起，从而导致报告基因的转录增加。通过培养基营养缺陷筛选法，可以将没发生相互作用的酵母克隆筛选掉，而将发生相互作用的酵母克隆保留。然后对发生相互作用的蛋白质进行分析，通过测序就可以鉴定开放阅读框。用酵母双杂交系统检测蛋白质之间的相互作用时常会出现假阳性或假阴性的问题，因此人们对此系统做了改进，并且将其扩展应用于检测DNA-蛋白质、RNA-蛋白质、小分子-蛋白质之间的相互作用[144]。

三、蛋白质组学在污染土壤植物修复中的应用

（一）蛋白质组学在重金属污染土壤植物修复中的应用

为了提高重金属植物修复的效率，除了通过筛选最佳植物物种用于修复特定的重金属污染土壤，还可以通过农艺措施优化培养条件使选定的物种具备最大生物量和重金属吸收

量。例如，种植密度改变和施肥可以提高植物产量[145]，而添加有机酸或人工合成螯合剂可以促进植物对土壤重金属的吸收[146,147]。不同的植物物种还可以通过混作或轮作来获得植物修复的最大效率[148]。选定的物种或品种，通过传统育种或基因工程手段可进一步培育所需的属性。而培育具有优越修复潜力的植物，除了通过提高超积累植物的生物量，还可以通过提高植物对重金属的耐受或积累能力实现。但是通过基因工程手段改变植物的生物量很难在短期内有效实现，而提高植物重金属的耐性和/或积累能力却可以通过加速植物体内现有的限制修复的过程达到。因此，了解植物体对重金属的耐性和解毒机制就尤为重要。利用蛋白质组学研究的相关技术，深入研究重金属在植物细胞中的运输、分布和积累以及植物对重金属的耐性和解毒过程，阐明植物对重金属的耐性和解毒机制，确定植物修复重金属污染土壤的分子机制，逐渐受到生物学与环境领域相关研究者的关注和重视。

蛋白质组学技术早年多用于医学研究领域，但随着其组学技术手段及分子生物学的不断发展、进步，更多的学者们注意到利用蛋白质组学方法研究的优势和便捷。因此，越来越多的研究领域（如环境、生物科学等）开始采用该技术来进行深入机理探究。

许多植物在受到重金属胁迫时，蛋白质表达都会受到显著影响，这不仅仅表现为基因型的变化，更是表现在蛋白质定量的和定性的改变上[149]。Li 等[150] 利用蛋白质组学的技术研究比较了凤眼莲和水芙蓉分别在高浓度 Cd 胁迫下蛋白质表达的不同变化，并希望以此来揭示凤眼莲的抗逆机制。该研究发现，暴露在 Cd 胁迫下的凤眼莲，与生理活动及代谢过程有关的蛋白质的表达都受到强烈影响。这些蛋白质当中，有些蛋白质表达受到明显的抑制，而其他具有类似功能的蛋白质表达则受到正向诱导，从而来补充受抑制蛋白质的功能作用，以缓解植物受到的毒害作用。因此，在逆境中，凤眼莲比水芙蓉更能保持生理参数的稳定。而事实证明，凤眼莲与水芙蓉相比，的确能在含更高 Cd 浓度的水环境中生长，所以从蛋白质组学的角度分析能很好地解释这一现象。此外，他们还发现许多与植物抗逆性有关的过程和蛋白质，如脯氨酸、热激蛋白（Hsp）、翻译前修饰等都有明显的正向上调，抗氧化酶等也都在解毒过程中起到重要作用[102]。Song 等[151] 采用蛋白质组学的技术探究了水稻幼苗根部可能与 Cu 结合的蛋白质，结果发现这些蛋白质可能是分别参与抗氧化防御、糖类代谢、核酸代谢、蛋白质折叠与运输以及细胞壁合成过程的蛋白质。而 Zeng 等[152] 则利用蛋白质组学方法研究了在 Cd、Zn 胁迫下法国圆锥南芥的蛋白质响应变化，结果观察到与 Zn 处理有关的变化蛋白质有 19 种，与 Cd 处理有关的变化蛋白质有 18 种，两种处理下共同确定的是与能量代谢、抗氧化防御、细胞代谢、蛋白质代谢等过程有关的蛋白质，说明法国圆锥南芥在 Cd、Zn 胁迫下可能存在着一些类似的防御机制。

1. 植物响应重金属胁迫的蛋白质组学研究

植物在生长发育过程中往往会遭受旱涝、高温、低温及重金属等非生物胁迫，植物在适应这些胁迫过程中产生了一系列从细胞到生理水平的应答反应。这些逆境胁迫可以引起大量蛋白质在种类和表达量上的变化，蛋白质组学研究将有助于了解胁迫因子的伤害机制以及植物的适应机制。拟南芥、水稻、大麦等模式植物以及天蓝遏蓝菜等超富集植物响应重金属胁迫的蛋白质组学研究相关文献见表 5-7[176]。

表 5-7 植物响应重金属胁迫蛋白质组学研究相关文献

重金属	植物种类	材料	蛋白质组学方法	主要结论	参考文献
Cd	水稻	根	2-DE,MALDI-TOF MS(基质辅助激光解析电离飞行时间质谱)	新陈代谢酶、ATP活动相关调节蛋白质受Cd诱导	[153]
	水稻	种子	2-DE,MALDI-TOF MS	抗氧化及Cd胁迫相关调节蛋白质显著上调	[154]
	杨树	叶	2-DE,MALDI-TOF MS	植物生长受到抑制的同时,对光合同化物的需求降低;线粒体的呼吸作用表达升高	[155]
	秋茄	根	2-DE,MALDI-TOF/TOF MS	大部分能量和物质代谢、蛋白质代谢、氨基酸转运及代谢、解毒及抗氧化作用以及信号转导相关蛋白质表达上升	[156]
	单胞藻	细胞	2-DE,MALDI-TOF MS	光合作用、卡尔文循环和叶绿素合成相关蛋白质丰度降低,谷胱甘肽生物合成、ATP及氧胁迫响应相关蛋白质的丰度升高	[157]
	天蓝遏蓝菜	根、枝	2-DE	植物不同品种间的蛋白质表达存在差异	[158]
	垂序商陆	枝	MALDI-TOF/TOF MS	蛋白质表达的变化主要发生在光合途径、硫及谷胱甘肽相关代谢过程中	[159]
	东南景天	叶、根	2-DE,MALDI-TOF MS,ESI-MS(电喷雾电离质谱)	蛋白质合成、信号转导、光合作用等相关蛋白质表达发生变化	[160]
As	玉米	枝	2-DE,MALDI-TOF MS	氧化胁迫在As对植物毒害过程中起主要作用	[161]
	水稻	根	2-DE,MALDI-TOF MS	SAMS(S-腺苷甲硫氨酸合成酶)、GST、CS(半胱氨酸合成酶)、GST-tau及TSPP(焦磷酸钠)的表达水平在As诱导下显著上升	[162]
	细弱剪股颖	叶	2-DE,MALDI-TOF MS	几种参加光合作用的蛋白质含量随着As胁迫浓度的升高而降低	[163]
Cr	玉米	根	CE,2-DE,MALDI-TOF/TOF MS	金属硫蛋白表达相应增加;抗氧化系统在Cr胁迫下首先被激活;与糖类代谢相关的ATP合成酶表达上调	[164]
	人参	细胞	2-DE,LC-ESI-MS/MS	光合作用及代谢相关蛋白质受Cr诱导	[165]
	芒	根	MALDI-TOF/TOF MS,2-DE	离子运输、能量及氮代谢相关蛋白质和氧胁迫相关调节蛋白质受Cr诱导	[166]
	猕猴桃	花粉	2-DE,LC-ESI-MS/MS	与线粒体氧化磷酸化相关蛋白质表达显著降低;泛素-蛋白质水解酶复合体通路均受到影响	[167]

续表

重金属	植物种类	材料	蛋白质组学方法	主要结论	参考文献
Cu	水稻	叶	2-DE	许多参加光合作用的蛋白质受 Cu 诱导，造成植物正常的光合途径受到严重影响	[168]
	拟南芥	幼苗	RLC-MS/MS(反液相色谱与质谱联用)	几种 GST 基因表达量上升	[169]
	海州香薷	根、叶	2-DE，MALDI-TOF MS，LTQESI-MS/MS(高分辨质谱电喷雾电离模式)	根细胞代谢途径的改变及氧化还原反应的内平衡可能是解毒 Cu 的重要机制	[170]
Al	番茄	根	DIGE-SDS-MALDI-TOF-TOF MS	诱导蛋白质作用于调节体内抗氧化系统、解毒机制、有机酸代谢及甲基循环	[171]
Pb	长春花	叶	2-DE，MAL DI-TOF MS	三羧酸循环、糖酵解、莽草酸运输、植物螯合肽合成、氧化还原平衡及信号转导相关蛋白质受 Pb 诱导	[172]
Hg	地衣	细胞	2-DE	叶绿体光系统Ⅰ作用中心的Ⅱ亚基、ATP 合成酶 β-亚基及氧化作用相关蛋白质受 Hg 诱导	[173]
B	大麦	叶、根	iTRAQ，ESI-MS/MS	铁载体合成相关的 3 种蛋白缺铁敏感蛋白 IDS2、IDS3 及甲硫基核糖激酶表达上调	[174]
Ni	庭芥	根、枝	2-DE，MS	Ni 诱导下硫代谢、活性氧防御及热激响应相关蛋白质表达量发生变化	[175]

(1) 镉　在所有重金属中，镉（Cd）是最受关注的元素之一。Cd 对植物具有极强的毒害作用，它的阳离子能被植物根系迅速吸收[177]。Aina 等[153] 分析了高浓度 Cd 条件下水稻蛋白质组响应及某些生理生化参数。通过根组织的蛋白质组分析表明，高浓度 Cd 能强烈诱导 ER1-like 接受器酶、细胞分裂氧化酶及如肉桂醇脱氢酶等新陈代谢酶调节蛋白的表达，而参与 ATP 活动的蛋白质在 Cd 胁迫响应过程中减少。植物对金属的敏感性及金属对植物的毒性不仅与有毒物类型和浓度有关，也受植物所处的发育阶段影响[178]。Ahsan 等[154] 研究经过 4d 萌发的水稻种子在高浓度 Cd 胁迫下的蛋白质组响应，发现抗氧化及其胁迫相关调节蛋白显著上调。该研究表明，这些蛋白质在发芽阶段参与了响应 Cd 胁迫新的动态平衡的建立。Kieffer 等[155] 通过对杨树无性系叶片在 Cd 胁迫下的全蛋白质组分析发现，植物生长受到抑制的同时对光合同化物的需求降低。同时，线粒体的呼吸作用表达升高，为植物响应 Cd 胁迫提供能量需求。翁兆霞[156] 以秋茄为材料，分离鉴定 Cd 胁迫下差异表达的蛋白质，发现大部分能量代谢、蛋白质代谢、氨基酸转运及代谢、解毒及抗氧化作用以及信号转导相关蛋白质表达量上升。

除了高等植物以外，低等植物及金属超富集植物蛋白质 Cd 胁迫响应的研究工作也取得了一定进展。Gillet 等[157] 在单胞藻中发现，一些光合作用、卡尔文循环和叶绿素合成相关蛋白质丰度在 Cd 胁迫下显著降低，而谷胱甘肽生物合成、ATP 及氧胁迫响应相关蛋白质的丰度则有所增加。为了研究遏蓝菜等植物的金属超积累机制，Tuomainen 等[158] 对不同种源的天蓝遏蓝菜进行了比较蛋白质组学研究。研究结果表明，尽管 Cd 胁迫对每种植物的蛋白质组影响较小，但植物间的蛋白质组存在显著差异。这几种天蓝遏蓝菜植物根部的 267 个蛋白点和枝条的 246 个蛋白点存在极显著差异。此外，根部的 68 个蛋白点、枝条的 17 个蛋白点在种间的差异较金属间的差异显著，表明物种是造成这些差异的主要因素。同时，一些抗氧化相关蛋白质的丰度在耐重金属植物体内显著增加，这表明抗氧化相关蛋白质可能参与提高天蓝遏蓝菜对重金属的耐受力。Zhao 等[159] 对 Cd 胁迫下垂序商陆幼苗叶片进行蛋白质组分析，以揭示其耐 Cd 的分子机理。通过 MALDI-TOF/TOF MS 分析结合蛋白质数据库检索，共发现 14 个上调基因，11 个下调基因。蛋白质表达的变化主要发生在光合途径以及硫和谷胱甘肽的相关代谢过程中。1/3 的上调蛋白质为转录、翻译相关蛋白质及包括一个钙网蛋白在内的分子伴侣。其他蛋白质主要包括抗氧化酶，如：2-半胱氨酸过氧化物酶、氧化还原酶等。

金晓芬[160] 以 Cd 超积累植物东南景天为材料，分析 Cd 胁迫下不同生态型蛋白质。对从印度芥菜根系分离出的 37 个能获得单一可信鉴定的蛋白质进行统计分析，发现这些蛋白质主要为羟甲基转移酶、天冬氨酸转氨酶、抗坏血酸过氧化物酶、单脱氢抗坏血酸还原酶、谷胱甘肽 *S*-转移酶、半胱氨酸合酶、蛋氨酸亚砜还原酶类似蛋白、*S*-腺苷甲硫氨酸合成酶等，可能与植物主要物质代谢（如糖类、蛋白质、氨基酸代谢）和能量代谢有关，同时也可能参与巯基代谢、氧化还原反应和解毒等过程。而同为 Cd 处理的亚麻（*Linum usitatissimum* L.）中只分离出 16 个有显著差异的蛋白质，其中 13 个上调表达，3 个下调表达，且不同品种亚麻中只有 2 个蛋白质的表达变化水平一致。13 个上调蛋白质主要为铁蛋白（Ferritin-2)、谷氨酰胺合成酶、*S*-腺苷甲硫氨酸合成酶、甲硫氨酸合成酶、热激蛋白（Hsp70 和 Hsp83）、脂钙蛋白（Lipocalin-1）、膜连蛋白、纤维素膜连蛋白、α-微管蛋白等，主要参与疾病防御、物质代谢、信号转导、能量转移和细胞构造等生理过程，而铁蛋白和谷氨酰胺合成酶只在 Cd 耐性品种中上调表达，说明植物 Cd 的耐性机制可能是 Cd 与铁蛋白或低分子量巯基肽结合，从而避免 Cd 在敏感位点累积。对拟南芥（*Arabidopsis thaliana*）根系 Zn 处理下分离出的 10 个上调蛋白质和 17 个下调蛋白质进行鉴定，发现这 27 个蛋白质主要为氨基酰化酶、单脱氢抗坏血酸还原酶、异柠檬酸脱氢酶、苹果酸脱氢酶、谷胱甘肽 *S*-转移酶、铁蛋白、过氧化物酶、MLP-like 蛋白等。这种不同蛋白质种类和表达的差异，可能与实验所采用的不同植物及不同重金属胁迫相关，但从这些已经分离并鉴定出来的蛋白质中，可以发现在大部分植物中都存在与巯基代谢相关的谷胱甘肽 *S*-转移酶、谷氨酰胺合成酶、甲硫氨酸合成酶等，说明巯基类物质很可能在植物对重金属的耐性和解毒中发挥了重要作用，也可能它们只是植物对重金属胁迫响应的产物。

组差异及蛋白质表达，初步鉴定了 49 个可能与 Cd 耐性或积累相关的蛋白质，这些蛋白质功能涉及蛋白质合成、信号转导、转录、初级代谢、光合作用、细胞结构、转运子、蛋白质储存等。

（2）砷　砷（As）在土壤和地表水中的溶解度很高，对植物和动物都是非必需元素，是主要的有害准金属之一。砷对植物的毒性作用在生理、生化方面分析较多，从蛋白质组水平上开展植物对砷胁迫的响应研究较少。

Requejo 和 Tena[161] 首先将蛋白质组学应用于 As 对植物毒害的研究，他们发现在用 As（Ⅴ）或 As（Ⅲ）处理的玉米中，约 15%的蛋白质表达发生变化，共鉴定了 7 种蛋白质，这些蛋白质主要与细胞氧化相关，说明氧化胁迫在 As 对植物毒害过程中起主要作用。Ahsan 等[162] 通过对砷诱导下的水稻根进行比较蛋白质组分析发现，根部的脂类过氧化反应、GSH 及 H_2O_2 含量和 As 的累积随着 As 胁迫浓度的提升而增加。同时，根部的蛋白质组也发生极大的变化，SAMS、GST、CS、GST-tau 及 TSPP 的表达水平在 As 诱导下显著上升。并指出 As 与植物的作用主要分为 3 个方面：①触发、启动信号分子，如茉莉酸和 *S*-腺苷甲硫氨酸；②活化 As 胁迫诱导的解毒过程，主要包括 GSH、PCs（植物螯合肽）的生物合成；③产生活性氧（ROS）。Duquesnoy 等[163] 通过对细弱剪股颖（*Agrostis tenuis*）的叶片蛋白质组分析表明，几种光合作用相关的蛋白质表达明显受到 As 的抑制，导致植物叶片诱发变色病。

（3）铬　铬（Cr）在地层中的储量位居第 7。在自然界中，Gr 主要以 Cr^{3+} 和 Cr^{6+} 两种价态存在，这两种价态都会对植物器官和组织造成损害。铬的植物毒性表现在可抑制种子萌发，降低色素含量，扰乱植物体内营养平衡并产生活性氧[179]。Labra 等[164] 首次应用蛋白质组学研究植物对 Cr 胁迫的响应。通过毛细管电泳，发现随着 Cr 胁迫浓度的增加，玉米幼苗根中的金属硫蛋白相应增加。通过对差异蛋白质的鉴定和分析，发现玉米的抗氧化系统首先在 Cr 胁迫下被激活，相关的抗氧化酶包括超氧化物歧化酶、半胱氨酸过氧化物酶和乙二醛酶。此外，还发现与糖类代谢相关的 ATP 合成酶在 Cr 胁迫下上调。Vannini 等[165] 通过对人参在 Cr 胁迫下的蛋白质表达谱进行分析，共发现 16 种受 Cr 诱导的蛋白质。其中，与光合作用相关的蛋白质包括 1,5-二磷酸核酮糖羧化酶/加氧酶（Rubisco）、1,5-二磷酸核酮糖羧化酶/加氧酶活化酶（Rubisco avtivase）、光合叶绿素 a/叶绿素 b 蛋白质及与胁迫相关的叶绿素 a/叶绿素 b 结合蛋白。同时，与氨基酸、谷胱甘肽、精氨酸及甲硫氨酸代谢相关的蛋白质也受到 Cr 的诱导。Sharmin 等[166] 研究了 Cr 诱导下芒（*Miscanthus sinensis*）根部的蛋白质表达差异，共鉴定出 36 种蛋白质。其中大多数为离子运输、能量及氮代谢相关蛋白质和氧胁迫相关调节蛋白，它们在 Cr 胁迫下通过协同作用建立一种新的体内平衡。Vannini 等[167] 研究了 Cr^{3+}、Cr^{6+} 处理后发芽猕猴桃（*Actinidia chinensis*）花粉蛋白质组的变化，发现与线粒体氧化磷酸化相关的 2 种蛋白质在 2 种 Cr 胁迫下显著降低，泛素-蛋白质水解酶复合通路均受到影响。实验结果同时表明，错误折叠或受损蛋白质的间接积累是 Cr^{3+} 对花粉造成毒害的重要分子机制之一。

（4）铜　铜（Cu）是植物生长和发育过程中所必需的微量元素，主要以 Cu^{+} 和 Cu^{2+} 形式存在。由于其独特的氧化还原属性，它在细胞的生化和生理过程中起到非常关键的作用。例如，Cu 是光合作用、线粒体呼吸作用、氧胁迫响应及乙烯信号转导过程中重要的辅助因子。然而，高浓度的铜对植物具有毒性。例如 Cu 催化发生的 Haber-Weiss 反应和 Fenton 反应能促使植物产生过氧化物，通过破坏植物体细胞组分影响其内养分循环和代谢[180]。

用蛋白质组学方法研究 Cu 对植物的毒理作用已有不少报道。Hajduch 等[168] 首先研究了 Cu 胁迫对水稻叶片蛋白质的影响，结果发现许多参与植物光合作用的蛋白质受 Cu

诱导，造成植物正常的光合途径受到严重影响。此外，Smith 等[169] 研究了拟南芥中 GST 响应 Cu 胁迫的蛋白质组学。通过反液相色谱与质谱联用（RLC-MS/MS）分析发现，Cu 处理样品的 GST 基因（AtGSTF2，AtGSTF6，AtGSTF7，AtGSTF8）的表达水平提高，表明这 4 类 GST 可能在缓解 Cu 对植物细胞毒害过程中发挥着某种特殊的作用。Li 等[170] 研究了 Cu 胁迫下海州香薷（*Elsholtzia splendens*）根和叶的蛋白质组学特性，发现其叶片中 Rubisco、光合作用及抗氧化相关蛋白质表达上调，并提出根细胞代谢途径的改变及氧化还原反应的内平衡可能是解毒 Cu 的重要机制。

（5）其他元素　相比以上几种重金属，Al、Pb、Hg、B、Ni 等元素诱导的植物逆境蛋白质组学研究工作也取得了一定进展。Zhou 等[171] 分析 Al 处理下番茄（*Solanum lycopersicum*）根组织蛋白质组的变化，共鉴定 49 个差异表达蛋白质。这些蛋白质作用于调节体内抗氧化系统、解毒机制、有机酸代谢及甲基循环。Kumar 等[172] 对 Pb 胁迫下长春花（*Catharanthus roseus*）的差异表达蛋白质进行分析，发现三羧酸循环、糖酵解、莽草酸运输、植物螯合肽合成、氧化还原平衡及信号转导相关蛋白质在植物抗氧化胁迫过程中起了关键作用。Nicolardi 等[173] 发现在恒定浓度 Hg 胁迫下，地衣体内与光合途径相关的蛋白质发生变化，包括叶绿体光系统Ⅰ作用中心的Ⅱ亚基、ATP 合成酶 β-亚基及氧化作用相关蛋白质。这表明，影响光合作用是 Hg 对植物造成毒害的主要途径之一。John 等[174] 运用 iTRAQ 技术，鉴定了 B 胁迫下大麦与铁载体合成相关的 3 种上调蛋白质（缺铁敏感蛋白 IDS2、IDS3 及甲硫基核糖激酶）。Ingle 等[175] 从蛋白质组学水平上研究了超富集植物庭荠（*Alyssum lesbiacum*）耐 Ni 的分子机制，发现 Ni 诱导下与硫代谢、活性氧防御及热激响应相关蛋白质表达量发生变化。

2. 植物解毒重金属的亚细胞蛋白质组学研究

植物细胞对重金属的累积及解毒场所主要包括细胞壁、细胞膜、胞液及液泡隔室[181]。相关研究表明，植物对重金属的解毒作用主要依靠一系列特殊的细胞途径，包括金属通过与细胞壁结合而进入细胞，经细胞膜的跨膜运输进入胞液，最后在氨基酸、多肽及有机酸作用下被输送及储存在液泡中。应用高通量的蛋白质组学方法，从亚细胞水平研究植物解毒重金属机理，为深入理解植物细胞对重金属的解毒及生物转化过程提供了有效方法。

（1）细胞壁　植物根部的细胞壁最先与土壤重金属接触。细胞壁除了维持细胞形状、大小及硬度外，通过分泌多肽或改变细胞壁蛋白的丰度，为植物抵抗重金属胁迫提供防护屏障[182]。在 Al 胁迫条件下，一些耐 Al 植物根部分泌的柠檬酸、草酸及苹果酸能与 Al 形成稳定复合物，从而降低其对植物根的伤害[183]。在 Cd 胁迫下，亚麻幼苗细胞壁出现增厚，果胶结构发生明显变化。Douchiche 等[184] 研究发现，亚麻通过调节同型半乳糖醛酸聚糖的甲基酯化模式，以适应 Cd 胁迫下皮层组织细胞壁结构的变化。此外，Xiong 等[185] 研究发现，水稻在 Cd 胁迫下，氮氧化物的外源应用使根细胞壁中果胶及半纤维素的含量增加，从而提高其对 Cd 的耐受性。Jiang 和 Liu[186] 研究了 Pb 胁迫下，大蒜（*Alliumsativum*）根细胞壁超微结构的改变及富含半胱氨酸蛋白质的合成及分布情况。实验结果表明，细胞壁中富含半胱氨酸蛋白质与 Pb 离子相互作用而将其固定。目前，仅在玉米、小麦、大豆等农作物中开展过水分胁迫下的细胞壁蛋白质组学研究，对重金属胁迫下植物细胞壁蛋白质响应分析未见报道[187-189]。

（2）细胞膜　膜蛋白在许多细胞过程中起到非常重要的作用，如不同信号转导途径的调节。植物细胞拥有许多转运蛋白，包括阳离子转运促进蛋白、锌铁调控蛋白（Zrt-and Irt-like protein，ZIP）、阳离子交换蛋白、Cu转运蛋白、重金属P型ATP酶（heavy metal P-type ATPase，HMA）、自然抗性相关巨噬细胞蛋白、ATP结合盒转运蛋白（ATP-binding cassette transporter，ABC）。目前，只有少量的重金属转运蛋白被鉴定，其中绝大多数受多基因家族编码。例如，在拟南芥中，共有15个ZIP基因、12个耐重金属蛋白基因及8个与金属转运相关的HMA基因[190,191]。细胞膜是细胞阻止重金属在体内扩散的最初活性屏障。通过鉴定受基因编码的金属渗入及迁移相关膜蛋白，有助于深入理解植物细胞对重金属的解毒过程。然而，关于细胞膜控制金属渗入及迁移的机制研究仍处于初级阶段。

（3）细胞基质　细胞基质中的蛋白质不直接参与重金属的解毒过程，而多种信号转导途径中的蛋白质在金属胁迫下表达发生变化。GSH、PCs、有机酸及类黄酮等代谢物普遍都在细胞基质中合成。在重金属胁迫下，这些代谢物能与重金属结合而起到解毒作用[192]。在这些代谢物合成途径中，相关的基因和蛋白质主要位于细胞基质中。因此，通过细胞基质蛋白质组学分析，有助于更好地理解植物细胞对重金属的解毒过程。研究表明，乙烯合成相关蛋白质*S*-腺苷甲硫氨酸合成酶（*S*-adenosyl-L-methionine synthetase，SAMS）在Cd、Al和As等重金属胁迫后上调[193,194]。L-甲硫氨酸和ATP在SAMS的催化作用下，经过硫化反应合成SAM（S-腺苷甲硫氨酸）。SAM同时也能作为GSH的前体物，而GSH在金属运输、存储及代谢过程中起着非常重要的作用。茉莉酸（jasmonic acid，JA）是植物生长的重要调节物质。Rodríguez-Serrano等[195]研究发现JA水平及其合成相关蛋白质的表达量在重金属胁迫下增加。据此，JA被认为可能直接涉及重金属的解毒机制或者间接调节GSH生物合成途径。此外，与GSH和PCs合成相关蛋白质也能直接参与重金属的解毒过程。在重金属解毒相关蛋白质中，半胱氨酸合成酶（cysteine synthase，CS）和谷胱甘肽巯基转移酶（glutathione S-transferase，GST）是两种最普遍的参与重金属响应的蛋白质[196]。CS是半胱氨酸（cysteine，Cys）合成途径中最主要的酶，而Cys是GSH和PCs生物合成途径中主要的前体之一。例如，在拟南芥中8种GST蛋白（如GSTF2、GSTFs6-10、GSTU19和GSTU20等）在Cu胁迫下表达发生变化。此外，对水稻进行砷酸盐胁迫发现，根部细胞中包含Omega基因的GST表达量在处理下显著上升，而在其他重金属（如亚砷酸盐、Cu及Al）的诱导下没有发生变化。结果表明，GST-Omega基因可能涉及As的生物转化和新陈代谢。总之，许多与重金属解毒过程相关的细胞基质蛋白质还未被认识，这些蛋白质可能直接或通过几个不同途径间接地发挥作用。

（4）液泡　液泡是植物细胞实现重金属内平衡及解毒重金属的主要场所[197]。例如，Ni超富集植物天蓝遏蓝菜通过将叶片细胞内的大量Ni封存到液泡内以提高植物对该金属的耐受性[198]。此外，一些液泡重金属转运蛋白（例如重金属P型ATP酶、ATP结合盒转运蛋白和阳离子交换转运蛋白）通过生物膜，将细胞基质内的自由或结合态金属运输到液泡中[199-201]。然而，由于分离高纯度的液泡难度大，液泡调解重金属毒性的相关蛋白质及分子机制尚未深入研究。

目前，仅在拟南芥、水稻、大麦及花椰菜等少量植物中进行过液泡或液泡膜的蛋白质组分析[202-205]。最近，一种定量蛋白质组学方法被用于研究大麦液泡中的Cd调控蛋白，最终鉴定出一些与Cd解毒过程直接相关的转运蛋白，包括CAX1a、MRP3-like蛋白和γ-液泡膜内在蛋白。尽可能多地阐明液泡转运蛋白的特性和功能，有助于更完整地理解细胞基质在金属胁迫下的平衡机制。以超富集植物与非超富集植物为研究对象，开展金属胁迫下的比较蛋白质组学研究，有利于明确液泡蛋白质在金属沉积及积累中所起的作用。

（二）蛋白质组学在多环芳烃污染土壤植物修复中的应用

目前，利用蛋白质组学研究工具，对污染胁迫下的植物进行蛋白质组差异性研究，并从蛋白质角度分析其毒理机制，筛选污染生物标记物，已经成为国内外研究的热点。众所周知，质膜在生物体中起着非常重要的作用，其在物质运输和信号转导方面有着不可或缺的作用。质膜是最先接触多环芳烃的部位，多环芳烃的接触对于细胞来讲，属于外界环境发生的变化，而外界环境的变化必将导致细胞内部微环境发生相应的改变，在内外环境的相应变化中，质膜起着传递的作用。所以，在这一过程中，对质膜的功能执行者（即质膜蛋白质）的研究显得极为重要。都江雪[206]利用建立的小麦根系质膜蛋白质双向电泳体系对菲处理与未处理的小麦根系质膜蛋白质进行凝胶分离，并应用MALDI-TOF/TOF-MS技术对差异表达蛋白质进行鉴定，通过对差异蛋白质的功能分析来阐明小麦根系对菲的吸收机制以及菲胁迫对小麦根系质膜的影响机制。结果表明，对照组图谱上共检测出蛋白点222个，菲胁迫组图谱上共检测出蛋白点245个，匹配蛋白点192个，发生差异变化蛋白点53个，显著差异蛋白点为14个。被鉴定的差异蛋白质包括白蛋白、钴氨素非依赖甲硫氨酸合成酶、烯醇化酶、热激蛋白、β-葡萄糖苷酶、甲胎蛋白、甘油醛-3-磷酸脱氢酶，这些蛋白质分别参与了小麦根系质膜的信号转导、能量代谢及胁迫反应等多个过程。

四、问题及展望

蛋白质组学解决了在蛋白质水平上大规模直接研究基因功能的问题，是通过生化途径研究蛋白质功能的重大突破。蛋白质组分析作为专门的技术体系广泛用于生命与环境科学众多领域，尤其是热点领域。但蛋白质组学在应用过程中仍面临许多挑战。

① 蛋白质组学研究的相关技术有待进一步提升。例如，样品制备中蛋白质提取、纯化的制约因素较多，低丰度植物蛋白的鉴定难度较大。因此，有必要开展样本制备新技术的研究，包括不受金属与蛋白质相互作用影响的蛋白质萃取、重金属作用产生的特殊分子途径以及重金属毒性生物标记的鉴定方法。此外，通过在蛋白质电泳分离前率先提高蛋白质丰度是解决该问题的一种策略。

② 关于植物重金属响应蛋白质组学在亚细胞水平的研究很少。与植物解毒及重金属的耐受性相关的主要场所是细胞壁、细胞膜、细胞基质和液泡。因此，应该更多地发展植物亚细胞蛋白质组学的研究。例如，鉴定将重金属从细胞膜运输到液泡的转运蛋白，揭示金属转运蛋白与其他蛋白质或代谢物的相互作用，建立耐性植物解毒特定重金属的完整蛋白质网络，并运用比较蛋白质组方法分析超富集与非超富集植物细胞器解毒重金属的差

异，为深入了解植物细胞对重金属的解毒作用和生物转化过程提供有效的方法。

③ 植物解毒重金属过程中的蛋白质间相互作用尚未深入研究。尽管一些关于将重金属从细胞质膜运输到液泡的转运蛋白被成功鉴定，但植物在重金属胁迫下，通过翻译后修饰（例如，磷酸化作用、脱磷酸作用及谷胱甘肽修饰作用等）使其蛋白质发生变化的相关研究并未深入。该信息不仅有利于蛋白质丰度变化的确定，还能够判断一种亚型蛋白质是否通过翻译后修饰被激活或去活化。因此，通过分析翻译后修饰蛋白质及氧化还原蛋白质组，能为深入了解植物响应重金属胁迫提供一种潜在的方法。

④ 蛋白质组学在有机污染土壤植物修复中的研究较少。有机污染与重金属污染严重程度相当，应该加强有机污染胁迫下的蛋白质组学研究。

总之，关于植物响应重金属和有机物蛋白质组学方面的研究有待进一步深入。可通过发展蛋白质组学研究新技术，剔除蛋白质样品制备的制约因素，并提高低丰度蛋白质的鉴定率。还可通过对植物解毒重金属与有机污染物过程中的组织特异性蛋白质组或基于器官亚细胞的蛋白质组进行分析，尝试建立植物解毒各种重金属与有机污染物的完整蛋白质网络。此外，运用比较蛋白质组学方法，分析超富集植物和非超富集植物响应重金属与有机污染胁迫途径中的差异，可为深入阐明植物解毒及积累重金属和有机污染物的机制提供有效方法。

第四节　代谢组学技术在植物修复中的研究

一、概述

代谢组学研究了生物体内源代谢物的类型和数量及其在内部和外部因素作用下的变化，这是系统生物学的重要组成部分，也是继基因组学、转录组学和蛋白质组学之后迅速发展起来的一门新学科。20 世纪 90 年代，Nicholson 等首次提出“metabonomics”的概念，Fiehn 在 21 世纪初提出“metabolomics”，二者在拼写和侧重点方面略有不同，但两者基本上都在研究生物体的整体代谢产物。目前，代谢组学被定义为科学地对给定生物体、组织或细胞中所有低分子量（通常＜1000）代谢物的定性和定量分析。作为基因转录和内部及外部因素作用下蛋白质表达的最终结果，代谢物是材料生物体表型的基础。同时，代谢物可以影响或调节基因转录以及蛋白质表达和活化。与基因组、转录组和蛋白质组相比，代谢组更接近生物体的表型，基因组和蛋白质组的微小变化可以在代谢组水平上得到反映和扩增。因此，代谢组学的研究吸引了更多的关注，代谢组学在生物系统和基因功能的分析中发挥着越来越重要的作用。

在代谢组学的整个研究中，植物代谢组学的研究起着重要作用。植物代谢组学始于 20 世纪 90 年代初，索特等人首先将代谢组学分析引入植物系统诊断，其中最具代表性的是 Fiehn 等[207] 对拟南芥的研究。植物中有 20 多万种代谢物，对植物的生长发育起着重要作用。根据不同的研究对象和目的，将代谢物分析分为代谢物靶标分析、代谢轮廓（谱）分析、代谢组学和代谢指纹分析四个层次。其中代谢物靶标分析是靶向分析方法，而其他三个水平是非靶向分析方法。近年来，非靶向的代谢谱分析和代谢物靶标分析是植物代谢组学研究的重点。作为一类固定生物体，植物可产生多种代谢物，范围为20万～100万。植物代谢产物可分为初生代谢物和次生代谢物。初生代谢物是维持植物生命活动和生长发育所必需的，而次生代谢物则更为复杂。在植物环境反应（如抗病性和抗逆性反应）中有多种不同结构和含量的植物代谢产物，使植物成为代谢产物生物合成及其调控研究的理想材料。同时，植物代谢物的复杂性也对植物代谢组学研究提出了严峻挑战。近年来，随着代谢组学分析技术的发展，特别是基于质谱和核磁共振的代谢组学分析，代谢组学研究的内容不断扩大。此外，通过代谢组学和其他组学技术（如转录组学和基因组学）的整合，植物代谢组学在功能基因鉴定、代谢途径分析和自然变异的遗传分析方面取得了很大进展。

代谢组学是通过检测生物体系（细胞、组织或生物体）受到刺激或干扰后，其代谢产物的变化或随时间的变化，来研究生物体系的一门科学。代谢组学是系统生物学的一个分支，它基于群体指数分析，以高通量检测和数据处理为手段旨在信息建模和系统集成。代谢组学关注的是代谢周期中分子量小于1000的小分子代谢物的变化，这反映了外部刺激或遗传修饰的细胞或组织的代谢应答变化。

生物有机体是动态和多因素调控的复杂系统。在从基因到性状的生物信息传递链中，生物体需要不断调整其复杂的代谢网络，以维持系统内外环境的正常动态平衡。DNA、mRNA和蛋白质的存在为生物过程的发生提供了物质基础，而代谢物质和代谢表型的发生反映了已发生的生物事件，这也是基因型与环境相互作用的综合结果，是生物体系生理生化功能的直接体现。

二、植物代谢组学技术

与其他组学技术只需分析相同或相似的特定类型对象不同，代谢组学特别是植物代谢组学所要分析的对象种类繁多、理化性质各异、浓度范围分布极广，依靠单一的分析手段难以对全部植物代谢物进行无偏检测。目前，基于色谱（气相、液相、毛细管电泳）、质谱、核磁共振、傅里叶变换-红外光谱等分析平台在植物代谢组学研究中都得到了广泛应用，其中研究最深入、应用最广的是核磁共振和色谱-质谱联用两大技术平台。

（一）基于核磁共振平台的代谢组学技术

核磁共振（NMR）技术是代谢组学研究中应用最早、最为常见的技术之一。核磁共振是一种基于具有自旋性质的原子核在核外磁场作用下吸收射频辐射而产生能级跃迁的谱学技术，常用的有氢谱（^{1}H-NMR）、碳谱（^{13}C-NMR）、磷谱（^{31}P-NMR），其中^{1}H-NMR应用最为广泛。核磁共振技术样品用量小，几乎不需要进行样品前处理，而且能够提供代谢物准确的结构信息。NMR为非侵入性分析，可对粗提取液、细胞悬浊液、完整的组织或整个器官中的代谢物进行分析，是现有代谢组学分析技术中唯一能用于活体和原位研究的技术。特别是最近开发的魔角旋转（magic angle spinning，MAS）、磁共振成像（magnetic resonance imaging，MRI）和活体磁共波谱（vivo magnetic resonance spectroscopy，MRS）等技术能够无创、整体、快速地获得机体某一指定活体部位的NMR谱。

2010 年，Pérez 等应用高分辨 MAS-^{1}H-NMR 对番茄果实及其组织进行了代谢组学研究，并利用化学计量学对番茄不同组织（果皮、果肉和种子）以及不同成熟度的番茄（绿色、转变期、红色）代谢谱进行了区分[208]。该方法不仅极大程度地减少了样品处理过程，可实现极性和非极性化合物的同时分析，且可获得与^{1}H-NMR 相似的分辨率。当采用漫射编辑（diffusion-editing）技术时，NMR 方法还能提供丰富的分子信息，如代谢产物的结构、浓度、分子动力学及相互作用等[209]。另外，每个化合物的 NMR 谱图是唯一的、特定的，且信号强度与分析物浓度直接成正比，故 NMR 可以同时提供定性和定量信息。NMR 分析的好坏直接取决于定性的信号数目，因此植物代谢物 NMR 谱库的建立和完善将推动 NMR 技术在代谢组学中的广泛应用[210]。

核磁共振技术的不足在于其检测灵敏度低、分辨率不高，难以检测丰度较低的代谢物。为了提高其灵敏度、选择性和谱图的分辨率，二维 NMR 常被使用。相关谱（correlated spectroscopy，COSY）、异核多量子相干谱（heteronuclear multiple quantum coherence，HMQC）、异核多量子相关谱（heteronuclear multiple bond correlation，HMBC）可提供不同核间的相关关系，从而可提高代谢物定性能力。近年来，随着 950MHz 高场强核磁共振及超低温探头技术（cryoprobe technology）等的发展，NMR 检测分辨率和灵敏度得到了较大的提高。加之其无损伤性、分析速度快、代谢物检测的无偏性等特点，核磁共振技术在植物代谢组学研究中应用将更加广泛。

（二）基于色谱-质谱平台的代谢组学技术

与 NMR 相比，MS 具有选择性和灵敏度高、普适性和分析速度快等特点，可同时检测、鉴定多种代谢物，提供丰富的数据信息等，已成为代谢组学研究最为有效的手段之一。质谱技术在代谢组学中的应用主要有直接进样质谱法和色谱质谱联用两种方式。直接进样质谱法分析速度快，可实现对大批量样本的快速筛选，常用于代谢指纹分析。近年来，飞行时间质谱（time of flight-mass spectroscopy，TOF-MS）、傅里叶变换-离子回旋共振-质谱（fourier transform ion cyclotron resonance-mass spectrometry，FT-ICR-MS）、轨道阱（orbitrap）质谱等高分辨质谱仪可通过精确质量定性未知化合物，进一步扩展了直接进样质谱技术在代谢组学中的应用。2008 年，Giavalisco 等[211] 利用 FT-ICR-MS 直接进样方法在拟南芥地上部分鉴定出 1000 多种化学成分，其中 80%的成分未在拟南芥中报道过。解析电喷雾离子化（desorption electrospray ionization，DESI）、实时直接分析（direct analysis in real time，DART）、电喷雾萃取电离（extractive electrospray ionization，EESI）等新的离子化技术的发展也促进了直接进样质谱在代谢组学中的应用。但这些设备都比较昂贵，限制了其在代谢组学中的普遍使用。另外，直接进样质谱法还存在着共抑制效应、离子化效率低、无法区分加合物与产物离子及异构体等缺点。为了避免这些问题，同时降低样品基质的干扰，近年来色谱-质谱联用技术在代谢组学研究中的应用较为广泛，如 GC-MS、LC-MS 或毛细管电泳-质谱联用（capillary electrophoresis，CE-MS）。

基于气相色谱-质谱（GC-MS）技术的代谢组学平台主要用于分析热稳定、易挥发、能气化的小分子代谢物，分离效率高，具有较高的分辨率和灵敏度。另外，气相色谱-质谱检测结果可通过与标准谱图库比对获得代谢物结构信息，易于对代谢物进行定性。利用多维色谱技术发展的全二维色谱质谱联用技术，如全二维气相色谱-飞行时间质谱（GC×GC-TOF/MS）能够进一步提高色谱分离效果和峰容量，同时可通过提高灵敏度和聚焦效果增加代谢物的检出量，展示了对于复杂生物学样品分析的优越性能。气相色谱-质谱发展较为成熟，已经成为植物代谢组学研究中广泛应用的分析方法，是目前复杂样品中代谢物分析的主要定性和定量手段之一。

基于液相色谱-质谱（LC-MS）的代谢物检测方法检测限宽、灵敏度高，对待测组分的挥发性和热稳定性没有要求，通过选择不同类型色谱柱可以实现从极性到非极性的各种代谢物特别是各种次生代谢物的检测，一般也不需要衍生化的复杂的前处理，因此在植物代谢物检测技术的发展中越来越受到重视。传统的液相色谱-质谱方法有靶向代谢组学（targeted metabolomics）和非靶向代谢组学（non-targeted/untargeted metabolomics）两大类。靶向代谢组学方法只能对少数（一般少于 100 种）已知代谢物进行定性和定量检测，但其具有灵敏度高、定量准确的特点。与之相反，非靶向代谢组学方法能够同时检测数百乃至数千种代谢物（包括已知和未知代谢物），但其灵敏度较之前者减低 1～2 个数量级，定量准确性也相对较差。针对上述两种方法的优缺点，近年来相继发展出能够同时定性、定量数百种已知代谢物和定量近千种已知及未知代谢物的广泛靶向代谢组学分析方法（widely-targeted metabolomics）。该方法能够在 30min 内定量超过 800 种已知和未知代谢物，与靶向代谢组学方法具有相同的灵敏度和定量准确性，同时结合了非靶向方法代谢物种类覆盖广泛、检测数量大的优点，在一定程度上代表了代谢组学检测手段的发展趋势，特别适合对大量试样的高通量、广覆盖的代谢组学分析，具有非常广泛的应用前景。用于代谢组学研究的 LC-MS 方法多集中在反相液相色谱（reversed-phaseliquid chromatography，RPLC），但是传统反相色谱柱对强极性的化合物无法保留，从而导致强极性样品的信息损失。亲水相互作用色谱（hydrophilic interaction liquid chromatography，HILIC）技术是一种以极性固定相（如硅胶或衍生硅胶）及含高浓度极性有机溶剂和低浓度水溶液为流动相的色谱模式，特别适用于强极性和强亲水性小分子物质的分离。HILIC 对复杂样品中的极性物质具有很好的灵敏度和选择性，已经被广泛应用于代谢组学研究中。2002 年，Tolstikov 等[212] 利用 HILIC-MS 法测定了笋瓜叶柄韧皮部渗出液中的寡糖、糖苷、氨基糖、氨基酸和糖核苷酸，该方法前处理简便、灵敏度高。

一维液相色谱-质谱应用于复杂生物样品的代谢组学研究中同样存在无法提供足够的峰容量的不足，而全二维液相色谱（LC×LC）可将分离基质不同的二维色谱柱（反相柱、亲水柱、离子交换柱、亲和色谱柱等）组合构成分离系统，从而提高分离效果。在液相色谱技术方面，超高效液相色谱（ultra performance liquid chromatography，UPLC）及超高压系统（压力大于 10^5kPa）等新型液相色谱技术的应用能显著改善色谱分离度，与质谱联用时基质干扰减小，在提高检测灵敏度的同时大大缩短了分析周期。因此，超高效液相色谱-质谱替代传统液相色谱-质谱特别适用于微量复杂混合物的分离和高通量代谢组学分析，在植物代谢组学研究中得到了快速而广泛的应用。

与 GC、LC 相比，CE 具有仪器简单、分离效率高、分析速度快、溶剂消耗少、应用范围广等特点。CE-MS 联用提高了检测灵敏度，在一次分析中可同时得到迁移时间、分子量和碎片特征信息，主要适用于分析极性和离子代谢物（如磷酸化化合物、核苷、核苷酸、TCA 循环和鸟氨酸循环代谢物等），还可以区分结构高度相似代谢物和同分异构体化合物（如柠檬酸和异柠檬酸）。由于其分离机理和色谱不同，在生物样品代谢组学研究中常作为 GC、LC 的补充。2008 年，Watanabe 等[213] 采用 CE-ESI-TOF-MS 对拟南芥插入 T-DNA 敲除突变体进行了非靶向代谢谱分析，结果表明，γ-谷酰基-β-氰基丙氨酸在 Bsas 的一个突变体（bsas3；1）中降低，而（Bsas3；1）与 β-氰基丙氨酸和 γ-谷酰基-β-氰基丙氨酸的合成有关。Sato 等[214] 用 CE-MS 和 CE-DAD（二极管阵列检测器）分析水稻叶子中 56 种碱性代谢物的动态变化，为认知生物系统组成的复杂相互关系提供了依据。Sawalha 等[215] 用 CE-MS/MS 对甜味和苦味橘皮提取物中的黄酮类代谢物进行定性和定量分析，为获取天然黄酮提供了新途径。Levandi 等[216] 用 CE-MS 研究发现 3 种转基因玉米和普通玉米之间存在一些明显差异的代谢物。

（三）代谢物的注释

除了代谢组学分析平台方面的发展以外，代谢物的结构鉴定或注释也是目前代谢组学分析中的一个重点和难点问题。到目前为止，代谢组学主要集中在对已知代谢物的研究方面。值得注意的是，随着代谢组学技术的发展，特别是非靶向和广泛靶向技术的发展，代谢组学分析过程中获得了大量“未知代谢物”的定量信息。这些“未知代谢物”能够在代谢组学分析中被重复、稳定地定量检测，但是其化学结构未知。虽然它们可能是生理、病理及逆境响应中的重要生物标志物，或是直接在上述过程中发挥作用，但是由于缺乏相应的结构信息，很难对这些未知代谢物进行深入研究，进一步的应用也受到很大限制。由于代谢物结构的解析需要对代谢物进行分离、纯化，并获得其核磁共振、光谱等综合特征，难以达到组学对分析通量的要求，目前代谢组学中未知代谢物的解析工作主要集中在其结构注释方面。

利用飞行时间质谱、傅里叶变换质谱及轨道阱质谱等可以提供代谢物的精确质量，多重质谱（MSn）能够提供代谢物完整的碎片离子信息。通过对这些信息的分析和处理，能够得到代谢物的分子量、元素组成及官能团等结构信息，并进而利用生物信息学手段进行代谢物结构注释。基于此，近年建立了一系列公共代谢组学数据库，如 MassBank，KNApSAcK Core Database，Plant Metabolome Database（PMD），Metlin、Golm Metabolomics Database（GMD），Platform for RIKE Metabolomics（PRIMe），MeltDB 及 Madison Metabolomics Consortium Database（MMCD）等。部分公司也提供商业化的代谢组学数据库，如 Agilent Fiehn GC-MS Metabolomics Library，Agilent Metlin Personal Metabolite Database，Wiley Registry/NIST Mass Spectral Library 等。同时，也开发出一些用于解析质谱和核磁共振数据及通过整合代谢途径信息进行代谢物注释的工具。

近年来还发展了一种利用系统生物学手段进行未知代谢物结构鉴定及注释的功能代谢组学方法。该方法利用正向遗传学手段获得未知代谢物与已知功能基因的关联信息，结合代谢物之间的相关性及代谢途径/网络分析，对未知代谢物进行结构注释，或进一步通过与标准品的比对进行结构确证。将上述方法与质谱获得的结构信息整合，注释了水稻中包括类黄酮、维生素、萜类等超过 160 个未知代谢物，并鉴定了其中部分代谢物的结构，取得了良好的效果。

三、植物代谢组学研究进展

植物代谢物反映植物在代谢水平上的生理状态。生长发育以及环境因素等内部和外部因素对植物体的任何干扰都会引起植物代谢物浓度或代谢流的变化，并且在大多数情况下，这种变化不是表现为一种或几种代谢物的变化，而是表现为多种代谢物甚至多种代谢途径的变化。因为代谢组学可检测到代谢物整体的变化，它被广泛用于植物生物学和相关领域。

（一）用于植物代谢物积累模式研究

通过代谢组学对植物代谢物积累模式的研究，不仅可以了解植物代谢物的不同时空积累模式，而且还可以研究其成分及含量在不同环境条件下的变化，为进一步解析其生物合成及调控奠定基础。代谢物的时空积累模式以研究具有生理、生物活性的次生代谢物最具代表性。类黄酮（flavonoids）是植物中普遍存在的一类次生代谢物，广泛参与植物发育等生理过程，对人体也有明显保健作用，具有广泛生理活性。通过靶向代谢组学手段检测了水稻中超过90种类黄酮物质的时空积累模式，结果表明其中绝大多数在营养生长阶段的叶中的含量最高。进一步研究表明，不同类型的类黄酮在水稻籼粳两个亚种间的积累模式也存在着明显的差异。酚胺（phenol amides）是广泛存在于植物中的另一类参与植物生长及胁迫响应的次生代谢物。研究发现，与类黄酮不同，酚胺在根中高量积累，同时其在籼粳亚种间的积累模式也与类黄酮正好相反。由于上述两类物质均在植物逆境响应过程中发挥作用，推测它们在水稻不同组织、不同亚种间的特异积累可能与水稻不同组织、不同亚种所受胁迫类型的不同有关。硫代糖苷（glucosinolates）是一类十字花科植物中特异的含硫代谢物，在抵抗生物胁迫过程中发挥重要作用。对模式植物拟南芥中硫代糖苷的研究表明，其积累不仅具有明显的时空特异性，还受到外界环境因子的调控，同时与不同生态型的地域适应性密切相关。上述代谢组学研究结果从一个侧面说明了植物代谢物，特别是次生代谢物在植物的进化、亚种分化等方面的作用。

除此之外，通过对胁迫条件下植物体内各代谢产物进行定性及定量分析，从而发现植物逆境下代谢调控规律及网络，也是植物代谢组学研究的一个重要方面。以非生物胁迫为例，植物在非生物胁迫下会启动一系列生理、生化响应，代谢组学通过监测胁迫下代谢物种类、含量变化为揭示这些复杂响应提供了一个极好的平台。Bowne等[217]研究了不同旱胁迫抗性的小麦品种在旱胁迫下的代谢变化，在干旱胁迫下，不同品种对干旱的耐受性不同。在所有品种中，干旱条件下氨基酸的含量都升高。朱维琴等[218]利用广泛靶向的代谢组学方法研究旱胁迫下水稻叶片的代谢物变化，结果表明旱胁迫能够显著提高脱落酸（abscisic acid）和包括脯氨酸（proline）在内的多种氨基酸、五羟色胺及其衍生物、部分酚胺及黄酮的积累，而溶血磷脂胆碱（lysophosphatidylcholines，LPCs）的含量则明显下降。Yamakawa等[219]发现水稻内源葡萄糖及ADP葡萄糖的含量在高温胁迫下大量积累。大量研究揭示植物体内腐胺、亚精胺、精胺等多胺的含量与植物抗非生物胁迫能力呈显著正相关，提示多胺在提高植物逆境抗性中发挥重要作用。

（二）用于代谢物积累的遗传基础研究

解析遗传变异如何控制性状的表达是现代生物学研究的基本目标之一。由于植物代谢物对于植物及人类的重要性，植物生物学家一直致力于揭示调控植物代谢背后的遗传基础。植物样品中代谢物含量作为代谢性状（m-traits）往往也是受到多基因控制的数量性状，代谢性状的自然变异材料为研究其遗传调控提供了难得的遗传资源。通过数量性状座位（QTL）分析代谢性状的自然变异有助于揭示控制这些变异的遗传学基础，解析代谢性状形成的遗传结构。目前绝大多数代谢性状的遗传学基础研究都是通过两个或少数几个亲本通过杂交或回交获得的连锁群体（linkage population）。例如，Schauer等[220] 利用GC-MS技术进行番茄片段替换系（野生型番茄 *Solanum pennellii* 基因组片段由栽培种 *Solanum lycopersicum* M82 替换）代谢谱分析，共鉴定了控制 74 个已知代谢物的 889 个 mQTL。Matsuda 等[221] 利用一个水稻回交群体（back-crossed inbred line，BIL）进行非靶向代谢组分析及代谢物 QTL 定位，获得了 802 个代谢物 QTL（mQTL）。对于拟南芥类黄酮、硫代糖苷等次生代谢物 mQTL 定位也获得了部分具有显著效应的位点。

传统的 mQTL 定位都是基于限制性片段长度多态性、简单序列重复等低密度标记，利用这些标记定位了大量的代谢相关的遗传位点。但是由于标记密度过低，很难直接获得决定代谢物含量的候选基因，Chen 等[222] 首次将高密度连锁图谱应用于 mQTL 研究中：利用广泛靶向的代谢组学手段对一个获得高密度连锁图谱的水稻重组自交系（recombinant inbred line RIL）群体的两个组织分别进行代谢谱分析及代谢物 QTL（mQTL）作图，共获得了 900 个 QTL，代谢性状超过 2800 个。研究表明，水稻代谢组遗传调控模式在不同组织中存在着很大的差异，具有明显的组织特异性。对 mQTL 的全基因组分布研究发现，代谢组的遗传调控存在明显的热点区域，且热点区域在不同组织中也不尽相同。在此基础上通过对部分高精度（＜100kb）、大效应（解释超过 40％变异）位点的分析，获得了 24 个控制代谢物含量变异的候选基因，并对其中部分基因进行了功能鉴定。

利用连锁群体进行 mQTL 定位在植物代谢组学研究中已经得到广泛应用。但是该方法存在着群体重组位点较少、群体构建费时费力、无法覆盖多个不同品种等问题。近年来随着高通量基因型鉴定技术的发展，利用全基因组关联分析进行数量性状定位研究在植物学研究中受到重视。Chen 等[222] 通过对水稻自然变异群体的代谢组学分析，揭示了水稻籼粳亚种间代谢谱差异，获得了籼粳亚种分化的生物标志物（biomarker）。进一步对代谢性状进行全基因组分析，获得了数百个控制代谢物自然变异的显著位点。大部分代谢物的自然变异受到多个位点控制，但相比复杂的农艺性状来说其遗传结构相对简单。对籼粳亚种代谢组的遗传分析表明，控制两者的遗传结构存在明显差异，揭示了两个亚种代谢组差异的遗传基础[222]。

（三）用于代谢相关功能基因鉴定及途径解析

功能基因组学是后基因组时代的重要学科，其主要任务是确定每个基因的功能，包括在基因组中占据相当大比例的代谢相关基因的功能。在过去的10年中，通过代谢组学和其他组学（尤其是转录组学）的结合，大大促进了植物中代谢相关功能基因的鉴定。模式植物拟南芥拥有高质量的全基因组序列信息和非常完备的各类公共资源（包括cDNA全长序列、各种形式的突变体和丰富的转录组学数据信息等）及简单而高效的遗传转化方法。这些都为利用代谢组学和转录组学的整合分析进行代谢相关基因（特别是那些缺失或过量表达并不能引起可见表型变化的基因）功能鉴定奠定了良好的基础。通过对拟南芥代谢组、转录组的整合分析及后续的反向遗传学验证，成功鉴定了若干参与拟南芥类黄酮生物合成的基因。同样的策略也成功地被用于参与花青素[223]及原花青素[224]合成基因的鉴定。除此之外，该策略还被成功地用于胁迫条件下代谢相关基因的克隆和鉴定[225]。代谢组与基因组整合进行基因功能鉴定主要是通过关联分析来实现的，其原理是“共犯原则”，也就是说认为参与同一生物过程中的基因（或代谢物）通常是受同一个调控系统控制的。换言之，参与同一生物过程中的基因（或代谢物）有着相同或者相似的变化规律。这样，如果生物途径中某一步基因其功能已被鉴定，通过对不同组学数据的关联分析可以推测参与该生物途径的其他基因，并可以利用反向遗传学或生化手段进行功能验证。随着RNA测序（RNAseq）技术的发展，在非模式植物（如很多药用植物）中通过代谢组与转录组数据关联分析也有不少成功的案例。Winer等[226]以罂粟为材料，通过对利用靶向代谢组学和RNA测序技术获得的转录组数据的关联分析，成功发现了一个参与吗啡生物合成的基因簇（由分属于5个酶家族的10个基因组成），并利用基因沉默技术鉴定了其中6个基因的功能。同样利用“共表达”的研究策略，Tamura等[227]等从甘草中鉴定了参与甘草酸（又称甘草甜素）合成的两个细胞色素P450基因。

另外，通过代谢组学与基因组学（以第二代测序技术为代表的高通量测序）的结合进行代谢相关基因的克隆及鉴定则是该领域最新进展。Chen等[222]利用广泛靶向的代谢组学手段对524份不同水稻品种中超过840个代谢物（已知和未知）进行定量分析，研究了水稻代谢组的自然变异。在此基础上通过表型（代谢物含量）与基因型数据的全基因组关联分析，预测了36个代谢相关基因的功能，并对其中的5个进行了功能验证。在此基础上重构了水稻中包括类黄酮、酚胺等在内的代谢途径。与此类似，利用基于靶向代谢组学的代谢物全基因组关联分析也成功预测并通过转基因手段鉴定了水稻中参与酚胺合成的两个酰基转移酶编码基因。

四、代谢组学技术在植物修复中的应用

（一）镉、铅胁迫下东南景天根系分泌物的代谢组学研究

重金属污染土壤的植物修复是一项具有广泛应用前景的绿色技术，其修复效率在很大程度上依赖于根际土壤中重金属的形态，而植物根系分泌物可通过活化、固化等作用影响根际土壤中重金属的有效性。但是，目前对根系分泌物的认识还主要集中在一些特定的根系分泌物上，而植物根系分泌物的种类繁多，其他的根系分泌物质是否在植物耐受或富集重金属的过程中起作用，目前还不得而知。因此，罗庆[228]以两种生态型东南景天（矿山生态型东南景天——富集植物、垂盆草——非富集植物）为供试植物，以镉、铅为污染

物，在水培条件下收集不同处理条件下的东南景天根系分泌物，利用代谢组学方法全方位、无偏差地分析东南景天根系分泌物的组成与差异，明晰对东南景天耐受或富集重金属起主要作用的根系分泌物及其相应的代谢途径，为进一步通过人工添加这些化合物或调控其相应的代谢途径等方式提高重金属污染土壤的植物修复效率提供科学依据。

通过对植物根系分泌液的提取条件、衍生化条件、色谱和质谱条件的优化，建立了基于气相色谱质谱联用（GC-MS）技术的植物根系分泌物的代谢组学分析方法。将收集的植物根系分泌液冻干后用去离子水复溶，然后再冻干，接着用预冷的甲醇溶解，氮气吹干后先后加入甲氧胺盐酸盐吡啶溶液和 MSTFA［*N*-甲基-*N*-（三甲基硅烷基）三氟乙酰胺］进行衍生化处理，最后利用气相色谱进行分离、离子阱质谱全扫描模式进行检测。该方法的精密度、重复性和稳定性均较好，其色谱峰保留时间的绝对偏差小于 0.3min，峰面积的相对标准偏差小于 10%。

通过对 XCMS，MetAlign，MZmine 和 AMDIS 等方法的比较，选取了 AMDIS 与 MET-IDEA 联合使用作为本研究的数据提取方法。将 Fihen 和 GMD 植物代谢产物数据库作为本研究的 AMDIS 数据库，在以相似度大于 70%为标准的化合物鉴定条件下进行 AMDIS 分析，然后利用 MET-IDEA 对 AMDIS 给出的结果进行峰对齐、赘余峰剔除等处理，以获得较准确的植物根系分泌物的定性和定量信息。

利用基于 GC-MS 的代谢组学方法对镉胁迫下东南景天的根系分泌物进行研究。在水培条件下，分别收集镉胁迫下超富集和非富集生态型东南景天的根系分泌液，不同镉暴露浓度下超富集生态型东南景天的根系分泌液，以及不同镉暴露时间下超富集生态型东南景天的根系分泌液；将收集的根系分泌液经提取、衍生化后进行 GC-MS 分析，AMDIS 与 MET-IDEA 处理后分别定性出 3 组实验下的根系分泌物 69 个、62 个、68 个。基于这些被定性的根系分泌物数据，利用主成分分析（PGA）、正交偏最小二乘判别分析（OPLS-DA）等两种模式识别方法对 3 组实验下的根系分泌物样品进行分析，结果显示，相同条件（东南景天类型、镉暴露浓度、镉暴露时间）下的根系分泌物样品可明显聚集在一起，不同条件下的根系分泌物样品可明显区分开来。通过 OPLS-DA 载荷图、VIP 值和 ANOVA 分析，分别识别出了 3 组实验下的 18 个、20 个、15 个差异显著的根系分泌物，并从这些潜在生物标志物的相对含量在不同条件下的变化趋势推测它们的可能作用。综合 3 组实验的分析结果认为，草酸、苯甲酸、富马酸、癸酸、丝氨酸、羟基戊酸、3-羟基丁酸、苏糖酸、十八烯酸、月桂酸、赤藓糖醇、谷甾糖醇和十八烷酸单甘油酯可能对镉有一定的活化作用，与这些物质相关的代谢途径有糖代谢、氨基酸代谢、脂代谢以及 TCA 循环；而磷酸、十四酸、丙三醇、D-松醇、辛醇、二十八烷、海藻糖和腐胺可能对镉有一定的固化作用，与这些物质相关的代谢途径有糖代谢、氨基酸代谢、脂代谢以及能量代谢。

利用基于 GC-MS 的代谢组学方法对铅胁迫下东南景天的根系分泌物进行研究。在水培条件下，分别收集铅胁迫下富集和非富集生态型东南景天的根系分泌液，不同铅暴露浓度下富集生态型东南景天的根系分泌液，以及不同铅暴露时间下富集生态型东南景天的根系分泌液；将收集的根系分泌液经提取、衍生化后进行 GC/MS 分析，AMDIS 与 MET-IDEA 处理后分别定性出 3 组实验下的根系分泌物 56 个、68 个、72 个。基于这些被定性的根系分泌物数据，利用主成分分析、正交偏最小二乘判别分析等两种模式识别方法对3组实验下的根系分泌物样品进行分析，结果显示，相同条件（东南景天类型、铅暴露浓度、铅暴露时间）下的根系分泌物样品可明显聚集在一起，不同条件下的根系分泌物样品可明显区分开来。通过OPLS-DA载荷图、VIP值和ANOVA分析，分别识别出了3组实验下的15个、16个、18个差异显著的根系分泌物，并从这些潜在生物标志物的相对含量在不同条件下的变化趋势推测它们的可能作用。综合3组实验的分析结果认为，草酸、己酸、羟基丙酸、琥珀酸、丙氨酸、脯氨酸、半乳糖酸、果糖、木糖、葡萄糖、麦芽糖、蔗糖、甲酚和甲氧基苯酚可能对铅有一定的活化作用，与这些物质相关的代谢途径有糖代谢、氨基酸代谢、核苷酸代谢以及TCA循环；而十五烷酸、十六烷酸、十六烯酸、十八烯酸、壬二酸、水杨酸、十八醇、丙三醇、甘醇、谷甾醇、单十六醛丙三醇和二十二烷可能对铅有一定的固化作用，与这些物质相关的代谢途径有氨基酸代谢和脂代谢。

罗庆[228] 利用气相色谱质谱联用技术（GC-MS）对东南景天根系分泌物进行近似全分析，采用代谢组学方法分析Cd胁迫下两种生态型东南景天根系分泌物的差异，并探讨东南景天耐受或超富集镉的可能根际机制。收集0μmol/L和40μmol/L镉分别处理4d和8d后的东南景天根系分泌物样品，通过样品冻干、甲醇溶解、甲氧胺盐酸盐和*N*-甲基-*N*-（三甲基硅烷基）三氟乙酰胺衍生化处理、GC-MS检测的分析过程，得到根系分泌物的表达谱。主成分分析和正交偏最小二乘判别分析（OPLS-DA）得分图可将不同处理条件间东南景天的根系分泌物明显区分，运用OPLS-DA载荷图、模型的变量重要性因子和方差分析发现12个根系分泌物在4组间存在显著性差异。它们的相对含量在不同处理条件间的变化趋势明显不同，表明东南景天可通过调节它们的分泌来耐受或超富集重金属镉。

（二）修复石油烃污染土壤的根际机制和根系代谢组学分析

土壤的石油烃（TPHs）污染是世界性的环境问题之一。TPHs属于混合物，主要包括烷烃、芳香烃，以及难降解的沥青质和极性组分，对许多组织器官有生物毒性，特别是其中的一些芳香烃组分，不仅具有强烈的致癌、致畸和致突变毒性，还能通过食物链在动植物体内逐级富集和放大，对人体健康造成严重的威胁。在TPHs污染土壤修复技术中，植物修复是目前最具潜力的修复技术，概括来说，就是利用植物及其根际圈微生物体系的吸收、挥发和转化、降解等作用机制来清除污染环境中的污染物质。植物修复以其操作相对简单、经济和技术上能够大面积实施等优点，几乎成为污染程度较轻且污染面积巨大的土壤修复的不可替代技术。野生花卉作为一种新的TPHs污染土壤的植物修复品种，除了具有一般植物修复的优势外，还具有很多优点，例如它可以在去除TPHs的同时，美化周围的环境；同时可以尽量避免一些污染物进入食物链，减少对人类的危害。在以往的研究中，周启星等[229] 率先从30种花卉植物中筛选出了3种对石油烃污染具有强耐受力且能促进TPHs降解的野生花卉植物，分别为紫茉莉、凤仙花和牵牛花。

植物在生长过程中，在根系附近会形成一个特殊的生态修复圈层，即根际区。由于根际区特殊的物理、化学和生物属性，许多污染物在根际区比在非根际区去除得更加迅速和完全。根际分泌物是根际区石油烃去除的重要驱动者，是根际修复的一个重要机制。良好的植物根系分部网可以作为一种天然的注射系统，将植物化学物以根系分泌物（例如低分子量的有机酸、氨基酸、糖类等以及其他的大分子有机化合物）的形式释放到根际区，可以为根际微生物的生长和长期生存提供碳源和能源，或增加污染物和营养元素的生物有效性，以及作为TPHs的共代谢物，促进土壤TPHs的去除。

王亚男[230]等采用温室盆栽方法，研究花卉植物萱草对大港油田石油烃污染土壤的修复，设定的土壤石油烃污染物含量为：0mg/kg、10000mg/kg和40000mg/kg。结果表明，萱草在石油烃含量≤40000mg/kg时具有良好的耐性，并且萱草对石油烃的修复效果比较显著，主要表现在试验组石油烃的去除率分别为53.7%和33.4%，显著高于空白对照组（31.8%和12.0%）。通过GC-MS测定土壤中的氨基酸、有机酸以及糖类等成分的相对含量，并结合PCA和PLS-DA模型探讨土壤石油烃去除的根际机制，结果发现，萱草的种植确实改变了土壤各成分的分布特征，而且其中喃葡萄糖对石油烃的去除起到关键的作用。此外，对萱草根系代谢组学的分析结果显示，仅在污染组发现了特殊的代谢物丙氨酸、肉豆蔻酸、棕榈酸和亚油酸。而且，石油烃的暴露确实改变了萱草根系的初生代谢流，引起了一些代谢物的显著变化。总之，萱草可以种植于石油烃含量≤40000mg/kg的污染土壤，并具备了对石油烃的修复能力；同时石油烃的暴露改变了萱草的根系代谢，而这种改变可能是萱草对石油烃污染土壤作出的代谢响应。

五、展望

科学的发展和技术的更新，使得人们认识自然界尤其是微观世界成为可能。通过对基因组学、转录组学、蛋白质组学以及代谢组学的深入了解，催生了涉及整个生物信息流的“系统生物学”以及内外因互作的“全局系统生物学”等全新概念。由于代谢组处于该信息流的最下端，是基因表达的最终产物，通过对生物的代谢物成分和水平进行分析，能全面了解生物体在当前生理阶段或外界刺激下的真实反应，更能直观地揭示不同遗传背景（基因）和环境条件对生物体的决定作用。目前代谢组学的研究任务主要有：增加代谢组学研究的覆盖范围，提高实验室内、实验室间数据的可比对性，搭建共享数据平台，代谢组数据与功能基因组信息的整合。目前已有超过20个与代谢组学研究相关的代谢途径和生物化学数据库，其中涉及植物代谢组学的主要有以研究模式植物拟南芥为主的TAIR（www.arabidopsis.org）、植物代谢组研究工作交流平台ArMet等。未来主要的发展方向包括：①开发基于现有独立分析平台的更为广谱、原位、即时、通用的检测方法；②建立实现多种分析平台并行分析及数据整合的新型植物代谢组分析平台，真正实现对植物样本内代谢物的无偏性、高灵敏、高通量分析；③开发准确、高效的植物代谢物鉴定或注释工具；④进一步实现代谢组学与其他组学（基因组学、转录组学、蛋白质组学、表型组学等）数据的整合，以便更好地阐述生物过程的分子机理，同时促进其生物技术应用。

目前关于代谢组学技术在植物修复中的研究还较少，要想进一步研究植物修复的机理，代谢组学的应用必不可少。

参考文献

[1] 覃拥灵. 分子生物学技术及其在环境污染治理中的应用研究进展 [J]. 河池学院学报，2005，25（2）：24-29.

[2] Acquaviva A，Ciccolallo L R，Balistreri A，et al. Mortality from Second Tumour Among Long-Term Survivors of Retinoblastoma：a Retrospective Analysis of the Italian Retinoblastoma Registry. [J]. Oncogene，2006，25（38）：5350-5357.

[3] Keulen H V，Wei R，Cutright T J. Arsenate-Induced Expression of a Class Ⅲ Chitinase in the Dwarf Sunflower *Helianthus annuus* [J]. Environmental & Experimental Botany，2008，63（1）：281-288.

[4] 孙约兵，周启星，任丽萍. 镉超富集植物球果蔊菜对镉-砷复合污染的反应及其吸收积累特征 [J]. 环境科学，2007，28（6）：1355-1360.

[5] 王兆胡，王鸣刚，骆焕涛. 植物修复技术在重金属污染土壤治理中的应用 [J]. 甘肃科技，2010，26（5）：73-76.

[6] Mcmurtrie H L，Cleary H J，Alvarez B V，et al. The Bicarbonate Transport Metabolon [J]. Journal of Enzyme Inhibition & Medicinal Chemistry，2004，19（3）：231-236.

[7] Clemens S，Kim E J，Neumann D，et al. Tolerance to Toxic Metals by a Gene Family of Phytochelatin Synthases from Plants and Yeast [J]. The EMBO Journal，1999，18（12）：3325-3333.

[8] Pence N S，Larsen P B，Ebbs S D，et al. The Molecular Physiology of Heavy Metal Transport in the Zn/Cd Hyperaccumulator *Thlaspi caerulescens* [J]. Proc Natl Acad Sci USA，2000，97：4956-4960.

[9] Persans M，Nianan K，Salt D E. Functional Activity and Role of Cation-Efflux Family in Ni Hyperaccumulation in *Thlaspi goesingense* [J]. Proc Natl Acad Sci USA，2001，98：9995-10000.

[10] Murata K，Kimura A. Cloning of a Gene Responsible for the Biosynthesis of Glutathione in Escheridzia Coli B [J]. Appl Environ Microbiol，1982，44（6）：1444-1448.

[11] Dhankher O P，Li Y，Rosen B P，et al. Engineering Tolerance and Hyperaccumulation of Arsenic in Plants by Cambining Arsenate Reductaseand Gamma-Glutamylcysteine Synthetase Expression [J]. Nat Biotechnol 2002，20（11）：1140-1145.

[12] Nies D H. CzcR and CzcD，Gene Products Affecting Regulation of Resistance to Cobalt，Zinc，and Cadmium（Czc System）in *Alcaligenes eutrophus* [J]. J Baderiol，1992，174（24）：8102-8110.

[13] Hao Z，Chen S，Wilson D B. Cloning，Expression，and Characterization of Cadmium and Manganese Uptake Genes from *Lactobacillus plantatum* [J]. Appl Environ Microbio，1999，65（11）：4746-4752.

[14] Grass G，Fan B，Rosen B P，et al. ZitB（YbgR），a Member of the Cation Diffusion Facilitator Family，is an Additional Zinc Transporter in Escherichia Coli [J]. J Bacteriol，2001，183（15）：4664-4667.

[15] Wang Y，Moore M，Levinson H S，et al. Nucleotide Sequence of Achromosomal Mercury Resistance Determinant from a *Bacillus* sp. with Broad-Spectrum Mercury Resistance [J]. Journal of Bacteriology，1989，171（1）：83-92.

[16] Jeyaprakash A, Welch J W, Fogel S. Multicopy CUP1 Plasmids Enhance Cadmium and Copper Resistance Levels in Yeast [J]. Mol Gen Genet, 1991, 225 (3): 363-368.

[17] Zhao H, Eide D. The Yeast ZRT1 Gene Encodes the Zinc Transporter of a High Affinity Uptake System Induced by Zinc Limitation [J]. Proc Natl Acad Sci USA, 1996, 93: 2454-2458

[18] Gapes D S, Fragoso L C, Riger C J, et al. Regulation of Cadmium Uptake by *Saccharomyces cerevisiae* [J]. Biochimica et Biophysica Acta, 2002, 1573: 21-25.

[19] Li L, kaplan J. Defects in the Yeast High Affinity Iron Transport Systemresult in Increased Metal Sensitivity Because of the Increased Expression of Transportors with a Broad Transition Metal Specificity [J]. J Biol Chem, 1998, 273: 22181-22187.

[20] Clemens S, Bloss T, Vess C, et al. A Transporter in the Endoplasmicreticulum of *Schizosaccharomyces pombe* Cells Mediates Zinc Storage Anddifferentially Affects Transtion Metal Tolerance [J]. J Biol Chem, 2002, 277: 18215-18221.

[21] Leustek T, Murillo M, Cervantes M. Cloning of a cDNA Encoding ATP Sulfurylase from *Arabidopsis thaliana* by Functional Expression in *Saccharanyces cerevisiae* [J]. Plant Physiol, 1994, 105 (3): 897-902.

[22] Van der Zaal B J, Neuteboan L U, Pina J E, et al. Overexpression of a Novel *Arabidopsis* Gene Related to Putative Zinc-Transporter Genes from Animals Can Lead to Enhanced Zinc Resistance and Accumulation [J]. Plant Physiol, 1999, 199: 1047-1055.

[23] Eide D, Broderius M, Fett J, et al. A Novel Ironregulated Metal Transporter from Plants Identified by Functional Expression in Yeast [J]. Pros Natl Acad Sci USA, 1996, 93: 5624-5628.

[24] Korshunova Y O, Eide D, Clark W G, et al. The IRT1 Protein from *Arabidopsis thaliana* is a Metal Transporter with Broadspecificity [J]. Plant Mol Biol, 1999, 40: 37-44.

[25] Rogers E E, Eide D J, Guerinot M L. Altered Selectivity in an *Arabidopsis* Metal Transporter [J]. Pros Natl Acad Sci USA, 2000, 97: 12356-12360.

[26] Li L, He Z Y, Randey G K, et al. Functional Cloning and Characterization of a Plant Efflux Carrier for Mutidrug and Heavy Metal Detoxification [J]. J Biol Chem, 2002, 277: 5360-5368.

[27] Suzuki N, Yamaguchi Y, Koizumi N, et al. Functional Characterization of a Heavy Metal Binding Protein CdI19 from *Arabidopsis* [J]. Plant J, 2002, 32 (2): 165-173.

[28] Zhang Y X, Chai T Y, Zhao W M, et al. Cloning and Expression Analysis of the Heavy-Metal Responsive Gene PvSR2 from Bean [J]. Plant Science, 2001, 161 (4): 783-790.

[29] Arazi T, Sunkar R, Kaplan B, et al. A Tobacco Plasma Membrane Caltmodulin-Binding Transporter Confers Ni^{2+} Tolerance and Pb^{2+} Hypersensitivity in Transgenic Plants [J]. Plant J, 1999, 20: 171-182.

[30] Brzeanski R, Smorawinska M, Vezina G, et al. Cloning and Characterization of the Metallothionein-I Gene from Mouse LMTK Cells [J]. Cytobios, 1987, 52 (208): 33-38.

[31] Palmiter R D, Findley S D. Cloning and Functional Characterization of a Mammalian Zinc Transporter that Confers Resistance to Zinc [J]. The EMBO Journal, 1995, 14: 639-649.

[32] Jentschke G, Godbold D L. Metal Toxicity and Ectomycorrhizas [J]. Physiologia Plantarum. 2000, 109: 107-116.

[33] Heath S M, Southworth D, Dallura J A. Localization of Nickel in Epidermal Subsidiary Cells of Leaves of *Thlaspi montanum* var Siskiyouense (Brassicaceae) Using Energy-Dispersive X-Ray

Microanalysis [J] . International Journal of Plant Science, 1997, 158: 184-188.

[34] Misra S, Gedamu L. Heavy Metal Tolerant Transgenic *Brassica napus* L. and *Nicotiana tabacum* L. plants [J] . Theor Appl Genet, 1989, 78: 161-168.

[35] Pan A, Yang M, Tie F, et al. Expression Ofmouse Metallothionein-I Gene Confers Cadmium Resistance Intransgenic Tobacco Plants [J] . Plant Mol Biol, 1994, 24: 341-351

[36] Hesegawa I, Terada E, Sunairi M, et al. Genetic Improvement of Heavy Metal Tolerance in Plants by Transfer of the Yeast Metallothionein Gene (CUP1) [J] . Plant and Soil, 1997, 196: 277-281.

[37] Zhu Y, Pilon-Smits E A H, Jouanin L, et al. Overexpression of Glutathione Synthetase in *Brassica juncea* Enhancescadmium Tolerance and Accumulation [J] . Plant Physiol, 1999, 119: 73-79.

[38] Gisbert C, Ros R, Haro A D, et al. A Plant Genetically Modified Thataccumulates Pb is Especially Promising for Phytoremediation [J] . Biochem Biophys Res Commun, 2003, 303: 440-445.

[39] Lee S, Moon J S, Ko T S, et al. Overexpression of *Arabidopsis* Phytochelatin Synthase Paradoxically Leads to Hypersensitivity to Cadmiumstress [J] . Plant Physiol, 2003, 131 (2) : 656-663.

[40] Pilon-Smits E A H, Zhu Y L, Sears T, et al. Overexpression of Glutathione Reductase in *Brassica juncea*: Effects on Cadmiumaccumulation and Tolerance [J] . Physiol Plant, 2000, 110: 455-460.

[41] Pilon-Smits E A, Hwang S, Mel Lytle C, et al. Overexpression of ATP Sulfurylase in Indian Mustard Leads to Increased Seleniteuptake, Reduction, and Tolerance [J] . Plant Physiol, 1999, 119 (1) : 123-132.

[42] Dhankher O P, Li Y, Rosen B P, et al. Engineering Tolerance and Hyperaccumulation of Arsenic in Plants by Combining Arsenatereductase and Gamma-Glutamylcysteine Synthetase Expression [J] . Nat Biotechnol, 2002, 20 (11) : 1140-1145.

[43] Sunkar R, Kaplan B, Bouche N, et al. Expression of a Truncated Tobacco NtCBP4 Channelin Transgenic Plants and Disruption of the Homologous *Arabidopsis* CNGC1 Gene Confer Pb^{2+} Tolerance [J] . Plant J, 2000, 24 (4) : 533-542.

[44] Hirschi K D, Korenkov V D, Wilganowski N L, et al. Expression of *Arabidopsis* CAX2 in Tobacco. Altered Metalaccumulation and Increased Manganese Tolerance [J] . Plant Physiol, 2000, 124: 125-133.

[45] Vander Zaal B J, Neuteboom L W, Pinas J E, et al. Overexpressionof a Novel *Arabidopsis* Gene Related to Putative Zinc-Transporter Genes from Animal Can Lead to Enhanced Zinc Resistance and Accumulation [J] . Plant Physiol, 1999, 119: 1047-1055.

[46] Lee J, Bae H, Jeong J, et al. Functional Expression of a Bacterial Heavymetal Transporter in *Arabidopsis* Enhances Resistance to and Decreases Uptake of Heavy Metals [J] . Plant Physiol, 2003, 133 (2) : 589-596.

[47] Song W Y, Sohn E J, Martinoia E, et al. Engineering Tolerance and Accumulation of Lead and Cadmium in Transgenic Plants [J] . Nat Biotechnol, 2003, 21 (8) : 914-919.

[48] Zhu Y L, Pilon-Smits E A H, Tarun A S, et al. Cadmium Tolerance and Accumulation in Indian Mustard is Enhanced by Over Expressing γ-Glu-Tamylcysteine Synthetase [J] , Plant Physiol,

1999, 121: 1169-1177.

[49] Arazi T, Sunkar R, Kaplan B, et al. A Tobacco Plasma Membrane Calmodulin-Binding Transporter Confers Ni^{2+} Tolerance and Pb^{2+} Hypersensitivity in Transgenic Plants [J]. Plant J, 1999, 20 (2): 171-182.

[50] Samuelsen A L, Martin R C, Mok D W S, et al. Expression of the Yeast FRE Genes in Transgenic Tobacco [J]. Plant Physiol, 1998, 118: 51-58.

[51] Ezaki B, Gardner R C, Ezaki Y, et al. Expression of Aluminium Induced Genes in Transgenic *Arabidopsis* Plants Can Ameliorate Aluminium Stress and/or Oxidative Stress [J]. Plant Physiol, 2000. 122: 657-666.

[52] Goto F, Yoshihara T, Shigemoto N, et al. Iron Fortification of Rice Seed by the Soybean Ferritin Gene [J]. Nat Biotechnol, 1999, 17: 282-286.

[53] Pilon M, Owen J D, Garifullina G F, et al. Enhanced Selenium Tolerance and Accumulation in Transgenic *Arabidopsis* Expressing a Mouse Selenocysteine Lyase [J]. Plant Physiol, 2003, 131 (3): 1250-1257.

[54] Gisbert C, Ros R, Deharo A, et al. A Plant Genetically Modified that Accumulates Pb is Especially Promising for Phytoremediation [J]. Biochem Biophys Res Commun, 2003, 303: 440-445.

[55] Dhankher O P, Rosen B P, McKinney E C, et al. Hyperaccumulation of Arsenic in the Shoots of *Arabidopsis* Silenced for Arsenate Reductase (ACR2) [J]. Proc Natl Acad Sci USA, 2006, 103 (14): 5413-5418.

[56] Zhang X Y, Zhou W, Ru B G. Transgenic Tobacco with αα Mutant Gene Has High Tolerance to Heavy Metal [J]. Journal of Integrative Plant Biology, 2000, 42 (4): 416-420.

[57] Thomas J C, Davies E C, Malick F K, et al. Yeast Metallothionein in Transgenic Tobacco Promotes Copperuptake from Contaminated Soils [J]. Biotechnol Prog, 2003, 19 (2): 273-280.

[58] Cherian S, Margarida O M. Transgenic Plants in Phytoremediation: Recent Advances and New Possibilities [J]. Environmental Science &Technology, 2005, 39 (24): 9377-9390.

[59] Bennett L S, Burkhead J L, Hale K L, et al. Analysis of Transgenic Indian Mustard Plants for Phytoremediation of Metal-Contaminated Mine Tailings [J]. J Environ Qual, 2003, 32 (2): 432-440.

[60] Maathuis F J M, Sanders D. Plasma Membrane Transport in Context Malting Sense out of Complexity [J]. Curr Opin Plant Biol, 1999, 2: 236-243.

[61] Rugh C L, Senecoff J F, Meagher R B, et al. Development of Transgenic Yellow Poplar for Mercury Phytoremediation [J]. Nature Biotechnology, 1998, 16: 925-928.

[62] Rugh C L, Wilde H D, Stack N M, et al. Mercuric Ion Reductionand Resistance in Transgenic *Arobidopsis thaliana* Plants Expressing Amodified Bacterial merA Gene [J]. Proceedings of the National Academy of Sciences, USA, 1996, 93: 3182-3187.

[63] Grichko V P, Filby B, Glick B R, et al. Increased Ability of Transgenic Plants Expressing the Bacterial Enzyme ACC Deaminase to Accumulate Cd, Co, Cu, Pb and Zn [J]. J Biotechnol, 2000, 81: 45-53.

[64] Rohinson B H, Brooks R R, Howc A W, et al. The Potential of the High-Biomass Nickel Hyperaccumulator *Berkheya coddii* for Phytomining and Phytoremediation [J]. Journal of Geochemi-

cal Exploration, 1997, 60: 115-126.

[65] Heaton A C P, Rugh C L, Wang N J, et al. Phytoremediation of Mercury and Methylmercury-Polluted Soils Using Genetically Engineered Plants [J]. Soil & Sediment Contamination, 1998, 7(4): 497-509.

[66] Flocco C G, Lindblom S D, Elizabeth A H, et al. Overexpression of Enzymes Involved in Glutathione Synthesis Enhances Tolerance to Organic Pollutants in *Brassica juncea* [J]. International Journal of Phytoremediation, 2004, 6(4): 289-304.

[67] Li S, Pan M H, Lai C S, et al. Isolation and Syntheses of Polymethoxyflavones and Hydroxylated Polymethoxyflavones as Inhibitors of HL-60 Cell Lines [J]. Bioorg Med Chem, 2007, 15(10): 3381-3389.

[68] Kawahigashi H, Hirose S, Ohkawa H, et al. Phytoremediation of the Herbicides Atrazine and Metolachlor by Transgenic Rice Plants Expressing Human CYP1A1, CYP2B6, and CYP2C19 [J]. Journal of Agricultural and Food Chemistry, 2006, 54(8): 2985-2991.

[69] Kawahigashi H, Hirose S, Inui H, et al. Enhanced Herbicide Cross-Tolerance in Transgenic Rice Plants Co-Expressing Human CYP1A1, CYP2B6, and CYP2C19 [J]. Plant Ence, 2005, 168(3): 773-781.

[70] Limura Y, Ikeda S, Sonoki T, et al. Expression of a Gene for Mn-Peroxidase from *Coriolus versicolor* in Transgenic Tobacco Generates Potential Tools for Phytoremediation [J]. Appl Microbiol Biotechnol, 2002, 59(2): 46-51.

[71] Kurumata M, Takahashi M, Sakamotoa A, et al. Tolerance to and Uptake and Degradation of 2, 4, 6-Trinitrotoluene (TNT) are Enhanced by the Expression of a Bacterial Nitroreductase Gene in *Arabidopsis thaliana* [J]. Z Naturforsch, 2005, 60: 272-278.

[72] Eapen S, Singh S, D'Souza S F. Advances in Development of Transgenic Plants for Remediation of Pollutants [J]. Biotechnology Advances, 2007, 25: 442-451.

[73] Murygina V, Arinbasarov M, Kalyuzhnyi S. Bioremediation of Oil Polluted Aquatic Systemsand Soils with Novel Preparation 'Rhoder' [J]. Biodegradation, 2000, 11(6): 385-389.

[74] 张小凡，小柳津广志. 土壤中多环芳烃化合物的生物降解及监测 [J]. 环境科学与技术，2006，29(4)：42-43，46.

[75] Campbell B T, Baenziger P S, Mitra A, et al. Inheritance of Multiple Transgenes in Wheat [J]. Crop Sci, 2000, 40(4): 1133-1141.

[76] Siminszky B, Freytag A M, Sheldon B S, et al. Co-Expression of a NADPH: P450 Reductase Enhances CYP71A10-Dependent Phenylurea Metabolism in Tobacco [J]. Pestic Biochem Physiol, 2003, 77(2): 35-43.

[77] Pradhan S P, Conrad J R, Paterek J R, et al. Potential of Phytoremediation for Treatment of PAHs in Soil and MGP Sites [J]. J. Soil Contam, 1998, 7(4): 467-480.

[78] Wang G D, Li Q J, Luo B. Explanta Phytoremediation of Trichlorophenol and Phenolic Allelochemicals Via an Enginesecretory Lactase [J]. Nature Biotechnol, 2004, 22(7): 893-897.

[79] 王学锋，皮运清，史选，等. 新乡市污灌农田中重金属的污染状况调查 [J]. 河南师范大学学报：自然科学版，2005，33(3)：95-97.

[80] 刘征涛，李兆利，李政. 氯酚类化合物对淡水发光菌 Q67 的联合毒性 [J]. 环境科学研究，2008，21(2)：120-124.

[81] 郑琦，陈恒初，王靖宇，等. 铁掺杂纳米二氧化钛溶胶的制备及性能研究［J］. 环境科学与技术，2007，30（4）：14-15.

[82] 黄韧，薛成，王晓明，等. 中国实验动物生物学特性数据库的建设与共享［J］. 实验动物科学，2008，25（2）：27-28.

[83] 陈晨．过量表达 HRPC 拟南芥对苯酚和三氯苯酚的植物修复［D］. 杭州：扬州大学，2009.

[84] Xiong A S，Yao Q H，Peng R H，et al. A Simple，Rapid，High-Fidelityand Cost-Effective PCR-Based Two-Step DNA Synthesis Method for Long Gene Sequences［J］. Nucleic Acids Research，2004，32：e98.

[85] 丁志勇. 转 Bt 基因抗虫棉安全性评价及其生物学特性研究［D］. 北京：北京大学，2000.

[86] Lee E B，Leng L Z，Zhang B，et al. Targeting（Abeta）Oligomers by Passive Immunization with a Conformation Selective Monoclonal Antibody Improves Learning and Memory in APP Transgenic Mice［J］. Journal of Biological Chemistry，2005.

[87] Dong C H，Hu X Y，Tang W P，et al. Aputative *Arabidopsis* Nucleoporin，AtNUP160，is Critical for RNA Export and Required for Plant Tolerance to Cold Stress［J］. Molecular and Cellular-Biology，2006，26（24）：9533-9543.

[88] Mantri N L，Ford R，Coram T E，et al. Transcriptional Profiling of Chickpea Genes Differentially Regulated in Response to High-Salinity，Cold and Drought［J］. BMC Genomics，2007，8：303.

[89] Sasaki Y，Takahashi K，Oono Y，et al. Characterization of Growt-Hphase-Specific Responses to Cold *Arabidopsis thaliana* Suspension-Cultured Cells［J］. Plant Cell Environ，2008，31（3）：354-365.

[90] Sh I H，Zhu J. Regulation of Expression of the Vacuolar Na^+/H^+ Antiporter Gene AtNHX1 by Salt Stress and Abscisic Acid［J］. Plant Mol Biol，2002，50（3）：543-550.

[91] Wong C E，LIY，LABBEA，et al. Transcriptional Profiling Implicates Novel Interactions between Abiotic Stress and Hormonal Responses in *Thellungiella*，a Close Relative of *Arabidopsis*［J］. Plant Physiology，2006，140：1437-1450.

[92] Sottosanto J B，Saranga Y，Blumwald E. Impact of AtNHX1，a Vacuolar Na^+/H^+ Antiporter，Upon Gene Expression during Short-and Long Term Salt Stress in *Arabidopsis thaliana*［J］. BMC Plant Biology，2007，7：18

[93] 赵宝存，赵芊，葛荣朝，等. 利用基因芯片研究小麦耐盐突变体盐胁迫条件下基因的表达图谱［J］. 中国农业科学，2007，40（10）：2355-2360.

[94] Bartels D，Sunkar R. Drought and Salt Tolerance in Plants［J］. Critical Reviewsin Plant Sciences，2005，24：23-58.

[95] 田丽丽. 拟南芥 t387 突变体的基因芯片分析及其抗干旱机理的初步研究［D］. 北京：首都师范大学，2007.

[96] Giraud E，Ho L H M，Clifton R，et al. The Absence of Alternative Oxidase 1a in *Arabidopsis* Results in Acute Sensitivity to Combined Light and Drought Stress［J］. Plant Physiology，2008，147：595-610.

[97] Huang D Q，Wu W R，Abrams S R，et al. The Relationship of Drought-Related Gene Expression in *Arabidopsis thaliana* to Hormonal and Environmental Factors［J］. Journal of Experimental Botany，2008，59（11）：2991-3007.

[98] Ozturk Z N, Talamel V, Deyholos M, et al. Monitoring Large-Scale Changes in Transcript Abundance Indrought-and Salt-Stressed Barley. Plant Mol Biol, 2002, 48 (5-6): 551-573.

[99] 马延臣，陈荣军，余蓉蓉，等. 在PEG模拟干旱下水稻根系几个疑似PEG毒害响应转录本研究 [J]. 基因组学与遗传学，2010，8 (6)：1090-1094.

[100] Bray E A. Genes Commonly Regulated by Water-Deficitstress in *Arabidopsis thalina* [J]. J Exp Bot, 2005, 139: 822-835.

[101] 林海建，张志明，沈亚欧，等. 基因芯片研究植物逆境基因表达新进展 [J]. 遗传，2009，31 (12)：1192-1204.

[102] Rizhsky L, Liang H, Mittler R. The Combined Effect Of Drought Stress and Heat Shock on Gene Expression Intobacco [J]. Plant physiology, 2002, 130 (3): 1143-1151.

[103] Yamakawa H, Hirose T, Kuroda M, et al. Comprehensive Expression Profiling of Rice Grain Filling-Related Genesunder High Temperature Using DNA Microarray [J]. Plant Physiol, 2007, 144 (1): 258-277.

[104] Qin D D, Wu X Y, Peng H R, et al. Heat Stress-Responsivetranscriptome Analysis in Heat Susceptible and Tolerant Wheat (*Triticum aestivum* L.) by Using Wheat Genome Array [J]. BMC Genomics, 2008, 9: 1-19.

[105] Larkindale J, Vierling E. Core Genome Responses Involvedin Acclimation to High Temperature [J]. Plant Physiol, 2008, 146: 748-761.

[106] 王曼玲，Rocho P，李落叶. 应用基因表达芯片分析水稻高温胁迫相关基因 [J]. 农业生物技术学报，2009，17 (10)：92-97.

[107] Houde M, Diallo A O. Identification of Genes and Pathways Associated with Aluminum Stress and Tolerance Using Transcriptome Profiling of Wheat Near-Isogenic Lines. BMC Genomics, 2009, 9: 400.

[108] Maron L G, Kirst M, Mao C, et al. Transcriptional Profiling of Aluminum Toxicity and Tolerance Responses in Maize Roots [J]. New Phytologist, 2008, 179: 116-128.

[109] Chandran D, Sharopova N, Ivashuta S, et al. Transcriptome Profiling Identifiednovel Genes Associated with Aluminum Toxicity, Resistance Andtolerance in *Medicago truncatula* [J]. Planta, 2008, 228: 151-166.

[110] Goodwin S B, Sutter T R. Microarray Analysis of *Arabidopsis* Genome Response to Aluminum Stress [J]. Biologia Plantarum, 2009, 53: 85-99.

[111] Li Y Z, Lu H F, Fan X W, et al. Physiological Responses and Comparative Transcriptional Profiling of Maize Roots and Leaves Under Imposition and Removal of Aluminium Toxicity [J]. Environmental and Experimental Botany, 2010, 69: 158-166.

[112] Mandal B K, Suzuki K T. Arsenic Round the World: a Review. Talanta, 2002, 58: 201-235.

[113] Cai L, Liu G, Rensing C, Wang G. Genes Involved in Arsenic Transformation and Resistance Associated with Different Levels of Arsenic-Contaminated Soils [J]. BMC Microbiol, 2009, 9: 4.

[114] Oremland R S, Stolz J F, Hollibaugh J T. The Microbial Arsenic Cycle in MonoLake, California [J]. FEMS Microbiol Ecol, 2004, 48: 15-27.

[115] Smith A H, Lingas E O, Rahman M. Contamination of Drinking-Water by Arsenic in Bangladesh: a Public Health Emergency [J]. Bull WHO, 2000, 78: 1093-1103.

[116] Sun G. Arsenic Contamination and Arsenicosis in China [J]. Toxicol Appl Pharmacol, 2004, 198: 268-271.

[117] Liao X Y, Chen T B, Xie H, et al. Soil As Contamination and Its Risk Assessment in Areas Near the Industrial Districts of Chenzhou City, Southern China [J]. Environ Int, 2005, 31: 791-798.

[118] 韩永和，贾梦茹，傅景威，等. 不同浓度砷酸盐胁迫对蜈蚣草根际微生物群落功能多样性特征的影响 [J]. 南京大学学报（自然科学版），2017，53（2）：275-285.

[119] Gentry T J, Wickham G S, Schadt C W, et al. Microarray Applications Inmicrobial Ecology Research [J]. Microbiol Ecol, 2006, 52: 159-175.

[120] Van Nostrand J D, Wu W M, Wu L, et al. GeoChip-Based Analysis of Functional Microbial Communities in a Bioreduced Uranium-Contaminated Aquifer During Reoxidation by Oxygen [J]. Environmental Microbiology, 2009, 11 (10): 2611-2626.

[121] Waldron P J, Wu L, Van Nostrand J D, et al. Functional Gene Array-Based Analysis of Microbial Community Structure in Groundwaters with a Gradient of Contaminantlevels [J]. Environ Sci Technol, 2009, 43: 3529-3534.

[122] Wu L, Kellogg L, Devol A H, et al. Microarray-Based Characterization of Microbial Community Functional Structure and Heterogeneity in Marine Sediments from the Gulf of Mexico [J]. Appl Environ Microbiol, 2008, 74: 4516-4529.

[123] Zhou J, Kang S, Schadt C W, Garten C T. Spatial Scaling of Functional Genediversity Across Various Microbial Taxa. Proc Natl Acad Sci USA, 2008, 105: 7768-7773.

[124] Barros E K, Lezar S, Anttonen M J, et al. Comparison of Two GM Maize Varieties with a Near-Isogenic Non-GM Variety Using Transcriptomics, Proteomics and Metabolomics [J]. Plant Biotechnol J, 2010, 8: 436-451.

[125] Hossain Z, Hajika M, Komatsu S. Comparative Proteome Analysis of High and Low Cadmium Accumulating Soybeans Under Cadmium Stress [J]. Amino Acids, 2012, 43: 2393-2416.

[126] Villiers F, Ducruix C, Hugouvieux V, et al. Investigating the Plant Response to Cadmium Exposure by Proteomic and Metabolomic Approaches [J]. Proteomics, 2011, 11: 1650-1663.

[127] D' Alessandro A, Taamalli M, Gevi F, et al. Cadmium Stress Responses in *Brassica juncea*: Hints from Proteomics and Metabolomics [J]. J Proteome Res, 2013, 12: 4979-4997.

[128] Muneer S, Hakeem K R, Mohamed R, et al. Cadmium Toxicity Induced Alterations in the Root Proteome of Green Gram in Contrasting Response Towardsiron Supplement [J]. Int J Mol Sci, 2014, 15: 6343-6355.

[129] Zeng X, Qiu R, Ying R, et al. The Differentially-Expressed Proteome in Zn/Cd Hyperaccumulator *Arabis paniculata* Franch. in Response to Zn and Cd [J]. Chemosphere, 2011, 82: 321-328.

[130] Schneider T, Schellenberg M, Meyer S, et al. Quantitative Detection of Changes in the Leaf-Mesophyll Tonoplast Proteome in Dependency of a Cadmium Exposure of Barley (*Hordeum vulgare* L.) Plants [J]. Proteomics, 2009, 9: 2668-2677.

[131] Alvarez S, Berla B M, Sheffield J, et al. Comprehensive Analysis of the *Brassica juncea* Root Proteome in Response to Cadmium Exposure by Complementary Proteomic Approaches [J]. Proteomics, 2009, 9: 2419-2431.

[132] Farinati S, DalCorso G, Panigati M, et al. Interaction Between Selected Bacterial Strains and *Arabidopsis halleri* Modulates Shoot Proteome and Cadmium and Zinc Accumulation [J]. J Exp Bot, 2011, 62: 3433-3447.

[133] Guarino C, Conte B, Spada V S, et al. Proteomic Analysis of *Eucalyptus* Leaves Unveils Putative Mechanisms Involved in the Plant Response to a Real Condition of Soil Contamination by Multiplemetals in the Presence or Absence of Mycorrhizal/Rhizobacterial Additives [J]. Sci Technol, 2014, 48: 11487-11496.

[134] Gorg A, Obermaier C, Boguth G, et al. The Current State of Two-Dimensional Electrophoresis with Immobilized pH Gradients [J]. Electrophoresis, 2000, 21 (6): 1037-1053.

[135] Gorg A, Weiss W, Dunn M J. Current Two-Dimensional Electrophoresis Technology for Proteomics [J]. Proteomics, 2004, 4 (12): 3665-3685.

[136] 李宁，许红韬. 蛋白质组研究的现状与展望 [J]. 生物技术通讯，2000 (4): 281-285.

[137] 耿鑫，张维铭. 蛋白质组学研究方法及其新进展 [J]. 中国医学文摘（肿瘤学），2003 (4): 339-340.

[138] Blackstock W P, Weir M P. Proteomics: Quantitative and Physical Mapping of Cellular Proteins [J]. Trends in Biotechnology, 1999, 17: 121-127.

[139] Campostrini N, Areces L B, Rappsilber J, et al. Spot Overlapping in Two-Dimensional Maps: a Serious Problem Ignored for Much Too Long [J]. Proteomics, 2005, 5 (9): 2385-2395.

[140] Zhang X, Fang A Q, Riley C P, et al. Multi-Dimensional Liquid Chromatography in Proteomics—a Review [J]. Analytica Chimica Acta, 2010, 664 (2): 101-113.

[141] Gygi S P, Rist B, Gerber S A, et al. Quantitative Analysis of Complex Protein Mixtures Using Isotope-Coded Affinity Tags [J]. Nature Biotechnology, 1999, 17 (10): 994-999.

[142] Alvarez S, Berla B M, Sheffield J, et al. Comprehensive Analysisof the *Brassica juncea* Root Proteome in Response to Cadmiumexposure by Complementary Proteomic Approaches [J]. Proteomics, 2009, 9 (9): 2419-2431.

[143] 梁国栋. 最新分子生物学实验技术 [M]. 北京：科学出版社，2001.

[144] Perrot M, Sagliocco R, Mini T, et al. Two-Dimensional Gel Protein Data Base of Saccharomyces Cerevisiae (update 1999). Electrophoresis, 1999, 20: 2280-2298.

[145] Chaney R L, Li Y M, Angle J S, et al. Improving Metal Hyperaccumulator Wild Plants to Develop Commercial Phytoextraction Systems: Approaches and progress. In: Phytoremediation of Contaminated Soil and Water. 2000: 129-158.

[146] Inaba S, Takenaka C. Effects of Dissolved Organic Matter on Toxicity and Bioavailability of Copper for Lettuce Sprouts [J]. Environment International, 2005, 31: 603-608.

[147] Nascimento C W A, Amarasiriwardena D, Xing B S. Comparison of Natural Organic Acids and Synthetic Chelates at Enhancing Phytoextraction of Metals from a Multi-Metal Contaminated-soil [J]. Environmental Pollution, 2006, 140: 114-123.

[148] Horne A J. Phytoremediation by Constructed Wetlands. In: Phytoremediation of Contaminated Soil and Water. 2000: 13-40.

[149] Cvjetko P, Zovko M, Balen B. Proteomics of Heavy Metal Toxicity in Plants [J]. Archives of Industrial Hygiene &Toxicology, 2014, 65 (1): 1-18.

[150] Li X, Zhou Y, Yang Y, et al. Physiological and Proteomics Analyses Reveal the Mechanism of

Eichhornia crassipes Tolerance to High-Concentration Cadmium Stress Comparedwith *Pistia stratiotes* [J] . Plos One, 2014, 10 (4) : e0124304.

[151] Song Y, Zhang H, Chen C, et al. Proteomic Analysis of Copper-Binding Proteins in Excess Copper-Stressed Rice Roots by Immobilized Metal Affinity Chromatography and Two-Dimensional Electrophoresis [J] . Biometals, 2014, 27 (2) : 265-276.

[152] Zeng X W, Qiu R L, Ying R R, et al. The Differentially-Expressed Proteome in Zn/Cd Hyperaccumulator *Arabis paniculata* Franch. in Response to Zn and Cd [J] . Chemosphere, 2011, 82 (3) : 321-328.

[153] Aina R, Labra M, Fumagalli P, et al. Thiol-Peptide Level and Proteomic Changes in Response to Cadmium Toxicity in *Oryza sativa* L. Roots [J] . Environmental and Experimental Botany, 2007, 59: 381-392.

[154] Ahsan N, Lee S H, Lee D U, et al. Physiological and Protein Profiles Alternation of Germinating Rice Seed-Lings Exposed to Acute Cadmium Toxicity [J] . Comptes Rendus Biologics, 2007, 330: 735-746.

[155] Kicffer P, Planchon S, Oufir M, et al. Combining Proteomics and Metabolite Analyses to Unravel Cadmium Stress-Response in Poplar Leaves [J] . Journal of Proteome Research, 2009, 8: 400-417.

[156] 翁兆霞. 镉胁迫下秋茄 (*Kandelia candel*) 根系蛋白质组变化及差异表达蛋白功能研究 [D] . 福建: 福建农林大学, 2011.

[157] Gillet S, Decottignics P, Chardonnet S, et al. Cadmium Response and Redoxin Targets in *Chlamydomonas reinhardtii*: A Protcomic Approach [J] . Photosynthesis Research, 2006, 89: 201-211.

[158] Thuomaincn M H, Nunan N, Lehesranta S J, et al. Multivariate Analysis of Protein Profiles of Metal Hyperaccumulator *Thlaspi caerulescens* Accessions [J] . Proteomics, 2006, 6: 3696-3706.

[159] Zhao L, Sun Y L, Cui S X, et al. Cd-Induced Changes in Leaf Proteome of the Hyperaccumulator Plant *Phytolacca americana* [J] . Chemosphere, 2011, 85: 56-66.

[160] 金晓芬. 镉超积累植物东南景天 (*Sedum alfredii*) 谷胱甘肽代谢特征及比较蛋白质组学研究 [D] . 浙江: 浙江大学, 2008.

[161] Requejo R, Tena M. Maize Response to Acute Arsenic Toxicity as Revealed by Proteome Analysis of Plant Shoots [J] . Proteomics, 2006, 6: 5156-5162.

[162] Ahsan N, Lee D U, Alam I, et al. Comparative Proteomic Study of Arsenic-Induced Differentially Expressed Proteins in Rice Roots Reveals Glutathione Plays a Central Role During As Stress [J] . Proteomics, 2008, 8: 3561-3576.

[163] Duquesnoy I, Goupil P, Nadaud I, et al. Identification of *Agrostis tenuis* Leaf Proteins in Response to As (Ⅴ) and As (Ⅲ) Induced Stress Using a Proteomics Approach [J] . Plant Science, 2009, 176: 206-213.

[164] Labra M, Gianazza E, Waitt R, et al. *Zea Mays* L. Protein Changes in Response to Potassium Dichromate Treatments [J] . Chemosphere, 2006, 62: 1234-1244.

[165] Vannini C, Marsoni M, Domingo U, et al. Proteomic Analysis of Chromate-Induced Modifications in *Pseudokirchneriella subcapitata* [J] . Chemosphere, 2009, 76: 1372-1379.

[166] Sharmin S A, Alam I, Kim K H, et al. Chromium-Induced Physiological and Proteomic Alterations in Roots of *Miscanthus sinensis* [J]. Plant Science, 2012, 187: 113-126.

[167] Vannini C, Domingo U, Marsoni M, et al. Proteomic Changes and Molecular Effects Associated with Cr (Ⅲ) and Cr (Ⅵ) Treatments on Germinating Kiwifruit Pollen [J]. Phytochemistry, 2011, 72: 1786-1795.

[168] Hajduch M, Rakwal R, Agrawal U K, et al. High-Resolution Two-Dimensional Electrophoresis Separation of Proteins from Metal-Stressed Rice (*Oryza sativa* L.) Leaves: Drastic Reductions/Fragmentation of Ribulose-1, 5-Bisphosphate Carboxylase/Oxygenase and Induction of Stress-Related Proteins [J]. Electrophoresis, 2001, 22: 2824-2831.

[169] Smith A P, DeRidder B P, Guo W J, et al. Proteomic Analysis of *Arabidopsis* Glutathione S-Transferases from Benoxacor-and Copper-Treated Seedlings [J]. Journal of Biological Chemistry, 2001, 279: 26098-26104.

[170] Li F, Shi J, Shen C, et al. Proteomic Characterization of Copper Stress Response in *Elsholtzia splendens* Roots and Leaves [J]. Plant Molecular Biology, 2009, 71: 251-263.

[171] Zhou S P, Sauv é R, Thannhauser T W. Proteome Changes Induced by Aluminium Stress in Tomato Roots [J]. Journal of Experimental Botany, 2009, 60: 1849-1857.

[172] Kumar S P, Varrman P A M, Kumari B D R. Identification of Differentially Expressed Proteins in Response to Pb Stress in *Catharanthus roseus* [J]. African Journal of Environmental Science and Technology, 2011, 5: 689-699.

[173] Nicolardi V, Cai U, Parrotta L, et al. The Adaptive Response of Lichens to Mercury Exposure Involves Changes in the Photosynthetic Machinery [J]. Environmental Pollution, 2012, 160: 1-10.

[174] John P, Kris F, Andrew C, et al. Increased Abundance of Proteins Involved in Phytosiderophore Production in Boron-Tolerant Barley [J]. Plant Physiology, 2007, 144: 1612-1631.

[175] Ingle R A, Smith J A C, Sweetlove L J. Responses to Nickel in the Proteome of the Hyperaccumulator Plant *Alyssum lesbiacum* [J]. Biometals, 2005, 18: 627-641.

[176] 薛亮，刘建锋，史胜青，等. 植物响应重金属胁迫的蛋白质组学研究进展 [J]. 草业学报，2013, 22 (4): 300-311.

[177] 刘俊祥，孙振元，勾萍，等. 镉胁迫下多年生黑麦草的光合生理响应 [J]. 草业学报，2012, 26 (3): 191-197.

[178] Liu X, Zhang S, Shan X, et al. Toxicity of Arsenate and Arsenate on Germination Seedling Growth and Amylolytic Activity of Wheat [J]. Chemosphere, 2005, 61: 293-301.

[179] Shanker A K, Cervantes C, Loza Tavera H, et al. Chromium Toxicity in Plants [J]. Environment International, 2005, 31: 739-753.

[180] Bona E, Marsano F, Cavaletto M, et al. Proteomic Characterization of Copper Stress Response in *Cannabis sativa* Roots [J]. Proteomics, 2007, 7: 1121-1130.

[181] Hall J L. Cellular Mechanisms for Heavy Metal Detoxification and Tolerance [J]. Journal of Experimental Botany, 2002, 53: 1-11.

[182] Jamet E, Albenne C, Boudart G, et al. Recent Advances in Plant Cell Wall Proteomics [J]. Proteomics, 2008, 8: 893-908.

[183] Ma J F, Ryan P R, Delhaize E. Aluminium Tolerance in Plants and the Complexing Role of Or-

ganic Acids [J] . Trends in Plant Science, 2001, 6: 273-278.

[184] Douchiche O, Driouich A, Morvan C. Spatial Regulation of Cell-Wall Structure in Response to Heavy Metal Stress: Cadmium-Induced Alteration of the Methyl-Esterification Pattern of Homogalacturonans [J] . Annals of Botany, 2010, 105: 481-491.

[185] Xiong J, An L, Lu H, et al. Exogenous Nitric Oxide Enhances Cadmium Tolerance of Rice by Increasing Pectin and Hemicellulose Contents in Root Cell Wall [J] . Planta, 2009, 230: 755-765.

[186] Jiang W, Liu D H. Pb-Induced Cellular Defense System in the Root Meristematic Cells of *Allium sativum* L [J] . BMC Plant Biology, 2010, 10 (1) : 40.

[187] Zhu J, Alvarez S, Marsh E L, et al. Cell Wall Proteome in the Maize Primary Root Elongation Zone. Ⅱ. Region-Specific Changes in Water Soluble and Lightly Ionically Bound Proteins under Water Deficit [J] . Plant Physiology, 2007, 145: 1533-1548.

[188] Kong F J, Oyanagi A, Komatsu S. Cell Wall Proteome of Wheat Roots under Flooding Stress Using Gel-Based and LC MS/MS Based Proteomics Approaches [J] . Biochimica Biophysica Acta, 2010, 1804: 124-136.

[189] Komatsu S, Kobayashi Y, Nishizawa K, et al. Comparative Proteomics Analysis of Differentially Expressed Proteins in Soybean Cell Wall During Flooding Stress [J] . Amino Acids, 2010, 39: 1435-1449.

[190] Cobbett C S, Hussain D, Haydon M J. Structural and Functional Relationships Between Type 1_B Heavy Metal-Transporting P-Type ATPases in *Arabidopsis* [J] . New Phytologist, 2003, 159: 315-321.

[191] Delhaize E, Kataoka T, Hebb D M, et al. Genes Encoding Proteins of the Cation Diffusion Facilitator Family that Confer Manganese Tolerance [J] . Plant Cell, 2003, 15: 1131-1142.

[192] Clemens S. Toxic Metal Accumulation, Responses to Exposure and Mechanisms of Tolerance in Plants [J] . Biochimie, 2006, 88: 1707-1719.

[193] Sarry J E, Kuhn L, Ducruix C, et al. The Early Responses of *Arabidopsis thaliana* Cells to Cadmium Exposure Explored by Protein and Metabolite Profiling Analyses [J] . Proteomics, 2006, 6: 2180-2198.

[194] Yang Q, Wang Y, Zhang J, et al. Identification of Aluminum-Responsive Proteins in Rice Roots by a Proteomic Approach Cysteine Synthase as a Key Player in Al Response [J] . Proteomics, 2007, 7: 737-749.

[195] Rodrigucz-Scrrano M, Romero-Puertas M C, Zabalza A, et al. Cadmium Effect on Oxidative Metabolism of Pea (Pisum Sativum L.) Roots. Imaging of Reactive Oxygen Species and Nitric Oxide Accumulation in Vivo [J] . Plant Cell and Environment, 2006, 8: 1532-1544.

[196] Ahsan N, Renaut J, Komatsu S. Recent Developments in the Application of Proteomics to the Analysis of Plant Responses to Heavy Metals [J] . Proteomics, 2009, 9: 2602-2621.

[197] Tong Y P, Kneer R, Zhu Y U. Vacuolar Compartmentalization: a Second-Generation Approach to Engineering Plants for Phytoremediation [J] . Trends in Plant Science, 2001, 9: 7-9.

[198] Kramer U, Pickering I J, Prince R C, et al. Subcellular Localization and Speciation of Rickel in Hyperaccumulator and Non-Accumulator *Thlaspi* species [J] . Plant Physiology, 2000, 122: 1343-1353.

[199] Morel M, Crouzet J, Gravot A, et al. AtHMA3, a P1B-ATPase Allowing Cd/Zn/Co/Pb Vacuolar Storage in *Arabidopsis* [J]. Plant Physiology, 2009, 149: 894-904.

[200] Schneider T, Schellenberg M, Meyer S, et al. Quantitative Detection of Changes in the Leaf-Mesophyll Tonoplast Proteome in Dependency of a Cadmium Exposure of Barley (*Hordeum vulgare*) Plants [J]. Proteomics, 2009, 9: 2668-2677.

[201] Martinoia E, Maeshima M, Neuhaus H E. Vacuolar Transporters and Their Essential Role in Plant Metabolism [J]. Journal of Experimental Botany, 2007, 58: 83-102

[202] Jaquinod M, Villicrs F, Kicffer-Jaquinod S, et al. A Proteomics Dissection of *Arabidopsis thaliana* Vacuoles Isolated from Cell Culture [J]. Molecular g-Cellular Proteomics, 2007, 6: 394-412.

[203] Konishi H, Macshima M, Komatsu S. Characterization of Vacuolar Membrane Proteins Changed in Rice Root Treated with Gibberellin [J]. Journal of Proteome Research, 2005, 1: 1775-1780.

[204] Endler A, Meyer S, Schelbert S, et al. Identification of a Vacuolar Sucrose Transporter in Barley and *Arabidopsis* Mesophyll Cells by a Tonoplast Proteomic Approach [J]. Plant Physiology, 2006, 141: 196-207.

[205] Schmidt U G, Endlcr A, Schelbert S, et al. Novel Tonoplast Transporters Identified Using a Proteomic Approach with Vacuoles Isolated from Cauliflower Buds [J]. Plant Physiology, 2007, 145: 216-229.

[206] 都江雪. 多环芳烃胁迫下小麦根系质膜差异蛋白质组学研究 [D]. 南京：南京农业大学，2015.

[207] Fiehn O. Metabolomics-The Link Between Genotypes and Phenotypes [J]. Plant Molecular Biology, 2002, 48 (2): 155-171.

[208] Pérez E M S, Iglesias M J, Ortiz F L, et al. Study of the Suitability of HRMAS NMR for Metabolic Profiling of Tomatoes: Application to Tissue Differentiation and Fruit Ripening [J]. Food Chem, 2010, 122 (3): 877-887.

[209] Rooney O M, Troke J, Nicholson J K, et al. High-Resolution Diffusion and Relaxation-Edited Magic Angle Spinning ^{1}H NMR Spectroscopy of Intact Liver Tissue [J]. Magn Reson Med, 2003, 50 (5): 925-930.

[210] Verpoorte R, Choi Y H, Mustafa N R, et al. Metabolomics: Back to Basics [J]. Phytochemistry Reviews, 2008, 7 (3): 525-537.

[211] Giavalisco P, Hummel J, Lisec J, et al. High-Resolution Direct Infusion-Based Mass Spectrometry in Combination With Whole ^{13}C Metabolome Isotope Labeling Allows Unambiguous Assignment of Chemical Sum Formulas [J]. Analytical Chemistry, 2008, 80 (24): 9417-9425.

[212] Tolstikov V V, Fiehn O. Analysis of Highly Polar Compounds of Plant Origin: Combination of Hydrophilic Interaction Chromatography and Electrospray Ion Trap Mass Spectrometry [J]. Analytical biochemistry, 2002, 301 (2): 298-307.

[213] Watanabe C K, Hachiya T, Terashima I, et al. The Lack of Alternative Oxidase at Low Temperature Leads to a Disruption of the Balance in Carbon and Nitrogen Metabolism, and to an Up-Regulation of Antioxidant Defence Systems in *Arabidopsis thaliana* Leaves [J]. Plant Cell & Environment, 2008, 31 (8): 1190-1202.

[214] Sato S, Soga T, Nishioka T, et al. Simultaneous Determination of the Main Metabolites in Rice Leaves Using Capillary Electrophoresis Mass Spectrometry and Capillary Electrophoresis Diode

Array Detection [J] . The Plant Journal, 2004, 40 (1): 151-163.

[215] Sawalha S M S, Arráez-Román D, Segura-Carretero A, et al. Quantification of Main Phenolic Compounds in Sweet and Bitter Orange Peel Using CE-MS/MS [J] . Food Chemistry, 2009, 116 (2): 567-574.

[216] Levandi T, Leon C, Kaljurand M, et al. Capillary Electrophoresis Time-of-Flight Mass Spectrometry for Comparative Metabolomics of Transgenic versus Conventional Maize [J] . Analytical Chemistry, 2008, 80 (16): 6329-6335.

[217] Bowne J B, Erwin T A, Juttner J, et al. Drought Responses of Leaftissues from Wheat Cultivars of Differing Drought Tolerance at the Metabolite Level [J] . Molecular Plant, 2012, 5 (2): 418-429.

[218] 朱维琴，吴良欢，陶勤南. 干旱逆境下不同品种水稻叶片有机渗透调节物质变化研究 [J] . 土壤通报，2003 (1): 25-28.

[219] Yamakawa H, Hakata M. Atlas of Rice Grain Filling-Related Metabolism under High Temperature: Joint Analysis of Metabolome and Transcriptome Demonstrated Inhibition of Starch Accumulation and Induction of Amino Acid Accumulation [J] . Plant and Cell Physiology, 2010, 51 (9): 1599-1599.

[220] Schauer N, Semel Y, Roessner U, et al. Comprehensive Metabolic Profiling and Phenotyping of Interspecific Introgression Lines for Tomato Improvement [J] . Nature Biotechnology, 2006, 24 (4): 447-454.

[221] Matsuda F, Okazaki Y, Oikawa A, et al. Dissection of Genotype-Phenotype Associations in Rice Grains Using Metabolome Quantitative Trait Loci Analysis [J] . Plant Journal, 2012, 70 (4): 624-636.

[222] Chen W, Gao Y, Xie W, et al. Genome-Wide Association Analyses Provide Genetic and Biochemical Insights into Natural Variation in Rice Metabolism [J] . Nature Genetics, 2014, 46 (7): 714-721.

[223] Miyahara T, Sakiyama R, Ozeki Y, et al. Acyl-Glucose-Dependent Glucosyltransferase Catalyzes the Final Step of Anthocyanin Formation in *Arabidopsis* [J] . Journal of Plant Physiology, 2013, 170 (6): 619-624.

[224] Kitamura S, Matsuda F, Tohge T, et al. Metabolic Profiling and Cytological Analysis of Proanthocyanidins in Immature Seeds of *Arabidopsis thaliana* Flavonoid Accumulation Mutants [J] . Plant Journal, 2010, 62 (4): 549-559.

[225] Kusano M, Fukushima A, Redestig H, et al. Metabolomic Approaches Toward Understanding Nitrogen Metabolism in Plants [J] . Journal of Experimental Botany, 2011, 62 (4): 1439-1453.

[226] Winzer T, Gazda V, He Z, et al. A *Papaver somniferum* 10-Gene Cluster for Synthesis of the Anticancer Alkaloid Noscapine [J] . Ence, 2012, 336 (6089): 1704-1708.

[227] Tamura K, Seki H, Suzuki H, et al. CYP716A179 Functions as a Triterpene C-28 Oxidase in Tissue-Cultured Stolons of *Glycyrrhiza uralensis* [J] . Plant Cell Reports, 2017, 36 (3): 437-445.

[228] 罗庆，孙丽娜，胡筱敏. 镉超富集植物东南景天根系分泌物的代谢组学研究 [J] . 分析化学，2015, 43 (01): 7-12.

[229] Zhang Z N, Zhou Q X, Peng S W, et al. Remediation of Petroleum Contaminated Soils by Joint Action of *Pharbitis nil* L. and Its Microbial Community [J]. Science of the Total Environment, 2010, 408 (22): 5600-5605.

[230] 王亚男，程立娟，周启星. 萱草修复石油烃污染土壤的根际机制和根系代谢组学分析 [J]. 环境科学，2016，37 (05)：1978-1985.

第六章

典型土壤污染现状及其植物修复技术应用现状

目前，我国面临着土壤污染严重的问题。我国受镉、汞、砷、铅等重金属污染的耕地面积近5000万公顷，土壤侵蚀和土壤酸化面积已分别超过中国国土面积的30%和40%；其中工业“三废”污染耕地约1000万公顷，污水灌溉的农田面积已达330多万公顷。2005年4月至2013年12月，我国开展了首次全国土壤污染状况调查，调查结果显示，全国土壤环境总体状况不容乐观，部分地区土壤污染较重，土壤环境质量堪忧，工矿业废弃地土壤环境问题突出。工矿业、农业等人为活动以及土壤环境背景值高是造成土壤污染和有害物超标的主要原因。我国土壤污染总超标率为16.1%，其中重度污染点位超标率为1.1%，其中重污染企业用地点位超标率为36.3%，工业废弃地点位超标率为34.9%，工业园区点位超标率为24.9%，固体废物集中处置场地点位超标率为21.3%，采油区点位超标率为23.6%，采矿区点位超标率为33.4%，污水灌溉区点位超标率为26.4%，干线公路两侧点位超标率为20.3%。

近年来，世界土壤污染问题日益凸显，尤其在发展中国家，对生态环境、食品安全和人体健康构成严重威胁。其中，汞、镉、铅、铬和砷等重金属污染物导致的土壤污染尤为突出[1-5]。根据《中国环境年鉴》(2002～2009年)，2001～2008年，我国关停并转迁企业数由6611个迅速增加到22488个，增速为1984个/年，总数达到10万个以上，仅2007年就约有2.5万个。由于关停转迁，我国现已有大量工业场地遗址，对污染严重的工业场地遗址进行技术修复是改善土壤环境质量的迫切要求，也是世界科技的研究热点。2011年2月，《重金属污染综合防治“十二五”规划》通过国务院正式批复，重金属污染土壤被列为主要整治内容之一，污染场地土壤修复技术必将受到更多关注。

在环保产业发达的国家，土壤修复产业所占环保产业的市场份额高达30%～50%。而我国土壤修复产业才刚刚起步，具有资质的处理企业几乎为零，产业规模远远不能满足社会需求。一方面是生态环境、食品安全和农业可持续发展的要求，另一方面是城市化的推进，催生了场地修复的巨大市场。自2006年以来，我国已逐渐认识到了土壤污染的严重性，相关政府部门逐渐出台一系列政策措施，加大力度进行土壤污染治理与修复工作，但未形成系统性的指导方案，直到2016年5月，国务院出台《土壤污染防治行动计划》(即“土十条”)，形成了“以立法促使监管趋严，带动强制性市场以及专项资金支持土地市场”的局面。

2016年12月，为支持“土十条”的有序实施，环境保护部等5部门联合印发了《全国土壤污染状况详查总体方案》，本次详查在综合分析土壤污染状况已有调查成果的基础上，进一步突出工作重点，统一技术要求，充分发挥环境保护、国土资源、农业、卫生计生等部门专业技术力量和社会专业技术力量的作用，现已经查明农用地土壤污染的面积分布及其对农产品质量的影响，确保在2020年年底前掌握重点行业企业用地中污染地块的分布及其环境风险情况。

2018年8月31日第十三届全国人民代表大会常务委员会第五次会议通过，2019年1月1日正式实施的《中华人民共和国土壤污染防治法》更是对我国土壤污染情况调查、污染责任主体、防治措施、技术标准及选择、资金支持办法等进行了系统而全面的部署。这也充分表明我国未来较长时间控制土壤污染、进行土壤修复的决心。

第一节 农田土壤污染现状及其植物修复技术应用现状

农田污染是指农田土壤重金属和有机污染物超过作物可承受度而表现出中毒的性状，或作物生长未受毒害但果实中重金属或有机污染物含量超标的现象。土壤重金属污染具有累积性、隐蔽性、不可逆性和难治理的特点。重金属污染隐蔽的时间长，既影响微生物的数量，导致土壤活性下降，抑制土壤呼吸，也对作物的组织和结构产生影响，可造成植株矮小、减产，制约绿色农业持续发展，甚至可通过食物链进入人体而造成中毒或引发癌症，影响人们的身体健康。

近年来我国大部分省市近郊农田土壤都受到了不同程度的污染，据相关调查，我国农田污染呈加剧趋势，亟待解决。目前，我国土地污染尤其是耕地污染形势相当严峻。一是污染程度加剧。在2014年5月26日，国土资源部副部长王世元称：我国耕地中度、重度污染的面积约5000万亩，污染比较重的区域都是经济发展比较快、经济比较发达的中东部地区。二是污染损失巨大。据估算，全国每年因重金属污染的粮食大约1200万吨，造成的直接经济损失超过200亿元。丢弃在田边或水沟里的农资废弃物，导致大量氮、磷、农药、重金属等物质被带入水体，渗入土壤，土壤污染造成有害物质在农作物中积累，并通过食物链进入人体，引发各种疾病，最终危害人体健康。三是污染涉及范围广。农资包装废弃物污染范围广，全国各大省市地区及生产粮食的平原均有所涉及。如占全国粮食总产五分之一的东北黑土区是我国最重要的商品粮基地，但一个并不为多数人了解的严峻事实是，支撑粮食产量的黑土层却在过去半个多世纪里减少了50%，并在继续变薄，几百年才形成一厘米的黑土层正以每年近一厘米的速度消失。我国粮食主产区的华北平原，由于土地污染粮食都在减产。四是农田恢复治理难。土壤污染具有隐蔽性和难恢复性，土壤污染就像慢性病，很难被发现，而一旦发现，就是“晚期”。很多农资废弃物在田间地头很难自然降解，处理难度很大，这为农田恢复增加了难题。

一、农田土壤污染现状

随着现代工业和城市的迅速发展，特别是乡镇企业的蓬勃兴起以及农用化肥、农药的大量施用，使得农田土壤污染问题日益突出。重金属污染是农田土壤污染的重要形式和内容，它严重影响了农作物产量和产品品质以及人们的身体健康和生命安全。重金属污染来源广泛，包括采矿、冶炼、金属加工、化工、废电池处理、电子、制革和染料等工业排放的“三废”，汽车尾气排放，以及农药和化肥的施用等。重金属在植物根、茎、叶及籽粒中的大量累积，不仅严重地影响植物的生长和发育，而且会进入食物链，危及人类的健康。

据统计[1]，1980年中国工业“三废”污染耕地面积266.7万公顷，1988年增加到666.7万公顷，1992年增加到1000万公顷以上。目前，全国遭受不同程度污染的耕地面积已接近2000万公顷，约占耕地面积的1/5。

自2002年起，国家环保总局开展了题为“典型区域土壤环境质量状况探查研究”的调查，结果显示：珠江三角洲部分城市采样点中有近40%的农田菜地土壤重金属污染超标，其中10%属严重超标。长江三角洲也有类似程度的污染，但污染种类有所不同，珠江三角洲土壤汞超标最严重，而长江三角洲土壤镉、铬污染较为普遍。表6-1、表6-2分别列出了中国部分地区农田土壤中重金属含量和中国部分地区农作物重金属含量。

表6-1　中国部分地区农田土壤中重金属含量　　单位：mg/kg

城市	As(砷)	Cd(镉)	Cu(铜)	Cr(铬)	Hg(汞)	Pb(铅)	Zn(锌)	参考文献
沈阳	11.96	0.88	43.7	96.2	0.52	102	52.7	[2]
西安	11.48	0.628	49.38	69.78	—	40.8	—	[3]
上海	—	0.657	111	70.3	—	109	349	[4]
贵阳	47.1	0.10	—	150.46	0.296	87.31	—	[5]
重庆	7.03	0.231	—	47.92	0.185	21.09	—	[6]
南京	—	1.03	39.38	—	—	67.77	254.79	[7]
南宁	16.35	1.44	20.38	149.57	0.194	37.38	51.07	[8]
广州	8.35	0.19	—	38.43	0.07	34.64	—	[9]
土壤质量标准	≤20	≤0.3	≤50	≤150	≤0.5	≤70	≤200	《土壤环境质量　农用地土壤污染风险管控标准(试行)》(GB 15618—2018)

表6-2　中国部分地区农作物重金属含量　　单位：mg/kg

城市	品种	Cu(铜)	Zn(锌)	Pb(铅)	Cd(镉)	Cr(铬)	As(砷)	Hg(汞)	参考文献
沈阳	水稻	1.258	7.810	3.265	0.319	0.291	0.068	0.019	[2]
	蔬菜	3.19	11.8	0.42	0.057	0.21	0.104	0.0062	
西安	蔬菜	—	—	0.376	0.032	0.468	0.094	0.001	[3]
	水稻	—	20.79	0.31	0.164	0.651	0.099	0.002	
上海	青菜	0.781	3.532	0.447	0.0747	0.0809	—	—	[4]
贵阳	蔬菜	—	—	1.640	—	—	—	0.021	[5]
重庆	蔬菜	—	—	0.123	0.014	—	0.027	0.002	[6]
南京	蔬菜	5.00	62.21	5.90	0.73	—	—	—	[7]
南宁	蔬菜	—	—	0.246	0.055	0.265	0.085	0.015	[8]

续表

城市	品种	Cu(铜)	Zn(锌)	Pb(铅)	Cd(镉)	Cr(铬)	As(砷)	Hg(汞)	参考文献
广州	蔬菜	—	—	0.0480	0.0071	0.0404	0.0133	0.0019	[10]
国际卫生标准	蔬菜	10	50	0.2	0.05	0.5	0.5	0.01	国家现行食品卫生标准
	粮食	10	50	0.4	0.2	1.0	0.7	0.02	

从表 6-1 可见，各大城市的耕地土壤都存在不同程度的重金属污染，其中 Hg、Cd、Pb 等常见物质污染尤为明显，如沈阳市郊区与西安污灌区土壤的 Hg、Cd 污染。同时北方地区的土壤受重金属污染程度普遍高于南方，主要污染物是 Hg、Cd、Pb 等。原因在于，南方地区土壤受重金属污染的主要原因与北方相似，但由于雨水相对充足，污灌面积相对较小加上降水稀释，污染程度相对较低。

对比表 6-1 与表 6-2 可见，蔬菜中的重金属浓度与土壤中的一般呈正相关关系，但又显得相当复杂。如西安、沈阳市郊耕地土壤中 Pb 含量并未超标，但农作物中的含量却已严重污染；表 6-1 中南宁市耕地土壤里 Pb 含量远低于 GB 15618—2018 中规定的值，但当地蔬菜的 Pb 含量却已超标，其污染指数为 1.23；西安市耕地土壤中 Cd 含量严重超标，污染指数为 2.06，但其蔬菜的 Cd 含量却低。这表明重金属的复合污染存在拮抗和协同作用，拮抗作用降低了污染元素毒性的临界值。吴燕玉等[11] 研究发现，Cd、Pb、Cu、Zn、As 等元素间的交互作用表现为 Pb、Zn、As 存在有利于土壤 Cd 的解吸与植物的吸收，并在某些情况下起到了一种催化剂的作用。另有文献报道，在 Cd、As 协同作用下，$Cd_3(AsO_4)_2$ 可透过植物细胞膜，说明复合污染会提高 Cd 的吸收系数，增强联合毒性。因此，在研究土壤与农作物的重金属污染时，不能仅考虑单一的重金属污染。多元素的重金属复合污染是一个相当复杂的过程，其生态效应受多种因素的影响，有待进一步研究。

对我国 8 个城市农田土壤中 Cr、Cu、Pb、Zn、Ni、Cd、Hg 和 As 的浓度进行统计分析，大部分城市高于其土壤背景值（表 6-3）。农业部农产品污染防治重点实验室对全国 24 个省市土地调查显示，320 个严重污染区，约 $548\times10^4 hm^2$，重金属属超标的农产品占污染物超标农产品总面积的 80%以上。2006 年前，环境保护部对 $30\times10^4 hm^2$ 基本农田保护区土壤的重金属抽测了 $3.6\times10^4 hm^2$，超标率达 12.1%。

表 6-3 中国城市农田土壤中重金属质量分数 单位：mg/kg

城市	w(Cr)	w(Cu)	w(Pb)	w(Zn)	w(Ni)	w(Cd)	w(Hg)	w(As)	参考文献
北京	75.74	28.05	18.48	81.10	—	0.18	—	—	[12]
广州	64.65	24.0	58.0	162.6	—	0.28	0.73	10.90	[13]
成都	59.50	42.52	77.27	227.00	—	0.36	0.31	11.27	[14]
郑州	60.67	—	17.11	—	—	0.12	0.08	6.69	[15]
扬州	77.20	33.90	35.70	98.10	38.50	0.30	0.20	10.2	[16]
无锡	58.60	44.40	46.70	112.90	—	0.14	0.16	14.3	[17]
徐州	—	35.28	56.20	149.68	—	2.57	—	—	[18]
兰州	—	41.63	37.44	69.58	—	—	—	17.33	[19]
国家背景值	61.00	22.60	26.00	74.20	26.90	0.097	0.065	11.20	[20]

我国大多数城市近郊农田都受到了不同程度的重金属污染，如南京市土壤已受到Pb、Hg、Cd污染，其中Cd污染比较严重；黄浦江中上游地区，2010年农用土中Cd、Hg、As、Cr、Pb质量分数超过土壤背景值的60%、68%、19%、67%、45%[21]；北京市连续5年（2005～2009年）的土壤样品中，近郊农田土壤中Hg、Cd和Pb平均质量分数均高于远郊[22]；深圳市2010年土壤Hg质量分数有37%的采样点超过土壤背景值，6%的样品点处于中度以上污染水平[23]。此外，在贵州、福建、河北、广西、江西、海南、重庆、香港等许多省市地区都发现了不同程度的Hg、Cd、Pb、Cr、As、Cu、Zn和Ni污染[24]。

二、农田土壤污染来源

（一）随大气沉降进入土壤

重金属以气溶胶的形态进入大气，经过自然沉降和降水进入土壤。据调查，公路附近的土壤和水体要比远离公路地区污染严重，这是因为汽车和摩托车轮胎及燃油中含有重金属的缘故。李波等[25]对宁连高速公路两侧土壤和农产品中重金属污染进行了研究，结果表明高速公路两侧的农田土壤和农产品均遭受了不同程度的重金属污染，其污染程度随着高速公路距离的增加而递减。

污染物的大气沉降是土壤重金属污染的重要途径。阿根廷科尔多瓦省小麦和农田地表土中Cu、Ni、Pb、Zn、Mn和Sb等主要来自当地工业、交通和空运中大气污染物的沉降。对辽宁省抚顺市不同类型大气PM_{10}中11种重金属含量进行分析，发现Cr、Mn、Co、Ni、Cu、Zn和Pb分别是其土壤本底值的777倍、5.7倍、291倍、312倍、56倍、135倍和39倍，相关性和主成分分析表明大气中重金属污染主要来自机动车排放、工业活动和煤的燃烧[26]。对泉州至塘头段324国道两侧土壤中14种重金属监测分析，结果表明Sn、Sb、Pb、Bi、Ni、Cu、Zn和Cd主要来源于交通污染[27]。矿山开采和重金属冶炼产生的大气污染也是农田土壤重金属的重要来源，Hang等[28]对常熟市某电镀厂附近旱地土壤重金属进行了研究，发现了Zn和Ni的复合污染，均随距离增加污染程度逐渐降低，且Zn污染呈逐年加剧趋势。

（二）随污水进入土壤

污水农灌是指用城市下水道污水、工业废水、排污河污水以及超标的地面水等对农田进行灌溉。几个世纪以来，柏林、伦敦、米兰和巴黎一直使用污水农灌处置废水。污水农灌在缺水地区被广泛应用，如加纳污灌区面积约11500hm^2，墨西哥约$26\times10^4hm^2$[29]。对津巴布韦哈拉雷市长期污灌的农田土壤及种植作物进行研究，发现Cu、Zn、Mn、Pb、Cd、Ni和Cr在土壤和玉米中积累量均高于人和牲畜允许摄入量的极限[30]；对印度东加尔各答始于1930年污灌水田（约7500hm^2）调查，发现土壤和大米中Cr和Hg含量严重超标[31]。

水资源匮乏推动污灌在我国广泛应用。据农业部对全国污灌区农田的调查，约$1.4\times10^6hm^2$的污灌区中，重金属污染占总面积的64.8%，其中轻度污染占46.7%，中度污染占9.7%，严重污染占8.4%[32]。沈阳市浑河、蒲河、细河和沈抚灌渠周边农田表层土中

Hg、Cd、Zn、As、Cr、Cu、Pb 质量分数均值均高于辽宁土壤背景值，大部分样点 Cd 和 Hg 严重超出国家土壤环境质量二级标准值[33]。天津市 3 大污灌区内种植的油麦菜 60%以上受到 Cd 污染[34]。另外，保定、西安、郑州、兰州、北京、哈尔滨和石家庄等城市的污灌区表层土均呈现不同程度的重金属污染[35,36]。

大量的工业废水未经处理直接进入水体并随灌溉进入农田，使重金属以不同形态在土壤中吸附和转化。宋书巧等[37] 对广西刁江沿岸农田受矿山重金属废水污染的状况进行了较详细的研究，研究指出，由于一些选矿场的选矿废水和尾砂未经任何处理直接排入刁江，导致刁江河床淤泥、河水及沿河两岸土壤中的 Cu、Pb、Zn、Cd、As、Sb、Sn、Hg、Cr 和 Fe_2O_3 等主要污染物指标严重超标，并严重污染沿江两岸农田，导致了水稻等主要农作物的减产和农产品的严重污染及品质的下降。

（三）随固体废物进入土壤

固体废物中重金属极易迁移，以辐射状、漏洞状向周围土壤、水体扩散。对苏北某垃圾堆放场、杭州铬渣堆放区附近农田土壤中重金属含量进行测定，发现 Cd、Hg、Cr、Cu、Zn、Pb 等质量分数均高于当地土壤背景值[38]。电子电器及其废弃物中含有大量 Cu、Zn、Cr、Hg、Cd 和 Pb 等，对其拆解、回收利用及处置过程中会产生重金属污染。Tang[39] 对台州电子废物拆解点附近农田土壤进行监测分析，发现重金属超标率为 100%，主要超标元素依次为 Cd、Cu、Hg 和 Zn。对广东省汕头市贵屿镇电子垃圾处理场附近农田土壤中重金属形态分布进行研究，发现农田土壤中 Cd、Cr、Cu、Pb 均超过《土壤环境质量标准》（GB 15618—1995）二级标准[40]。

大量的工业废弃物在堆放和处理过程中，由于日晒雨淋水洗，使重金属向周围土壤、水体扩散，随着污泥进入土壤。刘翠华等[41] 对辽宁葫芦岛锌厂周围土壤 Cd 污染现状进行了研究。由于在中国铅锌矿多为伴生矿，所以在对铅锌进行冶炼加工的同时，一部分微量矿产被大量抛弃，这些被抛弃的微量元素存在于冶炼矿渣和工业废弃物中，在工业生产中被大量地堆放在旷野，由于风蚀作用和雨水冲刷等原因，这些微量元素大量进入堆场附近的土壤和地下水，并对周围的环境造成了相当大的污染。研究表明，锌厂南部和西部 5km，北部 10km 范围内的表层土壤（0～20cm）达到了重度污染，北部 15km 处为中度或重度污染，北部 20km 处受到轻度污染。锌厂南部土壤 Cd 的含量最高，其次是北部的土壤，含 Cd 量分别超过土壤环境质量标准的 19.23～109.23 倍和 4.13～11.63 倍，而西部土壤 Cd 含量相对较低。下层土壤（20～40cm）也受到了不同程度的污染，大部分剖面点达到了中度到重度的污染。

（四）随农用物资进入土壤

农药、化肥、地膜、畜禽粪便和污泥堆肥产品等农用物资的不合理施用，可导致农田重金属污染。一些农药中含有 Hg、As、Cu、Zn 等，如随着西力生消毒种子进入土壤的 Hg 为 6～9mg/hm^2；美国密歇根州由于经常施用含 As 农药，其土壤中 As 含量高达 112mg/kg[42]。目前，含 As、Hg 和 Pb 的农药已在大部分国家禁用（如中国、美国、日本及欧洲各国等），但含 Cu 和 Zn 的各种杀菌剂（如波尔多液、多宁、碱式氯化铜、福美锌、噻唑锌、代森锌等）还在世界各国农业生产中广泛使用，每年随农药进入农田的Cu和Zn不容忽视，如中国约5000t和1200t[43]，英格兰和威尔士约8t和21t[44]。

重金属是肥料中报道最多的污染物质，其质量分数一般是磷肥＞复合肥＞钾肥＞氮肥。欧洲12个国家196种磷肥重金属平均质量分数为：$w(Ni)=14.8mg/kg$，$w(Cd)=7.4mg/kg$，$w(Zn)=166mg/kg$，$w(Pb)=2.9mg/kg$，$w(As)=7.6mg/kg$，$w(Cr)=89.5mg/kg$。重金属进入土壤的量和含磷水平紧密相关[45]。法国农田中Se、Cr和Cd主要来自矿质肥料，其中磷肥中Cr和Cd质量分数最高[46]。硝酸铵、磷酸铵、复合肥中As可达50～60mg/kg。农用地膜生产过程中加入了含有Cd和Pb的热稳定剂，使用时也会增加农田土壤重金属污染的风险[47]。化肥引起的重金属污染主要来自磷肥，由于磷矿中含有痕量的Cd，从而导致成品肥料Cd污染。这些随磷肥进入土壤的Cd与土壤中自然存在的Cd相比具有较大的可溶性。许多研究表明，随着磷肥及复合肥的大量施用，土壤有效Cd的含量不断增加，作物吸收Cd的量也相应增加。陈海燕等[48]对贵州省常用三元复混肥、普通过磷酸钙、钙镁磷肥、有机-无机复混肥料、有机肥料进行市场抽样并化验分析。结果表明，5类化肥含有一定量的Cd、Hg、As、Pb、Cr等重金属，但其含量均未超过国家限定标准。研究虽然表明检验化肥中的重金属并没有超标，但是重金属在土壤中会存在一个传递和富集的作用，所以化肥中的重金属污染问题会随着农田化肥的使用范围和量的增大而加重，是一个绝不可小视的问题。

畜禽粪便及其堆肥产品长期施用导致的农田重金属污染也越来越严重。在畜禽养殖过程中，除了使用含Cu和Zn的饲料添加剂，有时还用含As、Cd、Cr、Pb和Hg的添加剂，如义乌、萧山、宁波3地区猪饲料中As质量分数高达110mg/kg[49]。畜禽粪便中重金属质量分数与饲料直接相关。Nicholson[50]等对英国183份畜禽饲料和85份动物粪便样品的重金属质量分数进行测定，猪在不同生长期饲料中Zn和Cu含量范围为150～1920mg/kg和18～217mg/kg，禽类饲料中Zn和Cu含量范围为28～4030mg/kg和5～234mg/kg。猪粪Zn和Cu的含量高于其他粪便，均值为500mg/kg和360mg/kg。长期施用畜禽粪便的农田土壤剖面中Cu、Zn、Pb、Cr、As质量分数要高于未施用的对照，且Cu、Zn超过对照组较多[47]。另外，城市污泥中Cr、Pb、Cu、Zn和As极易超过标准，施用可使农田土壤重金属质量分数有不同程度的增加。

三、农田土壤污染特点

（1）污染种类逐渐增多　目前，我国农田污染有农药污染、化肥流失污染、重金属污染、畜禽粪便污染、秸秆废弃或焚烧污染、塑料膜残留污染和排放温室气体污染等。规模化养殖场和集约化种植业是我国农田污染的重要参与者。

（2）农田污染格局发生转变　我国农田污染有恶化的苗头，污染源从工业化为主向农业为主转变；而工业废弃物和生活污染物更进一步向农村转移，农田是最大的受害者。

（3）农田污染的复杂化　农田污染从简单变得复杂，从“面源”特征向“立体”变化，对人体、畜禽造成严重的迫害。

（4）农田污染治理的难度不断加大　我国组织开展过多项重大农业环境治理工作，但因为农田污染防治还是新生事物，农田污染具有综合性、复杂性和潜伏性等特点，使得单方面研究已经不能从根本上解决农田污染问题。

四、农田土壤污染植物修复技术应用现状

由前面的章节可知，植物修复可分为植物提取、植物固定、植物挥发、植物过滤、植物强化根际微生物降解作用。

我国受到镉污染的土地面积已超过28万公顷[51]。在土壤重金属污染中，镉（Cd）被列为五大毒物（Cd、Hg、As、Cr、Pb）之首，在生物圈中移动性大、毒性强，其毒性仅次于汞而位居第二，植物容易从土壤中吸收Cd并在体内造成累积，Cd在植物性农产品中的残留问题较突出，严重威胁人类健康[49]。镉超积累植物是指叶部镉积累量高于100mg/kg的植物，同时该植物地上部镉含量与根系镉含量的比值应大于1[52]。镉超积累植物有遏蓝菜、龙葵、东南景天、印度芥菜、鼠耳芥等。McGrath等[53]研究表明，种植14个月的遏蓝菜可将污染土壤中21.7%的镉去除，且土壤镉的去除率远高于仅种植4个月的遏蓝菜处理组，可见合理延长种植时间可提高遏蓝菜对镉的去除率。此外，观赏植物（如某些品系的菊花）对镉也具有一定的耐性，例如Ramana等[54]评估了野菊花和万寿菊对土壤镉的植物提取能力，研究发现野菊花可耐受高达200mg/kg的镉污染，而万寿菊在此污染水平下出现死亡。野菊花镉累积量是万寿菊的3倍。

甘蓝型油菜是我国的主要农作物之一，在我国南北地区广泛种植，常年种植面积约达700万公顷[55]。甘蓝型油菜生物量大，并且生产种植技术成熟易于掌握，研究表明甘蓝型油菜具有修复Cd、Cu等污染土壤的能力。张云霞等[56]为探究超富集植物藿香蓟对镉（Cd）污染农田土壤的修复潜力，通过野外调查、原土盆栽试验和田间试验表明，藿香蓟对Cd表现出稳定的积累特性。在田间试验中，污染区藿香蓟中地上部Cd含量均值为21.13mg/kg，富集系数为6.93，使用藿香蓟修复Cd污染土壤，种植三茬藿香蓟的去除率为13.2%～15.6%。可见，使用超富集植物藿香蓟修复农田Cd污染具有较好的工程应用前景。

在植物修复过程中，修复植物往往对某些特定的污染物有修复作用，但是土壤污染往往是较复杂的复合污染，所以研究几种植物共同修复至关重要。马婵华[57]采用黑麦草植物单独种植和黑麦草植物与大蒜套种两种种植模式研究黑麦草植物对重金属污染土壤中镉的吸收可行性和效果。结果表明，黑麦草植物单独种植时具有较大的富集系数（0.75）；套种模式中大蒜会影响黑麦草植物对土壤中重金属镉的吸收，套种模式中黑麦草镉含量较单独种植模式减少7.10%。杨洋等[58]在重金属（Cu、Zn、Pb、Cd、As、Hg）复合污染的郴州矿区废弃农田种植油菜、玉米和油葵，研究油菜-玉米和油菜-油葵两种种植模式对土壤重金属污染的修复潜力。实验结果表明：三种作物在复合污染土壤中对重金属都表现出一定的耐性及吸收积累能力。

不同的植物种类对重金属的累积量有所差异，除了超积累植物，近些年一些研究者将视线放在了低积累植物的筛选、研究和应用上。例如镉污染土壤中豆类作物（豆科）镉积累量较低，根菜类蔬菜（伞形科和百合科）镉积累量居中，而叶菜类蔬菜（菊科和藜科）镉累积量相对较高[59]。已有的研究均表明筛选低积累作物对于中低浓度镉污染土壤的安全利用具有可行性。不同作物基因型差异引起的镉吸收累积差异机制不同，一些低积累作

物主要通过减少镉由根部向地上部转移的方式降低可食部位镉浓度，如在镉低积累大豆(品种 Enrei）根细胞内发现有与镉形成螯合物的蛋白质和氨基酸，减少了镉向地上部的迁移[60]。一些植物通过减少根细胞镉吸收的途径从而降低地上部镉的累积量，该过程主要以根细胞壁作为有效吸收屏障，而根细胞分泌的与镉亲和性较高的有机物可进一步降低根细胞镉吸收量[61]。值得一提的是，低积累作物的低积累特性存在不稳定性，如研究发现籽粒低积累小麦品种（尧麦和洛优 9909）在连续种植 3 年后，第 3 年籽粒中镉质量分数超过 0.1mg/kg，可见多代种植后作物的低积累特性可以发生变化[62]。

无论是超积累植物还是低积累作物，植物从土壤中吸收重金属后若不经过合理处置，又将回归至土壤环境，再次造成污染，因此重金属富集植物生物质的处置是制约植物修复商业化应用的重要因素之一。基于减量化、无害化和资源化原则，焚烧法、灰化法、堆肥法、压缩填埋法、高温分解法、液相萃取法和植物冶金等为处置重金属富集植物生物质的主要技术[63]。

在植物修复中，多数重金属超积累植物，只能积累一种或两种重金属元素，在实际重金属污染农田中，可能是多种重金属的复合污染，因此单纯凭借植物对重金属的富集特性修复农田土壤重金属污染，修复效率低，修复周期长，而且影响因素较多，很难达到理想的修复效果。将微生物修复与植物修复联合，不仅具有植物修复绿色、经济的优势，还弥补了单纯植物修复过程中微生物的不足，提高了生物修复重金属污染土壤的能力。田间试验表明，种植大麦的土壤中 Se 的挥发速率是不种植大麦土壤的 19.6 倍。研究还发现根际细菌可以增强大麦对 Se 的挥发作用，对灭菌的植株接种根际细菌后，植株对硒的挥发作用增强了 4 倍[64]。Li 等[65] 研究表明，内生细菌菌株 K3-2 产生 1-氨基环丙烷-1-羧酸酯（ACC）脱氨酶、吲哚-3-乙酸（IAA）、铁载体和精氨酸脱羧酶，表现出 Cu 抗性，显著增加了生长在 Cu 矿荒地土壤中苏丹草的干重和根系 Cu 积累量。潘风山等[66] 以我国原生的镉超积累植物东南景天为材料，从其根部筛选到 4 株对镉具有耐性的内生菌株，研究发现，接种菌株能促进油菜植株的生长，提高植物对镉的积累量，其中，以菌株 SaN1 的作用效果最显著，可使油菜苗期地上部的生物量和镉积累量分别提高 18.6%和 45%。

黄晶等[67] 研究了 8 种不同丛枝菌根真菌（AMF）对紫花苜蓿吸收 Cd、Zn 的影响，结果发现，不同 AMF 接种处理下，紫花苜蓿根中 Cd、Zn 的含量和积累量的变化幅度与其生物量呈正相关关系，表明 AMF 促进植物生物量增加是其根内 Cd、Zn 含量和积累量增加的重要机制。

娄晨[68] 用紫花苜蓿-根瘤菌共生体系来修复镉污染土壤，发现中华根瘤菌 CCNW-SX0020 与紫花苜蓿共生结瘤，根瘤内可以积累大量 Cd，使接菌后紫花苜蓿地下部分富集 Cd 的能力显著提高。Sriprang 等[69] 利用豆科植物和基因工程根瘤菌的共生系统修复土壤重金属污染，研究发现，在金属硫蛋白表达的紫云英根部 Cd 的积累量为对照组的 1.7 倍以上。

虽然重金属污染是农田土壤污染的重要形式和内容，但有机污染物对农田造成的污染程度也逐年加重。多环芳烃是在环境中广泛存在的一类持久性有机污染物，多环芳烃具有“三致”效应及低水溶性，对自然界生物安全以及人类健康造成巨大威胁。环境中多环芳烃大多数积累在土壤中，2014 年《全国土壤污染状况调查公报》揭示污水灌溉区、化工类园区、工业废弃地、采油区、重污染企业用地及周边土壤已经成为多环芳烃主要的汇集地。土壤中的多环芳烃的主要来源途径有大气沉降、污水灌溉、大气远距离输送、肥料倾倒和石油化工业泄漏，其中，农田中的多环芳烃很大程度上是由于污水灌溉所致。多环芳烃可以通过农作物以食物链的形式传递，并积累在人体内，对人体造成损伤。多环芳烃污染农田的土壤修复，特别是加强多环芳烃长期污染土壤的修复十分重要和迫切。据统计，全球每年约有4.3万吨多环芳烃释放到环境中[70]。从20世纪50年代开始，我国先后建立了面积多达1万平方公里的污灌区，污灌造成了多环芳烃在土壤中大范围累积，导致地下水、农产品以及农田土壤多环芳烃污染。Ping等[71]的调查结果表明，长江三角洲地区土壤表层中15种多环芳烃总量最高达到3881μg/kg，有近乎一半的农田土壤中多环芳烃的总含量高于200μg/kg（远远高于加拿大的农业土壤多环芳烃标准100μg/kg)。另有报道[72,73]，广州市周边菜地土壤受到多环芳烃污染，16种多环芳烃含量在42～3077μg/kg的范围，以菲、荧蒽、芘为主，很大一部分农田土壤中的多环芳烃含量都在200μg/kg以上。在我国东北沈抚污灌区，三十多年的石油污水灌溉造成此区域水稻田成为多环芳烃重污染农地，目前沈抚灌溉区农田土壤中的多环芳烃含量在787～24570μg/kg[74]。在天津污灌区农业土壤中，水稻田土壤中的多环芳烃含量最高，在181～21015μg/kg之间，其中表层土和亚表层土中的多环芳烃含量最高；2004年的一项调查结果表明，天津污水浇灌菜地的土壤中存在大量的多环芳烃，含量高达6248μg/kg，根际土壤中含量甚至更高(7820μg/kg)，其中含量较高的有萘、菲、芘、苯并［*k*］荧蒽和苯并［*a*］芘，菜地土壤正遭受到越来越严重的多环芳烃污染[75]，甚至部分土壤中的强致癌物苯并［*a*］芘已经严重超过标准。

宋玉芳等[76]挑选苜蓿作为供试植物，利用盆栽试验来研究修复土壤中的多环芳烃。结果表明，投加有机肥料对苜蓿草土壤中矿物油降解有促进作用，有机肥料的量与苜蓿草根际的土著真菌和细菌的数量呈明显正相关。何艳等[77]通过模拟植物根部周围环境条件，探讨根系分泌物对五氯酚污染土壤的修复效果和机理，研究结果表明通过添加根系分泌物能够加快五氯酚的降解。Liste等[78]研究了树苗、田间农作物以及园艺农作物三类共九种不同的植物，结果表明种植植物8周后土壤中的芘便去除了74%，而没有种植植物的土壤去除最多的也只有40%，由此说明九种不同的植物都可以加快芘的降解。这说明了植物根部环境起到了一个调节和改善土壤的作用，对加快有机污染物的去除有很好的效果。

有些农田土壤受重金属和有机物的双重污染，需要选取同时对重金属和有机污染物有积累和降解作用的植物进行农田土壤的植物修复。不同植物对污染物的积累、代谢能力不同，如海州香薷对Cu具有较强的富集能力，伴矿景天被认为是一种镉锌超积累植物，二者对多氯联苯（PCBs）污染土壤也有一定的修复作用。孙向辉等[79]采用田间微域试验，初步研究了紫花苜蓿与海州香薷、伴矿景天在不同栽培模式下对多氯联苯（PCBs）复合污染农田土壤的协同修复作用。结果表明，紫花苜蓿与海州香薷、伴矿景天混作对PCBs复合污染土壤的修复效果明显高于紫花苜蓿单作，其中紫花苜蓿-海州香薷混作、紫花苜蓿-海州香薷-伴矿景天混作种植120d后，土壤中PCBs含量比紫花苜蓿单作时分别降低43.0%和47.8%，强化效果显著。与紫花苜蓿单作相比，紫花苜蓿与海州香薷、伴矿景天混作可有效提高植株总生物量，增强植物对土壤中PCBs的吸收富集能力。土壤PCBs同系物分析结果表明，种植植物可有效降低土壤中低氯代 PCBs 含量，植物混作栽培模式可以促进高氯代 PCBs 组分向低氯代 PCBs 组分的转变。可见紫花苜蓿与海州香薷、伴矿景天混作对多氯联苯复合污染农田土壤具有较好的协同修复作用。

虽然植物修复技术优点众多，但在现阶段的研究应用中也存在一定不足。但作为一种廉价的绿色修复技术，在我国国情和实际污染情况下，该修复技术还是极具发展潜力的。

五、案例——湖南某砷污染农田土壤修复工程

（一）项目背景

我国的土壤污染问题已不容忽视，因重金属造成的土壤污染对生态环境、农产品质量安全、人体健康构成严重威胁。2015 年 5 月 28 日，国务院发布《土壤污染防治行动计划》，该计划提出以改善土壤环境质量为核心，以保障农产品质量和人居环境安全为出发点，坚持预防为主、保护优先、风险管控，突出重点区域、行业和污染物，实施分类别、分用途、分阶段治理。现阶段我国亟需建立重金属污染土壤修复技术综合试验区。

为贯彻国务院常务会议的精神，落实《土壤污染防治行动计划》的工作安排，湖南常德市作为全国 6 个土壤重金属污染综合防治示范区之一，邀请中国科学院地理科学与资源研究所主持编制《湖南某市土壤污染综合防治先行示范区建设方案》，率先开展先行示范区建设。湖南该地区砷污染引起国家高度重视，为此，国家领导人已经针对湖南砷污染问题作了多次重要批示。2012 年 10 月由县人民政府联合中国科学院地理科学与资源研究所共同编制了《典型区域土壤污染综合治理项目实施方案》。

土壤修复技术需要将基础研究与应用技术研究衔接，需要优化推广应用中的诸多关键技术参数，加强技术的配套性和集成度，并制定农田土壤修复工程相关的规范和标准，方能实现大规模推广。

基于国家、地方对土壤修复的迫切需求以及土壤修复产业发展面临的技术瓶颈等问题，2014 年，中国科学院启动科技服务网络行动计划（STS）项目“南方土壤重金属污染风险区划与修复技术研发示范”。该项目的实施，基于较为成熟的重金属污染土壤修复技术，进一步完善技术成套化、设备化，集成创新形成因地制宜的修复技术体系和科学合理的治理模式，建设土壤重金属污染大规模连片修复示范样板。以点带面，为同类区域大规模推广应用提供可复制、可推广的模板，为我国同类重金属污染地区提供土壤修复的工程示范。项目将建立一个国家级的土壤重金属污染防治综合区。

（二）项目区环境质量现状

项目区位于湖南省某县，由于长期开采雄黄，冶炼砒霜，炼砒过程产生的砒灰飘尘和二氧化硫未经处理直接排放，导致对周边环境污染非常严重。2012 年，中国科学院地理科学与资源研究所开展雄黄矿区土壤环境质量调查，以原炼砒车间为中心，在半径 10km 的 11 个方向放射状布设 380 点位。调查结果显示，雄黄矿区及其周边土壤砷超标率达到 66.1%，其中 17.9%调查样点砷属于重度污染，8.7%和 13.2%的样点砷含量属于中度、轻度污染；该县雄黄矿区及其周边蔬菜砷超标率高达 40.43%。某村区域地表径流 As 超

标率为35.09%，每年近1600万立方米的含砷超标径流进入附近河流。

（三）项目主要内容

2014年4月22日，中国科学院地理科学与资源研究所开展示范区建设。截至2016年6月30日，中国科学院在该污染区已完成污染土壤修复示范区建设200亩。主要示范工程包括：①蜈蚣草工厂化育苗和设施建设；②修复种植与工程示范，建设规模200亩，包括强化植物萃取、间作修复、植物阻隔、钝化修复等修复模式；③修复植物安全处理和资源利用技术装备的工程化。

（四）项目主要成果

针对项目土壤污染现状，建立了防-控-治相结合的土壤环境保护模式。①针对高污染区，提出了关键技术参数，包括蜈蚣草萃取修复的种苗繁育、田间管护、超富集植物刈割及收获物安全处置等内容。建立超富集植物育苗工厂1座，可满足100亩植物萃取修复规模的用苗需求；经过2年的修复，土壤砷含量降低了13.6%。②结合项目区种植结构，建立了蜈蚣草-柑橘间作修复模式，实现边修复边生产的修复目标。③针对低污染区，开展了低积累玉米、水稻钝化修复的安全利用模式示范。经过钝化修复，土壤水溶性砷下降了65%以上，玉米合格率达到95%以上。

结合该地区土壤修复技术综合示范区建设成果，编写了《农用地土壤修复工程项目管理指南》《农用地重金属污染土壤植物萃取技术指南》《蜈蚣草育苗技术规范》《蜈蚣草栽培手册》《污染土壤修复后评估技术指南》，实现了植物修复技术模式的规范化和标准化，可指导土壤修复技术的应用和实施。

构建了土壤环境修复监管信息平台，达到了污染农田土壤修复技术方案的选择、土壤修复与治理监管、超标农用地修复与治理案例管理等目标，实现了土壤修复数据以及修复过程的智能化管理。

（五）项目社会影响

项目在产生环境效益的同时，有效提高了当地农民的经济水平。截至2015年，项目区山村受益农户110余户，每户农民因参与修复工作收入增加5000～16000元，带动了当地的经济发展。

第二节 矿区土壤污染现状及植物修复技术应用现状

矿业是人类社会继农业发展后产生的最重要的工业。我国幅员辽阔，地质条件复杂，拥有得天独厚的矿产资源。截至2015年年底，我国共发现172种矿产资源，包括石油、天然气、煤炭等能源矿产12种，铁、铜、金等金属矿产59种，非金属矿产95种，以及地下水、矿泉水等水气矿产6种，已探明资源储量的高达162种[80]。矿产资源开发利用改变了区域生态系统的物质循环和能量流动，造成了严重的生态破坏和环境污染。2016年，我国公布的《中国土壤修复技术与市场发展研究报告（2016—2020）指出："目前，我国废弃矿山的复垦率仅达10%，需要环境恢复与治理的矿山面积约150万公顷，其中重金属矿山占30%，土壤重金属污染严重。"据环境保护部和国土资源部2014年公布的《全国土壤污染调查公报》结果显示，我国耕地点位超标率达19.4%，主要污染物为镉、镍、铜、砷、汞等重金属以及多环芳烃等有机污染物，耕地土壤环境质量堪忧，而工矿业废弃地土壤环境问题突出。

一、矿区土壤污染现状

自20世纪50年代以来，我国的矿产资源被大量开采，给环境带来了相当大的损害。大量的小规模手工采矿业，虽然发挥了重要的经济作用，也提供了许多就业机会，但是加剧了对周边地表植被和水文条件的破坏和对大气、水体、土壤的污染。

矿产开采不仅占用大片土地，而且在采矿的过程中产生大量的矿渣，包括选矿渣、尾矿渣及生活垃圾等。据统计，中国铁矿石开采经选矿后68%以上为尾矿，黄金矿开采选矿后几乎100%为尾矿。超过90%的矿区废弃物采取堆放处理，占用了大片的土地。矿山开采过程破坏生态环境，造成环境污染。矿区大片植被遭到破坏，表土剥离，加剧了水土流失，引起了土壤退化，导致生态失衡。矿产开采中产生的废弃物成分复杂，含有大量的酸性、碱性或有毒的物质，这些物质能对周边地区造成严重的影响。

许多矿质都有重金属伴生，矿质开采常伴有重金属污染。重金属污染具有长期性、稳定性、隐蔽性和不可逆转性的特征，且易在植物体内积累，并通过食物链富集到动物和人体中，诱发癌变或其他疾病。如铅中毒会影响人的神经系统、造血系统和消化系统等，镉中毒则会引起骨痛病。矿区固体废弃物和矿山酸性废水是矿区土壤中重金属的主要来源。尤其是在Pb/Zn矿、Fe/S矿的开采过程中，尾矿废石中的Pb、Cd、Zn、Cr、Cu、As等在地表水的冲洗和雨水的淋滤下进入土壤并累积起来。而酸性废水则使矿区中的重金属元素活化，以离子形态迁移到矿区周边的农田土壤和河流中，导致土壤和河流中重金属含量远远超过背景值，影响农产品品质和饮水健康。另外，在采矿、运输及排土过程中，尘埃污染也是矿区周边土壤中重金属的一个来源。

一些西方国家对矿区生态环境保护研究较早，积累了丰富的防治经验，在处理可能的环境问题时，强调"预防优于治理"，以把被破坏的矿区生态环境修复到原有状态为目的。印度的Prasad等[81] 对喜马拉雅山脉石灰石矿区的地表水体中的重金属含量展开调查研究，发现水体已经受到钴、铜和镍等重金属污染；Teixeira等[82] 对巴西Baixo Jacui地区的煤矿区进行研究，发现河流底部沉积物受到铅、锌、铜、铁和镍等重金属污染，这一状态是由煤矿开采引起的；Dinelli等[83] 对意大利北部Vigonzano区的铜矿进行研究，发现矿区尾矿渣铬、镍、铜和钴等重金属的富集现象，原因是堆放的尾渣可能对水体中锌、铁和镉含量的升高造成影响。

我国对于矿区土壤重金属污染的研究开始相对较晚，矿山生态系统的恢复重建工程发展比较缓慢。曾经由于资金、技术、管理等方面的措施不能及时到位，我国矿区土壤污染严重，治理修复技术落后，相较于发达国家对于矿区废弃地复垦率高达65%而言，我国矿山废弃地的复垦率只有12%左右，远低于发达国家。我国金属矿产资源丰富，以铜矿和铅锌矿为主，共有9000多座大中型矿山及26万座小型矿山，因采矿已接近 $4\times10^4km^2$ 被侵占，由此而废弃土地面积达 $330km^2/a$。目前对于重金属污染的研究大多集中于矿产开发的重金属污染状况及重金属生物有效性方面。周建民等[84] 研究了广东大宝山矿区污染情况，研究发现矿区土污染重金属主要有铜、锌、砷、镉、铅，复合综合污染指数为0.89～32.34。杨振等[85] 研究了程潮铁矿区的废水和固体废弃物污染情况，分析得到土壤中存在不同程度的重金属积累。宋书巧等[86] 对广西大厂矿区沿江金洞村农田的研究发现，农田土壤中砷、铅、镉、锌复合污染情况严重。

目前，国内多地矿区土壤均被报道受到重金属污染：孙锐等[87] 曾研究了湖南水口山铅锌矿区及其周围地区土壤中重金属的污染特征，发现受铅锌选矿和冶炼活动影响，表层土壤已经明显受到重金属污染；孙贤斌和李玉成[88] 曾发现安徽淮南大通煤矿废弃地土壤中重金属含量超标，化工厂和煤矸石堆区域重金属复合污染严重；徐友宁等[89] 曾对小秦岭金矿区农田土壤中重金属污染展开研究，发现该矿区矿业活动导致土壤、地下水、农作物中重金属元素均出现不同程度的累积或超标，且存在重金属导致的不可接受的人体健康高非致癌风险和致癌风险。

目前，多地矿区土壤中均发现有PAHs检出：刘静静等[90] 曾对安徽淮北芦岭矿区土壤进行PAH的污染调查研究，发现部分土壤受到PAHs中度到重度污染；潘峰等[91] 曾对中原油田开采区土壤中PAHs的残留量进行调查，发现苯并［*a*］芘的检出率达100%，运行中和停产时间较短的油田周围土壤的生态风险较高。王新伟等[92] 研究了煤矸石堆放对土壤环境PAHs污染的影响，发现煤矸石山堆积区土壤已受到PAHs的严重污染，且土壤中16种优控PAHs的总量与煤矸石山距离呈负相关关系，PAHs主要来自于煤矸石山扬尘沉降、煤矸石燃烧、原煤煤尘降落与燃烧。

二、矿区废弃地的类型及特征

矿区废弃地一般可分为4种类型[93]：①由剥离的表土、开采的废石及低品位矿石堆积形成的废石堆废弃地；②矿物开采形成的采空区域及塌陷区，即开采坑废弃地；③各种分选方法分选出精矿物后的剩余物排放形成的尾矿废弃地；④采矿作业面、机械设施、矿山辅助建筑物和道路交通等占用后废弃的土地。这些类型的土地都存在很大的生态问题。

矿区废弃地的共同特征主要表现在：废弃地的表土层被破坏，缺乏植物能够自然生根和伸展的介质；土壤物理结构不良，持水保肥能力差，毒性物质含量高；极端贫瘠，缺乏植物生长所需的基本营养物质（氮、磷、钾及有机质等营养物质）；重金属含量过高，极端pH值，盐碱化；干旱或生理干旱等限制了植物生长的基本环境；除了以上土壤条件变恶劣外，生物多样性减少或丧失给矿区废弃地恢复带来了更加不利的影响[94-96]。

三、矿区污染来源

采矿等人类活动致使很多微量有害元素进入土壤，在土壤的吸附、络合、沉淀等作用下，绝大多数元素会残留在土壤中，造成土壤中的重金属含量超过背景值，引发土壤污染。

（1）原矿石　煤中微量元素的异常富集是造成矿区土壤重金属污染的重要原因之一[97]。

（2）采矿固体废物　废石、废渣、尾矿等采矿固体废物中含有不同程度的有毒有害重金属物质，在日晒、雨淋和风吹等自然条件下造成矿石的风化、淋溶等，从而使重金属污染物进入土壤[98]。每开采 1t 矿石，有用资源仅仅为 0.02t，伴随着产生 0.42t 废石、0.52t 尾矿及 0.04t 冶炼废渣。

（3）大气干湿沉降　煤矿开采过程中产生的粉尘在大气作用下迁移沉降，使粉尘在煤矿周围土壤中被重新分布，通过淋溶渗滤进入土壤中，造成土壤污染。

（4）矿井废水　采矿产生的废水中含各种不同的金属元素，可能会通过灌溉、溢流或渗漏等不同途径进入土壤，使土壤受到污染[99]。

据统计，中国受各种有机污染或化学污染的农田共计 6000 亿平方米，而每年出产的主要农产品中多环芳烃（PAHs）残留高达 20%以上[100]。PAHs 是一类在环境中普遍存在的持久性有机污染物，由两个或两个以上的苯环构成[101]。由于 PAHs 具有很强的致癌、致畸、致突变性，美国环保局将 16 种 PAHs 列为优先控制的污染物，其中的七种，包括苯并［*a*］蒽、䓛、苯并［*b*］荧蒽、苯并［*k*］荧蒽、苯并［*a*］芘、二苯并［*a*,*h*］蒽以及茚并［1,2,3-*cd*］芘，被国际防癌研究委员认定为毒性极强[102]。PAHs 等持久性有机污染物具有半挥发性、远距离传输性、疏水性和亲脂性，它们可以通过大气传输到偏远地区，通过各种各样的路径到达土壤环境，并经食物链在生物体内进行进一步地累积和放大，进而影响人体健康[103]。矿区土壤中 PAHs 主要来自于煤炭等化石燃料的不完全燃烧、油田开采利用过程中石油及其精炼产品的泄漏、采矿“三废”以及矿产运输过程中机动车尾气的排放等。

四、矿区土壤污染植物修复技术研究

国外对重金属植物固定技术的研究和应用起步较早。20 世纪 80 年代美国就开始了应用生态学原理和技术修复污染土壤，即生物修复方面的研究[104]。在英国和澳大利亚，某些耐重金属植物被筛选并种植于废矿区，以恢复重金属污染土壤的植被，且已开始商业化。如细弱剪股颖用于修复酸性 Pb/Zn 废矿；紫羊茅用于修复石灰性 Pb/Zn 废矿；细弱剪股颖用于修复 Cu 废矿[105]。Lena 等[106] 在美国中部发现的一种蕨类植物能超量积累 As，当土壤中 As 浓度为 15000mg/kg 时，生长 2 周后该植物叶中 As 浓度可达 158600mg/kg，并且生长迅速，可以有效地降低矿区土壤中 As 的含量。英国的 Bradshaw[107] 长期致力于矿山废弃地的生态恢复研究工作，最早利用当地的耐性植物对矿山土地进行了修复，并且成功地开发出可商业化应用的针对不同重金属矿山废弃地的耐性品种系列。

我国对矿区土地复垦和环境治理工作的重视程度不够，起步亦较晚，目前土地复垦率仅 2%左右，而世界先进国家矿区土地复垦率达 65%以上。近年来，我国开始重视矿区重金属污染的治理，但矿区受污染土地的恢复相当缓慢，好在土地复垦率在逐年提高。目前，有关矿区土地的修复与生态恢复工作仍存在一些具有挑战性的问题。

在中国，矿区废弃地的修复起步于 20 世纪 70 年代末，且主要集中于煤矿、铅锌矿和铁矿的修复[108]。早些年对矿区废弃地的修复技术主要是物理修复、化学修复等传统修复技术，近些年，植物修复作为一种环保又低成本的修复技术，越来越受到国内研究学者的重视。Shu 等[109] 运用香根草在广东省乐昌市某铅/锌尾矿成功实现了植被修复，说明香根草对重金属具有很强的耐受性。Shu 等指出香根草根系非常发达，根长在 1 年内可以达到 3～4m，这使得该植物具有较强的固土能力，能够有效防止水土流失和滑坡。Yang 等[110] 和 Zhang 等[111] 发现长喙田菁、银合欢均可用于铅/锌尾矿的植物修复。袁敏等[112] 通过盆栽试验的结果表明，高羊茅、早熟禾、黑麦草、紫花苜蓿在纯尾矿污染土壤或经处理的尾矿污染土壤上都能生长，利用改良措施与草坪草相结合的方法来修复重金属污染土壤具有可行性。束文圣、杨开颜等[113] 首次报道鸭跖草是 Cu 的超富集植物，可用于 Cu 污染土壤的植物修复，认为铜绿山海洲香薷、鸭跖草、蝇子草、头花蓼、滨蒿种群都是 Cu 耐性植物，可用于富 Cu 土壤（如矿业废弃地）的植被重建。

矿区植被修复，主要是在生态学理论和原理的指导下，从基质改良、植物修复、土壤质量演变以及植被演替等方面，集成环境工程技术、农林栽培技术和生物技术，应用于矿区环境改良和生态恢复。因此，在加强对适应面较广的耐受性植物的筛选、培育工作的同时，应当最大限度地保持矿区的原生态环境，保护生物多样性资源[114]。矿区植被修复技术应基于区域内的植物生长限制因子、生物多样性、先锋树种及主要伴生树种的生态位和现有植物的群落动态及种群空间分布格局的全面研究，确定植被修复的模式、功能和群落演化动态，制定方案和配套的技术措施[115]。例如，通过对北京首云铁矿区裂隙裸岩、风化物阳坡及微土阳坡的地形、地貌、植被、土壤和植被演替动态调查，乡土植物品种选配技术比较和植被恢复生态效应分析，合理配置基质和植物种子进行挂网喷播，使得各立地类型土壤结构和土壤肥力状况均有不同程度的改善[116]。福建省上杭紫金山矿区通过对废矿石碴堆边坡的裸地整治、植物选择与配置、栽植和管护等一系列技术措施的研究与探索，形成了工程措施与生物措施并举的快速植被恢复技术，并取得良好的治理效果[117]。

五、应用实例[118]

矿区生态系统是典型的以矿山开采区为核心的退化生态系统，其特征主要表现在植被破坏、水土流失、地质灾害（滑坡、塌陷、泥石流等）、环境污染和景观影响等方面，其生态环境问题具有复杂性、综合性和动态性的特点，即存在土地功能退化、生态结构缺损、功能失调等问题[119]。矿区的生态恢复应根据矿山不同开采时期的技术特点和自然环境等因素，及时作出相应的复垦或生态修复方案，通过工程、生物及其他综合措施来恢复和提高生态系统的功能，依靠生态系统的自选择、自组织、自适应、自调节、自发展等功能，并辅以科学合理的人工修复措施加速生态系统的顺向演替过程，实现生态系统的良性循环。

（一）工程概况

矿区位于江西某地级市城区西北面，有“城市绿肺”的美誉，总面积 21.7893km^2，属中亚热带湿润性气候，年平均气温 17.7℃，年平均日照时数为 1655.4h，年平均无霜期 281d，年平均相对湿度为 80%。该地区山岭属于罗霄山脉，主要以丘陵地貌形态为主，其母岩以变质岩系、花岗岩、石灰岩、砂质岩为主，植物资源以木荷、油茶、山合欢、樟树、马尾松、檵木、杜鹃等为主。

（二）修复方案

目前，该矿区共有5个矿山开采区，占地总面积为267.29hm^2。生态恢复治理以矿区植被恢复为目标，充分考虑矿地综合利用的价值，按科技型、环保型、生态型的要求建设矿山，做到边开采、边治理，积极推行“绿色矿山”生产模式。以乡土树种为主，乔、灌、草、藤相结合，针阔、常绿落叶混交的模式进行植被恢复。在原有土地面貌基础上，平整废矿石，栽种已筛选植物，开展不同造林模式，通过后期营林管护措施来达到矿区修复目标。具体操作方案如下。

(1) 平整废矿石　为改善土壤的理化性质，提高造林成活率，将条件成熟的地段对废矿石进行清运。通过整地、挖土、覆土及砌花坛等工程措施，将矿区土地进行整理规划。

(2) 植物筛选　根据造林立地条件和林木培育目的，在乡土树种中选择适应性强、抗逆性强的品种。筛选得到的本土植物品种，可有效地阻止风蚀和水蚀，节省种植费用。根据该地区实际情况，筛选得出如下植物：常绿乔木有湿地松、红叶石楠、桂花、大叶女贞、香樟；落叶乔木有枫香、樱桃；灌木有枸骨、杜鹃、火棘；藤本有地枇杷、葛藤、紫藤、爬山虎；草本有野菊花、狗尾草、五节芒、三叶草、紫云英、黑麦草。

(3) 造林模式　根据修复地坡度及地质不同，开展不同造林模式，主要有陡坡废矿石造林模式、缓坡废矿石造林模式、混交平缓坡废矿石模式、景观苗木平缓坡废地造林模式、耐湿抗污染植物尾矿库造林模式。

(4) 管护措施　为巩固矿山造林绿化工程的工作成果，必须加强苗木栽植后的管护。管护措施主要包括浇水、施肥、病虫害防治、抗旱和冬季保暖等。养护质量标准是保证栽植后植株年生长量达到0.8～1.5m；无缺株，无损坏，无病虫害，生长良好。绿化施工保养期两年。

通过植物修复治理措施对矿区植被进行保护和恢复，应从根本上改善矿区及其影响区域的生态环境，维护生态平衡，建立矿区生态环境治理恢复长效机制，改善矿区周边地区人居环境，保障矿区植被恢复建设的有序进行。

（三）展望

矿区土壤污染的植物修复过程是非常复杂的，容易受多方面因素的影响，比如植物本身的特性、土壤环境和气候条件等。因此，要想使植物修复在矿区土壤的修复方面达到理想的效果，还需更加深入的探讨和研究。从个体、微观、局部到宏观和整个生态系统的多层次多角度的研究，将使土壤重金属污染的植物修复技术在实际应用上更具科学性，更容易实现。因此，矿区土壤污染修复技术的研究还可以从以下几方面进行完善：一是创建相关数据库，通过互联网手段，共享有关矿区植物修复数据，避免重复研究，节约资源；二是完善矿区土壤重金属污染预警和防治系统，使矿区污染土壤重金属的修复技术更加规范化；三是加强矿区土壤重金属污染修复技术的合作开发，统筹不同治理方法，优化治理手段。

植物修复是矿区土地复垦的一项新兴的有潜力的绿色植物技术，植物在浅层污染的原位净化中更有用。超积累植物适用于处理轻度到中度污染的重金属土壤。植物根和根际微生物在修复不同化学物质时的协同作用还需要深入研究。发展新的植物修复技术用于处理不同环境污染物的策略需要土壤科学家、植物学家、微生物学家、化学家和工程师等多学科专家的协作。

第三节　污染场地土壤污染植物修复技术应用现状

污染场地（contaminated site）是指因堆积、储存、处理、处置或其他方式（如迁移）承载了有害物质的，对人体健康或环境产生危害或具有潜在风险的空间区域。具体来说，该空间区域中有害物质的承载体包括场地土壤、场地地下水、场地地表水、场地环境空气、场地残余废弃污染物（如生产设备、建筑物、构筑物、生物等）。中国环境与发展国际合作委员会的《中国土壤环境保护政策研究》报告表明，在中国导致场地污染的主要活动包括重化工业、石油开采、化学品生产与使用、工业废物堆存和处理处置等，污染场地土壤污染的来源与途径主要包括产品生产、储存、使用过程中环境污染物质的流失、大气污染物的地表沉降以及固体废物的不合理堆存。2009 年，中国的场地环境保护系列标准陆续完成，2012 年国家“十二五”规划，首次提到污染场地一词。

按照主要污染物的类型来划分，中国污染场地大致可分为以下几类。

(1) 重金属污染场地　钢铁冶炼企业、尾矿以及化工行业固体废弃物的堆存场等都是重金属污染场地，代表性的污染物包括砷、铅、镉、铬等。

(2) 持久性有机污染物污染场地　中国曾经生产和广泛使用过的杀虫剂类持久性有机污染物（POPs）主要有滴滴涕、六氯苯、氯丹及灭蚁灵等，有些农药尽管已经禁用多年，但土壤中仍有残留。中国农药类 POPs 污染场地较多。此外，还有其他 POPs 污染场地，如含多氯联苯（PCBs）的电力设备的封存和拆解场地等。

(3) 以有机污染为主的石油、化工、焦化等污染场地　污染物以有机溶剂类（如苯系物、卤代烃）为代表，也常含有其他污染物（如重金属等）。

(4) 电子废弃物污染场地等　粗放式的电子废弃物处置会对人群健康构成威胁。这类场地污染物以重金属和 POPs（主要是溴代阻燃剂和二噁英类剧毒物质）为主。

一、搬迁企业遗留场地

近年来，随着城市化和工业化进程的不断加快以及《斯德哥尔摩公约》的履约进程，尤其是在经济转型过程中的产业转移、产业结构调整系列政策落实后，位于城市中心的高污染企业陆续搬迁出去，企业搬迁结束了对环境的继续污染，搬迁后的土地使用性质将发生根本的改变，而原场地可能因工业生产过程中化学药品的“跑、冒、滴、漏”等受到污染，污染物有可能通过土-气、土-水等圈层的循环对人体健康产生危害效应。这些工业企业搬迁遗留遗弃场地，一方面存在严重的环境风险和健康隐患，危害人们健康，影响城市的环境；另一方面会阻碍城市建设和地方经济发展。搬迁企业场地污染土壤的修复，是土地二次开发利用不可回避的问题。因污染场地管理不善引发的污染事件较多，如“北京宋家庄地铁站中毒事件”“武汉三江地产项目场地中毒事件”“美国拉夫运河事件”，引起政府和民众的广泛关注。这些污染场地面临着土地功能的转换和再次开发问题，这些场地的土壤污染将成为潜在的“定时炸弹”，威胁人体健康和环境安全，急需进行快速修复，以保障人居环境和生态环境的安全。

欧美等发达国家自 20 世纪 80 年代起就开始对工业企业污染场地进行了实地修复，我国对于污染场地问题的关注比较晚，2004 才开始对搬迁遗留的污染场地进行监测和修复（《关于切实做好企业搬迁过程中环境污染防治工作的通知》环办〔2004〕47 号）。环境保护部等多个部委从 2004 年开始，先后出台了近 40 个关于工业企业搬迁、污染场地修复及再开发方面的通知，各地方在国家政策基础上结合本地实际，也出台了一系列政策措施。同时，2014 年 2 月 19 日环境保护部发布场地土壤环境调查、监测、风险评估、修复系列技术导则（HJ 25.1—2014～HJ 25.4—2014）和《污染场地术语》（HJ 682—2014）等标准，污染场地系列技术导则 2014 年 7 月 1 日开始实施（2019 年 12 月 5 日作废）。自此，污染场地修复及再开发工作成为环保行业的重要发力点。同欧美等发达国家相比，修复技术研发水平以及实际工程应用经验上还存在较大差距，污染场地的修复技术与设备研究和应用还处于实验室研究阶段，远远落后于欧美发达国家。因此加快研究开发适于污染场地实地应用的经济高效的修复技术和设备迫在眉睫。

目前工业企业搬迁遗留场地土地再利用类型主要有两大类，即商业用地（居民区、商业区等）和非商业用地（绿化景观用地等）。土地再利用类型和污染程度及环境风险决定了污染场地修复工作是否必须短期完成，以防止环境危害的扩大并满足土地再利用需求。针对土壤污染物浓度较高、污染物难迁移转化、环境风险较高的场地及商业用地的修复，要求场地修复技术周期短、效果好，多采用化学或物理技术实现快速修复目标；中低污染程度的污染场地及非商业用地的修复，多选择生态修复技术（如植物修复）实现修复目标。

二、电子垃圾回收场地

电子垃圾又称电子废弃物，主要是指已经淘汰或者报废的电脑、手机、洗衣机、空调以及电视机等家电或者电子类产品[120]。其具有资源再生性和环境污染性双重特点。一方面，电子垃圾中含有大量的铜、铝、铅、锌等有色金属和金、银等贵金属，回收利用可以带来巨大的经济效益；另一方面，如果回收利用处置不当或者随意丢弃，电子垃圾将成为重要的环境污染源并对生态系统和人体健康产生严重威胁[121-126]。

随着我国经济的迅速发展，社会消费水平的不断提高，电子电器设备的废弃量也呈迅速增长态势，据估计，每年废弃电子电器设备的增长率为 3%～5%[127]，目前已经成为全球增速最快的固体废物之一[128]。全球每年约产生 2000 万～5000 万吨电子垃圾，其中 1/3 来自美国，1/4 来自欧盟[129]。从 2010～2015 年，东亚和东南亚的电子垃圾增长了 63%[130]。据 2010 年联合国环境规划署发布的报告，我国已成为世界第二大电子垃圾生产国，每年生产超过 230 万吨电子垃圾，仅次于美国的 300 万吨，且以每年 13%～15%的速度增长[131]；到 2020 年，我国的废旧电脑比 2007 年增加 2～4 倍，废弃手机增长约 7 倍。每年电视机、电冰箱、洗衣机、空调、电脑等电器电子产品产量数以亿计。工业和信息化部发布信息显示，2011年我国电视机产量为1.2亿台，冰箱和家用冷柜1.05亿台，洗衣机6671万台，空调1.3亿台，电脑3.2亿台。报废的电视机、电脑、手机、冰箱等电子垃圾除含有大量贵重金属外，还包含了大量持久性有毒污染物，特别是Pb、Sb、Hg、Cd、Ni、多溴联苯醚（PBDEs）和多氯联苯（PCBs）。电子垃圾的安全处置是一个世界性难题，不当的回收和处置极易造成环境污染。目前，我国对于电子垃圾的处置方式以粗放落后的手工拆解、焚烧、酸洗等为主，极易释放大量的有毒有害物质进入环境，从而引起电子垃圾拆解区土壤的重金属和有机污染物污染[132]。

（一）电子垃圾回收场地污染现状

广东汕头市贵屿镇、浙江台州等地是我国主要的电子垃圾拆解区，也是电子垃圾重污染区。广东的贵屿镇是世界最大的电子垃圾拆解区，因此被称为“世界电子垃圾终点站”。浙江台州是中国最早形成和规模最大的电子垃圾拆解地之一，素有“中国再生金属之都”和“塑料品之都”的美称。台州市温桥地区是我国最大规模的典型废旧电子电器设备回收地之一，该地区自20世纪80年代起就有将近30个村庄以家庭小作坊为单位开展电子废弃物回收，并拆解电子垃圾设备以回收大量塑料和稀有重金属，不正规的废旧电子产品处理回收过程导致许多化学物质进入环境，研究表明台州区域存在较高浓度的POPs和重金属等环境污染物[133-135]。

（二）重金属污染现状

1. 土壤重金属污染物种类多且超标严重

As、Cd、Cu、Pb等重金属是电子垃圾拆解过程中释放的一类重要的有害化学物质[136]。研究发现，电子垃圾拆解地环境介质（土壤、大气、灰尘和沉积物）中重金属含量很高[137-139]。这些重金属可以通过皮肤接触和呼吸等途径进入人体；此外，这些污染物还可以在农作物中累积，从而通过膳食摄入途径进入人体。研究证实，电子垃圾拆解地居民体内重金属含量很高[140,141]。大米是电子垃圾拆解地居民主要的食物，电子垃圾拆解地土壤和大米中的重金属含量直接关系到当地居民的食品安全和健康。

尹芳华等[142]调查发现，Cd、Hg、Cu在土壤中残留程度严重。朱崇岭[143]对珠江三角洲主要电子垃圾拆解地土壤中重金属含量进行分析，发现Cd是当地最普遍的污染重金属，贵屿镇土壤中的Cd含量超过广东省土壤背景值上千倍。张朝阳等[144]对华南电子垃圾回收区农田重金属污染浓度进行分析，发现Cd含量基于广东省土壤背景值的超标率为71.4%，最高超标值为背景值的8.9倍。于敏等[145]调研了贵屿电子垃圾拆解区的重金属污染情况，结果表明，土壤中重金属Cu、Zn、Pb、Cd的含量是汕头市土壤本底值的2～200倍。此外在对我国电子垃圾拆解集散地浙江台州的土壤污染调查中发现，其Cd、Cu和Hg的实际含量分别高出中国农田容许值的4.0倍、2.0倍、1.1倍[146]。其中台州的下谷岙村土壤受Cu、Pb污染最为严重，Cu含量高出国家标准近4倍，Pb含量高出国家标准近2倍。而台州温岭的电子拆解中心区Cu含量最高达1641.3mg/kg，Hg最高含量为

654.1mg/kg[147]。

2. 重金属污染迁移直径范围大，在一定范围内变化梯度大

周启星等[148] 发现除了电子垃圾处置地本身污染严重，其周边区域也受到不同程度的重金属污染。郭莹莹等[149] 重点研究以电子废物酸浴处置区为核心的土壤重金属污染分布，发现土壤的酸性与重金属污染物在土壤中的含量成正相关。以Cu污染为例，距离酸浴场地50m、100m、150m处，表层土壤铜含量分别大于200mg/kg、150mg/kg、100mg/kg，均为对照点6倍以上。

3. 污染物的分布和污染源呈相关性，但不一定形成固定规律

姚春霞等[150] 发现，电子垃圾拆解区周围Hg含量的平均值从高到低依次为：酸洗源＞废弃物品拆卸源＞变压器拆卸源＞焚烧源＞冶炼源；As含量的平均值从高到低依次为：冶炼源＞酸洗源＞废弃物品拆卸源＞变压器拆卸源＞焚烧源。此外污染源和重金属污染物的相关性有较大关联：王世纪等[151] 研究表明，表层土壤以Cd、Cu、Pb、Zn的污染为主，污染程度较为严重，土壤环境质量及生态环境已受到破坏；表层至深层土壤中重金属的垂向变化特征与地方特色工业生产密切相关。

（三）有机物污染现状

1. 传统有机污染物调查主要集中在PAH、PBDE、PCB

电子垃圾中存在大量高污染、难回收、难降解的组分。其中，以多卤代芳香烃类（PHAH）（包括多氯联苯和多溴联苯醚）为代表的持久性有机污染物，由于其具有成本低廉、绝缘性能良好和阻燃效果好的特点，曾被广泛应用于电子产品生产过程中。多卤代芳香烃具有环境持久性和长距离迁移的特点，在自然环境中难降解且在环境介质中易迁移扩散，目前我国七大流域中均能检测到PHAH的分布[152]。Yu等[153] 对贵屿镇土壤的PAH污染进行研究得出，该类污染物主要包括萘、菲和荧蒽。Leung等[154] 在采集的贵屿镇土壤样品中测出PAH浓度（以干基计）高达93.7～428ng/g。Shen等[155] 对台州电子垃圾拆解地的农田进行抽样测定，结果显示PAH的最高值（以干基计）达到20000ng/g。另根据调查结果，由于低环化合物易挥发性较强，因而在土壤中所占比例较少，而5环、6环化合物在土壤中的含量较高。马静[156] 在对台州电子垃圾拆解地污染调查中得出结论：PBDE（多溴联苯醚）在拆解地各个环境介质中的平均最高浓度出现在拆解过的电子垃圾碎屑中，最高浓度（以干基计）可达16000ng/g，且拆解地区总浓度高出化工区和农业背景对照点浓度2～3个数量级。刘庆龙等[157] 对贵屿镇电子废弃物拆解地及周边地区表层土壤中的PBDE进行调查，发现十溴联苯醚（BDE-209）占该类污染物主导。分子量大的主要集中在污染源源区，分子量较小的扩散范围较大。张微[147] 对于台州电子垃圾拆解区域的研究表明：台州污染土壤样品中PCB最高浓度达35924.37ng/g，其中三氯代PCB和五氯代PCB是土壤环境中最主要的污染组分，且以低氯化合物为主。另外，低氯化合物和低环化合物由于具有较大挥发性，容易扩散迁移至拆解区周围，而高氯代化合物以及高环化合物一般主要存在于离污染源较近的范围内。从污染源角度来看，以废弃拆解区的土壤污染最为严重。

2. 污染物分布状态和污染程度与污染物结构以及污染源有关

以PCBs为例，张雪莲等[158]对长江三角洲某典型电子垃圾拆卸区土壤污染调查发现，土壤PCBs以3～5氯代化合物为主，且残留量差异较大。此研究结果和涂晨[159]、张微等[147]的调查结果相似。王家嘉[160]调查发现不同污染源周边土壤PCBs含量不同，其中酸洗源影响的PCBs浓度范围较高，为15.07～1061μg/kg，该结论和张雪莲等[158]的研究结论相符。此外，学者根据污染物单体组成，发现广东清远拆解区的PCBs主要来自国外电子垃圾的拆解[161]。

3. 新型有机污染物污染程度同样严重，且污染直径范围较大

近年来，学者对电子垃圾有机污染物的研究已从PCBs等传统有机污染物扩展至六溴环十二烷（HBCDs）、得克隆（DP）和酞酸酯污染物（PAEs）等新型有机污染物，并取得了一定研究成果。调查发现，这些污染物的污染程度同样严重。广东清远、贵屿电子废物集中处置区表层土壤中的HBCDs含量分别为0.22～0.79ng/g和0.31～9.99ng/g，而DP的浓度差异较大[162]。此外，距离台州某电子废物拆解区100m、1000m处均已经受到PAEs的严重污染，并发现在拆解区域该类主要污染物包括：苯二甲酸二（2-乙基己基）酯（DEHP）和邻苯二甲酸二丁酯（DBP）。刘文莉等[163]对台州市不同电子垃圾拆解地区不同范围内的PAEs污染物进行分析得出：DEHP、DBP为主要PAEs污染物，且主要集中在地面以下5cm以内；其中，DEHP在距离拆解中心100m处仍处于较高的浓度水平。

（四）植物修复技术研究进展

电子废物污染场地的污染物类别多且复杂，毒性高，污染程度严重，污染直径范围大。此外，污染场地中除了重金属和传统有机污染物，还存在多类新型有机污染物，特性复杂且污染程度同样严重。因此有必要采取合适的修复技术净化该类污染场地。2014年1月28日，清远启动电子废弃物污染土壤修复项目，这将进一步推动更具有针对性和实践性的电子垃圾污染场地修复工程技术的研究和应用。

植物修复具有同时修复重金属和有机污染物的功能，符合电子垃圾污染场地的污染特征。作为新型环境友好型污染物修复技术，植物修复在我国电子垃圾的土壤污染管理方面具有良好的应用前景。

电子垃圾污染土壤修复相关研究中，已有报道指出植物可对多卤代化合物进行富集及代谢[164,165]。植物对污染物的富集效果与污染物的辛醇-水分配系数呈现出负相关关系[166]，植物体的根系生长模式、根系分泌物、蒸腾速率、植物组织脂质和糖类含量等因素会影响植物对污染物的吸附能力[167,168]，且植物对污染物的富集和代谢作用具有手性选择性[169,170]。同时，植物富集也与环境因素有关。据相关研究报道，气候因素、氮的添加、除草剂、重金属复合污染、根瘤菌、真菌及表面活性剂等因素可影响植物富集效果[171-174]。此外，植物与内生菌、植物根系与微生物之间的交互作用及植物种间相互作用等则通过生态互动的方式实现了对污染物植物修复效果的影响[175-177]。刘京等[178]在BDE-209（十溴联苯醚）污染土壤上生长的6种植物体内均检测到BDE-209，植物体内丙二醛含量升高，超氧化物歧化酶活性下降；狼尾草根部 BDE-209 浓度（以干重计）为 16.93mg/g，且狼尾草、空心菜和鱼腥草对 BDE-209 有较强抗性。

近些年，一些研究者考虑到单一的植物修复修复时间长、客观影响因素多等不足，植物强化联合修复技术成为目前研究的热点，被业内学者看好。根据相关文献，目前涉及电子垃圾污染土壤修复的植物联合修复技术有以下 4 种。

（1）化学-植物联合修复技术　适当的化学试剂的添加可以改善植物的生长条件以及土壤环境或打破土壤环境中的动态平衡，提高重金属的生物可利用性，从而促进土壤的修复效果。调查分析，EDTA 和 DTPA 对重金属 Cd、Pb 的修复效果明显[179]。王文财[180]通过实验表明：在氨三乙酸处理下龙葵对土壤 Zn 的净化率比对照提高 32.9%；在 β-环糊精处理下，龙葵对 Cd 的净化率比对照提高 28.7%，对 BDE-209 的去除率比对照提高 49.7%。

（2）微生物-植物联合修复技术　利用微生物与植物两者互利共生的关系，促进植物生长的同时利用植物根部的代谢作用为微生物提供营养，最终通过植物吸收富集和微生物降解的双重机制高效净化土壤。滕应等[181]在研究 PCBs 污染土壤过程中发现接种苜蓿根瘤菌的根际土壤中细菌、真菌和联苯降解菌数量分别提高了 1.41 倍、1.24 倍、1.36 倍。同时根瘤菌能对多种 PCBs（特别是对低氯的 PCBs 同系物）有较强的降解转化能力，对电子垃圾污染修复有一定的应用前景。此外，紫花苜蓿分别单接种菌根真菌和苜蓿根瘤菌后，轻度污染和重度污染土壤中 PCBs 浓度分别下降了 14.8%、24.1%和 20.6%、25.5%；双接种后 PCB 浓度分别降低了 23.2%和 26.9%[182]。叶和松[183]研究发现，接种表面活性菌株 J119k 可以使油菜根部的 Pb 浓度增加 53%；Ma 等[184]对油菜根部进行菌种 SRAI 接种之后，发现油菜的根长和茎长分别显著增加了 82%和 96%，大幅度提高了其富集能力和作用范围。

（3）植物-淋洗联合修复技术　该技术在一定程度上扩大了淋洗技术的适用范围，提高了淋洗效率，解决了费用高的问题，也解决了单一植物修复周期长、效率低的问题。研究发现，经过 2 阶淋洗后，可以移除 94.1%、93.4%、94.3%、99.1%、89.3%和 92.7%的 PBDE、BDE-28（三溴联苯醚）、BDE-47（四溴联苯醚）、BDE-209、Pb 和 Cd[185]。黄细花等[186]通过研究套种东南景天和玉米的植物-淋洗联合技术，发现 9 个月后土壤重金属 Cd、Zn 和 Pb 的最高降低率分别达到 44.6%、16.5%、5.7%。郭祖美等[187]联合络合剂淋洗技术与植物修复技术，提高了植物对 Pb 的吸收率，该研究结果和黄细花等的研究结果相符合。

（4）纳米零价铁-植物联合修复技术　纳米零价铁具有大表面积以及高表面反应活性，可以有效去除或转移环境中的重金属（如 Cr、Zn、Cd、Pb 等）以及多环芳烃、溴代烃、卤代烃等多类有机污染物[188]。目前，利用纳米零价铁-植物联合修复污染土壤的研究还不多，但已有研究表明该技术针对电子垃圾场地污染修复有可观的应用前景。Gao 等[189]将纳米零价铁注射进污染土壤中再种植幼苗期的凤仙花，待植物成熟后将其从土壤中移走，以实现土壤去污。该实验结果表明，该技术对土壤中 PCBs 和 Pb 具有较好的净化效果。

（五）工程案例——清远市某农田重金属土壤修复项目

清远市某农田重金属土壤修复项目主要从产业结构调整、电子拆解行业清洁生产、生态工业园区构建以及污染场地和农田修复等方面进行研究和示范。项目总经费为5.8亿元，预期在2020年全面修复污染土壤，打造电子拆解行业生态工业园区和标准，为该镇的循环发展、低碳发展和绿色发展奠定坚实基础，同时也为我国电子废弃物污染的综合治理提供参考。

其中，首期工程经费2500万元，主要针对该镇电子拆解较集中区域的实际情况，开展清洁生产、废渣资源化利用、场地和农田修复等方面的技术比选，筛选出符合电子废弃物污染防治需求的关键技术，并进行示范推广。

此前，华南所在项目前期编制的《清远市电子废弃物污染治理规划》得到了生态环境部和广东省环保厅的批复。本项目不仅是对《清远市电子废弃物污染治理规划》的进一步落实，同时也是理论研究和实际应用相结合的典型案例，为华南所清洁生产和土壤污染修复等学科提供了宝贵的发展机会。

本项目对该镇某村因电子垃圾处置引起的农田土壤重金属污染进行修复和治理；在对修复地块进行采样分析监测的基础上，针对不同程度重金属污染，采用农田土壤表层淋洗-深层固定技术、深耕翻土技术、植物修复技术、固定钝化技术，以及化学-生物联合修复技术等进行修复和治理。

修复地块现状：位于清远市某镇。受电子垃圾污染农田面积约80亩，沿线均有村道通过，交通便捷。土壤酸化严重，pH值为3.99～4.58；土壤主要受Cu、Cd和As污染，其平均含量分别为73.5mg/kg、0.40mg/kg和45mg/kg，分别是国家土壤环境质量二级标准值的1.47倍、1.33倍和1.5倍。

修复目标：经过修复后，所生产出的农产品符合国家食品卫生标准；形成了一套农田重金属污染控制技术长效应用体系。

本工程属农业建设项目并有少量基建措施。按工程标的可分为轻度污染农田修复、中度污染农田修复、其他周边基础建设。按照工程周期将项目细分为主体工程修复措施、二年期植物修复措施和三年期植物修复措施。利用合理的分组分工可使不同标的地项目同时进行。项目主要分为以下四个阶段。

工程阶段一：工程准备。主要包括三方（设计方、施工方、监理方）会审，技术交底会议及现场确认，现场宣传标语、部分器材进场就位。

工程阶段二：项目周边配套工程建设阶段。该阶段包括电子垃圾清理、修建排污渠。

工程阶段三：主体工程修复阶段——物理化学主体修复工程。物理化学主体修复工程阶段主要包括土地翻耕、钝化固定淋洗。

工程阶段四：二年期植物修复措施——第一轮修复植物种植。

我国目前对于电子垃圾污染场地的污染现状及特征已经取得一定的研究进展。从修复工程的角度来看，目前的调查所得信息和数据尚有欠缺，有必要结合整个生态圈的动态关联以及当地的客观环境，对污染物的迁移规律、分布特征，以及污染物自身和污染物之间的反应机理、潜在的相互作用进行深入研究，为电子垃圾污染场地修复技术的创新和优化提供更为充足的数据和分析基础，以保证修复技术的合理性和有效性。

三、垃圾堆放/填埋污染场地

垃圾一般指日常生活中所产生的固体废弃物，主要包括生活垃圾、建筑垃圾和商业垃圾等。2014 年发布的《全国土壤污染状况调查公报》显示，固体废弃物集中处理处置场地土壤超标点位达 21.3%。全国 2/3 的城市存在不同程度的“垃圾围城”[190]。垃圾占地已经不只是区域环境问题，处理不当极易成为社会问题。

常用的垃圾处理方式包括填埋处理、焚烧处理、堆肥处理和分类收集与回收利用[191]。其中，填埋法由于其可操作性强、成本低廉的特点，一直以来都是垃圾的主要处理方式，也是经过堆肥或焚烧处理的垃圾残留物的最终处置方式。截至“十二五”末，填埋垃圾仍占全国城镇生活垃圾处理总量的 69%。

（一）垃圾填埋场污染现状

我国垃圾总量不断增加，2004 年垃圾量已经超过美国，成为全球最大的垃圾生产国[192]。城市生活垃圾量从 2003 年的 1.48 亿吨上升到 2013 年的 1.72 亿吨，预计 2020 年可以达到 3.23 亿吨。我国城市垃圾每年产生量接近 2 亿吨，平均每人每年生产垃圾量约 300kg，城市生活垃圾以 8%～10% 的速度持续增长，而城市垃圾清运量增速仅为 3.3%[193]。城镇垃圾历年累积存量高达 80 多亿吨，侵占了近 80 万亩的土地，将近 200 多个城市有“垃圾围城”现象。全国有 677 个城市有卫生垃圾填埋场，垃圾处理能力为 1 亿吨/年，但这些卫生填埋场还远远不够，造成我国简易垃圾填埋场数量众多，有一定规模的简易垃圾填埋场就超过了 3000 座，这些填埋场数量巨大，大部分有待封场。此外，更有成千上万不在统计范围内的小型填埋场和露天垃圾堆，随着部分卫生垃圾填埋场服务年限增加和简易垃圾填埋场的垃圾处理能力逐渐饱和，垃圾处理面临着严峻的挑战。

北京市垃圾积存量在 200t 以上的简易垃圾填埋场共有 1011 处，以城镇居民生活垃圾和建筑垃圾（主要是装修垃圾）为主，总积存量在 8000 万吨，占地 2 万亩[194]。根据浙江省城镇生活垃圾无害化处理设施“十二五”规划，“十二五”期间浙江规划 40 个垃圾填埋场治理项目，其中封场项目 24 个，实际处理量 6261t/d；污染治理项目 16 个，实际处理能力为 5720t/d。据统计，上海市生活垃圾填埋场（乡镇以上卫生填埋场）有 219 处，占地约 201hm^2，目前仍有 14 座简易垃圾填埋场还在运行中，占地面积 21.5hm^2[195]。随着我国经济发展与城市化进程的推进，很多简易垃圾填埋场已经位于城市规划建设区甚至是中心区以内。

美国在 1977 年对全国 18500 个简易垃圾填埋场周边范围的地下水水质及土壤进行监测，监测数据表明有超过一半的垃圾填埋场和周边范围地下水及土壤被污染。外国学者对已经关闭了多年的垃圾填埋场进行污染监测和评估，发现若不采取有效的治理措施，这些垃圾填埋场污染可持续超过 30 年[196-198]。国内外出现很多简易垃圾填埋场污染周边地下水及土壤的案例，简易垃圾填埋场存在对周边地下水及土壤污染的风险，给城市周边环境带来了极大隐患[199,200]。

（二）垃圾填埋废弃地分类

垃圾填埋废弃地是指工业废渣和生活垃圾大量堆积，使土地失去原有使用功能的地块。根据其来源，可将垃圾填埋场废弃地划分为城市生活垃圾填埋场废弃地、建筑垃圾填埋场废弃地、医疗垃圾填埋场废弃地。

（1）建筑垃圾填埋场 建筑垃圾填埋场是指填埋物为建筑垃圾的垃圾填埋场地。建筑垃圾是建筑装修所产生的城市垃圾，主要由混凝土块、废石块、砖瓦碎块、金属废料、沥青块、废塑料、废竹木等组成[201]。建筑垃圾成分比较稳定，有机物成分含量少，场地沉降可忽略不计，基本不产生填埋气体，稳定性较好。目前我国对建筑垃圾的处理还不够规范，缺少对建筑垃圾的分类、预处理和综合利用，大多采用露天堆放或简易填埋的方式进行处理[202]。

（2）医疗垃圾填埋场 医疗废弃物分为两种：一种是没有沾染东西（如血液、体液）的废弃物；另一种是沾染东西的废弃物。沾染东西的废弃物必须要进行焚烧处理，因为沾染东西的废弃物可能携带病菌、病毒，焚烧可以将病菌、病毒高温杀灭，填埋起不到杀灭病菌、病毒的作用，还很有可能增加扩散传染的风险。没有沾染东西的医疗废弃物多数混入生活垃圾进行填埋处理。

（3）生活垃圾填埋场 生活垃圾填埋场指的是用于填埋处置生活垃圾的垃圾处理场地。生活垃圾主要包括废纸、厨余垃圾、纤维物、草木等。生活垃圾填埋场内有机物含量高，垃圾大量降解产生浓度很高的渗滤液（又称渗沥液）和大量的填埋气体，场地沉降严重，对环境污染严重，场地条件较为复杂。

根据《生活垃圾填埋场无害化评价标准》（CJJ/T 107—2005）、《生活垃圾填埋场污染控制标准》（GB 16889—2008）、《生活垃圾填埋场渗滤液处理工程技术规范》（HJ 564—2010）等将生活垃圾填埋场划分为Ⅰ、Ⅱ、Ⅲ、Ⅳ四个等级。

Ⅰ级、Ⅱ级填埋场为封闭型或生态型填埋场，这两类属于正规的垃圾填埋场。我国约5%的生活垃圾填埋场属于Ⅰ级填埋场（无害化），约15%属于Ⅱ级填埋场（基本无害化）[203]。目前国内Ⅱ级填埋场主要有杭州天子岭填埋场、深圳下坪废物填埋场、广州兴丰填埋场、上海老港四期生活垃圾卫生填埋场。Ⅲ级填埋场为半封闭型填埋场（受控填埋场），会对周围的环境产生一定的污染。Ⅳ级填埋场为衰减型填埋场（简易填埋场），此类填埋场会严重污染周围的环境，目前国内Ⅳ级填埋场约占50%。

（三）垃圾填埋场的危害性

1. 污染环境

垃圾填埋场是危害巨大的综合性污染源。首先，填埋场垃圾渗沥液污染地下水和地表水的问题突出。生活垃圾分解产生的渗沥液属于有机废水，其浓度高，难降解，且含有重金属等有毒有害物质。垃圾渗沥液会对垃圾填埋场及周边地下水和土壤产生污染，会严重影响垃圾填埋场周边居民的生活和生产，对周边居民的身体健康造成损害。其次，填埋气体无序排放造成的垃圾燃烧、爆炸事故时有发生，填埋气体主要是温室气体（如 CO_2、CH_4 等），对环境的污染很严重，填埋气体中存在的多种非甲烷类有机物尽管浓度不高，但其毒性强，会对环境和人体健康造成严重威胁。最后，垃圾填埋/堆放占用大面积土地，而且容易造成地面沉降，破坏原有的生态环境。土地是宝贵的自然资源，我国人均占有土地面积及人均耕地面积不及世界人均水平的1/3，随着城市化的进程，可征用土地面积日渐缩小，垃圾填埋/堆放场的选址日趋困难。

2. 严重扰民

填埋场产生的恶臭和滋生的蚊蝇对附近居民的生活和身体健康带来不利的影响。在有的地方，填埋场四周臭味熏天，蚊蝇、老鼠肆虐，引起了周围居民的强烈不满和社会公众的高度关注。

3. 运行管理不规范，隐患多

填埋场主要存在以下隐患：没有分单元进行操作，填埋作业面非常大，不能及时进行覆盖；压实程度不够，垃圾体稳定性差，容易引发人身安全事故；填埋气体无序排放，存在燃烧、爆炸等安全隐患。

（四）垃圾填埋场植物修复技术研究

垃圾填埋场是一类退化了的生态系统。生态系统退化是指在一定的时空背景下，在自然因素、人为因素或两者共同的干扰下，导致生态要素和生态系统整体发生的不利于生物和人类生存的量变和质变[204]。垃圾填埋场的生态体系在严重的人为干预下已经严重退化，原有的生态结构已被完全破坏，生物多样性减少，抗逆性减弱[205]，丧失了自然生态系统的生产力及自我更新能力，超出了生态系统的自我修复能力，需要通过适当的人工干预帮助生态系统恢复[206]，继而进行景观的重建。垃圾填埋场在封场后的再利用主要有两种：一是利用已经稳定的或是进行了稳定化处理的老填埋场继续填埋生活垃圾，以节省新的垃圾填埋场所需的资金和场地问题；二是对稳定化了的填埋场进行重新规划开放，作为公园、高尔夫球场和运动场等公共设施，通过植被重建，使其成为利用填埋场土地资源和改善城市环境质量的最佳途径。

植物修复是垃圾填埋场生态恢复的重要环节之一，对于大量轻度或中度污染地，植物修复技术是十分有潜力的处理方法。对垃圾填埋场的生态恢复，植物的选择至关重要。首先，在修复初期，选择抗性强、本土植物品种，以适应特定地理条件的需要。抗性强要求植物能够抗贫瘠、抗病虫害、抗重金属和有机污染，特别是该植物对污染物有富集能力，最好能同时积累几种重金属或有机物。据前人研究得出，与普通木本植物相比，草本植物在植被恢复初期占据重要的地位。Maurice 等[207] 对瑞典的填埋场研究发现，优势植物主要属于禾本科、菊科、蓼科和藜科，其他的植物则是零星出现在一些填埋场。黄春霞等[208] 对北京市具有典型代表性的北神树和高安屯垃圾填埋场进行调查，得出研究区内优势种群是狗尾草种群，亚优势种群为灰菜、稗草种群。李志敏等[209] 的研究结果也证明草本植物是填埋场植被恢复的先锋物种：一是由于草本根系浅，不易受填埋气体等因素影响，同时侧根发达，抗干旱，耐瘠薄；二是很多草本对重金属有较高的耐受性，对填埋场的特殊生境有较强的适应性，不需人为管护。

本土植物比外来植物具有更好的适应能力，有利于填埋场植被恢复，本土植物应是首选物种[210]。恢复后期考虑到景观效果和生态效应等因素，乔灌木则必不可少。另外，由于垃圾填埋场会散发难闻的气味，所以可选择应用带有特殊香味的植物，通过植物的香味把垃圾填埋场的气味进行弱化，如种植桂花、香樟、荷花玉兰、含笑等。植物品种的多样性很重要，多样性的植被，可以更好地恢复被破坏的生态系统，也可以使得其与周边山体的植被群落尽可能保持一致。李胜[211] 对杭州天子岭垃圾填埋场依据生态恢复的长期性动态过程，利用乡土植物及其不同的生长习性和条件，进行“分期种植”模式研究，前期用草本改良土壤性质，之后引入次生演替较快的先锋树种，在短时间内创造了较为可观的生态恢复效果，后期考虑美学因素，营造了园林景色。

在植物的空间配置上，尽可能做到疏密有致，以防止填埋场产生的气体过分淤积而导致气体爆炸或产生毒性的风险。所以在植物配植时应做到开放空间和密闭空间的合理搭配，并保证通风透气。同时应注重色叶植物的搭配，以形成丰富的植物群落景观，如可搭配种植枫香树、大花紫薇、紫薇、铁冬青等。

在植物的配植手法上，采用“非地绿化”的形式，有效地解决了垃圾堆体上种植困难的问题[212]。在垃圾堆体上种植绿化，因土层较薄、土壤肥力等各方面的影响，对植物的选择有一定的局限性，因此采用“非地绿化”的形式，即在堆体外的范围种植藤本类植物，通过适当的引导（如廊架、三维网、钢构架等多种方式），把藤本迅速引导到堆体上来，达到迅速覆盖的绿化效果。可选种的植物有扁担藤、金银花等。

水生植物的种植，一定程度上可利用植物的过滤系统有效地净化污水。如可种植梭鱼草、再力花、旱伞草、芦竹、水生美人蕉、睡莲、荷花等。

垃圾填埋场封场后主要采用覆土处理，然后在覆土层上进行植被生态恢复。覆土厚度对植物生长有直接影响，土层越厚越有利于植物生长，同时也能阻断沼气等对植物的影响[213]。在垃圾填埋场的建设过程中，如果严格按照相关标准规范操作，建有良好的填埋气体和垃圾渗滤液抽排系统以及高质量最终覆盖层的现代化垃圾填满场，填埋气体和渗滤液对最终覆盖层土壤的污染问题并不严重。Ettala[214] 指出，根据所种植的植被类型的不同而决定最终覆土层的厚度，可将填埋场的建设费用大大降低。Gilman 等[215-218] 认为，草本植物需要 6cm 左右的基质厚度，而树木则需要 90cm 以上。

（五）垃圾填埋场植物修复案例

国外最早关于垃圾填埋场景观建设的案例是 1863 年开始建造的法国巴黎比特·邵蒙公园（图 6-1），18 世纪时这里是法国的重要采石场，废弃之后曾作为巴黎的垃圾填埋场，后由景观设计师阿尔芬将其改造成为风景式园林。

美国对垃圾填埋场进行生态修复的成功案例很多。位于美国圣地亚哥的米拉玛（Miramar）垃圾填埋场在封场以后，在其 60.7hm^2 的封场区域进行了大规模的植被恢复，生态修复过程中使用的是由专门基地培育的本地植物品种，经过修复使封场区域由原来一片贫瘠干裂的不毛之地，成为绿意盎然、生机勃勃的开放式绿地，通过对填埋场的植被修复，成功使其基本恢复到作为垃圾填埋场之前的自然环境[219]。

西班牙拉维琼公园（图 6-2）是一座建造在垃圾填埋场上的公园[220]，原本的垃圾填埋场建在山谷之中，设计师并没有改变垃圾填埋过程中所出现的特殊地形，而是对其进行了保留，依照填埋场封场工程所形成的坡度特征，营造了独具特色的人工山谷台地景观。该项目于 2001 年开始设计，2002 年起施工，于 2008 年完成。垃圾填埋场位于加拉夫自然公

(a)

(b)

图 6-1 法国巴黎比特·邵蒙公园

园的一个石灰岩山丘内，垃圾从谷底开始填埋，改造工程从垃圾填埋场的最低处开始，工程开始时高处的垃圾填埋场仍在使用，随着垃圾填满会逐步关闭并实行景观改造。设计师在已封闭的坡地上营造阶梯式的地形供植物生长，并在空旷的地方放置铁丝包裹的垃圾墙作为景观小品（图 6-3）。植物配置方面沿小路成排种植松树，坡地成片栽种各类灌木，阶地实行豆科植物轮种，在 2～3 年时间里，除了清理一些入侵树种外任植物自然生长，并对场地上生长的植物进行筛选，以选择出最适宜在该场地上生长的植物种类，经过适当的人工引导，场地已逐渐演变成为具有特殊地貌的景观场所。

图 6-2 西班牙拉维琼公园景观

图 6-3 西班牙拉维琼公园的垃圾墙

韩国兰芝岛在 1978～1993 年间曾经是首尔市最主要的垃圾填埋场，在这期间兰芝岛的环境受到了比较严重的污染。为迎接 2002 年世界杯足球赛，1998 年首尔政府决定在距离垃圾山仅百米的空地上建造世界杯的主体育场，在体育场建设过程中，将兰芝岛建造成了一座环境亲和型的城市公园（图 6-4）。通过改造让垃圾在自然状态下分解，再进行人工干预加速受损生态系统的恢复。其中，土壤安定化包括：山体斜面护坡工程，上部覆土并建植草地，建设隔水墙阻断垃圾渗沥液向四周渗出，污水净化，垃圾填埋场周边环境管理。兰芝岛第一垃圾填埋场，总面积为 30.9hm^2，在垃圾山土壤安定化后，首先在土壤中注入了有增肥效果的微生物，并控制农药和化肥用量，其次选择耐旱草种以减少养护灌溉，最终将其改造成了兼具生态功能的高尔夫球场，球场外其他部分改造成生态观察区和野生植物区。兰芝岛第二垃圾填埋场改造成了蓝天碧草公园，这里原来是土壤污染最严重的地区，通过一系列的生态修复过程，使其生态环境大为改观，从 2000 年起，以这里为中心放生了 3 万多只蝴蝶来帮助植物传粉，促进了岛上生态系统的进一步稳定[221]。

(a)

(b)

图 6-4　韩国兰芝岛世界杯公园

1997 年建造的河北唐山南湖公园是由唐山市委、市政府在唐山市中心南部 2km 处的采煤塌陷区和垃圾填埋场实施的生态绿化工程，工程项目将垃圾山的山体整体封闭，覆盖土壤，栽种树木，将垃圾山改造为凤凰台，并结合周边用地将此处建设成为集游憩观赏和水上活动于一体的大型综合性生态公园[222]。

2005 年由北京土人景观与建筑规划设计研究院设计的天津桥园（图 6-5），之前为堆满垃圾的打靶场，景观设计师巧妙地设计了地形，以水景为主构建了深浅不一的池塘，并且充分利用了乡土树种，极具当地特色，且维护相对简单，在植被自我恢复的过程中，在不同水位和不同盐碱度的地区形成了与环境条件相适应的植物群落，通过对场地的景观化改造为城市提供了排水蓄洪、乡土物种保护、科普教育和游憩的公共区域。

(a)

(b)

图 6-5　天津桥园

国内另一个具有代表性的垃圾填埋场景观化改造的作品是2008年设计并建造的杭州天子岭生态公园（图6-6）。垃圾填埋场一埋场填埋区封场后，二埋场填埋区仍在运作，此时对一埋场的垃圾填埋区进行生态复绿，在其上建造生态公园，使天子岭生态公园成了我国第一座在仍在运行的垃圾填埋场中建造的生态公园，荣获了“迪拜国际改善居住环境最佳范例”的荣誉。

(a)

(b)

图6-6　杭州天子岭生态公园

四、农药污染场地

（一）农药污染场地现状

有机氯农药是一种典型的持久性有机污染物，具有高毒性、环境持久性、长距离迁移性、生物富集性和难降解性，由于其种类多、历史用量大、使用范围广，从而受到国际环境科学领域的持续关注。有机氯农药按照生产原料可分为两大类：一类是以苯为原料的氯化苯类，如六六六、滴滴涕（DDTs）、六氯苯、林丹、甲氧滴滴涕等；另一类是以环戊二烯为原料的氯化亚甲基萘制剂，如七氯、氯丹、硫丹、艾氏剂、狄氏剂、异狄氏剂、灭蚁灵等。此外，还包括以松节油为原料的莰烯类杀虫剂（如毒杀芬）和以萜烯为原料的冰片基氯。《斯德哥尔摩公约》中，六六六（HCHs）被列入了首批受控名单[223]。在1825年HCHs被首次合成，到1940年代工业品HCHs开始商业生产，广泛用作农业上的杀虫剂。HCHs在世界范围内使用了近四十年后，逐渐被林丹所取代（含99%以上的γ-HCH）[224,225]。林丹在1912年被首次合成发现。HCHs具有毒性、疑似致癌性和内分泌干扰性。目前HCHs已在世界范围内被禁用，林丹的生产量也已迅速减少，只剩下为数不多的几个生产国，如印度和罗马尼亚。其中，印度每年生产林丹200t用于甘蔗螨虫的控制。DDTs是一种广谱杀虫剂，主要用于防治森林害虫、棉花后期害虫以及卫生害虫等。20世纪60年代首次在环境中检测到DDTs的存在。研究报道DDTs属于神经及实质脏器毒物，对人和其他大多数生物体具有中等强度的急性毒性，能够经皮肤吸收。德国化学家Zedler于1874年首次合成DDTs，Muller博士在1938年发现它具有杀虫活性，1941年DDTs开始商业化生产，1946年首次投入农业使用。在20世纪70年代DDTs被许多国家禁止使用，我国于1984年停止使用，但在一些热带国家仍用其控制疟疾[226]。

尽管有机氯农药六六六和滴滴涕已停止生产和使用，但目前其对我国大气、水体、土壤和生物体的污染仍较为普遍，部分区域环境介质中仍存在新的输入源，一些地区人体内农药质量分数仍处于相对较高的水平[227-231]。我国历史上共生产了490万吨HCHs和40万吨DDTs[232,233]，产生了大量的有机氯农药生产场地。已有研究表明，这些HCHs和DDTs生产场地土壤中遗留了高浓度的农药，部分原药生产车间土壤中污染物的含量甚至达到几千毫克/克，存在较大的生态风险[234-236]。这些历史遗留的持久性有机污染物（POPs）可能还会在相当长的时间内对我国环境质量安全造成重要影响。HCHs和DDTs具有半挥发性，这些高风险区的污染不仅对场地内生态系统健康造成严重的威胁，还成为周边环境的重要污染来源。在我国，有机氯农药历史生产场地多位于老城区或老工业区。随着城市的发展，这些遗留的生产场地多数被置换为居住用地和商业用地，土壤中遗留的高浓度污染物成为较大的安全隐患[237]。

（二）农药污染场地的特点

我国的农药污染场地主要呈现4大特点。

（1）高毒性　我国曾大量生产有机氯、有机磷农药，大多毒性高、残留量大，降解期达上百年，沉积在土壤中危害很大。有机氯农药具有致癌、致畸和致突变效应，对人类健康以及生态环境构成了潜在危害。近年研究还发现，许多化学农药有环境激素效应，会对人和动物的内分泌系统产生干扰，影响其生殖繁衍，造成雌性化、腺体病变和后代生命力退化。

（2）隐蔽性　一些农药场地是历史遗留场地，曾存在于此的企业历史资料缺乏，废物填埋场多年无人监管，基础信息极为匮乏，调查难度很大。

（3）复杂性　农药场地污染物种类多，污染原因多样，情况复杂。不同企业先后在同一块土地上生产，还可能造成复合型污染。

（4）紧迫性　很多兴建于20世纪70～80年代的农药类场地距离民居或水源地很近，在国家“退二进三”政策背景下搬迁后，遗留的场地污染严重且处于环境敏感区域，亟需治理修复。

（三）农药污染场地植物修复

在农药污染场地的植物修复中，农药的理化性质、环境条件、植物种类等均影响修复的效果，其中最主要的参数是辛醇-水分配系数K_{ow}。研究表明，具有中等$\lg K_{ow}$（1～4）的农药易被植物根吸收，这些化合物可以在植物木质部流动，但却不能在韧皮部流动[238]，土壤中这类农药的污染比较适用于植物修复技术。$\lg K_{ow}>4$的农药大量地被植物根部吸收，但却不能大量转移到幼芽上，可依赖根表面的降解能力或利用收获根的技术修复[239]，收获根经晒干及完全燃烧可破坏这类农药。植物修复的适用性还依赖于环境因子（如土壤pH值、有机质含量、水分条件、黏土含量与类型[240]、气温、风速等），环境条件的改变会影响农药的生物利用率。同时，耕作制度也可以提高植物修复效果，如通过挖掘土壤，有利于根处理那些密度大于水、$\lg K_{ow}$较低、来源于点源（如泄漏）且在土壤中呈垂直浓度分布的农药。

Cunningham 等[241] 报道了 DDTs 在胡萝卜中的富集以及在土壤中的矿化；Gao 等[242] 报道了 DDTs 在浮萍与伊乐藻等水生植物中的吸收与植物转移；Garrison 等[243] 研究了 DDTs 在水生作物伊乐藻与陆生作物葛藤中的生物降解；安凤春等[244,245] 比较了用早熟禾、草地早熟禾、多年生黑麦草与高羊茅等 10 种草坪草修复受 DDTs、BHC 和三氯杀螨醇污染土壤的能力，并且比较了同一种草在不同土壤中的修复能力。Kiflom[246] 研究表明，生长在 p,p'-DDT（为 DDT 的异构体）污染土壤中的豇豆，能够吸收和转移 p,p'-DDT，且豇豆对 p,p'-DDT 的吸收量随着生长时间的延长而增加。其生长时间越长，豇豆吸收 p,p'-DDT 的趋势越明显。p,p'-DDT 在豇豆体内各部位的含量有较大差异，其总的趋势为：根部＞叶部＞茎部。这可能是因为一部分 p,p'-DDT 被植物根部吸收而进入植物体内部，另一部分则吸附在根的表面，从而增加了其在根部的含量，且在植物根尖部位 p,p'-DDT 的积累更多。这些研究表明，用植物修复受化学农药污染的土壤是一种经济、简便和可行的方法。黄豆茎叶中 DDTs 残留主要来自植物地上部分从环境中吸收和积累的 DDTs，其茎叶对 DDTs 的积累量约 7 倍于根部对 DDTs 的积累量[246]。Shahamet[247] 报道了橡树能够吸收土壤中结合残留态的 DDTs。Eden 和 Arthur[248] 发现在七氯和 DDTs 污染的土壤中生长的大豆，其地上部分有少量的残留。国外用甲醇、乙丙醇等溶剂萃取清洗土壤中高浓度的 p,p'-DDT、p,p'-DDE、p,p'-DDD，当溶剂：土壤为 1：6 时去除农药的效率达 99%，其清除效率与萃取次数、溶剂和土壤的比值及土壤湿度有关。

不同植物对于不同 OCPs 的降解能力不同，而同一植物的不同部位富集污染物的能力也有一定的差异，例如玉米在修复 DDTs 和 HCHs 污染土壤时，根系对 OCPs 的吸收要强于茎秆[249]。表 6-4 为部分可降解有机氯农药的植物。

表 6-4 部分可降解有机氯农药的植物

污染物名称	植物名称
DDTs	黑麦草[244]、高羊茅[244]、豇豆、水稻、芦苇[250,251]、紫花苜蓿[252]
HCHs	籽粒苋[253]、玉米[249]
三氯杀螨醇	胜红蓟[254]
艾氏剂	菊科植物[255]、甘薯、芋头[256]
狄氏剂	菊科植物[255]
五氯酚	杨树[257]
林丹	念珠藻[258]

植物修复有其他修复方法无可比拟的优点，但也存在一些缺点，比如修复周期长等。近些年，一些研究者研究出一些植物修复强化技术，以缩短植物修复的修复周期和提高修复率。

（1）添加表面活性剂 近年来，针对添加表面活性剂增强植物对于 OCPs 的降解效率的研究较多。表面活性剂进入土壤以后，可以增加有机污染物的溶解性，使其能更好地被植物吸收降解，有学者在南瓜的灌溉水中添加临界束胶浓度的两种表面活性剂 SDBS 和

Tween 60，DDTs的去除率较对照组分别高出50%和40%[259]。不同的表面活性剂由于其自身性质存在差异，对污染物降解的强化程度不一。王玉红[260]发现阴离子表面活性剂(SLS)促进紫花苜蓿降解DDTs的作用显著强于阳离子表面活性剂（CTAB)。也有学者研究将两种表面活性剂进行不同比例的混合，以取得最佳强化效果。如周溶冰[261]研究了SDBS与TX 100不同物质的量比对促进黑麦草吸收OCPs的影响，结果显示当SDBS与TX 100呈9∶1配比时，污染物在黑麦草中的富集含量最高。

(2) 联合修复技术　联合修复技术经研究证明是提高植物对OCPs的降解效率的有效途径，主要有表面活性剂-植物联合修复、植物-微生物联合修复、植物-菌根-化学联合修复。Wu等[262]研究发现，Triton X-100和丛枝菌根真菌的联合使用可促进污染物迁移，并且使紫花苜蓿根际微生物数量增加，脱氢酶活性增强，极大地提高了植物对污染物的修复能力。李思雯[263]在种植黑麦草时，添加了复合肥和植物根际促生菌——巴氏葡萄球菌，发现对于DDTs的去除率可达69.6%，明显高于二者单独使用的效果。可见，联合修复技术具有广阔的研究前景和很强的应用潜力。

(3) 植物间/套作技术　作物混作（间/套作）是我国传统的保持地力的措施，但目前对于混作技术强化植物降解OCPs的研究较少，且强化效果也存在争议。White等[264]将富集型南瓜与非富集型南瓜进行套作，结果二者对DDE的累积效应显著增强。但李思雯等[252]将禾本科植物与紫花苜蓿进行合理混作，相较于单独种植紫花苜蓿，结果并无明显效果。而对于植物混作技术是否可以强化植物修复其他有机污染物（如PAHs、PCBs等）的问题，目前也没有定论，因此植物混作技术仍待深入研究。

五、东北重工业污染场地土壤修复

重工业是东北地区的支柱产业，依托丰富的自然资源，雄厚的工业基础，在过去的经济发展过程中，东北地区走的是资源型的发展道路。“高能耗、高物耗、高排放”的生产模式，加上重工业布局过度集中，以资源消耗、环境损害为代价的粗放型经济增长模式使得东北重工业区的环境污染和生态破坏日益加剧，不仅制约了环境和经济的协调发展，也影响了资源的可持续利用。东北重工业区每年有大量的有机污染物释放到土壤环境中，污染物类型繁杂，新老并存，且存在有机和重金属复合污染的状况。有机污染物包括挥发性有机物、半挥发性有机物、持久性有机物等，其中大部分的污染物是难溶的、有毒的、致突变的，甚至是致癌的，对人类健康和生态系统有着巨大的危害。目前，东北重工业区土壤污染问题凸显，土壤修复迫在眉睫。

污染土壤修复方法众多，因此如何针对污染场地选择环保、高效的修复手段颇为重要。热脱附技术可有效处置含石油烃、杀虫剂、PCBs等挥发性、半挥发性有机污染物的土壤，但是该技术修复成本较高、脱附过程易产生二次污染，特别是含氯有机污染物的处理过程中会产生二噁英。另外该技术对仅受无机物污染的土壤或沉积物的修复是无效的，同时也不适用于腐蚀性有机物（有机物的腐蚀大多是酸性有机物的腐蚀)、活性氧化剂和还原剂污染土壤的处理与修复，该技术在持久性有机污染物修复方面也未得到广泛应用。因而每种有机污染土壤的修复技术都有其自身的优缺点，为了能够更经济、更有效地修复有机污染土壤，单一的修复技术已不能满足要求，需要多种技术的联合使用，发挥各自优点，才能达到最佳修复效果，在治理污染的同时获得巨大的社会效益、经济效益和环境效益。

污染场地修复技术的选择是决定污染场地修复成败的关键环节。应基于污染场地土壤中有机污染物特征及浓度，选取不同的处理手段。笔者所在课题组提出了选取的修复技术应该具有修复效果好、修复成本低、修复时间短、对环境二次污染风险小、土壤能够二次利用、最好是原位修复等特点。高浓度有机物污染场地经热脱附技术降解至中低浓度后，考虑结合生物化学联合修复技术对有机污染土壤进行降解处理，加以净化，从而将污染物清除。考虑到东北地区四季分明，夏季高温多雨，冬季寒冷干燥。季节性冻融是东北地区最重要的气候特征，冻融作用对有机污染土壤的微生物修复过程产生重要的影响。低温环境中的嗜冷性微生物对于净化环境中有机污染物和保持环境的生态平衡起着十分重要的作用。因此，鉴于复杂有机物污染区治理难度大，针对东北重工业区有机污染土壤的特点，我们建立了一套成熟的针对中低浓度有机物污染的联合修复技术体系，结合功能性降解材料，从而达到修复技术与材料的一体化。

（一）研究方案的设计

针对东北地区重工业场地污染状况采取分步修复的措施，高浓度区域采用热脱附技术进行修复，热脱附技术可有效降解广泛意义上的挥发性有机物、半挥发性有机物（石油烃、农药和多氯联苯）、Hg 等污染物质。综合考虑成本及技术的合理性，运用该技术将污染程度修复至中低浓度。结合东北独特的气候特点，可采用化学-生物联合修复技术继续对未降解的污染物进行进一步的降解。

化学氧化技术具有普适性强、效果好、修复时间短的优势，而且可以进行原位修复，受场地地面建筑影响较小，可以和物理、生物技术联合修复，具有广泛的应用前景。化学氧化技术将氧化剂注入地下环境中，通过酸碱反应、吸附解吸、溶解、水解、离子交换、沉淀、氧化还原等作用使地下水或土壤中的有机污染物被破坏、降解成无毒或危害较小的物质。原位修复时，需要精确界定污染物分布的范围和浓度，使得外加的氧化剂能够准确达到受污染区域，使污染物与氧化剂充分接触发生反应，从而达到去除污染物的效果。在进行场地原位化学氧化修复之前，应先对污染场地的土壤性质和污染物分布情况进行系统调查和检测，根据调查结果确定氧化剂的类型、剂量、浓度、传输方式等。

原位化学氧化通常使用的氧化剂有高锰酸钾（$KMnO_4$）、臭氧（O_3）、过氧化氢（H_2O_2）、过硫酸钠（$Na_2S_2O_8$）等，它们对于石油类污染物都具有较好的去除效果。不同的氧化剂对不同的污染物的去除效果不同，在地下环境存在的时间也不同。如 $KMnO_4$ 和未活化的 $Na_2S_2O_8$ 具有较好的稳定性，因此可以用于渗透性较差的土壤；H_2O_2 和活化的 $Na_2S_2O_8$ 反应时间较短，适用于渗透性较好的土壤。

微生物修复技术在土壤修复方面的优势日渐突出，特别是在有机污染场地修复中具有很大的应用价值。

（二）解决的关键科学问题、关键技术

针对东北重工业地区中低浓度的有机污染物质，根据东北地区季节性特点，通过化

学-生物联合修复技术，结合表面活性剂、光催化剂、微生物菌剂等，因地制宜，建立了修复有机污染物和重金属复合污染的联合修复技术体系。根据东北地区四季分明的特点，修复工作按季节完成。春夏期间（5～11月），通过耐干旱的植物和微生物，联合表面活性剂、光催化剂等对有机污染物和重金属进行联合修复。秋冬期间（12月至翌年4月），寒冷干燥的气候已不适宜植物生长，因而通过低温环境中的嗜冷性微生物来净化环境中有机污染物。

（三）方案的重点及特色

根据东北地区的特点，构建有机污染土壤高效联合降解技术体系，对强化降解修复的功能材料进行攻关，结合与热脱附、化学-生物修复技术相匹配的关键修复设备，形成了难降解有机污染场地/土壤修复技术体系。

本方案的特色有以下三个方面。首先是特色植物，笔者所在课题组多年致力于禾本科植物火凤凰的研究，该植物耐寒、耐旱、耐盐碱，根系十分发达，对有机污染物和重金属均有良好的修复效果。其次是特色微生物，根据东北地区冬季寒冷干燥的特点，选择能够抵抗低温环境的嗜冷性微生物在寒冷的冬季降解环境中的污染物质。最后采用化学-生物联合修复技术降解修复。

（四）达到的目标

① 热脱附技术将高浓度的有机物处理至中低浓度，建立了完善的化学、生物联合功能材料的修复技术体系，形成了功能性修复材料与多技术集成优化的成套技术体系，使有机污染场地有机污染物去除率达70%以上。

② 针对高效降解菌降解一种或几种有机污染物的特性，寻找了多种高效降解菌来应对复杂多变的有机污染物，建立了高效降解菌株信息库，便于在处理实际问题时查询。

③ 针对东北地区季节性冻融的特征，选取了适宜的嗜冷性微生物来促进冬季有机污染物的降解修复，形成了与其他功能材料联合修复技术的一体化。

④ 建立了生物修复技术与多元复合光催化剂联合降解体系，研发了成熟的适宜东北地区有机污染场地修复的多元复合光催化剂。

第四节　其他污染土壤环境中植物修复技术应用现状

一、盐碱土污染土壤环境中植物修复技术应用现状

土壤盐碱化是一个世界性的问题，遍及世界各国，但主要分布在全球干旱、半干旱地区。美国、加拿大、俄罗斯、德国、法国、蒙古及中国等都有盐碱地分布。2009年之前的数据显示全世界约有盐碱地10亿公顷，其中干旱、半干旱盐碱地就占54%，成为旱地农业中最大的环境问题。世界大约20%的灌溉农业用地受到盐碱化的影响，我国约有1亿公顷盐碱土壤，干旱、不合理耕作、落后的排水设备、设施栽培等因素导致土壤次生盐碱

化日益加重。为此，世界各国都在积极研究、探索土壤盐碱化的治理措施，借以促进土壤资源的有效利用，改善生态环境，促进农业可持续发展。

（一）土壤盐碱化形成条件及类型

土壤盐碱化的原因很多，主要与气候干旱、地势低洼、排水不畅、地下水位高、地下水矿化程度大等因素有关，母质、地形、土壤质地层次等对盐碱化的形成也有重要影响。

中国土壤盐碱类型主要有以下几种：一是现代盐碱化，在现代自然环境下，积盐过程是主要的成土过程；二是残余盐碱化，土壤中某一部位含一定数量的盐分而形成积盐层，但积盐过程不再是目前环境条件下主要的成土过程；三是潜在盐碱化，心底土存在积盐层，或者处于积盐的环境条件（如高矿化度地下水、强蒸发等），从而可能发生盐碱成分在土壤表面积聚的情况，而导致土壤的潜在盐碱化。

（二）盐碱土壤的植物修复方法

盐碱土壤的植物修复方法主要是种植耐盐或耐碱植物，通过植物的生长发育吸收土壤中的盐碱成分，从而降低土壤的盐碱度，达到对盐碱土壤修复的目的。在这方面，由于修复方法的功效较强，且经济实惠、自然环保，从而研究成果较多。耐盐或耐碱植物主要以某些草类植物为主。哈玲津等[265]针对天津市蓟州区、西青和大港的荒地土壤，利用耐盐碱的 4 种野生植物（猪毛菜、草木樨、艾蒿和补血草）进行盆栽试验。植株生长 5 个月后，测定土壤的各项理化指标。结果显示，4 种植物均大大降低了土壤总盐量：猪毛菜可以不同程度地降低土壤中碳酸根离子、硫酸根离子和有效磷；补血草对降低土壤中硫酸根离子和水溶性钙较有效；草木樨和艾蒿可以明显增加土壤有效氮含量。研究结果综合分析表明，这 4 种野生耐盐植物对改良盐碱地土壤效果明显。种植星星草可以一定程度地修复盐碱土壤，丁海荣[266]综述了近年来对星星草形态结构、生物学特性、耐盐生理特性及种植后对土壤养分结构的影响研究，发现经人工种植后星星草在盐碱地不仅可以正常生长发育，同时具有较好的饲用价值，最主要的是对盐碱土壤具有很好的改良效果。种植一些耐盐碱树木在一定程度上也可以做到对盐碱土壤进行修复，例如陈志强[267]研究表明，沙枣、白蜡、杜梨、甘蒙柽柳、甘肃柽柳、多枝柽柳、西伯利亚白刺和齿叶白刺较适合在中度苏打盐碱土上生长；盐生白刺、甘蒙柽柳、甘肃柽柳、多枝柽柳、西伯利亚白刺、齿叶白刺适合在高含盐碱量土壤中种植。肖鑫辉等[268]研究表明，野生大豆也是良好的盐碱土壤修复植物。闫秀丽[269]研究表明，合欢作为一种耐寒耐旱植物，喜光，具有根瘤，对盐碱土壤也有一定的修复功效。对于盐碱土壤的修复植物的寻找首先应在盐生植物中找寻，盐生植物由于其特有的生理生态特性，对盐碱成分有一定的抗性，决定了其对盐碱的耐性，从而可达到对盐碱土壤的修复效果。武春霞等[270]通过植物的耐盐胁迫试验发现了草木樨、猪毛菜、艾蒿和补血草 4 种耐盐生植物对盐碱土壤的修复功效。习苏忠[271]研究表明，罗布麻也是一种对盐碱土壤具有一定修复功效的植物。刘润进等[272]研究指出，高羊茅和芨芨草也可以作为修复盐碱土壤的可选植物。马章全等[273]研究表明，杂交狗尾草对盐碱土壤也具有一定的修复功效。诗雨[274]介绍了印度海盐化学研究所研究出在海滩盐碱地上种植一种被称为“爱普斯”的吸盐植物来为盐碱地脱盐取得了成功。马章全等[275] 研究表明，野豌豆、箭筈豌豆、毛苕、山野豌豆耐旱、抗寒、耐瘠薄、抗盐碱土壤，特别适于红壤土和生荒地生长。我国科研人员研究表明，植物马鞍腾[276]、黄花草木樨[277] 对盐碱土壤也有一定的修复功效。张瑛等[278] 在种植 6 年苜蓿的盐碱地上，通过对种植苜蓿和未种植苜蓿的盐碱荒地（对照）的 pH 值、盐分及养分的化验测定，结果表明，在盐碱地上种植苜蓿可明显改良盐碱土壤；在 0～60cm 的耕作层中，苜蓿地的全盐含量比对照下降了 29.8%，有机质比对照提高了 4.5%。垂柳和四翅滨藜也被用于盐碱土壤的修复，丁丽萍等[279] 的研究表明，四翅滨藜对盐碱土壤的修复功效高于垂柳。盐碱土壤的植物修复方法具有很大的应用潜力，其生态环保，新的修复植物不断地被探索开发与利用。先进的生物技术用于盐碱土壤的植物修复将大有作为。

耐盐或耐碱植物不仅可以吸收土壤中的盐碱，降低土壤中盐碱的浓度，而且对盐碱地土壤肥力的提高也有明显效果。2002～2004 年张永红等从北京、甘肃、河南、内蒙古等地先后引进 22 个耐盐植物品种，在宁夏银北盐碱地上进行了筛选试验和示范种植，对盐碱地的改良和高效利用起了很大的作用。种植耐盐牧草后，0～20cm 土层中的有机质、速效氮和速效磷，因耐盐牧草不同而有很大差别（表 6-5）。从 2002 年种植前到 2004 年种植前，土壤有机质增加多少的次序为红豆草（42.9%）＞苇状羊茅（33.1%）＞小冠花（30.9%）＞聚合草（25.2%）＞苜蓿（12.5%）；而连续种植粮食作物的有机质不仅没有增加，反而减少了 4.2%。土壤速效氮增加多少的次序为红豆草（82.6%）＞小冠花（74.4%）＞聚合草（69.0%）＞苇状羊茅（69.5%）＞苜蓿（22.2%）；而连续种植粮食作物的速效氮降低了 10.9%。速效磷的含量因耐盐牧草的种类不同而有很大差异：聚合草使盐碱地 0～20cm 土层中的速效磷增加了 240%，苜蓿和红豆草使速效磷分别增加了 51% 和 12.3%；小冠花、苇状羊茅使 0～20cm 土层中的速效磷分别降低了 49.5% 和 22.1%；连续种植粮食作物的速效磷降低了 19.2%[280]。

表 6-5　耐盐牧草对土壤养分（0～20cm）的影响

品种	有机质含量/%						速效氮含量/(mg/kg)						速效磷含量/(mg/kg)					
	2002 年		2003 年		2004 年		2002 年		2003 年		2004 年		2002 年		2003 年		2004 年	
	种前	种后	种前	种后	种前	种后	种前	种后	种前	种后	种前	种后	种前	种后	种前	种后	种前	种后
红豆草	1.12	1.27	1.39	1.47	1.6	1.52	55.3	55	75.3	64.8	101	47	17.9	17.2	21.6	9.9	20.1	10.8
小冠花	1.36	1.38	1.64	1.64	1.78	1.31	64.8	55	78.8	70	113	39	21	27.6	22.8	17.3	10.6	10.4
聚合草	1.11	1.05	1.32	1.16	1.39	1.36	56	36	85.1	53.2	95	48	9.4	10.9	6.9	5.7	32	9.9
苇状羊茅	1.3	1.2	1.18	1.08	1.73	1.51	52.5	55	73.5	49	89	40	16.7	18.8	12.7	8.6	13	21.4
苜蓿	1.36	1.38	2.01	1.95	1.53	1.51	64.8	55	91	85.1	87	42	21	27.6	17.3	20.2	31.7	22.6
小麦＋玉米	1.2	1.08	1.14	1.1	1.15	1.62	55	43	56.3	37.5	49	55	19.8	21.6	16.8	19.7	16	48.6

某些情况在进行盐碱土壤修复研究中，菌根发挥主要作用，这称之为菌根修复。一般情况下，在利用植物对盐碱土壤进行修复时，植物根部的菌类在此过程中起到很大的作用。殷小琳等[281] 综合近年来国内外在菌根植物抗盐碱方而研究成果，从植物生理的角度

总结和论述了在盐胁迫下菌根提高寄主抗盐碱性的机理，阐述了菌根在提高寄主抗性的同时对盐碱地土壤的改良作用，为用生物方法改良盐碱地提供了参考。

此外，人们还可通过一定的盐碱土壤种植制度来达到对盐碱土壤的修复目的。陈冠文等[282]研究表明，盐碱土壤的改良与种植制度是一对互相制约、互相促进的矛盾；对新疆29团场近几年资料的分析结果表明，不同轮作方式对地下水埋深、土壤含盐率和土壤返盐率均有明显影响；指出合理的轮作方式，应在保证当年丰收的同时，还应有利于改土治碱的长远目标。张金政等[283]研究发现，中国盐碱土壤中含有大量的AM菌，这一发现将有利于人们进一步开发利用AM菌对盐碱土壤进行修复。

为了弥补某些修复方法的不足，往往会综合两种或三种甚至数种修复方法对盐碱土壤进行修复。这种综合利用的目的是互相弥补不足或加大修复功效。综合修复方法往往可达到更好的效果，这是研究的前沿所在，研究成果也像雨后春笋一样涌现。

张金柱等[284]将生物有机肥施入轻度盐碱土中，研究其对土壤理化性质的影响，结果表明，生物有机肥可以改善轻度盐碱土pH值，有效缓解由于植物生长所造成的土壤养分的消耗，指出生物有机肥可在轻度盐碱土中广泛使用，在施用时应根据不同地区的土壤气候条件确定最佳施肥量。由于土壤盐碱的排解必然和土壤中的水动力学运动密切相关，从而可建立生态湿地，利用其物理、化学和生物的综合作用对盐碱土壤进行修复，柴秀梅等[285]撰文阐述了该修复方法的可行性。范建征等[286]就盐碱土壤的综合治理提出了一些新的思路，指出可以通过不同的耕种方式、施肥并结合灌溉排水来达到对盐碱土壤的修复目的。随着科技的发展，一些盐碱改良剂被用于盐碱土壤的修复治理，魏珅峰等[287]指出利用盐碱改良剂治理园林绿地土壤是一项可行、投资小、实用的捷径，能显著提高绿化成活率。李国萍等[288]将盐碱改良剂“施地佳”用于盐碱土壤改良和补充盐碱耕地营养源，并阐述了修复机理。白亚妮[289]利用硫黄和微生物的共同作用对盐碱土壤进行修复，具有一定的研究价值。杨宇等[290]研究验证了生化黄腐酸土壤改良剂对盐碱土壤的改良效果及对蔬菜作物生长发育的影响。指出菜田盐碱土壤施用一定量的生化黄腐酸土壤改良剂有较明显的改碱效果，并可促进植株的生长发育。据张文佺等[291]研究可知，不同的农业耕作模式也是对盐碱土壤修复的不同方式，对土壤的诸多物理、化学和生物指标有不同的影响效果。孙国荣等[292]采用浅耕翻、施用磷石膏、施用糠醛渣、施用有机肥、建植星星草人工草地或星星草＋羊草人工草地等不同改良方法对盐碱土壤进行修复研究，结果表明，综合使用效果比任何单一方法都好。盐碱土壤的综合修复方法具有涉及因素多、全，各因素相互作用、相互促进，考虑全面和修复功效高的特点，是盐碱土壤修复的发展方向。

二、放射性物质污染土壤环境中植物修复技术应用现状

土壤中的放射性核素是威胁人类健康和生态环境的重要因素之一，研究土壤中的放射性核素污染，积极探索更有效、经济的污染修复新技术具有重要意义。1945～1986年，全球核武器所产生的废物大部分都被排放到了土壤中，并且至今都在污染着许多地方。这些废物成分种类繁多，如锕系元素中的放射性核素以及其裂变产物，汞等重金属，用于制造武器的有机材料等。大多数情况下，高放射性废物埋在地下的油罐中，且地下油罐的使

用寿命远远超出它的设计年限，造成了废物泄漏。在美国已知的3000多个垃圾站点中，大约有1/3具有放射性污染，并且其放射性水平高达10mCi/L（$1mCi/L=37\times10^6Bq/L$）[293]。据统计[294]，美国地下掩埋的放射性废物（$3\times10^6m^3$）污染了约$3\times10^9m^3$的地下水、$7\times10^7m^3$的地表土壤。核能生产过程中，由于操作不当或自然灾害所引起的核事故，对环境的危害是巨大的，如苏联的切尔诺贝利核事故和日本福岛核事故。土壤作为生态圈的重要组成部分，是人类赖以生存的最基本的物质基础之一，也是环境转移放射性污染物质的重要介质之一。土壤吸附的放射性核素对环境产生的辐照危害不易察觉，并且可以通过食物链在生物体内累积，给人类的生命和健康带来巨大威胁。因此，采用合理的技术手段修复被放射性核素污染的土壤具有重要意义。

在国际上，对于大面积放射性污染土壤，一般多采用铲土法、客土法、可剥离性膜法、淋溶法、沉淀法、电化法、磁化法等修复[295]，但是这些方法花费高，而且容易破坏污染土壤场地结构和土壤理化性质，并且易造成二次污染。而植物修复既环保又廉价，除了可以处理表土层污染外，对土壤的亚表层甚至更深层污染的处理也更为有效[296]。

（一）土壤中放射性核素的来源

1. 天然来源

天然放射性核素存在于地表圈、大气圈和水圈中，主要有^{40}K、^{238}U、^{232}Th等，形成土壤放射性的本底值。迄今为止，人类已发现109种元素，约1800种核素。109种元素中，92种是自然界存在的；1800种核素中，1500余种是不稳定的放射性核素。目前环境中的天然放射性核素主要有两类：一类是通过外层空间宇宙射线的作用而不断形成的放射性核素，即宇生放射性核素（cosmogenic radionuclide）；另一类是在地球开始形成时就出现的放射性核素，即陆生放射性核素（terrestrial radionuclide）。而土壤中的放射性核素来源于岩石，不同种类的岩石所受到的自然条件作用程度不一致，从而导致土壤中天然放射性核素活度、元素组成有很大差异。如，地壳中U的丰度为3.5×10^{-6}，Th的丰度为1.1×10^{-5}；土壤中U的丰度为1×10^{-6}，Th的丰度为6×10^{-6}。土壤的地理位置、地质来源、水文条件、气候以及农业历史等都是影响土壤中天然放射性核素含量的重要因素。天然放射性核素对人体所造成的内、外照射剂量都很低，对人类的生活没有很大的影响[297-299]。

2. 人为来源

就人为因素来说，放射性污染主要来源为核试验、核武器制造、核能生产、核事故、放射性同位素的生产及应用和矿质的开采冶炼及应用等。

核试验又分为大气层核试验和地下核试验两种。大气层核试验产生的放射性落下灰是迄今土壤环境的主要放射性污染源。落下灰中的^{137}Cs、^{90}Sr进入土壤后将长期存在，对环境产生辐照危害。地下核试验如封闭较好对试验人员的辐照危害很小，但封闭不好或被破坏则会造成环境局部污染。核武器制造导致的放射性核素常规和事故释放，会造成局部或区域性环境污染[298]。核能生产中放射性物质在整个核燃料循环的各个环节间循环，运行过程中放射性物质通过大气、水体和核废料等排入环境。核事故一旦发生，影响巨大。

1986 年苏联切尔诺贝利（Chernobyl）核电站核泄漏事故[300]，泄漏了 12EBq 的放射性物质，而其中^{137}Cs的释放量约为 0.09EBq，在乌克兰有 26 万公顷的土地被^{137}Cs污染，危及当地居民。2011 年 3 月 11 日，由于强地震引发了日本福岛核泄漏事故，据报道，在福岛县双叶町土壤中^{137}Cs的活度达到 0.38MBq，约为通常情况下的 3800 倍；在距离福岛第一核电站 15～20km 的福岛县南相马市岩泽海岸约 3km 的海底的海泥中，检测出了比正常放射性物质活度高出 1000 倍的放射性碘和放射性铯。放射性同位素的生产和其在各领域的广泛应用以及相关的废物处置，也会对环境造成污染。铀矿、煤、石油、泥炭、天然气、地热水（或蒸汽），以及某些矿砂的开采、冶炼和应用，一定程度上也会释放放射性废物到环境中去，给土壤环境带来一定的污染。不同类型的矿床伴生放射性核素的含量不同，生产过程中对环境的辐射影响也不同，稀土矿中的独居石在开采、冶炼时，对环境的放射性污染较为严重[301]。农用化肥（如磷肥）中常常含有一定量的天然放射性物质，施用时放射性物质会随之进入土壤。在美国一些州施用磷肥 80 年的土壤中，^{238}U 的活度提高了 1 倍[302]。

3. 放射性核素的危害

核工业的废水、废气、废渣排放，铀矿开采过程中的氡和氡的衍生物，以及放射性粉尘对周围大气造成污染，放射性矿井水造成水质的污染，废矿渣和尾矿造成固体废物的污染等[303]。核试验造成的全球性污染要比核工业造成的污染更为严重[304]。如：从 1945 年美国在新墨西哥的荒漠上进行了第一颗原子弹爆炸试验以来，全世界已进行了 2000 多次核试验，遗留的核污染物质（如^{137}Cs、^{90}Sr、^{239}Pu、U 等）对人类和生态系统都是致命的威胁[305]。核试验产生的^{137}Cs进入平流层后，在全球范围均匀分布，而后进入对流层随大气降水和降尘到达地表[306]，土壤环境中的^{137}Cs几乎全部来源于大气核试验，环境中不存在天然来源的^{137}Cs[307]。试验区中最危险的放射性物质是^{137}Cs和^{90}Sr，其化学性质与生命必需元素 Ca 和 K 相似，进入生物和人体后，在一定部位积累，增加人体的放射辐射，引起“三致”（致畸、致癌、致突变）变化[308]。长期低剂量辐射会引起物种异常变异，使农产品放射性核素比活度上升，危及食品安全和人体健康；土壤中放射性核素会影响土壤微生物的生存与种群结构，也会参与水、气循环，进一步污染水体和大气[309]。在乌克兰有 $2.6\times10^5km^2$ 的土地被^{137}Cs污染，其污染程度超过 $1Ci/km^2$，相当于增加 0.1%人口致癌的危险[310]。1986 年，苏联切尔诺贝利核电站由于操作人员严重违反操作规程，引起爆炸和大火，造成大量的放射性物质（^3H、^{137}Cs、^{90}Sr、U 等）外逸，造成白俄罗斯严重的放射性物质污染，而且乌克兰、俄罗斯等地区也不同程度受到严重污染，事故导致 31 人当场死亡，上万人由于放射性物质远期影响而重病或致命[311]。2005 年一份国际原子能机构的报告认为当时有 56 人丧命，47 名核电站工人及 9 名儿童患上甲状腺癌，并估计有 4000 人最终将会因这次意外所带来的疾病而死亡，至今仍有被放射性物质影响而导致胎儿畸形的事件[312]。放射性核素进入土壤和水体后，不仅对生态环境和人类自身的健康产生严重的危害，也给人们清除这些核素造成困难，尤其是土壤中大面积、低剂量的放射性核素的清除工作更为困难。

（二）放射性物质污染土壤植物修复技术

1. 植物修复

植物修复就是筛选和培育对目标污染物具有超常规吸收和富集能力的植物，种植在污染的土壤上，利用植物根系吸收水分和养分的过程来吸收土壤中的污染物，之后再将收获的植物统一处理，以期达到清除污染的目的。

国内外关于低放射性核素污染土壤植物修复的研究还处于初级阶段，主要集中在富集低放射性核素植物的筛选研究。1996 年赵文虎等[313] 研究了 14 科 169 种植物对^{90}Sr的富集能力和 10 科 28 种植物对^{137}Cs的富集能力，发现茄科、藜科等植物对放射性核素富集作用强；Broadley 等[314] 对 30 种植物富集^{137}Cs的能力进行筛选，研究表明，黎科内的甜菜属植物对^{137}Cs有较强的富集能力；Dushenkov 等[315] 对切尔诺贝利核电站泄漏后大面积土壤放射性污染进行植物修复，研究发现苋属植物反枝苋富集^{137}Cs能力较强。研究表明，积累放射性核素的植物往往分布于某些特定的科属内，但是目前植物修复方面的研究还远远不够，仍有许多积累和超积累植物尚待发现。但国内外在类放射性核素（如 Cu^{2+}、Zn、Cr^{6+}、Cd^{2+}、Pb）的金属积累型植物的研究已较深入，在筛选这类植物时应对放射性核素积累型植物与诸如 Ca、K 积累型植物进行比较研究；同时，也应测试所筛选植物的修复效率，并综合植物自身、周围环境等因素进行整体考虑。目前国内外关于植物修复的研究主要还是以实验室模拟环境为主，对积累和超积累植物筛选的试验大部分都是采用人工盆栽方法，人为加入放射性核素。

放射性核素污染土壤的植物修复技术主要有 3 种。①植物蒸发技术，即植物从土壤中将放射性核素（如氚）吸收到体内并转化为气态物质，然后通过叶面作用将它们蒸发掉。②植物固定技术，即利用耐某种放射性核素植物固定该核素，从而减少放射性核素淋滤到地下水或通过空气扩散进一步污染环境的可能性。植物固定技术不能将土壤中放射性污染物去除，只是暂时将其固定，一旦环境条件发生变化，放射性核素的生物可利用性可能随之改变[316]。③植物提取技术，即利用某种放射性核素的超积累植物将土壤中的核素转运出来，富集并搬运到植物根部可吸收部位和地上部位，待植物收获后再进行处理，连续种植这种植物，可使土壤中放射性核素的含量降低到可接受水平。超积累植物一般是指能够超量吸收并在体内积累重金属或放射性核素的植物，该植物地上部分能够积累的某种放射性核素是普通作物的 10～500 倍[317]。

Eapen 等[318] 研究发现，牛角瓜在 24h 内可以吸收 90%的^{90}Sr，表明牛角瓜对^{90}Sr污染修复具有较大潜力。Singh 等[319] 研究发现，在含^{90}Sr和^{137}Cs（5×10^3kBq/L）的土壤中，香根草能在 168h 内去除 94%的^{90}Sr和 61%的^{137}Cs。在低活度^{137}Cs（1×10^3kBq/L）土壤中，飞机草的根部对^{137}Cs的积累量比地上部分高；当土壤^{137}Cs浓度较高（5×10^3kBq/L 和 10×10^3kBq/L）时，其地上部分对^{137}Cs的积累量比根部高，这表明飞机草对修复^{137}Cs污染土壤有潜力[320]。郑洁敏等[321] 发现，酸模、戟叶酸模对^{134}Cs污染土壤具有修复潜力。Cerne 等[322] 发现，生长在 Borst 尾矿堆的一种常见芦苇，其叶片和茎（以干重计）可分别积累（8.6±8）mBq/g 和（2.4±2）mBq/g 的^{238}U。Srivastava 等[323] 研究发现，黑藻在质量浓度为100mg/L的铀溶液中，30min积累到最大量（为78mg/g）。黑藻可在24h后恢复到原来状态，其体内的各种酶的综合调控，影响了其初始阶段的恢复速度。他们建议利用植物修复时，要尽可能考虑生长速率快的植物。Mirjana等[324]研究发现，在假潜育土和黑钙土两种不同性质的土壤中，种植在黑钙土中的玉米能积累更多的U，对U的最大容忍量可以达到1000mg/kg，说明土壤性质决定了植物对U的积累，表明玉米可以用于修复核污染土壤。Vanhoudt等[325]研究了拟南芥幼苗在铀压下的反应机制，发现当瞬态反应增加时，叶片中的抗坏血酸氧化还原平衡是一种重要的铀压调节器，而叶片中总抗坏血酸浓度和抗坏血酸氧化还原平衡浓度的增加有时间依赖性。这可能表示，无论是缓慢的瞬态反应还是稳步的增加铀压，植物都能适应环境。

2. 菌根修复

菌根修复主要是利用土壤中的真菌侵染自然界中绝大多数高等植物的根系，以形成菌根共生体，改善宿主植物的根际环境，从而使得宿主植物的抗逆性及修复污染土壤的能力得到增强。菌根又可分为外生菌根真菌与丛枝菌根真菌等。外生菌根真菌可以脱离宿主植物独立生存，而丛枝菌根真菌可以侵染自然界中绝大多数高等植物的根系形成共生体菌根修复有直接作用与间接作用两种方式。

（1）直接作用　外生菌根真菌可以在人工纯培养条件下生长，利用自身吸附或吸收放射性核素，并将其固定在体内。丛枝菌根也可通过螯合作用，为放射性核素提供结合位点，使其固定于真菌中[326]。Weiersbye等[327]证实，U可以积累于丛枝菌根真菌的孢囊和孢子中。

（2）间接作用　菌根的形成在一定程度上改变了宿主植物根系的形态结构，进而使其生理生化功能发生改变，并引起根际环境变化（如土壤pH值、元素水溶性等变化），这样可提高宿主植物抗逆性，从而可促进植物修复污染土壤，该过程也可以说是菌根对宿主植物的保护。De Boulois等[328]发现，相对植物根，菌根菌丝对放射性核素有更大的摄取能力，并且摄取的放射性核素，大部分积累于菌根中，而不是寄主植物。Rufyikiri等[329]研究发现，在铀质量浓度低于87mg/kg的土壤中，菌根对植物根的侵染率较高；在铀质量浓度高于87mg/kg的土壤中，根内球囊霉（*Glomus intraradices*）能减少铀从根部向地上部运输。Joner等[330]发现，菌根没有增加三叶草、玉米和桉树对^{134}Cs的摄取能力，但是却增加了玉米对^{65}Zn的摄取能力。Rosen等[331]发现，菌根增加了韭菜对^{137}Cs的摄取能力，对黑麦草却无效。Chen等[332]在盆栽条件下，用不同丛枝菌根真菌侵染蜈蚣草，以研究其是否影响蜈蚣草吸收土壤中的铀和砷。结果表明，真菌侵染抑制了蜈蚣草生长，但对其植株中砷的质量浓度没有明显影响，但根系铀的质量浓度显著提高，根系对铀的转移系数从7提高到14，根系铀的质量浓度最高达1574mg/kg。Chen等[333]还发现，AM真菌接种的苜蓿和黑麦草，更有助于稳定U尾矿。

（三）展望

放射性物质污染土壤的修复技术中，相比于常规的物理化学方法，植物修复不仅经济上更可行，而且环境上更安全，是值得推崇的修复方法。但目前植物修复也存在一些不足，尚需采取一些措施进行补救。

对于植物修复而言，植物对放射性核素的富集能力及其生物量，是影响植物修复效率的两个关键因素。应着手研究驯化超积累植物，提高其富集放射性核素的能力。利用菌根真菌侵染植物根系，可以增加植物根系与污染土壤的接触面积，从而减小植物生物量小对其修复效率的影响。对于菌根修复而言[334,335]，应进一步对放射性核素在土壤-植物体系中的活化、吸收、转运和积累过程进行相关基础性和系统性的研究，以进一步发挥菌根技术辅助植物修复放射性核素污染环境的潜力。

目前，国内外对放射性核素污染环境的植物修复已做过一些工作，但远不及重金属污染环境的研究工作详细和深入，前者的研究可以借鉴后者的研究成果，进一步扩大植物种属的研究范围。自然界中超富集植物种属稀少，分布受地域局限，而且此类植物往往生长缓慢，生物量小，修复治理效率低、周期长，难于满足实际要求，可将自然界中超富集植物的耐放射性核素基因、超富集基因转移到生物量大、生长速率快的植物中，通过改良遗传特性提高植物对放射性污染物的耐性、富集能力，以克服天然超富集植物的生物学缺陷，提高植物修复效率。已报道的超积累植物种类中绿肥和花卉方面的较少，可从绿肥和花卉植物中筛选修复植物。在修复土壤污染的同时，绿肥作物可以丰富土壤中的营养物质，直接增加土壤养分，改良土壤物理性状，提高土壤保水保肥性能。花卉植物在进行土壤修复的同时，能够美化环境，而且花卉属观赏性植物，不会进入食物链，可减少对人体的危害；另外，花卉资源丰富，从中筛选出对放射性核素具有超积累能力的植物潜力巨大。当今，铀矿及其冶炼引起的土壤污染，不会是单一的放射性污染源，其总是与重金属等其他污染源并存。因此，多污染环境的生物修复不应忽视[336]，有必要在铀矿区筛选出具有多污染抗性的菌根、微生物和超累积植物，建立具有广泛适应性的多样性生物修复体系。另外，可利用基因工程进行定向改造，使植物可以适应高温、酸碱地、高含量重金属等恶劣环境；可通过试验获取可靠的依据，为植物修复体系从试验阶段走向实际应用打下基础。

参考文献

[1] 杨科璧. 中国农田土壤重金属污染与其植物修复研究 [J]. 世界农业，2001 (08)：58-61.

[2] 张勇. 沈阳郊区土壤及农产品重金属污染的现状评价 [J]. 土壤通报，2001，32 (4)：182-186.

[3] 庞奖励，黄春长，孙根年. 西安污灌土中重金属含量及对蔬菜影响的研究 [J]. 陕西师范大学学报(自然科学版)，2001 (02)：87-91.

[4] 李秀兰，胡雪峰. 上海郊区蔬菜重金属污染现状及累积规律研究 [J]. 化学工程师，2005 (05)：36-38，59.

[5] 陆引罡，工巩. 贵州贵阳市郊区菜园土壤重金属污染的初步调查 [J]. 土壤通报，2001，32 (5)：234-237.

[6] 李其林，赵中金，黄均. 重庆市近郊蔬菜基地土壤和蔬菜中重金属的质量现状 [J]. 重庆环境科学，2000，22 (6)：33-37.

[7] 丁爱芳，潘根兴. 南京城郊零散菜地土壤与蔬菜重金属含量及健康风险分析 [J]. 生态环境，2003 (04)：409-411.

[8] 陈桂芬，黄武杰，张丽明，等. 南宁市菜地土壤及蔬菜重金属污染状况调查与评价 [J]. 广西农业科学，2004，35 (5)：79-82.

[9] 魏秀国，何江华，王少毅，等. 广州市菜园土和蔬菜中镉含量水平及污染评价 [J]. 土壤与环境，2002 (02)：129-132.

[10] 何江华，柳勇，王少毅，等. 广州市菜园土主要蔬菜重金属背景含量的研究 [J]. 生态环境，2003 (03)：269-272.

[11] 吴燕玉，余国营，王新，等. Cd、Pb、Cu、Zn、As 复合污染对水稻的影响 [J]. 农业环境保护，1998，17：49-54.

[12] Liu W, Zha J Z, Ouyang Z Y, et al. Impacts of Sewage Irrigation on Heavy Metal Distribution and Contamination in Beijing, China [J]. Environment International, 2005, 31: 805-812.

[13] Li J, Lu Y, Yin W, et al. Distribution of Heavy Metals in Agricultural Soils Near a Petrochemical Complex in Guangzhou, China [J]. Environmental Monitoring and Assessment, 2009, 153 (1-4): 365-375.

[14] 刘重芡，尚英男，尹观. 成都市农业土壤重金属污染特征初步研究 [J]. 广东微量元素科学，2006，13 (3)：41-45.

[15] Liu W X, Shen L F, Liu J W, et al. Uptake of Toxic Heavy Metals Byrice (*Oiyza sativa* L.) Cultivatedin the Agricultural Soils near Zhengzhou City, People's Republic of China [J]. Bulletin of Environmental Contamination and Toxicology, 2007, 79 (2): 209-213.

[16] Huang S S, Liao Q L, Hua M, et al. Survey of Heavy Metalpollution and Assessment of Agricultural Soils in Yangzhong District, Jiangsu Province, China [J]. Chemosphere, 2007, 67 (11): 2148-2155.

[17] Zhao Y F, Shi X Z, Huang B, et al. Spatial Distribution of Heavy Metals In Agricultural Soils of an Industry-Based Peri-Urban Area in Wuxi, China [J]. Pedosphere, 2007, 17 (1): 44-51.

[18] 刘红侠，韩宝平，郝达平. 徐州市北郊农业土壤重金属污染评价 [J]. 中国生态农业学报，2006，14 (1)：159-161.

[19] 罗水清，陈银萍，陶玲，等. 兰州市农田土壤重金属污染评价与研究 [J]. 甘肃农业大学学报，2011，1：98-104.

[20] 国家环境保护局. 中国土壤元素背景值 [M]. 北京：中国环境科学出版社，1990.

[21] 谢小进，康建成，闺国东，等. 黄浦江中上游地区农用土壤重金属含量特征分析 [J]. 中国环境科学，2010，30 (8)：1110-1117.

[22] 陆安祥，孙江，王纪华，等. 北京农田土壤重金属年际变化及其特征分析 [J]. 中国农业科学，2011，44 (18)：3778-3789.

[23] 张铭杰，张漩，秦佩恒，等. 深圳市土壤表层汞污染等级结构与空间特征分析 [J]. 中国环境科学，2010，30 (12)：1645-1649.

[24] 孙建光，高俊莲，徐晶，等. 微生物分子生态学方法预警农田重金属污染的研究进展 [J]. 植物营养与肥料学，2007，13 (2)：338-343.

[25] 李波，林玉锁，张孝飞，等. 宁连高速公路两侧土壤和农产品中重金属污染的研究 [J]. 农业环境科学学报，2005 (02)：266-269.

[26] Song S F, Lu B, Ji Y Q, et al. Levels, Risk Assessment and Sources of PM_{10} Fraction Heavy Metals in Four Types Dust from a Coal-Based City [J]. Microchemical Journal, 2011, 98 (2): 280-290.

[27] 赵阳，于瑞莲，胡恭任，等. 泉州市 324 国道泉州至塘头段路旁土壤中重金属来源分析 [J]. 土壤通报，2011，42(3)：742-746.

[28] Hang X S，Wang H Y，Zhou J M. Soil Heavy-Metal Distribution and Transference to Soybeans Surrounding an Electroplating Factory [J]. Acta Agriculturae Scandinavica Section B-Soil and Plant Science，2010，60(2)：144-151.

[29] Masona C，Mapfaire L，Mapurazi S，et al. Assessment of Heavy Metal Accumulation in Wastewater Irrigated Soil and Uptakeby Maize Plants (*Zea Mays* L) at Firle Fann in Harare [J]. Journal of Sustainable Development，2011，4(6)：132-137.

[30] Pedrero F，Kalavrouziotis I，Alarcon J J，et al. Use of Treated Municipal Wastewater in Irrigated Agriculture—Review of Some Practices in Spain and Greece [J]. Agricultural Water Management，2010，97(9)：1233-1241.

[31] Muilfierjee V，Gupta G. Wastewater Irrigation，Heavy Metals and the Profitability of Rice Cultivation-Investigating the East Calcutta Wetlands in India [J]. Policy Brief，2011：1-4.

[32] 王海慧，郇恒福，罗瑛，等. 土壤重金属污染及植物修复技术 [J]. 中国农学通报，2009，25(11)：210-214.

[33] 吴学丽，杨永亮，徐清，等. 沈阳地区河流灌渠沿岸农田表层土壤中重金属的污染现状评价 [J]. 农业环境科学学报，2011，30(2)：282-288.

[34] 王婷，王静，孙红文，等. 天津农田土壤镉和汞污染及有效态提取剂筛选 [J]. 农业环境科学学报，2012，31(1)：119-124.

[35] 王国利，刘长仲，卢子扬，等. 白银市污水灌溉对农田土壤质量的影响 [J]. 甘肃农业大学学报，2006，41(1)：79-82.

[36] 杨军，陈同斌，雷梅，等. 北京市再生水灌溉对土壤、农作物的重金属污染风险 [J]. 自然资源学报，2011，26(2)：209-217.

[37] 宋书巧，吴浩东，蓝唯源. 刁江沿岸土壤重金属污染状况及土地的合理利用模式 [J]. 环境与健康杂志，2008(04)：317-319.

[38] 包丹丹，李恋卿，潘根兴，等. 垃圾堆放场周边土壤重金属含量的分析及污染评价 [J]. 土壤通报，2011，42(1)：185-189.

[39] Tang X J，Chen C F，Shi D Z，et al. Heavy Metal and Persistent Organic Compound Contamination in Soil from Wenling：An Emerginge-Waste Recycling City in Taizhou Area，China [J]. Journal of Hazardous Materials，2010，173(1-3)：653-660.

[40] 林文杰，吴荣华，郑泽纯，等. 贵屿电子垃圾处理对河流底泥及土壤重金属污染 [J]. 生态环境学报，2011，20(1)：160-163.

[41] 刘翠华，依艳丽，张大庚，等. 葫芦岛锌厂周围土壤镉污染现状研究 [J]. 土壤通报，2003(04)：326-329.

[42] 崔德杰，张玉龙. 土壤重金属污染现状与修复技术研究进展 [J]. 土壤通报，2004，35(3)：365-370.

[43] Luo L，Ma Y B，Zhang S Z，et al. An Inventory of Trace Element Inputs to Agricultural Soils in China [J]. Journal of Environmental Management，2009，90(8)：2524-2530.

[44] Nicolsona F A，Smith S R，Alloway B J，et al. An Inventory of Heavy Metals Inputs to Agricultural Soils in England and Wales [J]. Science of the Total Envirorunent，2003，311(1-3)：205-219.

[45] Nziguheba G, Smolsers E. Inputs of Trace Elements Inagricultural Soils Via Phosphate Fertilizers in European Countries [J]. Science of the Total Envirorunent, 2008, 390 (1): 53-57.

[46] Belon E, Boisson M, Deportes I Z. An Inventory of Traceelements Inputs to French Agricultural Soils [J]. Science of the Total Environment, 2012, 439 (15): 87-95.

[47] 叶必雄，刘圆，虞江萍，等. 施用不同畜禽粪便土壤剖面中重金属分布特征 [J]. 地理科学进展，2012，31 (12)：1708-1714.

[48] 陈海燕，高雪，韩峰. 贵州省常用化肥重金属含量分析及评价 [J]. 耕作与栽培，2006 (04)：18-19.

[49] 栾云霞，王北洪，陆安祥，等. 十字花科蔬菜对土壤中镉的吸收积累特性研究 [C] //中国农业生态环境保护协会. 十一五农业环境研究回顾与展望——第四届全国农业环境科学学术研讨会论文集. 北京：中国农业生态环境保护协会，2011：7.

[50] Nicholson F A, Chambers B J, William J R, et al. Heavy Metal Contents of Livestock Feeds and Anunal Manures in England and Wales [J]. Bioresouse Technology, 1999, 70 (1): 23-31.

[51] 李玉军，张志刚，匡政成，等. 植棉修复镉污染土壤研究进展 [J]. 中国棉花，2017，44 (4)：8-10.

[52] Baker A J M, Brooks R R. Terrestrial Higher Plants Which Hyperaccumulate Metallic Elements, A Review of Their Distribution, Ecology and Phytochemistry [J]. Biorecovery, 1989, 1: 81-126.

[53] McGrath S P, Lombi E, Gragy C W, et al. Field Evaluation of Cd and Zn Phytoextraction Potential by the Hyperaccumulators *Thlaspicaerulescens* and *Arabidopsis halleri* [J]. Environmental Pollution, 2006, 141 (1): 115-125.

[54] Ramana S, Biswas A K, Ajay, et al. Phytoremediation of Cadmium Contaminated Soils by Marigold and Chrysanthemum [J]. National Academy Science Letters, 2009, 32 (11): 333-336.

[55] 王汉中. 以新需求为导向的油菜产业发展战略 [J]. 中国油料作物学报，2018，40 (5)：613-617.

[56] 张云霞，宋波，宾娟，等. 超富集植物藿香蓟 (*Ageratum conyzoides* L.) 对镉污染农田的修复潜力 [J/OL]. 环境科学，2019 (05)：1-13 [2019-03-14]. https://doi.org/10.13227/j.hjkx.201810092.

[57] 马婵华. 黑麦草植物对农田重金属镉污染土壤的修复效果研究 [J]. 现代农业科技，2019 (03)：148，152.

[58] 杨洋，陈志鹏，黎红亮，等. 两种农业种植模式对重金属土壤的修复潜力 [J]. 生态学报，2016，36 (03)：688-695.

[59] Alexander P D, Alloway B J, Dourado A M. Genotypic Variations in the Accumulation of Cd, Cu, Pb and Zn Exhibited by Sixcommonly Grown Vegetables [J]. Environmental Pollution 2006, 144 (3): 736-745.

[60] Ahsan N, Nakanura T, Komastu S. Differential Responses of Microsomal Proteins and Metabolites in Two Contrasting Cadmium (Cd) -Accumulating Soybean Cultivars under Cd Stress [J]. Amino Acids, 2012, 42 (1): 317-327.

[61] Ovečka M, Takáč T. Managing Heavy Metal Toxicity Stress Inplants: Biological and Biotechnological Tools [J]. Biotechnology Advances, 2014, 32 (1): 73-86.

[62] 肖亚涛. 冬小麦籽粒镉低积累品种的生产特性及其低积累机制研究 [D]. 北京：中国农业科学院，2016.

[63] 刘维涛，倪均成，周启星，等. 重金属富集植物生物质的处置技术研究进展 [J]. 农业环境科学学报，2014，33 (1)：15-27.

[64] 杨科璧. 中国农田土壤重金属污染与其植物修复研究 [J]. 世界农业，2007(08)：58-61.

[65] Li Ya，Wang Qi，Wang Lu，et al. Increased Growth and Root Cu Accumulation of *Sorghum sudanense* by Endophytic *Enterobacter* sp. K3-2：Implications for *Sorghum sudanense* Biomass Production and Phytostabilization [J]. Ecotoxicology & Environmental Safety，2016，124：163.

[66] 潘风山，陈宝，马晓晓，等. 一株镉超积累植物东南景天特异内生细菌的筛选及鉴定 [J]. 环境科学学报，2014，34(2)：449-456.

[67] 黄晶，凌婉婷，孙艳娣，等. 丛枝菌根真菌对紫花苜蓿吸收土壤中镉和锌的影响 [J]. 农业环境科学学报，2012，31(1)：99-105.

[68] 娄晨. 纳米材料-紫花苜蓿-根瘤菌复合体系对镉污染土壤修复技术的研究 [D]. 杨凌：西北农林科技大学，2016.

[69] Sriprang R，Hayashi M，Yamashita M，et al. A Novel Bioremediation System for Heavy Metals Using the Symbiosis Between Leguminous Plant and Genetically Engineered Rhizobia [J]. Journal of Biotechnology，2002，99(3)：279-293.

[70] Eider R. Handbook of Chemical Risk Assessment：Health Hazards to Humans，Plants，and Animals，Three Volume Set [M]. Florida CRC Press，2000.

[71] Ping L，Luo Y，Zhang H，et al. Distribution of Polycyclic Aromatic Hydrocarbons in Thirty Typical Soil Profiles in the Yangtze River Delta Region，East China [J]. Environ Pollut，2007，147(2)：358-365.

[72] 陈来国，冉勇，麦碧娴，等. 广州周边菜地中多环芳烃的污染现状 [J]. 环境化学，2004，(03)：341-344.

[73] Chen L，Ran Y，Xing B，et al. Contents and Sources of Polycyclic Aromatic Hydrocarbons and Organochlorine Pesticides in Vegetable Soils of Guangzhou，China [J]. Chemosphere，2005，60(7)：879-890.

[74] 曲健，宋云横，苏娜. 沈抚灌区上游土壤中多环芳烃的含量分析 [J]. 中国环境监测，2006(03)：29-31.

[75] 陈静，王学军，陶澍，等. 天津地区土壤多环芳烃在剖面中的纵向分布特征 [J]. 环境科学学报，2004，(02)：286-290.

[76] 宋玉芳. 土壤中 PAHs 和矿物油污染的生物修复调控研究 [D]. 沈阳：中国科学院沈阳应用生态研究所，1998.

[77] 何艳，徐建民，汪海珍，等. 五氯酚(PCP)污染土壤模拟根际的修复 [J]. 中国环境科学，2005(05)：602-606.

[78] Liste H H，Alexander M. Plant-Promoted Pyrene Degradation in Soil [J]. Chemosphere，2000，40(1)：7-10.

[79] 孙向辉，滕应，骆永明，等. 多氯联苯复合污染农田土壤的植物协同修复效应 [J]. 中国环境科学，2010，30(09)：1281-1286.

[80] 中国地质调查局. 中国矿产资源管理报告 [M]. 北京：地质出版社，2016.

[81] Prasad B，Bose J M. Evaluation of the Heavy Metal Pollution Index for Surface and Spring Water near a Limestone Mining Area of the Lower Himalayas [J]. Environmental Geology，2001，41：183-188.

[82] Teixeira E C，Ortiz L S，Alves M F C C，et al. Distribution of Selected Heavy Metals in Fluvial Sediments of the Coat Mining Region of Baixo Jacui，RS，Brazil [J]. Environmental Geology，

2001, 41: 145-154.

[83] Dinelli E, Tateo F. Factors Controlling Heavy-Mental Dispersion in Mining Areas: the Case of Vigonzano (Northern Italy), a Fe-Cu Sulfide Deposit Associated with Ophiolitic Rocks [J]. Environmental Geology, 2001, 40: 1138-1150.

[84] 周建民，党志，司徒粤，等. 大宝山矿区周围土壤重金属污染分布特征研究 [J]. 农业环境科学学报，2004, 23 (6): 1172-1176.

[85] 杨振，胡明安，等. 程潮铁矿重金属污染及其环境地球化学研究 [J]. 矿业安全与环保，2007, 34 (2): 23-28.

[86] 宋书巧，梁利芳，周永章，等. 广西刁江沿岸农田受矿山重金属污染现状与治理对策 [J]. 矿物岩石地球化学通报，2003, 22 (2): 152-155.

[87] 孙锐，舒帆，郝伟，等. 典型 Pb/Zn 矿区土壤重金属污染特征与 Pb 同位素源解析 [J]. 环境科学，2011, 32 (4): 1146-1153.

[88] 孙贤斌，李玉成. 淮南大通煤矿废弃地土壤重金属分布及变异特征 [J]. 地理科学，2013, 33 (10): 1238-1244.

[89] 徐友宁，张江华，柯海玲，等. 某金矿区农田土壤重金属污染的人体健康风险 [J]. 地质通报，2014, 33 (8): 1239-1252.

[90] 刘静静，王儒威，刘桂建，等. 淮北芦岭矿区土壤中 PAHs 的分布特征及分析 [J]. 中国科学技术大学学报，2010, 40 (7): 661-666.

[91] 潘峰，耿秋娟，楚红杰，等. 石油污染土壤中多环芳烃分析及生态风险评价 [J]. 生态与农村环境学报，2011, 27 (5): 42-47.

[92] 王新伟，钟宁宁，韩习运. 煤矸石堆放对土壤环境 PAHs 污染的影响 [J]. 环境科学学报，2013, 33 (11): 3092-3100.

[93] 李永庚. 矿山废弃地生态重建研究进展 [J]. 生态学报，2004, 24 (1): 96-100.

[94] Cornwell S M, Jackson M L. The Availability of Nitrogen Toplant in Acid Coal-Mine Spoil [J]. Nature, 1968, 217: 768-769.

[95] Leisman A. A Vegetation and Soil Chronosequence on the Masabi Iron Range Spoil Banks Minnesota [J]. Ecological Monographs, 1957, 27: 221-245.

[96] Li M S. Ecological Restoration of Mineland with Particular Reference to the Metalliferous Mine Wasteland in China: A Review of Research and Practice [J]. Science of Total Environment, 2006, 357: 38-53.

[97] 王帅杰，狄楠楠，王杰林，等. 煤中微量元素的环境效应 [J]. 环境科学与技术，2010, 33 (10): 179-189.

[98] 党志，刘丛强，尚爱安. 矿区土壤中重金属活动性评估方法的研究进展 [J]. 地球科学进展，2001, 16 (1): 86-89.

[99] 李婷婷. 贵州省煤矿区开发引起土壤环境污染的研究 [J]. 大科技，2010 (7): 302-304.

[100] 王秋娟. POPs 污染土壤植物修复技术 [J]. 能源与节能，2017 (4): 96-97.

[101] Menzie C A, Potocki B B, Santodonato J. Exposure to Carcinogenic PAHs in the Environment [J]. Environmental Science & Technology, 1992, 26: 1278-1284.

[102] Rey-Salgueiro L, Martínez-Carballo E, García-Falcón M S, et al. Survey of Polycyclic Aromatic Hydrocarbons in Cannedbivalves and Investigation of Their Potential Sources [J]. Food Research International, 2009, 42, 983-988.

[103] Ping L, Luo Y, Zhang H, et al. Distribution of Polycyclic Aromatic Hydrocarbons in Thirty Typical Soil Profiles in the Yangtze River Delta Region, East China [J]. Environmental Pollution, 2007, 147, 358-365.

[104] Schnoor J L, Licht L A, Mccutcheon S C, et al. Phytoremediation of Organic and Nutrient Contaminants [J]. Environmental Science & Technology, 1995, 29 (7): 318A-323A.

[105] Smith R A H, Bradshaw A D. The Use of Metal Tolerant Plant Populations for the Reclamation of Metalliferous Wastes [J]. Journal of Applied Ecology, 1979, 16: 595-612.

[106] Lena Q M. A Fern That Hyperaccumulates Arsenic [J]. Nature, 2001, 409 (3): 579.

[107] Bradshaw A D, Chadwick M J. The Restoration of Land [M]. Oxford: Blackwell Science Publications, 1980: 55-59.

[108] 杨晓艳，姬长生，王秀丽. 中国矿山废弃地的生态恢复与重建 [J]. 矿业快报，2008 (10): 22-24.

[109] Shu W S, Lan C Y, Zhang Z Q, et al. Use of Vetiver and Other Three Grasses for Revegetation of Pb/Zn Mine Tailings at Lechang, Guangdong Province: Field Experiment [C] //2nd Int Vetiver Conf, Bangkok, Thailand, 2000.

[110] Yang Z Y, Yuan J G, Xin G R, et al. Germination, Growth and Nodulation of *Sesbania rostrata* Grown in Pb/Zn Mine Tailings [J]. Environmental Management, 1997, 21 (4): 617-622.

[111] Zhang Z Q, Shu W S, Lan C Y, et al. Soil Seed Bank as an Input of Seed Source in Revegetation of Lead/Zinc Mine Tailings [J]. Restoration Ecology, 2001, 9 (4): 1-8.

[112] 袁敏，铁柏清，唐美珍. 土壤重金属污染的植物修复及其组合技术的应用 [J]. 中南林学院学报，2005, 25 (1): 81-85.

[113] 束文圣，杨开颜，张志权，等. 湖北铜绿山古铜矿冶炼渣植被与优势植物的重金属含量研究 [J]. 应用与环境生物学报，2001, 007 (001): 7-12.

[114] 李若愚，侯明明，卿华，等. 矿山废弃地生态恢复研究进展 [J]. 矿产保护与利用，2007 (1): 50-54.

[115] 刘国华. 南京幕府山构树种群生态学及矿区废弃地植被恢复技术研究 [D]. 南京：南京林业大学，2004.

[116] 赵方莹. 北京铁矿废弃地植被恢复技术与效应研究 [D]. 北京：北京林业大学，2008.

[117] 黄福才. 紫金山矿区裸地植被恢复技术研究 [J]. 福建林业科技，2005 (4): 166-169.

[118] 叶生晶，何见，但新球. 矿区土壤重金属污染植物修复探讨——以新余市仰天岗为例 [J]. 中南林业调查规划，2015, 34 (4): 41-44, 53.

[119] 高占平，何永，龙赢，等. 北京寨口矿区生态修复规划 [J]. 矿业快报，2008 (4): 70-73.

[120] 张芬. 我国电子垃圾污染控制研究现状及建议 [J]. 科技经济与市场，2010 (9): 70-71.

[121] Chen S J, Tian M, Zheng J, et al. Elevated Levels of Polychlorinated Biphenyls in Plants, Air, and Soils at An E-Waste Site in Southern Chinaand Enantioselective Biotransformation of Chiral PCBs in Plants [J]. Environmental Science and Technology, 2014, 48 (7): 3847-3855.

[122] 唐斌，罗孝俊，曾艳红，等. 电子垃圾拆解区污染池塘中鱼类多氯联苯及其代谢产物的组织分配及暴露风险 [J]. 环境科学，2014, 35 (12): 4655-4662.

[123] 邓绍坡，骆永明，宋静，等. 电子废弃物拆解地 PM_{10} 中多氯联苯、镉和铜含量调查及人体健康风险评估 [J]. 环境科学研究，2010, 23 (6): 733-740.

[124] 周翠，杨祥田，何贤彪，等. 电子垃圾拆解区农作物可食部重金属污染评价 [J]. 浙江农业学报，2011, 23 (4): 798-801.

[125] 黄晋荣. 电子垃圾拆解区学龄儿童重金属暴露对尿视黄醇结合蛋白和 β-2-微球蛋白含量的影响［D］. 汕头：汕头大学，2010.

[126] 黄超胜. 贵屿及周边地区农业土壤中多环芳烃的空间分布研究和生态风险评价［D］. 广州：暨南大学，2012.

[127] Cucchiella F，D'adamo I，Koh S C L，et al. Recycling of WEEEs：An Economic Assessment of Present and Future E-Waste Streams [J]. Renewable & Sustainable Energy Reviews，2015，51：263-272.

[128] Herat S，Agamuthu P. E-Waste：A Problem or an Opportunity? Review of Issues，Challenges and Solutions in Asian Countries [J]. Waste Management & Research，2012，30（11）：1113-1129.

[129] Quan S X，Yan B，Lei C，et al. Distribution of Heavy Metal Pollution in Sediments from An Acid Leaching Site of E-Waste [J]. Science of the Total Environment，2014（499）：349-355.

[130] 王子彦. 关于我国城市生活垃圾分类回收产业化的分析［J］. 东北大学学报（社会科学版），2000（2）：92-94.

[131] Wei L，Liu Y. Present Status of E-Waste Disposal and Recycling in China [J]. Procedia Environmental Sciences，2012（16）：506-514.

[132] 王永贤，刘静. 2011 年城市电子垃圾污染情况调查及对策分析［J］. 科技信息，2011（20）：345.

[133] Zhao Y X，Qin X F，Li Y，et al. Diffusion of Polybrominated Diphenyl Ether（PBDE）from an E-Waste Recycling Area to the Surrounding Regions in Southeast China [J]. Chemosphere，2009，76（11）：1470-1476.

[134] Zhang J H，Min H J. Eco-Toxicity and Metal Contamination of Paddy Soil in an E-Wastes Recycling Area [J]. Hazardous Materials，2009，165（1）：744-750.

[135] Tang X J，Shen C F，Shi D Z，et al. Heavy Metal and Persistent Organic Compound Contamination in Soil From Wenling：An Emerginge-Waste Recycling City in Taizhou Area，China [J]. Hazardous Materials，2010，173（1）：653-660.

[136] Fu J，Zhang A，Wang T，et al. Influence of E-Waste Dismantling and Its Regulations：Temporal Trend，Spatial Distribution of Heavy Metals in Rice Grains，and Its Potential Health Risk [J]. Environmental Science and Technology，2013，47：7437-7445.

[137] Song Q，Li J. Environmental Effects of Heavy Metals Derived From the E-Waste Recycling Activities in China：A Systematic Review [J]. Waste Management，2014，34：2587-2594.

[138] Awasthi A K，Zeng X，Li J. Environmental Pollution of Electronicwaste Recycling in India：A Critical Reveiw [J]. Environmental Pollution，2016，211：259-270.

[139] Akortia E，Olukunle O I，Daso A P，et al. Soil Concentrations of Polybrominated Diphenyl Ethers and Trace Metals from an Electronicwaste Dump Site in the Greater Accra Region，Ghana：Implications for Human Exposure [J]. Ecotoxicology and Environmental Safety，2017，137：247-255.

[140] Huo X，Peng L，Xu X，et al. Elevated Blood Lead Levels of Children in Guiyu，An Electronic Waste Recycling Town in China [J]. Environmental Health Perspectives，2007，115：1113-1117.

[141] 张裕曾，陈兰，居颖，等. 电子垃圾处理环境中居民体内重金属水平及其影响因素研究［J］. 环境与健康杂志，2007，24：563-566.

[142] 尹芳华，杨洁，杨彦. 电子废弃物拆解旧场地土壤重金属污染特征及生态风险评价初探 [J]. 安徽农业科学，2013，41 (5)：2218-2221.

[143] 朱崇岭. 珠三角主要电子垃圾拆解地底泥、土壤中重金属的分布及源解析 [D]. 广州：华南理工大学，2013.

[144] 张朝阳，彭平安，刘承帅，等. 华南电子垃圾回收区农田土壤重金属污染及其化学形态分布 [J]. 生态环境学报，2012，21 (10)：1472-1478.

[145] 于敏，牛晓君，魏玉芹，等. 电子垃圾拆卸区域重金属污染的空间分布特征 [J]. 环境化学，2010，29 (3)：553-554.

[146] Fu J J，Zhou Q F，Liu J M，et al. High Levels of Heavy Metals in Rice (*Oryza Saliva* L.) from A Typical E-Waste Recycling Area in Southeast China and Its potential Risk to Human Health [J]. Chemosphere，2008，71 (7)：1269-1275.

[147] 张微. 台州某废弃电子垃圾拆解区土壤中 PCBs 和重金属污染及生态风险评估 [D]. 杭州：浙江工业大学，2013.

[148] 周启星，林茂宏. 我国主要电子垃圾处理地环境污染与人体健康影响 [J]. 安全与环境学报，2013，13 (5)：122-128.

[149] 郭莹莹，黄泽春，王琪，等. 电子废物酸浴处置区附近农田土壤重金属污染特征 [J]. 环境科学研究，2011，24 (5)：580-586.

[150] 姚春霞，尹雪斌，宋静，等. 电子废弃物拆解区土壤 Hg 和 As 的分布规律 [J]. 中国环境科学，2008，28 (3)：246-250.

[151] 王世纪，简中华，罗杰. 浙江省台州市路桥区土壤重金属污染特征及防治对策 [J]. 地球与环境，2006，34 (1)：35-43.

[152] Wang P，Shang H，Li H，et al. PBDEs，PCBs and PCDD/Fs in the Sediments from Sevenmajor River Basins in China：Occurrence，Congener Profilespatial Tendency [J]. Chemosphere，2016，144：13-20.

[153] Yu X Z，Gao Y，Wu S C，et al. Distribution of Polycyclic Aromatic Hydrocarbons in Soils at Guiyu Area of China，Affcctcd by Rccycling of Electronic Waste Using Primitive Technologies [J]. Chemosphere，2006，65 (9)：1500-1509.

[154] Leung A O W，Luksemburg W J，Wong A S，et al. Spatial Distribution of Polybrominated Diphenyl Ethers and Polychlorinated Dibenzo-p-Dioxins and Dibenzofurans in Soil and Combusted Residue at Guiyu，an Electronic Waste Recycling Site in Southeast China [J]. Environ Sci Tcchnol，2007，41 (8)：2730-2737.

[155] Shen C F，Chen Y X，Huang S B，et al. Dioxin-Like Compoundsin Agricultural Soils near E-Waste Recycling Sites from Taizhou Area，China：Chemical and Hioanalytical Characterization [J]. Environ Int，2009，35 (1)：50-55.

[156] 马静. 废弃电子电器拆解地环境中持久性有毒卤代烃的分布特征及对人体暴露的评估 [D]. 上海：上海交通大学，2009.

[157] 刘庆龙，焦杏春，王晓春，等. 贵屿电子废弃物拆解地及周边地区表层土壤中多溴联苯醚的分布趋势 [J]. 岩矿测试，2012，31 (6)：1006-1014.

[158] 张雪莲，骆永明，滕应，等. 长江三角洲某电子垃圾拆解区土壤中多氯联苯的残留特征 [J]. 土壤，2009，41 (4)：588-593.

[159] 涂晨，滕应，骆永明，等. 电子垃圾影响区多氯联苯污染农田土壤的生物修复机制与技术发展 [J].

土壤学报，2012，49（2）：373-381.

[160] 王家嘉. 废旧电子产品拆解对农田土壤复合污染特征及其调控修复研究［D］. 贵阳：贵州大学，2008.

[161] 朱浩霖. 广东清远电子垃圾污染区多环芳烃含量、组成及其在土壤-植物系统中的分配［D］. 南京：南京农业大学，2013.

[162] 袁剑刚，郑晶，陈森林，等. 中国电子废物处理处置典型地区污染调查及环境、生态和健康风险研究进展［J］. 生态毒理学报，2013，8（4）：473-486.

[163] 刘文莉，张崇邦，张珍. 电子垃圾拆解地区不同深度土壤中邻苯二甲酸酯分布特征研究［C］//中国环境科学学会编. 中国环境科学学会学术年会论文集（第4卷），北京：中国环境出版社，2010：3901-3905.

[164] Zhang Y，Luo X J，Mo L，et al. Bioaccumulation and Translocation of Polyhalogenated Compounds in Rice（*Oryza sativa* L.）Planted in Paddy Soil Collected from an Electronic Waste Recycling Site, South China［J］. Chemosphere，2015，137：25-32.

[165] Sun J，Liu J，Yu M，et al. In Vivo Metabolism of 2，2'，4，4'-Tetrabromodiphenyl Ether（BDE-47）in Young Whole Pumpkin Plant［J］. Environmental Science & Technology，2013，47：3701-3707.

[166] Vrkoslavova J，Demnerova K，Mackova M，et al. Absorption and Translocation of Polybrominated Diphenyl Ethers（PBDEs）by Plants from Contaminated Sewage Sludge［J］. Chemosphere，2010，81：381-386.

[167] Teng Y，Sun X，Zhu L，et al. Polychlorinated Biphenyls in Alfalfa：Accumulation，Sorption and Speciation in Different Plant Parts［J］. International Journal of Phytoremediation，2017，19：732-738.

[168] Salem H M，Abdel-Salam A，Abdel-Salam M A，et al. Soil Xenobiotics and Their Phyto-Chemical Remediation［M］//M. Z. HASHMI，V KUMAR，A. VARMA，Xenobiotics in the Soil Environment：Monitoring，Toxicity and Management. Springer InternationalPublishing，Cham：2017：267-280.

[169] Chen S J，Tian M，Zheng J，et al. Elevated Levels of Polychlorinated Biphenyls in Plants，Air，and Soils at an E-Waste Site in Southern China and Enantioselective Biotransformation of Chiral PCBs in Plants［J］. Environmental Science & Technology，2014，48：3847-3855.

[170] Wang S，Luo C，Zhang D，et al. Reflection of Stereoselectivity during the Uptake and Acropetal Translocation of Chiral PCBs in Plants in the Presence of Copper［J］. Environmental Science & Technology，2017，51：13834-13841.

[171] Chen J，Zhou H C，Wang C，et al. Short-Term Enhancement Erect of Nitrogen Addition on Microbial Degradation and Plant Uptake of Polybrominated Diphenyl Ethers（PBDEs）Incontaminated Mangrove Soil［J］. Journal of Hazardous Materials，2015，300：84-92.

[172] Li H，Li X，Xiang L，et al. Phytoremediation of Soil Co-Contaminated with Cd and BDE-209 Using Hyperaccumulator Enhanced by AM Fungi and Surfactant［J］. Science of the Total Environment，2018，613-614：447-455.

[173] Teng Y，Wang X，Li L，et al. Rhizobia and Their Bio-Partners as Novel Drivers for Functional Remediation in Contaminated Soils［J］. Frontiers in Plant Science，2015，6：32.

[174] Tripathi V，Fraceto L F，Abhilash P C. Sustainable Clean-Up Technologies for Soils Contamina-

ted with Multiple Pollutants: Plant-Microbe-Pollutant and Climate Nexus [J]. Ecological Engineering, 2015, 82: 330-335.

[175] Abhilash P C, Powell J R, Singh H B, et al. Plant-Microbe Interactions: Novel Applications for Exploitation in Multipurpose Remediation Technologies [J]. Trends In Biotechnology, 2012, 30: 416-420.

[176] Mueller K E, Mueller-Spitz S R, Henry H F, et al. Fate of Pentabrominated Diphenyl Ethers in Soil: Abiotic Sorption, Plant Uptake, and the Impact of Interspecific Plant Interactions [J]. Environmental Science & Technology, 2006, 40: 6662-6667.

[177] Afzal M, Khan Q M, Sessitsch A. Endophytic Bacteria: Prospects and Applications for the Phytoremediation of Organic Pollutants [J]. Chemosphere, 2014, 117: 232-242.

[178] 刘京，尹华，彭辉，等. 狼尾草等 6 种植物对十溴联苯醚污染土壤的生理响应及其修复效果 [J]. 农业环境科学学报，2012，31(9)：1745-1751.

[179] 刘晓娜，赵中秋，陈志霞，等. 螯合剂、菌根联合植物修复重金属污染土壤研究进展 [J]. 环境科学与技术，2011(S2)：127-133.

[180] 王文财. 化学强化植物修复土壤重金属-十溴联苯醚复合污染的研究 [D]. 广州：暨南大学，2012.

[181] 滕应，徐莉，刘五星，等. 植物-微生物联合修复后多氯联苯污染土壤微生物及其功能基因多态性 [C] //中国微生物学会编. 2008 年中国微生物学会学术年会论文集摘要，海南：海南微生物学会，2008.

[182] 滕应，骆永明，高军，等. 多氯联苯污染土壤菌根真菌-紫花苜蓿-根瘤菌联合修复效应 [J]. 环境科学，2008，29(10)：2925-2930.

[183] 叶和松. 生物表面活性剂产生菌株的筛选及提高植物吸收土壤铅镉效应的研究 [D]. 南京：南京农业大学，2006.

[184] Ma Y, Prasad M N V, Rajkumar M, et al. Plant Growth Promoting Rhizobacteria and Endophytes Accelerate Phytoremediation of Met-Alliferous Soils [J]. Biotechnol Adv, 2011, 29(2): 248-258.

[185] Mao Y, Sun M M, Wan J Z, et al. Enhanced Soil Washing Processfor the Remediation of PBDEs/Pb/Cd-Contaminated Electronic Waste Site with Carboxymethyl Chitosan in a Sunflower Oil-Water Solvent System and Microbial Augmentation [J]. Environ Sci Pollut Res, 2014, 22(4): 2687-2698.

[186] 黄细花，卫泽斌，郭晓方，等. 套种和化学淋洗联合技术修复重金属污染土壤 [J]. 环境科学，2010，31(12)：3067-3074.

[187] 郭祖美，吴启堂，卫泽斌，等. 植物修复与络合剂淋洗复合技术处理污染土壤 [C]. 广东省土壤学会第九次会员代表大会暨学术交流年会论文集，广东：广东省土壤学会，2006：133-144.

[188] 李晓艳，高梦鸿，高乃云. 纳米零价铁在应用中存在的问题及提高反应活性的方法 [J]. 四川环境，2014，33(2)：132-136.

[189] Gao Y Y, Zhou Q X. Application of Nanoscale Zero Valent Iron Combined with Impatiens Balsamina to Remediation of E-Waste Contaminated Soils [J]. Adv Mater Res, 2013, 790: 73-76.

[190] 王亦楠. 我国大城市生活垃圾焚烧发电现状及发展研究 [J]. 宏观经济研究，2010(11)：12-23.

[191] 李颖，郭爱军. 城市生活垃圾卫生填埋场设计指南 [M]. 北京：中国环境科学出版社，2005.

[192] World Bank. Waste Management in China: Issues and Recommendations [R]. East Asia Infrastructure Department, 2005.

[193] 中华人民共和国住房和城乡建设部. 中国城市建设统计年鉴 [M]. 北京：中国计划出版社，2010.
[194] 刘竞. 北京 1011 座非正规垃圾填埋场的科技治理 [J]. 科技潮，2009 (4)：20-21.
[195] 诸毅，王辉，宋立杰，等. 上海生活垃圾简易堆场生态修复及综合利用管理对策研究 [J]. 环境卫生工程，2012 (4)：18-20.
[196] Scharff H，van Zomeren A，van der Sloot H A. Landfill Sustainability and Aftercare Completion Criteria [J]. Waste Management Research，2011，29 (1)：30-40.
[197] Laner D，Fellner J，Brunner P H. Environmental Compatibility of Closed Landfills-Assessing Future Pollution Hazards [J]. Waste Management Research，2011，29 (1)：89-98.
[198] Laner D，Fellner J，Brunner P H. Site-Specific Criteria for the Completion of Landfill Aftercare [J]. Waste Management Research，2012，30 (9)：88-99.
[199] 郭敏丽，王金生，刘立才. 非正规垃圾填埋场地下水污染控制技术比较 [J]. 水资源保护，2009 (4)：28-30.
[200] 范庆莲，杨忠山，窦艳兵，等. 北京市南水北调工程受水区典型非正规垃圾场地下水安全性评价 [J]. 水资源保护，2011 (6)：44-47.
[201] 王罗春，赵由才. 建筑垃圾处理与资源化 [M]. 北京：化学工业出版社，2004.
[202] 袁玉玉，王罗春，赵由才. 建筑垃圾填埋场的环境效应 [J]. 环境卫生工程. 2006，14 (1)：25-28.
[203] 郭海强，马应珍，张晓琴. 我国城市生活垃圾处理现状与对策 [J]. 长治学院学报，2007 (S1)：104-106.
[204] 章家恩，徐琪. 恢复生态学研究的一些基本问题探讨 [J]. 应用生态学报，1999，10 (01)：109-113.
[205] 肖混，彭重华. 湖南武冈市垃圾填埋场生态修复及景观绿化 [J]. 价值工程，2012，31 (4)：53-54.
[206] 赵培蕾，王大艳，王鹏飞. 垃圾填埋场废弃地的生态恢复与可持续景观设计 [J]. 华中建筑，2012 (04)：114-116.
[207] Maurice C. Landfill Gas Emission and Landfill Vegetation [D]. Lulea：Lulea University of Technology，1998.
[208] 黄春霞，郭建斌. 北京市垃圾卫生填埋场野生植被群落特征研究 [J]. 四川林勘设计，2006，(04)：10-14
[209] 李志敏. 垃圾场恢复植被试验分析 [J]. 山西焦煤科技，2003，(06)：4-8.
[210] 胡建红. 垃圾填埋场植物修复和植被恢复研究进展 [J]. 江西林业科技，2009，(04)：33-35.
[211] 李胜，张万荣，茹雷鸣，等. 天子岭垃圾填埋场生态恢复中的植被重建研究 [J]. 西北林学院学报，2009，(03)：2504-2505.
[212] 池长加. 浅析垃圾填埋场生态修复景观设计——以厦门东孚垃圾填埋场生态修复为例 [J]. 福建建设科技，2014 (2)：39-41.
[213] 沈英娃，高吉喜，舒俭民，等. 城市垃圾填埋场生态恢复工程表面覆盖材料的研究 [J]. 环境科学研究，1997 (06)：11-14.
[214] Ettala M，Rahkonen P，Kitunen V H，et al. Quality of Refuse，Gas and Water at a Sanitary Landfill [J]. Aqua Fennica，1988，18 (1)：15-28.
[215] Gilman E F，Flower F B，Leone I A. Standardized Procedures for Planting Vegetation on Completed Sanitary Landfills [J]. Waste Management & Research，1985，3：65-80.
[216] Gilman E F，Leone I A，Flower F B. The Adaptability of 19 Woody Species in Vegetating a Former Sanitary Landfill [J]. Forest Science，1981，27：13-18.

[217] Gilman E F, Leone I A, Flower F B. Vertical Root Distribution of American Basswood in Sanitary Landfill Soil [J]. Forest Science, 1981, 27: 725-729.

[218] Gilman E F, Leone I A, Flower F B. Influence of Soil Gas Contamination on Tree Root Growth [J]. Plant and Soil, 1982, 65: 3-10.

[219] 赵由才，龙燕，张华. 生活垃圾卫生填埋技术 [M]. 北京：化学工业出版社，2004.

[220] 申申. 西班牙 Valld'en Joan 垃圾填埋场景观再造 [J]. 城市环境设计，2007 (3)：74-79.

[221] 康汉起（韩），吴海泳. 寻找失落的家园——韩国首尔市兰芝岛世界杯公园生态恢复设计 [J]. 中国园林，2007 (8)：55-61.

[222] 王雅琳. 生活垃圾填埋场封场后景观化改造研究 [D]. 杭州：浙江大学，2015.

[223] Department of the Environment. Stockholm Convention on Persistent Organic Pollutants (POPS) [J]. Encyclopedia of Corporate Social Responsibility, 2001, 8 (1): 187-196.

[224] Wu W Z, Xu Y, Schramm K W, et al. Study of Sorption, Biodegradation and Isomerization of HCH in Stimulated Sediment/Water System [J]. Chemosphere, 1997, 35 (9): 1887-1894.

[225] Walker K, Vallero D A, Lewis R G. Factors Influencing the Distribution of Lindane and Other Hexachlorocyclohexanes in the Environment [J]. Environ Sci technol, 1999, 33 (24): 4373-4378.

[226] Ali U, Syed J H, Malik R N, et al. Organochlorine Pesticides (OCPs) in South Asian Region: Areview [J]. Science of the Total Environment, 2014, 476-477: 705-717.

[227] 朱晓华，杨永亮，路国慧，等. 广州市珠海区有机氯农药污染状况及其土-气交换 [J]. 岩矿测试，2010, 29 (2)：91-96.

[228] 何俊，杨永亮，潘静，等. 广州市公园表层土壤中有机氯农药的分布特征 [J]. 岩矿测试，2009, 28 (5)：401-406.

[229] 万奎元，杨永亮，薛源，等. 长白山表层土壤中有机氯农药和多氯联苯醚的海拔高度分布特征 [J]. 岩矿测试，2011, 30 (2)：150-154.

[230] Xu D D, Zhong W K, Deng L L, et al. Regional Distribution of Organochlorinated Pesticides in Pine Needles and Its Indication for Socioeconomic Development [J]. Chemosphere, 2004, 54 (6): 743-752.

[231] 荣素英，王茜，李君. 唐山地区人体内有机氯农药蓄积水平调查 [J]. 现代预防医学，2012, 39 (10)：2420-2430.

[232] 华小梅，单正军. 我国农药的生产，使用状况及其污染环境因子分析 [J]. 环境科学进展，1996, 4 (2)：33-45.

[233] 余刚，牛军峰，黄俊. 持久性有机污染物——新的全球性环境问题 [M]. 北京：科学出版社，2005.

[234] Wu Y, Zhang J, Zhou Q. Persistent Organochlorine Residues in Sediments from Chinese River/Estuary Systems [J]. Environmental Pollution, 1999, 105 (1): 143-150.

[235] Li J, Zhang G, Qi S H, et al. Concentrations, Enantiomeric Compositions, and Sources of HCH, DDT and Chlordane in Soils from the Pearl River Delta, South China [J]. Science of the Total Environment, 2006, 372 (1): 215-224.

[236] Guan Y F, Wang J Z, Ni H G, et al. Organochlorine Pesticides and Polychlorinated Biphenyls in Riverine Runoff of the Pearl River Delta, China: Assessment of Mass Loading, Input Source and Environmental Fate [J]. Environmental Pollution, 2009, 157 (2): 618-624.

[237] 赵沁娜. 城市土地置换过程中土壤污染研究进展评述 [J]. 土壤，2009, 41 (3)：350-355.

[238] Reilley K A, Banks K M, Schwab A P. Dissipation of Polycyclic Aromatic Hydrocarbons in the Rhizosphere [J]. Journal of Environmental Quality, 1996, 25 (2): 212-219.

[239] Pignatello J J. Sorption Dynamics of Organic Comal (eds.). New York: Perspective in Ethology, Plenun Press, 1976: 311-332.

[240] Hatzios K K, Hoagland R E. Crop Safeners for Herbicides: Development, Uses and Mechanisms of Action [M]. New York: Academic Press, 1989.

[241] Cunningham S D, Berti R, Huang J W. Phytoremediation of Contaminated Soils [J]. Trend Biotechnol, 1995, 13 (9): 393-397.

[242] Gao Y Z, Zhu L Z. Phytoremediation and Its Models for Organic Contaminated Soils [J].Environ Sci, 2003, 15: 302-310.

[243] Garrison A W, Nzengung V A, Avants J K. Phytodegradation of *p,p'*-DDT and the Enantiomers of *o,p'*-DDT [J]. Environ Sci Technol, 2000, 34: 1663-1670.

[244] 安凤春，莫汉宏，郑明辉，等. DDT 及其主要降解产物污染土壤的植物修复 [J]. 环境化学，2003, 22 (1): 19-25.

[245] 安凤春，莫汉宏，郑明辉，等. DDT 污染土壤的植物修复技术 [J]. 环境污染治理技术与设备，2002, 3 (7): 39-44.

[246] Kiflom W G. Wandiga S O, Nganga P K, et al. Variation of Plant *p,p'*-DDT Uptake with Age and Soil Type and Dependence of Dissipation on Temperature [J]. Environ. Inter, 1999, 25: 479-487.

[247] Shahamet U K. Uptake of Bound Agricultural and Food Chemistry, Residue from Organic Soil Treated Plonatryn [J]. Journal of Agricultural and Food Chemistry, 1980, 28 (6): 1096-1098.

[248] Eden W G, Arthur B W. Translocation of DDT and Heptachlor in Soybeans [J]. Journal of Economic Entomology, 1965, 58 (1): 161-162.

[249] Zhang F J, Zhang X X, Hou D K, et al. Potentialities of Maize on the Removal of Organochlorine Pesticides from Contaminated Soils [J]. Agricultural Science & Technology, 2014, 15 (12): 2127-2134, 2191.

[250] San M A, Roy J, Gury J, et al. Effects of Organochlorines on Microbial Diversity and Community Structure in *Phragmites australis* rhizosphere [J]. Applied Microbiology and Biotechnology, 2014, 98 (9): 4257-4266.

[251] Chu W K, Wong M H, Zhang J. Accumulation, Distribution and Transformation of DDT and PCBs by *Phragmites australis* and *Oryza sativa* L.: Ⅰ. Whole Plant Study [J]. Environmental Geochemistry and Health, 2006, 28 (1): 159-168.

[252] 李思雯，李鹏，孙丽娜，等. 紫花苜蓿对 DDT 污染土壤的修复 [J]. 沈阳大学学报，2016, 28 (2): 105-110.

[253] 张超兰，汪小勇，姜文，等. 有机氯农药六六六污染土壤的植物修复研究 [J]. 生态环境，2007, 16 (5): 1436-1440.

[254] 王长方，胡进锋，王俊，等. 柑桔园中胜红蓟对三氯杀螨醇的富集 [J]. 农业环境科学学报，2007, 26 (6): 2334-2338.

[255] 信欣，蔡鹤生. 农药污染土壤的植物修复研究 [J]. 植物保护，2004, 30 (1): 8-11.

[256] Florence C, Philippe L, Magalie L J. Organochlorine (Chlordecone) Uptake by Root Vegetables [J]. Chemosphere, 2014, 118 (1): 96-102.

[257] 周玲莉，刘方，韦秀文，等. 杨树修复五氯酚污染土壤的根际微生物特征研究 [J]. 贵州大学学报，2010，27（2）：49-53.
[258] 胡赐明. 降解有机氯农药林丹功能的固氮蓝藻筛选及机理研究 [D]. 杭州：杭州师范大学，2012：12-13.
[259] 谢文明，李宛泽，安丽华，等. 表面活性剂对南瓜消解土壤中 DDT 的影响 [J]. 农业环境科学学报，2007，26（5）：1640-1644.
[260] 王玉红. 紫花苜蓿（*Medicago sativa*）对有机氯农药 DDT 污染土壤的修复研究 [D]. 南京：南京林业大学，2006：33-35.
[261] 周溶冰，陈建军，尤胜武，等. 混合表面活性剂对植物吸收有机氯农药的影响 [J]. 环境科学学报，2011，31（9）：2042-2047.
[262] Wu N，Zhang S，Huang H，et al. DDT Uptake by Arbuscular Mycorrhizal Alfalfa and Depletion in Soil as Influenced by Soil Application of a Non-Ionic Surfactant [J]. Environmental Pollution，2008，151：569-575.
[263] 李思雯. DDT 污染土壤植物修复技术的研究 [D]. 沈阳：沈阳大学，2016：32-33.
[264] White J C，Parrish Z D，Gent M P，et al. Soil Amendments，Plant Age，and Intercropping Impact *p,p′*-DDE Bioavailability to *Cucurbita pepo* [J]. Journal of Environmental Quality，2006，35：992-1000.
[265] 哈玲津，马媛媛，杨静彗. 四种野生植物对天津盐碱地土壤改良效果的研究 [J]. 北方园艺，2009（4）：83-87.
[266] 丁海荣，洪立州，王茂文，等. 星星草耐盐生理机制及改良盐碱土壤研究进展 [J]. 安徽农学通报，2007（16）：25-30.
[267] 陈志强. 若干个树种苗期耐苏打盐碱土能力研究 [D]. 北京：北京林业大学，2010.
[268] 肖鑫辉，李向华，刘洋，等. 野生大豆（*Glycine soja*）耐高盐碱土壤种质的鉴定与评价 [J]. 植物遗传资源学报，2009（3）：10-13.
[269] 闰秀丽. 盐碱土壤播种合欢试验 [J]. 河北林业科技，2008（2）：6-10.
[270] 武春霞，吴海燕，米文碧，等. 盐生植物在不同盐碱土壤中的生理反应及耐盐性 [J]. 安徽农业科学，2008（20）：24-30.
[271] 习苏忠. 松嫩平原罗布麻生物生态学与化学生态学研究 [D]. 长春：东北师范大学，2008.
[272] 刘润进，李元美，袁玉清，等. 土壤碱化度对高羊茅和芨芨草菌根发育的影响 [J]. 安徽农业科学，2008（20）：24-30.
[273] 马章全，冯忠义. 杂交狼尾草 [J]. 农村养殖技术，2002（12）：27.
[274] 诗雨. 利用植物改造海滩盐碱地 [J]. 苏盐科技，1999（1）：22-25.
[275] 马章全，冯忠义. 三个适合农牧区种植的优质牧草品种 [J]. 农村百事通，2008（19）：51-54.
[276] 陈清秀，崔寿福. 滨海植物马鞍藤及其在厦门筼筜湖湖区绿化中的应用 [J]. 福建热作科技，2007（3）：13-16.
[277] 李月芬，汤洁，林午丰，等. 黄花草木樨改良盐碱土的试验研究 [J]. 水土保持通报，2004（1）：1-5.
[278] 张瑛，罗世武，王秉龙. 紫花苜蓿改良盐碱地效果研究 [J]. 现代农业科技，2009（20）：4-8.
[279] 丁丽萍，李小燕，孔东升，等. 四翅滨藜改良盐碱地效果动态变化 [J]. 东北林业大学学报，2008（10）：5-9.
[280] 张永红，吴秀梅，班乃荣，等. 盐碱地的生物修复研究 [J]. 农业科技通讯，2009（7）：99-101.

[281] 殷小琳，王冬梅，丁国栋，等. 菌根对植物抗盐碱性的影响机理研究 [J]. 北方园艺，2010（5）：96-100.

[282] 陈冠文，宁新柱，王承华，等. 盐碱土壤种植制度与土壤盐分的关系 [J]. 中国农学通报，2000（4）：13-17.

[283] 张金政，刘杏忠，缪作清，等. 中国盐碱土壤中 AM 菌的初步调查 [J]. 莱阳农学院学报，1999（1）：4-9.

[284] 张金柱，张兴，郭春景，等. 生物有机肥对轻度盐碱土理化性质影响的研究 [J]. 生物技术，2007（6）：30-35.

[285] 柴秀梅，赵珊，李淑敏. 生态湿地在改善盐碱土壤及景观中的应用 [J]. 城市，2009（7）：20-25.

[286] 范建征，施建国，孙建新，等. 浅淡盐碱土壤的综合治理 [J]. 新疆农业科技，2004（6）：35-40.

[287] 魏坤峰，刘彗媛，刘海崇. 园林盐碱水土的快速改良 [J]. 园林科技信息，2004（1）：9-13.

[288] 李国萍，李红梅，李强. 施地佳盐碱土壤改良剂在甜菜地应用示范 [J]. 农业科技，2008（7）：11-15.

[289] 白亚妮. 硫磺改良盐碱土的微生物效应及盐碱土改良菌剂研究 [D]. 杨凌：西北农林科技大学，2010.

[290] 杨宇，金强，卢国政，等. 生化黄腐酸土壤改良剂对盐碱菜田土壤改良效果研究 [J]. 安徽农业科学，2010（4）：104-108.

[291] 张文佺，王磊，颜一青，等. 不同农业耕作模式下崇明盐碱土壤低碳化改良效应的模型评价 [J]. 农业环境科学学报，2010（5）：1006-1014.

[292] 孙国荣，彭永臻，岳中辉，等. 不同改良方法对盐碱土壤氮素营养状况的影响 [J]. 植物研究，2004，24（3）：369-373.

[293] Riley R G，Zachara J M，Wobber F J. Chemical Contaminantson DOE Lands and Selection of Contaminant Mixtures for Subsurface Science Research [R]. Washington DC：US Department of Energy，1992.

[294] Mccullough J，Hazen T，Benson S，et al. Bioremediation of Metals and Radionuclides [R]. Germantown：US Department of Energy，1999.

[295] Qiao Hua，Zhou Congzhi，Ao Lu，et al. The Hams and Removal Methods of Nuclear Pollution [J]. Journal of Logistical Engineering University，2007（1）：66-69.

[296] Leng J，Jie Y CH，Xu Y. The Current Conditions and Future Studies on Phytoremediation of Soils Polluted by Heavy Metals [J]. Chinese Journal of Soil Science，2002，33（6）：467-470.

[297] Chen H N. Environmental Soil Science [M]. Beijing：Science Press，2005：315-347.

[298] Dong W J，Wu R H. Sources and Accumulation and Transfer of Soil Radioactive Contamination [J]. Yunnan Geographic Environment Research，2003，15（2）：83-87.

[299] Liu C Y. Correct Understanding and Protection of Daily Natural Radioactive Radiation [J].Science & Technology Information，2009，7：719-720.

[300] Frang A T，Huang J W. Soil Pollution Control [C]. Proceedings of International Conference on Soil Remediation. Hangzhou：Zhejiang Press，2001：50-157.

[301] Chen Z D，Lin Q，Deng F，et al. Investigation of Radiation Levels in Mines Associated with Radioactivity in Guangdoug Province [J]. Radiation Protection Bulletin，2002，22（5）：29-32.

[302] Cui Y T. Fertilizer and Environment Protection [M]. Beijing：Chemical Industry Press，2000：

77-80.

[303] Mendez M O, Maier R M. Phytoremediation of Mine Tailings in Temperate and Environments [J]. Rev Environ Sci Biotechnol, 2008 (7): 47-59.

[304] Rosen K. Transfer of Radiocasesium in Sensitive Agricultural Environments After the Chernobyl Fallout in Sweden: County of Vastern Orrland [J]. Sci Total Environ, 1998, 209 (213): 91-105.

[305] Lv J W, Xiong Z W, Yang Y. The Feasibility Study of Using PRB Technology to Remedy Acid Seepage Water from Uraniummill-Tailings [J]. Journal of Huaihua University, 2007, 26 (2): 64-66.

[306] Li Y, Zhang Q W, Zhang L J. The Potential to Assess Agricultural Tridimention Pollution Using Fallout Radionuclides [J]. Acta Agriculture Nucleatae Sinica, 2005, 28 (5): 399-403.

[307] Zapata F. Handbook for the Assessment of Soil Erosion and Sedimentation Using Environmental Radionuclides [M]. Dordrecht/Boston/London: Kluwer Academic Publishers, 2002, 35 (3): 1-13.

[308] Dubrova Y E. Plant Transgenics Track Chernobyls Fallout [J]. Nat Biotechnol, 1998, 16 (3): 1010-1011.

[309] Izraely A, et al. Radioecological Consequences of the Chernobyl Accident [J]. EU Luxemburg, 1997 (7): 1-10.

[310] Francis A T, Huang J W. Proceedings of International Conference of Soil Remediation [M]. Zhejiang: Zhejiang Publisher, 2000: 150-157.

[311] Nriago J, Pacyna J M. Quantitative Assessment of World Wide Contamination of Air, Water and Soil by Trace Metals [J]. Nature, 1988, 78 (8): 333-336.

[312] Dillwyn Williams M D. Twenty Years Experience with Post-Chernobyl Thyroid Cancer [J]. Best Practice & Research Clinical Endocrinology & Metabolism, 2008, 22 (6): 1061-1073.

[313] Zhao W H, Xu S M, et al. Early Prediction of ^{90}Sr and ^{137}Cs Content in Edible Parts of Crops and Selection of Plantswith High up Take Ability [J]. China Nuclear Science & Technology Report, 1996, (3): 1-19.

[314] Broadley M R, Willey N J. Differences in Root Uptake of Radiocaesium by 30 Plant Taxa [J]. Environment Pollute, 1997 (11): 11-15.

[315] Dushenkov S. Trends in Phytoremediation of Radionuclides [J]. Plant and Soil, 2003, 249 (7): 167-175.

[316] Sang W L, Konc F X. Progress of Study on Phytoremediation [J]. Advances in Environmental Science, 1999, 7 (3): 40-44.

[317] Chaney R L, Malik M, Li Y M, et al. Phytoremediation of Soil Metals [J]. Current Opinion in Biotechnology, 1997, 8 (3): 279-284.

[318] Eapen S, Singh S, Thorat V, et al. Phytoremediation of Radiostrontium (^{90}Sr) and Radiocesium (^{137}Cs) Using Giant Milky Weed (*Calotropis gigantean* R. Br.) Plants [J]. Chemosphere, 2006 (65): 2071-2073.

[319] Singh S, Eapen S, Thorat V, et al. Phytoremediation of ^{137}Cesium and ^{90}Strontium from Solutions and Low-Level Nuclear Waste by Vetiveria Zizanoidnes [J]. Ecotoxicology and Environmental Safety, 2008, 69 (2): 306-311.

[320] Singh S, Thorat V, Kaushik C P, et al. Potential of *Chromolaena Odorata* for Phytoremediation of ^{137}Cs from Solution and Low Level Nuclear Waste [J]. Journal of Hazardous Materials, 2009, 162(2-3): 743-745.

[321] Zheng J M, Li H G, Niu T X, et al. Uptake of Radiocesium by Three Plants Grown in ^{137}Cs Contaminated Soil Under Potexperiment Condition [J]. Journal of Nuclear Agricultural Sciences, 2009, 23(1): 123-127.

[322] Cerne M, Smodis B, Strok M. Uptake of Radionuclides by Acommon Reed (*Phragmites australis* (Cav.) Trin. ex Steud.) Grown in the Vicinity of the Former Uranium Mine at Zirovski vrh [J]. Nuclear Engineering and Design, 2011, 241(4): 1282-1286.

[323] Srivastava S, Bhainsa K C, Dsouza S F. Investigation of Uranium Accumulation Potential and Biochemical Responses of an Aquatic Weed *Hydrilla verticillata* (L. f.) Royle [J].Bioresource Technology, 2010, 101(8): 2573-2579.

[324] Mirjana D, Dragi R, Jelena V, et al. Phytotoxic Effect of the Uranium On the Growing Up and Development the Plant of Corn [J]. Water Air Soil Pollution, 2010, 209: 401-410.

[325] Vanhoudt N, Cuypers A, Horemans N, et al. Unraveling Uranium Induced Oxidative Stress Related Responses in *Arabidopsis thaliana* Seedlings. Part Ⅱ: Responses in the Leaves and General Conclusions [J]. Journal of Environmental Radioactivity, 2011, 102: 638-645.

[326] Galli U, Schuepp H, Brunod C. Heavy Metal Binding by Mycorrhizal Fungi [J]. Physiologia Plantarum, 1994, 92(2): 364-368.

[327] Weiersbye I M, Straker C J, Przybylowicz W J. Micro-PIXE Mapping of Elemental Distribution in Arbuscular Mycorrhizal Roots of the Grass, *Cynodon dactylon*, from Gold and Uranium Mine Tailings [J]. Nuclear Instruments and Methods Physics Research Section B: Beam Interactions with Materials and Atoms, 1999, 158(1-4): 335-343.

[328] De Boulois H D, Delvaux B, Declerck S. Effects of Arbuscular Mycorrhizal Fungi on the Root Uptake and Translocation of Radiocaesium [J]. Environmental Pollution, 2005, 134: 515-524.

[329] Rufyikiri G, Huysmans L, Wannijn J, et al. Arbuscular Mycorrhizal Fungi Can Decrease the Uptake of Uranium by Subterranean Clover Grown at High Levels of Uranium in Soil [J].Environmental Pollution, 2004, 130: 427-436.

[330] Joner E J, Roos P, Jansa J, et al. No Significant Contribution of Arbuscular Mycorrhizal Fungi to Transfer of Radiocesium from Soil to Plants [J]. Applied and Environmental Microbiology, 2004, 70(11): 6512-6517.

[331] Rosen K, Zhong W L, Martensson A. Arbuscular Mycorrhizal Fungi Mediated Uptake of ^{137}Cs in Leek and Ryegrass [J]. Science of the Total Environment, 2005, 338: 283-290.

[332] Chen B D, Zhu Y G, Smith F A. Effects of Arbuscular Mycorrhizal Inoculation on Uranium and Arsenic Accumulation by Chinese Brake Fern (*Pteris vitals* L.) from A Uranium Mining-Impacted Soil [J]. Chemosphere, 2006, 62: 1464-1473.

[333] Chen B D, Roos P, Zhu Y G, et al. Arbuscular Mycorrhizas Contribute to Phtyostabilization of Uranium in Uranium Mining Tailings [J]. Journal of Environmental Radioactivity, 2008, 99: 801-810.

[334] Fomina M, Charnock J M, Hillier S, et al. Role of Fungi In the Biogeochemical Fate of Depleted Uranium [J]. Current Biology, 2008, 18: R375-R377.

[335] Mohapatra B R, Dinardo O, Gould W D, et al. Biochemicaland Genomic Facets On the Dissimilatory Reduction of Radionuclides by Microorganisms—A Review [J]. Minerals Engineering, 2010, 23: 591-599.

[346] Vanhoudt N, Vandenhove H, Horemans N, et al. Thecombined Effect of Uranium and Gamma Radiation on Biological Responsesand Oxidativestress Induced in *Arabidopsis thaliana* [J]. Journal of Environmental Radioactivity, 2010, 101: 923-930.

第七章

污染土壤植物修复的局限性及发展趋势

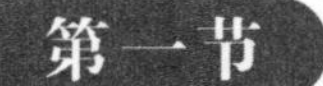 污染土壤植物修复的局限性

一、植物的生物量对污染土壤修复的影响

（一）植物生物量简介

1. 植物生物量定义

生物量是一种生态术语，也称为植物数量，是指一个或多个物种中的植物总数。广义的生物量是在特定的单位时间内单位的数量、质量或能量，可以用来指群体的生物量、一组生物（如浮游动物）或整个群落的生物量。狭义的生物量仅指质量，可以是鲜重或干重。特定时刻的生物量是常规作物，生产力是生物体在给定时间产生的有机物总量。t 时间的生物量比 $t-1$ 时刻的增加量（Δ 生物量），必须加该时间中的减少量才等于生产力。

$$生产力=\Delta 生物量+\Delta 减少量 \tag{7-1}$$

植物群落中各组植物的数量难以测量，特别是地下器官的挖掘和分离非常困难。为了经济利用和科研目的，经常对森林树木和牧场的地上生物量进行调查和统计，依此可以判断地块中各种生物量的比例[1]。

2. 植物生物量研究历史

1876 年 Ebermeryr[2] 在德国进行的几种森林中凋落物量和木材质量的测定是最早关于生物量的研究，该研究成果被地球化学家在计算生物圈中化学元素时引用了 50 多年。Ovington[3] 研究 34 种不同森林类型的样本树的水分含量和干重，发现不同的树种存在很大差异。1929～1953 年，Burger[4] 研究了叶片生物量与木材生产之间的关系。1944 年，Kitterge[5] 利用叶片质量和胸径之间的拟合关系成功拟合对数回归方程，用于预测白松和其他树种的叶片体积。然而，总的来说，在 20 世纪 50 年代之前，对森林生物量和生产力的研究并没有得到认真对待；直到 20 世纪 50 年代，世界各国才开始关注森林生物量的研究。日本和美国先后开展了森林生产力研究，并开始对各自国家主要森林生态系统的生物量和生产力进行实际调查和数据收集。到 20 世纪 70 年代初，随着许多发达国家实施国际

生物计划（IBP）和人与生物圈（MAB）计划，植被生物量和生产力的研究引入了生态系统的视角，并从整体的角度进行了研究。生态系统物质生产过程与环境因素相结合，极大地促进了森林生物量和生产力的研究，取得了很好的成果。这些结果为理解全球森林生态系统中生物量和生产力的分布提供了基础。20 世纪 80 年代后期，一些学者利用森林易感因子建立了生物量回归方程，并研究了不同地区森林的生物量。其他学者研究了北欧、北美洲和南美洲的森林结构和生物量的分布和结构，以及受干扰后森林生物量的动态变化。其主要代表分别为 Montes 等[6] 对摩洛哥森林地上生物量的研究，Nascimento[7] 对巴西亚马孙河流域森林生物量的研究，Brandeis 等[8] 对波多黎各亚热带干旱森林生物量的研究等，以及 Lehtonen 等[9]、de Wit 等[10] 对挪威森林生物量的研究，Giese 等[11] 对美国卡罗来纳州受干扰河岸森林生物量的研究，Kauffman 等[12] 对墨西哥热带干旱森林生物量的研究。到了 20 世纪 90 年代，由于卫星遥感技术在地理科学和宏观生态学的成熟运用，一些学者利用 TM、ETM＋遥感影像和卫星 Radar 图像研究了全球不同地区的森林生物量。其中，采用 TM、ETM＋遥感影像辅助研究森林生物量的代表有 Dong 等[13] 对瑞典中部森林生物量的研究，Suganuma[14] 对澳大利亚西部干旱森林生物量的研究，Labrecque[15] 对加拿大纽芬兰西部森林生物量的研究等；采用卫星 Radar 图像辅助研究森林生物量的主要代表有 Austin[16] 对澳大利亚温带尤加利森林生物量的研究，Lucas 等[17] 对澳大利亚昆士兰森林生物量的研究，以及 Hide 等[18] 对美国西南部短针黄松林地上生物量的研究等。

我国对生物量的研究始于 20 世纪 70 年代后期，最早是潘维俦等[19] 对杉木人工林的研究，其后是冯宗炜等对马尾松人工林以及李文华等对长白山温带天然林的研究[20,21]。刘世荣[22]、陈灵芝等[23]、党承林等[24]、薛立等[25] 先后建立了主要森林树种生物量测定的相对生长方程，估算了其生物量；冯宗炜等[26] 总结了全国不同森林类型的生物量及其分布格局；李文华等[21] 对长白山温带天然林的研究，使我国森林生态系统生物量的研究在人工林和天然林两个方面都得到发展。近几年，我国一些学者运用传统生物量研究方法研究森林生物量。其中，郑金萍等[27] 运用微气象场法（昼夜曲线法）和收获法通过对长白山 5 种主要森林群落类型细根现存生物量的研究发现，不同森林群落细根生物量有较大差别，其中，阔叶红松林细根生物量最高，其次为云冷杉林、岳桦林、白桦林、山杨林。彭培好等[28] 用标准木和回归分析法（乔木层）及样方收获法（灌木、草本）研究川西高原丘陵宽谷地带光果西南桦人工林的生产力、生物量及其分配规律。20 世纪 90 年代末期至今，随着研究尺度的变化，研究方法和手段也随之变化。国内对大尺度和区域森林生物量的研究，结合了森林资源清查资料的生物量转换因子连续函数法（BEF）和基于“3S”技术的森林生物量估算法。其主要代表有杨存建等[29]、刑素丽等[30]、徐志高等[31] 利用 RS 和 GIS 技术测定从林分到区域等不同空间尺度的森林生物量；郭志华等[32] 通过样方调查获取森林材积，借助于全球定位系统（GPS）技术为调查样方准确定位，根据 Landsat TM 数据 7 个波段信息及其线性与非线性形组合，应用逐步回归技术分别建立估算针叶林和阔叶林材积的最优光谱模型，进而确定了粤西及附近地区的森林生物量；陈利军等[33] 用遥感技术对中国陆地植被的生物量进行估测；国庆喜[34] 采用小兴安岭南坡 TM 图像和 232 块森林资源一类清查样地数据构建多元回归方程和神经网络模型，用以估测该地区的森林生物量。

3. 植物生物量研究方法

随着科学技术的发展和先进设备在生物量测定中的应用，植物生物量的研究方法日趋成熟，国内外都取得了一定的研究成果。Bown 等[35] 认为，传统生物量的研究方法有皆伐法、平均生物量法、生物量回归模型估计法、材积源生物量法。薛立等[36] 将二氧化碳平衡法、微气象场法、收获法和生物量转换因子连续函数法归纳为生物量的传统研究方法。张慧芳等[37] 认为，传统的生物量研究一般采用以实测数据为基础进行宏观拓展估算或相关分析的方法，或以收获法为基础，利用每木调查、树干解析、材积转换等方法进行各部分生物量及总生物量的测量。而后利用这些数据进行宏观估算，以获知整个研究区域的生物量状况；或者对样区内生物量及其影响因素进行分析，建立相关模型并推而广之。然而，随着“3S”技术的不断发展，人们开始将遥感技术应用于生物量测定。该方法可以快速、准确而又无破坏地估算从林分到区域等不同空间尺度的森林生物量。

(1) 传统方法　尽管植被生物量的研究已经有多年历史，但是研究方法的改进并没有太大变化，传统的方法仍然占据着主导地位。这些传统方法大致可分为二氧化碳平衡法(气体交换法)、微气象场法（昼夜曲线法)、直接收获法和基于材积转化的生物量模型四类，其中直接收获法精确度较高，是全球普遍采用的研究方法，也是对陆地群落和森林最切实可行的方法。直接收获法通常分为平均木法、皆伐法和相对生长法三类。而基于材积转化的生物量模型，是利用生物量转换因子和森林资源清查资料来估算区域生物量的模型，常被人们用作推算森林生物量的一种简易方法。

1) 平均木法。平均木法最早于 1962 年被 Ovington 及其同事用于欧洲人工林的研究中。1965 年 Baskerville 在一个香冷杉林分进行生物量估计时发现：以平均胸径为依据时，生物量估计误差可达 25%～45%，而在用木材材积或断面面积选择平均木时，其误差较小而成为容许的误差（15%或 10%以内)。由此可知，平均木法的计算结果由于随着取样的不同，其估测精度会有所差异，为此受到不少专业人士的指责。总体来讲，平均木法是一种较为粗糙的计算方法，一般适用于林木大小具有小或中等离散度的正态频率分布的林分。鉴于平均木法精度难以控制，标准木株数过少，不足以代表总体，故许多人采用分层选标准木的方式调查生物量，其测定效果虽不如回归估计法，但比平均木法要好，同时选取的标准木也不多，可适用于异龄林及天然林。

2) 皆伐法。皆伐法常用在一定样方面积的林下植物生物量的测定。这种方法适用于短命植物组成的简单群落，如一年生植物群落、大田作物群落、弃耕地植物群落、草地植物群落、冻原植物群落、沼泽植物群落及某些灌木占优势的群落等。对于乔木层生物量测定，皆伐法的精度高，但花时间和人工多，而且可能对生态脆弱区带来毁灭性破坏，故一般很少采用；但可结合伐区作业进行。

3) 相对生长法。用相对生长法来推算森林生物量，是以 Huxley 于 1932 年提出的相对生长法则为依据的。1944 年 Kitterge[5] 首次将相对生长模型引入到树木上，建立了白松等树种叶生物量的对数回归方程。此后，相对生长法逐渐在森林生态系统生物量研究中推广应用。到目前为止，常用的模型变量和变量形式有胸径（D)、D^2、树高（H)、

D^2H，有的模型加上了树龄、树冠等变量。对于灌木，由于地径（D）和高度（H）易于准确测量，是表达生物量的理想指标，而且两者有极为密切的关系，在很多研究中都采用这两个因子进行生物量模型的拟合。一般来说，随着高度、地径的增加，其生物量亦随之增加，自变量取 D^2H 的组合在表达生物量方面具有较高的准确性[38]。学者们对相对生长模型的总体评价存在着很大分歧：一种观点认为相对生长模型完全是一种描述生长的经验公式[39]；而另一种观点则认为相对生长模型是独一无二的并具有内在意义的模型，因为它能恰当地描述在大范围条件下不同器官的生长关系[40]。

4）基于材积转化的生物量模型。1996 年，方精云等[41] 提出用树干材积推算生物量的方法。树干与总生物量和其他器官之间存在相关关系，所以由树干材积推算总生物量是可行的，从而奠定了生物量与蓄积量的关系以及生物量估算参数的理论基础。生物量与材积比值法常被人们用作推算森林生物量的一种简易方法，一些研究往往把这一比值看作是一恒定的常数。但实际情况是，该比值随着材积的变化而变化，只有当材积达到很大的程度时该值才是常数[42]。生物量转换因子连续函数法是为克服生物量转换因子法中将生物量与蓄积量比值作为常数的不足而提出的。然而，将森林资源清查的蓄积量转化为生物量其主要问题有：①森林材积、蓄积量的起算径阶一般为 6cm，而生物量则要算到一株树，因此利用样地的蓄积量估算的生物量要偏小；②未成林造林地无蓄积量，但有生物量；③生物量与蓄积量的转换是近年来的研究热点问题，比较权威的报道认为 $W/V=0.9\sim1.1$，其中，W 为生物量，V 为蓄积体积。对此，尚需进一步从地域、树种上进行验证，全面系统地建立 $W=f(V)$ 关系，实现森林蓄积量与材积的转换[43]。将蓄积量转化为生物量的模型、方法还有待进一步研究。

（2）现代方法　迄今为止，国内外对于生物量的测定仍主要采用经典的手工方法，其工作量大、过程复杂、周期长、代表性差、测定技术没有形成体系，因此不能及时反映大面积宏观生态系统的动态变化及生态环境状况，无法满足现实中的需要。随着“3S”技术的不断发展，基于遥感技术对植被生产力与生物量的研究已经从小范围、二维尺度的传统地面测量发展到大范围、多维时空的遥感模型估算，从而可快速、准确、无破坏地估算从林分到区域等不同空间尺度的森林生物量，对生态系统进行宏观监测，同时有助于提高植被生产力和生物量估算的范围和精度。目前广泛应用于植被生产力与生物量估算的遥感模型主要有经验模型、物理模型、半经验模型和综合模型，如表 7-1 所列。

表 7-1　基于遥感技术的各种生物量估算模型比较

遥感模型	代表作者	主要研究内容	优点	缺点
经验模型	Dong[13]	瑞典中部森林生物量	相对简单，便于计算	形式多种多样，易受植被类型以及非植被因素（如土壤背景、大气条件、地形和地表二向性反射特性）的影响
	Tomppo[44]	芬兰森林地上生物量		
	张世利[45]	闽江流域杉木林生物量		
物理模型	Gong[46]	对 Liang 和 Strahler 的辐射传输模型进行了反演	克服经验模型的缺陷，具备物理基础，不依赖于特定的植被类型，更具普遍性	复杂、费时、存储和计算量大，数据获取和噪声消除有一定困难，而且模型有时无法反演
	宋金玲[47]	像元尺度林地场景冠层		

续表

遥感模型	代表作者	主要研究内容	优点	缺点
半经验模型	Leroy[48]	重归一化差值植被指数RDVI与光合作用率的相关性	综合了经验模型与物理模型的优点，通常使用的参数很少，但这些参数通常具有一定的物理学意义	
	Hame[49]	芬兰南部Orivesi和Lammi的森林生物量		
综合模型	Prince[50]	光能利用率的全遥感模型GLO-PEM	强调对生态系统内部各种作用过程的描述，估算结果一般也更为可靠	往往非常复杂，需要输入的变量较多，其应用取决于所获取数据的质量，但数据获取又非常困难

4. 植物生物量研究发展趋势

近年来，国内外学者对许多树种的生物量进行了研究，并且逐渐扩大研究范围，不仅在个体、种群、群落、生态系统、区域、生物圈等多尺度上开展生物量的研究，而且更加深入地对同一树种的生物量进行研究，包括同一树种不同地理种源、不同发育阶段、不同自然地带的生物量差异，以期建立生物量树种权重指标体系，实现对天然林生物量较为精确的估测。同时，建立普遍适应不同立地相同树种以及相同立地不同树种的生物量模型将会成为发展趋势。故不少学者提出应该建立长期观测台站网络，强调数据标准化，建立数据的共享机制，对各种数据进行一体化管理，以便得到充分共享和利用。在以往生物量模型研究与应用中，人们发现各分量模型与总量模型不相容。如何解决生物量模型兼容性问题一直是生物量估计面临的一个难题。唐守正等[51]创新地将各维量独立模型进行联合估计，并进一步修正模型和参数，从而得到了较比例平差法更优化的结果，并使模型预估精度和适用性较以往生物量模型有了显著提高。生物量与蓄积量的转换是近年来的研究热点问题，如何将森林资源清查的蓄积量转化为生物量，其模型、方法有待深入研究。

（二）大生物量修复植物对污染土壤的修复

1. 大生物量植物判断标准与筛选

大生物量植物种类繁多，盲目筛选是不科学的。因此首先应该搜集资料，调查各种植物的特点及其本身生长习性，从中初选出最有可能成为修复植物的种质资源进行研究，之后再进一步确认。例如，可从受污染严重的区域采集仍然能够正常生长的物种进行试验，或从生长不易受环境影响的物种着手。初选大生物量修复植物在一定程度上可由植物的根、茎、叶初步判断[52]。生物量与株高成正比，而生物量越大，其修复效率也相应增大，因此株高是修复植物的重要选择依据。为使筛选出的修复植物具有更好的实践性，应尽量地人为模拟与特定重金属污染城市土壤条件相一致的环境条件，利用盆栽试验筛选出大生物量复合型修复植物。由周振民等[53]对重金属污染土壤大生物量修复植物进行的综合研究可知，其筛选对象主要为部分农作物、杂草、树木和花卉。修复污染土壤的大生物量植物应具有一定的生态功能，从低等到高等植物，从水生到陆生植物，有草本也有木本，有灌木、乔木和藤木，种类繁多。因此筛选既具有观赏性又具有生态修复功能的大生物量修复植物就尤为重要了。大生物量植物修复技术虽然拥有其独特的优点，但由于其地上部重金属含量相对较低，从而削弱了其在实际应用中的作用。因此，应当深入研究非超积累植物吸收、运输和积累金属的生理机制，筛选出能够大幅度提高植物体内重金属含量的外源添料（比如各种有机的螯合剂以及生物源的添料），并通过适当的农业措施（如灌溉、施肥、调整植物种植和收获时间、施加土壤改良剂或改善根际微生物等）来提高植物的修复效益[53]。

为了便于采取定性与定量相结合的综合评估分析法筛选出具备此能力的大生物量修复植物，这就要求植物符合一定的判定标准。耐性特征、积累特征、观赏性和生态调控功能是主要的评定指标，其中耐性特征和积累特征是最基本的判定标准。耐性植物应该能够在较高重金属污染浓度的土壤上完成生命周期，并且污染处理的植物地上部生物量与对照植物的地上部生物量相比应没有明显的下降，这才说明该植物对重金属污染的土壤具有一定的耐性[54]。积累特征以转移系数和富集系数综合表示，李庚飞等[55]研究表明，在利用大生物量非超富集植物进行重金属污染修复时，若植物对某重金属元素的转移系数和地上部分富集系数均大于0.1，说明植物对该金属元素具有富集的潜力。此外，植物观赏性和固碳释氧、吸收有毒有害气体等生态调控功能等指标的纳入，对采用综合评估筛选法进行复合型修复植物的筛选更有意义。

我国对植物修复重金属污染土壤的研究起步较晚，筛选工作做得不多，大量有潜力的修复植物还有待发现，尤其是以大生物量修复植物为筛选对象将成为一个突破口。总的来说，用大生物量修复植物修复污染土壤的潜力巨大。在城市污染土壤修复中，大面积应用与其他手段相结合的大生物量修复植物，既可以美化环境，又能带来巨大的经济效益。因此进一步提高大生物量修复植物的修复效率，应从生态位的理论出发，开展植物品种的筛选与培育、复合修复技术应用、修复效果验证试验等方面的研究，以适应城市需要，并将植物修复、观赏植物苗木生产、园林景观建设与生物质能利用有机结合，形成环境污染修复产业，走循环利用绿色发展之路[54]。

2. 大生物量植物的耐性与积累性研究

杨柳科植物是树木修复土壤重金属污染研究的热点，杨树和柳树可以通过植物提取或固定的方式修复多种重金属污染土壤，放射性元素也包含于其中。黄会一等[56]研究表明，杨树能够对Cd污染土壤进行有效修复。余国营等[57]发现杨树对Cd的积累量高达34.93mg/kg，是对照植株的10倍以上，此时植株仍能正常生长，生物量无显著下降。此外，杨树对重金属Hg也有一定的消减作用。旱柳在土壤Cd小于100mg/kg时富集力明显高于加拿大杨；但随着Cd含量增加其富集力减弱，至土壤Cd含量为200mg/kg时，其对Cd的吸收积累量与加拿大杨趋于一致。王广林等[58]采集了南京市不同功能区的土壤并引种园林植物，进行重金属的富集研究。结果表明，在31种园林植物中由于木本植物的生物量远远大于草本植物，认为木本植物在富集系数＞0.4时具有较强的修复土壤重金属能力；富集系数＜0.1时，则木本植物修复能力较低。研究结果还表明，对Cd、Cu和Zn复合污染土壤有较强修复能力的植物为黑松、国槐和杜鹃；对Cd和Zn复合污染土壤有较强修复能力的为雪松、南天竹、栾树和阔叶十大功劳。另外，南天竹、桂花、红花檵木、侧柏、法国冬青和杜鹃在修复单一重金属污染土壤方面表现为较强的修复 Pb 污染土壤的能力；桂花、侧柏、梧桐、鹅掌楸、法国冬青和阔叶十大功劳对 Cu 污染土壤有显著的修复效果；对 Cr 污染土壤表现有较强修复能力的为黄杨；而水杉、香樟、龙柏、悬铃木、女贞、夹竹桃、黄杨、紫叶李、侧柏、柳杉、鹅掌楸、法国冬青、垂柳、加拿大杨和栾树等多达 15 种园林植物均表现出对 Zn 污染土壤修复的能力。值得一提的是，阔叶十大功劳的根对 Zn 的富集系数高达 2.04，茎、叶对 Zn 的富集系数分别为 0.84 和 1.73，同时其对土壤 Cd 也有较显著的富集能力，是修复城市 Cd、Zn 复合污染土壤的理想园林植物。

随着树木修复概念的提出，花卉修复重金属污染土壤的研究也逐渐开展。王晓飞等[59] 通过盆栽试验发现，在 14 种参试花卉中，对 Cd 污染土壤表现出较强耐性的（黄蜀葵等 6 种植物），约占参试花卉的 43%，说明花卉植物具备修复重金属污染的潜力；紫茉莉等 5 种花卉具有较强的重金属积累特性，并且紫茉莉和蜀葵根部重金属含量明显低于地上部的含量，表现出了花卉植物较显著的金属转运能力，而这正是重金属修复植物应具备的重要特征之一。值得注意的是，在有机-无机复合污染情况下部分花卉表现出了较强的耐性和积累性。这些研究结果为花卉植物应用于城市土壤重金属污染修复，尤其是为筛选既具有修复效果又具有观赏性的复合型修复植物提供了良好的基础。周启星等[60] 采用水培试验，研究了 3 种耐性较强的花卉植物在 Cd-Pb 复合污染条件下的生长反应及可能的超积累特性。结果表明，花卉植物种不同，其对复合污染的生长反应也不同，它们的耐性大小顺序为：蜀葵＞凤仙花＞金盏菊；Cd 对植物生长的影响较大，Pb 的影响相对较小。3 种花卉植物对重金属的积累量都是根部大于地上部。蜀葵对重金属 Cd 具有很强的耐性和积累性，在 Cd、Pb 复合污染条件下极具植物修复潜力。

综上可知，树木和花卉等大生物量植物对重金属污染物表现出了较强的耐性和积累性，这就为大生物量植物应用于土壤重金属污染修复的可能性提供了依据。大生物量植物广泛存在于各种植物类群中，其抗逆性强，具有较强的生命力，对光、水、肥的吸收能力也强，生长迅速。以上这些特性有利于植物生物量的积累，从而间接有助于提高其对重金属的耐性和积累性。

虽然利用植物修复技术对重金属污染土壤进行整治优势明显，但是就目前的水平来看植物修复技术仍存在不足：重金属超积累植物是在自然条件下受重金属胁迫环境长期诱导形成的一种变异体，这些变异物种因为受到环境和营养物质等其他因素的影响而生长缓慢，其生物量相对于正常植株也较低；重金属超积累植物大多是在自然条件下演变产生的，因此对温度、湿度等条件的要求比较严格，物种分布呈区域性和地域性，物种对环境的严格要求使成功引种受到限制，不利于大规模的人工栽培；重金属超积累植物的专一性很强，往往只对某一种或两种特定的重金属表现出超富集能力，并且富集能力与多种因素有关[61]。就目前的技术水平而言，解决以上出现的问题有 3 种途径：①利用生物学手段培育出产量高、适应性强的超积累植物物种；②寻找一种能同时富集几种重金属物质的植物并加以人工培育种植；③通过向土壤中添加螯合剂（例如 EDTA、DTPA、CDTA、EGTA 等人工螯合剂）提高土壤中重金属物质的溶解度，从而增加超积累植物在根、茎中的富集量。

（1）粮食作物

1）小麦。对于小麦的研究主要集中在Cd对小麦品质及生长情况的影响方面，对于富集Cd能力的研究比较少。而且对小麦的研究结果大多是通过添加外源Cd盆栽试验得到的，对认识小麦积累Cd有很大的作用，但用于修复Cd污染土壤还需经过实地试验[15]。

2）玉米。土壤Cd含量的高低对玉米富集Cd的量有显著影响。实际污染土壤中的Cd含量远远小于盆栽试验所添加的外源Cd量。在农作物中，玉米生物量比较大，是一个很有潜力的Cd污染土壤修复植物，但要经过长期的大田试验验证。

（2）油料作物

1）油菜。油菜是中国主要农作物之一，其中芥菜型油菜和印度芥菜是同属、同种植物，其具有较强的耐瘠薄能力。中国有大量的油菜种质资源，其中某些品种和基因型有很高的累积Cd的能力，相当甚至超过超积累型植物印度芥菜。为此，利用中国众多的油菜种质资源筛选适合中国大面积生长的Cd超积累植物具有重要的研究意义和应用前景。王激清、张宝悦等[62]研究从具有积累镉遗传背景的油菜种质资源中筛选高积累镉的油菜品种，以富集镉植物印度芥菜为参比，通过水培试验对22个油菜品种植株地上部相对生物量、地上部镉含量和植株吸收镉量进行比较，筛选出高吸收累积镉油菜品种川油Ⅱ-10、白芥和绵阳蛮油菜。王激清、刘波等[63]通过温室土壤盆栽试验研究表明，中油杂1号具备Cd超积累植物的特征，且修复Cd污染土壤的能力甚至优于印度芥菜。滁县小油菜、茅庵花籽、中油119具有超积累Cd的潜力。

2）蓖麻。陆晓怡、何池全[64]采用60d温室栽培研究了蓖麻对重金属Cd污染的耐性和积累效应。结果表明，在40mg/kg的Cd处理浓度时，蓖麻的株高以及根、茎、叶的干重达到最大，但是随着Cd浓度的增加，蓖麻生长缓慢、植株矮小，并从Cd处理浓度200mg/kg时开始出现明显的叶片黄化等重金属中毒症状，当Cd处理浓度达到400mg/kg时仍能生长，表现出较强的耐性。蓖麻对修复Cd污染土壤有一定的潜力。蓖麻对Cd的积累量很高，但是将Cd运输到地上部的能力比较差，从这一点上讲，蓖麻只能算是一种富集植物，而不是超积累植物，但是蓖麻对高浓度的Cd耐性很强，因此认为蓖麻对严重级Cd污染土壤具有修复潜力。

（3）蔬菜、杂草和树木

1）蔬菜。段云青、雷焕贵[65]采用盆栽土培试验方法，以小白菜为供试材料，研究了其吸收积累Cd能力的品种差异，探讨了小白菜对土壤Cd的净化能力。结果表明，所选4个品种中，植株Cd含量随土壤Cd浓度增大而显著增加，吸收Cd量也迅速增加。小白菜“翠宝”有相对较强的富集Cd能力，呈现出相对较强的耐受性。相关分析显示，小白菜总吸Cd量与DTPA-Cd呈显著正相关。土壤Cd分析显示，种植小白菜可以减缓土壤Cd固定，“翠宝”和其余供试品种间差异达到了显著水平，其对土壤Cd的净化率最高。

2）杂草。杂草是介于野生植物和作物之间既有野生植物性状又有某些栽培性状的一类非常重要的植物资源，具有抗逆境能力强、生长迅速、繁殖能力强以及在环境条件适宜情况下生物量能够急剧提高等特点。与作物相比，杂草具有较强的抗逆境能力和较强的争光、争水、争肥能力，吸收能力强。这种较强吸收特性可能利于杂草对重金属的积累，可以弥补现有修复植物的缺点和不足，因而是较理想的植物修复资源。周启星等[66]通过室外盆栽模拟试验及重金属污染区采样分析试验，首次发现并证实杂草龙葵是一种Cd超积累植物。其中，盆栽试验表明，在Cd污染水平为25mg/kg条件下，龙葵茎及叶的Cd含量均超过了100mg/kg这一公认Cd超积累植物应达到的临界含量标准，其地上部Cd含量大于其根部Cd含量，且地上部Cd富集系数大于1，同时，与对照相比，龙葵的生长未受到抑制。

3）树木。许多森林树种能够用来去除污染土壤中的Cd。张炜鹏、陈金林等[67]研究了南方主要绿化树种对重金属的积累特性，结果表明，同一树种中Pb、Cd、Hg、As的含量差异较大，相同元素在不同树种中的含量也存在一定差异，不同树种的重金属含量一般随环境污染程度的增加而升高。垂枝榕、菩提树、凤凰木、南洋杉分别对Pb、Cd、Hg、As的积累作用较大，宜用这些树木进行重金属污染土壤的治理和修复；洋紫荆、南洋杉、高山榕、小叶榕分别对Pb、Cd、Hg、As的抗性最小，即敏感性最强，可用于重金属污染的监测。

4）花卉。部分花卉在污染土壤的降解修复、稳定修复、提取修复方面具有极强的潜力，因此可利用这些花卉特殊的积累与固定能力，去除土壤中某些重金属或者有机污染物。刘家女、周启星等[52]的研究表明，凤仙和金盏菊2种花卉植物在重金属Cd和Pb复合污染水溶液中生长，生物量与对照相比没有明显减少，表现出极强的耐性，并且它们对重金属的积累能力很强，尤其是金盏菊，在Cd最高处理浓度时其根部和地上部Cd含量分别可达1628mg/kg和950mg/kg，如果溶液中投加的Cd浓度继续增加，它有积累更多Cd的可能性。因此，可利用它们对重金属Cd的较强积累能力，将重金属吸收至体内，避免重金属向环境中扩散，直至收获植株时将重金属回收，达到稳定修复的目的。吴双桃[68]通过盆栽试验，研究了美人蕉在镉污染土壤中的生长特征及对镉的吸收规律和修复能力。结果表明，在土壤中含镉质量浓度为0～5mg/kg时，美人蕉生物量有小量上升。随时间延长和土壤镉浓度增大，镉对美人蕉生长的抑制程度增强。在含镉5mg/kg的土壤中生长2个月，美人蕉可从土壤中带走的镉量为3.60t/（hm^2·月）。美人蕉适合种植于低浓度镉污染土壤，在镉污染环境的修复方面具有良好的应用前景。

（4）经济作物

1）烟草。赵秀兰、李彦娥[69]通过盆栽试验研究了16个烟草品种吸收与忍耐镉的差异。结果表明，提高土壤镉水平，Xanthi根及地上部的生物量增高，对镉的耐性最强；贵烟11号根及地上部的生物量降低最多，对镉的耐性最弱；大多数烟草品种根的生物量降低，地上部的生物量增加，表现出一定的镉耐性。烟草地上部镉的积累量较根高，吸收的镉68%～88%分布于叶片，表明烟草向叶片运输镉的能力很强。烟草叶片镉含量较根、茎高，不同烟草品种根、茎和叶镉含量差异显著，在土壤添加镉浓度达10mg/kg时，Xanthi、贵烟11号、RG 17、云烟87、CF 965、NC 82干叶片镉含量达100mg/kg以上，具备超积累植物的特征。烟草的生物量大，叶片容易收获，在镉污染土壤的植物修复中有很大的应用潜力。

2）剑麻。陈柳燕、张黎明等[70]以热带地区一种生物量极大的经济作物剑麻作为研究对象，采用网室砂培对Pb在该植物体内的吸收特性、累积分布及迁移规律进行了初步的探索。试验表明，Pb处理浓度低于1300mg/kg时对剑麻生长影响较小，但Pb加入浓度达到15900mg/kg时，显著抑制了剑麻的生长，其生物量仅为对照的6.7%。剑麻对Pb

有很强的吸收性，Pb分布在其植株的各个部位，其中根系的吸收性最强，是地上部的3.0～13.6倍。Pb处理浓度为12700mg/kg时，剑麻地上部和根系的吸收量最大，分别为2220.3mg/kg和22544.8mg/kg，是对照的65.6倍和221.3倍，且地上部迁移量高达55.87mg/株，说明剑麻对修复Pb污染土壤有一定的潜力，剑麻为今后探明植物积累Pb的机理和Pb污染土壤的植物修复提供了一种新的种质资源。

（三）大生物量修复植物的优势

以大生物量植物种质资源作为筛选修复植物对象是有依据的：一方面，大生物量修复植物具备普通植物的功能特点；另一方面，大生物量修复植物还有普通植物不具备的诸多优点。大生物量植物的优点主要表现为：①大生物量植物种质资源丰富，有着巨大的潜力，可为筛选提供坚实的基础；②在进行城市土壤修复、调控大气环境的同时，能够美化环境，一举多得；③具备观赏性的大生物量修复植物，不会进入食物链传递积累，减少了对人体的危害；④大生物量植物对人类健康也有着一定的作用，如油松、核桃、桑树等对杆菌和球菌的杀菌力均极强，花卉芳香油可抗菌，提高人体免疫力，可调控大气环境；⑤在长期的生产实践中，品种选育、植物栽培以及病虫害防治等经验日益丰富。因此，筛选大生物量植物修复城市土壤重金属污染是可行的。

二、土壤含水量对植物修复污染土壤的影响

（一）土壤水类型

土壤水主要来源于大气降水，部分来源于农业灌溉水、地下水或大气中气态水的凝结。从形态上分，土壤水有固态、液态和气态3种，其中固态水仅在低温下才存在于土壤中，液态水和气态水是经常存在的。土壤是一种具有复杂孔隙系统的自然体，存在于土壤中的水，在重力、土粒吸附力、毛管力等各种力的共同作用下，表现出各种不同的存在状态。根据存在的物理状态、可移动性和对植物的有效性，土壤水可分为以下几种类型：

1. 固态水

土壤固态水是指土壤中的化学结合水和冰。其中，化学结合水是土壤固相的组分，当其未从土壤固相中释放出来时，属于矿质内部组分，不具备土壤水的各种功能。化学结合水包括沸石水、结晶水和结构水。沸石水存在于沸石中，在一定温度下易于释放成为土壤液态水，由于含沸石的土壤少，一般沸石水并不单独作为一种土壤水类型。结晶水存在于多种土壤矿质中，在高温下可释放出来而不破坏矿质的结晶构造。冰存在于寒冷地区的永冻土以及非永冻土的冻土层中，在温暖地区则出现在寒冷季节发生冻结的土壤中。土壤自由水的冰点低于地面上纯净自由水的冰点，而土壤束缚水的冰点低于土壤自由水的冰点。在有些地区，冬季土壤冰冻及地面积雪是土壤水分的重要来源。固态水不能为植物所利用，只有在土壤温度降至0℃以下，液态土壤水发生冻结时才能形成。在中纬度地区只有在寒冷的冬季，土壤中才有季节性冻土层（固态水）的出现。只有在高纬度地带或一定海拔高度以上的山区土壤中才会有常年永冻层。

2. 气态水

气态水存在于土壤孔隙中，是土壤中空气的组成部分，主要由其他形态类型的水汽化形成。土壤中保持的液态水可以汽化为气态水，气态水也可以凝结为液态水，在一定条件下两者处于互相平衡之中。土壤中水蒸气的运动分为两种，即内部运动和外部运动：外部运动发生在土壤表面，称为土面蒸发；内部运动发生在土壤内部，其运动表现为水蒸气扩散和水蒸气凝结两种现象。水蒸气运动的推动力是水蒸气压梯度，这是由土壤水势梯度或土壤水吸力梯度和温度梯度所引起的。其中温度梯度的作用远远大于土壤水吸力梯度，是水蒸气运动的主要推动力。所以水蒸气总是由水蒸气压高处向水蒸气压低处运动，由温度高处向温度低处运动。

气态水在土壤中不断形成、移动、凝结，或被吸附而转化为其他形态的土壤水。气态水不能为植物直接利用，但气态水的多少会影响土壤蒸发的速率，一般气态水饱和度越低，土壤蒸发越强[71]。

3. 吸附水

被土壤吸附力所保持的水分，称为吸附水。吸附力包括两种：一种是水分子与土粒表面氧原子结合形成氢键的范德华力；另一种是土壤胶体表面所带电荷在其周围产生静电场的库仑力。由于吸附水距土粒表面距离不同，所受吸附力的大小也不同，因而表现出不同的性质。最靠近土粒表面的吸附水称为吸湿水，主要受较强的范德华力的作用，所受土壤吸力可达 1×10^9 Pa，分子间的距离小于液体水分间的分子距离，因此，表现出固态水的性质，对溶质没有溶解能力。而距土粒表面较远的吸附水主要靠库仑力保持吸附，所受吸力较弱，约 600～3100kPa，称为膜状水，具有液态水的性质，黏滞度较高，其中一部分是可被植物利用的有效水（水吸力小于 1500kPa 的膜状水）。

4. 毛管水

毛管水是指土壤孔隙中由毛管力保持的液态水。毛管力是在毛管孔隙中水和空气的界面上呈现出的一种表面张力，在水和固体毛管孔壁接触时，由于湿润和静电引力的作用，使得水在毛管中形成一个弯月液面，凹形弯月液面下液体的压力小于平面表面张力膜的表面压力。这种压力的减小称为负毛管力。毛管直径越小，弯月液面的曲率越大，负毛管力压力就越高。

毛管力的大小可根据拉普拉斯（Laplace）公式计算：

$$P=\frac{2T}{R} \tag{7-2}$$

式中 P——毛管力；

T——溶液的表面张力；

R——弯月面的曲率半径。

从式（7-2）可见，土壤质地越黏、毛管越细（其曲率半径越小），毛管力就越大。土壤中毛管水的运行方向是，从毛管粗（即毛管力小）的地方向毛管细（即毛管力大）的地方移动。土壤中的毛管力比吸附力小，约为 600kPa，因此能够为植物吸收利用。土壤孔隙系统十分复杂，毛管水依据其来源，可简单分为悬着水和支持毛管水两种。悬着水是指不受地下水源影响的毛管水，即当大气降水或灌溉后土壤所吸持的液态毛管水。支持毛管水是地下水沿着土壤毛管孔隙系统上升至一定高度并保持在土壤中的毛管水。支持毛管水上升的最大高度称为毛管水上升高度，可用下式计算：

$$h=\frac{2T}{r\rho g} \tag{7-3}$$

式中 h——毛管水上升高度；

T——表面张力；

r——毛管半径；

ρ——水的密度；

g——重力加速度。

5. 重力水

当进入土壤的水量超过土壤吸持水分的能力时，多余的水就由于重力作用通过大孔隙向下渗透流失，这部分水称为重力水。重力水可分为渗透重力水和支持重力水。重力水只能从上向下移动，或沿斜坡移动，是地下水的来源。重力水具有很强的淋溶作用，能够以溶液状态使盐分和胶体随之迁移。虽然重力水能够被植物吸收，但由于流失得很快，实际上被吸收利用的机会很少。有时因为土壤黏重，重力水一时不易排出，暂时滞留在土壤的大孔隙中，称为上层滞水。而当重力水暂时滞留时，却又因为占据了土壤大孔隙，有碍土壤空气的供应，反而对植物根系吸水不利。

6. 地下水

如果土壤或母质中有不透水层存在，向下渗透的重力水就会在它上面的土壤孔隙中聚积起来，形成一定厚度的水分饱和层，其中的水可以流动，称为地下水。地下水根据埋藏条件的不同可分为土壤水、潜水和承压水 3 类。

（1）潜水　饱水带中第 1 个具有自由表面的含水层中的水称为潜水。潜水没有隔水顶板，或只有局部的隔水顶板。潜水的表面为自由水面，称为潜水面。潜水面距离地表的深度称为地下水位。地下水位是经常变化的，地下水位过高，在湿润地区会引起土壤沼泽化，而在干旱地区可能引起土壤盐渍化。地下水位过低则容易引起土壤干旱。

（2）承压水　承压水是充满两个隔水层之间的含水层中的地下水。典型的承压含水层可分为补给区、承压区及排泄区三部分。承压含水层上部的隔水层称作隔水顶板，下部的隔水层称作隔水底板。隔水顶板与底板之间的距离为承压含水层厚度。承压水与大气层基本隔绝，因此很少受大气影响，其分布区与补给区常常相距较远。当上下隔水层之间完全充满水分时，具有一定水头压力的层间水在适当条件下可能形成喷泉或自流井。而当两个隔水层之间没有充满水分时，则为无压头承压水，与潜水相似。

（二）土壤含水量简介

1. 土壤水定义及计算

土壤中的水的数量是用土壤含水量来表示的[72]。在某一时间内，土壤水的质量含量，称为质量含水量（$M_{水}$），通常以土壤水的质量占土壤烘干质量的百分数来表示：

$$M_{水}=\frac{W_1-W}{W}\times 100\% \tag{7-4}$$

式中　W_1——湿土质量；

W——105～110℃下烘干的干土质量。

土壤含水量除了用水的质量百分数（%）表示外，还可以用体积百分数来表示：

$$V_{水}=\frac{V_w}{V_s}\times 100\% \tag{7-5}$$

式中　$V_{水}$——体积含水率；

V_s——土壤总体积；

V_w——水所占体积。

$M_{水}$与$V_{水}$的换算关系如下：

$$V_{水}=\rho\times M_{水} \tag{7-6}$$

式中　ρ——土壤容重，即单位体积土壤的干重，g/cm^3。

2. 土壤含水量的测定方法

（1）烘干称重法　烘干称重法测定的是土壤质量含水量。烘干法有恒温箱烘干法、酒精燃烧法、红外线烘干法等，其中恒温箱烘干法一直被认为是最经典和最精确的标准方法。

烘干法的优点是就样品本身而言结果可靠。但它的缺点也是明显的，即：取样时会破坏土壤，深层取样困难，定点测量时不可避免地会由取样换位而带来误差，在很多情况下难以进行长期原位监测；受土壤空间变异性影响也比较大；传统的测定含水量的恒温箱烘干法费时费力（需8h以上），还需要干燥箱及电源，不适合野外作业。采用酒精燃烧法，由于需要翻炒多次，极为不便，不适合用于细粒土和含有有机物的土，且因容易掉落土粒或燃烧不均匀而带来较大误差。红外线法测定精度虽高，但需要专门的仪器。

烘干称重法具有各种操作不便等缺点，但作为直接测量土壤水分含量的唯一方法，在测量精度上具有其他方法不可比拟的优势，因此它作为一种实验室测量方法及用于其他方法的标定将长期存在[73]。

（2）张力计法　也称负压计法，它测量的是土壤水吸力。测量原理如下：当陶土头插入被测土壤后，管内自由水通过多孔陶土壁与土壤水接触，经过交换后达到水势平衡，此时，从张力计读到的数值就是土壤水（陶土头处）的吸力值，也即为忽略重力势后的基质势的值，然后根据土壤含水量与基质势之间的关系（土壤水特征曲线）就可以确定出土壤的含水量。

（3）电阻法　多孔介质的导电能力是同它的含水量以及介电常数有关的，如果忽略含盐的影响，水分含量和其间电阻是有确定关系的。电阻法是将两个电极埋入土壤中，然后测出两个电极之间的电阻。但是在这种情况下，电极与土壤的接触电阻有可能比土壤的电阻大得多。因此采用将电极嵌入多孔渗水介质（石膏、尼龙、玻璃纤维等）中形成电阻块的措施以解决这个问题。

（4）中子法　中子法就是用中子仪测定土壤含水量的方法。中子仪的组成主要包括：一个快中子源，一个慢中子检测器，监测土壤散射的慢中子通量的计数器及屏蔽匣，测试用硬管等。快中子源在土壤中不断地放射出穿透力很强的快中子，当它和氢原子核碰撞时，损失能量最大，转化为慢中子（热中子），热中子在介质中扩散的同时被介质吸收，所以在探头周围，很快便可形成持常密度的慢中子云[74]。

中子仪测定土壤水分的基本原理是利用快中子源辐射的快中子碰到氢原子时慢化为热中子，然后通过热中子数量与土壤含水量之间的相关关系来确定土壤水分的多少。中子法在20世纪50年代就被用于测定土壤含水量，此后，世界上很多国家对此进行研究，使中子法日趋完善。中子法十分适用于监测田间土壤水分动态，套管永久安放后不破坏土壤，能长期定位连续测定，不受滞后作用影响，测深不限，中子仪还可与自动记录系统和计算机连接，因而成为田间原位测定土壤含水量较好的方法，并得到广泛应用[75]。需要田间校准是中子法的主要缺点之一。另外，仪器设备昂贵，一次性投入大。中子法对土壤采样范围为一球体，这使得在某些情况下测量结果会出现偏差，如土壤处于干燥或湿润周期时，以及所测土壤为层状土壤、表层土壤时，等等。此外，中子仪还存在潜在的辐射危害。

（5）γ-射线法　γ-射线法的基本原理是放射性同位素（现常用的是^{137}Cs，^{241}Am）发射的γ-射线穿透土壤时，其衰减度随土壤湿容重的增大而提高。利用γ-射线法测定土壤水分是由贝契等于1950年提出的。1953年试验研究，由于利用单能γ-射线测定土壤水分受容重影响很大，为此出现了用双能γ-射线法同时探测容重和含水量的方法，以消除土壤容重变化影响。国内1960年前后进行了实验室条件下，γ-射线法测定土壤水分含量和土壤水分动态的试验研究，1970年后，国内也逐渐在土壤入渗和渗透、水盐动态等研究中应用这一方法，并在测定仪器和方法上有所改进和发展。利用γ-射线测量土壤水分，在实验室内已进行了大量的研究，并取得了较好的成果，但在田间应用的可行性还需深入探讨。

（6）光学测量法　光学测量法是一种非接触式的测量土壤含水量的方法。光的反射、透射、偏振也与土壤含水量相关。先求出土壤的介电常数，从而可进一步推导出土壤含水量。

（7）时域反射法（TDR）　时域反射法也是一种通过测量土壤介电常数来获得土壤含水量的方法，是利用电磁脉冲技术与土壤水分介质之间的数值关系确定土壤水分含量的测量方法。Topp研究发现，在适当温度和含水量变化幅度较小时，TDR测量值不受土壤温度、容重和质地等土壤物理性质的影响[76]。TDR仪器具有易操作、测量快、精度和自动化程度高及对土壤无扰动等优点，但是仪器电路复杂，价格昂贵，土壤质地对测量结果影响较大。TDR仪因需要校对和标定及受电缆长度的制约而不能进行远距离的土壤含水量测量[77]。

（8）频域反射法　频域反射法（FDR）是利用电磁脉冲原理来测定土壤介质的介电常数，通过脉冲振荡频率和介电常数关系求得土壤含水量的方法。FDR具有快速、连续性、自动化、宽量程、少标定等优点[78]，但FDR在低频操作时，易受土壤质地、容重和含盐量的影响。

探地雷达法（GPR）测量土壤含水量的方法有雷达信号属性法、钻孔雷达法、多偏和共偏移距法等，此类方法分辨率高，抗干扰能力强，数据采集和资料处理成像一体化，不破坏土壤结构，但数据采集和处理过程比较复杂[79]。因为TDR设备昂贵，在20世纪80

年代后期，许多公司开始用比TDR更为简单的方法来测量土壤的介电常数，FDR和频域法不仅比TDR便宜，而且测量时间更短，在经过特定的土壤校准之后测量精度高，而且探头的形状不受限制，可以多深度同时测量，数据采集实现较容易。

（三）土壤水资源的结构

1. 土壤蓄水量资源

土壤蓄水量可分为两部分，即永久性蓄水量和动态蓄水量。永久性蓄水量是土壤中不参与水分循环的蓄水量，在土壤水资源评价中，可以不考虑这部分蓄水量。

土壤蓄水量是区域土壤湿度的一种最直观的指标。对植被和作物来说，土壤蓄水是唯一的直接供水资源，是维系植被和作物生长发育的重要因素。区域的天然植被情况同土壤蓄水量的平均状态有密切关系。土壤蓄水量均值的大小是区域土壤水资源状况的一种间接的反映。

2. 多年平均可更新的土壤水资源

如前所述，土壤多年平均总蒸散发量即为区域多年平均总的土壤水资源量。从土壤植被系统的水量平衡方程来看，它是由土壤蒸发和植物散发两部分组成的。即：

$$E=E_S+E_T \tag{7-7}$$

式中 E——多年平均土壤总蒸散发量；

E_S——土壤蒸发量，这部分水量是直接由土壤表面进入大气的；

E_T——植物散发量，可认为是生态耗水量。

多年平均的土壤蒸散发量是土壤水资源的核心部分，是可更新的土壤水资源量[80]。

3. 可以开发利用的土壤水资源

在总的土壤水资源中并不是所有的土壤水资源都是可以开发利用的，土壤蒸发是一种没有被利用的水资源，但这部分水资源是可以为植被和作物利用的，是可开发利用的土壤水的主要组成部分[81]。而植物散发水，它是被植被和作物生长发育过程中所利用的一部分水资源，是植被和作物生存和发育必需的水，它由两部分组成，即：

$$E_T=E_{Th}+E_{Tk} \tag{7-8}$$

式中 E_{Th}——植物或作物生长发育过程中必需的有效利用的散发量；

E_{Tk}——植物或作物生长过程中对其生长发育不起作用的无效散发量。

从更深层次的水资源开发利用的观点来看，无效散发量这一部分土壤水资源也是可以开发利用的，则可开发利用的土壤水资源量（E_C）为：

$$E_C=E_S+E_{Tk} \tag{7-9}$$

（四）土壤含水量对土壤酶活性的影响

土壤酶是指土壤中产生专一生物化学反应的生物催化剂。土壤酶是土壤中植物、动物和微生物活动的产物，是数量极微而作用极大的土壤组成部分。土壤酶的垂直分布与水平分布均有一定规律性：在垂直方向上几种酶的活性随土壤层次加深而减弱；在水平方向上，根际内酶的活性大于根际外酶的活性。土壤酶是土壤中动植物残体分解、植物根系分泌物和土壤微生物代谢的产物，是一类具有生物化学催化活性的特殊物质，参与土壤中许多重要的生物化学过程，如腐殖质的合成与分解，有机化合物、高等植物和微生物残体的分解及其转化等，是评价土壤肥力和土壤生态环境质量的重要生物学指标之一。其中土壤脲酶、过氧化氢酶、蔗糖酶、碱性磷酸酶是土壤中常见的几种酶。土壤酶较少游离在土壤中，主要吸附在土壤有机质和矿质胶体上，并且以复合物状态存在。土壤有机质吸附酶的能力大于矿物质，土壤微团聚体中的酶活性比大团聚体的强，土壤细粒级部分比粗粒级部分吸附的酶多。酶与土壤有机质或者黏粒结合，固然对酶的动力学性质有影响，但它也因此受到保护，稳定性得以增强，避免了被蛋白酶或钝化剂降解。

不同土壤水分影响的总体趋势是土壤持水量为70%处理的土壤脲酶活性高于土壤持水量为90%的处理，表明土壤含水量过高会抑制脲酶的活性。其原因可能是过高的土壤含水量会抑制土壤微生物的生长和活性。与土壤持水量为70%相比，土壤持水量为90%时，土壤过氧化氢酶活性降低，这种趋势在培养后期更为明显，说明土壤长期持水量较高不利于好氧微生物的活动，使其活性降低。因此，过氧化氢酶的活性也可以反映土壤氧化还原条件。在施肥量相同的情况下，土壤持水量为70%的处理土壤碱性磷酸酶活性大于持水量为90%的处理，表明土壤含水量过高会使土壤碱性磷酸酶活性降低，这可能是由于含水量过高导致土壤湿度过大、透气性差，因而造成土壤碱性磷酸酶活性较低。冯瑞章等[82] 通过对江河源区不同建植期人工草地土壤养分及微生物量磷和磷酸酶活性的研究，表明土壤水分的减少限制了土壤生物的代谢产酶能力。崔萌等[83] 发现水分状况的不同影响土壤酶活性变化：好气处理下，土壤脲酶、酸性磷酸酶、转化酶活性较高；而淹水和干湿交替处理下，土壤酶活性较低。万忠梅等[84] 发现干湿交替和较干旱条件下酶活性高于持续淹水状况下的酶活性，并且随水分含量的增加酶活性降低。朱同彬等[85] 研究发现过高的土壤含水量会显著抑制土壤脲酶、过氧化氢酶和碱性磷酸酶活性。有试验结果表明，一定程度的水分胁迫对土壤酶具有激活作用，且蔗糖酶对土壤含水量变化表现的最为敏感。农业上长期大量灌水不仅造成水分的浪费，而且降低土壤微生物的活性，从而影响土壤肥力水平。

（五）土壤含水量对植物修复污染土壤的影响

水分不仅是植物新陈代谢的溶剂，也是植物从土壤中吸收运输营养物质的重要载体。如果土壤中水分含量过低，则会导致微生物活性降低，植物脱水。而水分含量过高，会导致气体交换受阻，产生厌氧区，使污染物的降解受到抑制。超富集植物普遍存在生物量小、生长缓慢等特点，对其进行水分调控十分重要，尤其对于水资源紧缺地区。土壤中水分可抑制污染物在土壤颗粒表面的吸附，促进生物可利用性。然而水分过多时，植物体会因根际养分不足而导致生长受抑制，从而影响降解能力。土壤的黏粒与有机质含量是影响植物吸收效率的另一大重要因素。黏粒含量高的土壤对离子型有机污染物的吸附能力较强，一些疏水性有机物会被有机质含量高的土壤固定或吸附，从而降低其生物可利用性。研究植物水分亏缺的允许程度，明确修复植物的最适需水量、灌水量下限及供水最佳时期和方法，对用最适、最关键水量提高修复植物生物量具有重要意义。而且在水分调控过程中可能会在一定程度上改变植物的生理生化特性，从而改变植物对重金属的富集能力[86]。

水分是植物生长必需的物质、养分迁移的载体、生化反应的介质，控制着土壤中物质的传输与转化。土壤水分分布、传输及其有效性取决于土壤水力性能参数。热量的传递会引起土壤温度的变化，因此会影响植物对根区水肥和重金属污染物的吸收，迁移转化的数量与程度，以及土壤水、气传输速率及其在土壤中的分布，进而影响土壤中物理、化学、生物过程的发生及转化。重金属污染区土壤水、气、热的分布、存在状态、传输特征相互影响，这就决定了土壤与环境之间的物质交换能力、土地生产力等都会受到影响。同时，重金属污染区土壤受降水冲刷，重金属离子随水分下渗与土壤本底的化学元素和土壤颗粒发生相互作用，改变土壤物理特征，导致土壤水、肥、气、热传输特征的变化，从而影响土壤水、肥、气的有效性和植物的生长，也会影响土壤热传导效应。因此，以水肥条件技术为手段，对超富集植物根区土壤物理特征的研究对其生长和修复效果具有重要意义[87]。

土壤水分具有调节根区土壤氧化还原电位（E_h 值）和土壤酸碱度（pH 值）的作用，会对土壤中重金属的活性产生较大的影响[70]。而土壤酸碱性也是影响重金属污染物活性的重要因素。如随着 pH 值升高，可增加土壤表面负电荷对正电荷的吸附，也可以生成一些沉淀物（如 $CdCO_3$ 等），逐渐降低污染物的活性。一些学者的研究发现，在 Cd 污染的土壤上施用碱性物质（如石灰），能使土壤中重金属有效态含量约降低 15%，从而使酸性土壤中可被植物利用的 Cd 的活性降低，对减少 Cd 被作物吸收具有一定的作用。已有研究发现，水稻果实含镉量与土壤氧化还原电位呈正相关，水稻抽穗后土壤逐渐落干，与正常灌水相比，当表面土壤保持湿润状态时，水稻果实的含镉量提高 12 倍。当水田灌水后，水层厚度加大，水稻根区土壤形成还原性的环境，土壤水溶液中的 Fe^{3+}、Mn^{4+} 还原成 Fe^{2+} 和 Mn^{2+}，土壤中的 SO_4^{2-} 还原为 S^{2-}，与镉、铁和锰生成溶解度很小的 CdS、FeS 和 MnS 沉淀。镉在土壤中具有很强的亲硫特性，与其结合并沉淀，降低了镉的活性，使其难于被作物吸收。相反，一些双子叶植物和非禾本科植物虽然自身不能合成植物铁载体，但在适宜的土壤水分条件下可以通过增强 Fe^{3+} 还原酶的活性、释放出还原性物质和增强根区土壤环境的酸性等机制来增加铁的吸收。可见，通过调节土壤水分，改善根区土壤的氧化还原电位和酸碱度等，均有利于沉淀物的形成，这样可以有效控制重金属在土壤-植物系统中的迁移，降低重金属 Cd 的活性，减小对植物的伤害。

通常水分胁迫会促进植物根密度增大，根密度的增大提高了根系与重金属污染物的接触机会，即在非关键需水期进行适度水分胁迫有助于超富集植物根密度的增加，从而促进植物根系对重金属污染物的吸收和累积。虽然某些超富集植物具有较强的抗旱性，但重度水分亏缺仍会降低植物修复重金属污染土壤的能力。研究发现，2 种超积累植物的最高修复效率均在 80%田间持水量下取得，分别为 30%水分处理的 37 倍和 77 倍。在土壤被尾矿中的 Pb 和 Zn 污染后，与干旱土壤环境相比，淹水条件虽然降低了芦苇（*Phragmites australis*）的生物量，但明显增加了 Pb 和 Zn 的吸收量。硫可活化土壤重金属，增大其生物有效性，促进植物对其的吸收[88]。

根据污染土壤上所种植物对水分的需求，定期和不定期进行灌溉可以造成土壤环境的干湿交替，使污染物进行氧化还原形态相互转变，特别是对于重金属污染的土壤，重金属在土壤中可以存在数千年而不降解，但是能够进行氧化态、还原态和有机态之间的相互转化。在降水过多的情况下，不仅要排水还需要进行中耕，同样可以创造氧化还原条件，促进植物对污染物的吸收和转化。

三、修复植物的处置及资源化再利用

自从20世纪80年代以来，植物修复以治理效果的永久性、治理过程的原位性、治理成本的低廉性、环境美学的兼容性、后期处理的简易性等特点，开始进入产业化初期阶段，且因其独特的技术及经济优势，逐渐发展成为污染治理的重要途径之一。关于修复植物的后处理技术多种多样，主要包括修复植物的处理处置与资源化再利用。

（一）修复植物的处置方法

1. 焚烧法

焚烧法是一种高温热处理技术，以一定的过剩空气与被处理的有机废物在焚烧炉内进行氧化燃烧反应，有毒有害物质在高温下氧化、热解而被破坏。焚烧法是一种可同时实现废物“三化”的处理技术：焚毁废物，使被焚烧的物质变为无害物质并最大限度地减容，尽量减少新的污染物产生，焚烧产生的热能可回收利用。焚烧法可显著减少重金属富集植物生物质的体积和质量，便于运输和储存，被认为是最为有效的处置技术之一[89]。这一技术的主要过程见图7-1。

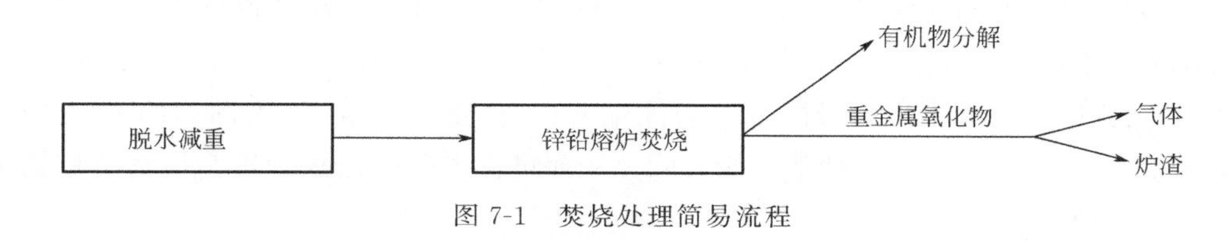

图7-1 焚烧处理简易流程

在焚烧过程中，植物体中的重金属无法被破坏，但可在较高温度下部分或全部被气化，可考虑进行后续处理回收重金属。焚烧后，具有高沸点的元素通常残留在底灰中，而挥发性元素主要转移到气相中。Hg和Cd被认为是高挥发性元素，Pb和Zn为中等挥发性元素，Ni、Cr属于非挥发性元素。Lu等[90] 采用水平管熔炉和垂直夹带流管炉两种热处理技术研究了Cd、Zn超富集植物伴矿景天和东南景天中重金属（Cd、Cu、Pb和Zn）的释放特征。在水平管熔炉中，焚烧比高温分解有利于Cu和Cd的挥发，焚烧后在剩余物中重金属的含量比高温分解剩余物中的低，特别是Cd、Pb和Zn。然而在垂直夹带流管炉中，Zn在烟气中的含量随着温度的升高而增加。另外，高的焚烧温度会增加剩余物中Cu的含量。

在收获超积累植物前施加干燥剂是十分必要的，一般加入草甘膦或其他除草剂，以减少植物总质量和收获、运输过程中植物汁液的产生[91]。通过回转煅烧窑技术工艺可将超积累植物在铅锌熔炼炉中焚烧，这一装置可以处理积累不同重金属的超积累植物。焚烧后，植物体中有机物质分解，主要以氧化物的形式释放出重金属，它们或是和炉渣结合在一起，或以气体的形式释放，先进的烟道清洁技术可以确保以飞灰形态存在的重金属完全被回收。AMANASU技术公司应用离子和微波的共振效应可提高温度及离子密度的原理开发了等离子增值炉，以实现熔解的处理过程，经等离子炉处理后几乎不会排出剧毒物质

及 CO_2[92]。

近年来，一些研究者对焚烧重金属富集植物生物质产生的底灰的循环利用和飞灰的污染控制技术开展了相关研究[93]。焚烧的飞灰通过飞灰固化装置与人工合成的螯合剂（聚胺与 CS_2 在碱性条件下的产物）相结合，得到固化产物。该螯合剂与水泥、石灰和硫化钠相比，具有明显的优势：显著减少固化产物的体积，随着环境 pH 值的变化，不易产生渗滤现象，保证了环境安全并可以产生一定的经济效益。使用人工合成的螯合剂形成的固化产物，可通过高温挥发法或在酸、碱媒介中湿法冶炼，提取重金属。通过电磁技术、电渗析、火法精炼、湿法冶炼可以提取灰分中的 As 和 Se，火法冶炼可以提取飞灰中的 V 和 Ni。Ljung 等[94] 研究发现焚烧可使生物质中重金属气化，所有的 Ca、Mg、P 和 75%的 K、Na 被富集在旋风灰中，该灰分具有较高的生态安全性，其中的营养元素可被再利用。Bonanno 等[95] 用焚烧法处理种植于污水污染的自然湿地中的能源植物芦苇和芦竹，结果发现底灰中的重金属含量是植物的 1.5～3 倍，但并未超过农林用灰烬重金属含量的法定限值，因此可考虑将其作为肥料农用而非进行有害废物处理。Delplanque 等[96] 也认为焚烧富集了 Cd 和 Zn 的能源植物柳树所产生的底灰含有 Ca、P、Mg 和 K 等营养元素，可在农田或林地中作为肥料施用，但飞灰中 Cd 和 Zn 含量超过了法国的排放标准，需要进行后续处理。Wu 等[97] 在实验室规模下采用夹带流管炉研究了焚烧 Cd、Zn 超富集植物伴矿景天的污染物排放特征和控制技术，结果表明：在未采用污染控制条件下，烟气中 Cd、Zn 和多环芳烃的含量（标态下）分别为 $0.101mg/m^3$、$46.4mg/m^3$ 和 $35.4mg/m^3$；在污染物控制实验中，高岭土作为吸附剂可去除烟气中 91.2%的 Cd 和 88.1%的 Zn，97.6%的 Cd 和 99.6%的多环芳烃可被活性炭去除，从而可保障焚烧法处理重金属富集植物生物质的环境安全性。

焚烧法可以有效地处理富集植物生物质，大大减少其质量和体积（通常减少 90%以上的干重）。能源植物（如柳树）的底灰可用作农田和林地肥料，产生的热能可用于供电。但是焚烧法处理超富集植物时，重金属元素在无机残渣中仍有部分残留，飞灰中的重金属含量通常超标，不能直接排放到环境中，仍需寻找适合的方法进行后续处理。此外，焚烧法所要求的设备以及运行费用昂贵，而且容易造成大气污染。

2. 堆肥法

堆肥法将要堆腐的有机物料与填充料按一定的比例混合，在合适的水分、通气条件下，使微生物繁殖并降解有机质，从而产生高温，杀死其中的病原菌及杂草种子，使有机物达到稳定化[98]。堆肥的关键，在于提供一种使微生物活跃生长的环境，以加速其致菌分解过程，使之达到稳定。堆肥主要受废物中的养分、温度、湿度、pH 值等因素的控制。根据处理过程中起作用的微生物对氧气的不同要求，可以把有机废弃物堆肥处理分为好氧堆肥和厌氧堆肥[99]。好氧堆肥堆体温度高，一般为 50～65℃，故亦称为高温堆肥。高温堆肥可以最大限度地杀灭病原菌，同时对有机质的降解速度快，目前大多都采用高温好氧堆肥。

堆肥法是一种高效和对环境友好的有机固体废弃物处理技术，不管采用哪种堆肥方式都需要堆肥设备，若大批量堆肥则堆肥装置必须严格地设计与制作，另外堆肥过程中各种工艺条件［环境条件（如通风、水分控制、温度控制）、内部条件（如C/N值、粒度大小、养分含量等）］以及无害化控制都要有严格的要求。一些研究者推荐利用堆肥法处理植物提取修复后的重金属富集植物生物质，该方法可以有效降低重金属富集植物生物质的质量和体积，便于运输和后续处理。Hetland等[100]在实验室中，将收获的用于提取修复Pb的向日葵生物质粉碎成直径小于0.16cm的颗粒，置于125mL的硼硅酸盐容器中堆肥处理。连续曝气两个月后发现，干物质总量减少了约25%。但淋滤实验显示，堆肥过程形成的可溶性有机化合物促进了Pb的溶解，仍需要对堆肥产物进行进一步处理方可排放到环境中。因此，堆肥法通常被认为是一种重金属富集植物生物质的预处理技术。

螯合剂常被用于强化植物提取修复土壤重金属污染，乙二胺四乙酸（EDTA）是应用最为广泛的一种螯合剂[101]。EDTA可与土壤溶液中重金属形成重金属-EDTA复合物，提高重金属的生物有效性，从而有利于植物吸收[102]。Collins等[103]利用离子色谱-电喷雾质谱联用技术在植物木质部汁液中检测到多种重金属-EDTA的复合物。Vassil等[104]研究发现Pb-EDTA复合物可被印度芥菜吸收并在地上部富集。Sarret等[105]研究发现，菜豆可吸收和积累重金属-EDTA复合物。以上结果说明，使用EDTA等螯合剂强化植物提取修复会在植物体生物质中形成大量水溶性和易渗滤的重金属-EDTA复合物。因此，在堆肥过程中，必须谨慎操作和严格控制堆肥中的渗滤液，以免渗滤液进入环境，造成“二次污染”。

堆肥法处理过程中，重金属在堆肥中的形态变化和分布特征对于堆肥产物的后续应用十分关键，需要格外关注。堆肥自身含有有机和无机组分，重金属在堆肥中的分布取决于其与两种组分的亲和势以及堆肥的氧化还原条件。Hetland等[100]认为堆肥可能促进了重金属（如Pb）的溶解度，但也有研究则发现堆肥将重金属（如Cr和Cu）固定于生物质中。最近，Cao等[106]在充气条件下用堆肥法处理高As（As浓度约为4600mg/kg）和低As（As浓度约为12mg/kg）含量的蜈蚣草12d后发现，堆肥法分别降低了高As和低As含量蜈蚣草38%和35%的生物量，表明高含量As对堆肥中微生物的有害作用很小。蜈蚣草经堆肥处理后，总As和水溶性As含量分别降低了25%和32%，绝大部分损失的As主要存在于渗滤液中，仅有很少部分挥发到大气中。而As固定主要通过将As^{3+}氧化为As^{5+}，然后形成砷镁石沉淀。Cd和Cu的总浓度与其他重金属元素相比尽管较低，但其可交换态和碳酸盐结合态浓度基本一致。添加适量的牛粪与凤眼蓝共同堆肥可显著降低重金属的可交换态和碳酸盐结合态浓度，这与增加了堆肥的腐殖化作用有关[107]。

堆肥法处理过程中有一段时间的高温期，所以病原菌、寄生虫卵等几乎全部被杀死，但污染物因为不能降解而残留在堆肥中。此外，堆肥中由于具有较多的营养元素，可考虑将其作为肥料进行农业应用。对于Cu和Zn贫瘠的土壤，可考虑对Cu超富集植物（如海州香薷）和Zn超富集植物（如东南景天）进行堆肥处理，然后在缺Cu和Zn的土壤上定量施用。而对于堆肥中植物非必需元素，在其农用之前，必须将其去除或降低其含量。堆肥处理时，添加一些改良剂（如天然沸石、赤泥、石灰、硫化钠、竹炭和竹醋液等）可将活性重金属形态转变为残渣态或非活性态，从而降低其生物有效性，而黄孢原毛平革菌可将堆肥中的Pb分离去除。

超积累植物生物量的明显减少是腐解堆肥预处理中一个明显的优势，减小体积和水分含量可以显著地降低运输成本和后续处理成本，极大地减少最终处理的工作量，但是堆肥的腐熟大约需要2～3个月的时间，直接延缓了从植物收获到最终的产后处置；同时，因为重金属并没有被去除，只是形态上发生了变化，如果管理不善，很容易造成“二次污染”。对作物有害的重金属超积累植物可以采用堆肥法对其进行有效的预处理；此外，对于作物必需的微量元素Cu等，可以通过超富集植物（如海州香薷）制成含Cu有机肥料，对缺Cu土壤进行定量施用，以提高其产量，目前，中国科学院南京土壤研究所正在进行此项具体研究工作。

堆肥法使用较多的设备是发酵仓系统，它可使物料在部分或全部封闭的容器内，通过控制通气和水分条件，进行生物降解和转化。堆肥的整个工艺包括通风、温度控制、水分控制、无害化控制等几个方面。优点是：①堆肥设备占地面积小；②能够进行很好的过程控制（水、气、温度等）；③堆肥过程不受气候条件的影响；④能够对废气进行统一的收集处理，防止了对环境的二次污染，同时也解决了臭味问题。但是发酵仓系统也存在着不足：①成本高，包括堆肥设备的投资（设计、制造等）、运行费用及维护费用；②由于相对短的堆肥周期，堆肥产品会有潜在的不稳定性，一段时间的堆腐不足以得到一个稳定的、无臭味的产品，堆肥的后熟期需要相对延长[108]。

3. 高温分解法

高温分解法也称热解法，是指在缺氧条件下，通过加热手段将生物质热降解为木炭（固体）、生物原油（液体）和燃料气体的技术[109]。高温分解是处理城市垃圾的新方法，也被推荐用于处理重金属富集植物生物质。高温分解的整个处理过程是在密闭条件下进行的，不会向空气中排放有毒有害气体，高温分解使植物生物质的体积明显减少，所获得的裂解气可作为燃料利用。

高温分解法的主要过程包括：①预干燥到初始含水量的10%以下，以便降低生物油中的水分；②将填料研磨到直径约2mm，从而保障这些细小颗粒能够迅速并完全反应；③分离木炭和收集生物油。原则上，高温分解法适用于处理所有生物质[110]。根据作业条件，高温分解法可分为传统热解法（慢速热解法）、快速热解法和闪速热解法三类[111]。目前，高温分解法的首选技术是快速热解法或闪速热解法。其主要流程见图7-2。

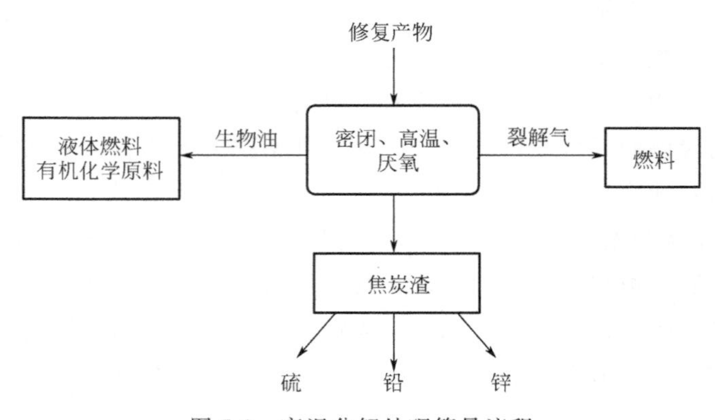

图7-2 高温分解处理简易流程

此法的优势在于：形成的焦炭渣可代替焚烧法中的焦炭对 Pb、Zn 超积累植物进行熔炼，从而回收 Pb、Zn 等重金属；可将固体废物中的有机物转化为以燃料气和炭黑为主的储存性能源[112]；因为是缺氧分解，排气量少，NO_x 的产生量少，有利于减轻对大气环境的二次污染；废物中的硫、重金属等有害成分大部分被固定在炭黑中。与焚烧法相比，高温分解法的产物裂解气和生物油可作燃料为整个体系供热，并产生较少的 CO、飞灰和焦油[89]。与压缩填埋法相比，油的运输和存储要远比处理植物体方便得多。其不足之处在于：含水量是影响高温分解法产物产率、热值的重要因子，所处置的植物含水量不得超过30%；仅用于处理植物残体；需要高额的安装、调试和运行费用。

高温分解过程中的工艺参数将直接影响产物的种类，这些参数包括反应器温度、停留时间、升温速率、化学预处理、颗粒大小、反应器的几何构型和固体高温载体等[113]。Lievens 等[114] 采用不同的热解温度（623K、673K、773K、873K）和不同的固体热载体（沙子和烟化硅石）研究了重金属在桦木属植物和向日葵热解产物中的分布。结果发现，低温度热解生物质中的重金属集中于灰分或炭中（有利于进一步回收），Cd 在 673K 热解温度下比 Cu、Pb 和 Zn 更易挥发，挥发量随着温度的增加而增加，并且，Cd 和 Zn 的挥发与生物质的类型有关。673K 温度下热解桦木属植物生物质，Pb 和 Cu 主要被烟化硅石而非砂子基质截留。该研究也证实重金属富集植物生物质的快速热解具有生产富含重金属的炭、生物油和燃料气体的潜力，可增加重金属富集植物生物质的附加值。Stals 等[115] 采用闪速热解法研究发现，热解温度是影响重金属向挥发性热解产物转移的首要因素，低热解温度可防止重金属挥发，从而生产有价值的热解油。例如，723K 为适宜的热解温度，仅有极少量的 Cd 和 Zn 转移到热解油中。气流床是除温度外的另一个影响重金属转移的重要因素，热气过滤器的应用降低了热解油中 Cd 和 Zn 的含量，并未影响热解油和炭的产量。鉴于炭中的重金属含量高达35%，并且炭对重金属具有较强的束缚作用，不建议将炭直接排放到环境中，可考虑用作过滤介质。在其后续的研究中，采用闪速热解法研究了不同温度（623K、723K、823K）和利用热气过滤器对爆竹柳热解油和炭产量和特性的影响，结果表明：在 723K 温度下，茎的主要热解产物为热解油；而在 623K 温度下，叶的主要热解产物为炭；在 723K 温度下，热解茎和叶的混合物比热解茎或热解叶产生更多的气体。热气过滤器并未显著影响热解油的成分组成。所有试验均显示，热解油的主要组成成分为酚类物质。在 623K 和 723K 温度下，热解茎所产生的热解油重金属含量较低。此外，有研究者通过对富含 Cd、Cu、Pb 和 Zn 的柳树快速热解发现，重金属在热解产物中的分布与植株器官有关（叶和枝），尽管如此，在 623K 温度下快速热解柳树枝和叶，其凝性和非凝性热解产物中的 Cd、Cu 和 Pb 未见检出，仅可检出极少量的 Zn（<5mg/kg）[116]。

一般情况下，闪速热解法所产生物油通常含水量较高，限制了生物油的应用。闪速共热解法（flashco-pyrolysis）处理重金属富集植物生物质与生物聚合物（聚乳酸、聚羟基丁酸酯和玉米淀粉等）则较好地解决了这一问题。闪速共热解处理技术不仅可以提高热解性能，还可通过生物质与生物聚合物的交互作用降低热解水的产量[117]。Cornelissen 等[118] 采用闪速共热解处理柳树和生物聚合物（1∶1，质量比）的混合物，研究发现闪速共热解处理柳树和聚羟基丁酸酯（PHB）性能最佳；此外，处理柳树和聚乳酸

(PLA) 以及柳树和马铃薯淀粉混合物的效果也不错。Kuppens 等[119] 从经济学角度对闪速共热解法处理短期矮林轮作(SRC)柳树和生物聚合物(1∶1,质量比)进行了评价,与闪速热解处理纯粹柳树生物质或堆肥处理纯粹生物聚合物(除玉米淀粉外)相比,闪速共热解处理的附加值得到提高。在所有的供试生物高聚物中,聚羟基丁酸酯和柳树的闪速共热解处理最有应用潜力。但在某些情况下,闪速共热解法可能伴随着负面作用,如闪速共热解处理柳树和玉米淀粉时,尽管所产生物油具有较低含量的热解水,但生物油的产量与单一热解柳树相比却有所降低。生物油不但可作为替代性的液体燃料,还可作为一种重要的有机化学原料,同时焦炭渣中的重金属可以回收利用,因而高温分解法受到了科学界的普遍关注。

4. 灰化法

灰化法是利用高温条件使样品中有机质挥发,而重金属等残留在灰分中并可进一步利用的处理方法。该法的主要优点是:能处理样品量较大,操作简单、安全,可显著地减少超积累植物的质量和体积[120]。Barbaroux 等[121] 通过处理 Ni 超富集植物 *Alyssum murale* 的灰分使生成硫酸镍铵从而回收 Ni,具体过程为:用酸液将灰分淋洗,使沥出液中富含 Fe 和 Ni;通过添加碱液使 Fe 选择性沉淀,使上层清液富含 Ni 以及氢氧化铁沉淀;添加硫酸铵使之冷却结晶,形成硫酸镍铵盐(Ni 含量达 13.2%,具有工业化潜力);溶解后再结晶使之纯化。Hetland 等[100] 研究了实验室阶段燃烧炉装置的可行性:含 Pb 植物体与煤(含少量沥青)混合在一起小火灼烧,可以减少植物体干重的 90%,大部分 Pb 和飞灰结合在一起。此法中的重金属可以被回收利用,但对其成本和利润的评估并未见相关报道。研究结果表明:实验室条件下灰化法是十分可行的,但更多的关于燃烧设备、燃烧装置参数的研究,以及走出实验室的实际应用和灰分处置研究还有待开展,以确定其实际应用价值[122]。

5. 压缩填埋法

压缩填埋法是将垃圾压缩后回填的方法,可以防火、防滋生蚊虫,垃圾分解较为缓慢。压缩系统由一个压力封闭装置和渗滤液收集装置构成,和堆肥法相似之处是:由于压力使植物残体产生的渗滤液中含有高浓度的重金属与螯合剂形成的复合物(如 Ni、Cd、Zn 的可溶态和生物有效态),所以渗滤液应妥善处理,然后将植物残体和渗滤液一并填埋到特殊处置的场地[123]。

对于超积累植物,直接处置法中压缩处理法可能是最简便易行,又是最实际的一种处理方法,其优势在于可以节省大量的时间,减小体积。致命的缺点就是植物生物量较大,不易运输,需要占用经过特殊处理的场地,运行成本高,处理效率低;同时,堆放自然分解过程中,危险废物并没有消除,最终产品仍然有风险性。

6. 液相萃取法

一些学者研究了用渗滤法萃取超积累植物中的重金属。Hetland 等[100] 评价了使用螯合剂从超积累植物体内萃取 Pb 的技术,处理前植物体内含有 Pb 2000mg/kg,在 pH 值为 4.5、Pb 和 EDTA 的物质的量比例为 1∶4.76 时,通过两次连续萃取,可以获得 98.5% 的 Pb,剩余的植物残体不会存在环境风险,同时可以作为城市固体废弃物来处理。如果这种方法可以有效地将Pb与螯合剂分离，实现Pb和螯合剂的重新利用，这种技术必将有广阔的市场前景，并可以产生一定的经济效益。表面上看，液相萃取法使用螯合剂可以有效地提取重金属，但是现在的研究仅仅局限在实验室范围，且其和重金属之间的作用机理并不是十分清楚，有待于更进一步研究探讨。

（二）修复植物的资源化再利用

上述处置技术的最大特点是将修复植物作为垃圾或危险废弃物加以处置，而不是将这些植物加以综合利用。超积累植物的特点是含有浓度极高的金属或类金属，且有一定的生物量，因此，最基本的超积累植物可以作为燃料转化成能源；其次，这类植物的利用首先考虑的是对重金属/类金属的回收利用；再者，修复植物的处置（如高温分解）中产生的裂解气、生物油等都是可以回收利用的，关键是要有配套的技术与设备。这里简单归纳了修复植物的资源化再利用途径。

1. 植物冶金

植物冶金，也称植物采矿，是通过种植高生物量且能富集高浓度重金属的作物，对其进行再生产，制造具有经济价值的生物矿石并从中提炼出重金属[124]。科学家们从20世纪80年代提出利用超积累植物治理重金属污染土壤的新思路，通过收获植物去除土壤中的重金属，进而将植物中的重金属提纯为有用的工业原料，以达到治理和回收的双重目的。另外，利用一些植物对重金属的高吸收性，可进行“植物冶金”。

（1）金的植物冶金　2007年，得克萨斯大学研究了沙漠葳、沙漠柳在不同的种植时长情况下，从富含金的媒介中对金的摄入情况。他们把植物分别暴露在含金量20mg/L、40mg/L、80mg/L、160mg/L和320mg/L的琼脂培养液中达13d、18d、23d和35d，然后使用光学分光计（ICP/OES）和X射线分析仪（XAS）来测定植物中金和金的氧化物的含量。结果表明，在金浓度为20～80mg/L时，沙漠葳的植株生长没有受到明显影响，植物体内金的含量随着植物年龄的增加而增加。在金浓度分别为20mg/L、40mg/L、80mg/L、160mg/L的培养液中，干树叶中的金含量分别为32mg/kg、60mg/kg、62mg/kg、179mg/kg，证明了沙漠葳的金富集能力。XAS数据表明沙漠葳的植物组织中生成了纳米级金粒子。暴露在含金量160mg/L培养液中的植株，其根、茎、叶中形成的纳米级粒子的直径平均值分别为0.8nm、3.5nm、1.8nm。研究同时发现金在植物体内形成的纳米级粒子的平均直径同组织中的总金含量和它们的栽种场所有关[125]。

Anderson等[126] 的初步预测模型显示：当作物收获量（干重）达到$10t/hm^2$，并且金富集率达到100mg/kg时，这样每公顷提炼出1kg金在经济上是可行的。2003年Companhia Vale和Rio Doce合作在巴西实现了对金的植物萃取示范性研究。把印度芥菜和谷物种植于含有0.6g/t的金的氧化物的矿石堆中，然后使用氰化物和硫氰化物进行处理，以测试其对黄金的吸收能力。在氰化钠处理后表现出最好的黄金富集能力，平均值达到39mg/kg。这一结果表明，田间试验的结果与那些在受控条件下获得的结果高度符合。因此可以认为，使用植物冶金技术从土地中回收黄金达到$1kg/hm^2$是可以实现的目标[126]。

（2）镍的植物冶金　植物冶金在提取Ni的方面研究得比较深入，从1997年至今，已经有多项研究表明了Ni植物冶金的可行性[127]。美国矿务局根据早期的建议对植物冶金作了一个专项研究，实验对象是镍超积累植物芸薹。当地的土壤中镍含量约为0.35%，远远低于常规开采方式所需的经济浓度，预计在理想情况下可以使种植者得到513美元/hm^2的净收益。这样的收益已经远远超出了种植小麦等其他作物的美国农户的平均收入[128]。Robinson等[129]在意大利托斯卡纳区进行了试验，这里的富镍超基性岩土壤同时包含高浓度的铬、镍、镁。通过施加含有氮、磷、钾的肥料后，作物的产量达到9.0t/hm^2，是原来的3倍。镍的含量在植物干重中达到0.8%，在灰分中达到11%，这样镍的回收量可以达到72kg/hm^2。

增加植物对Ni的富集量一般通过以下几个措施来实现：降低土壤pH值，在土壤中施加适量的钙以保持中等的含钙水平，施加适量氨氮调节根际酸度改善植物生长，土壤中施加螯合剂（例如氨三乙酸、乙二胺酸、合成四乙酸和柠檬酸）提高植物根的富集能力等。2006年，Abou-Shanabd等[130]发现一些根际细菌可以提高庭芥对镍的富集作用。他们选择了在蛇纹石镍富集土壤里生长于庭芥根际附近互相隔离的9个菌种，研究它们对增加镍在不同土壤里溶解度的能力和它们对庭芥富集镍的影响效应。这9种细菌被培养在低、中、高浓度的镍污染土壤中，其中一种细菌显著地增加了高浓度和中等浓度土壤的镍萃取量，对低浓度镍污染土壤作用不明显。另外的8个菌种对各个浓度的含镍土壤的植物萃取量都有明显的增益。同时，试验表明与那些未受影响的植株相比，各浓度下超积累植物*Alyssum murale*的生物产量没有受到明显的影响。在根际细菌的影响下，*A. murale*的镍富集率在低、中、高三种浓度的土壤中与未添加菌种的植株相比，分别增长了36.1%、39.3%和27.7%。同样的三种土壤栽培条件下，施加了菌种的植物叶子中的Ni含量分别提高了82.9mg/kg、261.3mg/kg和2829.3mg/kg，达到了129.7mg/kg、430.7mg/kg和3914.3mg/kg。

（3）铊的植物冶金　铊是一种剧毒的银白色重金属元素，随着富含铊矿床的开发利用，已引起一系列铊环境污染问题，如水体和土壤铊的污染，人畜慢性铊中毒等[131]。同时铊在光电管、低温温度计、光学玻璃等方面有着很多利用价值，并且它的市场价格也非常昂贵。研究人员检测发现了芥属植物披针叶屈曲花的叶子里面可以富集大量的铊，通过对活体内的微型X射线吸收近边结构（μ-XANES）和微型X射线荧光（μ-XRF）检查，用分光镜对植物叶子内铊的形成和分布进行分析。将披针叶屈曲花植物控制在含有铊为0mg/kg、10mg/kg和20mg/kg的土壤条件下栽种，在10周的种植中，生物中铊的浓度可达到13430mg/kg。之后研究人员用XANES和X射线荧光光谱法分析植物叶片，确定了这个示范种里铊的水合物主要通过叶脉网络分布，观察到了叶脉的大小和铊分布的直接关系。结果表明，披针叶屈曲花对铊具有高富集率和潜在的高生物产量，使它成为铊植物冶金的理想物种[132]。

（4）其他植物冶金　芸薹类植物以及它们的变种可以用来提炼镍和钴。庭芥属植物除了可以积累镍之外，在钴的摄取方面也有很大的潜力。同样地，这些植物也可以积累钯、钌、铑、铂、铱、锇和铼。这些植物对铂和钯等金属积累浓度虽然比较低，但由于这些金属的高价值，使得对这些金属进行植物冶金同样具有经济潜力。

植物冶金为从低经济价值的矿石、矿渣地以及金属污染的土壤中回收金属和金属资源化利用提供了可能。与露天采矿相比，植物冶金对环境的干扰和破坏程度低。但是，富集植物的选择对植物冶金至关重要，所选富集植物应有强大的富集能力，同时应具有较大生物量。否则投入的成本得不到经济效益，工业化种植和处理也就得不到发展和应用。此外，植物冶金周期较长且受季节和气候影响显著，如受到土壤生物活动、根际分泌液、温度、湿度、pH值、竞争性离子浓度等生物地球化学因素的影响。而且，植物冶金需要烦琐的处理步骤和较为复杂的工艺流程，不同富集植物和目标金属元素的处理步骤和工艺流程不尽相同，从而增加了植物冶金的成本。这些因素都在一定程度上限制了植物冶金的工业化应用。今后应在这些方面重点研究，将最适宜的提取条件和工艺参数等数据作为生产标准，为投入大规模的工业化生产奠定基础，以期带来可观的经济效益和环境效益。

2. 药用植物

植物的另外一种功能是其药用价值。药用植物，是指医学上用于防病、治病的植物，其植株的全部或一部分供药用或作为制药工业的原料。广义而言，药用植物可包括用作营养剂、某些嗜好品、调味品、色素添加剂，及农药和兽医用药的植物资源。我国传统的中药以植物为主，收录的药用植物超过万种，而且60%以上是以植物的根部入药的。药用植物种类繁多，其药用部分各不相同。全部入药的，如益母草、夏枯草等；部分入药的，如人参、曼陀罗、原珍向天果、射干、桔梗、满山红等；需提炼后入药的，如金鸡纳霜等。人们利用柳树等植物的皮、叶提取物治疗风湿病已有数千年的历史。Cu富集植物海州香薷是我国药用植物之一，其主治范围较为广泛，可用于治疗“暑湿感冒、恶汗发热、头痛无汗”等症，也可作为抗菌剂、防霉剂。同时，海州香薷富含芳香物质，可用于提取香料。

3. 有机肥料

有机肥料亦称“农家肥料”。凡以有机物质（含有碳元素的化合物）作为肥料的均称为有机肥料，包括人粪尿、厩肥、堆肥、绿肥、饼肥、沼气肥等。有机肥料具有种类多、来源广、肥效较长等特点。有机肥料所含的营养元素多呈有机状态，作物难以直接利用，经微生物作用，可缓慢释放出多种营养元素，源源不断地将养分供给作物。施用有机肥料能改善土壤结构，有效地协调土壤中的水、肥、气、热，提高土壤肥力和土地生产力。有机肥料富含有机物质和作物生长所需的营养物质，不仅能提供作物生长所需养分，改良土壤，还可以改善作物品质，提高作物产量，促进作物高产稳产，保持土壤肥力，同时可提高肥料利用率，降低生产成本。

Cu作为植物生长必需的微量元素，适量的Cu可促进植物生长。我国部分河谷冲积土壤Cu含量极低，常出现粮食作物不能正常生长的现象，施用Cu肥可显著提高小麦产量和品质。海州香薷是Cu矿指示植物，又是Cu的耐性和富集/超富集植物，将高Cu含量的海州香薷植物进行一定的处理后作为含Cu有机肥施用，既能缓解作物缺Cu症状，改善土壤肥力状况，又能高效处置修复植物残体。

4. 防腐原料

As的三氧化物“砒霜”是传统的中药成分之一，研究发现它可用于治疗急性粒细胞白血病。As也是很好的防腐剂原料，As超积累植物的资源化利用可以从这些途径考虑。

利用植物进行污染土壤的整治，其优势明显可见，然而目前尚存在着某些不足。其一，超富集体是在污染胁迫环境下长期诱导、驯化的一种适应性突变体，往往生长缓慢、生物量低，且常常受到杂草的竞争性威胁；其二，这种超富集体多为野生型稀有植物，对生物气候条件的要求比较严格，区域性分布较强，严格的适生性使成功引种受到严重限制；其三，超富集体的专一性很强，往往只对某种特定的污染物表现出超富集能力，且大部分仍处于试验阶段，到实际应用还有一定距离，从而严重制约了植物整治土壤的效率及应用。体积较小或呈莲座形生长的植物往往影响机械收获，从而增加了收获的费用。显然，植物改良污染土壤技术尚有很多问题需要研究，这需要环境科学、生物化学、植物生理、农学、土壤科学与生物工程等相关学科人员的共同努力，才能促进其系统的深入发展。其中生物技术育种具有重要作用，因传统的植物育种手段只能在属内有效地利用基因多样性，而生物技术育种可以培育出所需的植物类型，从而可成功地进行植物治理污染土壤。

第二节　污染土壤植物修复的发展趋势

一、植物修复野外试验及多学科综合研究

尽管针对植物修复已开展了大量的研究，但多数研究局限于室内或规模较小的示范基地研究。针对重金属以及农药、多环芳烃、TNT、多氯联苯等持久性有机污染物，各国学者从植物分子生物学、植物生物化学、植物生理学、生态学和微生物学等方面开展了较多、较全面的研究，但实际应用相对较少，而且众多具有污染修复潜力的植物资源尚未被发现。因此，从生态安全考虑，应该重视和加强污染修复植物自然资源的筛选、培育与应用，而不是过多依赖于转基因技术。筛选自然植物资源需要更多野外调查、试验及其室内和实地示范研究，以此证明植物修复技术的成效，以获得更广泛的认可。另外，植物修复涉及学科多，其野外试验需要多学科与相关研究领域的专家、工程技术人员和研究人员甚至是企业的协同配合，才能确保获得的研究成果能满足环境修复的实际需求。

二、植物修复技术与其他修复技术综合应用

（一）植物修复技术与物理、化学等修复技术相结合

现有研究与应用证明，植物修复技术对污染场地的修复是有效的，但有局限性，这些局限性就需要其他物理、化学及工程修复技术来弥补，相互取长补短。因此，进一步研究植物修复与传统的物理、化学及其他生物修复技术相结合的综合途径，采取工程和技术措施强化和提高植物修复效率，将是未来植物修复研究中的一个重要方向。例如，将吸收、

富集能力强的植物与降解修复能力强的细菌、真菌等微生物或微小动物联合起来的修复，不失为强化植物修复潜力的有效手段之一。对于一些污染物浓度高、植物无法存活或正常生长的场所，可以先用物理或化学方法处理，使对植物正常生长不再构成毒害后，再实施植物修复措施。而在这一复合修复途径中，不同植物对物理处理、化学钝化、固化剂的适应性也将成为研究重点。

植物修复系统中，根际微生物不仅可以直接降解污染物，还能缓解逆境对植物的胁迫，促进植物生长，植物也可以为微生物提供良好的生存条件，植物-微生物互作促进了污染物的降解。尽管现已明确了许多关于植物及其相关微生物在污染物吸收、运输和解毒过程中作用机制的基础知识，但仍有许多基础的生物学机制尚不明确，植物修复的效率也受到一定限制。因此，今后研究重点应集中在有机污染物吸收水平较高且根系具有特异分泌能力植物的筛选上，然后再接种有利于有机污染物降解的专性或非专性真菌和细菌，建立高效的植物修复体系。

（二）植物修复与其他建设需求相结合

污染场地修复的目的是提高其功能与利用价值，而植物在不同场地可以发挥不同的作用。首先，植物修复可以和园林景观建设相结合，在城区污染场所（公园、自然开阔区域）进行的修复工程，设计时要考虑景观建设需求，当污染物对公众健康风险较低时，无论是在修复过程中还是在修复结束后均可向公众开放。其次，植物修复可与生态经济林、水土保持林及能源林建设相结合，在树种选择与配置方面，根据实际需要建立用材型、能源型、景观型生态林及野生动物的栖息场所。尤其是将植物修复技术和生物质能源利用技术有效结合，是一个同时解决环境问题和能源问题的思考方向。由于污染土壤中的农作物不能正常生长或存在食品安全问题，在恢复耕作的较长一段时间内可种植一些生物量大、生长周期短的超富集和强耐性能源植物，不仅能满足修复污染土壤的需要，还可为生物质能源提供稳定的原料来源。

三、植物修复技术的应用前景

通过在污染场地建立适宜、稳定的植物群落，不仅可以有效地控制各种污染，改善受损的生态环境，还可以利用植被恢复的更新、促进作用，逐渐恢复水土的功能，增加生物多样性，最终使生态系统进入良性循环状态，因此植物修复技术早已引起人们的重视。美国政府在2000年就赞助了160个大型植物环境修复研究与示范项目，其中包括102项有机物污染处理、33项重金属污染处理。对石油和有机氯污染的植物处理技术已完成了预试验，对爆炸物、农药等植物处理研究已进入大田试验和推广阶段。德国政府2000年赞助的环境修复研究项目超过40项。另外，法国、丹麦、瑞典等国家也纷纷加入这一研究领域，瞄准潜在的市场。其中较引人注目的是由欧洲共同体和多项国际基金赞助，瑞典农业大学主持的，丹麦、芬兰、德国等多国联合进行的“短周期林木的废水灌溉系统”研究，已取得了不少研究成果，为林木修复环境技术的开发利用提供了很好的样板。

到目前为止，我国利用植物修复技术治理环境污染取得了良好的效果，尤其是废弃矿区的植被恢复，大大地减轻了环境污染的程度，但仍没有得到广泛应用，且应用的过程中还存在一定的局限性。如具有较高经济效益、生态效益且可规模化利用的木本植物资源较少；在修复完成之初植物生长状况较好，随后会出现衰退；对修复过程中植物和生态系统中的被降解污染物，其产物最终是否会出现环境问题、是否存在有毒物质转移至食物链中等问题仍不清楚。而这些也正是植物修复技术今后应用中的研究方向，以便于更好地发挥植物修复的功能，提升环境污染治理效果。

植物修复技术之所以受到如此高度的重视，主要在于它的低费用，以及利用太阳能作为动力，是一种节能、对环境安全的处理技术。目前，植物修复技术仍属一个新的研究开发领域，多数研究成果仅限于实验阶段，研究的关键仍是筛选出能超量积累污染物的植物以及能改善植物吸收性能的方法。由于所用的植物类型不同，土壤类型不同，以及被处理的污染物类型不同，植物修复有时还不能得到完全令人满意的结果。但是通过深入、细致地研究植物-微生物和污染物之间的相互作用关系，利用这一技术实现污染治理的目标最终将成为可能。

植物修复今后的研究方向及值得考虑和解决的问题主要有：①利用植物基因工程技术，构建出高效且对环境安全的去除环境中污染物的植物；②由于环境污染以复合污染为主，因此在筛选特异植物时应注意筛选出能同时吸收几种污染物的植物，以用于实际环境中；③植物修复目前多处在小试阶段，今后需要进行由小试到中试甚至需要进行实际运行的过渡研究，同时需要对系统的运行进行科学的管理；④需要对植物修复的实施及有关技术进行规范与示范，包括建立相应的特异植物种子库及有关快速培育与繁殖技术体系；⑤需要建立植物修复安全评价标准，包括建立环境化学、生态毒理学评价检测指标体系；⑥需要对运行费用标准和处理达标标准明确规范，并建立相应的责任处罚规章制度与条例。

污染土壤的修复是以去污染、提质量、再利用、保安康为目的的。土壤修复往往是控污、减污、降毒、化险的综合净化过程，可使土壤恢复生产力、场地安全健康、矿区及湿地生态安全和景观美化。但是土壤修复也是耗人力、物力和财力的过程。只有做好土壤污染防控管理工作，才能避免或减少这样的消耗。“万物土中生”，土壤质量决定万物的质量。为保障人类的食品安全和身体健康，需要实施“净土”战略，制定土壤污染的“防控修复”行动计划，这对中国这样的农业大国尤为重要。这也就需要政府和社会大力支持土壤污染防控修复技术的研究，需要建立土壤修复技术应用的规范、融资机制和立法管理政策。污染土壤的修复不同于污染水体的修复，土壤中的污染物难移动、难稀释，加上土壤类型、土地利用方式和污染场地的空间分异，更需要发展场地针对性和专门化的修复技术与设备。国际上污染土壤修复技术体系基本形成，虽然中国可以通过引进、吸收、消化、再创新来发展土壤修复技术，但是国内的土壤类型、条件和场地污染的特殊性决定了需要发展更多的具有自主知识产权并适合国情的实用性修复技术与设备，以推动土壤环境修复技术的市场化和产业化发展。全球土壤修复产业市场容量约达万亿美元，发展中国土壤修复技术与设备不仅是土壤环境保护与技术产业化的需要，而且是使中国这一新兴产业进入国际环境修复市场竞争的需要。

植物修复技术是一个很新的研究领域，在“谁污染谁治理”的环保政策监督下必将具有很大的市场潜力。真正大范围推广使用这项技术，使之有效地为社会服务，还有许多的问题有待解决。今后的工作重点除了进一步寻找和开发具有良好遗传性能的积累植物和超积累植物外，还应该重视通过农业生物环境工程的手段来保证这种遗传性能得到充分发挥。对于污染的土壤，采用植物改良整治是一条低耗费的有效途径，植物修复在恢复植被景观、保护表土、控制水土流失、丰富生物多样性、提高土地利用价值等诸多方面具有不可代替的功能特点。虽然目前对于可利用超富集体的生物量、适生条件等还不够令人注意，但一方面可以继续去寻找和发掘重金属超富集植物，特别是既对重金属超富集又非食用且经济效益好的作物基因型（品种）；另一方面可以应用现代分子生物学手段进行相关基因的分离与分子克隆，将其转移到生物量较高的植物体中，从而产生适合人们需求的转基因植物。现代分子生物学目前在许多方面还需要进行更系统、深入的研究，但无疑为人们利用植物改良整治污染土壤提供了新的思路，预计近年来将会得到迅速发展并将开拓出更为广阔的应用前景。我国植物资源丰富，研究、驯化和利用这些植物资源于环境治理是一项关系到人们自身生存环境质量和子孙后代的工程。

参考文献

[1] 郭娜，刘剑秋. 植物生物量研究概述（综述）[J]. 亚热带植物科学，2011，40（2）：83-88.

[2] Ebermeyr E. Die Gesammte Lehre Der Waldstreu Mit Rucksicht Auf Die Chemische Statik Des Waldbaues [M]. Berlin：J Springer，1876：116.

[3] Ovington J D. The Form，Weights，and Productivity of Tree Species Grown in Close Stands [J]. New Phytologist，1956，55（3）：289-304.

[4] Burger H，et al. Fichten im plenterwald mitteil，Schweiz，Anst. Forttl [J]. Versuchsw，1952，28：109-156.

[5] Kitterge J. Estimation of Amount of Foliage of Trees and Shrubs [J]. J Forest，1944，42：905-912.

[6] Montes N，et al. A Non-Destructive Method for Estimating Above-Ground Forest Biomass in Threatened Woodlands [J]. Forest Ecology and Management，2000，130：37-46.

[7] Nascimento H E M，et al. Total Aboveground Biomass in Central Amazonian Rainforests：A Landscape-Scale Study [J]. Forest Ecology and Management，2002，168：311-321.

[8] Brandeis T J，et al. Development of Equations for Predicting Puerto Rican Subtropical Dry Forest Biomass and Volume [J]. Forest Ecology and Management，2006，233：133-142.

[9] Lehtonen A，et al. Biomass Expansion Factors（BEFs）for Scots Pine，Norway Spruce and Birch According to Stand Age for Boreat Forests [J]. Forest Ecology and Management，2004，188：211-224.

[10] de Wit H A，et al. A Carbon Budget of Forest Biomass and Soils in Southeast Norway Calculated Using A Widely Applicable Method [J]. Forest Ecology and Management，2006，255：15-26.

[11] Giese L A B，et al. Biomass and Carbon Pools of Disturbed Riparian Forests [J]. Forest Ecology and Management，2003，180：493-508.

[12] Kauffman J B，et al. Biomass Dynamics Associated with Deforestation，Fire，and Conversion to Cattle Pasture in A Mexican Tropical Dry Forest [J]. Forest Ecology and Management，2003，

176：1-12.

[13] Dong J，et al. Remote Sensing Estimates of Boreal and Temperate Forest Woody Biomass：Carbon Pools，Sources，and Sinks [J]. Remote Sensing of Environment，2003，84：393-410.

[14] Suganuma H，et al. Stand Biomass Estimation Method by Canopy Coverage for Application to Remote Sensing in An Arid Area of Western Australia [J]. Forest Ecology and Management，2006，222：75-87.

[15] Labrecque S，et al. A Comparison of Four Methods to Map Biomass from Landsat-TM and Inventory Data in Western Newfoundland [J]. Forest Ecology and Management，2006，266：129-144.

[16] Austin J M，et al. Estimating Forest Biomass Using Satellite Radar：An Exploratory Study in A Temperate Australian Eucalyptus Forest [J]. Forest Ecology and Management，2003，176：575-583.

[17] Lucas R M，et al. Empirical Relationships Between AIRSAR Backscatter and LiDAR-Derived Forest Biomass，Queensland，Australia [J]. Remote Sensing of Environment，2006，100：407-425.

[18] Hide P，et al. Exploring LiDAR-RaDAR Synergy-Predicting Aboveground Biomass in A Southwestern Ponderosa Pine Forest Using LiDAR，SAR and InSAR [J]. Remote Sensing of Environment，2007，106：28-38.

[19] 潘维俦，等. 12个不同地域类型杉木林的生物产量和营养元素分布 [J]. 中南林业科技，1979（4）：1-14.

[20] 冯宗炜，等. 湖南会同地区马尾松林生物量的测定 [J]. 林业科学，1982，18（2）：127-134.

[21] 李文华，等. 长白山主要生态系统生物量生产量的研究 [J]. 森林生态系统研究，1981（试刊）：34-50.

[22] 刘世荣. 兴安落叶松人工林群落生物量及净初级生产力的研究 [J]. 东北林业大学学报，1990，18（2）：40-46.

[23] 陈灵芝，等. 北京西山人工油松林群落学特征及生物量的研究 [J]. 植物生态学与地植物学报，1984，8（3）：173-181.

[24] 党承林，等. 季风长绿阔叶林短刺栲群落的生物量研究 [J]. 云南大学学报（自然科学版），1992，14（2）：95-107.

[25] Xue L. Nutrient Cycling in A Chinese Fir（*Cunninghamia lanceloata*）Stand on A Poor Site in Yishan，Guangxi [J]. For Ecol Manage，1996，89：115-123.

[26] 冯宗炜，等. 中国森林生态系统的生物量和生产力 [M]. 北京：科学出版社，1999.

[27] 郑金萍，等. 长白山5种主要森林群落细根现存生物量研究 [J]. 北华大学学报，2004，5（5）：458-461.

[28] 彭培好，等. 川西高原光果西南杨人工林生物量及生产力的研究 [J]. 林业科技，2003，28（4）：14-18.

[29] 杨存建，等. 不同树种组的热带森林植被生物量与遥感地学数据之间的相关性分析 [J]. 遥感技术与应用，2004，19（4）：232-235.

[30] 邢素丽，等. 基于 landsat ETM 数据的落叶松林生物量估算模式 [J]. 福建林学院学报，2004，24（2）：153-156.

[31] 徐志高，等. 基于 GIS 的秦岭火地塘森林景观生物量变化趋势分析 [J]. 中南林业调查规划，2003，22（4）：14-17.

[32] 郭志华，等. 利用 TM 数据提取粤西地区的森林生物量 [J]. 生态学报，2002，22(11)：1832-1839.

[33] 陈利军，等. 中国植被净第一生产力遥感动态监测 [J]. 遥感学报，2002，6(2)：129-135.

[34] 国庆喜，等. 基于遥感信息估测森林的生物量 [J]. 东北林业大学学报，2003，31(2)：13-16.

[35] Bown S, et al. Biomass of Tropical Forests: A New Estimate Based on Forest Volumes [J]. Science, 1984, 223: 1290-1293.

[36] 薛立，等. 森林生物量研究综述 [J]. 福建林学院学报，2004，24(3)：283-288.

[37] 张慧芳，等. 遥感技术支持下的森林生物量研究进展 [J]. 世界林业研究，2007，20(4)：30-33.

[38] 蔡哲，等. 千烟洲试验区几种灌木生物量估算模型的研究 [J]. 中南林学院学报，2006，26(3)：15-23.

[39] White J F, et al. Interpretation of the Coefficient in the Allometric Equation [J]. The American Naturalist, 1965, 99: 5-18.

[40] Woodwell G M, et al. The Biota and the World Carbon Budget [J]. Science, 1978, 199: 141-146.

[41] 方精云，等. 我国森林植被的生物量和净生产量 [J]. 生态学报，1996，16(5)：497-508.

[42] Fang J Y, et al. Forest Biomass of China: All Estimate Based on the Biomass-Volume Relationship [J]. Ecological Application, 1998, 8(4): 1984-1991.

[43] Fang J Y, et al. Forest Biomass Estimation at Regional and Global Levels, with Special Reference to China's Forest Biomass [J]. Ecol Res., 2001, 16: 587-592.

[44] Tomppo E, et al. Simultaneous Use of Landsat-Tm and IRS-1C WiFS Data in Estimating Large Area Tree Stem Volume and Aboveground Biomass [J]. Remote Sens Environ., 2002, 82: 156-171.

[45] 张世利. 基于 RS、GIS 的闽江流域杉木林生物量及碳贮量估测研究 [D]. 福州：福建农林大学，2008.

[46] Gong P, et al. Inverting A Canopy Reflectance Model Using an Artificial Neural Network [M] // Engman E T, eds. Remot Sensing for Agriculture, Forestry, and Natural Resources. European Optical Society and The International Society for Optical Engineering, Paris France, 1995, 23-28: 312-322.

[47] 宋金玲，等. 像元尺度林地冠层二向反射特性的模拟研究 [J]. 光谱学与光谱分析，2009，29(8)：2141-2146.

[48] Leroy M, et al. Sun and View Angle Correction on Reflectance Derived from NOAA/AVHRR Data [J]. IEEE Trans Geosci Remote Sens, 1994, 32: 684-697.

[49] Hame T, et al. A New Methodology for the Estimation of Biomass of Conifer-Dominated Boreal Forest Using NOAA AVHRR Data [J]. Int J Remote Sens, 1997, 18(15): 3211-3243.

[50] Prince S D, et al. Global Primary Production: Remote Sensing Approach [J]. J Biogeogr, 1995, 22: 815-835.

[51] 唐守正，等. 相容性生物量模型的建立及其估计方法研究 [J]. 林业科学，2000，36(1)：19-27.

[52] 刘家女，周启星，孙挺，等. 花卉植物应用于污染土壤修复的可行性研究 [J]. 应用生态学报，2007，18(7)：1617-1623.

[53] 周振民，朱彦云. 土壤重金属污染大生物量植物修复技术研究进展 [J]. 灌溉排水学报，2009，28(6)：26-29.

[54] 张芳芳，赵立伟，苏亚勋，等. 城市土壤重金属污染的大生物量植物修复技术研究进展 [J]. 天津农

业科学，2014，20（3）：47-51.

[55] 李庚飞，程书强. 金矿周围树木对土壤重金属的吸收［J］. 东北林业大学学报，2013，41（1）：55-58.

[56] 黄会一，蒋德明，张春兴，等. 木本植物对土壤中镉的吸收、积累和耐性［J］. 中国环境科学，1989，9（5）：323-330.

[57] 余国营，吴燕玉，王新. 杨树落叶前后重金属内外迁移循环规律研究［J］. 应用生态学报，2009，7（2）：201-208.

[58] 王广林，张金池，庄家尧，等. 31种园林植物对重金属的富集研究［J］. 皖西学院学报，2011，27（5）：83-87.

[59] 王晓飞. 花卉植物在污染土壤修复中的资源潜力分析［D］. 沈阳：中国科学院沈阳应用生态研究所，2005.

[60] 刘家女，周启星，孙挺. Cd-Pb复合污染条件下3种花卉植物的生长反应及超积累特性研究［J］. 环境科学学报，2006，26（12）：2039-2044.

[61] 黄玉超. 黄瓜植株与愈伤组织的铜耐受及铜积累研究［D］. 温州：温州医学院，2011.

[62] 王激清，张宝悦，苏德纯. 修复镉污染土壤的油菜品种的筛选及吸收累积特征研究［J］. 河北北方学院学报，2005，21（1）：58-61.

[63] 王激清，刘波，苏德纯. 超积累镉油菜品种的筛选［J］. 河北农业大学学报，2003，26（1）：13-16.

[64] 陆晓怡，何池全. 蓖麻对重金属Cd的耐性与吸收积累研究［J］. 农业环境科学学报，2005，24（4）：674-677.

[65] 段云青，雷焕贵. 小白菜富集Cd能力及对土壤Cd污染修复的能力研究［J］. 农业环境科学学报，2006，25（增刊）：476-479.

[66] 魏树和，周启星，王新. 超积累植物龙葵及其对镉的富集特征［J］. 环境科学，2005，26（3）：167-171.

[67] 张炜鹏，陈金林，黄全能，等. 南方主要绿化树种对重金属的积累特性［J］. 南京林业大学学报（自然科学版），2007，31（5）：125-128.

[68] 吴双桃. 美人蕉在镉污染土壤中的植物修复研究［J］. 工业安全与环保，2005，31（9）：13-14.

[69] 赵秀兰，李彦娥. 烟草积累与忍耐镉的品种差异［J］. 西南大学学报，2007，29（3）：110-114.

[70] 陈柳燕，张黎明，李福燕，等. 剑麻对重金属铅的吸收特性与累积规律初探［J］. 农业环境科学学报，2007，26（5）：1879-1883.

[71] 闵安成，张一平. 土壤气态水扩散特征初探［J］. 西北农林科技大学学报（自然科学版），1994（2）：16-22.

[72] 土壤水分测定方法编写组. 土壤水分测定方法［M］. 北京：中国水利水电出版社，1986：6-7.

[73] 王振龙，高建峰. 实用土壤墒情监测预报技术［M］. 北京：中国水利水电出版社，2006.

[74] 陆枫，胡志洪，胡毅恒. 土壤水分测定方法研究［J］. 企业导报，2012（230）：270.

[75] 肖俊夫，刘战东，段爱旺，等. 不同灌水处理对冬小麦籽粒灌浆过程的影响研究［J］. 节水灌溉，2007（1）：9-12.

[76] Tanji K K. Agricultural Salinity Assessment and Management［R］. New York：ASCE Manual and Reports on Engineering Practice，1990：619.

[77] 王贵彦，史秀捧，张建恒，等. TDR法、中子法、重量法测定土壤含水量的比较研究［J］. 河北农业大学学报，2000，23（3）：23-26.

[78] 郭卫华，李波，张新时，等. FDR系统在土壤水分连续动态监测中的应用［J］. 干旱区研究，2003，

20（4）：247-251.

[79] 冉弥，邓世坤，陆礼训.探地雷达测量土壤含水量综述［J］. 工程地球物理学报，2010，07（4）：480-486.

[80] 夏自强，李琼芳.土壤水资源及其评价方法研究［J］. 水科学进展，2001，12（4）：535-540.

[81] 夏自强，蒋洪庚，李琼芳，等.地膜覆盖对土壤温度、水分影响及节水效益［J］. 河海大学学报，1997，（2）：39-45.

[82] 冯瑞章，周万海，龙瑞军，等.江河源区不同建植期人工草地土壤养分及微生物量磷和磷酸酶活性研究［J］. 草业学报，2007，16（6）：1-6.

[83] 崔萌，李忠佩，车玉萍，等.不同水分状况下红壤水稻土中有机物料分解及酶活性的变化［J］. 安徽农业科学，2008，36（22）：9634-9636.

[84] 万忠梅，宋长春，郭跃东，等.毛苔草湿地土壤酶活性及活性有机碳组分对水分梯度的响应［J］. 生态学报，2008，28（12）：5980-5986.

[85] 朱同彬，诸葛玉平，刘少军，等.不同水肥条件对土壤酶活性的影响［J］. 山东农业科学，2008（3）：74-78.

[86] 武振中，杨启良，王亓剑，等.土壤水分调控与重金属污染土壤植物修复研究进展［J］. 灌溉排水学报，2014，33（增刊 1）：173-175.

[87] 杨启良，武振中，陈金陵，等.植物修复重金属污染土壤的研究现状及其水肥调控技术展望［J］. 生态环境学报，2015（6）：1075-1084.

[88] 孙丽娟，段德超，彭程，等.硫对土壤重金属形态转化及植物有效性的影响研究进展［J］. 应用生态学报，2014，25（7）：2141-2148.

[89] 李宁，吴龙华，孙小峰，等.修复植物产后处置技术现状与展望［J］. 土壤，2005，37（6）：587-592.

[90] Lu S，Du Y，Zhong D，et al. Comparison of Trace Element Emissions from Thermal Treatments of Heavy Metal Hyperaccumulators［J］. Environmental Science & Technology，2012，46（9）：5025-5031.

[91] Bennet A C，Shaw D R. Effect of Preharvest Desicants on Group Ⅳ Glycine Max Seed Viability［J］. Weed Science，2000，48：426-430.

[92] 王晓，黄宗益.固体废弃物设备与技术新进展［J］. 建筑机械化，2003：18-20.

[93] Narodoslawsky M，Obernberger I. From Waste to Raw Material：The Route from Biomass to Wood Ash for Cadmium and Other Heavy Metals［J］. Journal of Hazardous Materials，1996，50（2-3）：157-168.

[94] Ljung A，Nordin A. Theoretical Feasibility for Ecological Biomass Ash Recirculation：Chemical Equilibrium Behavior of Nutrient Elements and Heavy Metals During Combustion［J］.Environmental Science & Technology，1997，31（9）：2499-2503.

[95] Bonanno G，Cirelli G L，Toscano A，et al. Heavy Metal Content in Ash of Energy Crops Growing in Sewage-Contaminated Natural Wetlands：Potential Applications in Agriculture and Forestry?［J］. Science of the Total Environment，2013，452-453：349-354.

[96] Delplanque M，Collet S，Del Gratta F，et al. Combustion of *Salix* Used for Phytoextraction：The Fate of Metals and Viability of the Processes［J］. Biomass and Bioenergy，2013，49：160-170.

[97] Wu L，Zhong D，Du Y，et al. Emission and Control Characteristics for Incineration of *Sedum plumbizincicola* Biomass in A Laboratory-Scale Entrained Flow Tube Furnace［J］. International

Journal of Phytoremediation, 2013, 15 (3): 219-231.

[98] Greenway G M, Song Q J. Heavy Metal Speciation in the Composting Process [J]. Journal of Environmental Monitoring, 2002, 4 (2): 300-305.

[99] Artola A, Barrena R, Font X, et al. Composting from a Sustainable Point of View: Respirometric Indices as Key Parameter [J]. Dynamic Soil, Dynamic Plant, 2009, 3 (Special Issue 1): 1-16.

[100] Hetland M D, Gallagher J R, Daly D, et al. Processing of Plants Used to Phytoremediate Lead-Contaminated Sites [C] //Leeson A, Foote E A, Bankes M K, et al. The Sixth International in Situ and on-Site Bioremediation Symposium. Columbus: Battelle Press, 2001: 129-136.

[101] Saifullah, Meers E, Qadir M, et al. EDTA-Assisted Pb Phytoextraction [J]. Chemosphere, 2009, 74 (10): 1279-1291.

[102] Krueger E, Darland J, Goldyn S, et al. Water Leaching of Chelated Pb Complexes from Post-Phytoremediation Biomass [J]. Water, Air & Soil Pollution, 2013, 224 (8): 1-11.

[103] Collins R N, Onisko B C, McLaughlin M J, et al. Determination of Metal-EDTA Complexes in Soil Solution and Plant Xylem by Ion Chromatography-Electrospray Mass Spectrometry [J]. Environmental Science &Technology, 2001, 35 (12): 2589-2593.

[104] Vassil A D, Kapulnik Y, Raskin I, et al. The Role of EDTA in Lead Transport and Accumulation by Indian Mustard [J]. Plant Physiology, 1998, 117 (2): 447-453.

[105] Sarret G, Vangronsveld J, Manceau A, et al. Accumulation Forms of Zn and Pb in Phaseolus Vulgaris in the Presence and Absence of EDTA [J]. Environmental Science & Technology, 2001, 35 (13): 2854-2859.

[106] Cao X, Ma L, Shiralipour A, et al. Biomass Reduction and Arsenic Transformation During Composting of Arsenic-Rich Hyperaccumulator *Pteris vittata* L. [J]. Environmental Science and Pollution Research, 2010, 17 (3): 586-594.

[107] 刘维涛，倪均成，周启星，等. 重金属富集植物生物质的处置技术研究进展 [J]. 农业环境科学学报，2014，33 (1): 15-27.

[108] 李艳霞，王敏健，王菊思，等. 固体废弃物的堆肥化处理技术 [J]. 环境工程学报，2000，1 (4): 39-45.

[109] Demirbas A, Arin G. An Overview of Biomass Pyrolysis [J]. Energy Sources, 2002, 24 (5): 471-482.

[110] Bridgwater A V. Renewable Fuels and Chemicals by Thermal Processing of Biomass [J] .Chemical Engineering Journal, 2003, 91 (2-3): 87-102.

[111] Maschio G, Koufopanos C, Lucchesi A. Pyrolysis, a Promising Route for Biomass Utilization [J]. Bioresource Technology, 1992, 42 (3): 219-231.

[112] 丛丽娜，郭英涛. 固体废弃物处理技术研究进展 [J]. 环境保护与循环经济，2015 (2): 30-32.

[113] Demirbas A. Effect of Initial Moisture Content on the Yields of Oily Products from Pyrolysis of Biomass [J]. Journal of Analytical and Applied Pyrolysis, 2004, 71 (2): 803-815.

[114] Lievens C, Yperman J, Vangronsveld J, et al. Study of the Potential Valorization of Heavy Metal Contaminated Biomass Via Phytoremediation by Fast Pyrolysis: Part Ⅰ. Influence of Temperature, Biomass Species and Solid Heat Carrier on the Behaviour of Heavy Metals [J]. Fuel, 2008, 87 (10-11): 1894-1905.

[115] Stals M, Thijssen E, Vangronsveld J, et al. Flash Pyrolysis of Heavy Metal Contaminated Biomass from Phytoremediation: Influence of Temperature, Entrained Flow and Wood/Leaves Blended Pyrolysis on the Behavior of Heavy Metals [J]. Journal of Analytical and Applied Pyrolysis, 2010, 87 (1): 1-7.

[116] Lievens C, Carleer R, Cornelissen T, et al. Fast Pyrolysis of Heavy Metal Contaminated Willow: Influence of the Plant Part [J]. Fuel, 2009, 88 (8): 1417-1425.

[117] Cornelissen T, Yperman J, Reggers G, et al. Flash Co-Pyrolysis of Biomass with Polylactic Acid. Part 1: Influence on Bio-Oil Yield and Heating Value [J]. Fuel, 2008, 87 (7): 1031-1041.

[118] Cornelissen T, Jans M, Stals M, et al. Flash Co-Pyrolysis of Biomass: The Influence of Biopolymers [J]. Journal of Analytical and Applied Pyrolysis, 2009, 85 (1-2): 87-97.

[119] Kuppens T, Cornelissen T, Carleer R, et al. Economic Assessment of Flash Co-Pyrolysis of Short Rotation Coppice and Biopolymer Waste Streams [J]. Journal of Environmental Management, 2010, 91 (12): 2736-2747.

[120] Kumar P B A N, Dushenkov V, Motto H, et al. Phytoextraction: The Use of Plants to Remove Heavy Metals from Soils [J]. Environmental Science & Technology, 1995, 29 (5): 1232-1238.

[121] Barbaroux R, Plasari E, Mercier G, et al. A New Process for Nickel Ammonium Disulfate Production from Ash of the Hyperaccumulating Plant *Alyssum murale* [J]. Science of the Total Environment, 2012, 423: 111-119.

[122] Sas-Nowosielska A, Kucharski R, Makowski E, et al. Phytoextraction Crop Disposal: An Unsolved Problem [J]. Environmental Pollution, 2004, 128 (3): 373-379.

[123] Perronnet K, Schwartz C, Gérard E, et al. Availability of Cadmium and Zinc Accumulated in the Leaves of *Thlaspi caerulescens* Incorporated into Soil [J]. Plant and Soil, 2000, 227 (1-2): 257-263.

[124] Sheoran V, Sheoran A S, Poonia P. Phytomining: A Review [J]. Minerals Engineering, 2009, 22 (12): 1007-1019.

[125] Rodriguez E, Parsons J G, Peralta-Videa J R, et al. Potential of Chilopsis Linearis for Gold Phytomining: Using Xas to Determine Gold Reduction and Nanoparticle Formation within Plant Tissues [J]. International Journal of Phytoremediation, 2007, 9 (2): 133-147.

[126] Anderson C, Moreno F, Meech J. A Field Demonstration of Gold Phytoextraction Technology [J]. Minerals Engineering, 2005, 18 (4): 385-392.

[127] 庞玉建，宗浩. 重金属超积累植物的研究进展 [J]. 四川环境，2008, 27 (2): 79-84.

[128] Brooks R R, Chambers M F, Nicks L J, et al. Phytomining [J]. Trends in Plant Science, 1998, 9 (9): 359-362.

[129] Robinson B H, Chiarucci A, Brooks R R, et al. The Nickel Hyperaccumulator Plant *Alyssum bertolonii* as A Potential Agent for Phytoremediation and Phytomining of Nickel [J]. Journal of Geochemical Exploration, 1997, 59 (2): 75-86.

[130] Abou-Shanab R A I, Angle J S, Chaney R L. Bacterial Inoculants Affecting Nickel Uptake by *Alyssum Murale* from Low, Moderate and High Ni Soils [J]. Soil Biology & Biochemistry, 2006, 38 (9): 2882-2889.

[131] 刘敬勇，常向阳，涂湘林. 铅同位素示踪及其在云浮硫铁矿区铊污染研究中的应用 [J]. 物探与化

探，2006，30(4)：348-353.

[132] Scheckel K G，Lombi E，Rock S A，et al. In Vivo Synchrotron Study of Thallium Speciation and Compartmentation in *Iberis intermedia*. [J]. Environmental Science & Technology，2004，38(19)：5095-5100.

附录1

土壤环境质量　农用地土壤污染风险管控标准（试行）(GB 15618—2018)

1　适用范围

本标准规定了农用地土壤污染风险筛选值和管制值，以及监测、实施和监督要求。

本标准适用于耕地土壤污染风险筛查和分类。园地和牧草地可参照执行。

2　规范性引用文件

本标准引用了下列文件或其中的条款。凡是未注明日期的引用文件，其最新版本适用于本标准。

GB/T 14550　土壤质量　六六六和滴滴涕的测定　气相色谱法

GB/T 17136　土壤质量　总汞的测定　冷原子吸收分光光度法

GB/T 17138　土壤质量　铜、锌的测定　火焰原子吸收分光光度法

GB/T 17139　土壤质量　镍的测定　火焰原子吸收分光光度法

GB/T 17141　土壤质量　铅、镉的测定　石墨炉原子吸收分光光度法

GB/T 21010　土地利用现状分类

GB/T 22105　土壤质量　总汞、总砷、总铅的测定　原子荧光法

HJ/T 166　土壤环境监测技术规范

HJ 491　土壤　总铬的测定　火焰原子吸收分光光度法

HJ 680　土壤和沉积物　汞、砷、硒、铋、锑的测定　微波消解/原子荧光法

HJ 780　土壤和沉积物　无机元素的测定　波长色散X射线荧光光谱法

HJ 784　土壤和沉积物　多环芳烃的测定　高效液相色谱法

HJ 803　土壤和沉积物　12种金属元素的测定　王水提取-电感耦合等离子体质谱法

HJ 805　土壤和沉积物　多环芳烃的测定　气相色谱-质谱法

HJ 834　土壤和沉积物　半挥发性有机物的测定　气相色谱-质谱法

HJ 835　土壤和沉积物　有机氯农药的测定　气相色谱-质谱法

HJ 921　土壤和沉积物　有机氯农药的测定　气相色谱法

HJ 923　土壤和沉积物　总汞的测定　催化热解-冷原子吸收分光光度法

3　术语和定义

下列术语和定义适用于本标准。

3.1　土壤（soil）

指位于陆地表层能够生长植物的疏松多孔物质层及其相关自然地理要素的综合体。

3.2　农用地（agricultural land）

指 GB/T 21010 中的 01 耕地（0101 水田、0102 水浇地、0103 旱地）、02 园地（0201 果园、0202 茶园）和 04 草地（0401 天然牧草地、0403 人工牧草地）。

3.3　农用地土壤污染风险（soil contamination risk of agricultural land）

指因土壤污染导致食用农产品质量安全、农作物生长或土壤生态环境受到不利影响。

3.4　农用地土壤污染风险筛选值（risk screening values for soil contamination of agricultural land）

指农用地土壤中污染物含量等于或者低于该值的，对农产品质量安全、农作物生长或土壤生态环境的风险低，一般情况下可以忽略；超过该值的，对农产品质量安全、农作物生长或土壤生态环境可能存在风险，应当加强土壤环境监测和农产品协同监测，原则上应当采取安全利用措施。

3.5　农用地土壤污染风险管制值（risk intervention values for soil contamination of agricultural land）

指农用地土壤中污染物含量超过该值的，食用农产品不符合质量安全标准等农用地土壤污染风险高，原则上应当采取严格管控措施。

4　农用地土壤污染风险筛选值

4.1　基本项目

农用地土壤污染风险筛选值的基本项目为必测项目，包括镉、汞、砷、铅、铬、铜、镍、锌，风险筛选值见附表 1。

附表 1　农用地土壤污染风险筛选值（基本项目）　　单位：mg/kg

序号	污染物项目①②		风险筛选值			
			pH≤5.5	5.5<pH≤6.5	6.5<pH≤7.5	pH>7.5
1	镉	水田	0.3	0.4	0.6	0.8
		其他	0.3	0.3	0.3	0.6
2	汞	水田	0.5	0.5	0.6	1.0
		其他	1.3	1.8	2.4	3.4
3	砷	水田	30	30	25	20
		其他	40	40	30	25
4	铅	水田	80	100	140	240
		其他	70	90	120	170

续表

序号	污染物项目①②		风险筛选值			
			pH≤5.5	5.5＜pH≤6.5	6.5＜pH≤7.5	pH＞7.5
5	铬	水田	250	250	300	350
		其他	150	150	200	250
6	铜	果园	150	150	200	200
		其他	50	50	100	100
7	镍		60	70	100	190
8	锌		200	200	250	300

① 重金属和类金属砷均按元素总量计。
② 对于水旱轮作地，采用其中较严格的风险筛选值。

4.2 其他项目

4.2.1 农用地土壤污染风险筛选值的其他项目为选测项目，包括六六六、滴滴涕和苯并［a］芘，风险筛选值见附表 2。

附表 2 农用地土壤污染风险筛选值（其他项目） 单位：mg/kg

序号	污染物项目	风险筛选值
1	六六六总量①	0.10
2	滴滴涕总量②	0.10
3	苯并[a]芘	0.55

① 六六六总量为 α-六六六、β-六六六、γ-六六六、δ-六六六四种异构体的含量总和。
② 滴滴涕总量为 p,p′-滴滴伊、p,p′-滴滴滴、o,p′-滴滴涕、p,p′-滴滴涕四种衍生物的含量总和。

4.2.2 其他项目由地方环境保护主管部门根据本地区土壤污染特点和环境管理需求进行选择。

5 农用地土壤污染风险管制值

农用地土壤污染风险管制值项目包括镉、汞、砷、铅、铬，风险管制值见附表 3。

附表 3 农用地土壤污染风险管制值 单位：mg/kg

序号	污染物项目	风险管制值			
		pH≤5.5	5.5＜pH≤6.5	6.5＜pH≤7.5	pH＞7.5
1	镉	1.5	2.0	3.0	4.0
2	汞	2.0	2.5	4.0	6.0
3	砷	200	150	120	100
4	铅	400	500	700	1000
5	铬	800	850	1000	1300

6 农用地土壤污染风险筛选值和管制值的使用

6.1 当土壤中污染物含量等于或者低于附表 1 和附表 2 规定的风险筛选值时，农用地土壤污染风险低，一般情况下可以忽略；高于附表 1 和附表 2 规定的风险筛选值时，可能存在农用地土壤污染风险，应加强土壤环境监测和农产品协同监测。

6.2　当土壤中镉、汞、砷、铅、铬的含量高于附表1规定的风险筛选值、等于或者低于附表3规定的风险管制值时，可能存在食用农产品不符合质量安全标准等土壤污染风险，原则上应当采取农艺调控、替代种植等安全利用措施。

6.3　当土壤中镉、汞、砷、铅、铬的含量高于附表3规定的风险管制值时，食用农产品不符合质量安全标准等农用地土壤污染风险高，且难以通过安全利用措施降低食用农产品不符合质量安全标准等农用地土壤污染风险，原则上应当采取禁止种植食用农产品、退耕还林等严格管控措施。

6.4　土壤环境质量类别划分应以本标准为基础，结合食用农产品协同监测结果，依据相关技术规定进行划定。

7　监测要求

7.1　监测点位和样品采集

农用地土壤污染调查监测点位布设和样品采集执行 HJ/T 166 等相关技术规定要求。

7.2　土壤污染物分析

土壤污染物分析方法按附表4执行。

附表4　土壤污染物分析方法

序号	污染物项目	分析方法	标准编号
1	镉	土壤质量　铅、镉的测定　石墨炉原子吸收分光光度法	GB/T 17141
2	汞	土壤和沉积物　汞、砷、硒、铋、锑的测定　微波消解/原子荧光法	HJ 680
		土壤质量　总汞、总砷、总铅的测定　原子荧光法　第1部分：土壤中总汞的测定	GB/T 22105.1
		土壤质量　总汞的测定　冷原子吸收分光光度法	GB/T 17136
		土壤和沉积物　总汞的测定　催化热解-冷原子吸收分光光度法	HJ 923
3	砷	土壤和沉积物　12种金属元素的测定　王水提取-电感耦合等离子体质谱法	HJ 803
		土壤和沉积物　汞、砷、硒、铋、锑的测定　微波消解/原子荧光法	HJ 680
		土壤质量　总汞、总砷、总铅的测定　原子荧光法　第2部分：土壤中总砷的测定	GB/T 22105.2
4	铅	土壤质量　铅、镉的测定　石墨炉原子吸收分光光度法	GB/T 17141
		土壤和沉积物　无机元素的测定　波长色散X射线荧光光谱法	HJ 780
5	铬	土壤　总铬的测定　火焰原子吸收分光光度法	HJ 491
		土壤和沉积物　无机元素的测定　波长色散X射线荧光光谱法	HJ 780
6	铜	土壤质量　铜、锌的测定　火焰原子吸收分光光度法	GB/T 17138
		土壤和沉积物　无机元素的测定　波长色散X射线荧光光谱法	HJ 780
7	镍	土壤质量　镍的测定　火焰原子吸收分光光度法	GB/T 17139
		土壤和沉积物　无机元素的测定　波长色散X射线荧光光谱法	HJ 780
8	锌	土壤质量　铜、锌的测定　火焰原子吸收分光光度法	GB/T 17138
		土壤和沉积物　无机元素的测定　波长色散X射线荧光光谱法	HJ 780

续表

序号	污染物项目	分析方法	标准编号
9	六六六总量	土壤和沉积物 有机氯农药的测定 气相色谱-质谱法	HJ 835
		土壤和沉积物 有机氯农药的测定 气相色谱法	HJ 921
		土壤质量 六六六和滴滴涕的测定 气相色谱法	GB/T 14550
10	滴滴涕总量	土壤和沉积物 有机氯农药的测定 气相色谱-质谱法	HJ 835
		土壤和沉积物 有机氯农药的测定 气相色谱法	HJ 921
		土壤质量 六六六和滴滴涕的测定 气相色谱法	GB/T 14550
11	苯并[a]芘	土壤和沉积物 多环芳烃的测定 气相色谱-质谱法	HJ 805
		土壤和沉积物 多环芳烃的测定 高效液相色谱法	HJ 784
		土壤和沉积物 半挥发性有机物的测定 气相色谱-质谱法	HJ 834
12	pH 值	土壤 pH 值的测定 电位法	HJ 962

8 实施与监督

本标准由各级生态环境主管部门会同农业农村等相关主管部门监督实施。

附录2

土壤环境质量　建设用地土壤污染风险管控标准(试行)(GB 36600—2018)

1　适用范围

本标准规定了保护人体健康的建设用地土壤污染风险筛选值和管制值，以及监测、实施与监督要求。

本标准适用于建设用地土壤污染风险筛查和风险管制。

2　规范性引用文件

本标准引用了下列文件或其中的条款。凡是未注明日期的引用文件，其最新版本适用于本标准。

GB/T 14550　土壤质量　六六六和滴滴涕的测定　气相色谱法

GB/T 17136　土壤质量　总汞的测定　冷原子吸收分光光度法

GB/T 17138　土壤质量　铜、锌的测定　火焰原子吸收分光光度法

GB/T 17139　土壤质量　镍的测定　火焰原子吸收分光光度法

GB/T 17141　土壤质量　铅、镉的测定　石墨炉原子吸收分光光度法

GB/T 22105　土壤质量　总汞、总砷、总铅的测定　原子荧光法

GB 50137　城市用地分类与规划建设用地标准

HJ 25.1　场地环境调查技术导则

HJ 25.2　场地环境监测技术导则

HJ 25.3　污染场地风险评估技术导则

HJ 25.4　污染场地土壤修复技术导则

HJ 77.4　土壤和沉积物　二噁英类的测定　同位素稀释高分辨气相色谱-高分辨质谱法

HJ 605　土壤和沉积物　挥发性有机物的测定　吹扫捕集/气相色谱-质谱法

HJ 642　土壤和沉积物　挥发性有机物的测定　顶空/气相色谱-质谱法

HJ 680　土壤和沉积物　汞、砷、硒、铋、锑的测定　微波消解/原子荧光法

HJ 703　土壤和沉积物　酚类化合物的测定　气相色谱法
HJ 735　土壤和沉积物　挥发性卤代烃的测定　吹扫捕集/气相色谱-质谱法
HJ 736　土壤和沉积物　挥发性卤代烃的测定　顶空/气相色谱-质谱法
HJ 737　土壤和沉积物　铍的测定　石墨炉原子吸收分光光度法
HJ 741　土壤和沉积物　挥发性有机物的测定　顶空/气相色谱法
HJ 742　土壤和沉积物　挥发性芳香烃的测定　顶空/气相色谱法
HJ 743　土壤和沉积物　多氯联苯的测定　气相色谱-质谱法
HJ 745　土壤　氰化物和总氰化物的测定　分光光度法
HJ 780　土壤和沉积物　无机元素的测定　波长色散 X 射线荧光光谱法
HJ 784　土壤和沉积物　多环芳烃的测定　高效液相色谱法
HJ 803　土壤和沉积物　12 种金属元素的测定　王水提取-电感耦合等离子体质谱法
HJ 805　土壤和沉积物　多环芳烃的测定　气相色谱-质谱法
HJ 834　土壤和沉积物　半挥发性有机物的测定　气相色谱-质谱法
HJ 835　土壤和沉积物　有机氯农药的测定　气相色谱-质谱法
HJ 921　土壤和沉积物　有机氯农药的测定　气相色谱法
HJ 922　土壤和沉积物　多氯联苯的测定　气相色谱法
HJ 923　土壤和沉积物　总汞的测定　催化热解-冷原子吸收分光光度法
CJJ/T 85　城市绿地分类标准

3　术语和定义

下列术语和定义适用于本标准。

3.1　建设用地（development land）

指建造建筑物、构筑物的土地，包括城乡住宅和公共设施用地、工矿用地、交通水利设施用地、旅游用地、军事设施用地等。

3.2　建设用地土壤污染风险（soil contamination risk of development land）

指建设用地上居住、工作人群长期暴露于土壤中污染物，因慢性毒性效应或致癌效应而对健康产生的不利影响。

3.3　暴露途径（exposure pathway）

指建设用地土壤中污染物迁移到达和暴露于人体的方式。主要包括：（1）经口摄入土壤；（2）皮肤接触土壤；（3）吸入土壤颗粒物；（4）吸入室外空气中来自表层土壤的气态污染物；（5）吸入室外空气中来自下层土壤的气态污染物；（6）吸入室内空气中来自下层土壤的气态污染物。

3.4　建设用地土壤污染风险筛选值（risk screening values for soil contamination of development land）

指在特定土地利用方式下，建设用地土壤中污染物含量等于或者低于该值的，对人体健康的风险可以忽略；超过该值的，对人体健康可能存在风险，应当开展进一步的详细调查和风险评估，确定具体污染范围和风险水平。

3.5　建设用地土壤污染风险管制值（risk intervention values for soil contamination of development land)

指在特定土地利用方式下，建设用地土壤中污染物含量超过该值的，对人体健康通常存在不可接受风险，应当采取风险管控或修复措施。

3.6 土壤环境背景值（environmental background values of soil）

指基于土壤环境背景含量的统计值。通常以土壤环境背景含量的某一分位值表示。其中土壤环境背景含量是指在一定时间条件下，仅受地球化学过程和非点源输入影响的土壤中元素或化合物的含量。

4 建设用地分类

4.1 建设用地中，城市建设用地根据保护对象暴露情况的不同，可划分为以下两类。

4.1.1 第一类用地：包括 GB 50137 规定的城市建设用地中的居住用地（R），公共管理与公共服务用地中的中小学用地（A33）、医疗卫生用地（A5）和社会福利设施用地（A6），以及公园绿地（G1）中的社区公园或儿童公园用地等。

4.1.2 第二类用地：包括 GB 50137 规定的城市建设用地中的工业用地（M），物流仓储用地（W），商业服务业设施用地（B），道路与交通设施用地（S），公用设施用地（U），公共管理与公共服务用地（A）（A33、A5、A6 除外），以及绿地与广场用地（G）（G1 中的社区公园或儿童公园用地除外）等。

4.2 建设用地中，其他建设用地可参照 4.1 划分类别。

5 建设用地土壤污染风险筛选值和管制值

5.1 保护人体健康的建设用地土壤污染风险筛选值和管制值见附表 5 和附表 6，其中附表 5 为基本项目，附表 6 为其他项目。本标准考虑的暴露途径见 3.3。

附表 5 建设用地土壤污染风险筛选值和管制值（基本项目） 单位：mg/kg

序号	污染物项目	CAS 编号	筛选值		管制值	
			第一类用地	第二类用地	第一类用地	第二类用地
重金属和无机物						
1	砷	7440-38-2	20①	60①	120	140
2	镉	7440-43-9	20	65	47	172
3	铬(六价)	18540-29-9	3.0	5.7	30	78
4	铜	7440-50-8	2000	18000	8000	36000
5	铅	7439-92-1	400	800	800	2500
6	汞	7439-97-6	8	38	33	82
7	镍	7440-02-0	150	900	600	2000
挥发性有机物						
8	四氯化碳	56-23-5	0.9	2.8	9	36
9	氯仿	67-66-3	0.3	0.9	5	10
10	氯甲烷	74-87-3	12	37	21	120
11	1,1-二氯乙烷	75-34-3	3	9	20	100

续表

序号	污染物项目	CAS编号	筛选值		管制值	
			第一类用地	第二类用地	第一类用地	第二类用地
12	1,2-二氯乙烷	107-06-2	0.52	5	6	21
13	1,1-二氯乙烯	75-35-4	12	66	40	200
14	顺-1,2-二氯乙烯	156-59-2	66	596	200	2000
15	反-1,2-二氯乙烯	156-60-5	10	54	31	163
16	二氯甲烷	75-09-2	94	616	300	2000
17	1,2-二氯丙烷	78-87-5	1	5	5	47
18	1,1,1,2-四氯乙烷	630-20-6	2.6	10	26	100
19	1,1,2,2-四氯乙烷	79-34-5	1.6	6.8	14	50
20	四氯乙烯	127-18-4	11	53	34	183
21	1,1,1-三氯乙烷	71-55-6	701	840	840	840
22	1,1,2-三氯乙烷	79-00-5	0.6	2.8	5	15
23	三氯乙烯	79-01-6	0.7	2.8	7	20
24	1,2,3-三氯丙烷	96-18-4	0.05	0.5	0.5	5
25	氯乙烯	75-01-4	0.12	0.43	1.2	4.3
26	苯	71-43-2	1	4	10	40
27	氯苯	108-90-7	68	270	200	1000
28	1,2-二氯苯	95-50-1	560	560	560	560
29	1,4-二氯苯	106-46-7	5.6	20	56	200
30	乙苯	100-41-4	7.2	28	72	280
31	苯乙烯	100-42-5	1290	1290	1290	1290
32	甲苯	108-88-3	1200	1200	1200	1200
33	间-二甲苯+对-二甲苯	108-38-3,106-42-3	163	570	500	570
34	邻-二甲苯	95-47-6	222	640	640	640
半挥发性有机物						
35	硝基苯	98-95-3	34	76	190	760
36	苯胺	62-53-3	92	260	211	663
37	2-氯酚	95-57-8	250	2256	500	4500
38	苯并[*a*]蒽	56-55-3	5.5	15	55	151
39	苯并[*a*]芘	50-32-8	0.55	1.5	5.5	15
40	苯并[*b*]荧蒽	205-99-2	5.5	15	55	151
41	苯并[*k*]荧蒽	207-08-9	55	151	550	1500
42	䓛	218-01-9	490	1293	4900	12900
43	二苯并[*a*,*h*]蒽	53-70-3	0.55	1.5	5.5	15
44	茚并[1,2,3-*cd*]芘	193-39-5	5.5	15	55	151
45	萘	91-20-3	25	70	255	700

① 具体地块土壤中污染物检测含量超过筛选值，但等于或者低于土壤环境背景值水平的，不纳入污染地块管理。土壤环境背景值可参见附录A。

附表6　建设用地土壤污染风险筛选值和管制值（其他项目）　单位：mg/kg

序号	污染物项目	CAS编号	筛选值		管制值	
			第一类用地	第二类用地	第一类用地	第二类用地
重金属和无机物						
1	锑	7440-36-0	20	180	40	360
2	铍	7440-41-7	15	29	98	290
3	钴	7440-48-4	20①	70①	190	350
4	甲基汞	22967-92-6	5.0	45	10	120
5	钒	7440-62-2	165①	752	330	1500
6	氰化物	57-12-5	22	135	44	270
挥发性有机物						
7	一溴二氯甲烷	75-27-4	0.29	1.2	2.9	12
8	溴仿	75-25-2	32	103	320	1030
9	二溴氯甲烷	124-48-1	9.3	33	93	330
10	1,2-二溴乙烷	106-93-4	0.07	0.24	0.7	2.4
半挥发性有机物						
11	六氯环戊二烯	77-47-4	1.1	5.2	2.3	10
12	2,4-二硝基甲苯	121-14-2	1.8	5.2	18	52
13	2,4-二氯酚	120-83-2	117	843	234	1690
14	2,4,6-三氯酚	88-06-2	39	137	78	560
15	2,4-二硝基酚	51-28-5	78	562	156	1130
16	五氯酚	87-86-5	1.1	2.7	12	27
17	邻苯二甲酸二(2-乙基己基)酯	117-81-7	42	121	420	1210
18	邻苯二甲酸丁基苄酯	85-68-7	312	900	3120	9000
19	邻苯二甲酸二正辛酯	117-84-0	390	2812	800	5700
20	3,3′-二氯联苯胺	91-94-1	1.3	3.6	13	36
有机农药类						
21	阿特拉津	1912-24-9	2.6	7.4	26	74
22	氯丹②	12789-03-6	2.0	6.2	20	62
23	*p,p′*-滴滴滴	72-54-8	2.5	7.1	25	71
24	*p,p′*-滴滴伊	72-55-9	2.0	7.0	20	70
25	滴滴涕③	50-29-3	2.0	6.7	21	67
26	敌敌畏	62-73-7	1.8	5.0	18	50
27	乐果	60-51-5	86	619	170	1240
28	硫丹④	115-29-7	234	1687	470	3400
29	七氯	76-44-8	0.13	0.37	1.3	3.7
30	α-六六六	319-84-6	0.09	0.3	0.9	3
31	β-六六六	319-85-7	0.32	0.92	3.2	9.2

续表

序号	污染物项目	CAS编号	筛选值		管制值	
			第一类用地	第二类用地	第一类用地	第二类用地
32	γ-六六六	58-89-9	0.62	1.9	6.2	19
33	六氯苯	118-74-1	0.33	1	3.3	10
34	灭蚁灵	2385-85-5	0.03	0.09	0.3	0.9
多氯联苯、多溴联苯和二噁英类						
35	多氯联苯（总量）⑤	—	0.14	0.38	1.4	3.8
36	3,3′,4,4′,5-五氯联苯（PCB 126）	57465-28-8	4×10^{-5}	1×10^{-4}	4×10^{-4}	1×10^{-3}
37	3,3′,4,4′,5,5′-六氯联苯（PCB 169）	32774-16-6	1×10^{-4}	4×10^{-4}	1×10^{-3}	4×10^{-3}
38	二噁英类（总毒性当量）	—	1×10^{-5}	4×10^{-5}	1×10^{-4}	4×10^{-4}
39	多溴联苯（总量）	—	0.02	0.06	0.2	0.6
石油烃类						
40	石油烃（C_{10}～C_{40}）	—	826	4500	5000	9000

① 具体地块土壤中污染物检测含量超过筛选值，但等于或者低于土壤环境背景值（见3.6）水平的，不纳入污染地块管理。土壤环境背景值可参见附录A。

② 氯丹为α-氯丹、γ-氯丹两种物质含量总和。

③ 滴滴涕为o,p′-滴滴涕、p,p′-滴滴涕两种物质含量总和。

④ 硫丹为α-硫丹、β-硫丹两种物质含量总和。

⑤ 多氯联苯（总量）为PCB 77、PCB 81、PCB 105、PCB 114、PCB 118、PCB 123、PCB 126、PCB 156、PCB 157、PCB 167、PCB 169、PCB 189十二种物质含量总和。

5.2 建设用地土壤污染风险筛选污染物项目的确定

5.2.1 附表5中所列项目为初步调查阶段建设用地土壤污染风险筛选的必测项目。

5.2.2 初步调查阶段建设用地土壤污染风险筛选的选测项目依据HJ 25.1、HJ 25.2及相关技术规定确定，可以包括但不限于附表6中所列项目。

5.3 建设用地土壤污染风险筛选值和管制值的使用

5.3.1 建设用地规划用途为第一类用地的，适用附表5和附表6中第一类用地的筛选值和管制值；规划用途为第二类用地的，适用附表5和附表6中第二类用地的筛选值和管制值。规划用途不明确的，适用附表5和附表6中第一类用地的筛选值和管制值。

5.3.2 建设用地土壤中污染物含量等于或者低于风险筛选值的，建设用地土壤污染风险一般情况下可以忽略。

5.3.3 通过初步调查确定建设用地土壤中污染物含量高于风险筛选值，应当依据HJ 25.1、HJ 25.2等标准及相关技术要求，开展详细调查。

5.3.4 通过详细调查确定建设用地土壤中污染物含量等于或者低于风险管制值，应当依据HJ 25.3等标准及相关技术要求，开展风险评估，确定风险水平，判断是否需要采取风险管控或修复措施。

5.3.5 通过详细调查确定建设用地土壤中污染物含量高于风险管制值，对人体健康通常存在不可接受风险，应当采取风险管控或修复措施。

5.3.6　建设用地若需采取修复措施，其修复目标应当依据 HJ 25.3、HJ 25.4 等标准及相关技术要求确定，且应当低于风险管制值。

5.3.7　附表 5 和附表 6 中未列入的污染物项目，可依据 HJ 25.3 等标准及相关技术要求开展风险评估，推导特定污染物的土壤污染风险筛选值。

6　监测要求

6.1　建设用地土壤环境调查与监测按 HJ 25.1、HJ 25.2 及相关技术规定要求执行。

6.2　土壤污染物分析方法按附表 7 执行。暂未制定分析方法标准的污染物项目，待相应分析方法标准发布后实施。

附表 7　土壤污染物分析方法

序号	污染物项目	分析方法	标准编号
1	砷	土壤和沉积物　汞、砷、硒、铋、锑的测定　微波消解/原子荧光法	HJ 680
		土壤和沉积物　12 种金属元素的测定　王水提取-电感耦合等离子体质谱法	HJ 803
		土壤质量　总汞、总砷、总铅的测定　原子荧光法　第 2 部分：土壤中总砷的测定	GB/T 22105.2
2	镉	土壤质量　铅、镉的测定　石墨炉原子吸收分光光度法	GB/T 17141
3	铜	土壤质量　铜、锌的测定　火焰原子吸收分光光度法	GB/T 17138
		土壤和沉积物　无机元素的测定　波长色散 X 射线荧光光谱法	HJ 780
4	铅	土壤质量　铅、镉的测定　石墨炉原子吸收分光光度法	GB/T 17141
		土壤和沉积物　无机元素的测定　波长色散 X 射线荧光光谱法	HJ 780
5	汞	土壤和沉积物　汞、砷、硒、铋、锑的测定　微波消解/原子荧光法	HJ 680
		土壤质量　总汞、总砷、总铅的测定　原子荧光法　第 1 部分：土壤中总汞的测定	GB/T 22105.1
		土壤质量　总汞的测定　冷原子吸收分光光度法	GB/T 17136
		土壤和沉积物　总汞的测定　催化热解-冷原子吸收分光光度法	HJ 923
6	镍	土壤质量　镍的测定　火焰原子吸收分光光度法	GB/T 17139
		土壤和沉积物　无机元素的测定　波长色散 X 射线荧光光谱法	HJ 780
7	四氯化碳	土壤和沉积物　挥发性有机物的测定　顶空/气相色谱-质谱法	HJ 642
		土壤和沉积物　挥发性卤代烃的测定　顶空/气相色谱-质谱法	HJ 736
		土壤和沉积物　挥发性有机物的测定　吹扫捕集/气相色谱-质谱法	HJ 605
		土壤和沉积物　挥发性卤代烃的测定　吹扫捕集/气相色谱-质谱法	HJ 735
		土壤和沉积物　挥发性有机物的测定　顶空/气相色谱法	HJ 741
8	氯仿	土壤和沉积物　挥发性有机物的测定　顶空/气相色谱-质谱法	HJ 642
		土壤和沉积物　挥发性卤代烃的测定　顶空/气相色谱-质谱法	HJ 736
		土壤和沉积物　挥发性有机物的测定　吹扫捕集/气相色谱-质谱法	HJ 605
		土壤和沉积物　挥发性卤代烃的测定　吹扫捕集/气相色谱-质谱法	HJ 735
		土壤和沉积物　挥发性有机物的测定　顶空/气相色谱法	HJ 741

续表

序号	污染物项目	分析方法	标准编号
9	氯甲烷	土壤和沉积物 挥发性卤代烃的测定 顶空/气相色谱-质谱法	HJ 736
		土壤和沉积物 挥发性有机物的测定 吹扫捕集/气相色谱-质谱法	HJ 605
		土壤和沉积物 挥发性卤代烃的测定 吹扫捕集/气相色谱-质谱法	HJ 735
10	1,1-二氯乙烷	土壤和沉积物 挥发性有机物的测定 顶空/气相色谱-质谱法	HJ 642
		土壤和沉积物 挥发性卤代烃的测定 顶空/气相色谱-质谱法	HJ 736
		土壤和沉积物 挥发性有机物的测定 吹扫捕集/气相色谱-质谱法	HJ 605
		土壤和沉积物 挥发性卤代烃的测定 吹扫捕集/气相色谱-质谱法	HJ 735
		土壤和沉积物 挥发性有机物的测定 顶空/气相色谱法	HJ 741
11	1,2-二氯乙烷	土壤和沉积物 挥发性有机物的测定 顶空/气相色谱-质谱法	HJ 642
		土壤和沉积物 挥发性卤代烃的测定 顶空/气相色谱-质谱法	HJ 736
		土壤和沉积物 挥发性有机物的测定 吹扫捕集/气相色谱-质谱法	HJ 605
		土壤和沉积物 挥发性卤代烃的测定 吹扫捕集/气相色谱-质谱法	HJ 735
		土壤和沉积物 挥发性有机物的测定 顶空/气相色谱法	HJ 741
12	1,1-二氯乙烯	土壤和沉积物 挥发性有机物的测定 顶空/气相色谱-质谱法	HJ 642
		土壤和沉积物 挥发性卤代烃的测定 顶空/气相色谱-质谱法	HJ 736
		土壤和沉积物 挥发性有机物的测定 吹扫捕集/气相色谱-质谱法	HJ 605
		土壤和沉积物 挥发性卤代烃的测定 吹扫捕集/气相色谱-质谱法	HJ 735
		土壤和沉积物 挥发性有机物的测定 顶空/气相色谱法	HJ 741
13	顺-1,2-二氯乙烯	土壤和沉积物 挥发性有机物的测定 顶空/气相色谱-质谱法	HJ 642
		土壤和沉积物 挥发性卤代烃的测定 顶空/气相色谱-质谱法	HJ 736
		土壤和沉积物 挥发性有机物的测定 吹扫捕集/气相色谱-质谱法	HJ 605
		土壤和沉积物 挥发性卤代烃的测定 吹扫捕集/气相色谱-质谱法	HJ 735
		土壤和沉积物 挥发性有机物的测定 顶空/气相色谱法	HJ 741
14	反-1,2-二氯乙烯	土壤和沉积物 挥发性有机物的测定 顶空/气相色谱-质谱法	HJ 642
		土壤和沉积物 挥发性卤代烃的测定 顶空/气相色谱-质谱法	HJ 736
		土壤和沉积物 挥发性有机物的测定 吹扫捕集/气相色谱-质谱法	HJ 605
		土壤和沉积物 挥发性卤代烃的测定 吹扫捕集/气相色谱-质谱法	HJ 735
		土壤和沉积物 挥发性有机物的测定 顶空/气相色谱法	HJ 741
15	二氯甲烷	土壤和沉积物 挥发性有机物的测定 顶空/气相色谱-质谱法	HJ 642
		土壤和沉积物 挥发性卤代烃的测定 顶空/气相色谱-质谱法	HJ 736
		土壤和沉积物 挥发性有机物的测定 吹扫捕集/气相色谱-质谱法	HJ 605
		土壤和沉积物 挥发性卤代烃的测定 吹扫捕集/气相色谱-质谱法	HJ 735
		土壤和沉积物 挥发性有机物的测定 顶空/气相色谱法	HJ 741
16	1,2-二氯丙烷	土壤和沉积物 挥发性有机物的测定 顶空/气相色谱-质谱法	HJ 642
		土壤和沉积物 挥发性卤代烃的测定 顶空/气相色谱-质谱法	HJ 736
		土壤和沉积物 挥发性有机物的测定 吹扫捕集/气相色谱-质谱法	HJ 605
		土壤和沉积物 挥发性卤代烃的测定 吹扫捕集/气相色谱-质谱法	HJ 735
		土壤和沉积物 挥发性有机物的测定 顶空/气相色谱法	HJ 741

续表

序号	污染物项目	分析方法	标准编号
17	1,1,1,2-四氯乙烷	土壤和沉积物　挥发性有机物的测定　顶空/气相色谱-质谱法	HJ 642
		土壤和沉积物　挥发性卤代烃的测定　顶空/气相色谱-质谱法	HJ 736
		土壤和沉积物　挥发性有机物的测定　吹扫捕集/气相色谱-质谱法	HJ 605
		土壤和沉积物　挥发性卤代烃的测定　吹扫捕集/气相色谱-质谱法	HJ 735
		土壤和沉积物　挥发性有机物的测定　顶空/气相色谱法	HJ 741
18	1,1,2,2-四氯乙烷	土壤和沉积物　挥发性有机物的测定　顶空/气相色谱-质谱法	HJ 642
		土壤和沉积物　挥发性卤代烃的测定　顶空/气相色谱-质谱法	HJ 736
		土壤和沉积物　挥发性有机物的测定　吹扫捕集/气相色谱-质谱法	HJ 605
		土壤和沉积物　挥发性卤代烃的测定　吹扫捕集/气相色谱-质谱法	HJ 735
		土壤和沉积物　挥发性有机物的测定　顶空/气相色谱法	HJ 741
19	四氯乙烯	土壤和沉积物　挥发性有机物的测定　顶空/气相色谱-质谱法	HJ 642
		土壤和沉积物　挥发性卤代烃的测定　顶空/气相色谱-质谱法	HJ 736
		土壤和沉积物　挥发性有机物的测定　吹扫捕集/气相色谱-质谱法	HJ 605
		土壤和沉积物　挥发性卤代烃的测定　吹扫捕集/气相色谱-质谱法	HJ 735
		土壤和沉积物　挥发性有机物的测定　顶空/气相色谱法	HJ 741
20	1,1,1-三氯乙烷	土壤和沉积物　挥发性有机物的测定　顶空/气相色谱-质谱法	HJ 642
		土壤和沉积物　挥发性卤代烃的测定　顶空/气相色谱-质谱法	HJ 736
		土壤和沉积物　挥发性有机物的测定　吹扫捕集/气相色谱-质谱法	HJ 605
		土壤和沉积物　挥发性卤代烃的测定　吹扫捕集/气相色谱-质谱法	HJ 735
		土壤和沉积物　挥发性有机物的测定　顶空/气相色谱法	HJ 741
21	1,1,2-三氯乙烷	土壤和沉积物　挥发性有机物的测定　顶空/气相色谱-质谱法	HJ 642
		土壤和沉积物　挥发性卤代烃的测定　顶空/气相色谱-质谱法	HJ 736
		土壤和沉积物　挥发性有机物的测定　吹扫捕集/气相色谱-质谱法	HJ 605
		土壤和沉积物　挥发性卤代烃的测定　吹扫捕集/气相色谱-质谱法	HJ 735
		土壤和沉积物　挥发性有机物的测定　顶空/气相色谱法	HJ 741
22	三氯乙烯	土壤和沉积物　挥发性有机物的测定　顶空/气相色谱-质谱法	HJ 642
		土壤和沉积物　挥发性卤代烃的测定　顶空/气相色谱-质谱法	HJ 736
		土壤和沉积物　挥发性有机物的测定　吹扫捕集/气相色谱-质谱法	HJ 605
		土壤和沉积物　挥发性卤代烃的测定　吹扫捕集/气相色谱-质谱法	HJ 735
		土壤和沉积物　挥发性有机物的测定　顶空/气相色谱法	HJ 741
23	1,2,3-三氯丙烷	土壤和沉积物　挥发性有机物的测定　顶空/气相色谱-质谱法	HJ 642
		土壤和沉积物　挥发性卤代烃的测定　顶空/气相色谱-质谱法	HJ 736
		土壤和沉积物　挥发性有机物的测定　吹扫捕集/气相色谱-质谱法	HJ 605
		土壤和沉积物　挥发性卤代烃的测定　吹扫捕集/气相色谱-质谱法	HJ 735
		土壤和沉积物　挥发性有机物的测定　顶空/气相色谱法	HJ 741

续表

序号	污染物项目	分析方法	标准编号
24	氯乙烯	土壤和沉积物　挥发性有机物的测定　顶空/气相色谱-质谱法	HJ 642
		土壤和沉积物　挥发性卤代烃的测定　顶空/气相色谱-质谱法	HJ 736
		土壤和沉积物　挥发性有机物的测定　吹扫捕集/气相色谱-质谱法	HJ 605
		土壤和沉积物　挥发性卤代烃的测定　吹扫捕集/气相色谱-质谱法	HJ 735
		土壤和沉积物　挥发性有机物的测定　顶空/气相色谱法	HJ 741
25	苯	土壤和沉积物　挥发性有机物的测定　顶空/气相色谱-质谱法	HJ 642
		土壤和沉积物　挥发性有机物的测定　吹扫捕集/气相色谱-质谱法	HJ 605
		土壤和沉积物　挥发性有机物的测定　顶空/气相色谱法	HJ 741
		土壤和沉积物　挥发性芳香烃的测定　顶空/气相色谱法	HJ 742
26	氯苯	土壤和沉积物　挥发性有机物的测定　顶空/气相色谱-质谱法	HJ 642
		土壤和沉积物　挥发性有机物的测定　吹扫捕集/气相色谱-质谱法	HJ 605
		土壤和沉积物　挥发性有机物的测定　顶空/气相色谱法	HJ 741
		土壤和沉积物　挥发性芳香烃的测定　顶空/气相色谱法	HJ 742
27	1,2-二氯苯	土壤和沉积物　挥发性有机物的测定　顶空/气相色谱-质谱法	HJ 642
		土壤和沉积物　挥发性有机物的测定　吹扫捕集/气相色谱-质谱法	HJ 605
		土壤和沉积物　半挥发性有机物的测定　气相色谱-质谱法	HJ 834
		土壤和沉积物　挥发性有机物的测定　顶空/气相色谱法	HJ 741
		土壤和沉积物　挥发性芳香烃的测定　顶空/气相色谱法	HJ 742
28	1,4-二氯苯	土壤和沉积物　挥发性有机物的测定　顶空/气相色谱-质谱法	HJ 642
		土壤和沉积物　挥发性有机物的测定　吹扫捕集/气相色谱-质谱法	HJ 605
		土壤和沉积物　半挥发性有机物的测定　气相色谱-质谱法	HJ 834
		土壤和沉积物　挥发性有机物的测定　顶空/气相色谱法	HJ 741
		土壤和沉积物　挥发性芳香烃的测定　顶空/气相色谱法	HJ 742
29	乙苯	土壤和沉积物　挥发性有机物的测定　顶空/气相色谱-质谱法	HJ 642
		土壤和沉积物　挥发性有机物的测定　吹扫捕集/气相色谱-质谱法	HJ 605
		土壤和沉积物　挥发性有机物的测定　顶空/气相色谱法	HJ 741
		土壤和沉积物　挥发性芳香烃的测定　顶空/气相色谱法	HJ 742
30	苯乙烯	土壤和沉积物　挥发性有机物的测定　顶空/气相色谱-质谱法	HJ 642
		土壤和沉积物　挥发性有机物的测定　吹扫捕集/气相色谱-质谱法	HJ 605
		土壤和沉积物　挥发性有机物的测定　顶空/气相色谱法	HJ 741
		土壤和沉积物　挥发性芳香烃的测定　顶空/气相色谱法	HJ 742
31	甲苯	土壤和沉积物　挥发性有机物的测定　顶空/气相色谱-质谱法	HJ 642
		土壤和沉积物　挥发性有机物的测定　吹扫捕集/气相色谱-质谱法	HJ 605
		土壤和沉积物　挥发性有机物的测定　顶空/气相色谱法	HJ 741
		土壤和沉积物　挥发性芳香烃的测定　顶空/气相色谱法	HJ 742

续表

序号	污染物项目	分析方法	标准编号
32	间-二甲苯+对-二甲苯	土壤和沉积物　挥发性有机物的测定　顶空/气相色谱-质谱法	HJ 642
		土壤和沉积物　挥发性有机物的测定　吹扫捕集/气相色谱-质谱法	HJ 605
		土壤和沉积物　挥发性有机物的测定　顶空/气相色谱法	HJ 741
		土壤和沉积物　挥发性芳香烃的测定　顶空/气相色谱法	HJ 742
33	邻-二甲苯	土壤和沉积物　挥发性有机物的测定　顶空/气相色谱-质谱法	HJ 642
		土壤和沉积物　挥发性有机物的测定　吹扫捕集/气相色谱-质谱法	HJ 605
		土壤和沉积物　挥发性有机物的测定　顶空/气相色谱法	HJ 741
		土壤和沉积物　挥发性芳香烃的测定　顶空/气相色谱法	HJ 742
34	硝基苯	土壤和沉积物　半挥发性有机物的测定　气相色谱-质谱法	HJ 834
35	苯胺	土壤和沉积物　半挥发性有机物的测定　气相色谱-质谱法	HJ 834
36	2-氯酚	土壤和沉积物　半挥发性有机物的测定　气相色谱-质谱法	HJ 834
		土壤和沉积物　酚类化合物的测定　气相色谱法	HJ 703
37	苯并[*a*]蒽	土壤和沉积物　多环芳烃的测定　高效液相色谱法	HJ 784
		土壤和沉积物　多环芳烃的测定　气相色谱-质谱法	HJ 805
		土壤和沉积物　半挥发性有机物的测定　气相色谱-质谱法	HJ 834
38	苯并[*a*]芘	土壤和沉积物　多环芳烃的测定　气相色谱-质谱法	HJ 805
		土壤和沉积物　多环芳烃的测定　高效液相色谱法	HJ 784
		土壤和沉积物　半挥发性有机物的测定　气相色谱-质谱法	HJ 834
39	苯并[*b*]荧蒽	土壤和沉积物　多环芳烃的测定　气相色谱-质谱法	HJ 805
		土壤和沉积物　多环芳烃的测定　高效液相色谱法	HJ 784
		土壤和沉积物　半挥发性有机物的测定　气相色谱-质谱法	HJ 834
40	苯并[*k*]荧蒽	土壤和沉积物　多环芳烃的测定　气相色谱-质谱法	HJ 805
		土壤和沉积物　多环芳烃的测定　高效液相色谱法	HJ 784
		土壤和沉积物　半挥发性有机物的测定　气相色谱-质谱法	HJ 834
41	䓛	土壤和沉积物　多环芳烃的测定　气相色谱-质谱法	HJ 805
		土壤和沉积物　多环芳烃的测定　高效液相色谱法	HJ 784
		土壤和沉积物　半挥发性有机物的测定　气相色谱-质谱法	HJ 834
42	二苯并[*a*,*h*]蒽	土壤和沉积物　多环芳烃的测定　气相色谱-质谱法	HJ 805
		土壤和沉积物　多环芳烃的测定　高效液相色谱法	HJ 784
		土壤和沉积物　半挥发性有机物的测定　气相色谱-质谱法	HJ 834
43	茚并[1,2,3-*cd*]芘	土壤和沉积物　多环芳烃的测定　气相色谱-质谱法	HJ 805
		土壤和沉积物　多环芳烃的测定　高效液相色谱法	HJ 784
		土壤和沉积物　半挥发性有机物的测定　气相色谱-质谱法	HJ 834
44	萘	土壤和沉积物　多环芳烃的测定　气相色谱-质谱法	HJ 805
		土壤和沉积物　挥发性有机物的测定　吹扫捕集/气相色谱-质谱法	HJ 605
		土壤和沉积物　挥发性有机物的测定　顶空/气相色谱法	HJ 741
		土壤和沉积物　半挥发性有机物的测定　气相色谱-质谱法	HJ 834

续表

序号	污染物项目	分析方法	标准编号
45	锑	土壤和沉积物 汞、砷、硒、铋、锑的测定 微波消解/原子荧光法	HJ 680
		土壤和沉积物 12 种金属元素的测定 王水提取-电感耦合等离子体质谱法	HJ 803
46	铍	土壤和沉积物 铍的测定 石墨炉原子吸收分光光度法	HJ 737
47	钴	土壤和沉积物 12 种金属元素的测定 王水提取-电感耦合等离子体质谱法	HJ 803
		土壤和沉积物 无机元素的测定 波长色散 X 射线荧光光谱法	HJ 780
48	钒	土壤和沉积物 12 种金属元素的测定 王水提取-电感耦合等离子体质谱法	HJ 803
		土壤和沉积物 无机元素的测定 波长色散 X 射线荧光光谱法	HJ 780
49	氰化物	土壤 氰化物和总氰化物的测定 分光光度法	HJ 745
50	一溴二氯甲烷	土壤和沉积物 挥发性有机物的测定 顶空/气相色谱-质谱法	HJ 642
		土壤和沉积物 挥发性卤代烃的测定 顶空/气相色谱-质谱法	HJ 736
		土壤和沉积物 挥发性有机物的测定 吹扫捕集/气相色谱-质谱法	HJ 605
		土壤和沉积物 挥发性卤代烃的测定 吹扫捕集/气相色谱-质谱法	HJ 735
		土壤和沉积物 挥发性有机物的测定 顶空/气相色谱法	HJ 741
51	溴仿	土壤和沉积物 挥发性有机物的测定 顶空/气相色谱-质谱法	HJ 642
		土壤和沉积物 挥发性卤代烃的测定 顶空/气相色谱-质谱法	HJ 736
		土壤和沉积物 挥发性有机物的测定 吹扫捕集/气相色谱-质谱法	HJ 605
		土壤和沉积物 挥发性卤代烃的测定 吹扫捕集/气相色谱-质谱法	HJ 735
		土壤和沉积物 挥发性有机物的测定 顶空/气相色谱法	HJ 741
52	二溴氯甲烷	土壤和沉积物 挥发性有机物的测定 顶空/气相色谱-质谱法	HJ 642
		土壤和沉积物 挥发性卤代烃的测定 顶空/气相色谱-质谱法	HJ 736
		土壤和沉积物 挥发性有机物的测定 吹扫捕集/气相色谱-质谱法	HJ 605
		土壤和沉积物 挥发性卤代烃的测定 吹扫捕集/气相色谱-质谱法	HJ 735
		土壤和沉积物 挥发性有机物的测定 顶空/气相色谱法	HJ 741
53	1,2-二溴乙烷	土壤和沉积物 挥发性有机物的测定 顶空/气相色谱-质谱法	HJ 642
		土壤和沉积物 挥发性卤代烃的测定 顶空/气相色谱-质谱法	HJ 736
		土壤和沉积物 挥发性有机物的测定 吹扫捕集/气相色谱-质谱法	HJ 605
		土壤和沉积物 挥发性卤代烃的测定 吹扫捕集/气相色谱-质谱法	HJ 735
		土壤和沉积物 挥发性有机物的测定 顶空/气相色谱法	HJ 741
54	六氯环戊二烯	土壤和沉积物 半挥发性有机物的测定 气相色谱-质谱法	HJ 834
55	2,4-二硝基甲苯	土壤和沉积物 半挥发性有机物的测定 气相色谱-质谱法	HJ 834
56	2,4-二氯酚	土壤和沉积物 半挥发性有机物的测定 气相色谱-质谱法	HJ 834
		土壤和沉积物 酚类化合物的测定 气相色谱法	HJ 703
57	2,4,6-三氯酚	土壤和沉积物 半挥发性有机物的测定 气相色谱-质谱法	HJ 834
		土壤和沉积物 酚类化合物的测定 气相色谱法	HJ 703

续表

序号	污染物项目	分析方法	标准编号
58	2,4-二硝基酚	土壤和沉积物　半挥发性有机物的测定　气相色谱-质谱法	HJ 834
		土壤和沉积物　酚类化合物的测定　气相色谱法	HJ 703
59	五氯酚	土壤和沉积物　半挥发性有机物的测定　气相色谱-质谱法	HJ 834
		土壤和沉积物　酚类化合物的测定　气相色谱法	HJ 703
60	邻苯二甲酸二(2-乙基己基)酯	土壤和沉积物　半挥发性有机物的测定　气相色谱-质谱法	HJ 834
61	邻苯二甲酸丁基苄酯	土壤和沉积物　半挥发性有机物的测定　气相色谱-质谱法	HJ 834
62	邻苯二甲酸二正辛酯	土壤和沉积物　半挥发性有机物的测定　气相色谱-质谱法	HJ 834
63	3,3′-二氯联苯胺	土壤和沉积物　半挥发性有机物的测定　气相色谱-质谱法	HJ 834
64	氯丹	土壤和沉积物　有机氯农药的测定　气相色谱-质谱法	HJ 835
		土壤和沉积物　有机氯农药的测定　气相色谱法	HJ 921
65	*p*,*p*′-滴滴滴	土壤和沉积物　有机氯农药的测定　气相色谱-质谱法	HJ 835
		土壤和沉积物　有机氯农药的测定　气相色谱法	HJ 921
		土壤质量　六六六和滴滴涕的测定　气相色谱法	GB/T 14550
66	*p*,*p*′-滴滴伊	土壤和沉积物　有机氯农药的测定　气相色谱-质谱法	HJ 835
		土壤和沉积物　有机氯农药的测定　气相色谱法	HJ 921
		土壤质量　六六六和滴滴涕的测定　气相色谱法	GB/T 14550
67	滴滴涕	土壤和沉积物　有机氯农药的测定　气相色谱-质谱法	HJ 835
		土壤和沉积物　有机氯农药的测定　气相色谱法	HJ 921
		土壤质量　六六六和滴滴涕的测定　气相色谱法	GB/T 14550
68	硫丹	土壤和沉积物　有机氯农药的测定　气相色谱-质谱法	HJ 835
		土壤和沉积物　有机氯农药的测定　气相色谱法	HJ 921
69	七氯	土壤和沉积物　有机氯农药的测定　气相色谱-质谱法	HJ 835
70	α-六六六	土壤和沉积物　有机氯农药的测定　气相色谱-质谱法	HJ 835
		土壤和沉积物　有机氯农药的测定　气相色谱法	HJ 921
		土壤质量　六六六和滴滴涕的测定　气相色谱法	GB/T 14550
71	β-六六六	土壤和沉积物　有机氯农药的测定　气相色谱-质谱法	HJ 835
		土壤和沉积物　有机氯农药的测定　气相色谱法	HJ 921
		土壤质量　六六六和滴滴涕的测定　气相色谱法	GB/T 14550
72	γ-六六六	土壤和沉积物　有机氯农药的测定　气相色谱-质谱法	HJ 835
		土壤和沉积物　有机氯农药的测定　气相色谱法	HJ 921
		土壤质量　六六六和滴滴涕的测定　气相色谱法	GB/T 14550
73	六氯苯	土壤和沉积物　有机氯农药的测定　气相色谱-质谱法	HJ 835
		土壤和沉积物　有机氯农药的测定　气相色谱法	HJ 921

续表

序号	污染物项目	分析方法	标准编号
74	灭蚁灵	土壤和沉积物　有机氯农药的测定　气相色谱-质谱法	HJ 835
		土壤和沉积物　有机氯农药的测定　气相色谱法	HJ 921
75	多氯联苯（总量）	土壤和沉积物　多氯联苯的测定　气相色谱-质谱法	HJ 743
		土壤和沉积物　多氯联苯的测定　气相色谱法	HJ 922
76	3,3′,4,4′,5-五氯联苯（PCB 126）	土壤和沉积物　多氯联苯的测定　气相色谱-质谱法	HJ 743
		土壤和沉积物　多氯联苯的测定　气相色谱法	HJ 922
77	3,3′,4,4′,5,5′-六氯联苯（PCB 169）	土壤和沉积物　多氯联苯的测定　气相色谱-质谱法	HJ 743
		土壤和沉积物　多氯联苯的测定　气相色谱法	HJ 922
78	二噁英（总毒性当量）	土壤和沉积物　二噁英类的测定　同位素稀释高分辨气相色谱-高分辨质谱法	HJ 77.4

7　实施与监督

本标准由各级生态环境主管部门及其他相关主管部门监督实施。

附录A
(资料性附录)
砷、钴和钒的土壤环境背景值

表A.1 各主要类型土壤中砷的背景值

土壤类型	砷背景值/(mg/kg)
绵土、篓土、黑垆土、黑土、白浆土、黑钙土、潮土、绿洲土、砖红壤、褐土、灰褐土、暗棕壤、棕色针叶林土、灰色森林土、棕钙土、灰钙土、灰漠土、灰棕漠土、棕漠土、草甸土、磷质石灰土、紫色土、风沙土、碱土	20
水稻土、红壤、黄壤、黄棕壤、棕壤、栗钙土、沼泽土、盐土、黑毡土、草毡土、巴嘎土、莎嘎土、高山漠土、寒漠土	40
赤红壤、燥红土、石灰(岩)土	60

表A.2 各主要类型土壤中钴的背景值

土壤类型	钴背景值/(mg/kg)
白浆土、潮土、赤红壤、风沙土、高山漠土、寒漠土、黑垆土、黑土、灰钙土、灰色森林土、碱土、栗钙土、磷质石灰土、篓土、绵土、莎嘎土、盐土、棕钙土	20
暗棕壤、巴嘎土、草甸土、草毡土、褐土、黑钙土、黑毡土、红壤、黄壤、黄棕壤、灰褐土、灰漠土、灰棕漠土、绿洲土、水稻土、燥红土、沼泽土、紫色土、棕漠土、棕壤、棕色针叶林土	40
石灰(岩)土、砖红壤	70

表A.3 各主要类型土壤中钒的背景值

土壤类型	钒背景值/(mg/kg)
磷质石灰土	10
风沙土、灰钙土、灰漠土、棕漠土、篓土、黑垆土、灰色森林土、高山漠土、棕钙土、灰棕漠土、绿洲土、棕色针叶林土、栗钙土、灰褐土、沼泽土	100
莎嘎土、黑土、绵土、黑钙土、草甸土、草毡土、盐土、潮土、暗棕壤、褐土、巴嘎土、黑毡土、白浆土、水稻土、紫色土、棕壤、寒漠土、黄棕壤、碱土、燥红土、赤红壤	200
红壤、黄壤、砖红壤、石灰(岩)土	300